Die Bonus-Seite

Ihr Vorteil als Käufer dieses Buches

Auf der Bonus-Webseite zu diesem Buch finden Sie zusätzliche Informationen und Services. Dazu gehört auch ein kostenloser **Testzugang** zur Online-Fassung Ihres Buches. Und der besondere Vorteil: Wenn Sie Ihr **Online-Buch** auch weiterhin nutzen wollen, erhalten Sie den vollen Zugang zum **Vorzugspreis**.

So nutzen Sie Ihren Vorteil

Halten Sie den unten abgedruckten Zugangscode bereit und gehen Sie auf www.sap-press.de. Dort finden Sie den Kasten **Die Bonus-Seite für Buchkäufer**. Klicken Sie auf **Zur Bonus-Seite/ Buch registrieren**, und geben Sie Ihren **Zugangscode** ein. Schon stehen Ihnen die Bonus-Angebote zur Verfügung.

Ihr persönlicher Zugangscode:

cbtn-q3yv-km28-dz9h

Praxishandbuch Reporting im SAP®-Finanzwesen

 PRESS

SAP PRESS ist eine gemeinschaftliche Initiative von SAP und Galileo Press. Ziel ist es, Anwendern qualifiziertes SAP-Wissen zur Verfügung zu stellen. SAP PRESS vereint das fachliche Know-how der SAP und die verlegerische Kompetenz von Galileo Press. Die Bücher bieten Expertenwissen zu technischen wie auch zu betriebswirtschaftlichen SAP-Themen.

Stephan Kaleske
Praxishandbuch SAP Query-Reporting
404 S., 2010, geb.
59,90 Euro, ISBN 978-3-8362-1433-9

Loren Heilig
SAP NetWeaver BW und SAP BusinessObjects
Das umfassende Handbuch
ca. 850 S., 2011, geb.
ISBN 978-3-8362-1622-7

Norbert Egger et al.
Reporting und Analyse mit SAP BusinessObjects
411 S., 2009, geb.
69,90 Euro, ISBN 978-3-8362-1380-6

Heinz Forsthuber, Jörg Siebert
Praxishandbuch SAP-Finanzwesen
657 S., 4., erweiterte Auflage 2010, geb., mit Referenzkarte
59,90 Euro, ISBN 978-3-8362-1556-5

Renata Munzel, Martin Munzel
SAP-Finanzwesen – Customizing
557 S., 2009, geb.
ISBN 978-3-8362-1291-5

Aktuelle Angaben zum gesamten SAP PRESS-Programm finden Sie unter *www.sap-press.de*.

Heinz Forsthuber, Abdarahman Fardas, Karin Bädekerl

Praxishandbuch Reporting im SAP®-Finanzwesen

Galileo Press

Bonn · Boston

Liebe Leserin, lieber Leser,

vielen Dank, dass Sie sich für ein Buch von SAP PRESS entschieden haben.

Haben Sie auch schon einmal Stunden damit zugebracht, einen individuellen Bericht zu erstellen, um hinterher zu entdecken, dass es bereits einen Standardbericht im SAP-System gibt, der Ihre Anforderungen ebenso gut abgedeckt hätte? Oder fragen Sie sich, welche Reportingwerkzeuge welche Möglichkeiten bieten – zum Beispiel im Hinblick auf Formatierung, Detaillierungsgrad oder Export? In diesen und vielen anderen Fällen wird Ihnen dieses Buch eine wertvolle Hilfe sein. Angefangen bei den Standardreports der wichtigsten FI-Komponenten über die SAP ERP-Werkzeuge Report Painter, Recherche und QuickViewer bis hin zu BW und BusinessObjects: Dieses Buch zeigt Ihnen, wie Sie schnell und zuverlässig zu den benötigten Informationen gelangen.

Die drei Autoren – Heinz Forsthuber, Abdarahman Fardas und Karin Bädekerl – kennen die Reportinganforderungen im Finanzwesen aus jahrelanger Beratungs- und Trainertätigkeit. Sie geben Ihnen in diesem Buch nicht nur eine detaillierte Anleitung zur Berichterstellung, sondern zeigen Ihnen auch viele Tipps und Kniffe, die Ihnen in Ihrer täglichen Arbeit weiterhelfen.

Wir freuen uns stets über Lob, aber auch über kritische Anmerkungen, die uns helfen, unsere Bücher zu verbessern. Am Ende dieses Buches finden Sie daher eine Postkarte, mit der Sie uns Ihre Meinung mitteilen können. Als Dankeschön verlosen wir unter den Einsendern regelmäßig Gutscheine für SAP PRESS-Bücher.

Ihre Eva Tripp
Lektorat SAP PRESS

Galileo Press
Rheinwerkallee 4
53227 Bonn

eva.tripp@galileo-press.de
www.sap-press.de

Auf einen Blick

1	Reporting im SAP-Finanzwesen	21
2	Standardberichte auswählen und nutzen	47
3	Standardberichte in der Hauptbuchhaltung	77
4	Standardberichte in der Debitorenbuchhaltung	113
5	Standardberichte in der Kreditorenbuchhaltung	161
6	Komponentenübergreifende Standardberichte	217
7	Report Painter	293
8	Rechercheberichte	331
9	QuickViewer	373
10	SAP NetWeaver BW und SAP BusinessObjects	451
A	Glossar	501
B	Menüpfade und Transaktionscodes	507
C	Die Autoren	509

Der Name Galileo Press geht auf den italienischen Mathematiker und Philosophen Galileo Galilei (1564–1642) zurück. Er gilt als Gründungsfigur der neuzeitlichen Wissenschaft und wurde berühmt als Verfechter des modernen, heliozentrischen Weltbilds. Legendär ist sein Ausspruch *Eppur si muove* (Und sie bewegt sich doch). Das Emblem von Galileo Press ist der Jupiter, umkreist von den vier Galileischen Monden. Galilei entdeckte die nach ihm benannten Monde 1610.

Lektorat Eva Tripp
Korrektorat Alexandra Müller, Olfen
Einbandgestaltung Daniel Kratzke
Titelbild Auremar_iStock_000007880170, SpiffyJ_iStock_000011567604, Professor25_iStock_000011066659
Typografie und Layout Vera Brauner
Herstellung Janina Brönner
Satz III-satz, Husby
Druck und Bindung Kösel, Altusried-Krugzell

Gerne stehen wir Ihnen mit Rat und Tat zur Seite:
eva.tripp@galileo-press.de bei Fragen und Anmerkungen zum Inhalt des Buchs
service@galileo-press.de für versandkostenfreie Bestellungen und Reklamationen
thomas.losch@galileo-press.de für Rezensionsexemplare

Bibliografische Information der Deutschen Nationalbibliothek
Die Deutsche Nationalbibliothek verzeichnet diese Publikation in der Deutschen Nationalbibliografie; detaillierte bibliografische Daten sind im Internet über *http://dnb.d-nb.de* abrufbar.

ISBN 978-3-8362-1680-7

© Galileo Press, Bonn 2011
1. Auflage 2011

Das vorliegende Werk ist in all seinen Teilen urheberrechtlich geschützt. Alle Rechte vorbehalten, insbesondere das Recht der Übersetzung, des Vortrags, der Reproduktion, der Vervielfältigung auf fotomechanischen oder anderen Wegen und der Speicherung in elektronischen Medien. Ungeachtet der Sorgfalt, die auf die Erstellung von Text, Abbildungen und Programmen verwendet wurde, können weder Verlag noch Autor, Herausgeber oder Übersetzer für mögliche Fehler und deren Folgen eine juristische Verantwortung oder irgendeine Haftung übernehmen.

Die in diesem Werk wiedergegebenen Gebrauchsnamen, Handelsnamen, Warenbezeichnungen usw. können auch ohne besondere Kennzeichnung Marken sein und als solche den gesetzlichen Bestimmungen unterliegen.

Sämtliche in diesem Werk abgedruckten Bildschirmabzüge unterliegen dem Urheberrecht © der SAP AG, Dietmar-Hopp-Allee 16, D-69190 Walldorf.

SAP, das SAP-Logo, mySAP, mySAP.com, mySAP Business Suite, SAP NetWeaver, SAP R/3, SAP R/2, SAP B2B, SAPtronic, SAPscript, SAP BW, SAP CRM, SAP EarlyWatch, SAP ArchiveLink, SAP GUI, SAP Business Workflow, SAP Business Engineer, SAP Business Navigator, SAP Business Framework, SAP Business Information Warehouse, SAP inter-enterprise solutions, SAP APO, AcceleratedSAP, InterSAP, SAPoffice, SAPfind, SAPfile, SAPtime, SAPmail, SAPaccess, SAP-EDI, R/3 Retail, Accelerated HR, Accelerated HiTech, Accelerated Consumer Products, ABAP, ABAP/4, ALE/WEB, Alloy, BAPI, Business Framework, BW Explorer, Duet, Enjoy-SAP, mySAP.com e-business platform, mySAP Enterprise Portals, RIVA, SAPPHIRE, TeamSAP, Webflow und SAP PRESS sind Marken oder eingetragene Marken der SAP AG, Walldorf.

Inhalt

Einleitung 15

1 Reporting im SAP-Finanzwesen 21

1.1 Überblick 21
1.2 Berichtsvarianten 25
1.3 Automatisierung 30
      1.3.1 Jobdefinition 31
      1.3.2 Monitoring 40
1.4 Transaktionen pflegen 45
1.5 Fazit 46

2 Standardberichte auswählen und nutzen 47

2.1 Infosystem der FI-Komponenten 48
      2.1.1 Standardberichte der Hauptbuchhaltung 49
      2.1.2 Standardberichte der Debitorenbuchhaltung 52
      2.1.3 Standardberichte der Kreditorenbuchhaltung 53
2.2 Transaktionen in den FI-Komponenten 55
      2.2.1 Transaktionen in der Hauptbuchhaltung 56
      2.2.2 Transaktionen in der Debitorenbuchhaltung 57
      2.2.3 Transaktionen in der Kreditorenbuchhaltung 59
2.3 Infosystem des Rechnungswesens 60
      2.3.1 Berichtsauswahl der Hauptbuchhaltung 60
      2.3.2 Berichtsauswahl der Debitorenbuchhaltung 63
      2.3.3 Berichtsauswahl der Kreditorenbuchhaltung 65
2.4 Berichte über die Transaktion OBZA aufrufen 67
      2.4.1 Berichte der Hauptbuchhaltung 68
      2.4.2 Berichte der Debitorenbuchhaltung 69
      2.4.3 Berichte der Kreditorenbuchhaltung 71
      2.4.4 Belegauswertungen 72
2.5 ABAP-Programmausführung (Transaktion SA38) 73
2.6 Fazit 76

3 Standardberichte in der Hauptbuchhaltung 77

3.1 Report RFAUDI40 – Sachkontensalden nach Klassifikationsmerkmal 77
3.2 Report RFBILA00 – Bilanz/GuV 79
3.3 Report RFHABU00 – Hauptbuch aus der Belegdatei 85
3.4 Report RFHABU00N – Hauptbuch aus der Belegdatei 88
3.5 Report RFITEMGL – Sachkonten-Einzelpostenliste 89
3.6 Report RFSABL00 – Änderungsanzeige Sachkonten 92
3.7 Report RFSBWA00 – Strukturierte Saldenliste 92
3.8 Report RFSEPA01 – Aufbau Einzelpostenanzeige 95
3.9 Report RFSEPA04 – Abbau Einzelpostenanzeige 95
3.10 Report RFSKPL00 – Kontenplan 96
3.11 Report RFSKTH00 – Kontierungshandbuch 98
3.12 Report RFSKVZ00 – Sachkontenverzeichnis 100
3.13 Report RFSSLD00 – Sachkontensaldenliste 103
3.14 Report RFSUSA00 – Sachkontensalden 106
3.15 Report SAPF011 – Saldovortrag Hauptbuch 108
3.16 Report SAPFGVTR – Saldovortrag Hauptbuch 109
3.17 Fazit 111

4 Standardberichte in der Debitorenbuchhaltung 113

4.1 Report RFDABL00 – Änderungsanzeige Debitoren 113
4.2 Report RFDAPO00 – Debitoren – Ausgeglichene-Posten-Liste 115
4.3 Report RFDAUB00 – Dauerbuchungsurbelege 115
4.4 Report RFDCON00 – Kritische Debitorenänderungen bestätigen 119
4.5 Report RFDEPL00 – Debitoren – Einzelpostenliste 122
4.6 Report RFDKAG00 – Stammdatenabgleich Debitoren 124
4.7 Report RFDKVZ00 – Debitorenverzeichnis 126
4.8 Report RFDOFW00 – OP – Fälligkeitsvorschau Debitoren 130
4.9 Report RFDOPO00 – Debitoren – Offene-Posten-Liste 132
4.10 Report RFDOPO10 – Debitoren – Offene-Posten-Liste 133
4.11 Report RFDOPR00 – Kundenbeurteilung mit OP-Rasterung 134
4.12 Report RFDOPR10 – OP-Analyse Debitoren – Saldo überfälliger Posten 139
4.13 Report RFDOPR20 – Debitoren Zahlungsverhalten 142

4.14	Report RFDSLD00 – Debitoren-Salden in Hauswährung	145
4.15	Report RFDUML00 – Debitoren-Umsätze	148
4.16	Report RFDZIS00 – Zinsstaffel Debitoren	150
4.16.1	Sonderhauptbuchvorgänge	151
4.16.2	Abrechnungszeitraum	151
4.16.3	Rückvaluten	152
4.16.4	Allgemeine Zinskonditionen	152
4.16.5	Grenzbetrag	153
4.16.6	Zinssatzbeschaffung	153
4.16.7	Zinsbuchung und Kontenfindung	154
4.17	Report RFITEMAR – Debitoren-Einzelpostenliste	157
4.17.1	Listengestaltung	158
4.17.2	Aktionen auf der Liste	159
4.18	Fazit	160

5 Standardberichte in der Kreditorenbuchhaltung 161

5.1	Report RFITEMAP – Kreditoren-Einzelpostenliste	161
5.2	Report RFKABL00 – Änderungsanzeige Kreditoren	164
5.3	Report RFKABL00_NACC – Änderungsanzeige Kreditoren	166
5.4	Report RFKAPO00 – Kreditoren – Ausgeglichene-Posten-Liste	167
5.5	Report RFKCON00 – Kritische Kreditorenänderungen bestätigen	168
5.6	Report RFKEPL00 – Kreditoren-Einzelpostenliste	170
5.7	Report RFKEPL00_NACC – Kreditoren-Einzelpostenliste	171
5.8	Report RFKK_DELETE_MAKOMAZE – Löschen Mahnvorschlag	173
5.9	Report RFKKAG00 – Stammdatenabgleich Kreditoren	174
5.10	Report RFKKAK00 – Kontenschreibung nach alternativer Kontonummer	175
5.11	Report RFKKBU00 – Kontokorrentkontenschreibung aus der Belegdatei	176
5.12	Report RFKKBU10 – Kontenniederschrift aus Kontenschreibung	179
5.13	Report RFKKVZ00 – Kreditorenverzeichnis	181
5.14	Report RFKOFW00 – OP – Fälligkeitsvorschau Kreditoren	185
5.15	Report RFKOPO00 – Debitoren – Offene-Posten-Liste	188
5.16	Report RFKOPR00 – Kreditorenbeurteilung mit OP-Rasterung	188

Inhalt

5.17	Report RFKOPR10 – OP-Analyse Kreditoren – Saldo überfälliger Posten	192
5.18	Report RFKORB00 – Interne Belege	197
5.19	Report RFKORD40 – Individuelle Briefe und Standardbriefe	201
5.20	Report RFKORK00 – Druckprogramm Kontoauszug periodisch	205
5.21	Report RFKORS10 – Druckprogramm Serienbriefe	207
5.22	Report RFKSLD00 – Kreditoren-Salden in Hauswährung	210
5.23	Report RFKUML00 – Kreditoren-Umsätze	211
5.24	Fazit	215

6 Komponentenübergreifende Standardberichte 217

6.1	Report CACS_FILE_COPY – Kopieren einer Datei	217
6.2	Report RC1TCG3Y – Download einer Datei	219
6.3	Report RC1TCG3Z – Upload einer Datei	220
6.4	Report RF150SMS – Mahnlauf einplanen	220
6.5	Report RFAUSZ00 – Debitoren-/Kreditoren-/Sachkontenauszüge	223
6.6	Report RFBABL00 – Änderungsanzeige Belege	227
6.7	Report RFBELJ00 – Beleg-Kompaktjournal	229
6.8	Report RFBELJ10 – Beleg-Journal (Barrierefrei)	233
6.9	Report RFBUSU00 – Buchungssummen	238
6.10	Report RFCORR14 – Zurücksetzen eines Mahnlaufs	240
6.11	Report RFEPOJ00 – Einzelpostenjournal	243
6.12	Report RFF110S – Automatische Einplanung des Zahlprogramms	245
6.13	Report RFF110SSP – Saldoprüfung nach einem Zahlungsvorschlag	250
6.14	Report RFFMKWD2 – Mahnsperre in Debitoreneinzelposten setzen	253
6.15	Report RFMAHN00 – Mahnstatistik	255
6.16	Report RFMAHN01 – Mahnliste	256
6.17	Report RFMAHN02 – Liste gesperrter Posten	258
6.18	Report RFMAHN03 – Liste gesperrter Konten	259
6.19	Report RFMAHN04 – Mahnvorschlag Änderungen Posten	260
6.20	Report RFMAHN05 – Mahnvorschlag Änderungen Konto	260
6.21	Report RFMAHN20 – Mahnhistorie	262

6.22	Report RFMPAY00 – Status bei zahllaufübergreifenden Zahlungsträgern	263
6.23	Report RFPAYM_MERGE_RESET	265
6.24	Report RFZALI00 – Zahlungsregulierungsliste	265
	6.24.1 Einzelpostenliste	267
	6.24.2 Summenlisten	267
	6.24.3 Verdichtungsstufen	267
	6.24.4 Sortierung	267
6.25	Report RFZALI20 – Zahlungsregulierungsliste	268
6.26	Report SAPF010 – Saldovortrag kontokorrent	271
6.27	Report SAPF071 – Korrektur nach Abgleich Belege/Verkehrszahlen	272
6.28	Report SAPF124 – Maschinelles Ausgleichen	274
	6.28.1 WE/RE-Verrechnungskonten	274
6.29	Report SAPF140 – Trigger für Korrespondenz	279
6.30	Report SAPF140D – Korrespondenzanforderungen löschen	281
6.31	Report SAPF140P – Korrespondenzanforderungen pflegen	283
6.32	Report SAPF150D2 – FI Mahnen – Druckprogramm	284
6.33	Report SAPF190 – Abstimmanalyse Finanzbuchhaltung	285
6.34	Report SAPFPAYM_MERGE – Zahllaufübergreifende Zahlungsträger	289
	6.34.1 Verfahrensweise in Fehlersituationen	290
	6.34.2 Klassische Zahlungsträgerprogramme verwenden	291
6.35	Fazit	291

7 Report Painter 293

7.1	Überblick	293
	7.1.1 Die Tabelle bestimmen	295
	7.1.2 Bibliothek suchen oder erstellen	296
	7.1.3 Bericht erstellen	297
	7.1.4 Bericht einer Gruppe zuordnen	298
7.2	Einsatzgebiete des Report Painters	298
7.3	Beispiel: Jahresvergleich der Energieaufwendungen	299
7.4	Report-Painter-Bericht anlegen	299
	7.4.1 Zeilen definieren	301
	7.4.2 Spalten definieren	305
	7.4.3 Vorlagen für Zeilen oder Spalten anlegen	309

	7.4.4	Zeilen- oder Spaltenvorlage im Bericht einbinden	310
	7.4.5	Zeilen und Spalten formatieren	310
	7.4.6	Zellen definieren	314
	7.4.7	Abschnitte definieren	315
	7.4.8	Allgemeine Selektionen	317
	7.4.9	Berichtsgruppe zuordnen	318
	7.4.10	Variation	319
	7.4.11	Berichtskopf definieren	321
7.5	Extrakt		321
7.6	Berichtstext		325
7.7	Bericht-Bericht-Schnittstelle		326
7.8	Fazit		329

8 Rechercheberichte ... 331

8.1	Überblick		331
	8.1.1	Schritt 1: Formular anlegen	332
	8.1.2	Schritt 2: Formular einem Bericht zuordnen	333
	8.1.3	Schritt 3: Bericht ausführen	333
	8.1.4	Schritt 4: Daten interaktiv analysieren	333
8.2	Einsatzgebiete der Recherche		333
8.3	Berichtsarten		335
	8.3.1	Ad-hoc-Bericht	335
	8.3.2	Formularbericht	335
8.4	Beispiel: Ermittlung der Liquiditätskennzahlen »Working Capital und Effektivverschuldung« im Jahresvergleich		336
8.5	Bericht anlegen		337
	8.5.1	Formular anlegen	337
	8.5.2	Allgemeine Selektionen	339
	8.5.3	Zeilen definieren	340
	8.5.4	Spalten definieren	344
	8.5.5	Formular einem Bericht zuordnen	347
8.6	Bericht ausführen		353
8.7	Interaktive Navigationsmöglichkeiten		355
	8.7.1	Navigation in klassischen Berichten	355
	8.7.2	Navigation in grafischen Berichten	359
8.8	Daten analysieren		360
	8.8.1	Bedingungen	361
	8.8.2	Rangliste	362
	8.8.3	Summenkurve	364

		8.8.4	ABC-Analyse	365
		8.8.5	Klassifikation	367
		8.8.6	Exception	368
		8.8.7	Bericht-Bericht-Schnittstelle	370
	8.9	Fazit		372

9 QuickViewer ... 373

	9.1	Überblick		373
	9.2	Fallbeispiele		374
		9.2.1	Beispiel »Lieferantenadressen«	375
		9.2.2	Beispiel »Kommunikationsdaten zu Kreditoren«	375
		9.2.3	Beispiel »Liste von Debitoren mit Mahndaten«	375
	9.3	Die Herkunft der Daten bestimmen		376
		9.3.1	Tabellen	377
		9.3.2	Datentypen	379
		9.3.3	Datenelemente	379
		9.3.4	Tabellenrecherche	381
	9.4	QuickView anlegen		385
		9.4.1	Listerstellung im Basismodus	387
		9.4.2	Tabellen-Join	391
		9.4.3	Layoutmodus	396
	9.5	QuickView pflegen		410
		9.5.1	QuickView starten	410
		9.5.2	QuickView kopieren	414
	9.6	InfoSets		415
		9.6.1	InfoSet anlegen	417
		9.6.2	Coding-Zeitpunkte	433
		9.6.3	InfoSets sichern und generieren	442
		9.6.4	Bestehende InfoSets nutzen	443
	9.7	Fazit		450

10 SAP NetWeaver BW und SAP BusinessObjects ... 451

	10.1	SAP NetWeaver BW		452
		10.1.1	Was ist eigentlich ein Data Warehouse?	452
		10.1.2	Unterschiede zwischen SAP ERP und einem Data Warehouse	453
		10.1.3	Bestandteile von SAP NetWeaver BW	454
		10.1.4	Überblick über die BW-Reportingwerkzeuge	455
	10.2	SAP Business Content		470

10.3	SAP BusinessObjects		472
	10.3.1	Überblick über SAP BusinessObjects	472
	10.3.2	SAP Crystal Reports 2008	473
	10.3.3	SAP BusinessObjects Dashboards (Xcelsius)	485
10.4	Fazit		498

Anhang ... 499

A	Glossar	501
B	Menüpfade und Transaktionscodes	507
C	Die Autoren	509

Index ... 511

Einleitung

In der heutigen Zeit ist der schnelle Zugriff auf sachbezogene und präzise Informationen entscheidender denn je. An jedem Tag muss auf den unterschiedlichen Ebenen eines Unternehmens eine Vielzahl von Geschäftsentscheidungen getroffen werden. Die Qualität der jeweiligen Entscheidung ist umso höher, je höher die Qualität der zugrunde liegenden Informationen ist. Eine der wichtigsten Datenquellen für Unternehmensdaten ist das SAP-System. Entscheidend ist jedoch, diese Daten schnell und effizient erheben, organisieren und analysieren zu können.

Kern des Reportings ist das Zurverfügungstellen von entscheidungsrelevanten Informationen. Das SAP-System enthält mit dem SAP-Reporting standardisierte Auswertungsprogramme und mächtige Werkzeuge für den Zugriff auf die in der SAP-Datenbank abgelegten Informationen. In diesem Praxishandbuch wird beschrieben, wie Sie als SAP-Anwender mithilfe des Berichtswesens von SAP auf aktuelle Informationen für die Finanzbuchhaltung zugreifen können. Wir erläutern, wie Sie im SAP-System in wenigen Schritten einen Bericht erstellen und ausführen können. Das Buch zeigt auch, wie Sie das umfangreiche Angebot der mitgelieferten Standardberichte nutzen können. Aus Gründen der Übersichtlichkeit und mit Blick auf den Umfang dieses Buches beschränken wir uns auf Berichte zu den drei Komponenten FI-GL (Hauptbuchhaltung), FI-AR (Debitorenbuchhaltung) und FI-AP (Kreditorenbuchhaltung) des Moduls Finanzwesen.

Sie haben als SAP-Anwender die Wahl zwischen einer Vielzahl an Standardberichten. Außerdem bietet das SAP-System die Möglichkeit, an Ihre individuellen Bedürfnisse angepasste Berichte zu erstellen. Das SAP-System wird mit über 3.000 einsetzbaren Standardberichten ausgeliefert. Die meisten Unternehmen, die SAP-Software einsetzen, entwickeln jedoch angepasste Berichte, ohne die verfügbaren Standardberichte auszuwerten. Anstatt die Standardberichte zu nutzen oder mit wenig Aufwand anzupassen, investieren viele Kunden große Bemühungen und viel Geld, um eigene Berichte zu programmieren.

Im Rahmen dieses Buches verwenden wir den Begriff *Bericht (Report)* im Sinne eines ausführbaren Programms, das entwickelt wurde, um Informationen aus einer Datenbank zu extrahieren. Der Bericht liest und evaluiert die Daten aus der Datenbank und zeigt anschließend die Ergebnisse der Auswertung an. Berichte zeigen normalerweise Informationen in Form einer Liste an. Abhängig von der Berichtsliste haben Sie in den meisten Fällen die Möglichkeit, die Anzeige zum Zeitpunkt der Darstellung auf dem Bildschirm zu modifizieren. Die Änderungen wirken sich hierbei nicht auf die Daten im SAP-System aus, sondern lediglich auf deren Darstellung. Wenn Sie z.B. die Liste der Belege eines Sachkontos in der Einzelpostenanzeige nach dem Belegdatum sortieren, werden die Daten lediglich neu gruppiert. Die zugrunde liegenden Daten der SAP hingegen bleiben unverändert.

An wen richtet sich dieses Buch?

Dieses Buch richtet sich an einen großen Personenkreis, der das höhere und mittlere Management, Berater und Key-User mit einschließt. Insbesondere richtet es sich an alle Anwender, die »schnell« Berichte erstellen müssen, und an die eigentlichen Endanwender, also die Berichtsausführer. Es ist für alle von großem Nutzen, die:

- nach Möglichkeiten suchen, um Finanzberichte in kurzer Zeit mit umfassenden Daten zu erstellen und einzusetzen
- eine Übersicht über die wichtigsten Reports im SAP-Modul FI (Finanzbuchhaltung) benötigen
- sich für die Möglichkeiten und Eigenschaften der SAP ERP-Reportingwerkzeuge Report Painter, QuickViewer, Recherche und BW Query interessieren
- verstehen möchten, wie die SAP Business Explorer Suite (BEx) von BW eingesetzt wird und welche Möglichkeiten SAP BusinessObjects bietet
- lernen möchten, wie die Qualität des eigenen Berichtswesens mit den SAP-Werkzeugen optimiert werden kann

Das Ziel dieses Buches ist es, Sie bei der Erstellung von effektiven Finanzberichten zu unterstützen. Außerdem informieren wir Sie über die Fähigkeiten und die umfangreichen Möglichkeiten des FI-Reportings. Wir haben uns speziell der praktischen Seite des Themas gewidmet, um Sie bei Ihrer täglichen Arbeit zu unterstützen. Alle SAP ERP-Beispielreports nutzen Beispieldaten aus dem internationalem Demo- und Schulungssystem IDES der SAP. IDES steht für *International Demonstration and Education System*. SAP stellt hiermit ihren Bestandskunden ein fertig konfiguriertes SAP-System zur Verfügung, das Customizing, Stammdaten und Bewegungsdaten von fiktiven Unternehmen umfasst. Sollten Sie den IDES nutzen wollen, setzen Sie sich direkt mit SAP in Verbindung. Als SAP-Bestandskunde können Sie beliebig viele Kopien des IDES kostenlos innerhalb Ihres Unternehmens einsetzen.

Wie ist dieses Buch aufgebaut?

Das *Praxishandbuch Reporting im SAP-Finanzwesen* umfasst zehn Kapitel:

Kapitel 1, »Reporting im SAP-Finanzwesen«, liefert einen Überblick über die Themen, die in diesem Buch behandelt werden und stellt Ihnen einige themenübergreifende Arbeitshilfen vor.

Kapitel 2, »Standardberichte auswählen und nutzen«, beschäftigt sich mit den unterschiedlichen Alternativen der Berichtsausführung, die in einem SAP-System zur Verfügung stehen. Sie erhalten ebenfalls eine Übersicht der SAP-Reports, die Sie in den jeweiligen Alternativen ausführen können.

Kapitel 3, »Standardberichte in der Hauptbuchhaltung«, enthält die Dokumentationen und Programmbeschreibungen der Programme aus der Komponente Hauptbuchhaltung (FI-GL).

Kapitel 4, »Standardberichte in der Debitorenbuchhaltung«, übernimmt die gleiche Aufgabe für die Komponente Debitorenbuchhaltung (FI-AR).

In **Kapitel 5**, »Standardberichte in der Kreditorenbuchhaltung«, finden Sie dann schließlich die Dokumentationen und Programmbeschreibungen der Programme aus der Komponente Kreditorenbuchhaltung (FI-AP).

Neben Berichten, die direkt einer Komponente zugeordnet werden können, gibt es im SAP-System aber auch komponentenübergreifende Reports aus FI-GL, FI-AR und FI-AP. Mit den Dokumentationen und Programmbeschreibungen dieser Reports beschäftigt sich **Kapitel 6**, »Komponentenübergreifende Standardberichte«.

Kapitel 7, »Report Painter«, enthält die Anleitung zum Einsatz des SAP-Reportingwerkzeugs Report Painter.

In **Kapitel 8**, »Rechercheberichte«, wird die Recherche beschrieben, ein weiteres SAP-Tool zur Berichterstellung.

In **Kapitel 9**, »QuickViewer«, lernen Sie, wie Sie mit dem einfachsten Werkzeug der SAP Query, dem QuickViewer, Berichte erstellen können. Wir stellen Ihnen vor allem die Layout- und Selektionsmöglichkeiten vor, insbesondere den grafischen Layoutmodus. Daneben erläutern wir die Möglichkeiten, die die Nutzung von InfoSets bei der Erstellung von QuickViews bietet. Sie erfahren, wie Datenfelder in einem QuickView definiert werden. In zusätzlichen Feldern können Sie mit grundlegenden ABAP-Befehlen Inhalte beeinflussen.

Kapitel 10, »SAP NetWeaver BW und SAP BusinessObjects«, schildert Ihnen den Aufbau der SAP NetWeaver BEx Suite und stellt Ihnen am Beispiel einer BW Query das Erstellen eines Reports und weitere der BW-Reporting-Tools

Einleitung

vor. Im zweiten Teil des Kapitels erhalten Sie einen kurzen Überblick über einige Werkzeuge von SAP BusinessObjects, das spezielle Fähigkeiten in den Bereichen Layout und Druck von Berichten mitbringt.

Der **Anhang** soll die Kapitel dieses Buches unterstützen. Neben einer Zusammenfassung der in diesem Buch verwendeten Menüpfade und Transaktionscodes finden Sie darin auch ein Glossar, in dem die wichtigsten Begriffe erläutert werden.

Zur Abrundung, vor allem von Kapitel 9, enthält finden Sie als Downloadangebot auf der Verlagswebsite eine kurze Einführung in die Programmiersprache ABAP speziell für den Einsatz in InfoSets. Dort erhalten Sie außerdem eine Übersicht über den in SAP NetWeaver BW enthaltenen Business Content zu FI. Geben Sie dazu unter *https://ssl.galileo-press.de/bonus-seite/* den vorne im Buch (blaue Umschlagseite) abgedruckten Zugangscode ein, und Sie können direkt in das Zusatzangebot springen.

In Tabelle 1 sind die Schwerpunkte der einzelnen Kapitel dieses Buches noch einmal zusammengefasst.

Kapitel	Schwerpunkte
Kapitel 1: Reporting im SAP-Finanzwesen	▶ Grundschritte zur Ausführung eines Berichts ▶ Arbeiten mit Berichtsvarianten ▶ Hintergrundverarbeitung ▶ Transaktionspflege
Kapitel 2: Standardberichte auswählen und nutzen	▶ Infosystem der Komponenten ▶ Allgemeine Berichtsauswahl ▶ Transaktionen in der Anwendung ▶ ABAP-Programmverzeichnis (Transaktion OBZA) ▶ ABAP-Programmausführung (Transaktion SA38) ▶ Komponentenübergreifende Standardberichte
Kapitel 3 bis 5: Standardberichte in Haupt-, Debitoren und Kreditorenbuchhaltung	▶ Dokumentation der Programme ▶ Selektionsbilder ▶ Selektionsfelder ▶ Listausgabe
Kapitel 6: Komponentenübergreifende Standardberichte	▶ Dokumentation der Programme ▶ Selektionsbilder ▶ Selektionsfelder ▶ Listausgabe

Tabelle 1 Inhalte der Kapitel dieses Buches

Kapitel	Schwerpunkte
Kapitel 7: Report Painter	▸ Einsatzgebiete des Report Painters ▸ Aufbau des Report Painters ▸ Ausgabe und Format ▸ Report-Painter-Bericht anlegen ▸ Grundzüge der Berichtsliste
Kapitel 8: Rechercheberichte	▸ Grundlagen der Recherche ▸ Ausgabearten ▸ Recherche anlegen ▸ Grafische Anzeige ändern ▸ Klassischer Recherchebericht
Kapitel 9: QuickViewer	▸ QuickView anlegen ▸ QuickView pflegen ▸ InfoSet anlegen ▸ InfoSet einsetzen
Kapitel 10: SAP NetWeaver BW und SAP BusinessObjects	▸ SAP Business Explorer (BEx) ▸ BEx Query Designer ▸ Business Content ▸ Crystal Reports ▸ Dashboards
Anhang	▸ Glossar ▸ Menüpfade und Transaktionscodes

Tabelle 1 Inhalte der Kapitel dieses Buches (Forts.)

So arbeiten Sie mit diesem Buch

Die einzelnen Kapitel dieses Buches können unabhängig voneinander gelesen werden, sodass Sie die Freiheit haben, einzelne Kapitel auszulassen und sich auf die aktuell interessanten Themen konzentrieren zu können.

Eine besondere Stellung nimmt jedoch Kapitel 2 ein, da es als Lotsenkapitel durch die Vielzahl an SAP-Standardreports des Finanzwesens dient. Diese sind in den Kapiteln 3 bis 6 enthalten, jeweils alphabetisch nach den Reportnamen sortiert. Außer dem Inhaltsverzeichnis und Kapitel 2 können Sie außerdem auch den Index dieses Buches nutzen, um die gesuchten Reports zu finden.

Bedenken Sie in den Kapiteln 7 bis 10 immer: Es gibt in den seltensten Fällen ein objektiv bestes Tool zur Erstellung eines Berichts. In den meisten Fällen hängt es in der Praxis davon ab, mit welchem Werkzeug Sie am besten

Einleitung

zurechtkommen. Da fast immer der Faktor Zeit eine große Rolle spielt, haben Sie in der Regel selten die Zeit, die Sie benötigen, um sich ein neues Hilfsmittel anzueignen. Außerdem gilt auch in diesem Fall, dass viele Wege zum Ziel führen; dies ist ja auch eine der Stärken von SAP-Systemen.

Im gesamten Buch finden Sie Symbole, die Sie auf besondere Tipps, Hinweise oder Beispiele aufmerksam machen sollen.

[+] Mit diesem Symbol werden Tipps markiert, die Ihnen die Arbeit erleichtern werden.

[»] Dieses Symbol gibt Ihnen Hinweise zu Besonderheiten oder Stolpersteinen, auf die Sie besonders achten sollten.

[zB] Wenn das besprochene Thema anhand von praktischen Beispielen erläutert und vertieft wird, machen wir Sie mit diesem Symbol darauf aufmerksam.

Danksagungen

Bücher zu schreiben ist nicht einfach, und gerade ein Fachbuch zu einer komplexen Standardsoftware wie dem SAP-System mit seinem Modul Finanzwesen fordert nicht nur von den Autoren großen Einsatz. Viele Freunde und Kollegen haben uns bei diesem Projekt unterstützt, sei es durch Vorschläge, zusätzliche Informationen oder ihre Hilfe bei der Korrektur der ersten Versionen. Wir bedanken uns besonders bei unseren Kollegen in der Hauptverwaltung der Deutschen Rentenversicherung Knappschaft Bahn See und der OctaVIA AG.

Besonders möchten wir uns außerdem bei Herrn Frank Drexler von SAP und Herrn Mohamed Abdel Hadi von SAP für ihre Unterstützung bei Kapitel 10, »SAP NetWeaver BW und SAP BusinessObjects«, bedanken.

Wir stellen jedoch bei unseren Buchprojekten immer fest, dass unsere Familien und deren Rückhalt jedes Mal erneut den wichtigsten Faktor darstellen. Da wir während der Arbeit an diesem Buch fast jede freie Minute in das Projekt investieren mussten, haben unsere Familien am meisten unter unserem »Hobby« gelitten. Ein besonderes Dankeschön gilt Dieter, Tom und Lasse Forsthuber sowie Yasmin Forsthuber, die wir zu unserem Bedauern lange vernachlässigt haben.

Ebenfalls möchte ich, Abdarahman Fardas, denen danken, die mir zu Hause Unterstützung gaben: meiner Frau Karima und meinen Kindern Yousra und Youssef Fardas.

Heinz Forsthuber, Abdarahman Fardas, Karin Bädekerl

In diesem Kapitel erhalten Sie zunächst einen Überblick über die einzelnen Themen, die in den weiteren Kapiteln dieses Buches näher erläutert werden. Anschließend zeigen wir Ihnen einige Techniken, die die Arbeit mit Berichten wesentlich vereinfachen.

1 Reporting im SAP-Finanzwesen

In diesem Kapitel erhalten Sie eine Übersicht über die verschiedenen Reporting-Tools der SAP. Sie werden eine Anwendungshierarchie für diese Tools und einige Eigenschaften dieser Werkzeuge kennenlernen. Darüber hinaus erfahren Sie, wie Sie die Berichtsausführung über die Jobsteuerung automatisieren und somit zur Hintergrundverarbeitung einplanen können. Sie lernen, wie Sie Varianten für Ihre Berichte hinterlegen können, um den Aufruf dieser Berichte zu vereinfachen.

1.1 Überblick

Das SAP-System eines Unternehmens wird auch dazu genutzt, für die einzelnen Fachbereiche im Unternehmen Informationen bereitzustellen, um die Entscheidungsfindung im operativen Geschäft zu unterstützen. Dazu können Sie entweder die im SAP-System bereits vorhandenen Standardreports nutzen oder individuelle Berichte erstellen. Es ist auch möglich, durch einen eigenen Programmierer erstellte ABAP-Berichte zu nutzen.

Diese ABAP-Berichte werden in einem genau festgelegten Prozess programmiert, getestet, freigegeben und abschließend ins Produktivsystem transportiert. Zwangsläufig nimmt dies einige Tage in Anspruch, sodass die benötigten Daten erst mehrere Tage nach Anforderung durch die Fachabteilung zur Verfügung stehen.

Wenn Sie eines der von SAP zur Verfügung gestellten Reportingwerkzeuge nutzen, ist es möglich, Berichte mit einem geringeren Zeit- und Arbeitsaufwand zu erstellen. Zum Beispiel können Sie mit den im SAP ERP-System ausgelieferten Werkzeugen Recherche, Report Painter oder SAP Query mit relativ einfachen Mitteln individuelle Berichte erstellen.

Um sich das Erstellen eines Berichts so einfach wie möglich zu machen, empfehlen wir folgende Vorgehensweise bei der Berichtserstellung (siehe Abbildung 1.1): Stellen Sie fest, dass ein bestimmter Bericht benötigt wird, stellt sich zuerst die Frage, ob es einen solchen Bericht schon gibt. Kann einer der SAP-Standardberichte die Anforderungen abdecken? Nur wenn dies nicht der Fall ist, sollten Sie einen eigenen Bericht erstellen. Als Nächstes gilt es, das für Ihren Zweck geeignete Reportingwerkzeug zu identifizieren, denn nicht alle der in diesem Buch beschriebenen Tools sind für alle Berichtszwecke gleichermaßen geeignet. Dabei handelt es sich um:

- SAP Query und QuickViewer
- Report Painter und Report Writer
- Recherche
- SAP NetWeaver Business Warehouse (BW) und SAP BusinessObjects

Neben diesen SAP-Standard-Tools zur Berichtsentwicklung werden in diesem Buch die wichtigsten Standardreports des Moduls Finanzwesen (Haupt-, Debitoren- und Kreditorenbuchhaltung) im Detail erläutert.

Die Komponente SAP Query, die im Modul BC (Basissystem) angesiedelt ist, ermöglicht die Definition von Reports. Die freie Nutzung dieses Werkzeugs setzt jedoch eine umfassende Kenntnis der SAP-Datenstrukturen voraus. Mit SAP Query stehen die drei Typen *Grundliste* (genau eine), *Statistik* (maximal neun) und *Rangliste* (maximal neun) zur Verfügung. Ursprünglich war SAP Query an Entwickler gerichtet, um schnell und einfach ABAP-Coding zu generieren. Der QuickViewer, der zu den Query-Reporting-Werkzeugen gehört, ist sehr einfach anzuwenden und eignet sich daher besonders gut für SAP-Anwender. Er bietet jedoch im Vergleich zur SAP Query nur einen sehr geringen Funktionsumfang.

Der Report Painter wie auch der Report Writer werten Datenbanktabellen des SAP ERP-Systems aus. In der Praxis wird fast ausschließlich der Report Painter genutzt, sodass wir uns in diesem Buch auf dieses Tool beschränken und den Report Writer vernachlässigen, der als Vorläufer des Report Painters anzusehen ist.

Die SAP-Recherche dient zur interaktiven Analyse von Datenbanktabellen bzw. Summentabellen des SAP ERP-Systems. Genutzt wird die SAP-Recherche im Modul FI sowie in den SAP-Informationssystemen LIS (Logistikinformationssystem), FIS (Finanzinformationssystem) und EIS (Führungsinformationssystem). Sie können einen Rechercheberichte mit und ohne Formular anlegen, wobei ein Formular mit dem Report Painter erstellt wird.

Die Nutzung eines eigenständigen BW-Systems außerhalb des SAP ERP-Systems bietet sich beim Vorhandensein von Massendaten mit einem zeitlichen Bezug an – insbesondere dann, wenn Daten aus verschiedenen Quellsystemen ausgewertet werden und aggregiert werden sollen.

Darüber hinaus sind in einem SAP ERP-System viele Auswertungsprogramme im Standard vorhanden, die Sie zur Analyse der in den Datenbanktabellen enthaltenen Daten nutzen können. Bevor Sie einen neuen Bericht erstellen, sollten Sie deshalb zunächst prüfen, ob Sie nicht mit einem dieser Standardprogramme ebenfalls an das gewünschte Ziel gelangen.

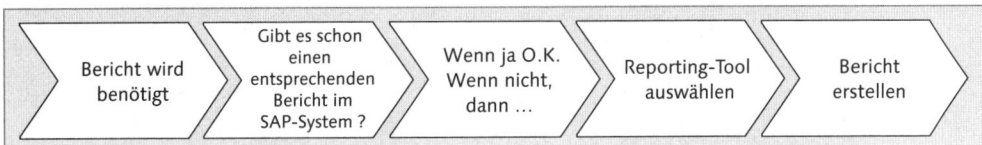

Abbildung 1.1 Prozess der Berichtserstellung

Nun müssen Sie entscheiden, welches Reporting-Tool das richtige ist, um alle Anforderungen an Ihren Bericht abdecken zu können. Um eine Entscheidung zu treffen, brauchen Sie ausreichende Informationen über die einzelnen Reporting-Tools. In Tabelle 1.1 sehen Sie die Anwendungshierarchie für die wichtigsten Reporting-Tools der SAP. Sie finden hier Informationen darüber, welche Komponente im SAP-Finanzwesen (FI) von welchen Reporting-Tools unterstützt wird.

Reporting-Tool FI-Komponte	SAP Query & QuickViewer	Recher- che	Report Painter	SAP Net- Weaver BW
Hauptbuchhaltung (FI-GL)	✓	✓	✓	✓
Kreditorenbuchhaltung (FI-AP)	✓	✓	–	✓
Debitorenbuchhaltung (FI-AR)	✓	✓	–	✓
Bankbuchhaltung (FI-BL)	✓	–	✓	✓
Anlagenbuchhaltung (FI-AA)	✓	–	–	✓

Tabelle 1.1 Anwendungshierarchie der Reporting-Tools

Zu den verschiedenen Reporting-Tools sind aber noch weitere Informationen relevant. In Tabelle 1.2 erhalten Sie einen Überblick der entscheidenden Eigenschaften der einzelnen Werkzeuge, wobei die Zahlen 1–3 wie Schulnoten gewertet werden.

	QuickViewer	Recherche	Report Painter	SAP Net-Weaver BW
Integration mit Tabellenkalkulation	Download nach Excel	Download nach Excel	MS Excel als Oberfläche	MS Excel als Oberfläche
Integration von Web Reporting	SAP GUI for HTML	SAP GUI for HTML	SAP GUI for HTML	Web Application Designer
Schwierigkeitsgrad (1 = leicht)	1	2	1	1
Flexibilität bei Änderungen (1 = sehr flexibel)	1	3	2	1
Handhabung (1 = einfach)	1	3	2	1
Drag & Drop	ja	ja	nein	ja
Geschwindigkeit (1 = schnell)	3	2	2	1
Tools für optimierte Performance	nein	ja	nein	ja
Verfügbarkeit von Standardberichten (1 = sehr viele vorhanden)	3	2	2	1

Tabelle 1.2 Eigenschaften der Reporting-Tools

In Abbildung 1.2 ist der grundsätzliche Ablauf einer Berichtsausführung im Überblick dargestellt. Unabhängig davon, welches der Reportingwerkzeuge Sie verwenden, erscheint zuerst das Selektionsbild des Berichts. Darin füllen Sie die vorhandenen Parameter entweder manuell, oder Sie verwenden eine vorhandene Variante. Anschließend wird der Bericht ausgeführt und das Ergebnis am Bildschirm ausgegeben. Nachdem Sie das Berichtsergebnis geprüft haben, können Sie u.a. dieses Ergebnis downloaden und außerhalb des SAP-Systems weiterverarbeiten, es per E-Mail versenden oder natürlich auch ausdrucken.

Nach diesem einleitenden Überblick zu den einzelnen Tools beschreiben wir in den folgenden Abschnitten dieses Kapitels die Themen, die in allen Kapiteln genutzt werden können. Dabei handelt es sich um den Einsatz von Berichtsvarianten und die Möglichkeit der Automatisierung mithilfe der Jobsteuerung.

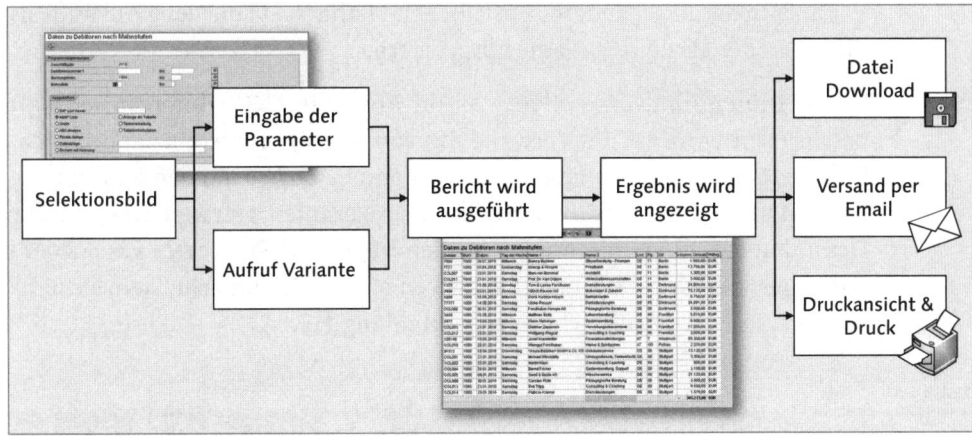

Abbildung 1.2 Allgemeiner Ablauf der Berichtsausführung

1.2 Berichtsvarianten

Eine *Berichtsvariante* ist eine Gruppe von gesicherten Selektionskriterien, Berichtsvarianten sind eine gute Möglichkeit, die tägliche Arbeit mit Auswertungen und Berichten zu erleichtern, und sind für alle Berichtstools geeignet. Eingegebene Werte, die immer wieder benötigt werden, können als Variante gespeichert werden und stehen so beim Aufrufen des Berichts automatisch zur Verfügung. Es ist möglich, mehrere Varianten pro Bericht anzulegen. Im Folgenden erläutern wir Ihnen die Pflege dieser Varianten detailliert.

Nachdem Sie einen Bericht aufgerufen und die Selektionskriterien eingegeben haben, können Sie die Werte als Variante sichern. Mittels Varianten können Sie vordefinierte Auswahlkriterien erneut aufrufen, ohne die Werte im Selektionsbild bei jeder einzelnen Berichtsausführung nochmals eingeben zu müssen. Ein Bericht kann über verschiedene Varianten verfügen, wobei jede Variante unterschiedliche Datenbestände abruft. Weil die Dateneingabe reduziert wird, lassen sich mithilfe von Varianten auch Eingabefehler minimieren. Wenn Sie für jede Anwendung eines ausführbaren Programms eine Variante mit den jeweils optimalen Werten anlegen, stellen Sie zusätzlich sicher, dass die Ergebnisliste präziser und schneller erscheint. Denn genau abgegrenzte Eingaben reduzieren die Laufzeit des Reports.

Wenn Sie einen Bericht erneut ausführen, geben Sie also nur noch die entsprechende Variante ein; ein wiederholtes Eingeben der Werte in die Eingabefelder des Selektionsbildes ist nicht erforderlich, denn die Eingabefelder sind bereits mit Werten gefüllt. Sie können jedoch die voreingestellten Werte der

Variante in der Regel ändern. Anschließend können Sie die neue Auswahl als dieselbe oder als neue Variante abspeichern.

In der Hintergrundverarbeitung, die in Abschnitt 1.3, »Automatisierung«, beschrieben wird, ist die Verwendung von Varianten die einzige Möglichkeit, um Selektionswerte übergeben zu können. Daher müssen Reports, die im Hintergrund verarbeitet werden, über Varianten gestartet werden. Zur Definition einer Variante wählen Sie den Menüpfad SPRINGEN • VARIANTEN • ALS VARIANTE SPEICHERN, oder Sie klicken auf die Schaltfläche SICHERN. Daraufhin erscheint der Bildschirm aus Abbildung 1.3.

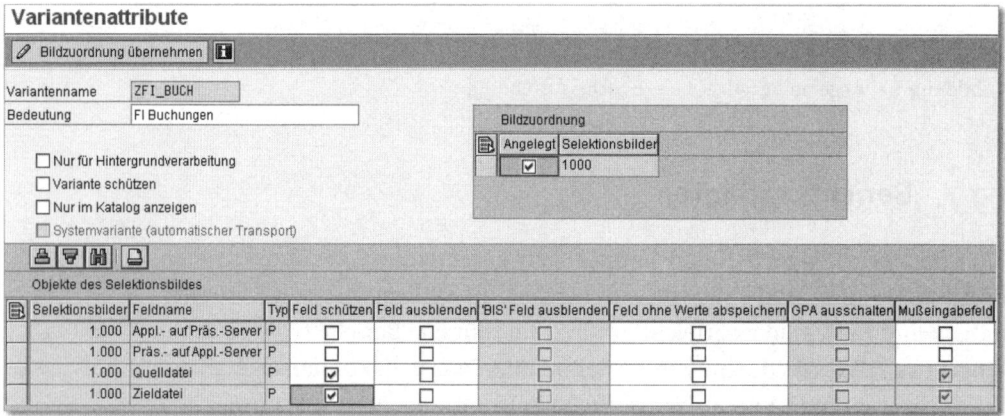

Abbildung 1.3 Variantenattribute

Die Variantenpflege ist auch über die Transaktion SE38 zu erreichen, hier würde der Einstieg wie in Abbildung 1.4 aussehen. Wenn Sie hier das Kennzeichen ATTRIBUTE markieren, gelangen Sie auch zur Sicht aus Abbildung 1.3.

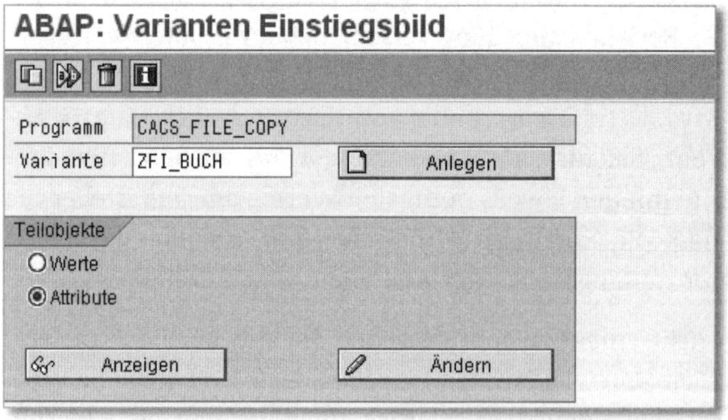

Abbildung 1.4 Einstieg in die Variantenpflege über die Transaktion SE38

Geben Sie zunächst in das Feld VARIANTENNAME eine Bezeichnung für die betreffende Variante ein. Anschließend verfassen Sie im Feld BESCHREIBUNG eine kurze, aussagekräftige Erläuterung zu dieser Variante, die bis zu 30 Stellen lang sein darf.

Für den Variantennamen können Sie jede beliebige Zeichenfolge mit Ausnahme der Sonderzeichen »%« (Prozentzeichen) und »$« (Dollarzeichen) verwenden. Klicken Sie auf SICHERN, um die neu erstellte Variante zu speichern.

Der mittlere Teil des Dialogfensters enthält die Umgebungsoptionen, über die Sie festlegen, wie eine Variante verwendet werden kann:

- **Nur für die Hintergrundverarbeitung**
  Markieren Sie dieses Feld, wenn eine Variante nur in der Hintergrundverarbeitung, nicht aber im Online-Betrieb verwendet werden soll.

- **Variante schützen**
  Diese Möglichkeit wählen Sie, wenn die gesamte Variante geschützt werden soll. Nur die Person, die eine Variante erstellt hat, kann diese auch verändern oder löschen.

- **Nur im Katalog anzeigen**
  Durch diese Option reduziert sich die Anzahl der Varianten, wenn Sie die F4 -Taste drücken. Die Varianten werden nur im Variantenkatalog angezeigt.

Im Bereich OBJEKTE DES SELEKTIONSBILDES haben Sie die Möglichkeit, die Merkmale für die einzelnen Objekte festzulegen. Hierbei haben Sie die Wahl zwischen den folgenden Feldattributen:

- **Feld schützen**
  Durch die Markierung dieses Feldes wird das betreffende Selektionskriterium gegen Eingaben zur Laufzeit geschützt. So gekennzeichnete Werte sind zwar für den Benutzer sichtbar, aber nicht eingabebereit (grau hinterlegt), wenn der Nutzer das Programm mit dieser Variante startet.

- **Feld ausblenden**
  Durch die Wahl dieses Feldes wird das betreffende Selektionskriterium ausgeblendet, wenn Sie beim Start diese Variante verwenden. Beim Anzeigen der Variante werden solche Selektionskriterien unter NICHT SICHTBARE PARAMETER/SELECT-OPTIONS angezeigt, sofern sie mit Werten versorgt wurden. Mittels dieser Option können Sie Selektionskriterien komplett ausblenden und somit Einfluss auf das Aussehen des Selektionsbildes nehmen.

▶ **Feld »bis« ausblenden**
Bei einer Markierung dieser Option kann zum betreffenden Selektionskriterium kein Intervall eingegeben werden.

▶ **Feld ohne Werte abspeichern**
Durch diese Option wird der Feldinhalt beim Import der Variante nicht berücksichtigt. Ist also dieses Kennzeichen gesetzt und hat ein Selektionsfeld zum Zeitpunkt des Imports der Variante einen Inhalt, ist dieser Feldinhalt auch nach dem Import noch vorhanden (kein Überschreiben mit der Leertaste oder dem jeweiligen Wert in der Variante). Dies gilt auch für etwaige Benutzerparameter, die innerhalb der Benutzerpflege hinterlegt worden sind.

▶ **Musseingabe (erforderliches Feld)**
Wenn Sie dieses Feld markieren, muss das entsprechende Selektionskriterium beim Ausführen des Berichts zwingend mit einem Wert gefüllt sein.

▶ **Selektionsvariable**
Bei einem Eintrag in diesem Feld wird das Selektionskriterium durch eine Tabellenvariable oder einen Funktionsbaustein mit Werten versorgt (z.B. aktuelles Tagesdatum). Sie erreichen damit, dass der Wert zu dieser Selektion erst zur Laufzeit automatisch gesetzt wird. Wurden für das Selektionskriterium auf dem Selektionsbild bereits Werte eingegeben, werden diese durch die Werte des Funktionsbausteins/der Tabellenvariablen überschrieben – es sei denn, es ist gleichzeitig das Feld OHNE WERTE ABSPEICHERN markiert.

Die Werte der Variante sehen Sie in Abbildung 1.5.

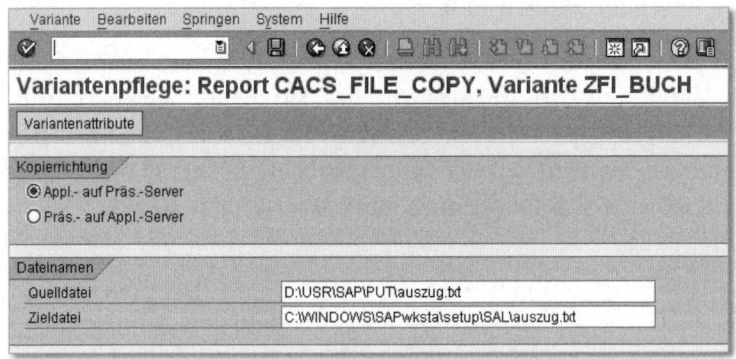

Abbildung 1.5 Werte der Variante

Um nicht stets eine neue Variante bei einer Wertänderung anlegen zu müssen, können Sie variable Werte in Varianten hinterlegen. Das SAP-System unterstützt derzeit für die variable Selektion zwei Möglichkeiten:

- **In Tabelle TVARVC definierte Festwerte**
  Diese Vorgehensweise nutzen Sie, falls bestimmte Selektionskriterien aufgabenspezifisch gefüllt werden sollen. Die einzelnen Ausprägungen müssen dann je Variable innerhalb eines Pflege-Views zur Tabelle TVARVC hinterlegt werden. Dies muss gegebenenfalls täglich oder sogar mehrfach täglich erfolgen. Bei dieser Methode besteht also weiterhin ein Pflegebedarf der benötigten Selektionskriterien. Allerdings fällt dieser zentral und nicht bei den einzelnen Anwendern an, die davon nichts mitbekommen.
- **Variable Datumsberechnung**
  Diese Form wird eingesetzt, wenn Sie in einer Variante etwa das Tagesdatum oder den letzten Tag des aktuellen Monats hinterlegen müssen. In diesem Fall ist keine weitere Pflege erforderlich.

> **Variable Datumsberechnung**
>
> Um eine Selektionsvariable für die Datumsberechnung verwenden zu können, muss ein Datumsfeld im betreffenden SAP-Programm als Selektionskriterium (Typ S) oder als Parameter (Typ P) definiert sein.

Zunächst müssen Sie in der Spalte SELEKTIONSVARIABLE die Variable D (DYNAMISCHE DATUMSBERECHNUNG) auswählen (siehe Abbildung 1.6). Dies kann mit der [F4]-Hilfe geschehen. Die gewünschte Selektionsvariable wird mit einem Doppelklick eingefügt. Anschließend müssen Sie noch die Art der Datumsbestimmung festlegen. Dies erledigen Sie in der Spalte NAME DER VARIABLEN. Die Eingabe in diese Zelle kann *nur* mithilfe der [F4]-Taste erfolgen. In diesem Fall erscheint das Dialogfenster aus Abbildung 1.6.

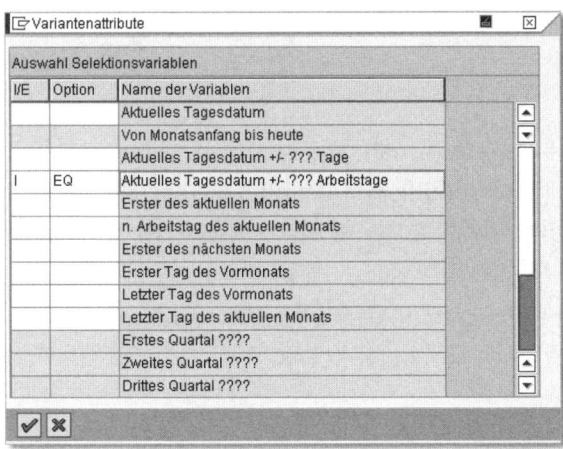

Abbildung 1.6 Attribute bei Datumsvariablen

Betrachten wir ein Beispiel zur variablen Datumsberechnung. Bei Aufruf der Einzelpostenanzeige mit Variante soll jeweils der Vortag zum aktuellen Tagesdatum im Feld OFFEN ZUM STICHTAG eingetragen sein.

Markieren Sie im Dialogfenster aus Abbildung 1.6 einen Eintrag, und klicken Sie auf die Schaltfläche AUSWÄHLEN. Alternativ führen Sie einen Doppelklick auf den gewünschten Eintrag aus. In diesem Beispiel ist dies der Eintrag AKTUELLES TAGESDATUM +/- ??? ARBEITSTAGE. In den Spalten I/E und OPTION müssen Sie die gewünschten Selektionsoptionen angeben – in unserem Fall I für Included, d.h., der Wert soll selektiert werden, und EQ als Gleichheitsoperator. Um Tage abzuziehen, müssen Sie eine Zahl mit vorangestelltem Minuszeichen eingeben (siehe Abbildung 1.7).

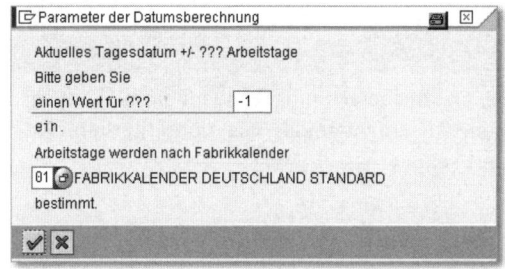

Abbildung 1.7 Parameter der Datumsberechnung

Es erscheint in diesem Fall ein Dialogfenster zur Angabe der Anzahl von Arbeitstagen; bezogen auf den Vortag, ist dies ein Tag. Außerdem muss in diesem Beispiel noch ein Fabrikkalender angegeben werden. Weiter geht es mit der Schaltfläche AUSFÜHREN.

1.3 Automatisierung

Die SAP-Hintergrundverarbeitung dient der Automatisierung von Routineaufgaben. Das SAP-System führt mithilfe von definierten Jobs alle Reports und Programme aus, die interaktiv gestartet werden können. Dabei müssen folgende Angaben gemacht werden:

- ABAP-Report oder externes Programm, das ausgeführt werden soll
- Startzeit
- Druckparameter

Wenn die angegebene Startzeit erreicht ist, startet die Hintergrundverarbeitung den Job und führt den angegebenen Report bzw. das angegebene Programm aus. Durch die Verwendung von Jobs können die Systemressourcen optimal genutzt werden, da so ressourcenintensive Programme in Zeiten mit geringer Systemauslastung ausgeführt werden können. Ein weiterer Vorteil der Hintergrundverarbeitung besteht darin, dass im Hintergrund laufende Reports nicht den Laufzeitbeschränkungen der Dialogverarbeitung unterliegen.

1.3.1 Jobdefinition

Im SAP-System gibt es zwei Möglichkeiten, die Hintergrundverarbeitung aufzurufen:

- ABAP-Programme und -Reports können direkt im Hintergrund gestartet werden.
- ABAP-Programme und -Reports können als Hintergrundjob eingeplant werden.

Wir beschäftigen uns hier mit der Einplanung als Hintergrundjob.

Jobs und Job-Steps

Mithilfe von Jobs (Aufgaben, Arbeiten) und Job-Steps (Einzelschritte eines Jobs) lassen sich komplexe Aufgaben als Einheit behandeln. Mehrere Programme, die zur Ausführung einer bestimmten Aufgabe erforderlich sind, können als Steps innerhalb eines Jobs eingeplant werden. Der Job dient dabei als logisches Behältnis für alle notwendigen Einzelschritte (Steps).

Zum Beispiel kann es zur Verbuchung einer Datei notwendig sein, diese Datei zuerst auf Betriebssystemebene von einem Eingangsverzeichnis in ein Verarbeitungsverzeichnis zu kopieren, um anschließend mithilfe der LSMW verbucht zu werden. Der erste Schritt wird dann vom Programm RN2OS_COPY_FILE übernommen, während für den zweiten Schritt das Programm /SAPDMC/SAP_LSMW_INTERFACE genutzt wird. Durch das Anlegen eines Jobs mit zwei Steps können die beiden Programme als eine Einheit behandelt werden. Mit der Einplanung dieses Jobs werden beide Programme eingeplant und hintereinander ausgeführt.

Im Allgemeinen laufen Job-Steps in der Reihenfolge, in der sie in den Job eingegeben werden. Der erste Step startet, läuft und wird beendet. Dann startet der zweite Step etc. Wenn ein Job-Step abbricht, bricht der gesamte Job ab. Es werden keine weiteren Steps ausgeführt, und der Job erhält den Status ABGEBROCHEN. Im SAP-System gibt es zwei Arten von Job-Steps:

- ein ABAP-Programm vom Typ 1 (ausführbares Programm)
- ein externes Kommando oder externes Programm

Ereignisse

Unter einem *Ereignis* versteht man im SAP-System das Eintreten einer Zustandsänderung eines Objekts, das systemweit publiziert wird. Beispiele für solche Zustandsänderungen sind: »Rechnung erfasst« oder »Bestellung freigegeben«. Die Liste der möglichen Ereignisse kann kundenspezifisch erweitert werden; die tatsächliche Erzeugung der hinzugefügten Ereignisse muss in diesem Fall vom Kunden sichergestellt werden.

Im SAP-System gibt es zwei Arten von Ereignissen:

- **Systemereignisse**
  Diese sind von SAP vordefiniert.

- **Benutzerereignisse**
  Diese können selbst definiert werden und müssen durch eigene oder externe ABAP-Programme ausgelöst werden.

[zB] **Systemereignis**

Bei einem Betriebsartenwechsel wird das Systemereignis SAP_OPMODE_SWITCH in der Hintergrundsteuerung ausgelöst. Als Argument trägt das Ereignis den Namen der aktuellen Betriebsart, etwa NACHT. Wird ein Job für das oben genannte Ereignis mit dem Argument NACHT eingeplant, dann wird der Job beim nächsten Wechsel zur Betriebsart NACHT ausgeführt. Bei einer periodischen Wiederholung würde dieser Job jedes Mal gestartet, wenn die Betriebsart NACHT aktiv wird.

Jobstartverwaltung

Ein Job kann mithilfe einer Startzeit oder mit dem Eintreten eines Ereignisses eingeplant werden. Zu beiden Startbedingungen existiert im SAP-System ein eigener Job-Scheduler:

- **Zeitgesteuerter Scheduler**
  Der zeitgesteuerte Scheduler läuft periodisch und sucht nach Jobs, die mit einer bestimmten Startzeit ausgeführt werden sollen. Standardmäßig läuft dieser Scheduler alle 60 Sekunden auf jedem SAP-Server. Der zeitgesteuerte Scheduler übernimmt auch die Verantwortung für den Start ereignisgesteuerter Jobs, falls diese Jobs beim Eintreten der Startbedingung nicht gestartet werden können. Dies kann etwa dadurch geschehen, dass beim Eintreten der Startbedingung nicht genügend Systemressourcen frei sind. Diese Jobs werden dann so bald wie möglich gestartet.

- **Ereignisgesteuerter Scheduler**
  Der ereignisgesteuerte Scheduler startet, sobald ein Ereignis ausgelöst wird, und sucht nach Jobs im SAP-System, die auf genau dieses Ereignis warten.

Ein Job ist startfähig, wenn die beiden folgenden Bedingungen erfüllt sind:

- Die für diesen Job angegebene Startbedingung ist erfüllt.
- Der Job ist für die Ausführung freigegeben.

Kein Job kann vor seiner Freigabe ausgeführt werden, selbst dann nicht, wenn er zur sofortigen Ausführung eingeplant ist.

Job definieren

Zur Definition eines Jobs gelangen Sie im SAP-System über den Pfad SYSTEM • DIENSTE • JOBS • JOBDEFINITION oder über die Transaktion SM36.

Abbildung 1.8 Jobdefinition: Einstiegsbild

Im SAP-System gibt es mehrere Möglichkeiten, einen Hintergrundjob einzuplanen, Sie können die Einplanung z.B. direkt im Einstiegsbild (siehe Abbildung 1.8) vornehmen, Sie können sie aber auch mithilfe des Job Wizards durchführen.

Jeder Job ist einer Jobklasse zugeordnet:

- Klasse A (hohe Priorität)
- Klasse B (mittlere Priorität)
- Klasse C (niedrige Priorität)

Mithilfe der Schaltfläche JOB WIZARD kann ein Job mit Unterstützung des Systems definiert werden (siehe Abbildung 1.9). Es erfolgt die Eingabe eines Jobnamens und gegebenenfalls eines Zielservers.

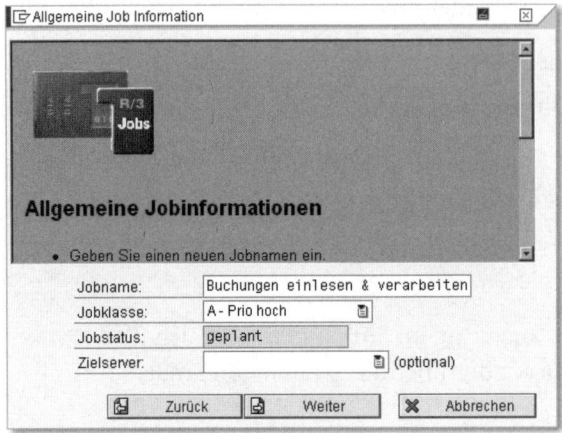

Abbildung 1.9 Job Wizard: Einstiegsbild

In der Definition des ersten Steps legen Sie zunächst den Typ fest (siehe Abbildung 1.10).

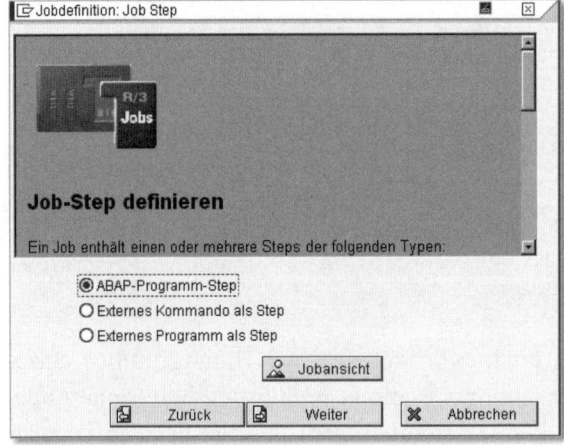

Abbildung 1.10 Job Wizard: Festlegung des Step-Typs

Bei der Definition eines Jobs im SAP-System haben Sie die Wahl zwischen zwei Arten von Job-Steps:

- ein ABAP-Programm vom Typ 1 (ausführbares Programm)
- ein externes Kommando oder externes Programm

Zur Definition des Steps geben Sie den Programmnamen und die Programmvariante bzw. den Namen des externen Kommandos oder des externen Programms an (siehe Abbildung 1.11).

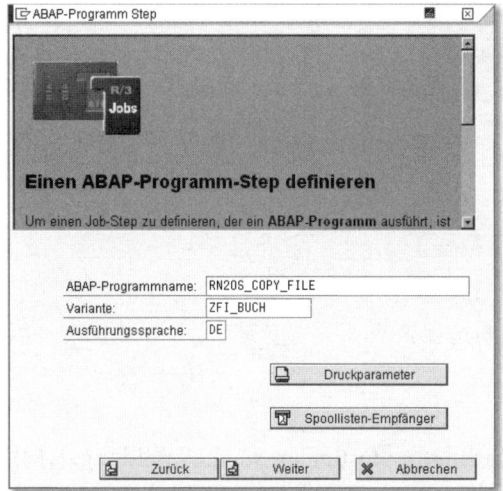

Abbildung 1.11 Job Wizard: Definition eines Steps

Sollen weitere Steps definiert werden, setzen Sie das Kennzeichen WEITERE STEPS ANHÄNGEN. Anschließend können Sie den nächsten Job-Step erfassen. Andernfalls klicken Sie auf die Schaltfläche WEITER (siehe Abbildung 1.12).

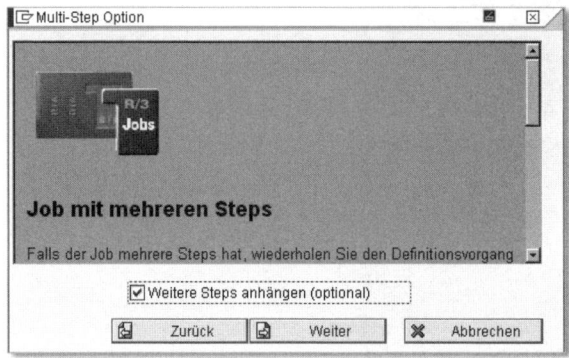

Abbildung 1.12 Job Wizard: Weitere Steps anhängen

Anschließend gelangen Sie wieder in die Sicht STEP DEFINIEREN und können hier Ihren zweiten Step eintragen.

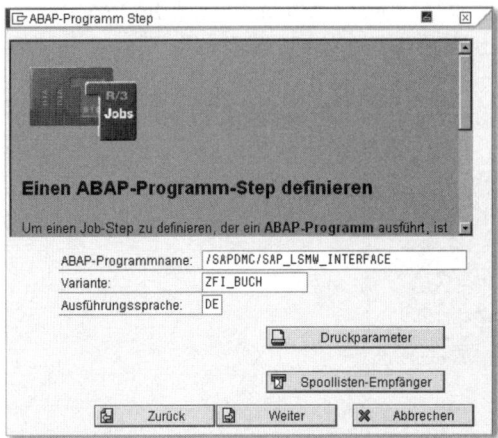

Abbildung 1.13 Job Wizard: Weiteren Step definieren

Startbedingung definieren

Außerdem müssen Sie die Startbedingung festlegen (siehe Abbildung 1.14). Wählen Sie hier die entsprechende Option, um die Startbedingung zu definieren. Es bleibt Ihnen überlassen, ob Sie zunächst die Startbedingung oder erst die einzelnen Steps festlegen. Die Reihenfolge hat keinen Einfluss auf die weitere Verarbeitung.

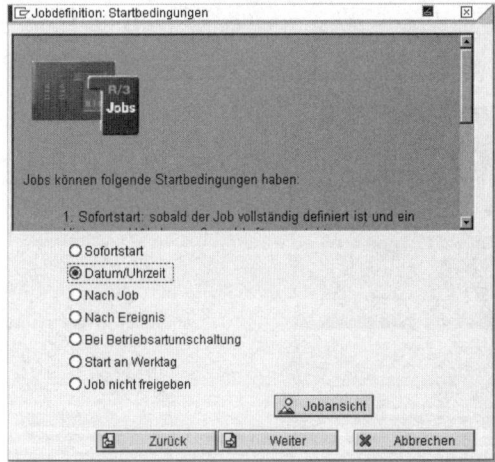

Abbildung 1.14 Job Wizard: Festlegung der Startbedingung

Bei einem Job, der automatisch wiederholt werden soll, können Einschränkungen für zukünftige Starttermine gemacht werden (etwa: Start nur an Werktagen):

- **Sofortstart**
  Die Auswahl dieser Startbedingung bewirkt, dass der Report so bald wie möglich gestartet wird.

- **Datum/Uhrzeit**
  Der Job wird zum angegebenen Datum und zur angegebenen Uhrzeit gestartet. Daneben können Sie eine Frist angeben, nach der der Job nicht mehr ausgeführt werden soll. Diese Funktion verhindert, dass periodische Jobs zu einem unerwünschten Zeitpunkt gestartet werden – z.B., dass ein Routinejob, der nur nachts ausgeführt werden soll, tagsüber ausgeführt wird, falls sich sein Start verzögert.

- **Nach Job**
  Der Job wird gestartet, sobald der angegebene Job abgeschlossen ist. Dabei kann auch festgelegt werden, ob der Vorgängerjob erfolgreich beendet werden muss oder nicht. Im ersten Fall muss das Feld START STATUSABHÄNGIG markiert werden. Falls der Vorgängerjob abbricht, wird dieser Job nicht ausgeführt. Dies ist sinnvoll, wenn der zweite Job vom Ereignis des ersten Jobs abhängig ist.
  - Job: Auswertung erstellen
  - Job: Auswertung drucken

> **Periodizität in der Startbedingung**
> Jobs, die nach Beendigung eines vorangegangenen Jobs starten, können nicht als periodische Jobs eingeplant werden.

[«]

- **Nach Ereignis**
  Der Job wird in diesem Fall durch das eingetretene Ereignis ausgelöst, d.h., der Job startet, wenn das angegebene Ereignis eingetreten ist. Ein Ereignis zeigt der Hintergrundverarbeitung an, dass eine Aktion ausgeführt wurde (etwa: Start des SAP-Systems). Über die F4 -Taste können Sie sich eine Liste der Ereignisse anzeigen lassen, die zur Verfügung stehen.

- **Bei Betriebsartumschaltung**
  Der Job startet in diesem Fall, wenn die angegebene Betriebsart im SAP-System aktiv wird. Eine Betriebsart ist eine bestimmte Konfiguration des SAP-Systems. In vielen SAP-Systemen ist etwa die Betriebsart NACHT eingerichtet, die über zusätzliche Ressourcen für die Hintergrundverarbeitung verfügt. Mithilfe der F4 -Taste können Sie eine Betriebsart aus der angebotenen Liste auswählen.

Mit Klick auf die Schaltfläche WEITER gelangen Sie zu den Einstellungen des Jobstarts (siehe Abbildung 1.15).

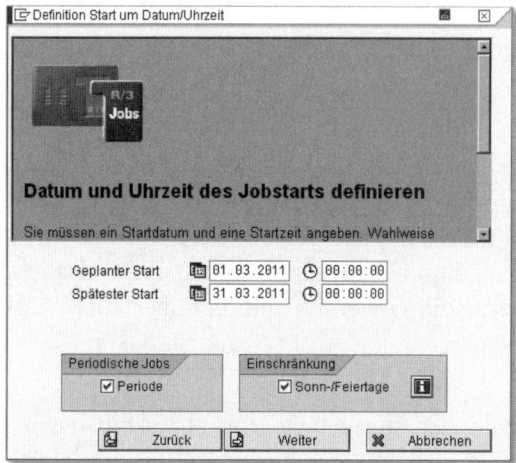

Abbildung 1.15 Job Wizard: Festlegung des Jobstarts

Falls die Ausführung eines Jobs davon abhängt, ob der Termin auf einen Werktag fällt, muss das Feld SONN-/FEIERTAGE im Bereich EINSCHRÄNKUNG markiert werden. In einem neuen Dialogfenster können Sie im weiteren Verlauf die unterschiedliche Behandlung festlegen. Falls im Feld PERIODE eine Markierung gesetzt ist, muss im folgenden Dialogfenster die Wiederholungsperiode eingegeben werden, wie in Abbildung 1.16 zu sehen ist.

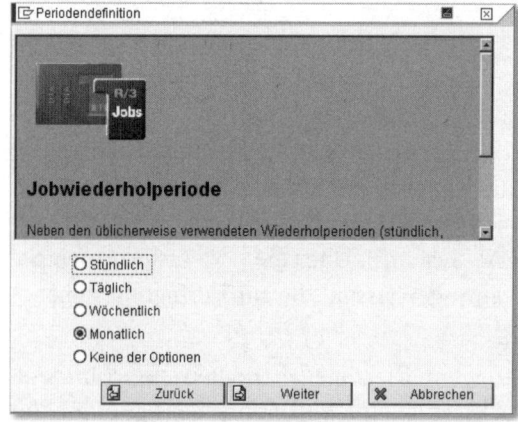

Abbildung 1.16 Job Wizard: Festlegung zur Wiederholungsperiode

Es erfolgt die Eingabe der Wiederholungsperiode. Das nächste Dialogfenster (siehe Abbildung 1.17) erscheint nur, wenn bei der Definition der Startzeit (Datum und Uhrzeit) hinterlegt ist, dass an Sonn- und Feiertagen anders verfahren werden soll.

Automatisierung | 1.3

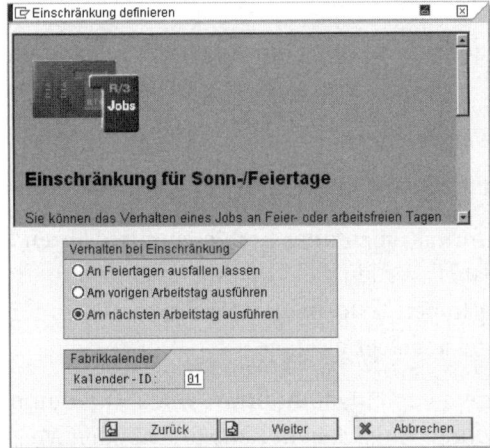

Abbildung 1.17 Job Wizard: Einschränkung definieren

Für einen Job, der nur an einem Werktag gestartet werden soll, gibt es drei Startoptionen:

- Der Job wird an Sonn- und Feiertagen nicht ausgeführt.
- Der Job wird auf den vorangegangenen Werktag verschoben.
- Der Job wir auf den folgenden Werktag verschoben.

Haben Sie alle Einstellungen vorgenommen, gelangen Sie abschließend in das Dialogfenster aus Abbildung 1.18, und Sie können den Job nun fertigstellen.

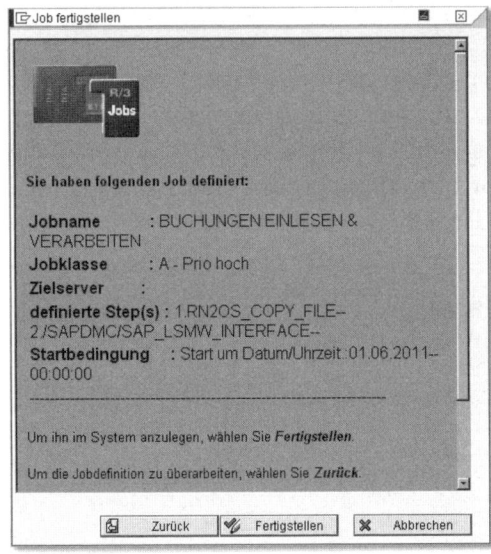

Abbildung 1.18 Job Wizard: Fertigstellen des Jobs

Jobprotokoll

Für jeden verarbeiteten Job erzeugt das System ein Protokoll mit folgendem Inhalt:

- Meldungen zum Status der Jobverarbeitung
- Fehlermeldungen der Programme, die im Job verarbeitet wurden

Somit enthält das Jobprotokoll Informationen über Probleme, die während der Laufzeit des Jobs auftraten. Dabei werden alle von einem Hintergrundprogramm ausgegebenen Meldungstypen festgehalten. Wichtig ist, dass für jeden Job eine eigene Protokolldatei angelegt wird.

Wenn ein ABAP-Programm bei einem vorzeitigen Abbruch einen Kurzdump erzeugt, dann kann dieser Dump durch Anklicken der entsprechenden Meldung im Jobprotokoll angezeigt werden. Meldungen, die während der Verarbeitung von Batch-Input Mappen angezeigt werden, werden nicht im Jobprotokoll aufgezeichnet. Diese Meldungen werden im Batch-Input-Protokoll festgehalten, das über die Transaktion SM35 verfügbar ist.

Protokolldateien sollten nie direkt gelöscht werden, da dadurch Inkonsistenzen auf der Datenbank entstehen können. Diese müssen dann mit der Funktion KONSISTENZPRÜFUNG in der Transaktion SP12 beseitigt werden. Falls das Protokollverzeichnis geleert werden soll, müssen die Jobs gelöscht werden, zu denen die Protokolle gehören. Dabei werden die Protokolle dann ebenfalls gelöscht.

1.3.2 Monitoring

Das Monitoring von Jobs nehmen Sie in der Jobübersicht vor, in dieser Übersicht werden sämtliche Status, die ein Job in seiner Lebenszeit annehmen kann, aufgelistet. Im Einstiegsbild der Jobauswahl (siehe Abbildung 1.19) können Sie bei der Selektion auswählen, welche Jobs Sie betrachten möchten – entweder direkt über den Jobnamen oder auch über den Benutzernamen und den Status des Jobs.

Ein Job kann folgende Status durchlaufen:

- Geplant
- Freigegeben
- Bereit
- Aktiv
- Fertig
- Abgebrochen

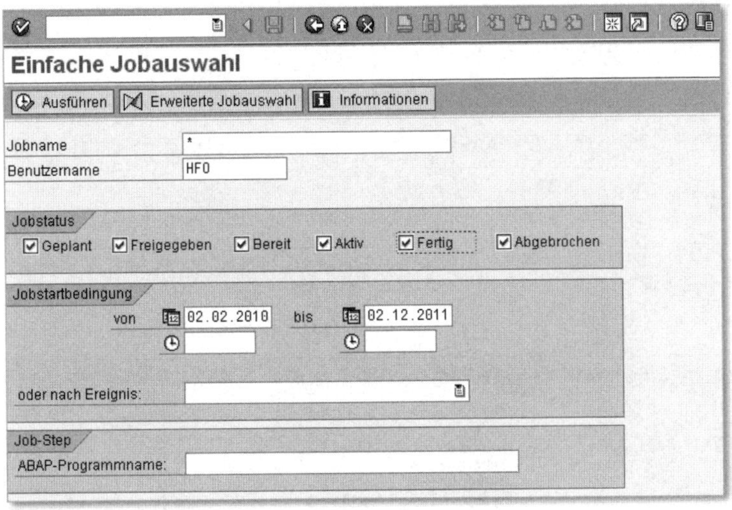

Automatisierung | 1.3

Abbildung 1.19 Jobauswahl

Haben Sie Ihre Auswahl getroffen und diese bestätigt, gelangen Sie in die Jobübersicht (siehe Abbildung 1.20).

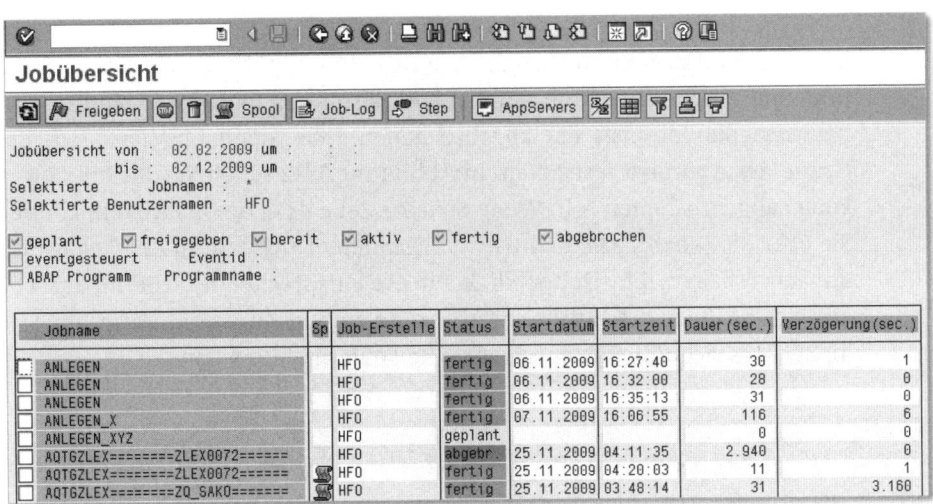

Abbildung 1.20 Jobübersicht 1

In dieser Übersicht sehen Sie viele fertige Jobs, aber auch den Job ANLEGEN_XYZ mit dem Status GEPLANT, d.h., der Job wurde eingeplant, ist aber noch nicht gestartet. In der nächsten Übersicht in Abbildung 1.21 sehen Sie, wie der eingeplante Job ANLEGEN_XYZ in den Status AKTIV wechselt, d.h., dieser Job ist nun gestartet und wird gerade ausgeführt, während sich

z. B. der Job ANLEGEN_XY im Status FREIGEGEBEN befindet, d. h., er ist noch nicht eingeplant, könnte aber gestartet werden.

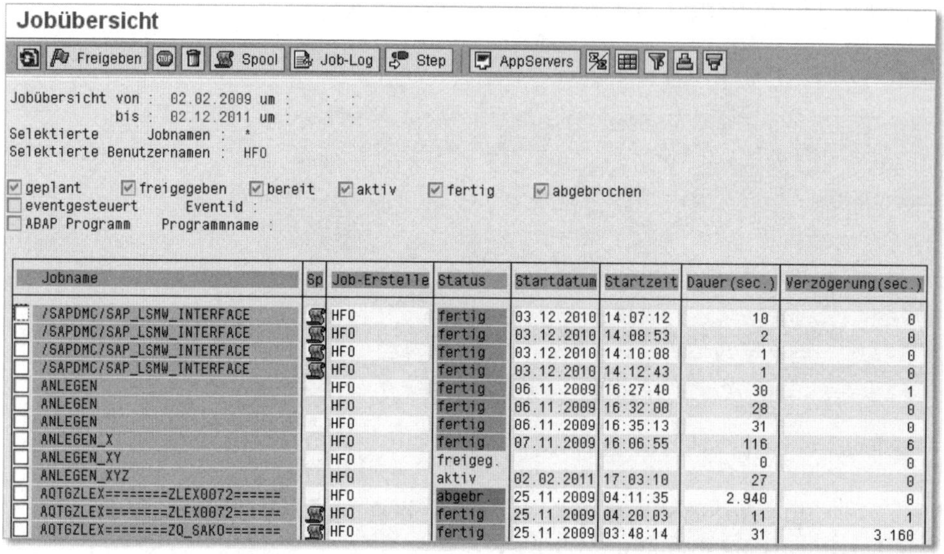

Abbildung 1.21 Jobübersicht 2

Durch einen Klick auf die Schaltfläche JOB-LOG können Sie die Dokumentation zum ausgeführten Job einblenden. Besonders interessant sind hierbei natürlich die Job-Logs der abgebrochenen Jobs, denn hier lässt sich der Grund des Abbruchs feststellen. In Abbildung 1.22 sehen Sie das Job-Log zu einem abgebrochenen Job. Wenn Sie eine Zeile des Logs markieren, können Sie über die Schaltfläche LANGTEXT vorhandene Langtexte zu den Fehlermeldungen erhalten. Ein Doppelklick auf die entsprechende Zeile im Job-Log ermöglicht Ihnen z. B. auch den Absprung zu den Kurzdumps oder ins Syslog, falls es sich um eine entsprechende Fehlermeldung handelt.

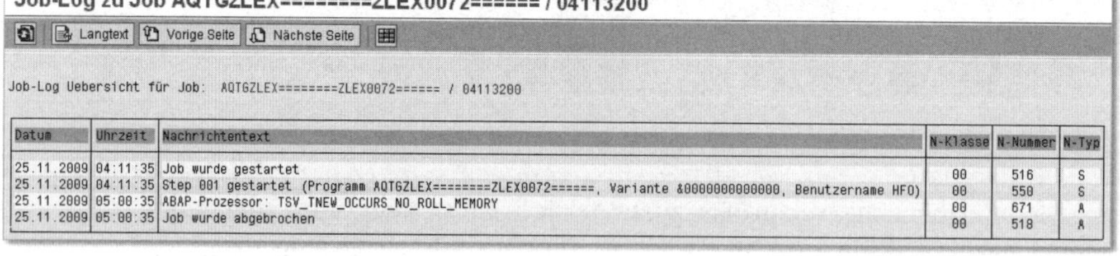

Abbildung 1.22 Job-Log: Status »abgebrochen«

In Abbildung 1.23 sehen Sie das Job-Log zu einem erfolgreich beendeten Job, auch hier erhalten Sie interessante Informationen zu den einzelnen Schritten, die im Job durchgeführt wurden, wie z. B. in diesem Fall, welche Anzahl Transaktionen in die durch den Job erstellte Batch-Input-Mappe eingefügt wurde.

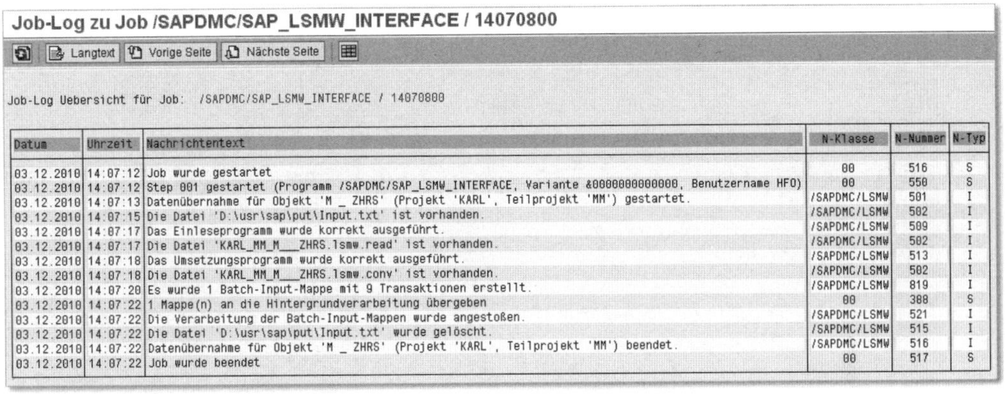

Datum	Uhrzeit	Nachrichtentext	N-Klasse	N-Nummer	N-Typ
03.12.2010	14:07:12	Job wurde gestartet	00	516	S
03.12.2010	14:07:12	Step 001 gestartet (Programm /SAPDMC/SAP_LSMW_INTERFACE, Variante &0000000000000, Benutzername HFO)	00	550	S
03.12.2010	14:07:13	Datenübernahme für Objekt 'M _ ZHRS' (Projekt 'KARL', Teilprojekt 'MM') gestartet.	/SAPDMC/LSMW	501	I
03.12.2010	14:07:15	Die Datei 'D:\usr\sap\put\Input.txt' ist vorhanden.	/SAPDMC/LSMW	502	I
03.12.2010	14:07:17	Das Einleseprogramm wurde korrekt ausgeführt.	/SAPDMC/LSMW	509	I
03.12.2010	14:07:17	Die Datei 'KARL_MM_M___ZHRS.lsmw.read' ist vorhanden.	/SAPDMC/LSMW	502	I
03.12.2010	14:07:18	Das Umsetzungsprogramm wurde korrekt ausgeführt.	/SAPDMC/LSMW	513	I
03.12.2010	14:07:18	Die Datei 'KARL_MM_M___ZHRS.lsmw.conv' ist vorhanden.	/SAPDMC/LSMW	502	I
03.12.2010	14:07:20	Es wurde 1 Batch-Input-Mappe mit 9 Transaktionen erstellt.	/SAPDMC/LSMW	819	I
03.12.2010	14:07:22	1 Mappe(n) an die Hintergrundverarbeitung übergeben	00	388	S
03.12.2010	14:07:22	Die Verarbeitung der Batch-Input-Mappen wurde angestoßen.	/SAPDMC/LSMW	521	I
03.12.2010	14:07:22	Die Datei 'D:\usr\sap\put\Input.txt' wurde gelöscht.	/SAPDMC/LSMW	515	I
03.12.2010	14:07:22	Datenübernahme für Objekt 'M _ ZHRS' (Projekt 'KARL', Teilprojekt 'MM') beendet.	/SAPDMC/LSMW	516	I
03.12.2010	14:07:22	Job wurde beendet	00	517	S

Abbildung 1.23 Job-Log: Status »fertig«

Ändern eines Jobs

Jobdaten wie Zielserver, Startzeit, Steps etc. können jederzeit geändert werden und steuern dann den nächsten Jobverlauf. Ausgangspunkt ist auch hier die Jobübersicht. Zum Ändern der Startbedingung klicken Sie auf die Schaltfläche Startbedingung. Um einen Step zu ändern, wählen Sie dagegen die Schaltfläche Steps. Das System erzeugt dann eine Liste der Steps, die im ausgewählten Job enthalten sind.

Positionieren Sie den Cursor auf dem zu ändernden Step, und klicken Sie auf Ändern. Um einen neuen Step hinzuzufügen, muss der Cursor auf dem Step positioniert werden, der dem neuen Step vorangeht. Über die Schaltfläche Anlegen können Sie einen neuen Step definieren. Zum Löschen eines Job-Steps positionieren Sie den Cursor auf dem zu löschenden Step und klicken anschließend auf Löschen.

Löschen eines Jobs

Es gibt zwei Gründe, einen Job zu löschen:

1. Der Job braucht nicht (weiter-)verarbeitet zu werden.
2. Der Job wurde bereits ausgeführt und braucht nicht näher analysiert bzw. dokumentiert zu werden.

> **Hinweis zur Jobübersicht**
>
> Jobs bleiben in der Jobübersicht, bis sie gelöscht werden. Wenn ein Job gelöscht wird, wird er aus der Jobübersicht und dem dazugehörenden Jobprotokoll entfernt.

Ausgangspunkt ist die Jobübersicht, die Sie in Abbildung 1.24 sehen.

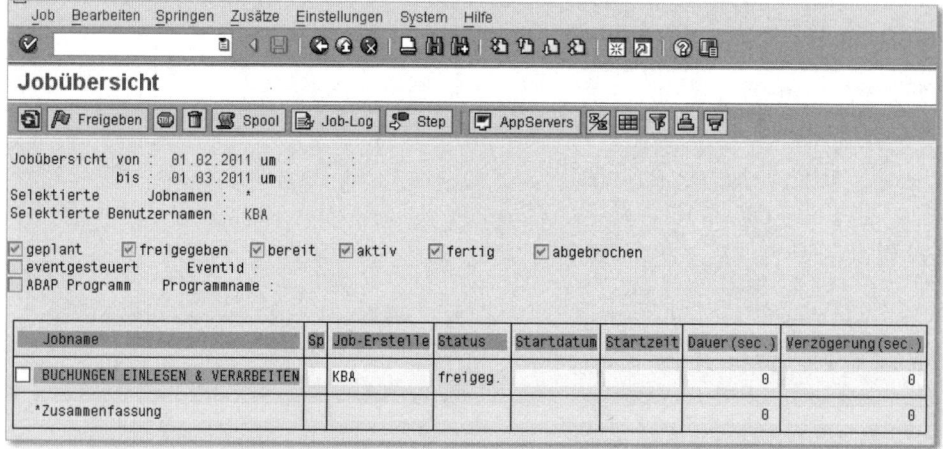

Abbildung 1.24 Anzeige der Jobübersicht

Die Jobs, die gelöscht werden sollen, müssen im Ankreuzfeld links markiert werden. Anschließend klicken Sie auf LÖSCHEN.

Das Programm RSBTCDEL dient zur maschinellen Reorganisation der Hintergrundjobs. Es sollte regelmäßig eingeplant werden, um zu verhindern, dass die betroffenen Datenbanktabellen unnötig groß werden (TBTCO, TBTCS, BTCEVT_JOB, TBTCP etc.). Dazu muss ein Hintergrundjob eingeplant werden, der den Report RSBTCDEL als ABAP-Programm-Step enthält. Die notwendige Variante kann folgende Details enthalten:

- Jobnamen
- Namen des Benutzers bzw. der Benutzer
- Start- und Endtermine des Jobs bzw. der Jobs
- Alter des Jobs bzw. der Jobs (etwa: älter als xy Tage)
- Status des Jobs bzw. der Jobs (GEPLANT, FREIGEGEBEN, ABGEBROCHEN, FERTIG)

Wird ein Vorgängerjob, also ein Job, der verarbeitet werden muss, bevor ein anderer begonnen werden kann, gelöscht, dann kann der abhängige Job nicht mehr gestartet werden. Das System informiert beim Löschen eines Jobs über bestehende Nachfolgerjobs. In diesem Fall muss der abhängige Job entweder neu eingeplant oder ebenfalls gelöscht werden.

Falls ein Job freigegeben wird, dessen Vorgängerjob gelöscht wurde, setzt das System den Status des abhängigen Jobs automatisch auf GEPLANT. In diesem Fall müssen neue Startbedingungen festgelegt und der Job erneut freigegeben werden.

1.4 Transaktionen pflegen

Sehr häufig entsprechen die im Standard angebotenen Selektionsmöglichkeiten nicht den Anforderungen des eigenen Unternehmens. Zum Beispiel kann das Selektionsbild Felder enthalten, die bei Ihnen keinen Sinn ergeben. Oder Sie vermissen ganz bestimmte Selektionskriterien. Dies gilt insbesondere hinsichtlich der freien Abgrenzungen, die im Selektionsbild angeboten werden. Wenn Sie also z.B. das Selektionsbild eines Berichts so anpassen möchten, dass bestimmte Felder direkt zugänglich sind und nicht erst umständlich aus den freien Abgrenzungen herausgesucht werden müssen, bietet es sich an, eine an die eigenen Bedürfnisse angepasste Berichtsvariante in der Transaktion FBL5N als Startvariante zu hinterlegen.

Die Transaktionspflege erreichen Sie über den Transaktionscode SE93. Nachdem Sie die Transaktion aufgerufen haben, sehen Sie das Einstiegsbild aus Abbildung 1.25.

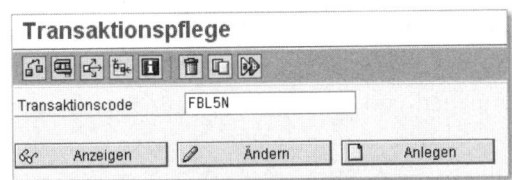

Abbildung 1.25 Transaktionspflege: Einstiegsbild

Zur Pflege der Transaktion gelangen Sie durch einen Klick auf die Schaltfläche ÄNDERN. Sie sehen daraufhin das Bild aus Abbildung 1.26. Hier können Sie im Feld START MIT VARIANTE den Namen der Startvariante hinterlegen. Bei Aufruf dieser Transaktion wird nun die hinterlegte Variante verwendet.

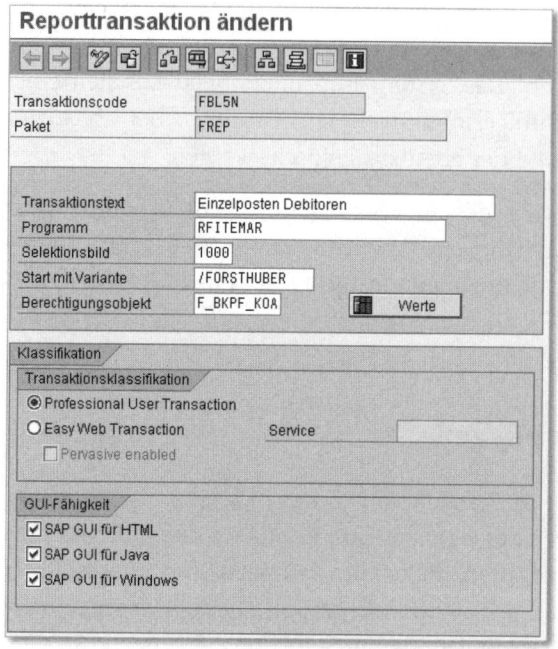

Abbildung 1.26 Reporttransaktion ändern

1.5 Fazit

In diesem Kapitel haben Sie einige Werkzeuge kennengelernt, die den Umgang mit Reports und Berichten vereinfachen und beschleunigen können. Sie haben einen Überblick über die Eigenschaften einiger Reportingwerkzeuge bekommen, der Sie bei der Auswahl des richtigen Werkzeugs unterstützt. Sie haben erfahren, wie Sie Berichte zur Hintergrundverarbeitung über die Jobsteuerung einplanen und automatisieren können. Darüber hinaus haben wir Ihnen das Anlegen von Varianten, um die Berichtsausführung zu vereinfachen, und das Anlegen von Transaktionen zur Berichtsausführung vorgestellt.

Es ist nicht immer notwendig, das Rad neu zu erfinden: Das SAP-System enthält viele vordefinierte Standardberichte, die Sie direkt nutzen können. Bevor Sie eigene Berichte definieren, sollten Sie prüfen, ob ein geeigneter Standardbericht zur Verfügung steht.

2 Standardberichte auswählen und nutzen

Sie können die gängigsten Berichtsanforderungen im Finanzwesen in der Regel mit Standardberichten erfüllen. Um diese Berichte nutzen zu können, müssen Sie den geeigneten Bericht im SAP-System identifizieren. Dieses Kapitel beschreibt verschiedene Möglichkeiten, Standardberichte zu finden und zu nutzen. Für die Navigation zur Berichtsausführung stehen Ihnen folgende Alternativen zur Verfügung:

- Infosystem der FI-Komponenten im SAP Easy Access Menü
- Transaktionen der FI-Komponenten im SAP Easy Access Menü
- Eingabe des Transaktionscodes (falls vorhanden) zu einem Programm im Befehlsfeld
- Berichtsauswahl im Infosystem des Rechnungswesens im SAP Easy Access Menü
- Eingabe des Transaktionscodes OBZA im Befehlsfeld und Auswahl der jeweiligen CLAS_ID (Berichtsklasse)
- Eingabe des Transaktionscodes SA38 im Befehlsfeld und Eingabe des Namens des Programms

Verstehen Sie dieses Kapitel als Lotse durch die Vielzahl an Programmen, die in den nächsten Kapiteln detailliert beschrieben werden. Innerhalb des SAP Easy Access Menüs finden Sie in jeder der drei FI-Komponenten – Hauptbuchhaltung (FI-GL), Debitorenbuchhaltung (FI-AR) sowie Kreditorenbuchhaltung (FI-AP) – einen Ordner INFOSYSTEM (siehe Abschnitt 2.1, »Infosystem der FI-Komponenten«). Dieser Ordner enthält die SAP-Standardberichte, die Sie über einen Doppelklick aufrufen können. In Abschnitt 2.1 haben wir diese Programme in einer Tabelle zusammengestellt, die nach der Anordnung der jeweiligen Transaktion im SAP Easy Access Menü geordnet ist. Zu jedem Transaktionscode listet die Tabelle den dahinterliegenden Standardreport, falls vorhanden, die verwendete Berichtsvariante und den Abschnitt dieses Buches, in dem das SAP-Standardprogramm beschrieben wird, auf.

In diesen Infosystemen der Komponenten befinden sich neben direkt ausführbaren Berichten auch Transaktionen, die wiederum SAP-Standardprogramme starten. Diese Transaktionen können Sie, neben der Navigation über das SAP Easy Access Menü, aufrufen, indem Sie den Transaktionscode im Befehlsfeld eingeben (siehe Abschnitt 2.2, »Transaktionen in den FI-Komponenten«). In Abschnitt 2.2 haben wir auch diese Transaktionen in einer Tabelle zusammengefasst, die ebenfalls nach der Anordnung der jeweiligen Transaktionen im SAP Easy Access Menü geordnet ist. Zu jedem Transaktionscode finden Sie den dahinterliegenden Standardreport, falls vorhanden, die verwendete Berichtsvariante und den Abschnitt dieses Buches, in dem wir Ihnen das SAP-Standardprogramm vorstellen.

Darüber hinaus erreichen Sie weitere Berichte im SAP Easy Access Menü am unteren Ende der Baumstruktur in einem weiteren Ordner INFOSYSTEME, der wiederum den Ordner RECHNUNGSWESEN enthält. Hier finden Sie zusätzliche Standardberichte zur Debitoren-, Kreditoren- und Hauptbuchhaltung (siehe Abschnitt 2.3, »Infosystem des Rechnungswesens«). Auch dieser Abschnitt enthält eine Tabelle mit den Standardreports zu jedem Transaktionscode, falls vorhanden, den verwendeten Berichtsvarianten sowie den Abschnitten dieses Buches, in denen das jeweilige SAP-Standardprogramm dargestellt ist.

Eine vierte Möglichkeit, Standardberichte auszuführen, bietet die Transaktion OBZA (ABAP/4-Programmverzeichnis), die in Abschnitt 2.4, »Berichte über die Transaktion OBZA aufrufen«, im Mittelpunkt steht. Zu jedem Programm finden Sie auch hier den Abschnitt dieses Buches, in dem dieses SAP-Standardprogramm beschrieben wird.

Abschließend beschreiben wir in diesem Kapitel die Alternative der ABAP-Programmausführung (Transaktion SA38). Hierbei müssen Sie den Programmnamen kennen und diesen in einem Selektionsbild eingeben (siehe Abschnitt 2.5, »ABAP-Programmausführung (Transaktion SA38)«). Auch in dieser Tabelle finden Sie zu jedem Programm den entsprechenden Abschnitt dieses Buches, in dem das Programm vorkommt.

2.1 Infosystem der FI-Komponenten

Wir beginnen mit den Infosystemen der Haupt-, Debitoren- und Kreditorenbuchhaltung, die wir Ihnen in jeweils eigenen Abschnitten nacheinander vorstellen. Um den Text übersichtlicher zu gestalten, führen wir die Programme und nicht die einzelnen Unterordner auf.

Für jeden Bereich erhalten Sie eine tabellarische Übersicht der einzelnen Berichte: In der ersten Spalte der Tabelle finden Sie den Transaktionscode, in der zweiten den Transaktionstext. Die dritte Spalte enthält den Programmnamen. Falls vorhanden, ist in der vierten Spalte die Berichtsvariante angegeben. In der fünften Spalte wird schließlich die Nummer des Abschnitts genannt, in dem das Programm ausführlich vorgestellt wird.

2.1.1 Standardberichte der Hauptbuchhaltung

Das Infosystem der Hauptbuchhaltung (FI-GL) erreichen Sie über den Menüpfad RECHNUNGSWESEN • FINANZWESEN • HAUPTBUCH • INFOSYSTEM. In Abbildung 2.1 ist der Ordner HAUPTBUCH EINZELPOSTEN geöffnet.

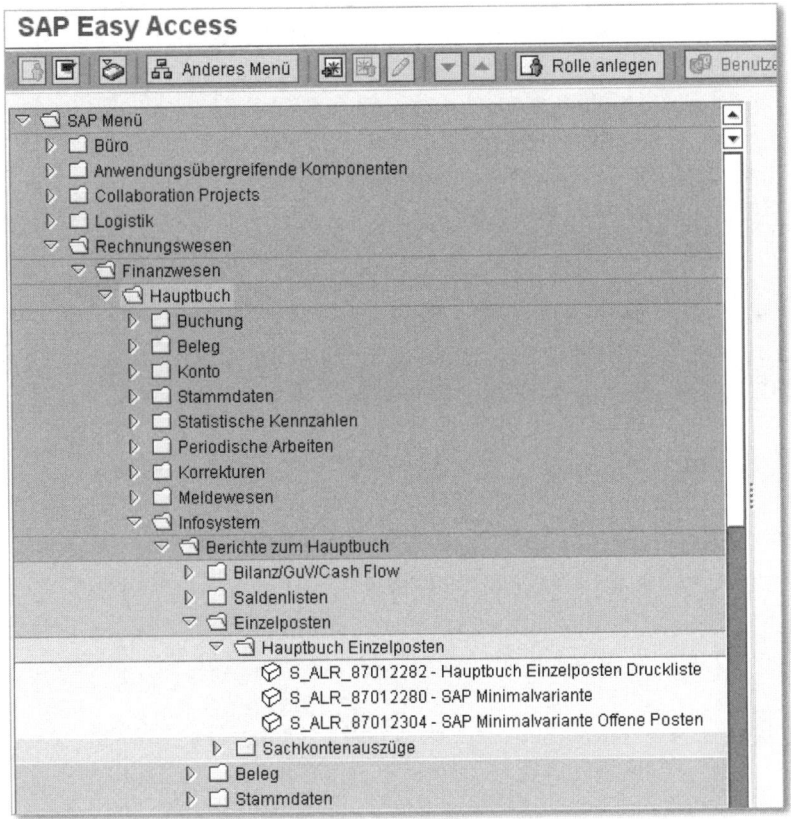

Abbildung 2.1 Infosystem der SAP-Komponente FI-GL

Tabelle 2.1 zeigt die im Ordner INFOSYSTEM aus Abbildung 2.1 hinterlegten SAP-Standardprogramme.

Transaktionscode	Transaktionstext	Programm	Variante	Abschnitt
S_ALR_87012284	Bilanz/GuV	RFBILA00		3.2
S_ALR_87012283	Bilanz/GuV	RFBILA00	SAP&MIN	3.2
S_P00_07000329	Bilanz/GuV	RFBILA00	SAP&MIN	3.2
S_ALR_87012277	Sachkontensalden	RFSSLD00		3.13
S_ALR_87012276	Sachkontensalden	RFSSLD00	SAP&MIN	3.13
S_ALR_87012300	Sachkontensalden	RFSUSA00	SAP&MIN	3.14
S_ALR_87012301	Sachkontensalden	RFSUSA00		3.14
S_ALR_87012278	Strukturierte Saldenliste	RFSBWA00	SAP&MIN	3.7
S_ALR_87012279	Strukturierte Saldenliste	RFSBWA00		3.7
S_ALR_87012331	Debitoren-/Kreditoren-/Sachkontenauszüge	RFAUSZ00	SAP&MIN_GL	6.5
S_ALR_87012332	Debitoren-/Kreditoren-/Sachkontenauszüge	RFAUSZ00		6.5
S_ALR_87012342	Lücken in der Belegnummernvergabe	RFBNUM00N		–
S_ALR_87012347	Belegpositionen-Extrakt	RFBPET00		–
S_ALR_87012287	Document Journal	RFBELJ10		6.8
S_ALR_87012286	Beleg-Journal	RFBELJ10	SAP&MIN	6.8
S_ALR_87012288	Beleg-Kompaktjournal	RFBELJ00	SAP&MIN	6.7
S_ALR_87012289	Beleg-Kompaktjournal	RFBELJ00		6.7
S_ALR_87012290	Einzelpostenjournal	RFEPOJ00	SAP&MIN	6.12

Tabelle 2.1 Berichte im Infosystem der Komponente FI-GL

Transaktionscode	Transaktionstext	Programm	Variante	Abschnitt
S_ALR_87012291	Einzelpostenjournal	RFEPOJ00		6.12
S_ALR_87012292	Änderungsanzeige Belege	RFBABL00	SAP&MIN	6.6
S_ALR_87012293	Änderungsanzeige Belege	RFBABL00		6.6
S_ALR_87012340	Doppelt vergebene Rechnungsnummern	RFBNUM10	SAP&MIN	–
S_ALR_87012341	Doppelt vergebene Rechnungsnummern	RFBNUM10		–
S_ALR_87012343	Buchungssummen	RFBUSU00	SAP&MIN	6.10
S_ALR_87012344	Buchungssummen	RFBUSU00		6.10
S_ALR_87012345	Dauerbuchungsurbelege	RFDAUB00	SAP&MIN	4.3
S_ALR_87012346	Dauerbuchungsurbelege	RFDAUB00		4.3
S_ALR_87012333	Sachkontenliste	Query	–	–
S_ALR_87012325	Kontenplan	RFSKPL00	SAP&MIN	3.10
S_ALR_87012326	Kontenplan	RFSKPL00		3.10
S_ALR_87012327	Sachkontenverzeichnis	RFSKVZ00	SAP&MIN	3.12
S_ALR_87012328	Sachkontenverzeichnis	RFSKVZ00		3.12
S_ALR_87012329	Kontierungshandbuch	RFSKTH00	SAP&MIN	3.11
S_ALR_87012330	Kontierungshandbuch	RFSKTH00		3.11
S_ALR_87012307	Änderungsanzeige Sachkonten	RFSABL00	SAP&MIN	3.6
S_ALR_87012308	Änderungsanzeige Sachkonten	RFSABL00		3.6

Tabelle 2.1 Berichte im Infosystem der Komponente FI-GL (Forts.)

2.1.2 Standardberichte der Debitorenbuchhaltung

Das Infosystem der Debitorenbuchhaltung (FI-AR) erreichen Sie über den Menüpfad RECHNUNGSWESEN • FINANZWESEN • DEBITOREN • INFOSYSTEM. In Abbildung 2.2 sehen Sie den Ordner STAMMDATEN.

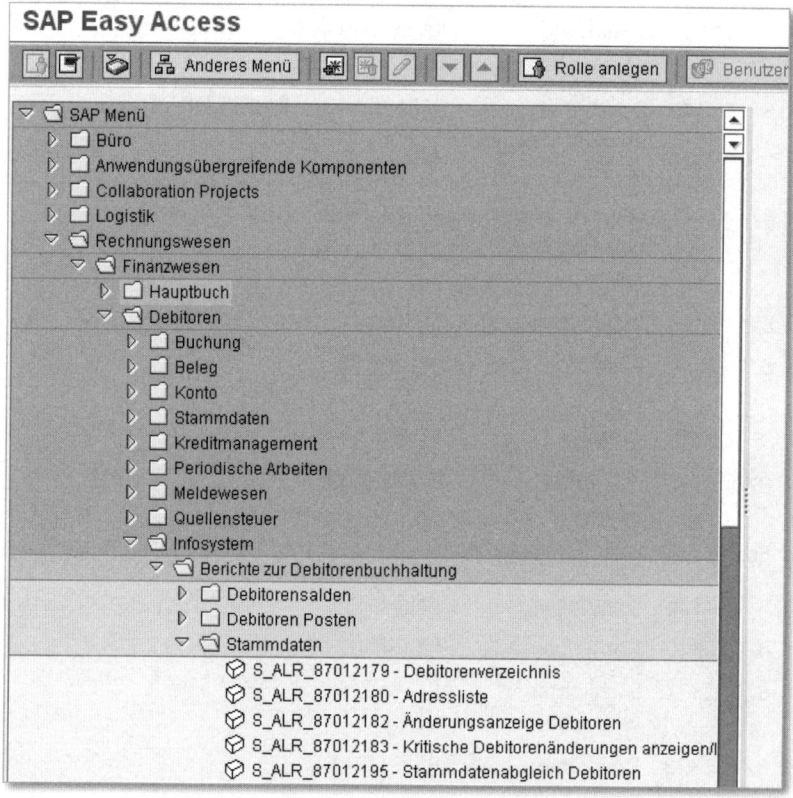

Abbildung 2.2 Infosystem der SAP-Komponente FI-AR

In Tabelle 2.2 sehen Sie die im Ordner INFOSYSTEM der Debitorenbuchhaltung hinterlegten Standardprogramme.

Transaktionscode	Transaktionstext	Programm	Variante	Abschnitt
S_ALR_87012167	Debitoren-Informationssystem	RFDRRANZ		–
S_ALR_87012172	Debitoren-Salden in Hauswährung	RFDSLD00		4.14
S_ALR_87012186	Debitoren-Umsätze	RFDUML00		4.15

Tabelle 2.2 Berichte im Infosystem in der Komponente FI-AR

Transaktionscode	Transaktionstext	Programm	Variante	Abschnitt
S_ALR_87012197	Debitoren – Einzelpostenliste	RFDEPL00	SAP&AR_ALL	4.5
S_ALR_87012173	Debitoren – Offene-Posten-Liste	RFDEPL00	SAP&AR_OPEN	4.5
S_ALR_87012174	Debitoren – Offene-Posten-Liste	RFDOPO10		4.10
S_ALR_87012175	OP – Fälligkeitsvorschau Debitoren	RFDOFW00		4.8
S_ALR_87012176	Kundenbeurteilung mit OP-Rasterung	RFDOPR00		4.11
S_ALR_87012178	OP-Analyse Debitoren nach Saldo der überfälligen Posten	RFDOPR10		4.12
S_ALR_87012177	Debitoren Zahlungsverhalten	RFDOPR20		4.13
S_ALR_87012198	Debitoren – Ausgeglichene-Posten-Liste	RFDEPL00	SAP&AR_CLEAR	4.5
S_ALR_87012199	Auflistung zu einem Stichtag offener Anzahlungen	RFDANZ00		–
S_ALR_87012179	Debitorenverzeichnis	RFDKVZ00		4.7
S_ALR_87012180	Adressliste Debitoren	Query	–	–
S_ALR_87012182	Änderungsanzeige Debitoren	RFDABL00		4.1
S_ALR_87012183	Kritische Debitorenänderungen anzeigen	RFDCON00		4.4
S_ALR_87012195	Stammdatenabgleich Debitoren	RFDKAG00		4.6

Tabelle 2.2 Berichte im Infosystem in der Komponente FI-AR (Forts.)

2.1.3 Standardberichte der Kreditorenbuchhaltung

Das Infosystem der Kreditorenbuchhaltung (FI-AP) erreichen Sie über den Menüpfad RECHNUNGSWESEN • FINANZWESEN • KREDITOREN • INFOSYSTEM. In Abbildung 2.3 ist der Ordner ZAHLUNGSVERKEHR dargestellt.

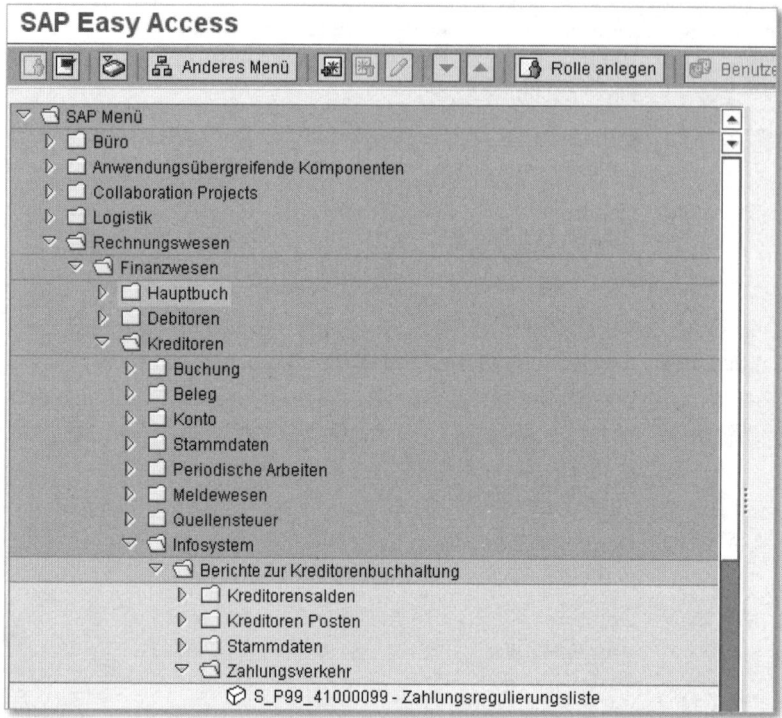

Abbildung 2.3 Infosystem der Komponente FI-AP

In Tabelle 2.3 sind die im Ordner INFOSYSTEM enthaltenen Standardberichte der Kreditorenbuchhaltung aufgelistet.

Transaktionscode	Transaktionstext	Programm	Variante	Abschnitt
S_ALR_87012077	Kreditoren-Informationssystem	RFKRRANZ	–	–
S_ALR_87012082	Kreditoren-Salden in Hauswährung	RFKSLD00	–	5.22
S_ALR_87012093	Kreditoren-Umsätze	RFKUML00	–	5.23
S_ALR_87012103	Kreditoren – Einzelpostenliste	RFKEPL00	SAP&AP_ALL	5.6
S_ALR_87012083	Kreditoren – Offene-Posten-Liste	RFKEPL00	SAP&AP_OPEN	5.6
S_ALR_87012084	OP – Fälligkeitsvorschau Kreditoren	RFKOFW00	–	5.14

Tabelle 2.3 Infosystem in der Komponente FI-AP

Transaktionscode	Transaktionstext	Programm	Variante	Abschnitt
S_ALR_87012085	Zahlungsverhalten gegenüber Kreditor	RFKOPR00	–	5.16
S_ALR_87012104	Kreditoren – Ausgeglichene-Posten-Liste	RFKEPL00	SAP&AP_CLEAR	5.6
S_ALR_87012105	Auflistung zu einem Stichtag offener Anzahlungen	RFKANZ00	–	–
S_ALR_87012086	Kreditorenverzeichnis	RFKKVZ00	–	5.13
S_ALR_87012087	F1	Query	–	–
S_ALR_87012089	Änderungsanzeige Kreditoren	RFKABL00	–	5.2
S_ALR_87012090	Kritische Kreditorenänderungen anzeigen	RFKCON00	–	5.5
S_P99_41000099	Zahlungsregulierungsliste	RFZALI20	–	6.26
S_P99_41000101	Schecknachweis	RFCHKN10	–	–
S_ALR_87012119	Scheckrücklauf	RFEBCK00	–	–
S_P99_41000102	Schecknummernintervalle	RFCHIL00	–	–

Tabelle 2.3 Infosystem in der Komponente FI-AP (Forts.)

2.2 Transaktionen in den FI-Komponenten

Die Ordner der FI-Komponenten für Debitoren-, Kreditoren- und Hauptbuchhaltung enthalten Transaktionen. Hinter vielen dieser Transaktionen verbergen sich weitere Standardberichte. Abbildung 2.4 zeigt als Beispiel den Ordner KONTO in der Komponente FI-AP.

In diesem Abschnitt werfen wir nacheinander einen Blick auf die Berichte, die in den Ordnern der drei Komponenten Hauptbuch, Debitoren und Kreditoren zu finden sind.

Sie können die Transaktionen aufrufen, indem Sie über die Baumstruktur im SAP Easy Access Menü navigieren. Alternativ dazu können Sie die einzelnen Programme auch durch Eingabe des Transaktionscodes im Befehlsfeld (siehe Abbildung 2.5) starten.

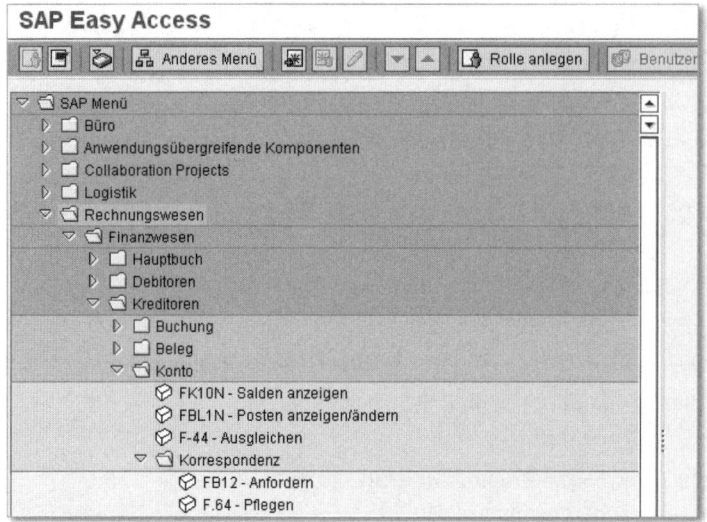

Abbildung 2.4 Transaktionen in der Komponente FI-AP

Abbildung 2.5 Menüleiste

Die verfügbaren SAP-Standardprogramme stellen wir in einer tabellarischen Übersicht dar. Auch in diesem Abschnitt werden nur die Programmnamen und nicht die jeweiligen Unterordner aufgeführt. In der ersten Spalte finden Sie den Transaktionscode, in der zweiten den Transaktionstext. Die dritte Spalte enthält wiederum den Programmnamen. Falls vorhanden, ist in der vierten Spalte die Berichtsvariante angegeben. In der fünften Spalte wird auf den Abschnitt in diesem Buch verwiesen, in dem das Programm genauer erläutert wird.

2.2.1 Transaktionen in der Hauptbuchhaltung

Die Ordner der Hauptbuchhaltung (FI-GL) erreichen Sie über den Menüpfad RECHNUNGSWESEN • FINANZWESEN • HAUPTBUCH. In Tabelle 2.4 sind die im Ordner HAUPTBUCH hinterlegten Standardberichte aufgeführt.

Transaktionscode	Transaktionstext	Programm	Variante	Abschnitt
F.03	Abstimmung	SAPF190	–	6.34
F.16	Saldovortrag	SAPFGVTR		3.16

Tabelle 2.4 Transaktionen in der Komponente FI-GL

Transaktionscode	Transaktionstext	Programm	Variante	Abschnitt
F.13	Kontoausgleich ohne Vorgabe der Ausgleichswährung	SAPF124	SAP&F124	6.29
F.52	Saldenverzinsung	RFSZISO0	–	–
F.61	Gemäß Anforderung	SAPF140	–	6.30
F.62	Interne Belege	RFKORB00	–	5.18
F.63	Anforderungen löschen	SAPF140D	–	6.31
F.64	Korrespondenz pflegen	SAPF140P	–	6.32
F13E	Kontoausgleich mit Vorgabe der Ausgleichswährung	SAPF124	SAP&F124E	6.29
FB12	Korrespondenz anfordern	SAPMF05M	–	–
FBL3N	Einzelposten Sachkonten	RFITEMGL	–	3.5
FS10N	Saldenanzeige	RFGL-BALANCE	SAP&1	–
S_ALR_87012317	Kontokorrentkontenschreibung aus der Belegdatei	RFKKBU00	–	5.11
S_ALR_87100205	Hauptbuch aus der Belegdatei	RFHABU00N	–	3.4

Tabelle 2.4 Transaktionen in der Komponente FI-GL (Forts.)

2.2.2 Transaktionen in der Debitorenbuchhaltung

Die Debitorenbuchhaltung (FI-AR) finden Sie im SAP Easy Access Menü über den Menüpfad RECHNUNGSWESEN • FINANZWESEN • DEBITOREN. Der Ordner DEBITOREN enthält die Standardprogramme, die in Tabelle 2.5 zusammengefasst sind.

Transaktionscode	Transaktionstext	Programm	Variante	Abschnitt
F.07	Saldovortrag Kontokorrent	SAPF010		6.27
F.13	Kontoausgleich ohne Vorgabe der Ausgleichswährung	SAPF124	SAP&F124	6.29

Tabelle 2.5 Transaktionen in der Komponente FI-AR

Transaktionscode	Transaktionstext	Programm	Variante	Abschnitt
F.20	Kontenverzeichnis	RFDKVZ00	–	4.7
F.21	Offene Posten	RFDOPR00	–	4.11
F.23	Saldenliste	RFDSLD00	–	4.14
F.24	Freie Selektionen	RFDUZI00	–	–
F.26	Saldenverzinsung	RFDZIS00	–	4.16
F.27	Periodische Kontoauszüge	RFKORK00	–	5.20
F.2A	Ohne offene Posten	RFDUZI00	SAP&DUZI01	–
F.2B	Mit offenen Posten	RFDUZI00	SAP&DUZI02	–
F.2C	Ohne Buchungen	RFDUZI00	SAP&DUZI03	–
F.61	Gemäß Anforderung	SAPF140	–	6.30
F.62	Interne Belege	RFKORB00	–	5.18
F.63	Anforderungen löschen	SAPF140D		6.31
F.64	Korrespondenz pflegen	SAPF140P		6.32
F110S	Automat. Einplanen d. Zahlprogrammes	RFF110S	SAP&F124E	6.13
F13E	Kontoausgleich mit Vorgabe der Ausgleichswährung	SAPF124	–	6.29
FB12	Korrespondenz anfordern	SAPMF05M	–	
FBL5N	Einzelposten Debitoren	RFITEMAR	–	4.17
FD10N	Saldenanzeige Debitoren	RFARBALANCE	SAP&1	–
FD11	Analyse	SAPMF42B	–	–
S_ALR_87012184	Debitoren-Salden in Hauswährung	RFDSLD00	–	4.14
S_ALR_87012185	Debitoren – Offene-Posten-Liste	RFDEPL00	SAP&AR_OPEN	4.5
S_ALR_87012190	Kontokorrentkontenschreibung aus der Belegdatei	RFKKBU00	–	5.11
S_ALR_87012196	Debitoren Zahlungsverhalten	RFDOPR20	–	4.13

Tabelle 2.5 Transaktionen in der Komponente FI-AR (Forts.)

2.2.3 Transaktionen in der Kreditorenbuchhaltung

Die Kreditorenbuchhaltung (FI-AP) erreichen Sie über den Menüpfad RECHNUNGSWESEN • FINANZWESEN • KREDITOREN IM SAP EASY ACCESS MENÜ. In Tabelle 2.6 sind die im Ordner KREDITOREN hinterlegten Standardberichte aufgeführt.

Transaktionscode	Transaktionstext	Programm	Variante	Abschnitt
F.07	Saldovortrag Kontokorrent	SAPF010	–	6.27
F.13	Ohne Vorgabe der Ausgleichswährung	SAPF124	SAP&F124	6.29
F.27	Periodische Kontoauszüge	RFKORK00	–	5.20
F.40	Kontenverzeichnis	RFKKVZ00	–	5.13
F.41	Offene Posten	RFKEPL00	–	5.6
F.42	Saldenliste	RFKSLD00	–	5.22
F.44	Saldenverzinsung	RFKZIS00	–	–
F.47	Freie Selektionen	RFKUZI00	–	–
F.4A	Ohne offene Posten	RFKUZI00	SAP&KUZI01	–
F.4B	Mit offenen Posten	RFKUZI00	SAP&KUZI02	–
F.4C	Ohne Buchungen	RFKUZI00	SAP&KUZI03	–
F.61	Gemäß Anforderung	SAPF140	–	6.30
F.62	Interne Belege	RFKORB00	–	5.18
F.63	Anforderungen löschen	SAPF140D	–	6.31
F.64	Korrespondenz pflegen	SAPF140P	–	6.32
F110S	Automat. Einplanen d. Zahlprogrammes	RFF110S	–	6.13
F13E	Mit Vorgabe der Ausgleichswährung	SAPF124	SAP&F124E	6.29
FB12	Korrespondenz anfordern	SAPMF05M	–	–

Tabelle 2.6 Transaktionen in der Komponenten FI-AP

Transaktionscode	Transaktionstext	Programm	Variante	Abschnitt
FBL1N	Einzelposten-Kreditoren	RFITEMAP	–	5.1
FK10N	Saldenanzeige Kreditoren	RFAPBALANCE	SAP&1	–
S_ALR_87012091	Kreditoren-Salden in Hauswährung	RFKSLD00	–	5.22
S_ALR_87012092	Kreditoren – Offene-Posten-Liste	RFKEPL00	SAP&AP_OPEN	5.6
S_ALR_87012098	Kontokorrentkontenschreibung aus der Belegdatei	RFKKBU00	–	5.11
S_ALR_87012190	Kontokorrentkontenschreibung aus der Belegdatei	RFKKBU00	–	5.11

Tabelle 2.6 Transaktionen in der Komponenten FI-AP (Forts.)

2.3 Infosystem des Rechnungswesens

Neben den Ordnern der Haupt-, Debitoren- und Kreditorenbuchhaltung finden Sie weitere Berichte am unteren Ende der Baumstruktur im SAP Easy Access Menü in der sogenannten ALLGEMEINEN BERICHTSAUSWAHL: Dort befindet sich der Ordner INFOSYSTEME, der wiederum den Ordner RECHNUNGSWESEN enthält. Auch in diesem Ordner sind Berichte zu den drei Komponenten FI-GL, FI-AR und FI-AP zu finden.

In diesem Abschnitt betrachten wir die Berichte, die in diesem Bereich der Ordnerstruktur zu finden sind. Ebenso wie in den beiden vorangegangenen Abschnitten listen wir die Berichte wieder tabellarisch auf.

2.3.1 Berichtsauswahl der Hauptbuchhaltung

Die Berichtsauswahl der Hauptbuchhaltung (FI-GL) erreichen Sie über den Menüpfad INFOSYSTEME • RECHNUNGSWESEN • FINANZWESEN • HAUPTBUCH • INFOSYSTEM. In Abbildung 2.6 sind die Unterordner des Ordners INFOSYSTEM dargestellt.

2.3 Infosystem des Rechnungswesens

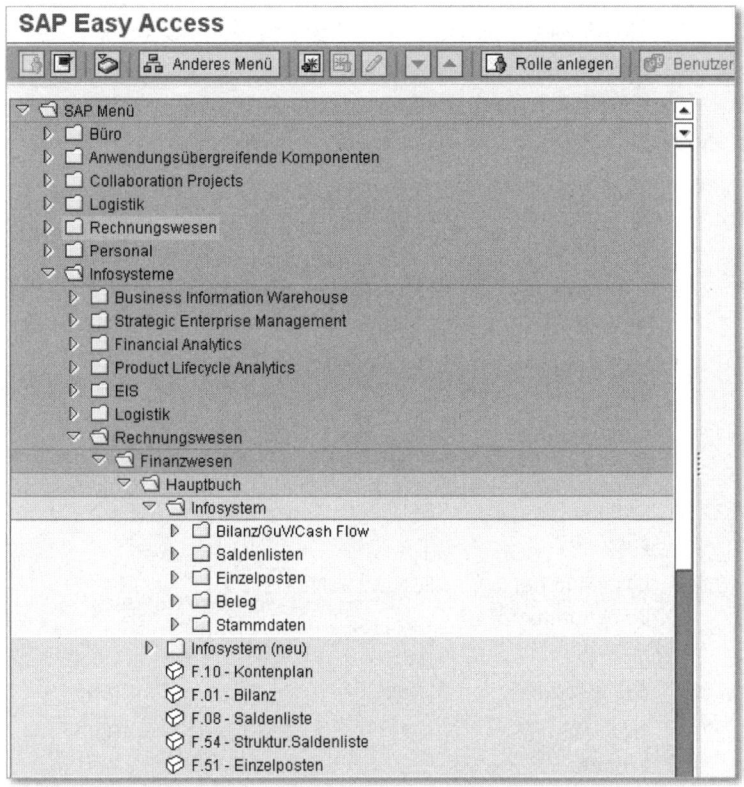

Abbildung 2.6 Berichtsauswahl in der Hauptbuchhaltung

In Tabelle 2.7 sind die im Ordner HAUPTBUCH hinterlegten Standardberichte zusammengefasst.

Transaktionscode	Transaktionstext	Programm	Variante	Abschnitt
F.10	Kontenplan	RFSKPL00	–	3.10
F.01	Bilanz	RFBILA00	–	3.2
F.08	Saldenliste	RFSSLD00	–	3.13
F.54	Strukturierte Saldenliste	RFSBWA00	–	3.7
S_ALR_87012284	Bilanz/GuV	RFBILA00	–	3.2
S_P00_07000329	SAP-Minimalvariante	RFBILA00	SAP&MIN	3.2
S_ALR_87012276	Sachkontensalden	RFSSLD00	–	3.13

Tabelle 2.7 Sachkontenberichte in der Allgemeinen Berichtsauswahl

Transaktionscode	Transaktionstext	Programm	Variante	Abschnitt
S_ALR_87012276	SAP-Minimalvariante	RFSSLD00	SAP&MIN	3.13
S_ALR_87012300	SAP-Minimalvariante	RFSUSA00	SAP&MIN	3.14
S_ALR_87012301	Summen- und Saldenliste	RFSUSA00	–	3.14
S_ALR_87012278	SAP-Minimalvariante	RFSBWA00	SAP&MIN	3.7
S_ALR_87012279	Strukturierte Saldenliste	RFSBWA00	–	3.7
S_ALR_87012331	SAP-Minimalvariante	RFAUSZ00	SAP&MIN&GL	6.5
S_ALR_87012332	Sachkontenauszüge	RFAUSZ00	–	6.5
S_ALR_87012342	Lücken in der Belegnummernvergabe	RFBNUM00N	–	–
S_ALR_87012287	Beleg-Journal	RFBELJ10	–	6.8
S_ALR_87012286	SAP-Minimalvariante	RFBELJ10	SAP&MIN	6.8
S_ALR_87012288	SAP-Minimalvariante	RFBELJ00	SAP&MIN	6.7
S_ALR_87012289	Beleg-Kompaktjournal	RFBELJ00	–	6.7
S_ALR_87012290	SAP-Minimalvariante	RFEPOJ00	SAP&MIN	6.12
S_ALR_87012291	Einzelpostenjournal	RFEPOJ00	–	6.12
S_ALR_87012292	SAP-Minimalvariante	RFBABL00	SAP&MIN	6.6
S_ALR_87012293	Änderungsanzeige Belege	RFBABL00	–	6.6
S_ALR_87012340	SAP-Minimalvariante	RFBNUM10	SAP&MIN	–

Tabelle 2.7 Sachkontenberichte in der Allgemeinen Berichtsauswahl (Forts.)

Transaktionscode	Transaktionstext	Programm	Variante	Abschnitt
S_ALR_87012341	Doppelt vergebene Rechnungsnummern	RFBNUM10	–	–
S_ALR_87012343	SAP-Minimalvariante	RFBUSU00	SAP&MIN	6.10
S_ALR_87012344	Buchungssummen	RFBUSU00	–	6.10
S_ALR_87012345	SAP-Minimalvariante	RFDAUB00	SAP&MIN	4.3
S_ALR_87012346	Dauerbuchungsurbelege	RFDAUB00	–	4.3
S_ALR_87012333	Sachkontenliste-Query	Query	–	–
S_ALR_87012325	SAP-Minimalvariante	RFSKPL00	SAP&MIN	3.10
S_ALR_87012326	Kontenplan	RFSKPL00	–	3.10
S_ALR_87012327	SAP-Minimalvariante	RFSKVZ00	SAP&MIN	3.12
S_ALR_87012328	Sachkontenverzeichnis	RFSKVZ00	–	3.12
S_ALR_87012329	SAP-Minimalvariante	RFSKTH00	SAP&MIN	3.11
S_ALR_87012330	Kontierungshandbuch	RFSKTH00	–	3.11
S_ALR_87012307	SAP-Minimalvariante	RFSABL00	SAP&MIN	3.6
S_ALR_87012308	Änderungsanzeige Sachkonten	RFSABL00	–	3.6

Tabelle 2.7 Sachkontenberichte in der Allgemeinen Berichtsauswahl (Forts.)

2.3.2 Berichtsauswahl der Debitorenbuchhaltung

Das Infosystem der Debitorenbuchhaltung (FI-AR) erreichen Sie über den Pfad INFOSYSTEME • RECHNUNGSWESEN • FINANZWESEN • DEBITOREN. In Abbildung 2.7 sehen Sie den Ordner DEBITOREN.

2 | Standardberichte auswählen und nutzen

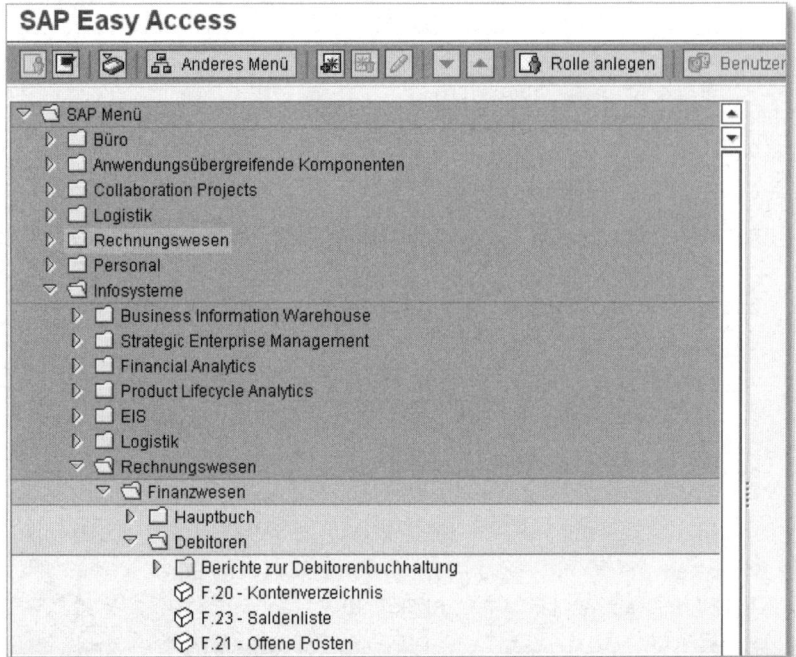

Abbildung 2.7 Berichtsauswahl in der Debitorenbuchhaltung

In Tabelle 2.8 sind die im Ordner DEBITOREN hinterlegten Standardberichte aufgelistet.

Transaktionscode	Transaktionstext	Programm	Variante	Abschnitt
F.20	Kontenverzeichnis	RFDKVZ00	–	4.7
F.23	Saldenliste	RFDSLD00	–	4.14
F.21	Offene Posten	RFDOPL00	–	–
S_ALR_87012167	Debitoren-Informationssystem	RFDRRANZ	–	–
S_ALR_87012172	Debitoren-Salden in Hauswährung	RFDSLD00	–	4.14
S_ALR_87012186	Debitoren-Umsätze	RFDUML00	–	4.15
S_ALR_87012197	Debitoren – Einzelpostenliste	RFDEPL00	SAP&AR_ALL	4.5
S_ALR_87012173	Debitoren – Offene-Posten-Liste	RFDEPL00	SAP&AR_OPEN	4.5

Tabelle 2.8 Debitorenberichte in der Allgemeinen Berichtsauswahl

Transaktionscode	Transaktionstext	Programm	Variante	Abschnitt
S_ALR_87012174	Debitoren – Offene Posten-Liste	RFDOPO10	–	4.10
S_ALR_87012175	OP – Fälligkeitsvorschau Debitoren	RFDOFW00	–	4.8
S_ALR_87012176	Kundenbeurteilung mit OP-Rasterung	RFDOPR00	–	4.11
S_ALR_87012178	OP-Analyse Debitoren nach Saldo	RFDOPR10	–	4.12
S_ALR_87012177	Debitoren Zahlungsverhalten	RFDOPR20	–	4.13
S_ALR_87012198	Debitoren – Ausgeglichene-Posten-Liste	RFDEPL00	SAP&AR_CLEAR	4.5
S_ALR_87012199	Auflistung zu einem Stichtag offener Anzahlungen	RFDANZ00	–	–
S_ALR_87012179	Debitorenverzeichnis	RFDKVZ00	–	4.7
S_ALR_87012180	Adressliste Debitoren	Query	–	–
S_ALR_87012182	Änderungsanzeige Debitoren	RFDABL00	–	4.1
S_ALR_87012183	Kritische Debitorenänderungen anzeigen	RFDCON00	–	4.4
S_ALR_87012195	Stammdatenabgleich Debitoren	RFDKAG00	–	4.6

Tabelle 2.8 Debitorenberichte in der Allgemeinen Berichtsauswahl (Forts.)

2.3.3 Berichtsauswahl der Kreditorenbuchhaltung

Das Infosystem der Kreditorenbuchhaltung (FI-AP) der ALLGEMEINEN BERICHTSAUSWAHL finden Sie über den Menüpfad INFOSYSTEME • RECHNUNGSWESEN • FINANZWESEN • KREDITOREN. In Abbildung 2.8 ist als Beispiel der Ordner KREDITOREN geöffnet.

2 | Standardberichte auswählen und nutzen

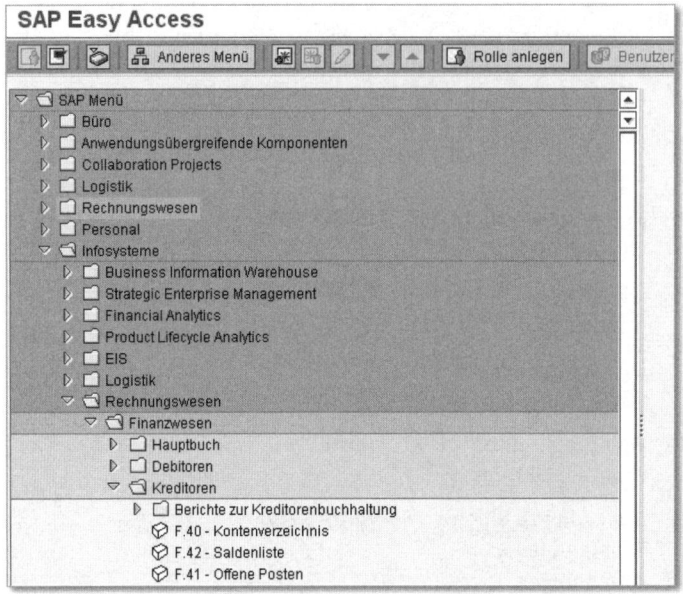

Abbildung 2.8 Berichtsauswahl in der Kreditorenbuchhaltung

In Tabelle 2.9 sind die im Ordner KREDITOREN aus Abbildung 2.8 hinterlegten SAP-Standardprogramme aufgeführt.

Transaktionscode	Transaktionstext	Programm	Variante	Abschnitt
F.40	Kontenverzeichnis	RFKKVZ00	–	5.13
F.42	Saldenliste	RFKSLD00	–	5.22
F.41	Offene Posten	RFKEPL00	–	5.6
S_ALR_87012077	Kreditoren-Informationssystem	RFKRRANZ	–	–
S_ALR_87012082	Kreditoren-Salden in Hauswährung	RFKSLD00	–	5.22
S_ALR_87012093	Kreditoren-Umsätze	RFKUML00		5.23
S_ALR_87012103	Kreditoren – Einzelpostenliste	RFKEPL00	SAP&AP_ALL	5.6
S_ALR_87012083	Kreditoren – Offene-Posten-Liste	RFKEPL00	SAP&AP_OPEN	5.6

Tabelle 2.9 Kreditorenberichte in der Allgemeinen Berichtsauswahl

Transaktions-code	Transaktionstext	Programm	Variante	Abschnitt
S_ALR_87012084	OP – Fälligkeitsvorschau Kreditoren	RFKOFW00	–	5.14
S_ALR_87012085	Zahlungsverhalten gegenüber Kreditor	RFKOPR00	–	5.16
S_ALR_87012104	Kreditoren – Ausgeglichene-Posten-Liste	RFKEPL00	SAP&AP_CLEAR	5.6
S_ALR_87012105	Auflistung zu einem Stichtag offener Anzahlungen	RFKANZ00	–	–
S_ALR_87012086	Kreditorenverzeichnis	RFKKVZ00	–	5.13
S_ALR_87012087	F1	Query	–	–
S_ALR_87012089	Änderungsanzeige Kreditoren	RFKABL00	–	5.2
S_ALR_87012090	Kritische Kreditorenänderungen anzeigen	RFKCON00	–	5.5
S_P99_41000099	Zahlungsregulierungsliste	RFZALI20	–	6.26

Tabelle 2.9 Kreditorenberichte in der Allgemeinen Berichtsauswahl (Forts.)

2.4 Berichte über die Transaktion OBZA aufrufen

Es gibt zwei Möglichkeiten, das Programm RFABADAB aufzurufen: entweder aus dem SAP Easy Access Menü oder durch Eingabe des Transaktionscodes OBZA in das Befehlsfeld. Die Transaktion OBZA dient zur Selektion von Programmen aus dem Finanzwesen. Nachdem Sie den Transaktionscode eingegeben haben, bestätigen Sie mit ⏎, und es erscheint das Selektionsbild aus Abbildung 2.9.

Abbildung 2.9 Transaktion OBZA: Einstiegsbild

Als Parameter können Sie im Selektionsbild aus Abbildung 2.9 eine der Klassifikationen D, K, S bzw. B (für Debitoren-, Kreditoren-, sachkontenspezifische Programme oder Programme zur Belegauswertung) übergeben. Die nächsten vier Abschnitte widmen sich jeweils einer dieser vier Möglichkeiten.

2.4.1 Berichte der Hauptbuchhaltung

Geben Sie zunächst in dem Feld CLAS_ID (Klassifikation) das Kürzel »S« ein, und klicken Sie auf die Schaltfläche ⊕ (Ausführen), oder drücken Sie die Funktionstaste [F8]. Sie gelangen danach zum Auswahlbild der sachkontenspezifischen Berichte (siehe Abbildung 2.10).

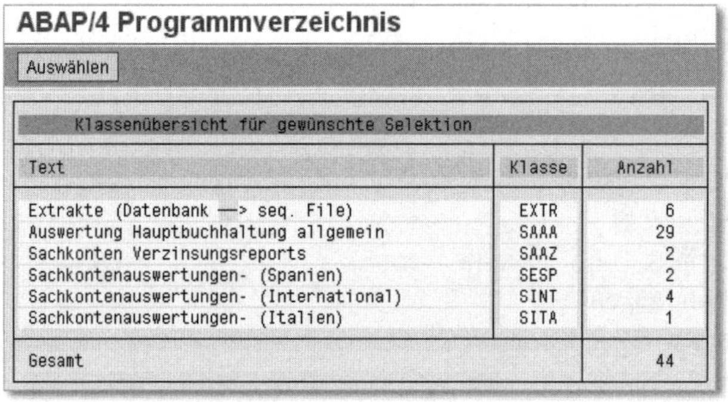

ABAP/4 Programmverzeichnis

Auswählen

Klassenübersicht für gewünschte Selektion

Text	Klasse	Anzahl
Extrakte (Datenbank —> seq. File)	EXTR	6
Auswertung Hauptbuchhaltung allgemein	SAAA	29
Sachkonten Verzinsungsreports	SAAZ	2
Sachkontenauswertungen- (Spanien)	SESP	2
Sachkontenauswertungen- (International)	SINT	4
Sachkontenauswertungen- (Italien)	SITA	1
Gesamt		44

Abbildung 2.10 Transaktion OBZA: CLAS_ID S

In Tabelle 2.10 sind die Programme der Komponente Hauptbuchhaltung (FI-GL) zusammengefasst, die Sie mithilfe der Transaktion OBZA einsetzen können.

Programm	Beschreibung	Abschnitt
RFKKAK00	Kontokorrent-Kontenschreibung nach alternativer Kontonummer	5.10
RFAUDI40	Sachkontensalden in HW nach Klassifikationsmerkmal	3.1
RFBILA00	Bilanz/GuV	3.2
RFHABU00	Hauptbuch aus der Belegdatei	3.3
RFHABU00_NACC	Hauptbuch aus der Belegdatei	–
RFHABU10	Kontenkorrespondenzen Hauptbuch Russland	–
RFKKBU00	Kontokorrent-Kontenschreibung aus der Belegdatei	5.11

Tabelle 2.10 Sachkontenberichte in der Transaktion OBZA

Programm	Beschreibung	Abschnitt
RFKKBU00_NACC	Kontokorrent-Kontenschreibung aus der Belegdatei	–
RFKKBU10	Kontenniederschrift aus kumulierter Kontokorrent-Kontenschreibung	5.12
RFKKBU10_NACC	Kontenniederschrift aus kumulierter Kontokorrent-Kontenschreibung	–
RFSABL00	Änderungsanzeige Sachkonten	3.6
RFSABL00_NACC	Änderungsanzeige Sachkonten	–
RFSBEWFX	Sachkonten-Saldenbewertung zum Stichtag	–
RFSKPL00	Kontenplan	3.10
RFSKTH00	Kontierungshandbuch	3.11
RFSKVZ00	Sachkontenverzeichnis	3.12
RFSKVZ00_NACC	Sachkontenverzeichnis	–
RFSSLD00	Sachkontensalden	3.13
RFSSLD00_NACC	Sachkontensalden	–
RFSZIS00	Zinsstaffel Sachkonten	–
RFSZIS00_NACC	Zinsstaffel Sachkonten	–

Tabelle 2.10 Sachkontenberichte in der Transaktion OBZA (Forts.)

2.4.2 Berichte der Debitorenbuchhaltung

Geben Sie im Feld CLAS_ID »D« für die Debitorenbuchhaltung ein, und klicken Sie auf die Schaltfläche ⊕ (AUSFÜHREN), bzw. drücken Sie auf F8. Sie gelangen zur Auswahl der Debitorenberichte (siehe Abbildung 2.11).

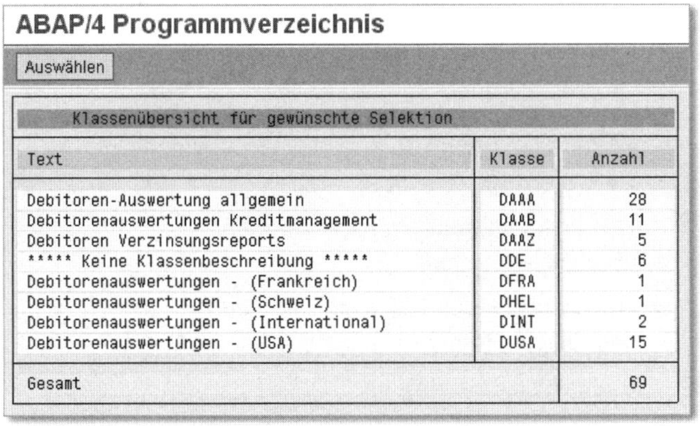

ABAP/4 Programmverzeichnis

Auswählen

Klassenübersicht für gewünschte Selektion

Text	Klasse	Anzahl
Debitoren-Auswertung allgemein	DAAA	28
Debitorenauswertungen Kreditmanagement	DAAB	11
Debitoren Verzinsungsreports	DAAZ	5
***** Keine Klassenbeschreibung *****	DDE	6
Debitorenauswertungen - (Frankreich)	DFRA	1
Debitorenauswertungen - (Schweiz)	DHEL	1
Debitorenauswertungen - (International)	DINT	2
Debitorenauswertungen - (USA)	DUSA	15
Gesamt		69

Abbildung 2.11 Transaktion OBZA: CLAS_ID D

In Tabelle 2.11 sind die Programme in der Komponente Debitorenbuchhaltung (FI-AR) aufgelistet, die Sie mithilfe der Transaktion OBZA nutzen können.

Programm	Beschreibung	Abschnitt
RFDABL00	Änderungsanzeige Debitoren	4.1
RFDABL00_NACC	Änderungsanzeige Debitoren	–
RFDAPO00	Ausgeglichene-Posten-Liste	4.2
RFDAPO00_NACC	Ausgeglichene-Posten-Liste	–
RFDEPL00	Debitoren – Einzelpostenliste	4.5
RFDEPL_NACC	Debitoren – Einzelpostenliste	–
RFDKAG00	Stammdatenabgleich Debitoren	4.6
RFDKVZ00	Debitorenverzeichnis	4.7
RFDKVZ00_NACC	Debitorenverzeichnis (nicht accessible)	–
RFDOFW00	OP – Fälligkeitsvorschau Debitoren	4.8
RFDOPO00	Debitoren – Offene-Posten-Liste	4.9
RFDOPO00_NACC	Debitoren – Offene-Posten-Liste	–
RFDOPO10	Debitoren – Offene-Posten-Liste	4.10
RFDOPO10_NACC	Debitoren – Offene-Posten-Liste	–
RFDOPR00	Kundenbeurteilung mit OP-Rasterung	4.11
RFDOPR00_NACC	Kundenbeurteilung mit OP-Rasterung	–
RFDOPR10	OP-Analyse Debitoren nach Saldo der überfälligen Posten	4.12
RFDOPR10_NACC	OP-Analyse Debitoren nach Saldo der überfälligen Posten	–
RFDOPR20	Debitoren Zahlungsverhalten	4.13
RFDSLD00	Debitoren-Salden in Hauswährung	4.14
RFDSLD00_NACC	Debitoren-Salden in Hauswährung	–
RFDUML00	Debitoren-Umsätze	4.15
RFDUML00_NACC	Debitoren-Umsätze	–
RFKOPR10	OP-Analyse Kreditoren nach Saldo der überfälligen Posten	5.17
RFKOPR10_NACC	OP-Analyse Kreditoren nach Saldo der überfälligen Posten	–
RFDUZI00	Überfälligkeitsverzinsung	–

Tabelle 2.11 Debitorenberichte in der Transaktion OBZA

Programm	Beschreibung	Abschnitt
RFDZIS00	Zinsstaffel Debitoren	4.16
RFDZIS00_NACC	Debitorenzinsstaffel	–
RFKUZI00	Überfälligkeitsverzinsung	–

Tabelle 2.11 Debitorenberichte in der Transaktion OBZA (Forts.)

2.4.3 Berichte der Kreditorenbuchhaltung

Geben Sie im Feld CLAS_ID »K« für die Kreditorenbuchhaltung ein, und klicken Sie auf die Schaltfläche (Ausführen), bzw. drücken Sie die Funktionstaste F8. Anschließend gelangen Sie zur Auswahl der Kreditorenberichte (siehe Abbildung 2.12).

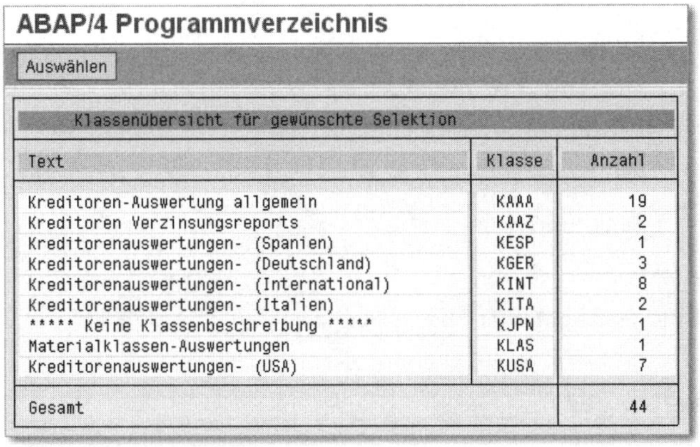

```
ABAP/4 Programmverzeichnis
Auswählen

Klassenübersicht für gewünschte Selektion

Text                                           Klasse   Anzahl
Kreditoren-Auswertung allgemein                KAAA     19
Kreditoren Verzinsungsreports                  KAAZ      2
Kreditorenauswertungen- (Spanien)              KESP      1
Kreditorenauswertungen- (Deutschland)          KGER      3
Kreditorenauswertungen- (International)        KINT      8
Kreditorenauswertungen- (Italien)              KITA      2
***** Keine Klassenbeschreibung *****          KJPN      1
Materialklassen-Auswertungen                   KLAS      1
Kreditorenauswertungen- (USA)                  KUSA      7

Gesamt                                                  44
```

Abbildung 2.12 Transaktion OBZA: CLAS_ID K

In Tabelle 2.12 sind die Programme der Kreditorenbuchhaltung (FI-AP) aufgeführt, die Sie mithilfe der Transaktion OBZA einsetzen können.

Programm	Beschreibung	Abschnitt
RFKABL00	Änderungsanzeige Kreditoren	5.2
RFKABL00_NACC	Änderungsanzeige Kreditoren	5.3
RFKAPO00	Kreditoren – Ausgeglichene-Posten-Liste	5.4
RFKAPO00_NACC	Kreditoren – Ausgeglichene-Posten-Liste	–
RFKEPL00	Kreditoren – Einzelpostenliste	5.6
RFKEPL_NACC	Kreditoren – Einzelpostenliste	5.7

Tabelle 2.12 Kreditorenberichte in der Transaktion OBZA

Programm	Beschreibung	Abschnitt
RFKKAG00	Stammdatenabgleich Kreditoren	5.9
RFKKVZ00	Kreditorenverzeichnis	5.13
RFKKVZ00_NACC	Kreditorenverzeichnis (nicht accessible)	–
RFKOFW00	OP – Fälligkeitsvorschau Kreditoren	5.14
RFKOPO00	Kreditoren – Offene-Posten-Liste	5.15
RFKOPO_NACC	Kreditoren – Offene-Posten-Liste	–
RFKOPR00	Kreditorenbeurteilung mit OP-Rasterung	5.16
RFKOPR00_NACC	Kreditorenbeurteilung mit OP-Rasterung	–
RFKSLD00	Kreditoren-Salden in Hauswährung	5.22
RFKSLD00_NACC	Kreditoren-Salden in Hauswährung	–
RFKUML00	Kreditoren-Umsätze	5.23
RFKUML00_NACC	Kreditoren-Umsätze	–
RFKZIS00	Zinsstaffel Kreditoren	–
RFKZIS00_NACC	Kreditorenzinsstaffel	–
RFZALI00	Zahlungsregulierungsliste	6.25
RFZALI10	Zahlungsregulierung – Liste der Ausnahmen	–

Tabelle 2.12 Kreditorenberichte in der Transaktion OBZA (Forts.)

2.4.4 Belegauswertungen

Nach Eingabe von »B« für Belegauswertungen im Feld CLAS_ID klicken Sie auf die Schaltfläche (AUSFÜHREN) bzw. drücken die Funktionstaste [F8]. So gelangen Sie zur Auswahl der Belegauswertungen. In Tabelle 2.13 sind die Programme zur Auswertung von Belegen der Finanzbuchhaltung (FI) dargestellt, die Sie mithilfe der Transaktion OBZA einsetzen können.

Programm	Beschreibung	Abschnitt
RFAUSZ00	Debitoren-/Kreditoren-/Sachkontenauszüge	6.5
RFAUSZ00_NACC	Debitoren-/Kreditoren-/Sachkontenauszüge	–
RFBABL00	Änderungsanzeige Belege	6.6
RFBABL00_NACC	Änderungsanzeige Belege	–
RFBELJ00	Beleg-Kompaktjournal	6.7
RFBELJ00_NACC	Beleg-Kompaktjournal	–

Tabelle 2.13 Belegauswertungen in der Transaktion OBZA

Programm	Beschreibung	Abschnitt
RFBNUM10	Doppelt vergebene Rechnungsnummern	–
RFBUSU00	Buchungssummen	6.8
RFDAUB00	Dauerbuchungsurbelege	4.3
RFDAUB00_NACC	Dauerbuchungsurbelege	–
RFEPOJ00	Einzelpostenjournal	6.10
RFEPOJ00_NACC	Einzelpostenjournal	–
RFPKDB00	Kreditorenzeilen vorerfasster Belege	–

Tabelle 2.13 Belegauswertungen in der Transaktion OBZA (Forts.)

2.5 ABAP-Programmausführung (Transaktion SA38)

Im letzten Abschnitt dieses Kapitels steht die ABAP-Programmausführung im Mittelpunkt. Innerhalb dieser Transaktion können Sie prinzipiell jedes SAP-Standardprogramm ausführen, sofern Sie den Programmnamen kennen. Sie erreichen sie, indem Sie den Transaktionscode SA38 im Befehlsfeld eingeben oder über den Menüpfad SYSTEM • DIENSTE • PROGRAMMING navigieren. Anschließend gelangen Sie zum Selektionsbild, das in Abbildung 2.13 dargestellt wird.

Abbildung 2.13 Transaktion SA38 – Einstiegsbild

Ein Klick auf die Schaltfläche MIT VARIANTE führt Sie zum Dialogfenster aus Abbildung 2.14. Nachdem Sie eine Berichtsvariante hinterlegt haben, startet das SAP-System den Bericht mit den in der Variante hinterlegten Selektionskriterien.

Abbildung 2.14 Start mit Variante

2 | Standardberichte auswählen und nutzen

Durch einen Klick auf die Schaltfläche VARIANTENÜBERS. (siehe Abbildung 2.13) erhalten Sie eine Liste der zu diesem Bericht zur Verfügung stehenden Berichtsvarianten. Nach einem Klick auf die Schaltfläche HINTERGRUND gelangen Sie zum Bildschirmbild aus Abbildung 2.15. Dieses Selektionsbild dient zur Einplanung des jeweiligen Programms als Hintergrundjob. Über die Schaltfläche VARIANTEN können Sie sich die gepflegten Varianten anzeigen lassen. Mit der Schaltfläche JOBÜBERSICHT gelangen Sie zum Jobmonitoring.

Abbildung 2.15 Transaktion SA38 – Start im Hintergrund

Tabelle 2.14 enthält einige sehr hilfreiche Programme, die Sie in der Transaktion SA38 (Programmausführung) starten können. Zum Ausführen der Programme im Vordergrund dient jeweils die Schaltfläche 🔄 (AUSFÜHREN). Die erste Spalte enthält den Programmnamen, den Sie im Selektionsbild aus Abbildung 2.13 hinterlegen müssen. In der zweiten Spalte finden Sie eine kurze Beschreibung des Einsatzbereichs. Die letzte Spalte enthält den Abschnitt, in dem das Programm näher erläutert wird.

Programm	Beschreibung	Abschnitt
CACS_FILE_COPY	Kopieren einer Datei	6.1
RC1TCG3Y Transaktionscode CG3Y	Download einer Datei vom Applikationsserver auf das Dateisystem des PCs	6.2
RC1TCG3Z Transaktionscode CG3Z	Upload einer Datei vom Dateisystem des PCs auf den Applikationsserver	6.3
RFCORR14	Zurücksetzen eines Mahnlaufs	6.11
RFF110SSP	Saldoprüfung nach einem Mahnvorschlag	6.14
RF150SMS	Mahnlauf einplanen	6.4
RFBELJ10_NACC	Beleg-Journal (Nicht barrierefrei)	6.9

Tabelle 2.14 Hilfreiche Programme zum Start über Transaktion SA38

2.5 ABAP-Programmausführung (Transaktion SA38)

Programm	Beschreibung	Abschnitt
RFFMKWD2	Mahnsperre in Debitoreneinzelposten setzen	6.15
RFKK_DELETE_MAKOMAZE	Löschen Mahnvorschlag	5.8
RFKOPR10	OP-Analyse Saldo überfälliger Posten	5.17
RFKORD40	Individuelle Briefe und Serienbriefe	5.19
RFKORS10	Druckprogramm Serienbriefe	5.21
RFMAHN00	Mahnstatistik	6.16
RFMAHN01	Mahnliste	6.17
RFMAHN02	Liste gesperrter Posten	6.18
RFMAHN03	Liste gesperrter Konten	6.19
RFMAHN04	Mahnvorschlag Änderungen Posten	6.20
RFMAHN05	Mahnvorschlag Änderungen Konten	6.21
RFMAHN20	Mahnhistorie	6.22
RFMPAY00	Status bei zahllaufübergreifenden Zahlungsträgern	6.23
RFPAYM_MERGE_RESET	Zurücksetzen eines Zahlungsträgerlaufs	6.24
RFSEPA01	Aufbau der Einzelpostenanzeige nach Stammsatzänderung	3.8
RFSEPA04	Abbau der Einzelpostenanzeige nach Stammsatzänderung	3.9
RN20S_COPY_FILE	Kopieren einer Datei auf Betriebssystemebene (Applikationsserver)	–
SAPF011	Saldovortrag Hauptbuch	3.15
SAPF071	Korrektur Salden nach Abgleich Belege/Verkehrszahlen	6.28
SAPF150D2	FI Mahnen Druckprogramm	6.33
SAPFPAYM_MERGE	Zahllaufübergreifende Zahlungsträger	6.33

Tabelle 2.14 Hilfreiche Programme zum Start über Transaktion SA38 (Forts.)

2.6 Fazit

Dieses Kapitel dient Ihnen als Lotse durch die Vielzahl an Programmen, die von SAP im Standard zur Verfügung gestellt werden. Nachdem Sie den gesuchten Report gefunden haben, können Sie nun anschließend im angegebenen Abschnitt die Programmbeschreibung studieren.

In diesem Kapitel stellen wir Ihnen die wichtigsten SAP-Standardreports aus dem Bereich Hauptbuchhaltung vor. Alle Programme, die in diesem Kapitel erläutert werden, erstellen Auswertungen über Sachkonten eines Unternehmens.

3 Standardberichte in der Hauptbuchhaltung

Das SAP-System bietet eine Reihe von Standardberichten, die sich mit Fragestellungen rund um das Hauptbuch beschäftigen und deren Ausführung immer Sachkonten betreffen.

Die einzelnen Abschnitte dieses Kapitels widmen sich jeweils genau einem Report und sind alphabetisch nach technischen Namen sortiert. Jeder Abschnitt beginnt mit der Beschreibung des Einsatzzwecks dieses Reports. Im Anschluss daran werfen wir einen Blick auf das jeweilige Selektionsbild. Dazu gehört eine detaillierte Beschreibung der einzelnen Selektionsmöglichkeiten, sofern die Selektionsparameter nicht selbsterklärend sind. Neben einer detaillierten Beschreibung der Selektionsmöglichkeiten zeigt jeder Abschnitt die jeweilige Listausgabe. Sofern möglich, erklären wir Ihnen in diesem Zusammenhang die Gestaltungsmöglichkeiten der Berichtsausgabe.

3.1 Report RFAUDI40 – Sachkontensalden nach Klassifikationsmerkmal

Die Saldenliste zeigt pro Konto und Geschäftsjahr folgende Werte in Hauswährung an:

- den Saldovortrag zum Anfang des Geschäftsjahres
- die Sollsumme des Geschäftsjahres (Periodenumsatz 01–16)
- die Habensumme des Geschäftsjahres (Periodenumsatz 01–16)
- den Sollsaldo oder den Habensaldo zum Endes des Geschäftsjahres

Am Ende der Liste werden pro Hauswährung die Summen pro Buchungskreis sowie die Endsumme über alle Buchungskreise ausgegeben. Das Selektionsbild des Reports RFAUDI40 ist in Abbildung 3.1 zu sehen.

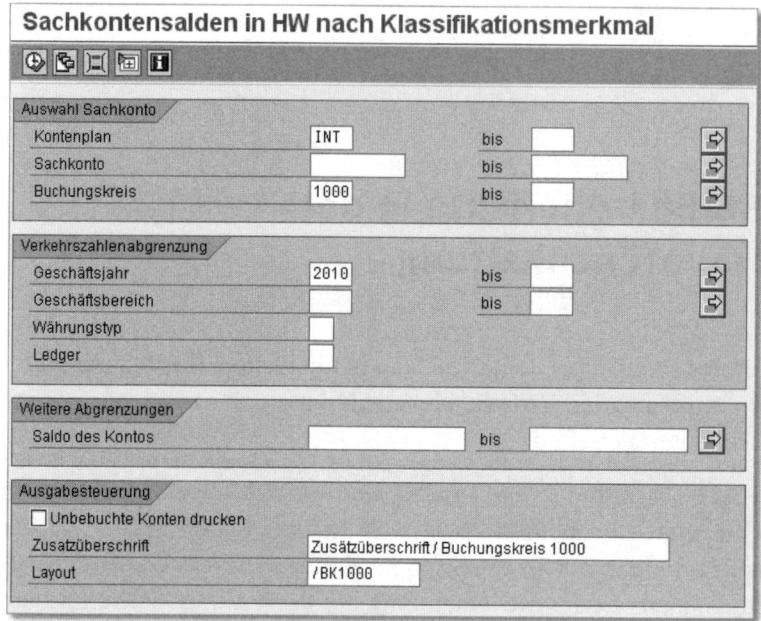

Abbildung 3.1 Report RFAUDI40 – Selektionsbild

Betrachten wir zunächst die wichtigen Selektionskriterien:

- **Kontenplan**
  Schlüssel, der einen Kontenplan eindeutig identifiziert
- **Währungstyp**
  Hier können Sie den Währungstyp für Umsatzsegmente angeben. Voreingestellt ist die Verwendung der Buchungskreiswährung.
- **Saldo des Kontos**
  Bestimmte Salden können ein- oder ausgeschlossen werden. Der Saldo wirkt immer auf den einzelnen Buchungskreis. Bitte denken Sie daran, bei Sollsalden positive Werte und bei Habensalden negative Werte einzugeben.
- **Unbebuchte Konten drucken**
  Zeigt auch die nicht gebuchten Buchungskreise der Konten mit an, wenn diese Anweisung markiert ist.

Berücksichtigen Sie bei der Bestimmung der für Sie kritischen Datenmenge auch die Selektionsmöglichkeiten über freie Abgrenzungen.

Freie Abgrenzungen [zB]

Es sollen nur Konten in die Auswertung einbezogen werden, die im zu prüfenden Zeitabschnitt im Buchungskreis neu hinzugekommen sind. Navigieren Sie über den folgenden Pfad: FREIE ABGRENZUNGEN EINBLENDEN • BUCHUNGSKREIS, und geben Sie im Feld ANGELEGT AM: 0101JJ bis 3112JJ an.

Mit den Selektionswerten aus Abbildung 3.1 gelangen wir in unserem Beispiel zur Liste aus Abbildung 3.2.

Sachkontensalden in HW nach Klassifikationsmerkmal

IDES-ALE: Central FI Syst — Sachkontensalden in HW nach Klassifikationsmerkmal — Zeit 18:48:36 — Datum 16.01.2011
Frankfurt - Deutschland — Ledger 0L — Zusätzüberschrift / Buchungskreis 1000 — RFAUDI40/HFO — Seite 1

Vortragsperioden 00-002010
Berichtsperioden 01-162010

HWähr	Sachkto	Sachkontenlangtext	Kl-Kr	Vortrag	Soll B.Per	HabenB.Per	Sollsalden	Habensalden	Kum. Saldo
EUR	900000	Ergebnis-Vortrag aus dem Vorjahr	3	4.000,00	0,00	0,00	4.000,00	0,00	4.000,00
EUR	113102	Deutsche Bank (Ausgangs-Ueberweisungen Inland)	5	0,00	0,00	23.605.343,35	0,00	23.605.343,35-	23.605.343,35-
EUR	113109	Deutsche Bank (Debitoren-Geldeingang)	5	0,00	23.000,00	0,00	23.000,00	0,00	23.000,00
EUR	113301	Commerzbank (Ausgangs-Schecks)	5	0,00	0,00	108.600,00	0,00	108.600,00-	108.600,00-
EUR	113309	Commerzbank (Debitoren-Geldeingang)	5	0,00	80.730,00	0,00	80.730,00	0,00	80.730,00
EUR	154000	Eingangssteuer (siehe Kontierungshandbuch)	5	0,00	798,32	0,00	798,32	0,00	798,32
EUR	160000	Kreditoren-Verbindlichkeiten Inland	5	0,00	24.960.877,75	1.360.534,40	23.600.343,35	0,00	23.600.343,35
EUR	299000	Sonstige betrieblichen Ertraege	5	0,00	0,00	3.500,00	0,00	3.500,00-	3.500,00-
EUR	310000	Handelswaren	5	0,00	108.000,00	0,00	108.000,00	0,00	108.000,00
EUR	420000	Fertigungs-Loehne	5	0,00	30.000,00	0,00	30.000,00	0,00	30.000,00
EUR	430000	Gehaelter	5	0,00	75.000,00	0,00	75.000,00	0,00	75.000,00
EUR	473110	Telefonkosten	5	0,00	3.600,00	0,00	3.600,00	0,00	3.600,00
EUR	476900	Sonstige Kosten	5	0,00	4.201,68	0,00	4.201,68	0,00	4.201,68
EUR	894015	Bestandsveränderung - Verkauf Handelsware	5	0,00	0,00	108.000,00	0,00	108.000,00-	108.000,00-
EUR	140000	Debitoren-Forderungen Inland	6	4.000,00-	98.705,45	198.935,45	0,00	104.230,00-	104.230,00-
*EUR				0,00	25.384.913,20	25.384.913,20	23.929.673,35	23.929.673,35-	0,00

Abbildung 3.2 Report RFAUDI40 – Listausgabe

3.2 Report RFBILA00 – Bilanz/GuV

Der Report erstellt die Bilanz und Gewinn- und Verlustrechnungen für einen beliebigen Berichtszeitraum innerhalb eines Geschäftsjahres. Der Report RFBILA00 enthält einen absoluten und einen relativen Vergleich zu einer Vergleichsperiode. Alternativ können zum Vergleich auch Planwerte herangezogen werden. Dazu müssen Sie die Planversionsnummer im Feld PLANVERSION angeben. Mit diesem Bericht können beliebig viele, nach verschiedenen Gliederungsprinzipien aufgebaute Bilanzen und Gewinn- und Verlustrechnungen erzeugt werden. Wie die Bilanz und GuV aufgebaut wird, bestimmen Sie mit der Ergebnisrechnungsversion, die Sie im Feld ERGEBNISVERSION angeben.

3 | Standardberichte in der Hauptbuchhaltung

Den Detaillierungsgrad der Bilanz und GuV bestimmen Sie über Ihre Eingabe im Feld SUMMENBERICHT. Alternativ zur Listausgabe ist es möglich, durch Angabe eines Formulars im Formularfeld auf ein Formular auszudrucken. Nach dem Berichtsstart erhalten Sie das Selektionsbild. Es besteht aus vier Registerkarten, die in Abbildung 3.3 zu sehen sind.

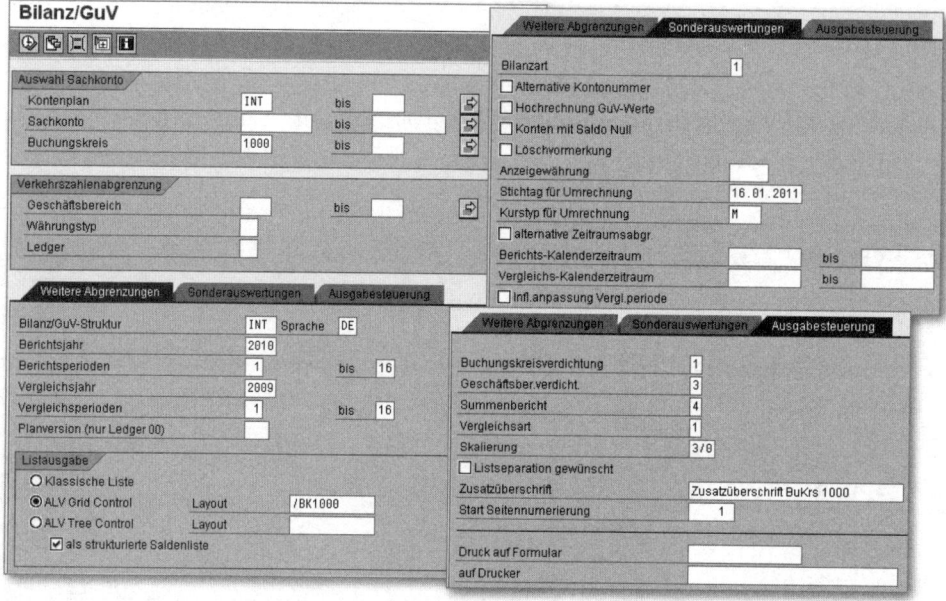

Abbildung 3.3 Report RFBILA00 – Selektionsbild

- **Bilanz/GuV-Struktur**
  Gibt den Schlüssel an, der die Bilanz- und GuV-Version eindeutig identifiziert.

- **Planversion (nur Ledger 00)**
  In diesem Parameter kann eine Versionsnummer für Planwerte eingegeben werden. Dabei werden den Istwerten im Berichtszeitraum Planwerte für den gleichen Zeitraum gegenübergestellt. Die Gegenüberstellung erfolgt in der Spalte VERGL.ZEITRAUM in der Bilanz und GuV.

- **Listausgabe**
  alternativ: klassische Liste, ALV Grid Control, ALV Tree Control

- **Als strukturierte Saldenliste**
  Alternativ zur Bilanz und GuV können Sie mit dem ALV Tree Control eine strukturierte Saldenliste erzeugen. Hierbei gelten jedoch folgende Einschränkungen:

- Es wird kein Gewinn oder Verlust berechnet und ausgewiesen.
- Konten, die keiner Bilanz-/GuV-Position zugewiesen sind, werden nicht ausgewiesen.
- Die Position NICHT ZUORDENBARE KONTEN entfällt.

- **Bilanzart**
  Mögliche Eingabewerte sind: »1«, »2«, »3« oder »4«. Geben Sie keinen dieser Werte ein, wird der Wert »1« angenommen. Dieser Parameter steuert, welche Perioden in den Berichts- und Vergleichszeitraum einfließen. Bilanzart 1 (Default) bedeutet, dass eine aufgelaufene Bilanz erstellt wird. Das heißt, der Saldo wird aus dem Saldovortrag plus den Perioden 01 bis zur Obergrenze der von Ihnen angegebenen Berichts- und Vergleichsperioden errechnet. Die in diesen Parametern angegebene Untergrenze wird in diesem Fall ignoriert. Bilanz- und GuV-Konten werden gleich behandelt. Bilanzart 2 bedeutet, dass eine Bewegungsbilanz erstellt wird. Das heißt, der Saldo wird für die von Ihnen angegebenen Berichts- und Vergleichsperioden errechnet. Der Saldovortrag wird nicht berücksichtigt. Bilanz- und GuV-Konten werden gleich behandelt. Bilanzart 3 bedeutet eine Mischung aus den Möglichkeiten 1 und 2. Hierbei werden Bilanzkonten behandelt, wie unter Bilanzart 1 beschrieben, und GuV-Konten, wie unter Bilanzart 2 dargestellt. Bilanzart 4 bedeutet, dass eine Eröffnungsbilanz erstellt wird. Hierbei wird nur der Saldovortrag für die Berichts- und Vergleichsperioden herangezogen. In dieser Variante werden auch Konten gezeigt, die noch nicht bebucht sind oder einen Saldo von null aufweisen.

- **Hochrechnung GuV-Werte**
  Wenn Sie dieses Feld markieren, wird der mutmaßliche Gesamtjahresbetrag für die GuV-Konten berechnet. Die Berechnung erfolgt nach folgender Formel: *Saldo = (Saldo × 12) / Anzahl der Perioden*.

- **Konten mit Saldo Null**
  Durch Markieren dieses Parameters werden auch Konten gedruckt, deren Saldo im Berichts- und Vergleichszeitraum null beträgt.

- **Löschvormerkung**
  Durch Markieren dieses Parameters werden auch Konten mit Löschvormerkung bearbeitet. Konten, die im Berichts- und/oder Vergleichszeitraum einen Saldo ungleich null haben, werden unabhängig von einer Löschvormerkung immer in die Auswertung einbezogen.

- **Anzeigewährung**
  Falls hier ein Währungsschlüssel angegeben wird, werden alle Beträge in diese Währung umgerechnet. Die Umrechnung erfolgt zum Datum, das

Sie im Feld STICHTAG FÜR UMRECHNUNG angegeben haben. Es wird der im System hinterlegte Umrechnungskurs verwendet.

- **Stichtag für Umrechnung**
  Zur Währungsumrechnung wird der zu diesem Datum gültige Kurs herangezogen. Standardvorschlag ist das Tagesdatum.

- **Kurstyp für Umrechnung**
  Schlüssel, unter dem Sie Umrechnungskurse im System hinterlegen. Sie geben Kurstypen an, um unterschiedliche Umrechnungskurse zu hinterlegen. Beispiel: Sie können den Kurstyp verwenden, um für die Umrechnung von Fremdwährungsbeträgen einen Geld-, Brief- und Mittelkurs zu definieren. Den Mittelkurs können Sie für die Währungsumrechnung, den Geld- und den Briefkurs für die Bewertung von Fremdwährungsbeträgen verwenden.

- **Infl.anpassung Vergl.periode (Inflationsanpassung der Beträge der Vergleichsperiode)**
  Wird dieses Kennzeichen gesetzt, werden die Beträge der Vergleichsperiode von dem für den Buchungskreis spezifizierten allgemeinen Inflationsindex angepasst.

Folgende Einstellungen haben nur Auswirkungen auf die klassische Liste:

- **Buchungskreisverdichtung**
  Folgende Eingaben sind möglich:
  - »1« = Es wird pro Buchungskreis eine Bilanz erstellt.
  - »2« = Die angegebenen Buchungskreise werden zu einer Summenbilanz zusammengefasst.
  - »3« = Die angegebenen Buchungskreise werden zu einer Summenbilanz zusammengefasst.

- **Geschäftsber.verdicht.**
  Ihre Eingabe legt fest, wie die Bilanz und GuV erstellt werden soll, wenn mehrere Geschäftsbereiche einbezogen werden müssen. Folgende Eingaben sind möglich:
  - »1« = Es wird für jeden Geschäftsbereich eine separate Bilanz erstellt.
  - »2« = Es wird eine Bilanz/GuV erstellt, wobei der Saldo eines Kontos pro Geschäftsbereich ausgewiesen wird.
  - »3« = Geschäftsbereiche werden auf Kontenebene verdichtet.

- **Summenbericht**
  Folgende Eingabewerte sind möglich: »1« bis »9«, »0« und Blank (Standardvorschlag). Dieser Parameter steuert die Ausgabe von Summenberich-

ten, wobei »1« die am meisten verdichtete und Blank die detaillierteste Liste erzeugt. Bei Eingabe von »1« werden lediglich die Hauptpunkte einer Bilanz wie Aktiva, Passiva und GuV gedruckt. Bei Eingabe von Blank wird die komplette Bilanzdefinition einschließlich der Konten gedruckt.

- **Vergleichsart**
  Dieser Parameter bezieht sich auf die Berechnung der Spalte Relative Abweichung, die in der Bilanz und GuV ausgegeben wird. Sie können über das Feld Vergleichsart zwischen zwei Berechnungsmöglichkeiten wählen: Vergleichsart 1: Es wird die Prozentabweichung gegenüber dem Vergleichswert mit folgender Formel errechnet: *Relative Abweichung = (Berichtssaldo – Vergleichssaldo) × 100 / Vergleichssaldo*. Vergleichsart 2: *Relative Abweichung = (Berichtssaldo × 100) / Vergleichssaldo* – der Vergleichssaldo ist der Saldo des Vorjahres.

Betrachten wir abschließend die drei alternativen Möglichkeiten der Berichtsausgabe, d.h., in welcher Form die Bilanz/GuV dargestellt wird. In Abbildung 3.4 sehen wir die Bilanz als klassische Liste. Abbildung 3.5 zeigt die Bilanz mithilfe des SAP List Viewers (ALV). Die dritte Alternative, den ALV Tree Control, sehen Sie in Abbildung 3.6.

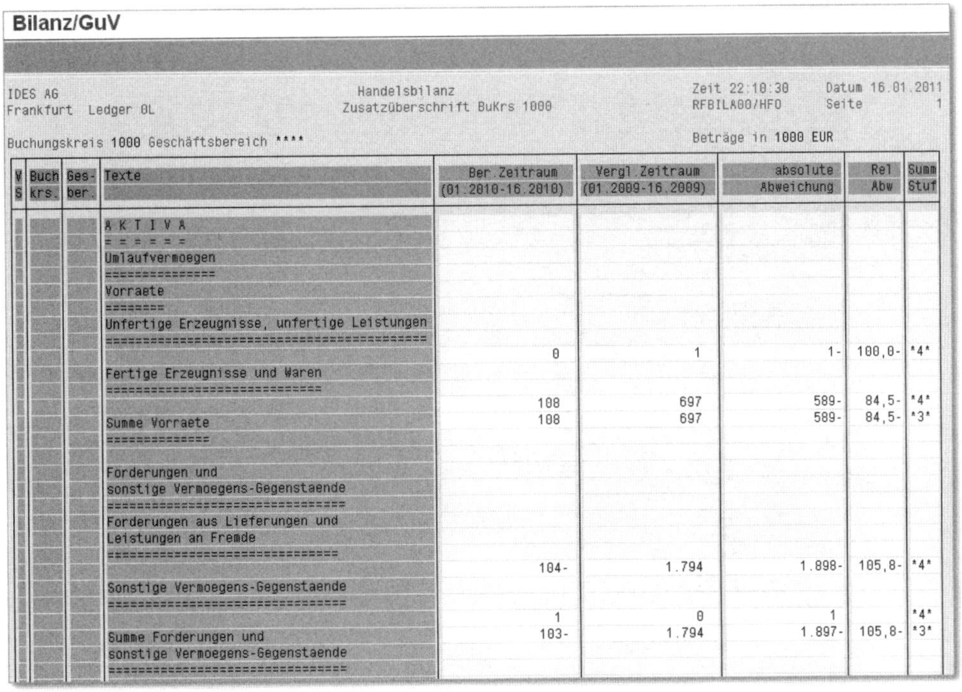

Bilanz/GuV

IDES AG | Handelsbilanz | Zeit 22:10:30 | Datum 16.01.2011
Frankfurt Ledger 0L | Zusatzüberschrift BuKrs 1000 | RFBILA00/HFO | Seite 1

Buchungskreis 1000 Geschäftsbereich **** | Beträge in 1000 EUR

V S	Buch krs.	Ges- ber.	Texte	Ber.Zeitraum (01.2010-16.2010)	Vergl.Zeitraum (01.2009-16.2009)	absolute Abweichung	Rel Abw	Summ Stuf
			A K T I V A					
			= = = = = =					
			Umlaufvermoegen					
			===============					
			Vorraete					
			========					
			Unfertige Erzeugnisse, unfertige Leistungen					
			==					
				0	1	1-	100,0-	*4*
			Fertige Erzeugnisse und Waren					
			=============================					
				108	697	589-	84,5-	*4*
			Summe Vorraete	108	697	589-	84,5-	*3*
			==============					
			Forderungen und sonstige Vermoegens-Gegenstaende					
			==================================					
			Forderungen aus Lieferungen und Leistungen an Fremde					
			=================================					
				104-	1.794	1.898-	105,8-	*4*
			Sonstige Vermoegens-Gegenstaende					
			==================================					
				1	0	1		*4*
			Summe Forderungen und sonstige Vermoegens-Gegenstaende	103-	1.794	1.897-	105,8-	*3*
			==================================					

Abbildung 3.4 Report RFBILA00 – klassische Liste

3 | Standardberichte in der Hauptbuchhaltung

Bilanz/GuV

Handelsbilanz

OL	Ledger
10	Währungstype Buchungskreiswährung
EUR	Beträge in Euro
2010.01 -2010.16	Berichtsperioden
2009.01 -2009.16	Vergleichsperioden
	Zusatzüberschrift BuKrs 1000

Bilanz/GuV-Position	Text Bilanz/GuV-Position	Sum.Berper	Sum.Verper	Abs. Abw.	Rel. Abw.
1000000	AKTIVA				
1000000	======				
1040000	Umlaufvermoegen				
1040000	===============				
1041000	Vorraete				
1041000	========				
1041020	Unfertige Erzeugnisse, unfertige Leistungen				
1041020	==				
1041020	0000790000 Unfertige Erzeugnisse	0,00	625,58	625,58-	100,0-
1041020		0,00	625,58	625,58-	100,0-
1041030	Fertige Erzeugnisse und Waren				
1041030	=============================				
1041030	0000310000 Handelswaren	108.000,00	614.617,25	506.617,25-	82,4-
1041030	0000792000 Fertige Erzeugnisse	0,00	82.100,59	82.100,59-	100,0-
1041030		108.000,00	696.717,84	588.717,84-	84,5-
1041000	Summe Vorraete	108.000,00	697.343,42	589.343,42-	84,5-
1041000	==============				
1042000	Forderungen und				
1042000	sonstige Vermoegens-Gegenstaende				
1042000	================================				

Abbildung 3.5 Report RFBILA00 – SAP ListViewer

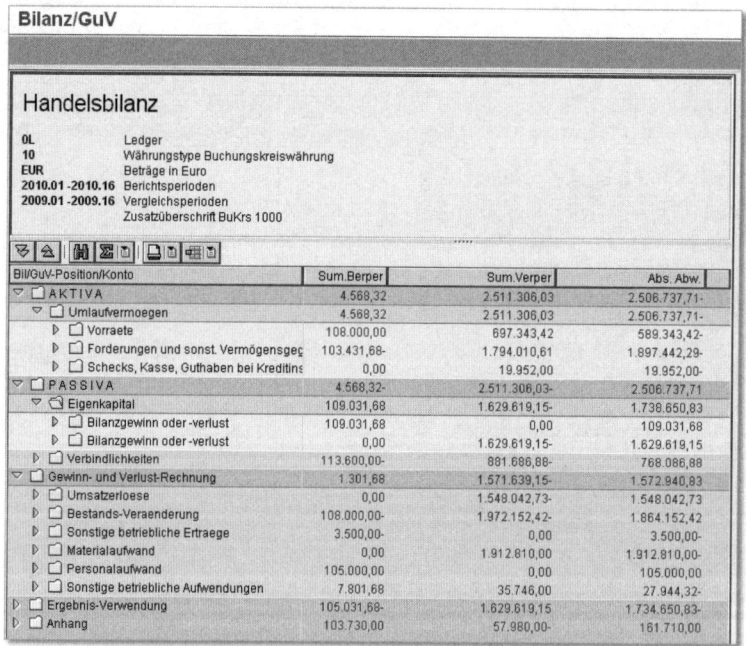

Abbildung 3.6 Report RFBILA00 – ALV Tree Control

3.3 Report RFHABU00 – Hauptbuch aus der Belegdatei

Der Report RFHABU00 dokumentiert die Sachkontenbuchungen in der Form eines Hauptbuches. Die im Hauptbuch ausgegebenen Daten werden zum einen aus den Sachkonten-Stammsatzinformationen und zum anderen aus den Bewegungen zu den Sachkonten entnommen. Um mit dem Report die Summen der Einzelposten mit den Kontensalden abzugleichen, müssen auch alle Belege des Kontos selektiert werden, z.B. sollte dann keine Abgrenzung festgelegter Belegarten erfolgen. Es werden ausgewiesen:

- Sachkonten-Stammsatzinformationen (Buchungskreis, Kontonummer, Kontowährung und Sachkontenbezeichnung)
- Bewegungen zu dem zuvor ausgegebenen Sachkonto aus dem abgegrenzten Berichtszeitraum

Die ausgegebenen Posteninformationen sind nach Geschäftsjahr, Geschäftsmonat, Buchungsdatum, Belegnummer und Buchungszeile sortiert. Im Normalfall werden alle Sachkonten, die keine Mitbuchkonten sind, aus ihren Posten heraus erklärt. Soll für bestimmte Sachkonten auf die Ausgabe der Posteninformationen verzichtet werden (z.B. Anlagenmitbuch- oder Materialbestandskonten), müssen diese mit dem entsprechenden Selektionsparameter (SACHKONTEN OHNE EINZELPOSTEN) ausgewählt werden. Hierzu müssen all die Konten angegeben werden, zu denen keine Einzelpostenausgabe erwünscht ist. In diesem Fall werden die numerischen Werte für die Salden aus den Stammsätzen gewonnen. Neben den üblichen Informationen einer Postenzeile werden in separaten Zeilen spezifische Zusatzkontierungen ausgegeben, soweit diese im Posten gesetzt sind. Dies sind Segmenttext, Belegkopftext, Kostenstelle/Werk, Projektinformation, Mengeninformation, Auftrag, Personalinformation und Bestellinformation.

Am Ende eines Kontos, eines Geschäftsbereichs oder eines Buchungskreises wird jeweils eine Perioden-Summen-Tabelle ausgegeben, in der der Saldovortrag und pro Berichtsperiode (Monat/Jahr) die Soll/Habensummen, die zugehörigen Salden und der kumulierte Saldo einschließlich des neuen Saldos ausgegeben werden.

Am Ende des Berichts wird eine Perioden-Summen-Tabelle ausgegeben, die die Summen über alle Buchungskreise enthält. Der Bericht kann auch als Summenbericht laufen. Das Selektionsbild des Programms RFHABU00 sehen Sie in Abbildung 3.7.

3 | Standardberichte in der Hauptbuchhaltung

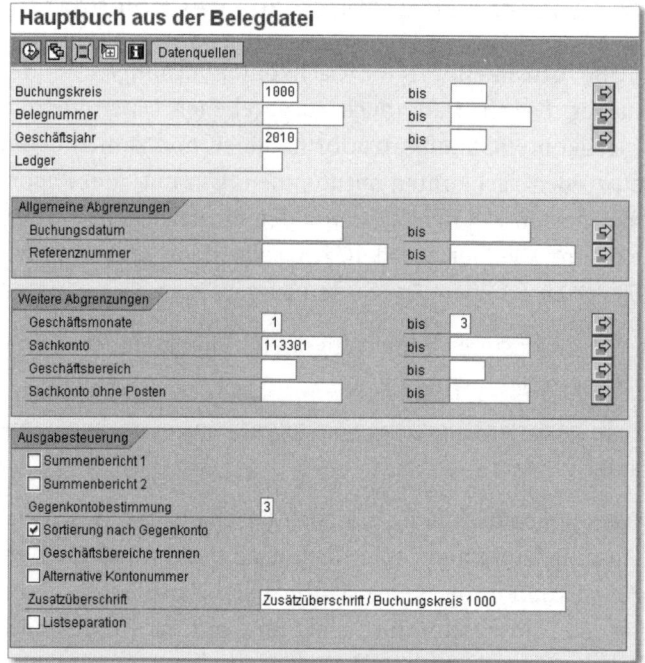

Abbildung 3.7 Report RFHABU00 – Selektionsbild

Im Folgenden erläutern wir die wichtigsten Felder des Selektionsbildes.

- **Sachkonto**
  Hier können Sie die Sachkonten benennen, für die Sie keine Posteninformationen wünschen.

- **Summenbericht 1**
  Durch Ankreuzen dieses Parameters wird die Einzelpostenausgabe unterdrückt. Dadurch werden ausschließlich die Summentabellen für die Berichtsperioden ausgegeben. Es werden die Summen pro Konto, Geschäftsbereich und Buchungskreis ausgewiesen. Am Ende des Berichts erscheinen zusätzlich die Summen über alle Buchungskreise.

- **Summenbericht 2**
  Durch Ankreuzen dieses Parameters wird die Einzelpostenausgabe unterdrückt. Es werden nur die Periodensummen pro Buchungskreis und die Periodensummen über alle Buchungskreise ausgewiesen.

- **Gegenkontobestimmung**
  Mit Ihrer Angabe bestimmen Sie die Art der Ermittlung des Gegenkontos:
  - Blank = Kein Gegenkonto anzeigen
  - »1« = Gegenkonto anzeigen bei Eindeutigkeit

  - »2« = Gegenkonto immer anzeigen – höchster Betrag
  - »3« = wie 2; jedoch mit automatisch generierten Zeilen
- **Sortierung nach Gegenkonto**
  Aktivieren Sie diesen Parameter, werden die Einzelposten des Sachkontos pro Geschäftsbereich nach Gegenkontoart und Gegenkonto sortiert ausgegeben. Beim Wechsel des Gegenkontos wird eine Tabelle mit den Summen pro Monat ausgegeben. Ein Saldovortrag pro Gegenkonto wird nicht ausgewiesen.
- **Geschäftsbereiche trennen**
  Wird dieser Parameter markiert, werden die Posten nach Geschäftsbereichen sortiert ausgegeben; ohne Markierung werden die Posten ohne Berücksichtigung des Geschäftsbereichs sortiert.

Abbildung 3.8 zeigt die Listausgabe des Reports RFHABU00.

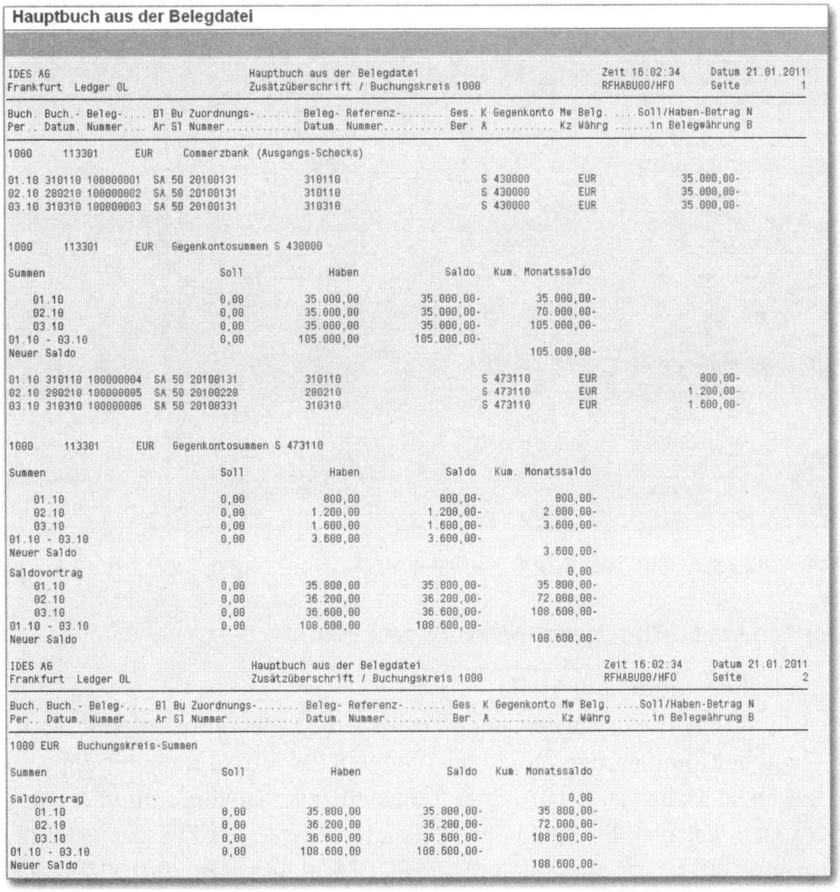

```
Hauptbuch aus der Belegdatei

IDES AG                        Hauptbuch aus der Belegdatei                Zeit 16:02:34   Datum 21.01.2011
Frankfurt  Ledger 0L           Zusätzüberschrift / Buchungskreis 1000      RFHABU00/HFO    Seite          1

Buch. Buch.- Beleg-.... Bl Bu Zuordnungs-....... Beleg- Referenz-....... Ges. K Gegenkonto Mw Belg. ....Soll/Haben-Betrag N
Per.. Datum. Nummer.... Ar Sl Nummer............ Datum. Nummer.......... Ber. A .......... Kz Währg ......in Belegwährung B

1000     113301     EUR     Commerzbank (Ausgangs-Schecks)

01.10 310110 100000001  SA 50 20100131         310110                   S 430000     EUR              35.000,00-
02.10 280210 100000002  SA 50 20100131         310110                   S 430000     EUR              35.000,00-
03.10 310310 100000003  SA 50 20100131         310310                   S 430000     EUR              35.000,00-


1000     113301     EUR   Gegenkontosummen S 430000

Summen                       Soll           Haben          Saldo  Kum. Monatssaldo

   01.10                     0,00       35.000,00     35.000,00-       35.000,00-
   02.10                     0,00       35.000,00     35.000,00-       70.000,00-
   03.10                     0,00       35.000,00     35.000,00-      105.000,00-
01.10 - 03.10                0,00      105.000,00    105.000,00-
Neuer Saldo                                                           105.000,00-

01.10 310110 100000004  SA 50 20100131         310110                   S 473110     EUR                 800,00-
02.10 280210 100000005  SA 50 20100228         280210                   S 473110     EUR               1.200,00-
03.10 310310 100000006  SA 50 20100331         310310                   S 473110     EUR               1.600,00-


1000     113301     EUR   Gegenkontosummen S 473110

Summen                       Soll           Haben          Saldo  Kum. Monatssaldo

   01.10                     0,00          800,00        800,00-          800,00-
   02.10                     0,00        1.200,00      1.200,00-        2.000,00-
   03.10                     0,00        1.600,00      1.600,00-        3.600,00-
01.10 - 03.10                0,00        3.600,00      3.600,00-
Neuer Saldo                                                             3.600,00-

Saldovortrag                                                                 0,00
   01.10                     0,00       35.800,00     35.800,00-       35.800,00-
   02.10                     0,00       36.200,00     36.200,00-       72.000,00-
   03.10                     0,00       36.600,00     36.600,00-      108.600,00-
01.10 - 03.10                0,00      108.600,00    108.600,00-
Neuer Saldo                                                           108.600,00-

IDES AG                        Hauptbuch aus der Belegdatei                Zeit 16:02:34   Datum 21.01.2011
Frankfurt  Ledger 0L           Zusätzüberschrift / Buchungskreis 1000      RFHABU00/HFO    Seite          2

Buch. Buch.- Beleg-.... Bl Bu Zuordnungs-....... Beleg- Referenz-....... Ges. K Gegenkonto Mw Belg. ....Soll/Haben-Betrag N
Per.. Datum. Nummer.... Ar Sl Nummer............ Datum. Nummer.......... Ber. A .......... Kz Währg ......in Belegwährung B

1000 EUR   Buchungskreis-Summen

Summen                       Soll           Haben          Saldo  Kum. Monatssaldo

Saldovortrag                                                                 0,00
   01.10                     0,00       35.800,00     35.800,00-       35.800,00-
   02.10                     0,00       36.200,00     36.200,00-       72.000,00-
   03.10                     0,00       36.600,00     36.600,00-      108.600,00-
01.10 - 03.10                0,00      108.600,00    108.600,00-
Neuer Saldo                                                           108.600,00-
```

Abbildung 3.8 Report RFHABU00 – Listausgabe

3.4 Report RFHABU00N – Hauptbuch aus der Belegdatei

Dieser Bericht dokumentiert die Sachkontenbuchungen in Form eines Hauptbuches. Die im Hauptbuch ausgegebenen Daten werden zum einen aus den Sachkonten-Stammsatzinformationen und zum anderen aus den Bewegungen zu den Sachkonten entnommen. Um mit dem Report die Summen der Einzelposten mit den Kontensalden abzugleichen, müssen auch alle Belege des Kontos selektiert werden, z.B. sollte dann keine Abgrenzung festgelegter Belegarten erfolgen. Das Selektionsbild zu diesem Report sehen Sie in Abbildung 3.9.

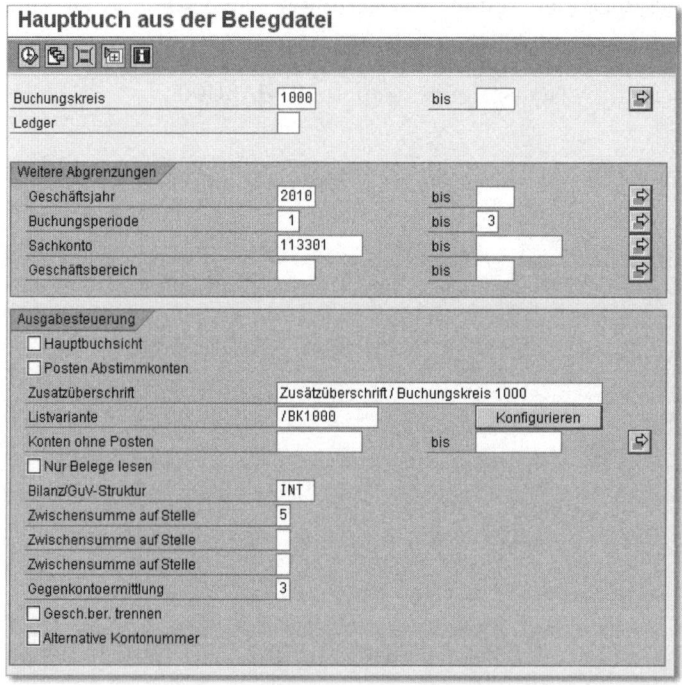

Abbildung 3.9 Report RFHABU00N – Selektionsbild

Der Report enthält folgende Selektionskriterien:

- **Zwischensumme auf Stelle**
  Ändert sich an der angegebenen Position die Sachkontonummer, werden Zwischensummen der gerade bearbeiteten Zwischensummengruppe ausgegeben. Dabei wird von einer zehnstelligen Sachkontonummer ausgegangen. Beispiel: Eingabe beim Parameter: »3«. In der Zwischensummengruppe 001******* sind die Beträge aller Sachkonten von 0010000000 bis

0019999999 enthalten. Da dieser Parameter dreimal angeboten wird, kann die Zwischensummenbildung auf drei Stellen der Sachkontonummer angefordert werden. Die Reihenfolge der Eingabe ist beliebig. Die kleinste eingegebene Ziffer zwischen »1« und »9« bestimmt den obersten Zwischensummen-Gruppenwechsel, die größte Ziffer den untersten Gruppenwechsel.

- **Gesch.ber. trennen (Geschäftsbereiche trennen)**
  Wird dieser Parameter markiert, werden die Posten nach Geschäftsbereichen sortiert ausgegeben; ohne Markierung werden die Posten ohne Berücksichtigung des Geschäftsbereichs sortiert.

Sie können die Ausgabelisten benutzerspezifisch gestalten. Bei der Gestaltung der Listen stehen Ihnen die Funktionen des ABAP List Viewers zur Verfügung. Die zu unserem Beispiel gehörende Liste sehen Sie in Abbildung 3.10.

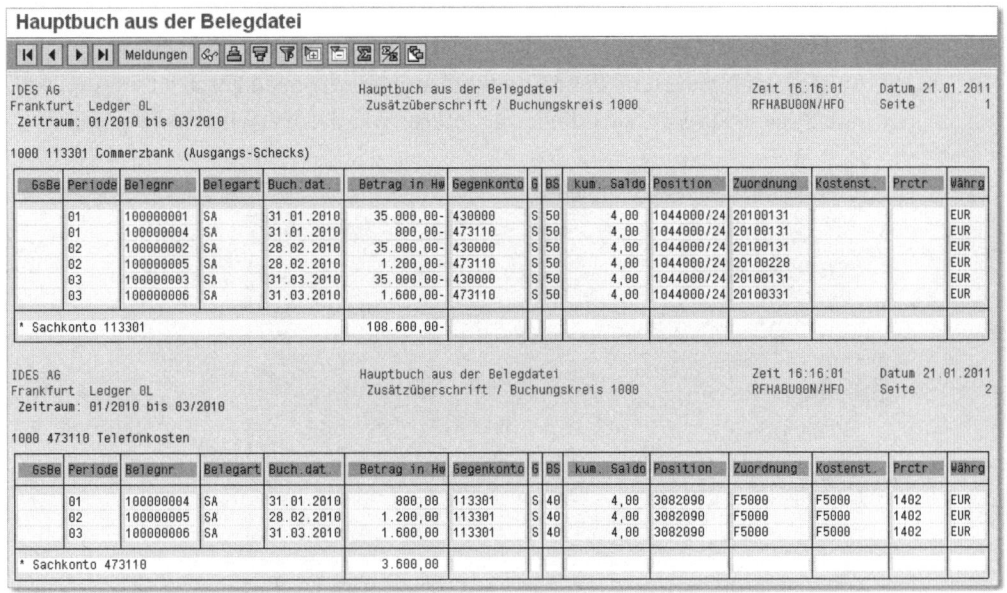

Abbildung 3.10 RFHABU00N – Listausgabe

3.5 Report RFITEMGL – Sachkonten-Einzelpostenliste

Dieser Report listet die Einzelposten von Sachkonten auf. Es ist möglich, auf einer Liste die Posten mehrerer Sachkonten auch buchungskreisübergreifend auszugeben. Von der Liste ausgehend, sind unter anderem die Änderung einzelner Belege und die Massenänderung gebuchter Belegzeilen möglich.

3 | Standardberichte in der Hauptbuchhaltung

Das Selektionsbild der Einzelpostenliste sehen Sie in Abbildung 3.11. Auf dem Selektionsbild sind u.a. folgende Selektionskriterien vorhanden:

- **Offene Posten**
  Posten, die bis zum Stichtag gebucht wurden und die danach ausgeglichen wurden bzw. noch nicht ausgeglichen sind. Als Stichtag wird das aktuelle Tagesdatum vorgeschlagen.

- **Ausgeglichene Posten**
  Posten, die zum aktuellen Zeitpunkt ausgeglichen sind. Durch die Angabe eines Ausgleichsdatums und eines Stichtags können Sie die Posten weiter eingrenzen.

- **Alle Posten**
  Offene und ausgeglichene Posten. Vorgeschlagen wird diese Auswahl zusammen mit einer Abgrenzung des Buchungsdatums, die alle Posten selektiert, die innerhalb der letzten 90 Tage gebucht wurden.

- **Anzeigevariante**
  Die Variante des ABAP List Viewers, mit der die Liste gestartet werden soll. Ist das Feld leer, wird die ausgelieferte Standardvariante 1SAP genutzt.

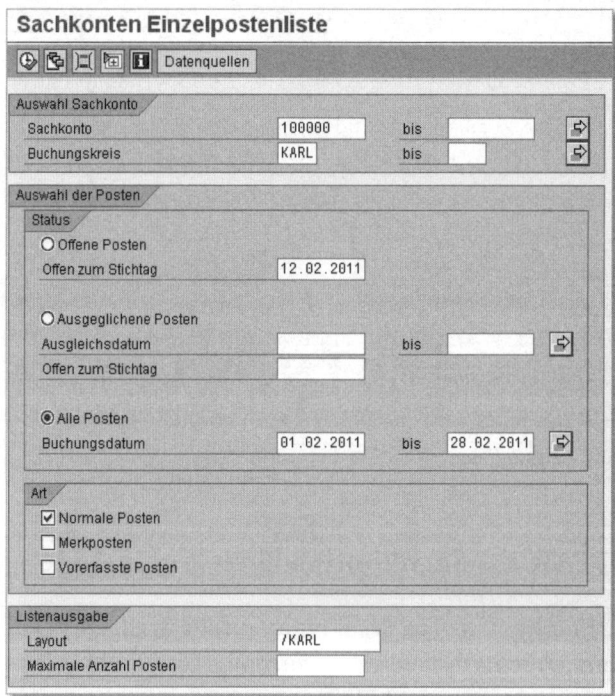

Abbildung 3.11 Report RFITEMGL – Selektionsbild

In den SAP-Standardvarianten sind die Posten nach Konto und Buchungskreis sortiert und summiert und durch Kopfinformationen zum Sachkonto voneinander abgesetzt. Innerhalb eines Kontoblocks sind offene, ausgeglichene und vorerfasste Posten gruppiert, durch Statusicons gekennzeichnet und summiert. Eine Beispielliste finden Sie in Abbildung 3.12.

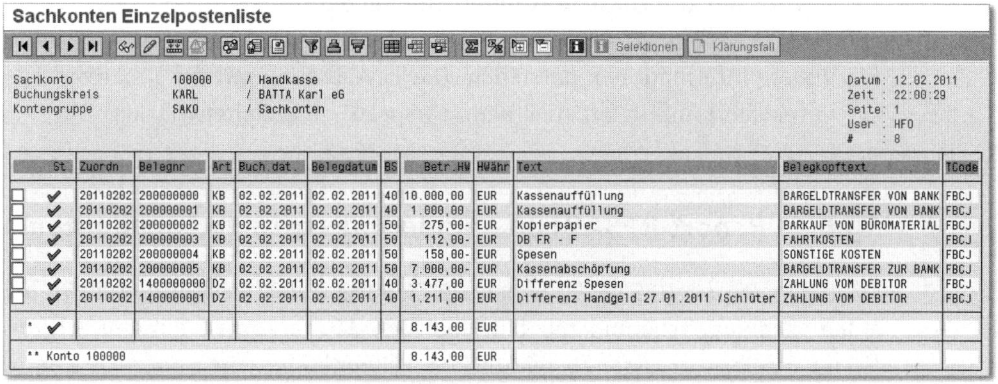

St	Zuordn	Belegnr	Art	Buch.dat.	Belegdatum	BS	Betr.HW	HWähr	Text	Belegkopftext	TCode
✔	20110202	200000000	KB	02.02.2011	02.02.2011	40	10.000,00	EUR	Kassenauffüllung	BARGELDTRANSFER VON BANK	FBCJ
✔	20110202	200000001	KB	02.02.2011	02.02.2011	40	1.000,00	EUR	Kassenauffüllung	BARGELDTRANSFER VON BANK	FBCJ
✔	20110202	200000002	KB	02.02.2011	02.02.2011	50	275,00-	EUR	Kopierpapier	BARKAUF VON BÜROMATERIAL	FBCJ
✔	20110202	200000003	KB	02.02.2011	02.02.2011	50	112,00-	EUR	DB FR - F	FAHRTKOSTEN	FBCJ
✔	20110202	200000004	KB	02.02.2011	02.02.2011	50	158,00-	EUR	Spesen	SONSTIGE KOSTEN	FBCJ
✔	20110202	200000005	KB	02.02.2011	02.02.2011	50	7.000,00-	EUR	Kassenabschöpfung	BARGELDTRANSFER ZUR BANK	FBCJ
✔	20110202	1400000000	DZ	02.02.2011	02.02.2011	40	3.477,00	EUR	Differenz Spesen	ZAHLUNG VOM DEBITOR	FBCJ
✔	20110202	1400000001	DZ	02.02.2011	02.02.2011	40	1.211,00	EUR	Differenz Handgeld 27.01.2011 /Schlüter	ZAHLUNG VOM DEBITOR	FBCJ
* ✔							8.143,00	EUR			
** Konto 100000							8.143,00	EUR			

Abbildung 3.12 Report RFITEMGL – Listausgabe

Die Grundfunktionen wie etwa Variantenlayout, Summieren und Sortieren sind im Standard des ABAP List Viewers enthalten. Zusätzlich zu den ausgelieferten Standardvarianten, die mit 1SAP beginnen, können Sie weitere globale und benutzerspezifische Varianten anlegen. Dafür steht Ihnen der Feldvorrat der Struktur RFPOSXEXT zur Verfügung, die auch die im Customizing definierbaren zusätzlichen Sonderfelder zum Beleg enthält. Darüber hinaus sind unter anderem folgende Aktionen möglich:

- **Absprung in die Beleganzeige**
  Sie können in der Anzeige gebuchter Belege zwischen den Buchungszeilen der Posten blättern, ohne auf die Liste zurückspringen zu müssen. Vorerfasste Belege können einzeln angezeigt werden.
- **Belegänderung**
  Sie können sich in dieser Sicht die vorgenommenen Belegänderungen anzeigen lassen.
- **Massenänderung**
  Für alle markierten gebuchten Posten kann eine Auswahl von Belegfeldern mit neuen Werten versehen werden. Ist die Änderung für einen Beleg nicht möglich, können Sie zum Posten ein Fehlerprotokoll abrufen.

- **Anzeige des Kontenstammsatzes**
  Hier können Sie sich die entsprechenden Kontenstammsätze anzeigen lassen.
- **Saldenanzeige**
  Sie können sich die Saldenanzeige einblenden lassen.
- **Layout der Kopfinformationen zum Sachkonto**
  Sie können eine Auswahl von Feldern aus dem Sachkontenstammsatz und andere Informationen darstellen. Das Layout kann mit der Listenvariante gespeichert und damit auch benutzerspezifisch gestaltet werden.

3.6 Report RFSABL00 – Änderungsanzeige Sachkonten

Mit dem Report RFSABL00 haben Sie die Möglichkeit, sich Änderungen bei den Sachkontenstammdaten bzw. bei den Musterkonten kontenübergreifend anzeigen zu lassen. Selektionsmöglichkeiten bestehen über das Konto, das Änderungsdatum, den Namen des Änderers und die Feldgruppe. Zusätzlich können Sie wählen, ob Sie die Änderungen zu den Kontenplandaten bzw. den Buchungskreisdaten sehen wollen. Innerhalb der Datenbereiche können Sie noch nach der Organisationsform abgrenzen. Zusätzlich ist es möglich, pro Änderung den technischen Feldnamen auszugeben.

Die Ausgabe können Sie mittels ALV festlegen. Leerzeilen können hierbei nicht unterdrückt werden. Sind Feldinhalte länger als 35 Zeichen, werden diese in zwei Felder mit je 35 Zeichen aufgesplittet.

3.7 Report RFSBWA00 – Strukturierte Saldenliste

Nach einer vorhandenen Bilanz/GuV-Struktur werden die Salden der dort ausgewiesenen Konten addiert. Entsprechend der Struktur werden die Salden der Konten zusammengefasst ausgegeben. Verdichtungsgruppen werden bei der Auswertung nicht unterstützt, wohl aber unterschiedliche Soll/Habenpositionen für einzelne Konten. Der Berichts- und Vergleichszeitraum kann dabei von 1 bis 16 gewählt werden. Der Saldovortrag kann eingeschlossen werden. Als Vergleich zum Berichtsjahr lässt sich entweder eine Planversion aus dem Berichtsjahr oder ein entsprechendes Vergleichsjahr mit Istzahlen auswählen. Wird beides angegeben, hat die Planversion (aus dem Berichtsjahr) Vorrang. Abbildung 3.13 zeigt das Selektionsbild des Reports RFSBWA00.

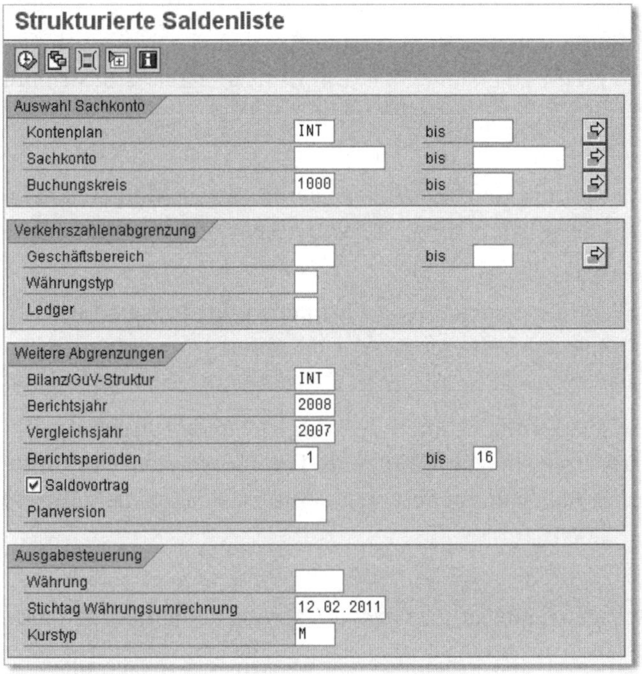

Abbildung 3.13 Report RFSBWA00 – Selektionsbild

Im Folgenden betrachten wir einige der Selektionskriterien zu diesem Report.

▶ **Kontenplan**
Schlüssel, der einen Kontenplan eindeutig identifiziert

▶ **Sachkonto**
Die Nummer des Sachkontos identifiziert das Sachkonto eindeutig in einem Kontenplan.

▶ **Buchungskreis**
Schlüssel, der einen Buchungskreis eindeutig identifiziert

▶ **Geschäftsbereich**
Schlüssel, der einen Geschäftsbereich eindeutig identifiziert

▶ **Währungstyp**
Hier kann der Währungstyp für Umsatzsegmente angegeben werden. Voreingestellt ist die Verwendung der Buchungskreiswährung.

▶ **Bilanz/GuV-Struktur**
Gibt den Schlüssel an, der die Bilanz- und GuV-Version eindeutig identifiziert.

3 | Standardberichte in der Hauptbuchhaltung

- **Berichtsjahr**
  Zeitraum in der Regel von zwölf Monaten, für den das Unternehmen seine Inventur und Bilanz zu erstellen hat. Das Geschäftsjahr kann sich mit dem Kalenderjahr decken, muss es aber nicht.

- **Berichtsperioden**
  Auswahl der Buchungsperioden, die addiert werden sollen. Soll der Saldovortrag eingeschlossen werden, muss die Anfangsperiode 1 sein.

- **Saldovortrag**
  Wenn Sie diesen Parameter markieren, wird der Saldovortrag addiert. In diesem Fall muss der Periodenbereich bei 1 beginnen.

- **Planversion**
  Die Planversionen stehen im Rahmen der vergleichenden Ergebnisrechnung für Plan-/Ist-Vergleiche zur Verfügung. Die Planversion wird automatisch aus dem Berichtsjahr genommen, und zwar auch bei Angabe eines anderen Vergleichsjahres.

- **Währung**
  Dieser Währungsschlüssel gibt an, für welche Währung der Eintrag gültig ist.

In Abbildung 3.13 sehen Sie das Ergebnis einer strukturierten Saldenliste.

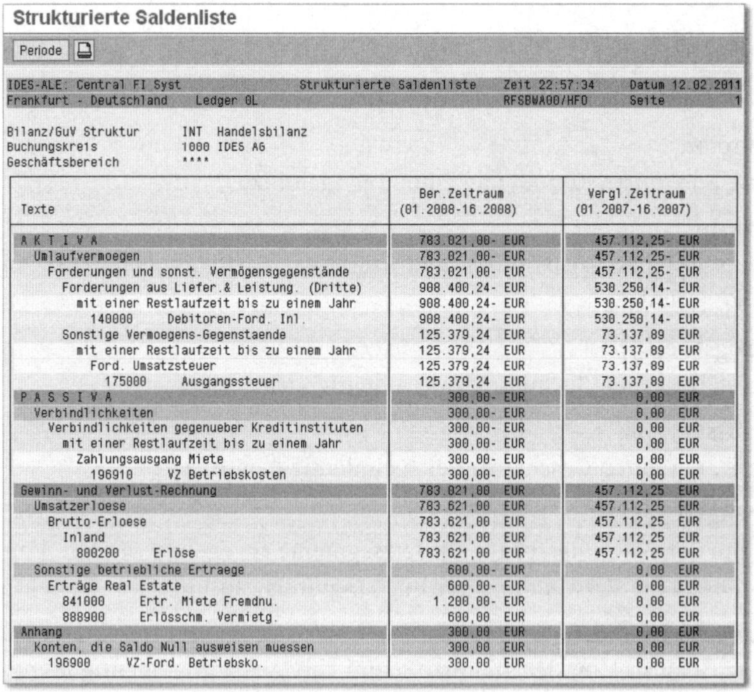

Abbildung 3.14 Report RFSBWA00 – Listausgabe

3.8 Report RFSEPA01 – Aufbau Einzelpostenanzeige

Falls bei der Anlage eines Sachkontos die Einzelpostenanzeige nicht aktiviert wurde, werden alle auf dieses Konto gebuchten Belege ohne Einzelposten gebucht. Nun soll zu einem späteren Zeitpunkt die Einzelpostenverwaltung aktiviert werden. In diesem Fall müssten Sie entweder ein neues Sachkonto mit aktivierter Einzelpostenanzeige anlegen und jeden Posten manuell umbuchen oder akzeptieren, dass Ihnen zu diesem Sachkonto erst ab dem Zeitpunkt der Aktivierung Einzelposten zur Verfügung stehen. In dieser Situation hilft Ihnen der Report RFSEPA01. Er erzeugt nachträglich Einzelposten zu einem Sachkonto, bei dem die Einzelpostenverwaltung nachträglich aktiviert wurde.

Laufzeit
Der Report sollte wegen seiner langen Laufzeit unbedingt im Hintergrund eingeplant werden.

[«]

Gehen Sie bei der nachträglichen Aktivierung der Einzelpostenanzeige wie folgt vor:

1. Markieren Sie im buchungskreisspezifischen Teil des Sachkontenstammsatzes die Einzelpostenanzeige.
2. Sperren Sie das Sachkonto zum Buchen, da bei gleichzeitiger Umsetzung von Belegen und Buchungen auf dieses Konto neue Buchungen zu Problemen führen werden.
3. Führen Sie diesen Report zusätzlich im neuen Hauptbuch aus, wenn dieses im Einsatz ist. Damit wird sichergestellt, dass die Einstellung im Sachkonto konsistent mit den Einzelposten ist.

Der Report listet die selektierten Einzelposten auf und protokolliert die Anzahl der erzeugten Einzelposten und die Anzahl der geänderten Belege. Durch das Listprotokoll wird für jeden Beleg einzeln ein Protokoll ausgegeben.

3.9 Report RFSEPA04 – Abbau Einzelpostenanzeige

Falls bei der Anlage eines Sachkontos die Einzelpostenanzeige aktiviert wurde, werden alle auf dieses Konto gebuchten Belege als Einzelposten gebucht. Nun soll zu einem späteren Zeitpunkt die Einzelpostenverwaltung zurückgenommen werden. In diesem Fall müssten Sie entweder ein neues Sachkonto ohne aktive Einzelpostenanzeige anlegen und jeden Posten manuell umbuchen oder akzeptieren, dass bis zum Zeitpunkt der Rücknahme Einzelposten vorhanden sind. In dieser Situation hilft Ihnen der Report RFSEPA04. Er baut Einzelposten zu einem Sachkonto, bei dem die Einzelpostenverwaltung nachträglich zurückgenommen wurde, ab.

[»] **Laufzeit**
Der Report sollte wegen seiner langen Laufzeit unbedingt im Hintergrund eingeplant werden.

Gehen Sie bei der Rücknahme der Einzelpostenanzeige zu einem Sachkonto wie folgt vor:

1. Entfernen Sie im buchungskreisspezifischen Teil des Sachkontenstammsatzes die Markierung bei der Einzelpostenanzeige.
2. Sperren Sie das Sachkonto zum Buchen, da bei gleichzeitiger Umsetzung von Belegen und Buchungen auf dieses Konto neue Buchungen zu Problemen führen werden.
3. Führen Sie diesen Report zusätzlich im neuen Hauptbuch aus, wenn dieses im Einsatz ist. Damit wird sichergestellt, dass die Einstellung im Sachkonto konsistent mit den Einzelposten ist.

Der Report listet die selektierten Einzelposten auf und protokolliert die Anzahl der abgebauten Einzelposten und die Anzahl der geänderten Belege. Durch das Listprotokoll wird für jeden Beleg einzeln ein Protokoll ausgegeben.

3.10 Report RFSKPL00 – Kontenplan

Der Sachkontenplan dient zur Anzeige derjenigen Sachkontenstammdaten, die nicht buchungskreisspezifisch sind, und zum Ausdruck von Sachkontenlisten. Er kann somit zur Information und zur Dokumentation verwendet werden.

In Abbildung 3.15 sehen Sie das Selektionsbild des Reports RFSKPL00.

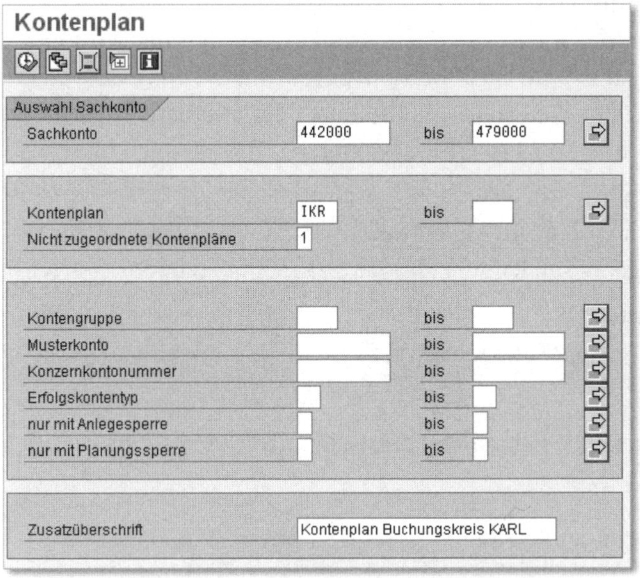

Abbildung 3.15 Report RFSKPL00 – Selektionsbild

Anschließend sehen wir uns nun einige der Selektionskriterien des Programms genauer an.

- **Sachkonto**
  Die Nummer des Sachkontos identifiziert das Sachkonto eindeutig in einem Kontenplan.

- **Kontenplan**
  Schlüssel, der einen Kontenplan eindeutig identifiziert

- **Nicht zugeordnete Kontenpläne**
  Mit diesem Parameter steuern Sie die Gesamtanzahl bzw. Art der Kontenpläne, aus denen Sie Daten selektieren wollen.

- **Kontengruppe**
  Die Kontengruppe ist ein klassifizierendes Merkmal innerhalb der Sachkontenstammsätze. Mit der Kontengruppe werden die Felder für die Erfassungsbilder festgelegt, wenn Sie einen Stammsatz im Buchungskreis anlegen oder ändern.

- **Musterkonto**
  Die Nummer des Musterkontos identifiziert das Musterkonto eindeutig im SAP-System. Das Musterkonto enthält Daten, die übertragen werden, wenn Sie einen Stammsatz im Buchungskreis anlegen.

- **Konzernkontonummer**
  Bei der Definition der Bilanz- und GuV-Struktur werden den Positionen innerhalb der Bilanz und GuV Konten zugeordnet. Diese Zuordnung erfolgt entweder über die Sachkontonummer oder alternativ über die in diesem Feld stehende Konzernkontonummer.

- **Erfolgskontentyp**
  Der Erfolgskontentyp legt für GuV-Konten fest, auf welches Gewinnvortragskonto das Ergebnis im Rahmen des Jahresabschlusses übertragen wird.

- **Zusatzüberschrift**
  Es kann hier ein Text als Zusatzüberschrift für die Listausgabe mitgegeben werden.

In Abbildung 3.16 sehen Sie einen Teil der Listausgabe zu unserem Beispiel.

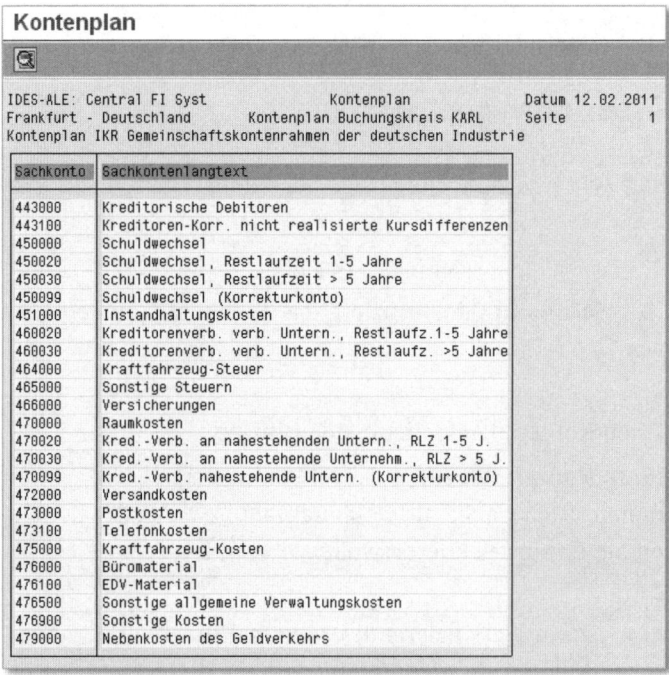

Abbildung 3.16 Report RFSKPL00 – Listausgabe

3.11 Report RFSKTH00 – Kontierungshandbuch

Das Kontierungshandbuch listet die Sachkontenlangtexte je Konto auf. Die Selektion kann über den Kontenplan, den Buchungskreis oder die Kombination dieser Angaben erfolgen. Über den Selektionsparameter kann das Kontierungshandbuch um das Schlagwortverzeichnis erweitert werden.

Es werden die Kontonummer und der dazugehörige Langtext ausgegeben. Ist die Selektion über Kontenplan und Buchungskreis erfolgt, sind die jeweiligen Textanfänge mit einer Ziffer gekennzeichnet. In Abbildung 3.17 sehen Sie das Selektionsbild des Programms.

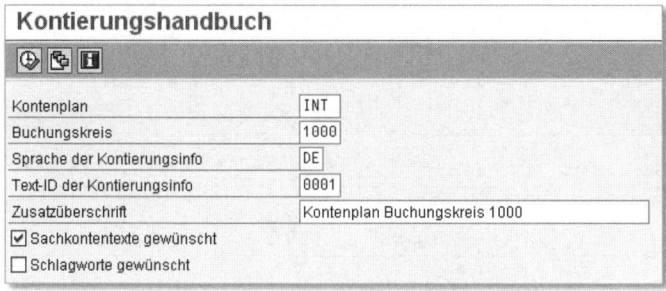

Abbildung 3.17 Report RFSKTH00 – Selektionsbild

Die Selektionskriterien dieses Reports sind u.a.:

- **Kontenplan**
  Schlüssel, der einen Kontenplan eindeutig identifiziert
- **Buchungskreis**
  Schlüssel, der einen Buchungskreis eindeutig identifiziert
- **Text-ID der Kontierungsinfo**
  Diese ID ist der Schlüssel, unter dem Sie die Kontierungsinformationen im Rahmen der Sachkontenstammdatenpflege ablegen. Wenn Sie sich die Feld-Eingabemöglichkeiten anzeigen lassen wollen, schränken Sie den Wertebereich dahingehend ein, dass Sie für das Feld TEXTOBJEKT den Wert »SKA1« eingeben, wie in Abbildung 3.18 dargestellt.

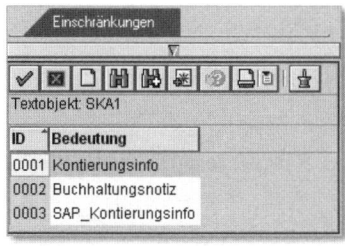

Abbildung 3.18 Text-ID zu Textobjekt SKA1

3 | Standardberichte in der Hauptbuchhaltung

- **Sachkontentexte gewünscht**
  Selektion erfolgt für Sachkontentexte.

- **Schlagworte gewünscht**
  Selektion erfolgt für Schlagworte.

In Abbildung 3.19 sehen Sie einen Auszug aus einem Kontierungshandbuch.

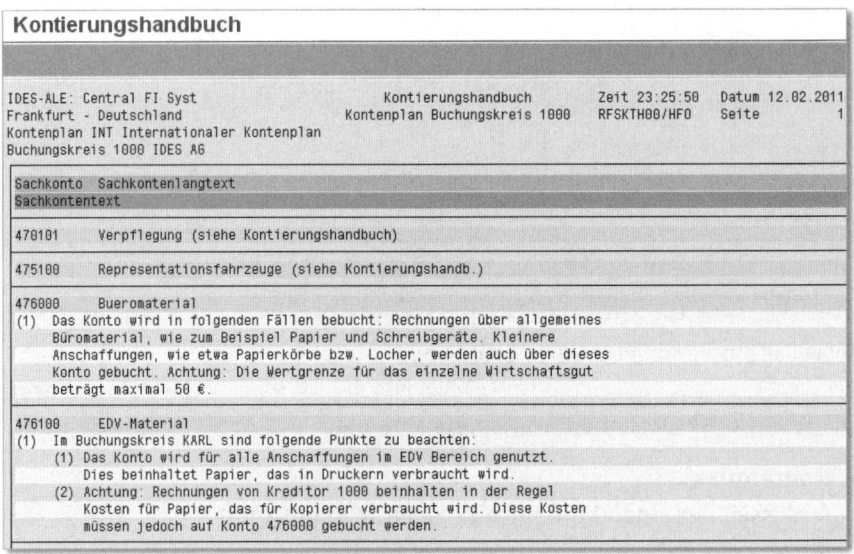

Abbildung 3.19 Report RFSKTH00 – Listausgabe

3.12 Report RFSKVZ00 – Sachkontenverzeichnis

Das Sachkontenverzeichnis dient zur Anzeige und zum Ausdruck von Sachkontenstammdaten. Es kann somit zur Information und für Zwecke der Dokumentation verwendet werden. Zu beachten ist, dass bei den folgenden Eingaben nur diejenigen Sachkonten ausgegeben werden, bei denen buchungskreisabhängige Stammdaten vorhanden sind:

- Einschränkung der Ausgabe auf bestimmte Buchungskreise – z.B. 1000 bis 2000

- Auswahl eines oder mehrerer derjenigen Parameter, die ausschließlich buchungskreisspezifische Daten liefern

Der Parameter ZUSATZÜBERSCHRIFT bietet Ihnen die Möglichkeit, im Seitenkopf individuelle Informationen zu einer Liste auszugeben. In Abbildung 3.20 sehen Sie das Selektionsbild dieses Programms.

Report RFSKVZ00 – Sachkontenverzeichnis | **3.12**

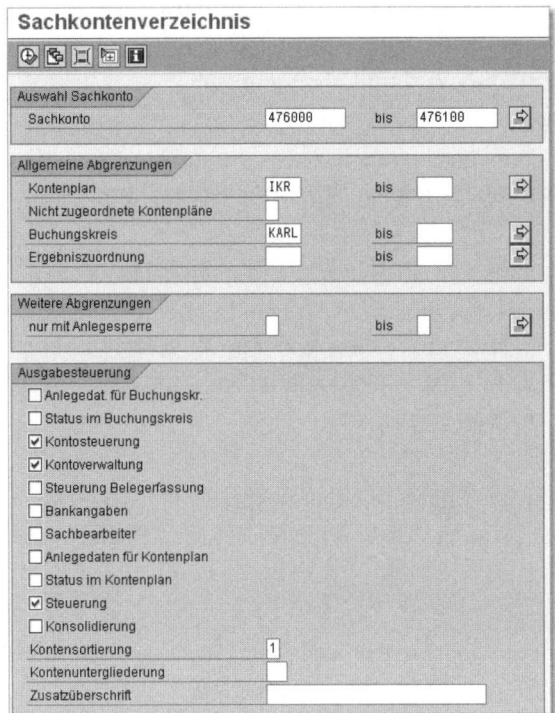

Abbildung 3.20 RFSKVZ00 – Selektionsbild

Im Folgenden sehen wir uns die einzelnen Selektionskriterien dieses Reports genauer an.

- **Sachkonto**
  Die Nummer des Sachkontos identifiziert das Sachkonto eindeutig in einem Kontenplan.

- **Kontenplan**
  Schlüssel, der einen Kontenplan eindeutig identifiziert

- **Nicht zugeordnete Kontenpläne**
  Mit diesem Parameter steuern Sie die Gesamtanzahl bzw. Art der Kontenpläne, aus denen Sie Daten selektieren möchten.

- **Buchungskreis**
  Schlüssel, der einen Buchungskreis eindeutig identifiziert

- **Ergebniszuordnung**
  Gibt den Schlüssel an, der die Bilanz- und GuV-Version eindeutig identifiziert.

- **Nur mit Anlegesperre**
  Ermöglicht die Eingrenzung auf Konten mit Anlegesperre.

- **Anlegedat. für Buchungskr. (Anlegedaten für Buchungskreis)**
  Bei Markierung dieses Parameters erhalten Sie die folgenden buchungskreisabhängigen Daten: ANGELEGT VON und ANGELEGT AM.

- **Status im Buchungskreis**
  Wenn Sie dieses Kennzeichen markieren, werden Ihnen die folgenden buchungskreisabhängigen Daten angezeigt: BUCHUNGSSPERRE und LÖSCHVORMERKUNG.

- **Kontosteuerung**
  Ist dieses Kennzeichen markiert, erhalten Sie folgende buchungskreisabhängige Daten: STEUERKATEGORIE, ABSTIMMKONTO FÜR, KURSDIFFERENZENSCHLÜSSEL, WÄHRUNG, SALDEN NUR IN HAUSWÄHRUNG, BUCHUNG OHNE STEUER ERLAUBT und KONTOFÜHRUNG EXTERN.

- **Kontoverwaltung**
  Über diesen Parameter werden folgende buchungskreisabhängige Daten ausgegeben: EINZELPOSTENANZEIGE, VERWALTUNG OFFENER POSTEN und SORTIERSCHLÜSSEL.

- **Steuerung Belegerfassung**
  Wenn Sie diesen Parameter markieren, erhalten Sie die folgenden buchungskreisabhängigen Daten: FELDSTATUSGRUPPE, NUR AUTOMATISCH BEBUCHBAR, NACHKONTIEREN BEI AUTOMATISCHEN BUCHUNGEN und ABSTIMMKONTO EINGABEBEREIT.

- **Bankangaben**
  Ist dieser Parameter gesetzt, erhalten Sie die folgenden buchungskreisabhängigen Daten: HAUSBANK und BANKKONTOSCHLÜSSEL.

- **Sachbearbeiter**
  Wenn Sie dieses Kennzeichen aktivieren, erhalten Sie buchungskreisabhängige Informationen über den Buchhaltungssachbearbeiter.

- **Anlegedaten für Kontenplan**
  Mit diesem Parameter erhalten Sie die folgenden kontenplanabhängigen Daten: ANGELEGT VON und ANGELEGT AM.

- **Status im Kontenplan**
  Bei Markierung dieses Parameters werden folgende kontenplanabhängige Daten angezeigt: ANLEGESPERRE, BUCHUNGSSPERRE, PLANUNGSSPERRE und LÖSCHVORMERKUNG.

- **Steuerung**
  Setzen Sie dieses Kennzeichen, erhalten Sie die folgenden kontenplanabhängigen Daten: BESTANDSKONTO, ERGEBNISVORTRAGSSCHLÜSSEL und MUSTERKONTO.

- **Konsolidierung**
  Über diesen Parameter werden Ihnen kontenplanabhängige Daten zu Gesellschaft und Konzernkontonummer angezeigt.
- **Kontensortierung**
  Es stehen zwei Sortierreihenfolgen zur Auswahl. Die Konten werden zunächst nach dem ersten Kriterium sortiert. Alle folgenden Kriterien beziehen sich dann auf die Sortierung innerhalb des jeweils vorangegangenen Kriteriums. Bei der zweiten Sortierreihenfolge bewirkt ein Wechsel der Kontengruppe zwangsläufig einen Seitenvorschub.

In Abbildung 3.21 sehen Sie ein solches Sachkontenverzeichnis.

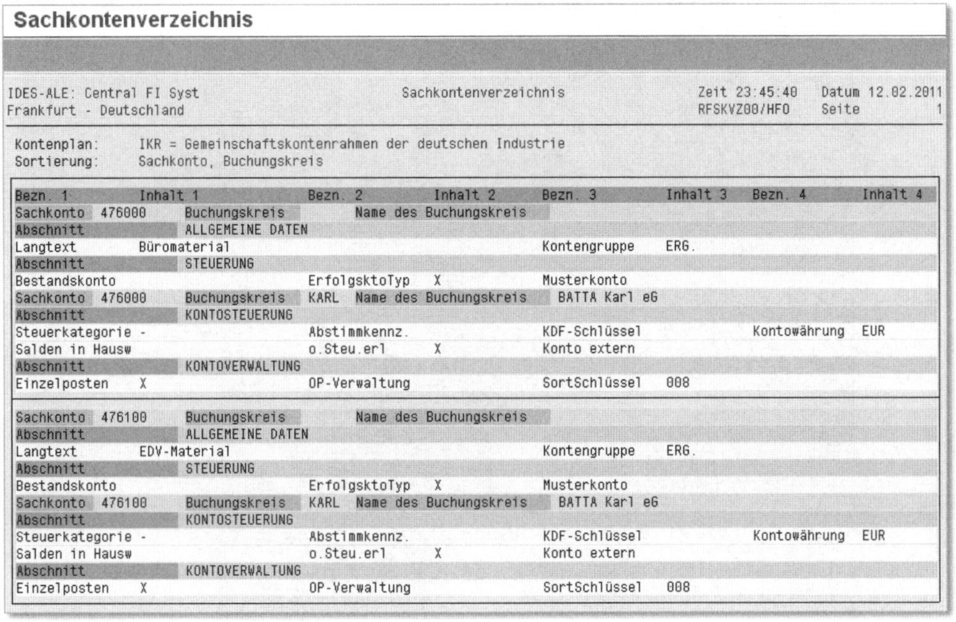
Sachkontenverzeichnis

```
IDES-ALE: Central FI Syst              Sachkontenverzeichnis             Zeit 23:45:40   Datum 12.02.2011
Frankfurt - Deutschland                                                  RFSKVZ00/HFO    Seite          1

 Kontenplan:     IKR = Gemeinschaftskontenrahmen der deutschen Industrie
 Sortierung:     Sachkonto, Buchungskreis

Bezn. 1         Inhalt 1            Bezn. 2         Inhalt 2      Bezn. 3         Inhalt 3   Bezn. 4       Inhalt 4
Sachkonto  476000     Buchungskreis         Name des Buchungskreis
Abschnitt             ALLGEMEINE DATEN
Langtext        Büromaterial                                      Kontengruppe    ERG.
Abschnitt             STEUERUNG
Bestandskonto                       ErfolgsktoTyp   X             Musterkonto
Sachkonto  476000     Buchungskreis KARL  Name des Buchungskreis    BATTA Karl eG
Abschnitt             KONTOSTEUERUNG
Steuerkategorie -                   Abstimmkennz.                 KDF-Schlüssel              Kontowährung  EUR
Salden in Hausw                     o.Steu.erl      X             Konto extern
Abschnitt             KONTOVERWALTUNG
Einzelposten    X                   OP-Verwaltung                 SortSchlüssel   008

Sachkonto  476100     Buchungskreis         Name des Buchungskreis
Abschnitt             ALLGEMEINE DATEN
Langtext        EDV-Material                                      Kontengruppe    ERG.
Abschnitt             STEUERUNG
Bestandskonto                       ErfolgsktoTyp   X             Musterkonto
Sachkonto  476100     Buchungskreis KARL  Name des Buchungskreis    BATTA Karl eG
Abschnitt             KONTOSTEUERUNG
Steuerkategorie -                   Abstimmkennz.                 KDF-Schlüssel              Kontowährung  EUR
Salden in Hausw                     o.Steu.erl      X             Konto extern
Abschnitt             KONTOVERWALTUNG
Einzelposten    X                   OP-Verwaltung                 SortSchlüssel   008
```

Abbildung 3.21 RFSKVZ00 – Listausgabe

3.13 Report RFSSLD00 – Sachkontensaldenliste

Die Sachkontensaldenliste zeigt die folgenden monatsabgegrenzten Zahlen:

- Saldovortrag zum Anfang des Geschäftsjahres
- Summe des Vortragszeitraums
- Sollsumme des Berichtszeitraums
- Habensumme des Berichtszeitraums

- Endsaldo des Berichtszeitraums
- Sollsalden und Habensalden zum Ende des Berichtszeitraums

Am Ende der Liste wird pro Hauswährung folgende Aufstellung ausgegeben:

- Summen pro Buchungskreis
- Endsumme über alle Buchungskreise

Das Selektionsbild dieses Reports sehen Sie in Abbildung 3.22.

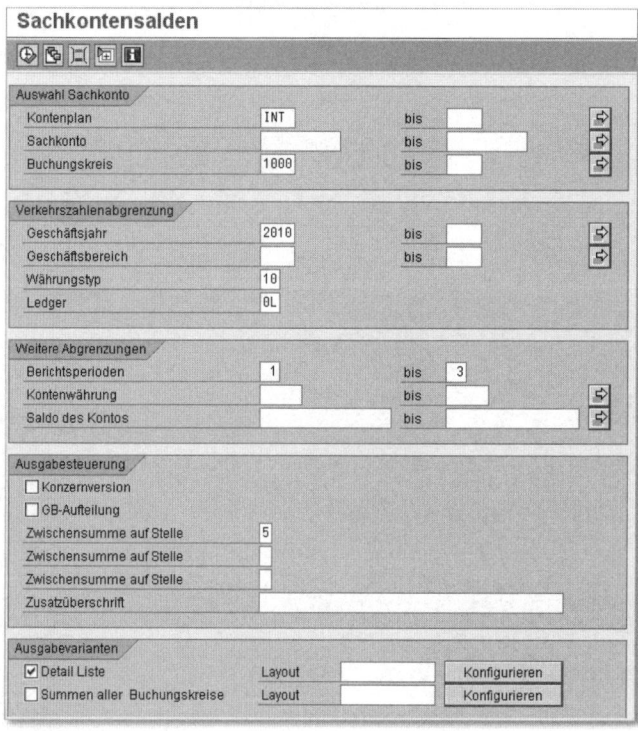

Abbildung 3.22 Report RFSSLD00 – Selektionsbild

Das Selektionsbild enthält u. a. folgende Selektionskriterien, die nun im Einzelnen erläutert werden.

- **Währungstyp**
  Hier kann der Währungstyp für Umsatzsegmente angegeben werden. Voreingestellt ist die Verwendung der Buchungskreiswährung.

- **Berichtsperioden**
  Diese Anweisung dient zur Periodenabgrenzung. Die Vortragsperioden werden aus den Berichtsperioden berechnet. Die Untergrenze und die Obergrenze dürfen nur Werte zwischen 01 und 16 annehmen.

- **Kontenwährung**
  Es werden nur die Konten angezeigt, die in einer von Ihnen selektierten Währung geführt werden.
- **Saldo des Kontos**
  Bestimmte Salden können ein- oder ausgeschlossen werden. Der Saldo wirkt immer auf den einzelnen Buchungskreis.
- **Konzernversion**
  Die Markierung dieses Parameters bewirkt, dass die ausgewählten Buchungskreise nach Konto sortiert angezeigt werden (Konzernversion). In der Standardversion dagegen werden die Konten nach Buchungskreis sortiert ausgegeben.
- **GB-Aufteilung**
  Markieren Sie dieses Feld, wird die gebuchte Geschäftsbereichsaufteilung beibehalten.
- **Zwischensumme auf Stelle**
  Ändert sich an der angegebenen Position die Sachkontonummer, werden Zwischensummen der gerade bearbeiteten Zwischensummengruppe ausgegeben. Dabei wird von einer zehnstelligen Sachkontonummer ausgegangen. Beispiel: Eingabe beim Parameter: »3«. In der Zwischensummengruppe 001******* sind die Beträge aller Sachkonten von 0010000000 bis 0019999999 enthalten.

In Abbildung 3.23 sehen Sie eine typische Auflistung von Sachkontensalden.

Sachkontensalden

IDES AG — Sachkontensalden — Zeit 20:33:24 — Datum 19.01.2011
Frankfurt Ledger 0L — RFSSLD00/HFO — Seite 1
Vortragsperioden 00-00 2010 Berichtsperioden 01-03 2010

BuKr	Sachkonto	Kurztext	Währg	GsBe	Saldovortrag	Saldo der Vorperioden	Soll Berichtszeitraum	Haben Berichtszeitraum	Kum. Saldo
1000	113301	Commer(Ausg.-Scheck)	EUR		0,00	0,00	0,00	108.600,00	108.600,00-
1000	140000	Debitoren-Ford. Inl.	EUR		4.000,00-	0,00	0,00	0,00	4.000,00-
* Zwischensumme 1	00001		EUR		4.000,00-	0,00	0,00	108.600,00	112.600,00-
1000	310000	Handelswaren	EUR		0,00	0,00	108.000,00	0,00	108.000,00
* Zwischensumme 1	00003		EUR		0,00	0,00	108.000,00	0,00	108.000,00
1000	420000	Fertigungs-Loehne	EUR		0,00	0,00	30.000,00	0,00	30.000,00
1000	430000	Gehaelter	EUR		0,00	0,00	75.000,00	0,00	75.000,00
1000	473110	Telefonkosten	EUR		0,00	0,00	3.600,00	0,00	3.600,00
* Zwischensumme 1	00004		EUR		0,00	0,00	108.600,00	0,00	108.600,00
1000	894015	Bestandsveränderung	EUR		0,00	0,00	0,00	108.000,00	108.000,00-
* Zwischensumme 1	00008		EUR		0,00	0,00	0,00	108.000,00	108.000,00-
1000	900000	Ergebnis-Vortrag VJ	EUR		4.000,00	0,00	0,00	0,00	4.000,00
* Zwischensumme 1	00009		EUR		4.000,00	0,00	0,00	0,00	4.000,00
**1000			EUR		0,00	0,00	216.600,00	216.600,00	0,00

Abbildung 3.23 Report RFSSLD00 – Listausgabe

3.14 Report RFSUSA00 – Sachkontensalden

Die Sachkontensaldenliste zeigt folgende monatsabgegrenzte Zahlen:

- Sollsumme des Berichtsmonats
- Habensumme des Berichtsmonats
- Sollsumme von Jahresanfang bis einschließlich Berichtsmonat
- Habensumme von Jahresanfang bis einschließlich Berichtsmonat
- Sollsumme von Jahresanfang bis einschließlich Berichtsmonat plus Saldovortrag
- Habensumme von Jahresanfang bis einschließlich Berichtsmonat plus Saldovortrag

Am Ende der Liste wird pro Hauswährung folgende Aufstellung ausgegeben:

- Summen pro Buchungskreis
- Endsumme über alle Buchungskreise

Das Selektionsbild des Reports sehen Sie in Abbildung 3.24.

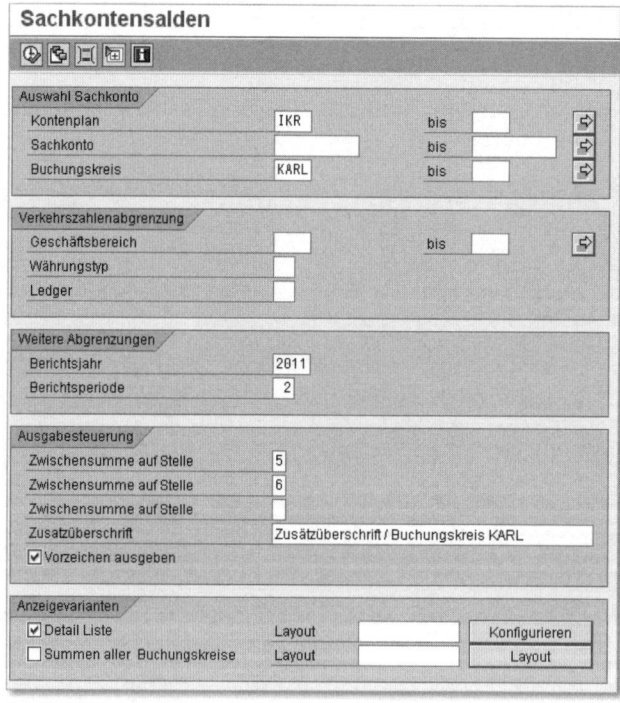

Abbildung 3.24 Report RFSUSA00 – Selektionsbild

Report RFSUSA00 – Sachkontensalden | **3.14**

An dieser Stelle wenden wir uns einigen der Selektionskriterien genauer zu.

- **Berichtsjahr**
  Hier geben Sie das Geschäftsjahr an, das für die Saldenermittlung herangezogen werden soll.

- **Berichtsperiode**
  Hier wird die Periode angegeben, für die die Saldenliste erzeugt werden soll. Zu beachten ist, dass die möglichen Perioden nicht durch das Kalenderjahr, sondern durch die Geschäftsjahresvariante bestimmt werden.

- **Zwischensumme auf Stelle**
  Dieser Parameter entscheidet darüber, an welcher Stelle jeweils eine Gruppensumme gebildet wird. Mit der Eingabe (zwischen »1« und »9«) wird die für die Summenbildung relevante Stelle bestimmt.

- **Vorzeichen ausgeben**
  Wenn dieses Kennzeichen markiert ist, dann wird in den Habenspalten der Listausgabe das Vorzeichen mit ausgegeben.

Das Ergebnis, eine Liste von Sachkontensalden, sehen Sie in Abbildung 3.25.

Sachkontensalden

```
BATTA Karl e6                    Sachkontensalden                     Zeit 00:11:07    Datum 13.02.2011
Dortmund      Ledger 0L     Zusatzüberschrift / Buchungskreis KARL    RFSUSA00/HFQ    Seite      1
                            per Monat Februar   2011 im Buchungskreis KARL
```

Hauptbuch	Kurztext	Soll Feb	Haben Feb.	Soll Jan. - Feb.	Haben Jan. - Feb.	Soll gesamt	Haben gesamt
100000	Handkasse	15.688,00	7.545,00-	15.688,00	7.545,00-	8.143,00	0,00
*	Zwischensumme 2 000010	15.688,00	7.545,00-	15.688,00	7.545,00-	8.143,00	0,00
113111	BSK (UebKto. Kasse)	7.000,00	11.000,00-	7.000,00	11.000,00-	0,00	4.000,00-
*	Zwischensumme 2 000011	7.000,00	11.000,00-	7.000,00	11.000,00-	0,00	4.000,00-
140000	Debitoren Ford. Inl.	0,00	4.688,00-	0,00	4.688,00-	0,00	4.688,00-
*	Zwischensumme 2 000014	0,00	4.688,00-	0,00	4.688,00-	0,00	4.688,00-
154000	Vorsteuer	37,93	0,00	37,93	0,00	37,93	0,00
*	Zwischensumme 2 000015	37,93	0,00	37,93	0,00	37,93	0,00
**	Zwischensumme 1 00001	22.725,93	23.233,00-	22.725,93	23.233,00-	8.180,93	8.688,00-
475000	Kraftfahrzeug-Kosten	112,00	0,00	112,00	0,00	112,00	0,00
476000	Büromaterial	237,07	0,00	237,07	0,00	237,07	0,00
476900	Sonstige Kosten	158,00	0,00	158,00	0,00	158,00	0,00
*	Zwischensumme 2 000047	507,07	0,00	507,07	0,00	507,07	0,00
**	Zwischensumme 1 00004	507,07	0,00	507,07	0,00	507,07	0,00
***	Buchungskreis KARL	23.233,00	23.233,00-	23.233,00	23.233,00-	8.688,00	8.688,00-

Abbildung 3.25 Report RFSUSA00 – Listausgabe

3.15 Report SAPF011 – Saldovortrag Hauptbuch

Dieses Programm führt den Saldovortrag für Sachkonten durch. Die Salden der Bestandskonten werden auf das neue Jahr vorgetragen, der kumulierte Saldo der Erfolgskonten wird auf das Ergebnis-Vortragskonto vorgetragen. In Abbildung 3.26 sehen Sie das Selektionsbild des Reports SAPF011.

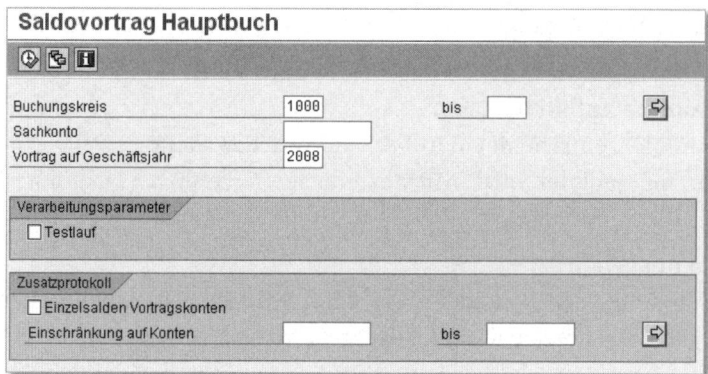

Abbildung 3.26 Report SAPF011 – Selektionsbild

```
Saldovortrag Hauptbuch für das Jahr 2009 Echtlauf
Bilanzkonten

Bukr Konto      Whrg GsBe    geändert um (TW)    geändert um (HW)    geändert um (KW)
1000 11113113   EUR            58.735.299,04       58.735.299,04       58.735.299,04
1000 11194100   EUR               765.834,84-         765.834,84-         765.834,84-
1000 12045000   EUR               415.540,38          415.540,38          415.540,38
1000 12076000   EUR                67.587,77-          67.587,77-          67.587,77-
1000 21045000   EUR               920.078,52          920.078,52          920.078,52
1000 21113113   EUR            58.735.299,04       58.735.299,04       58.735.299,04
1000 21194100   EUR               765.834,84-         765.834,84-         765.834,84-
1000 29999999   CHF            30.867.266,51-      20.689.498,39-      20.689.498,39-
1000 29999999   EUR            59.028.761,93-      59.028.761,93-      59.028.761,93-
1000 29999999   USD            17.964.100,00       15.029.529,27       15.029.529,27

Saldovortrag Hauptbuch für das Jahr 2009 Echtlauf
Vortragskonten

Bukr Konto      Whrg GsBe    geändert um (TW)    geändert um (HW)    geändert um (KW)
1000 900000     EUR          2.275.840.771,68-   2.275.840.771,68-   2.275.840.771,68-
1000 900000     EUR  0001            3.725,22            3.725,22            3.725,22
1000 900000     EUR  1000    1.538.453.859,69-   1.538.453.859,69-   1.538.453.859,69-
1000 900000     EUR  1500        2.249.871,79        2.249.871,79        2.249.871,79
1000 900000     EUR  2000    30.665.594.567,01-  30.665.594.567,01-  30.665.594.567,01-
1000 900000     EUR  3000      120.161.169,89      120.161.169,89      120.161.169,89
1000 900000     EUR  4000      442.904.603,03      442.904.603,03      442.904.603,03
1000 900000     EUR  5000      509.232.823,02-     509.232.823,02-     509.232.823,02-
1000 900000     EUR  6000        2.537.762,39        2.537.762,39        2.537.762,39
1000 900000     EUR  7000    1.709.856.307,63-   1.709.856.307,63-   1.709.856.307,63-
1000 900000     EUR  8000        4.850.147,08        4.850.147,08        4.850.147,08
1000 900000     EUR  9000        1.084.000,00        1.084.000,00        1.084.000,00
1000 900000     EUR  9100        5.143.790,26        5.143.790,26        5.143.790,26
1000 900000     EUR  9900       48.357.411,79-      48.357.411,79-      48.357.411,79-
1000 900000     EUR  IS00         582.400,00          582.400,00          582.400,00
```

Abbildung 3.27 Report SAPF011 – Protokoll

Beim Buchen in einem Vorjahr trägt das System den Saldo automatisch vor. Dies ist unabhängig davon, ob das Programm bereits gelaufen ist oder nicht. (*Buchen in Vorjahr* heißt, dass das Buchungsdatum des Belegs in einem früheren Jahr liegt als das Erfassungsdatum.) Wird das Programm am Ende des laufenden Geschäftsjahres gestartet, hat das zur Folge, dass für alle weiteren Buchungen der Saldo in das neue Jahr vorgetragen wird. Die automatische Korrektur des Saldovortrags sorgt dafür, dass nach einem Lauf von SAPF011 durch Buchen bzw. Rückbuchen kein weiterer Handlungsbedarf entsteht, d. h., dass SAPF011 nicht nach jedem Buchen bzw. Rückbuchen erneut gestartet werden muss. SAP empfiehlt den Lauf des Programms zu Beginn des neuen Geschäftsjahres. Das Programm kann beliebig oft gestartet werden. In Abbildung 3.27 sehen Sie das Protokoll aus unserem Beispiel.

3.16 Report SAPFGVTR – Saldovortrag Hauptbuch

Das Programm SAPFGVTR (Transaktion F.16) dient dazu, die Salden des Hauptbuches in das neue Geschäftsjahr vorzutragen. Das Programm ist beliebig oft wiederholbar. Normalerweise ist jedoch eine wiederholte Ausführung nicht notwendig, da bei Buchungen in das zurückliegende Geschäftsjahr diese automatisch auf das aktuelle Geschäftsjahr vorgetragen werden, falls der Saldovortrag schon für das aktuelle Geschäftsjahr gelaufen ist. Standardmäßig wird der Saldovortrag folgendermaßen durchgeführt:

- Bestandskonten werden mit allen Zusatzkontierungen übernommen.
- Erfolgskonten werden auf das Ergebnisvortragskonto vorgetragen. Zusatzkontierungen werden nicht übernommen. Die Transaktionswährungen entfallen und werden zur Hauswährung verdichtet.

Für die Erfolgskonten müssen Ergebnisvortragskonten gepflegt werden, auf die alle Erfolgskonten verdichtet werden. Dies sind im Einzelnen:

- FI-GL: Ergebnisvortragskonto festlegen
- FI-SL: Lokale Ergebnisvortragskonten pflegen
- FI-SL: Globale Ergebnisvortragskonten pflegen

Sollen in FI-SL abweichend vom Standard-Saldovortrag bestimmte Zusatzkontierungen wie z. B. das Profit-Center oder der Funktionsbereich in das neue Jahr vorgetragen bzw. über bestimmte Zusatzkontierungen verdichtet werden, können dem betreffenden Ledger Feldübertragungen für die Bestandskonten und für die Erfolgskonten zugeordnet werden.

Standardmäßig werden nur Sachkonten aus FI vorgetragen. Falls Sie jedoch auch sekundäre Kostenarten vortragen wollen, müssen Sie dies mithilfe eines Benutzer-Exits (Transaktion SMOD bzw. CMOD, Erweiterung GVTRS001) tun. In Abbildung 3.28 sehen Sie das Selektionsbild des Reports SAPFGVTR.

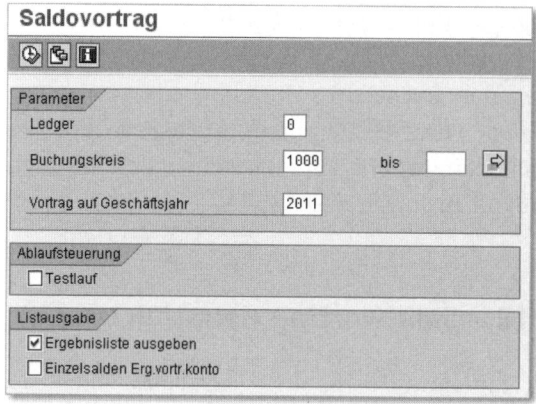

Abbildung 3.28 Report SAPFGVTR – Selektionsbild

Die einzelnen Selektionsfelder sind überwiegend selbsterklärend. Das Kennzeichen EINZELSALDEN ERG.VORTR.KONTO bewirkt, dass für jedes Ergebnisvortragskonto die Salden derjenigen Erfolgskonten einzeln ausgewiesen werden, die auf dieses Ergebnisvortragskonto vorgetragen werden und somit den Saldovortrag des Ergebnisvortragskontos erklären.

Nach Ausführen des Programms über die Schaltfläche AUSFÜHREN (F8) wird zunächst ein Protokoll (siehe Abbildung 3.29) angezeigt.

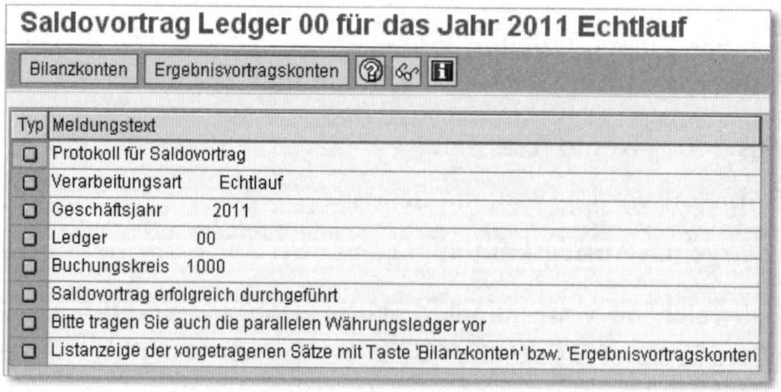

Abbildung 3.29 Report SAPFGVTR – Protokoll

Anschließend können Sie sich mithilfe der Schaltfläche BILANZKONTEN aus Abbildung 3.29 eine Aufstellung anzeigen lassen, die je Geschäftsbereich die vorgetragenen Salden der einzelnen Sachkonten enthält. In Abbildung 3.30 sehen Sie beispielhaft eine derartige Liste.

Jahr	BuKr	GsBe	Konto	Währ.	TWährung	Bukrs.währ	Währ2	Konzernw.	Währ3
2011	1000		113102	EUR	23.605.343,35-	23.605.343,35-	EUR	23.605.343,35-	EUR
2011	1000		113109	EUR	23.000,00	23.000,00	EUR	23.000,00	EUR
2011	1000		113301	EUR	108.600,00-	108.600,00-	EUR	108.600,00-	EUR
2011	1000		113309	EUR	80.730,00	80.730,00	EUR	80.730,00	EUR
2011	1000		140000	EUR	103.683,48-	103.683,48-	EUR	103.683,48-	EUR
2011	1000		154000	EUR	1.596,64	1.596,64	EUR	1.596,64	EUR
2011	1000		160000	EUR	10.000,00-	10.000,00-	EUR	10.000,00-	EUR
2011	1000	0001	160000	EUR	1.408,00-	1.408,00-	EUR	1.408,00-	EUR
2011	1000	1000	160000	EUR	427.266,53	427.266,53	EUR	427.266,53	EUR
2011	1000	1000	310000	EUR	108.000,00	108.000,00	EUR	108.000,00	EUR
2011	1000	1500	160000	EUR	102.563,55	102.563,55	EUR	102.563,55	EUR
2011	1000	2000	160000	EUR	591.717,95	591.717,95	EUR	591.717,95	EUR
2011	1000	3000	160000	EUR	395.078,02	395.078,02	EUR	395.078,02	EUR
2011	1000	4000	160000	EUR	182.813,45	182.813,45	EUR	182.813,45	EUR
2011	1000	5000	160000	EUR	220.844,77	220.844,77	EUR	220.844,77	EUR
2011	1000	6000	160000	EUR	151.071,64	151.071,64	EUR	151.071,64	EUR
2011	1000	7000	160000	EUR	14.599.633,58	14.599.633,58	EUR	14.599.633,58	EUR
2011	1000	8000	160000	EUR	172.763,13	172.763,13	EUR	172.763,13	EUR
2011	1000	9100	140000	EUR	546,52-	546,52-	EUR	546,52-	EUR
2011	1000	9900	160000	EUR	6.755.998,73	6.755.998,73	EUR	6.755.998,73	EUR
*				EUR	16.503,36-	16.503,36-	EUR	16.503,36-	EUR

Abbildung 3.30 Report SAPFGVTR – Liste der Bilanzkonten

3.17 Fazit

Sie haben in diesem Kapitel die wichtigsten Standardberichte der Hauptbuchhaltung (Komponente FI-GL) kennengelernt. Nach der Lektüre dieses Kapitels können Sie über im Standard enthaltene Programme Bilanzen und GuV erstellen. Sie wissen, wie Sie schnell und einfach Sachkonten-Einzelpostenlisten, unterschiedliche Sachkontensaldenlisten, den eigenen Kontenplan, das Sachkontenverzeichnis oder ein Kontierungshandbuch erstellen können. Außerdem haben wir Ihnen zwei Varianten vorgestellt, wie Sie den Saldovortrag für Sachkonten durchführen können.

Im nächsten Kapitel erfahren Sie, welche Standardberichte in der Debitorenbuchhaltung (Komponente FI-AR) zur Verfügung stehen.

Auch in der Debitorenbuchhaltung steht eine Reihe von Standardberichten zur Verfügung, mit denen sich zahlreiche Reportinganforderungen schnell und einfach erfüllen lassen. Dieses Kapitel stellt Ihnen die wichtigsten Reports vor.

4 Standardberichte in der Debitorenbuchhaltung

Dieses Kapitel beschreibt die wichtigsten Reports rund um die Debitoren- bzw. Kundenbuchhaltung beantworten. Wie im vorangegangenen Kapitel ist jeder Abschnitt genau einem Standardreport gewidmet. Neben einer detaillierten Beschreibung der Selektionsmöglichkeiten zeigen wir Ihnen auch immer ein Beispiel für die jeweilige Listausgabe. Wenn unterschiedliche Gestaltungsmöglichkeiten in der Berichtsausgabe zur Verfügung stehen, stellen wir diese kurz vor.

Die einzelnen Reports und damit die einzelnen Abschnitte dieses Kapitels sind nach den technischen Namen der SAP-Standardreports aufsteigend sortiert. Allgemeine Informationen zu den Standardreports finden Sie in Kapitel 2, »Standardberichte auswählen und nutzen«.

4.1 Report RFDABL00 – Änderungsanzeige Debitoren

Der Report RFDABL00 ermöglicht es, Änderungen bei den Debitorenstammdaten kontenübergreifend anzuzeigen. In Abbildung 4.1 sehen Sie das Selektionsbild dieses Reports.

Sie haben folgende Selektionskriterien zur Auswahl:

- **Änderungsdatum**
  Datum, ab dem Änderungsbelege angezeigt werden sollen
- **Geändert von**
  Benutzername, für den Änderungsbelege angezeigt werden sollen
- **Allgemeine Daten**
  Wenn Sie diesen Parameter markieren, werden Änderungen bei allgemeinen Daten ausgegeben.

4 | Standardberichte in der Debitorenbuchhaltung

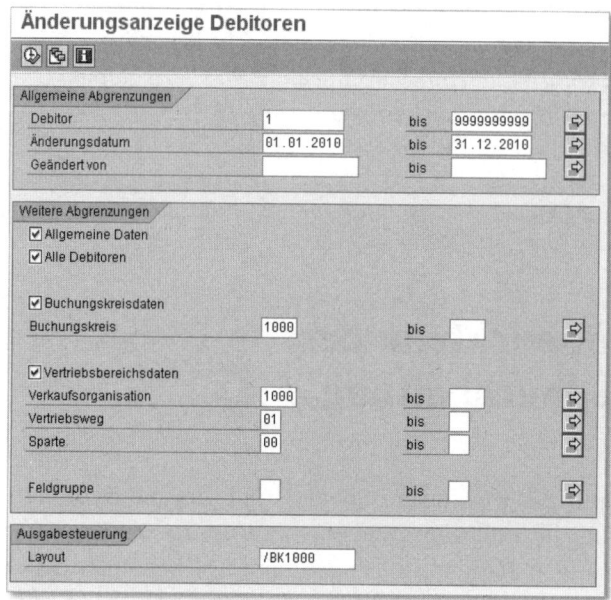

Abbildung 4.1 Report RFDABL00 – Selektionsbild

- **Alle Debitoren**
  Über diesen Parameter werden Änderungen allgemeiner Daten aller Debitoren ausgegeben.

- **Buchungskreisdaten**
  Wenn Sie diesen Parameter markieren, werden Änderungen bei Buchungskreisdaten ausgegeben.

- **Vertriebsbereichsdaten**
  Mit diesem Parameter werden Änderungen bei Vertriebsbereichsdaten ausgegeben.

- **Verkaufsorganisation**
  Hier handelt es sich um eine organisatorische Einheit, die für den Vertrieb bestimmter Produkte oder Dienstleistungen verantwortlich ist.

- **Vertriebsweg**
  Weg, auf dem Waren oder Dienstleistungen zum Kunden gelangen. Typische Beispiele für Vertriebswege sind Großhandel, Einzelhandel oder Direktverkauf.

- **Sparte**
  Möglichkeit der Gruppierung von Materialien, Produkten und Dienstleistungen. Anhand der Sparte ermittelt das System die Vertriebsbereiche

und Geschäftsbereiche, denen ein Material, ein Produkt oder eine Dienstleistung zugeordnet ist. Verwendung: Eine Sparte kann z.B. eine bestimmte Produktgruppe abbilden.

▶ **Feldgruppe**
Die Feldgruppe dient zur Vergabe von Berechtigungen. Jeder Benutzer kann die Berechtigung erhalten, Felder aus einer oder mehreren Gruppen zu ändern.

In Abbildung 4.2 sehen Sie die Ergebnisliste zu unserem Beispiel.

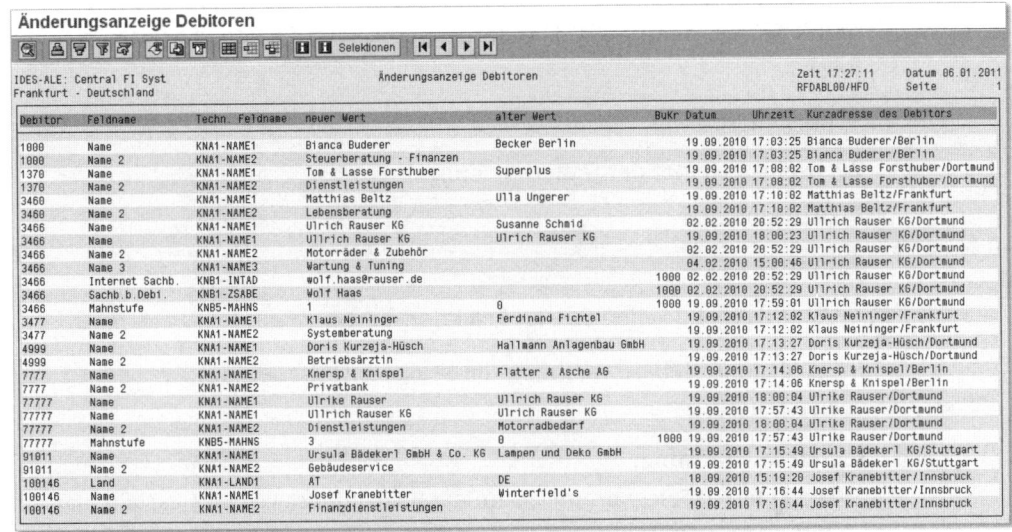

Abbildung 4.2 Report RFDABL00 – Listausgabe

4.2 Report RFDAPO00 – Debitoren – Ausgeglichene-Posten-Liste

Das Programm RFDAPO00 ist veraltet. Bitte nutzen Sie das Programm RFDEPL00 (siehe Abschnitt 4.5, »Report RFDEPL00 – Debitoren – Einzelpostenliste«).

4.3 Report RFDAUB00 – Dauerbuchungsurbelege

Der Report RFDAUB00 erstellt eine Übersicht der Dauerbuchungsurbelege. Sie können den Report verwenden, um festzustellen, welche Belege:

- in einem bestimmten Zeitraum ausgeführt werden
- nicht ausgeführt werden
- beim nächsten Lauf des Dauerbuchungsprogramms ausgeführt werden

Ausgegeben werden unter anderem der Buchungskreis, die Belegart, das Buchungsdatum, die Belegnummer, das Belegdatum und Beträge. Von den Dauerbuchungsdaten werden u.a. der erste und der letzte Ausführungstermin sowie der nächste Ausführungstermin und die Anzahl der Ausführungen angezeigt. Bei den Debitoren- und Kreditorenzeilen werden zusätzlich der Zahlungssperrschlüssel, der Zahlungsbedingungsschlüssel und der Mahnsperrschlüssel dargestellt. Die Sortierung erfolgt in der folgenden Reihenfolge:

1. Buchungskreis
2. Originalbelegart der Dauerbuchung
3. Belegnummer
4. Buchungszeile

In Abbildung 4.3 sehen Sie das Selektionsbild des Reports RFDAUB00.

Im Folgenden stellen wir Ihnen die Selektionskriterien des Berichts im Einzelnen vor:

- **Referenznummer**
  Die Referenzbelegnummer kann die Belegnummer beim Geschäftspartner enthalten. Dies Feld kann aber auch mit anderen Werten gefüllt sein. Die Referenzbelegnummer dient als Suchkriterium bei der Beleganzeige oder -änderung.

- **CPU-Datum**
  Das CPU-Datum gibt an, an welchem Tag der Buchhaltungsbeleg erfasst wird. Das Buchungsdatum kann sich sowohl vom Erfassungsdatum (Tag der Eingabe in das System) als auch vom Belegdatum (Tag der Erstellung des Originalbelegs) unterscheiden.

- **Beginndatum**
  Ab dem hier angegebenen Datum sollen die Dauerbuchungen ausgeführt werden.

- **Endedatum**
  Bis zu dem in diesem Feld angegebenen Datum sollen die Dauerbuchungen ausgeführt werden.

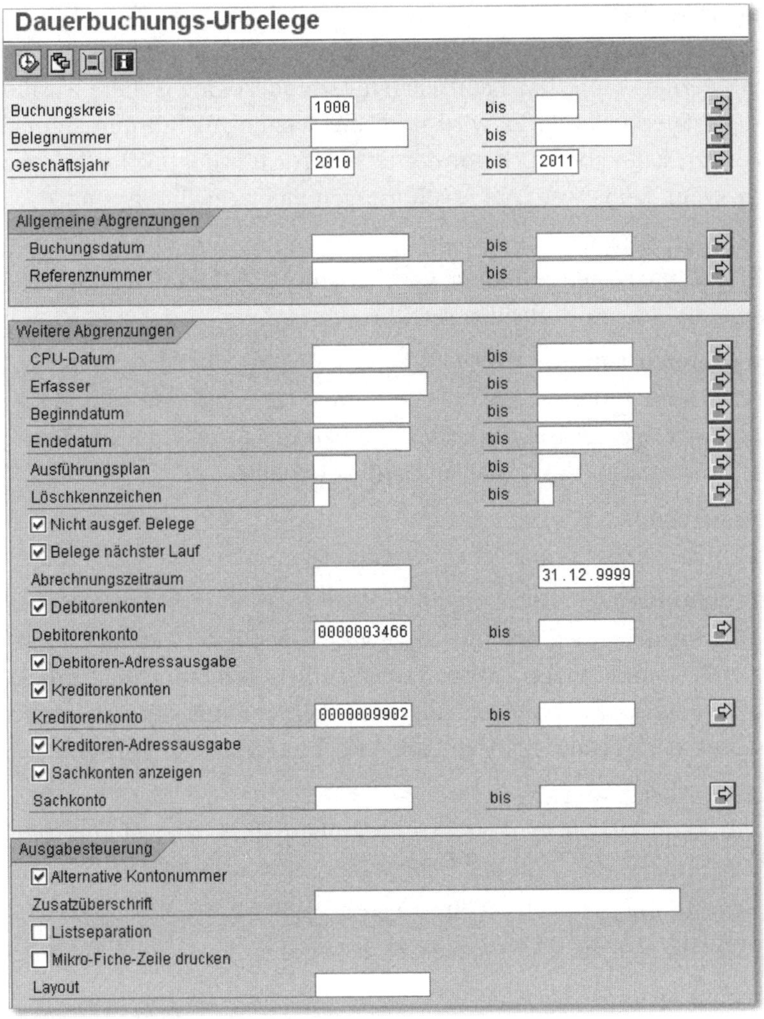

Abbildung 4.3 Report RFDAUB00 – Selektionsbild

- **Ausführungsplan**
  Plan, der die gewünschten Ausführungstermine für Dauerbuchungsurbelege enthält. Mithilfe des Ausführungsplans können aus Dauerbuchungsurbelegen in beliebigen Abständen Buchhaltungsbelege erzeugt werden. Hinterlegen Sie den Ausführungsplan, nach dem der Dauerbuchungsurbeleg ausgeführt werden soll. Alternativ können Sie die Ausführung bestimmen, indem Sie einen Abstand in Monaten und einen Tag der Ausführung angeben.

- **Löschkennzeichen**
  Dieses Kennzeichen zeigt an, dass die Dauerbuchung erledigt ist und gelöscht werden kann. Das Kennzeichen verhindert eine weitere Ausführung der Dauerbuchung. Es wird nach der letzten Ausführung automatisch gesetzt, kann aber auch vor der letzten Ausführung manuell gesetzt werden, wenn keine weiteren Ausführungen mehr gewünscht sind.

- **Nicht ausgef. Belege**
  Ist dieses Kennzeichen markiert, werden auch die Dauerbuchungsurbelege angezeigt, die noch nicht ausgeführt wurden.

- **Belege nächster Lauf**
  Eine Markierung dieses Kennzeichens bewirkt, dass nur die Dauerbuchungsurbelege angezeigt werden, die beim nächsten Lauf des Dauerbuchungsprogramms (SAPF120) ausgeführt werden.

- **Debitorenkonten**
  Markieren Sie dieses Kennzeichen, werden Debitorenkonten angezeigt.

- **Debitorenkonto**
  Diese Abgrenzungen werden nur ausgewertet, wenn der Parameter DEBITORENKONTO markiert wurde. Wenn sich in einem Dauerbuchungsurbeleg ein Konto aufgrund der obigen Abgrenzungen zur Ausgabe qualifiziert, wird immer der gesamte Beleg mit allen Buchungszeilen angezeigt.

- **Debitoren-Adressausgabe**
  Ist dieses Kennzeichen markiert, werden oberhalb jeder Debitorenzeile der Name und die Anschrift des Debitors einzeilig ausgegeben.

- **Kreditorenkonten**
  Wenn Sie dieses Kennzeichen markieren, werden die Kreditorenkonten angezeigt.

- **Kreditorenkonto**
  Diese Abgrenzungen werden nur ausgewertet, wenn der Parameter KREDITORENKONTO angekreuzt wurde. Wenn sich in einem Dauerbuchungsurbeleg ein Konto aufgrund der obigen Abgrenzungen zur Ausgabe qualifiziert, wird immer der gesamte Beleg mit allen Buchungszeilen angezeigt.

- **Kreditoren-Adressausgabe**
  Ist dieses Kennzeichen ausgewählt, werden oberhalb jeder Kreditorenzeile der Name und die Anschrift des Kreditors einzeilig ausgegeben.

- **Sachkonten anzeigen**
  Wenn Sie dieses Kennzeichen markieren, werden die Sachkonten angezeigt.

▶ **Sachkonto**
Diese Abgrenzungen werden nur ausgewertet, wenn der Parameter SACH-KONTO angekreuzt wurde. Wenn sich in einem Dauerbuchungsurbeleg ein Konto aufgrund der obigen Abgrenzungen zur Ausgabe qualifiziert, wird immer der gesamte Beleg mit allen Buchungszeilen angezeigt.

▶ **Alternative Kontonummer**
Durch Markieren dieses Kennzeichens wird die Sachkontonummer durch die alternative Kontonummer (aus dem buchungskreisspezifischen Sachkontenstamm) ersetzt.

▶ **Zusatzüberschrift**
Sie können hier einen Text als Zusatzüberschrift für die Listausgabe eingeben.

▶ **Listseparation**
Das Setzen dieses Kennzeichens bewirkt, dass gemäß den Einträgen in der Listseparationstabelle abhängig vom Buchungskreis und der Buchungskreisnummer die Druckausgabe separiert und gegebenenfalls auf verschiedene Druckdestinationen geleitet wird.

In Abbildung 4.4 sehen Sie die Ergebnisliste zu unserem Beispiel.

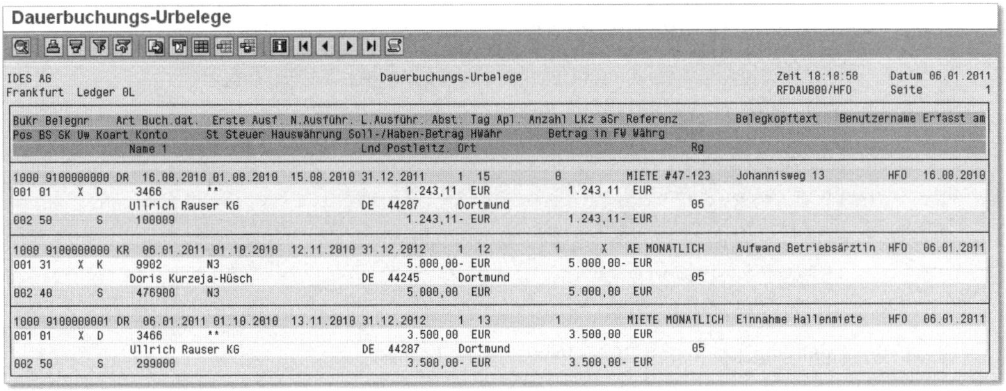

Abbildung 4.4 Report RFDAUB00 – Listausgabe

4.4 Report RFDCON00 – Kritische Debitorenänderungen bestätigen

Mit dem Report RFDCON00 können Sie den Bestätigungsstatus der Debitoren anzeigen und ändern. Der Bestätigungsstatus gibt Auskunft darüber, ob am Debitorenkonto sensible Stammdatenfelder geändert wurden und ob diese durch das 4-Augen-Prinzip bestätigt oder abgelehnt worden sind. Die sensiblen Stammdatenfelder werden vom Anwender in einer Customizing-Tabelle definiert. Bei Änderung eines sensiblen Feldes wird eine Zahllaufsperre für das Konto aktiviert und der Bestätigungsstatus NOCH NICHT BESTÄTIGT gesetzt. Den Bestätigungsstatus kann der berechtigte Anwender entweder einzeln ändern oder über die von diesem Programm erstellte Liste durch einen Doppelklick auf das zu bestätigende Konto. Die Änderungen an allgemeinen Daten und an Buchungskreisdaten werden getrennt bestätigt. Die einzelnen Ausprägungen des Status sehen Sie in Tabelle 4.1.

Ampelfarbe	Bedeutung
Grün	bestätigt
Gelb	noch nicht bestätigt
Rot	abgelehnt

Tabelle 4.1 Status bei Debitorenänderungen

In Abbildung 4.5 sehen Sie das Selektionsbild des Reports RFDCON00.

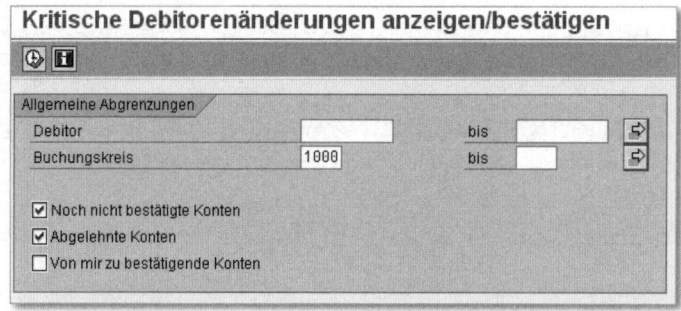

Abbildung 4.5 Report RFDCON00 – Selektionsbild

Es gibt folgende Selektionsparameter:

- **Noch nicht bestätigte Konten**
  Ist dieses Kennzeichen gesetzt, werden die Konten angezeigt, bei deren die sensiblen Änderungen (4-Augen-Prinzip) noch nicht bestätigt sind.

- **Abgelehnte Konten**
  Wenn Sie dieses Kennzeichen setzen, werden die Konten angezeigt, bei denen die sensiblen Änderungen (4-Augen-Prinzip) abgelehnt wurden.

Report RFDCON00 – Kritische Debitorenänderungen bestätigen | 4.4

▸ **Von mir zu bestätigende Konten**
Ist dieses Kennzeichen gesetzt, werden nur die Konten angezeigt, für die Sie die Berechtigung zur Änderungsbestätigung besitzen. Zusätzlich wird aufgrund des 4-Augen-Prinzips geprüft, ob Sie an den sensiblen Änderungen beteiligt waren.

Abgelehnte Konten [«]

Durch die Ablehnung wird keine Änderung rückgängig gemacht, d.h., alle am Debitor bzw. Kreditor vorgenommenen Änderungen bleiben wirksam. Sein Status ändert sich von NOCH NICHT BESTÄTIGT zu ABGELEHNT, und sein Konto wird weiterhin für den Zahllauf gesperrt.

In Abbildung 4.6 sehen Sie die einzelnen Schritte im Bestätigungsprozess.

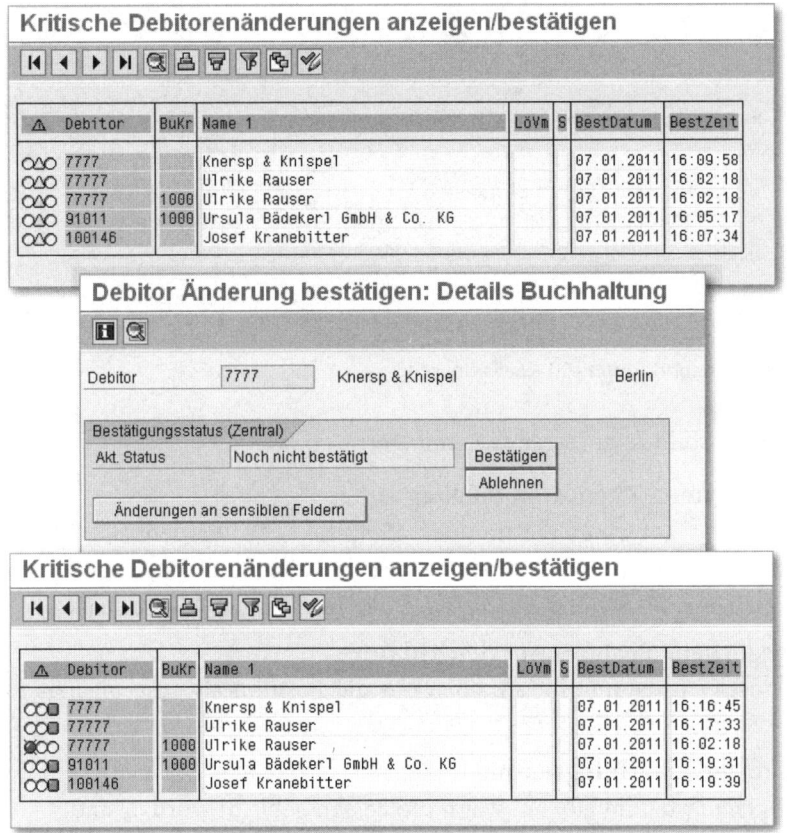

Abbildung 4.6 Report RFDCON00 – Listen

121

4.5 Report RFDEPL00 – Debitoren – Einzelpostenliste

Der Report RFDEPL00 erzeugt eine Liste der Einzelposten, die zeitlich abgegrenzt werden können. Die Ausgabeliste enthält Debitorenposten, die im selektierten Zeitraum gebucht worden sind. In Abbildung 4.7 sehen Sie das Selektionsbild des Reports RFDEPL00.

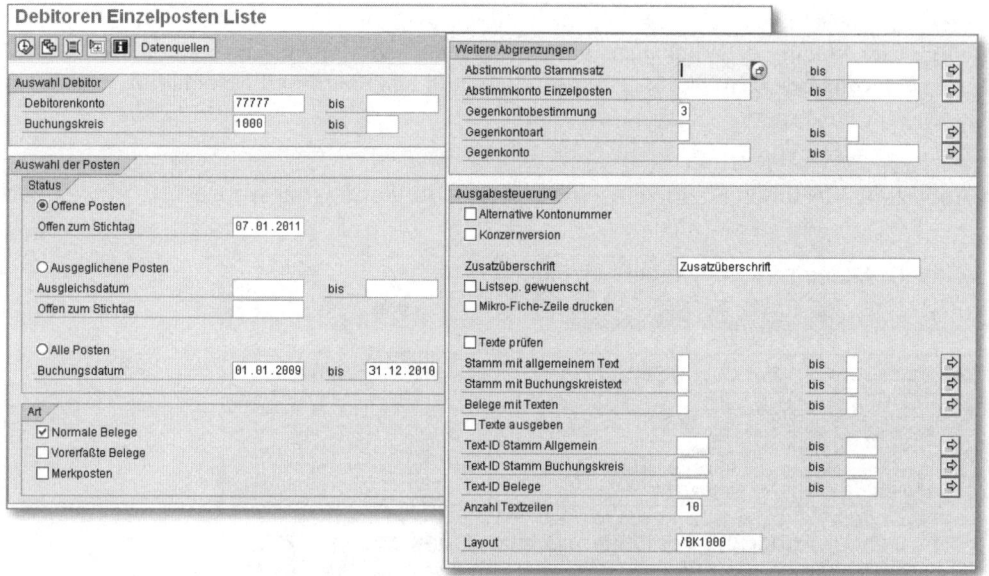

Abbildung 4.7 Report RFDEPL00 – Selektionsbild

Das Selektionsbild zeigt folgende Parameter:

- **Offene Posten – Offen zum Stichtag**
  Eingrenzung auf einen bestimmten Zeitpunkt. Es werden alle Posten selektiert, die bis zum angegebenen Stichtag gebucht und zu diesem Zeitpunkt offen sind. Standardmäßig wird das Tagesdatum vorgeschlagen.

- **Ausgeglichene Posten – Ausgleichsdatum**
  Das Ausgleichsdatum gibt an, ab wann die Position als ausgeglichen zu betrachten ist.

- **Alle Posten – Buchungsdatum**
  Das Buchungsdatum gibt an, wann die Posten gebucht worden sind.

- **Normale Belege**
  Dieses Kennzeichen legt fest, dass nur buchhalterisch relevante Belege ausgewertet werden sollen. Das heißt, es werden keine Belege wie statis-

tische Belege, Musterbelege, Dauerbuchungsurbelege oder Voraberfassungsbelege berücksichtigt.

- **Vorerfasste Belege**
  Wird dieses Kennzeichen markiert, werden zusätzlich die Belege aus der Belegvorerfassung selektiert. Sie finden diese Belege ohne weitere Indizierung unter den normalen Belegen.

- **Merkposten**
  Das Setzen dieses Kennzeichens bewirkt, dass Merkposten ausgewertet werden. Dies sind spezielle Posten, durch die keine Kontostände verändert werden. Beim Buchen eines Merkpostens wird ein Beleg erzeugt.

- **Abstimmkonto Stammsatz**
  Das Abstimmkonto in der Hauptbuchhaltung ist das Konto, das bei den üblichen Buchungen (z.B. Rechnung, Zahlung) parallel zum Konto der Nebenbuchhaltung fortgeschrieben wird.

- **Abstimmkonto Einzelposten**
  Abgrenzung auf bestimmte Abstimmkonten für den Kontokorrentbereich. Relevant ist das Abstimmkonto, das am Tag der jeweiligen Buchung im Debitorenstammsatz eingetragen war bzw. über die Konfiguration des Systems für die Sonderhauptbuchvorgänge ermittelt wurde.

- **Gegenkontobestimmung**
  Mit Ihrer Eingabe bestimmen Sie die Art der Ermittlung des Gegenkontos:
  - »0« = kein Gegenkonto anzeigen
  - »1« = Gegenkonto anzeigen bei Eindeutigkeit
  - »2« = Gegenkonto immer anzeigen, der höchste Betrag entscheidet
  - »3« = wie »2«, inklusive automatisch erzeugter Zeilen

- **Alternative Kontonummer**
  Durch Markieren dieses Parameters wird die Sachkontonummer durch die alternative Kontonummer (aus dem buchungskreisspezifischen Sachkontenstamm) ersetzt.

- **Konzernversion**
  Bewirkt, dass die ausgewählten Buchungskreise nach Konto sortiert angezeigt werden (Konzernversion). In der Standardversion dagegen werden die Konten nach Buchungskreis sortiert ausgegeben.

In Abbildung 4.8 ist die Ergebnisliste zu unseren Selektionseingaben zu sehen.

4 | Standardberichte in der Debitorenbuchhaltung

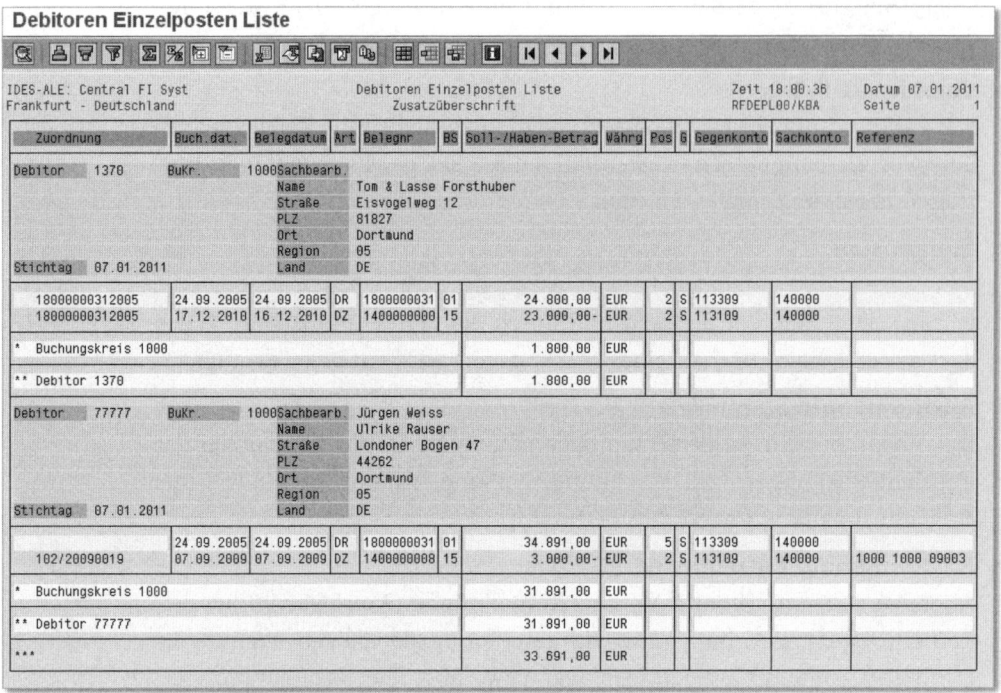

Abbildung 4.8 Report RFDEPL00 – Listausgabe

4.6 Report RFDKAG00 – Stammdatenabgleich Debitoren

Der Stammdatenabgleich der Debitoren dient zur Anzeige der unterschiedlich gepflegten Debitorenkonten in der Finanzbuchhaltung und im Vertrieb. Das Selektionsbild dieses Reports sehen Sie in Abbildung 4.9.

Nun betrachten wir einige der Selektionskriterien genauer:

- **Kontengruppe**
  Die Kontengruppe ist ein klassifizierendes Merkmal innerhalb der Debitorenstammsätze.

- **Anlegedatum**
  Dieses Feld enthält das Datum, an dem der Stammsatz bzw. der betrachtete Teil des Stammsatzes hinzugefügt wurde.

- **Zusatzüberschrift**
  Sie können einen Text als Zusatzüberschrift für die Listausgabe mitgeben.

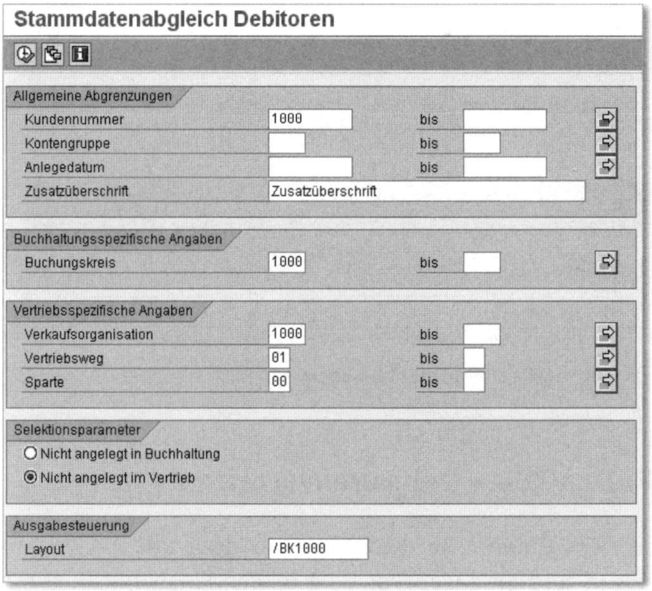

Report RFDKAG00 – Stammdatenabgleich Debitoren | **4.6**

Abbildung 4.9 Report RFDKAG00 – Selektionsbild

In Abbildung 4.10 sehen Sie einen Teil der Ergebnisliste des Stammdatenabgleichs, und zwar den mit den Debitoren ohne Vertriebsbereich. In Abbildung 4.11 wiederum ist der andere Teil der Ergebnisliste zu sehen – jener mit den Debitoren ohne Buchungskreis.

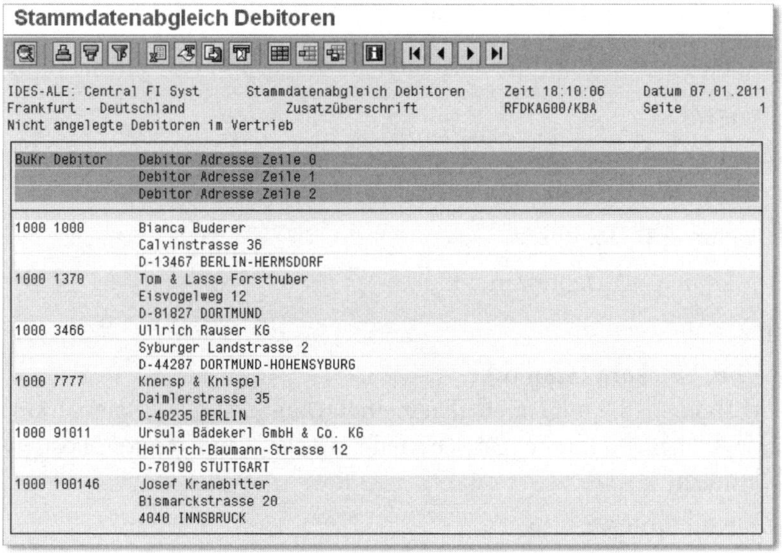

Abbildung 4.10 Report RFDKAG00 – Debitoren ohne Vertriebsbereich

125

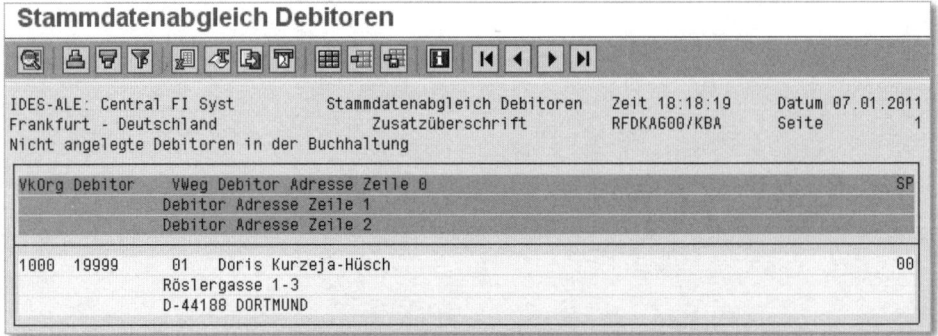

Abbildung 4.11 Report RFDKAG00 – Debitoren ohne Buchungskreis

4.7 Report RFDKVZ00 – Debitorenverzeichnis

Das Debitorenverzeichnis (Report RFDKVZ00) dient dazu, die Debitorenstammdaten anzuzeigen und auszudrucken, die in der Finanzbuchhaltung benötigt werden. Sie haben die Auswahl zwischen vier Sortierungen der Debitoren. Für jeden Debitorenstammsatz werden mindestens die Kontonummer, der Suchbegriff, die Kontengruppe, der Erfasser und das Eröffnungsdatum der allgemeinen Daten ausgegeben. Den Umfang der darüber hinausgehenden Daten können Sie an Ihr Informationsbedürfnis anpassen. Für jeden Debitor werden zunächst die allgemeinen Daten und anschließend die buchungskreisabhängigen Daten ausgegeben. Das Selektionsbild zum Debitorenverzeichnis sehen Sie in Abbildung 4.12.

Im Folgenden sehen wir uns die einzelnen Selektionskriterien genauer an:

- **CpD-Debitoren**
  Mit diesem Kennzeichen steuern Sie die Gesamtanzahl bzw. Art der Debitoren, aus denen Sie Daten selektieren wollen:
  - »1« = nur CpD-Debitoren
  - »2« = keine CpD-Debitoren
  - Blank = alle Debitoren

- **Adresse u. Telekom (Stamm)**
  Hier erhalten Sie die folgenden allgemeinen Daten: Anrede, Name, Name 2, Name 3, Name 4, Straße, Ort, Ortsteil, Sprache, Land, Region, Postleitzahl, Postfach.

- **Liste der Buchungskreise**
  Wenn Sie dieses Kennzeichen setzen, erhalten Sie pro Konto eine Liste der Buchungskreise, in denen das Konto angelegt ist.

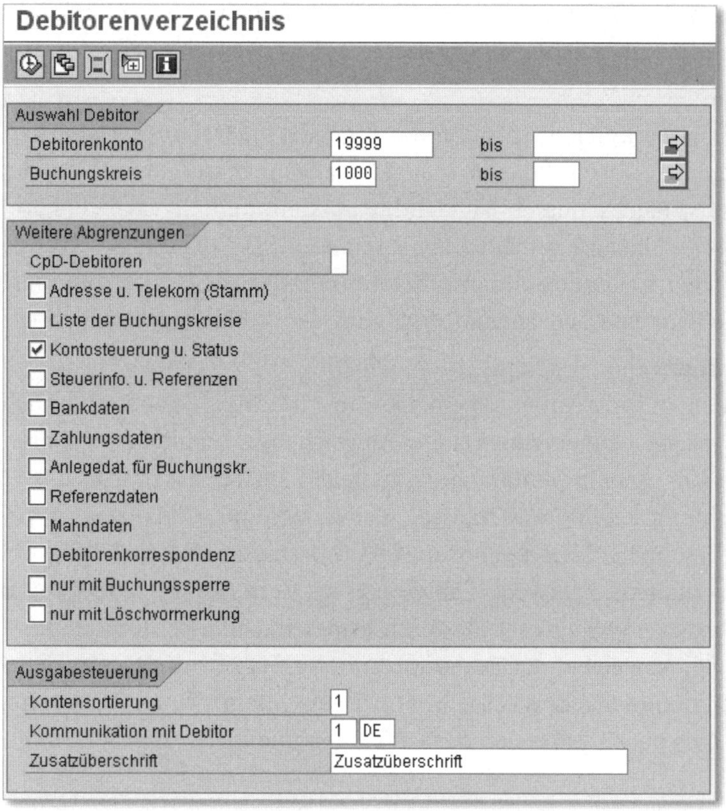

Report RFDKVZ00 – Debitorenverzeichnis | 4.7

Abbildung 4.12 Report RFDKVZ00 – Selektionsbild

- **Kontosteuerung u. Status**

  Bei Markierung dieses Kennzeichens erhalten Sie die folgenden allgemeinen und buchungskreisspezifischen Daten: Allgemeine Daten: Buchungssperre, Löschvormerkung, Berechtigungsgruppe, CPD-Konto, Kreditor, Partnergesellschaftsnummer, Konzernschlüssel. Buchungskreisspezifische Daten: Buchungssperre, Löschvormerkung, Berechtigungsgruppe, Finanzdispositionsgruppe, Sortierschlüssel, Abstimmkonto, Kontonummer der Zentrale, Präferenzkennzeichen, Freigabegruppe.

- **Steuerinfo u. Referenzen**

  Wenn Sie dieses Kennzeichen markieren, erhalten Sie die folgenden allgemeinen Daten: Steuernummer 1, Steuernummer 2, Fiskalische Anschrift, Umsatzsteuerpflicht, Ausgangssteuerpflicht, Kennzeichen: natürliche Person?, Umsatzsteuer-Identifikationsnummer, County-Code, City-Code, Standort für Steuerrechnung – Tax Jurisdiction code, Bundeseinheitliche

Betriebsnummer, Bundeseinheitliche Betriebsnummer (Zusatz), Prüfziffer für die Bundeseinheitliche Betriebsnummer, Branchenschlüssel.

- **Bankdaten**
Mit diesem Kennzeichen erhalten Sie für jede im Debitorenstammsatz angegebene Bankverbindung die folgenden allgemeinen Daten: Name des Geldinstituts, Bankschlüssel, Bankland, Bankkontonummer, Bankenkontrollschlüssel, Einzugsermächtigung, Fremde Bank (Banktyp), SWIFT-Code, Bankengruppe Postgiroamt, Referenzangabe zur Bankverbindung. Falls keine Bankdaten vorhanden sind, wird dieser Block nicht angezeigt.

- **Zahlungsdaten**
Hier werden die folgenden allgemeinen und buchungskreisspezifischen Daten angezeigt: Allgemeine Daten: Abweichender Zahlungsregulierer, Abweichender Zahlungsempfänger im Beleg. Buchungskreisspezifische Daten: Zahlungsbedingungsschlüssel, Toleranzgruppe, Kulanztage (Voraussichtl. Dauer bis Scheckeinlösung), Einzelzahlung, Aufzeichnung des Zahlungsverhaltens, Zahlwege, Zahlwegzusatz, Verrechnung mit Kreditor, Zahlungsbedingungsschlüssel für Wechselspesen, Schlüssel für Zahlungsgruppierung, Abweichender Zahlungsregulierer, Hausbank, Nächstgelegener Zahlungsempfänger, Wechsellimit, Urlaubsvereinbarung, Zahlsperre, Lockbox, Avis per EDI, Version der Differenzgrundumsetzung, Selektionsregel.

- **Anlegedat. für Buchungskreis**
Wenn Sie dieses Kennzeichen setzen, werden Ihnen die folgenden buchungskreisabhängigen Daten angezeigt: ANGELEGT VON und ANGELEGT AM.

- **Referenzdaten**
Bei Markierung dieses Kennzeichens wird die alte Stammsatznummer aus dem buchungskreisspezifischen Bereich angezeigt.

- **Mahndaten**
Markieren Sie dieses Kennzeichen, erhalten Sie die folgenden buchungskreisspezifischen Daten: Mahnverfahren, Mahnsperre, Letzte Mahnung (Datum), Mahnempfänger, Schlüssel für Mahnungsgruppierung, Mahnbereich, Mahnstufe, Gerichtliches Mahnverfahren (Datum), Sachbearbeiter Mahnen. Falls keine Mahndaten vorhanden sind, wird dieser Block nicht angezeigt.

- **Debitorenkorrespondenz**
  Bei Markierung dieses Kennzeichens erhalten Sie die folgenden buchungskreisspezifischen Daten: Sachbearbeiter bei Debitor, Buchhaltungssachbearbeiter, Konto bei Debitor, Dezentrale Verarbeitung, Kontovermerk, Kontoauszug, Sammelrechnungsvariante.

- **Nur mit Buchungssperre**
  Das Setzen dieses Kennzeichens ermöglicht die Eingrenzung auf Konten mit zentraler Buchungssperre.

- **Nur mit Löschvormerkung**
  Mit diesem Kennzeichen ermöglichen Sie eine Eingrenzung auf Konten mit zentraler Löschvormerkung.

- **Kontensortierung**
  In diesem Feld haben Sie vier Sortierreihenfolgen zur Auswahl: Die Konten werden zunächst nach dem ersten Kriterium sortiert. Alle folgenden Kriterien beziehen sich dann auf die Sortierung innerhalb des jeweils vorangegangenen Kriteriums.

In Abbildung 4.13 sehen Sie die Auswahlmöglichkeiten der Kontensortierung.

Kontensortieru...	Kurzbeschreibung
1	Debitorenkonto, Buchungskreis
2	Kontengruppe, Debitorenkonto, Buchungskreis
3	Land, Suchbegriff, Debitorenkonto, Buchungskreis
4	Land, Postleitzahl, Debitorenkonto, Buchungskreis
5	Suchbegriff, Ort, Debitorenkonto, Buchungskreis
6	Suchbegr., Land, Postleitzahl, Debitorenk., Buchungskreis

Abbildung 4.13 Kontensortierung der Debitoren

- **Kommunikation mit Debitor**
  Je nach Anzahl der von Ihnen gewählten Ausgabezeilen und dem Umfang der vorhandenen Stammdaten werden Anschrift und Telekommunikationsdaten der Debitoren vollständig oder teilweise ausgegeben.

- **Zusatzüberschrift**
  Hier können Sie einen Text als Zusatzüberschrift für die Listausgabe mitgeben.

Die Listausgabe eines Debitorenverzeichnisses sehen Sie in Abbildung 4.14.

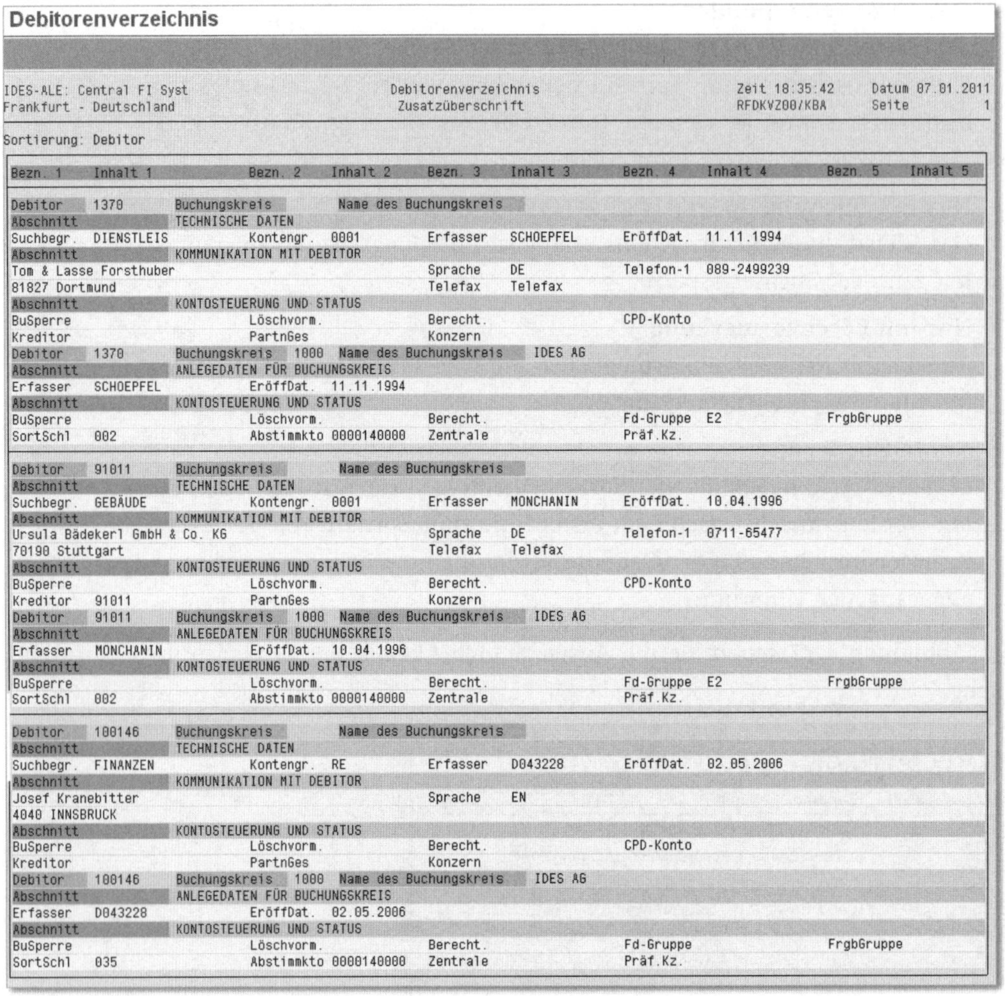

Debitorenverzeichnis

```
IDES-ALE: Central FI Syst           Debitorenverzeichnis          Zeit 18:35:42   Datum 07.01.2011
Frankfurt - Deutschland              Zusatzüberschrift             RFDKVZ00/KBA    Seite          1

Sortierung: Debitor

Bezn. 1   Inhalt 1           Bezn. 2    Inhalt 2     Bezn. 3   Inhalt 3     Bezn. 4     Inhalt 4       Bezn. 5   Inhalt 5

Debitor   1370          Buchungskreis         Name des Buchungskreis
Abschnitt               TECHNISCHE DATEN
Suchbegr. DIENSTLEIS         Kontengr.  0001         Erfasser  SCHOEPFEL    EröffDat.   11.11.1994
Abschnitt               KOMMUNIKATION MIT DEBITOR
Tom & Lasse Forsthuber                               Sprache   DE           Telefon-1   089-2499239
81827 Dortmund                                       Telefax   Telefax
Abschnitt               KONTOSTEUERUNG UND STATUS
BuSperre                     Löschvorm.              Berecht.               CPD-Konto
Kreditor                     PartnGes                Konzern
Debitor   1370          Buchungskreis  1000   Name des Buchungskreis   IDES AG
Abschnitt               ANLEGEDATEN FÜR BUCHUNGSKREIS
Erfasser  SCHOEPFEL          EröffDat.  11.11.1994
Abschnitt               KONTOSTEUERUNG UND STATUS
BuSperre                     Löschvorm.              Berecht.               Fd-Gruppe   E2             FrgbGruppe
SortSchl  002                Abstimmkto 0000140000   Zentrale               Präf.Kz.

Debitor   91011         Buchungskreis         Name des Buchungskreis
Abschnitt               TECHNISCHE DATEN
Suchbegr. GEBÄUDE            Kontengr.  0001         Erfasser  MONCHANIN    EröffDat.   10.04.1996
Abschnitt               KOMMUNIKATION MIT DEBITOR
Ursula Bädekerl GmbH & Co. KG                        Sprache   DE           Telefon-1   0711-65477
70190 Stuttgart                                      Telefax   Telefax
Abschnitt               KONTOSTEUERUNG UND STATUS
BuSperre                     Löschvorm.              Berecht.               CPD-Konto
Kreditor  91011              PartnGes                Konzern
Debitor   91011         Buchungskreis  1000   Name des Buchungskreis   IDES AG
Abschnitt               ANLEGEDATEN FÜR BUCHUNGSKREIS
Erfasser  MONCHANIN          EröffDat.  10.04.1996
Abschnitt               KONTOSTEUERUNG UND STATUS
BuSperre                     Löschvorm.              Berecht.               Fd-Gruppe   E2             FrgbGruppe
SortSchl  002                Abstimmkto 0000140000   Zentrale               Präf.Kz.

Debitor   100146        Buchungskreis         Name des Buchungskreis
Abschnitt               TECHNISCHE DATEN
Suchbegr. FINANZEN           Kontengr.  RE           Erfasser  D043228      EröffDat.   02.05.2006
Abschnitt               KOMMUNIKATION MIT DEBITOR
Josef Kranebitter                                    Sprache   EN
4040 INNSBRUCK
Abschnitt               KONTOSTEUERUNG UND STATUS
BuSperre                     Löschvorm.              Berecht.               CPD-Konto
Kreditor                     PartnGes                Konzern
Debitor   100146        Buchungskreis  1000   Name des Buchungskreis   IDES AG
Abschnitt               ANLEGEDATEN FÜR BUCHUNGSKREIS
Erfasser  D043228            EröffDat.  02.05.2006
Abschnitt               KONTOSTEUERUNG UND STATUS
BuSperre                     Löschvorm.              Berecht.               Fd-Gruppe                  FrgbGruppe
SortSchl  035                Abstimmkto 0000140000   Zentrale               Präf.Kz.
```

Abbildung 4.14 Report RFDKVZ00 – Listausgabe

4.8 Report RFDOFW00 – OP – Fälligkeitsvorschau Debitoren

Der Report RFDOFW00 nimmt eine Rasterung der offenen Posten (Debitoren) nach Nettofälligkeit pro Buchungskreis und Geschäftsbereich vor. Die Rastersummen werden kumuliert für alle ausgewählten Kunden auf einem Summenblatt ausgegeben. Bei diesem Report handelt es sich um eine Vorschau, d.h., überfällige Posten werden nicht gerastert.

Die Nettofälligkeit errechnet sich wie folgt:

Nettofälligkeitsdatum – Stichtagsdatum

Das Selektionsbild dieses Reports sehen Sie in Abbildung 4.15.

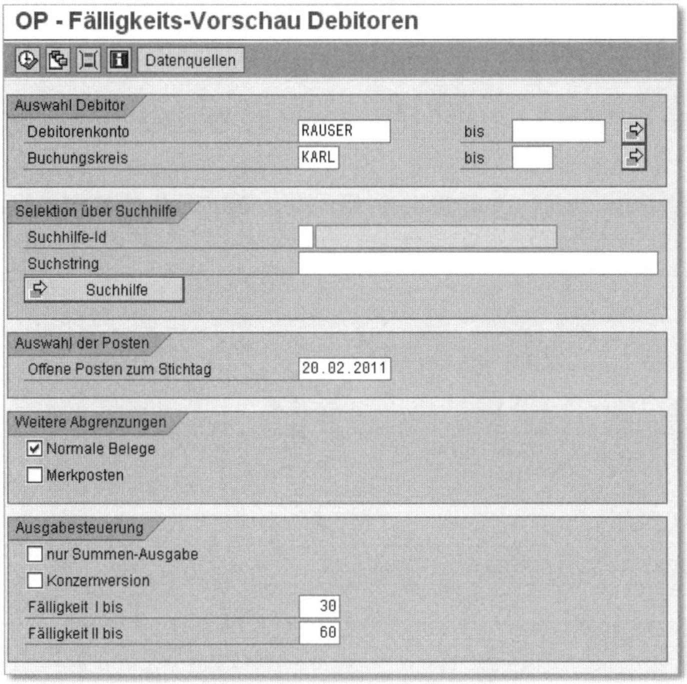

Abbildung 4.15 Report RFDOFW00 – Selektionsbild

Nun betrachten wir einige der Selektionskriterien dieses Reports näher.

- **Debitorenkonto**
  Gibt einen alphanumerischen Schlüssel an, der den Kunden bzw. Debitor innerhalb des SAP-Systems eindeutig identifiziert.

- **Offene Posten zum Stichtag**
  Es werden alle Posten selektiert, die bis zum angegebenen Stichtag gebucht und zu diesem Zeitpunkt offen sind. Standardmäßig wird das Tagesdatum vorgeschlagen.

- **Normale Belege**
  Dieses Kennzeichen legt fest, dass nur buchhalterisch relevante Belege ausgewertet werden sollen. Das heißt, es werden keine Belege wie statistische Belege, Musterbelege, Dauerbuchungsurbelege oder Voraberfassungsbelege berücksichtigt.

4 | Standardberichte in der Debitorenbuchhaltung

- **Nur Summen-Ausgabe**
  Ist dieses Kennzeichen markiert, wird lediglich das Summenblatt ausgegeben.

- **Konzernversion**
  Bei Markierung dieses Kennzeichens werden die Summen über mehrere Buchungskreise mit ausgewiesen.

- **Fälligkeit**
  In den Feldern FÄLLIGKEIT I BIS und FÄLLIGKEIT II BIS geben Sie den Fälligkeitsbereich an.

In Abbildung 4.16 ist die Ergebnisliste zu unserem Beispiel, also mit den Selektionswerten aus Abbildung 4.15, zu sehen.

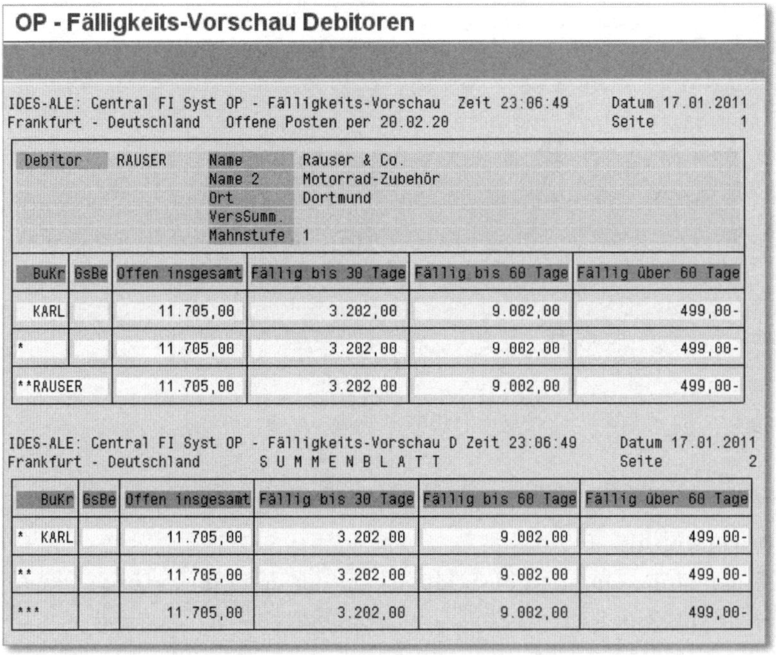

Abbildung 4.16 Report RFDOFW00 – Konzernversion

4.9 Report RFDOPO00 – Debitoren – Offene-Posten-Liste

Der Report ist veraltet. Bitte nutzen Sie den Report RFDEPL00. Sie finden die Beschreibung dazu in Abschnitt 4.5, »Report RFDEPL00 – Debitoren – Einzelpostenliste«.

4.10 Report RFDOPO10 – Debitoren – Offene-Posten-Liste

Der Report RFDOPO10 erzeugt eine Liste der offenen Posten, die zeitlich abgegrenzt werden können. Die Liste enthält Debitorenposten, die bis zum angegebenen Stichtag noch offen sind.

Das Selektionsbild zur Liste der offenen Posten sehen Sie in Abbildung 4.18.

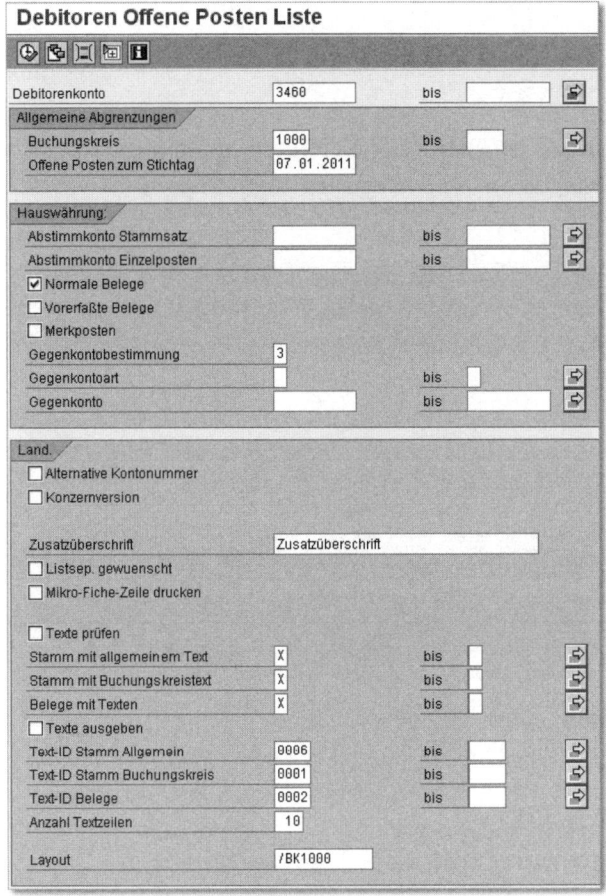

Abbildung 4.17 Report RFDOPO10 – Selektionsbild

Es gibt hier u. a. folgende Selektionskriterien:

- **Abstimmkonto Stammsatz**
  Das Abstimmkonto in der Hauptbuchhaltung ist das Konto, das bei den üblichen Buchungen (z.B. Rechnung, Zahlung) parallel zum Konto der Nebenbuchhaltung fortgeschrieben wird.

4 | Standardberichte in der Debitorenbuchhaltung

▶ **Abstimmkonto Einzelposten**
Eingrenzung auf bestimmte Abstimmkonten für den Kontokorrentbereich. Relevant ist das Abstimmkonto, das am Tag der jeweiligen Buchung im Debitorenstammsatz eingetragen war bzw. über die Konfiguration des Systems für die Sonderhauptbuchvorgänge ermittelt wurde.

▶ **Texte prüfen**
Ist dieser Parameter gesetzt, dann wird geprüft, ob Langtexte vorhanden sind. (a) allgemeiner Teil, (b) Buchungskreis, (c) in Belegzeilen.

▶ **Texte ausgeben**
Die Text-ID legt die verschiedenen Arten von Texten fest, die zu einem Textobjekt gehören.

In Abbildung 4.18 sehen Sie eine Liste der Debitoren, die mit dem Report RFDOPO10 erzeugt wurde, da diese noch offene Posten aufweisen.

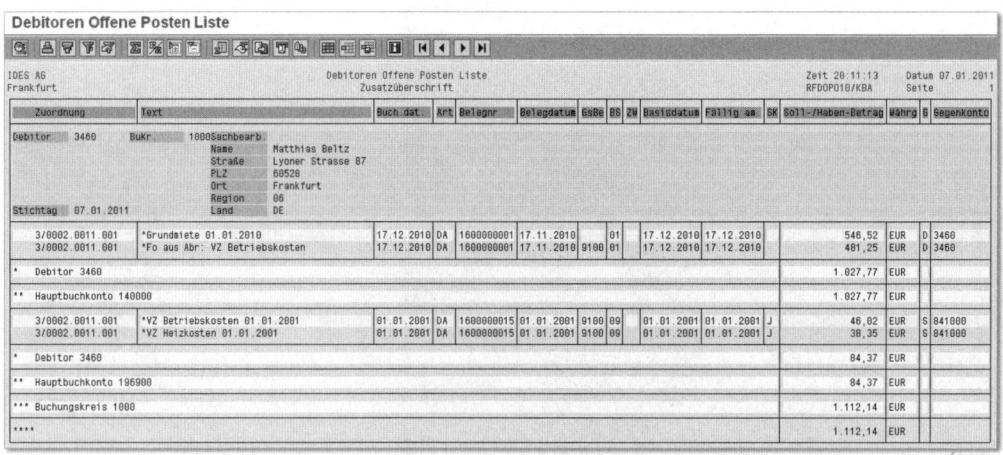

Abbildung 4.18 Report RFDOPO10 – Listausgabe

4.11 Report RFDOPR00 – Kundenbeurteilung mit OP-Rasterung

Der Report RFDOPR00 dient dazu, die Debitoren, deren Kreditüberwachung besondere Aufmerksamkeit verdient, möglichst genau zu ermitteln. Informationen über das Zahlungsverhalten eines Debitors werden im System erst gespeichert, nachdem im buchungskreisabhängigen Bereich des Debitorenstammsatzes das Feld AUFZ.ZAHLVERH markiert wurde. Der Report weist folgende Daten zum Zahlungsverhalten aus:

- Umsatzzahlen wie Jahresumsatz und berechtigte Abzüge
- Information, ob der Debitor Nettozahler oder Skontozahler ist
- Verzug in Tagen. Die Verzugstage werden mit dem Zahlungsbetrag gewichtet.
- letzte Zahlungsperiode

Neben der Analyse des Zahlungsverhaltens wird in dem Bericht eine Analyse der offenen Posten eines Debitors durchgeführt. Dabei werden die selektierten Posten nach einem durch den Benutzer frei wählbaren Zeitraster strukturiert und geschäftsbereichsbezogen ausgegeben. Sie können wählen, nach welchen Kriterien die Analyse vorgenommen werden soll. Die verschiedenen Alternativen sind in Tabelle 4.2 zu sehen.

Nr.	Bezeichnung	Kürzel	Berechnung
1	Nettofälligkeit	Net	Nettofälligkeitsdatum – Stichtag
2	Fälligkeitsvorschau	Skt	Zahlungsfristenbasis + Skontotage1 – Stichtag
3	Voraus. Zahlungseingang	Zhl	Zahlungsfristenbasis + Skontotage1 + durchschn. Verzugstage
4	Überfälligkeit	Ueb	Stichtag – Nettofälligkeit

Tabelle 4.2 Analysekriterien im Report RFDOPR00

Bei den Analysearten NET, SKT und ZHL zeigt die Zeitachse in die Zukunft (Vorschau des Zahlungseingangs), bei UEB in die Vergangenheit (Analyse der überfälligen Posten). Zur Abschätzung des voraussichtlichen Zahlungseingangs empfiehlt es sich, immer gleichzeitig eine Rasterung nach Fälligkeit, Skontotagen–1 und Zahlungseingangsvorschau anzufordern. Im Regelfall zeigt die Skontotage–1-Fälligkeit den frühesten Zahlungseingang, die Fälligkeit den spätesten und die Zahlungseingangsvorschau den wahrscheinlichsten Zeitpunkt des Zahlungseingangs. In Abbildung 4.19 auf der nächsten Seite sehen Sie das Selektionsbild des Report RFDOPR00.

Werfen wir nun noch einen Blick auf die wichtigsten Selektionskriterien:

- **Geschäftsmonat**
  Die Verkehrszahlen der Konten werden pro Geschäftsmonat innerhalb des Geschäftsjahres fortgeschrieben. Maximal können 16 Geschäftsmonate fortgeschrieben werden.

4 | Standardberichte in der Debitorenbuchhaltung

▶ **Saldo**
Über dieses Feld hat der Benutzer die Möglichkeit, nur solche Debitoren zu selektieren, deren Kontokorrentsaldo den hier eingegebenen Wert überschreitet.

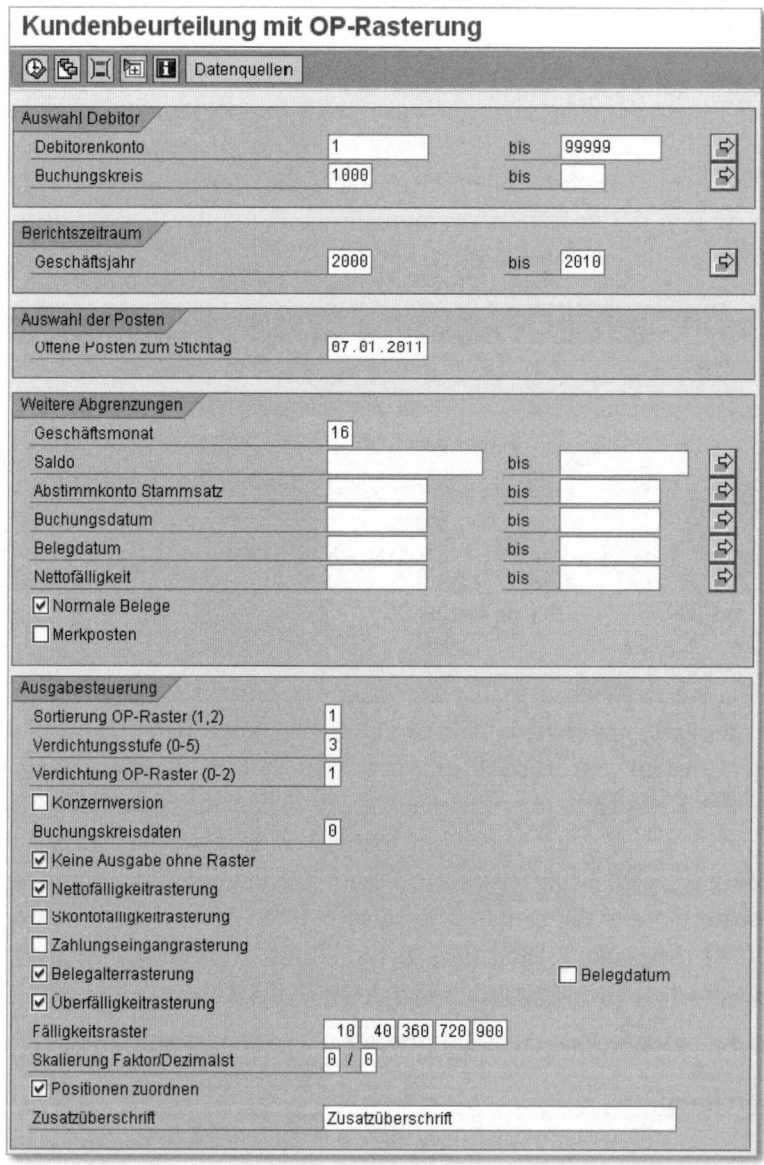

Abbildung 4.19 Report RFDOPR00 – Selektionsbild

- **Abstimmkonto Stammsatz**
  Das Abstimmkonto in der Hauptbuchhaltung ist das Konto, das bei den üblichen Buchungen (z.B. Rechnung, Zahlung) parallel zum Konto der Nebenbuchhaltung fortgeschrieben wird.

- **Nettofälligkeit**
  Das Nettofälligkeitsdatum errechnet sich aus dem Zahlungsfristenbasisdatum und den in den Zahlungsbedingungen maximal zulässigen Zieltagen.

- **Sortierung OP-Raster (1,2)**
  Dieser Parameter steuert die Sortierung innerhalb des OP-Rasters.
  - »1« = Sortierung nach Buchungskreis, Sachbearbeiter, Kontonummer, Geschäftsbereich. Es werden alle offenen Posten gerastert.
  - »2« = Sortierung nach Buchungskreis, Sachbearbeiter, Kontonummer, Geschäftsbereich, Währung. Es werden nur offene Posten gerastert, die in Fremdwährung gebucht sind.

- **Verdichtung OP-Raster (0-2)**
  Der Parameter wird verwendet, um die Ausgabe des OP-Rasters zu steuern. Die Eingabemöglichkeiten und ihre Bedeutung sind:
  - »0« = Pro Geschäftsbereich wird ein OP-Raster gedruckt.
  - »1« = Es wird ein OP-Raster, summiert über alle Geschäftsbereiche, gedruckt.
  - »2« = Es wird kein OP-Raster, sondern nur der Anschriftenblock gedruckt. Dabei entfallen dann auch die Summenblätter pro Sachbearbeiter, Buchungskreis etc.

- **Buchungskreisdaten**
  Mit diesem Kennzeichen können Sie bei der Ausgabe der Liste als Konzernversion steuern, ob zusätzlich zu den Stammdaten und Rastern pro Konto auch die entsprechenden Daten pro Buchungskreis und Konto ausgegeben werden.

- **Keine Ausgabe ohne Raster**
  Wird das Kennzeichen markiert, werden Stammsätze nur dann ausgegeben, wenn zugehörige Posten für die Rasterung selektiert wurden.

- **Nettofälligkeitsrasterung**
  Mit diesem Kennzeichen erfolgt eine OP-Rasterung nach der Nettofälligkeit.

- **Skontofälligkeitsrasterung**
  Durch Markieren dieses Kennzeichens erfolgt eine OP-Rasterung nach der Skontofälligkeit (Skontotage 1).

4 | Standardberichte in der Debitorenbuchhaltung

- **Zahlungseingangsrasterung**
  Hier nehmen Sie eine OP-Rasterung nach Zahlungseingang vor.

- **Belegalterrasterung**
  Wenn Sie dieses Kennzeichen markieren, erfolgt eine OP-Rasterung nach Alter der Belege.

- **Überfälligkeitsrasterung**
  Durch Markieren dieses Kennzeichens erfolgt eine OP-Rasterung nach der Überfälligkeit.

- **Positionen zuordnen**
  Bei Markierung dieses Kennzeichens werden rechnungsbezogene Positionen bei der Rasterung wie die Rechnungspositionen, auf die sie sich beziehen, eingeordnet.

In Abbildung 4.20 sehen Sie die Kundenbeurteilung mit OP-Rasterung in unserem Beispiel.

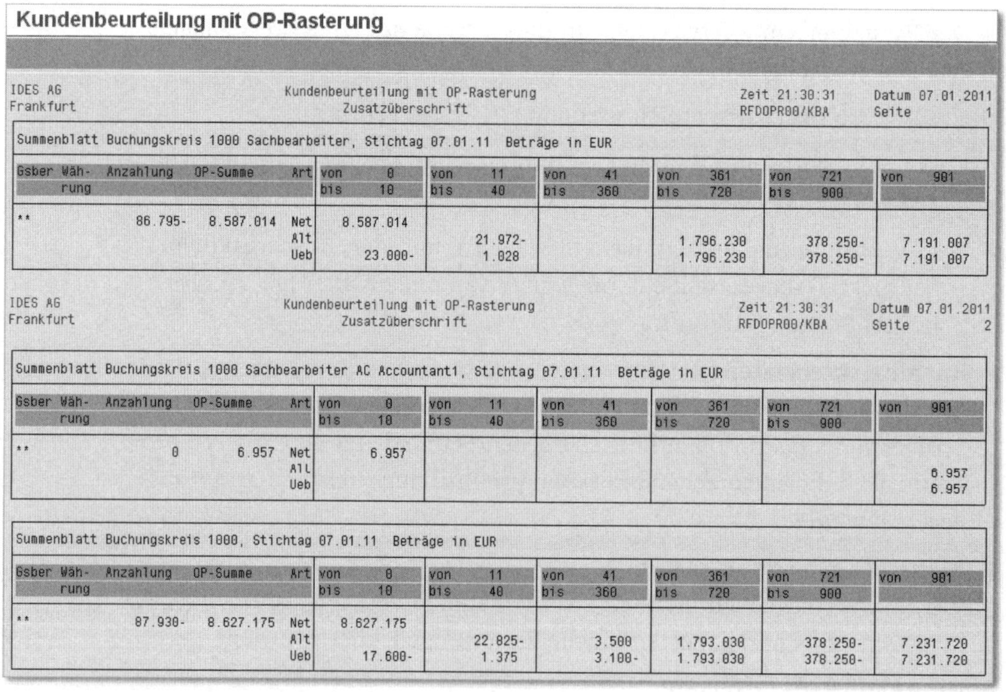

Abbildung 4.20 Report RFDOPR00 – Listausgabe

4.12 Report RFDOPR10 – OP-Analyse Debitoren – Saldo überfälliger Posten

Der Report RFDOPR10 ermöglicht die Selektion und Analyse offener Posten von Debitoren, deren überfällige Posten einen von Ihnen vorzugebenden Betrag übersteigen. Falls Sie keine Selektion bezüglich des Saldos der überfälligen Posten wünschen, sollten Sie prüfen, ob Sie nicht besser den Report zur Kundenbeurteilung mit OP-Rasterung aus Abschnitt 4.11, »Report RFDOPR00 – Kundenbeurteilung mit OP-Rasterung«, verwenden können. Dieser Report bietet Ihnen bezüglich der Überfälligkeitsanalyse fast die gleichen Möglichkeiten, ist aber von der Laufzeit her günstiger.

Zu beachten ist, dass die Informationen über das Zahlungsverhalten eines Debitors im System erst gespeichert werden, nachdem im buchungskreisabhängigen Bereich des Debitorenstammsatzes das Feld AUFZ.ZAHLVERH markiert wurde. Die Auswertung dient dazu, die Debitoren, die aufgrund erheblicher Außenstände einer erhöhten Kreditüberwachung unterzogen werden sollen, möglichst genau zu ermitteln.

Zur Analyse werden die Zahlungen der fünf letzten Perioden, in denen Zahlungen stattfanden, herangezogen. Grundsätzlich wird anhand des Zahlungsvolumens ermittelt, ob der Kunde überwiegend das Zahlungsziel ausschöpft und auf einen Skontoabzug verzichtet (Nettozahler) oder ob er überwiegend die Option des Skontoabzugs ausnutzt (Skontozahler). Durch Gewichtung der durchschnittlichen Verzugstage der letzten fünf Perioden, in denen Zahlungen stattfanden, mit den jeweiligen Zahlungsbeträgen der Perioden und Division durch den Gesamtzahlbetrag der fünf Perioden wird die Größe DURCHSCHNITTLICHE VERZUGSTAGE bestimmt.

Überfälligkeit der fälligen Posten: Ueb = Stichtag – Nettofälligkeitsdatum

Das Selektionsbild dieses Reports sehen Sie in Abbildung 4.21.

Auf dem Selektionsbild sind folgende Selektionskriterien bzw. Selektionsparameter zu finden:

- **Debitorenkonto**
  Gibt einen alphanumerischen Schlüssel an, der den Kunden bzw. Debitor innerhalb des SAP-Systems eindeutig identifiziert.
- **Geschäftsjahr**
  Zeitraum in der Regel von zwölf Monaten, für den das Unternehmen seine Inventur und Bilanz zu erstellen hat. Das Geschäftsjahr kann sich mit dem Kalenderjahr decken, muss es aber nicht.

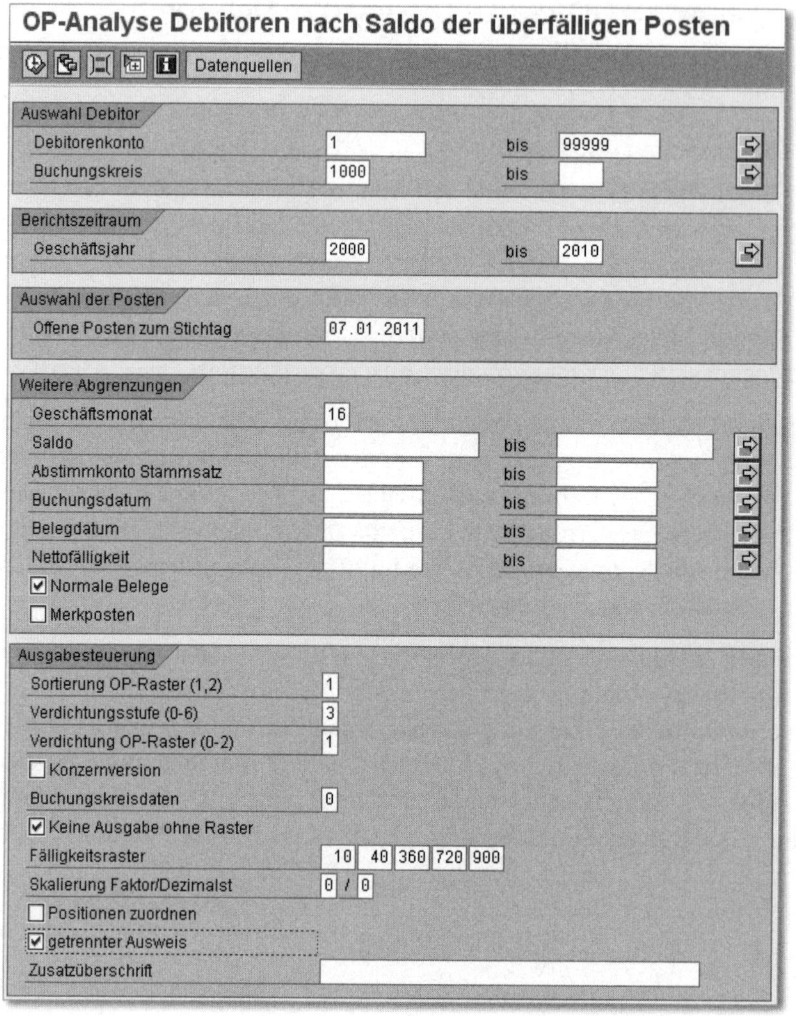

OP-Analyse Debitoren nach Saldo der überfälligen Posten

Auswahl Debitor
- Debitorenkonto: 1 bis 99999
- Buchungskreis: 1000 bis

Berichtszeitraum
- Geschäftsjahr: 2000 bis 2010

Auswahl der Posten
- Offene Posten zum Stichtag: 07.01.2011

Weitere Abgrenzungen
- Geschäftsmonat: 16
- Saldo: bis
- Abstimmkonto Stammsatz: bis
- Buchungsdatum: bis
- Belegdatum: bis
- Nettofälligkeit: bis
- ☑ Normale Belege
- ☐ Merkposten

Ausgabesteuerung
- Sortierung OP-Raster (1,2): 1
- Verdichtungsstufe (0-6): 3
- Verdichtung OP-Raster (0-2): 1
- ☐ Konzernversion
- Buchungskreisdaten: 0
- ☑ Keine Ausgabe ohne Raster
- Fälligkeitsraster: 10 40 360 720 900
- Skalierung Faktor/Dezimalst: 0 / 0
- ☐ Positionen zuordnen
- ☑ getrennter Ausweis
- Zusatzüberschrift:

Abbildung 4.21 Report RFDOPR10 – Selektionsbild

- **Geschäftsmonat**
  Die Verkehrszahlen der Konten werden pro Geschäftsmonat innerhalb des Geschäftsjahres fortgeschrieben. Maximal können 16 Geschäftsmonate fortgeschrieben werden.

- **Saldo**
  Über dieses Feld hat der Benutzer die Möglichkeit, nur solche Debitoren zu selektieren, deren Kontokorrentsaldo den hier eingegebenen Wert überschreitet. Die Eingabe muss ohne Nachkommastellen erfolgen.

- **Abstimmkonto Stammsatz**
  Das Abstimmkonto in der Hauptbuchhaltung ist das Konto, das bei den üblichen Buchungen (z.B. Rechnung, Zahlung) parallel zum Konto der Nebenbuchhaltung fortgeschrieben wird.

- **Buchungsdatum**
  Datum, unter dem der Beleg in der Buchhaltung bzw. in der Kostenrechnung erfasst wird.

- **Belegdatum**
  Das Belegdatum gibt das Ausstellungsdatum des Originalbelegs an.

- **Nettofälligkeit**
  Das Nettofälligkeitsdatum errechnet sich aus dem Zahlungsfristenbasisdatum und den in den Zahlungsbedingungen maximal zulässigen Zieltagen.

- **Sortierung OP-Raster (1,2)**
  Das Kennzeichen steuert die Sortierung innerhalb des OP-Rasters.

- **Verdichtung OP-Raster (0-2)**
  Das Kennzeichen wird verwendet, um die Ausgabe des OP-Rasters zu steuern.

- **Konzernversion**
  Das Kennzeichen bewirkt, dass die ausgewählten Buchungskreise nach Konto sortiert angezeigt werden (Konzernversion). In der Standardversion dagegen werden die Konten nach Buchungskreis sortiert ausgegeben.

- **Buchungskreisdaten**
  Mittels dieses Kennzeichens können Sie bei der Ausgabe der Liste als Konzernversion steuern, ob zusätzlich zu den Stammdaten und Rastern pro Konto auch die entsprechenden Daten pro Buchungskreis und Konto ausgegeben werden.

- **Keine Ausgabe ohne Raster**
  Wird das Kennzeichen markiert, werden Stammsätze nur dann ausgegeben, wenn zugehörige Posten für die Rasterung selektiert wurden.

- **Positionen zuordnen**
  Bei Markierung dieses Kennzeichens werden rechnungsbezogene Positionen bei der Rasterung wie die Rechnungspositionen, auf die sie sich beziehen, eingeordnet.

- **Getrennter Ausweis**
  Bei Markierung dieses Kennzeichens werden in den Rastern Soll- und Habenbeträge getrennt ausgewiesen.

4 | Standardberichte in der Debitorenbuchhaltung

In Abbildung 4.22 sehen Sie die OP-Analyse Debitoren nach Saldo der überfälligen Posten mit unseren Selektionswerten.

OP-Analyse Debitoren nach Saldo der überfälligen Posten									
IDES AG Frankfurt	OP-Analyse Debitoren nach Saldo der überfälligen Posten					Zeit 22:39:17 RFDOPR10/HFO		Datum 07.01.2011 Seite 1	
Summenblatt Buchungskreis 1000 Sachbearbeiter, Stichtag 07.01.11 Beträge in EUR									
Gsber Wäh-rung	Anzahlung	OP-Summe	Art	von 0 bis 10	von 11 bis 40	von 41 bis 360	von 361 bis 720	von 721 bis 900	von 901
** **	208.498 295.293-	15.079.185 6.492.170-	Ueb Ueb	23.000-	1.028		2.174.480 378.250-	378.250-	12.903.677 5.712.670-
Summenblatt Buchungskreis 1000 Sachbearbeiter AC Accountant1, Stichtag 07.01.11 Beträge in EUR									
Gsber Wäh-rung	Anzahlung	OP-Summe	Art	von 0 bis 10	von 11 bis 40	von 41 bis 360	von 361 bis 720	von 721 bis 900	von 901
** **	0 0	8.107 1.150-	Ueb Ueb						8.107 1.150-
Summenblatt Buchungskreis 1000 Sachbearbeiter D1 Claudia Förster, Stichtag 07.01.11 Beträge in EUR									
Gsber Wäh-rung	Anzahlung	OP-Summe	Art	von 0 bis 10	von 11 bis 40	von 41 bis 360	von 361 bis 720	von 721 bis 900	von 901
** **	0 0	5.700 7.100-	Ueb Ueb	5.400		6.600-	300 500-		
Summenblatt Buchungskreis 1000 Sachbearbeiter WE Jürgen Weiss, Stichtag 07.01.11 Beträge in EUR									
Gsber Wäh-rung	Anzahlung	OP-Summe	Art	von 0 bis 10	von 11 bis 40	von 41 bis 360	von 361 bis 720	von 721 bis 900	von 901
** **	0 0	34.891 3.000-	Ueb Ueb				3.000-		34.891
Summenblatt Buchungskreis 1000, Stichtag 07.01.11 Beträge in EUR									
Gsber Wäh-rung	Anzahlung	OP-Summe	Art	von 0 bis 10	von 11 bis 40	von 41 bis 360	von 361 bis 720	von 721 bis 900	von 901
** **	208.595 296.525-	15.131.827 6.504.653-	Ueb Ueb	5.400 23.000-	1.375	3.500 6.600-	2.174.780 381.750-	378.250-	12.946.772 5.715.052-

Abbildung 4.22 Report RFDOPR10 – Listausgabe

4.13 Report RFDOPR20 – Debitoren Zahlungsverhalten

Der Report RFDOPR20 ermöglicht Ihnen eine detaillierte Analyse des Zahlungsverhaltens von Debitoren. Unter anderem erfolgt eine Prognose für Zahlungsvolumen und Verzug, basierend auf dem bisherigen Zahlungsverhalten. Informationen über das Zahlungsverhalten eines Debitors werden im System jedoch erst gespeichert, nachdem im buchungskreisabhängigen Bereich des Debitorenstammsatzes das Feld AUFZ.ZAHLVERH markiert wurde. Folgende Informationen zum Zahlungsverhalten werden ausgewiesen:

- **Kundentyp**
  Ist der Kunde Nettozahler oder Skontozahler?

  > **Nettozahler und Skontozahler**
  >
  > Schöpft der Kunde überwiegend das Zahlungsziel aus und verzichtet er auf einen Skontoabzug, handelt es sich um einen *Nettozahler*. Nutzt der Kunde überwiegend den Skontoabzug aus, handelt es sich um einen *Skontozahler*.

- **Verzug in Tagen**
  Jeder Zahlungseingang in den berücksichtigten Perioden wird mit den zugehörigen Verzugstagen multipliziert. Die Ergebnisse werden addiert und durch die Summe der entsprechenden Zahlungseingänge dividiert. Die Verzugstage werden dadurch mit dem Zahlungsbetrag gewichtet.

- **Prognose für den Verzug in der Folgeperiode**
  Diese Prognose basiert auf dem ermittelten Kundentyp und versucht anhand der Daten für Zahlungsvolumen und Summe des Produkts aus Zahlung und Verzugstagen, eine Vorhersage für den Verzug in der Folgeperiode zu machen.

- **Zahlungsvolumen**
  Es wird das Zahlungsvolumen in den berücksichtigten Perioden angezeigt.

- **Trend für Verzugstage**
  Steigung der Ausgleichsgeraden für die Verzugstage unter Berücksichtigung des Prognosewertes für die Folgeperiode

- **Periodenweise Aufschlüsselung**
  Diese umfasst Zahlungsanzahl, Zahlungsvolumen und Verzug, wobei die letzten beiden Werte nach Skonto- bzw. Nettozahlung aufgeschlüsselt werden.

In Abbildung 4.23 auf der nächsten Seite sehen Sie das Selektionsbild zum Zahlungsverhalten des Debitors, dem Report RFDOPR20.

Im Folgenden erläutern wir Ihnen einige der Selektionskriterien dieses Berichts.

- **OP-Volumen**
  Über dieses Feld besteht die Möglichkeit, auf solche Debitoren abzugrenzen, deren Volumen offener Posten den hier eingegebenen Wert überschreitet. Die Nachkommastellen müssen eingegeben werden.

- **Anzahl Perioden**
  Durch dieses Feld wird die Anzahl an Perioden festgelegt, die für die Ermittlung von Prognose, Trend, mittlerem Verzug und Zahlungsvolumen verwendet werden soll.

4 | Standardberichte in der Debitorenbuchhaltung

- **Mit aktueller Periode**
  Über dieses Feld wird entschieden, ob bei der Ermittlung von Prognose, Trend, mittlerem Verzug und Zahlungsvolumen die aktuelle Periode mit berücksichtigt werden soll.

- **Trend**
  Dieses Feld bezieht sich auf die Steigung der Ausgleichsgeraden für die Verzugstage. Dabei wird der für die Folgeperiode prognostizierte Wert für die Verzugstage mit berücksichtigt.

- **Mittlerer Verzug**
  Über dieses Feld besteht die Möglichkeit, auf solche Debitoren abzugrenzen, deren durchschnittlicher Verzug (gewichtet nach dem Zahlungsvolumen) den hier eingegebenen Wert überschreitet. Bei Ermittlung des durchschnittlichen Verzugs wird lediglich der für die Prognose selektierte Periodenbereich berücksichtigt. Die Nachkommastellen müssen eingegeben werden.

- **Zahlungsvolumen**
  Über dieses Feld ist es möglich, nur auf solche Debitoren einzugrenzen, deren Zahlungsvolumen im für die Prognose selektierten Periodenbereich den eingegebenen Wert überschreitet. Die Nachkommastellen müssen eingegeben werden.

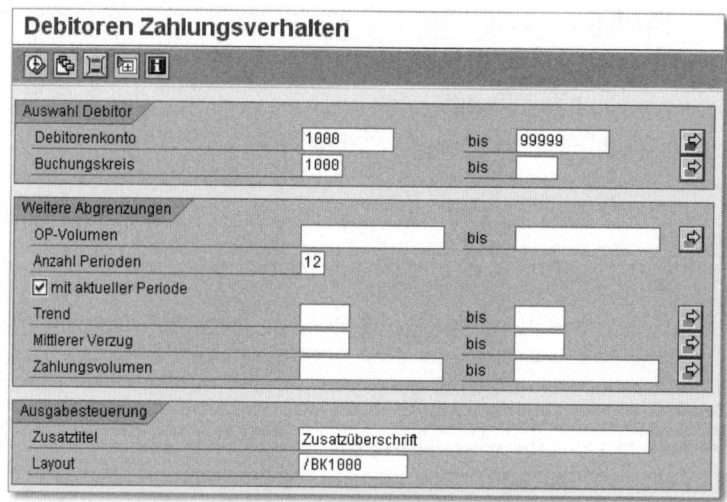

Abbildung 4.23 Report RFDOPR20 – Selektionsbild

In Abbildung 4.24 sehen Sie die entsprechende Liste zu unseren Selektionswerten aus Abbildung 4.23.

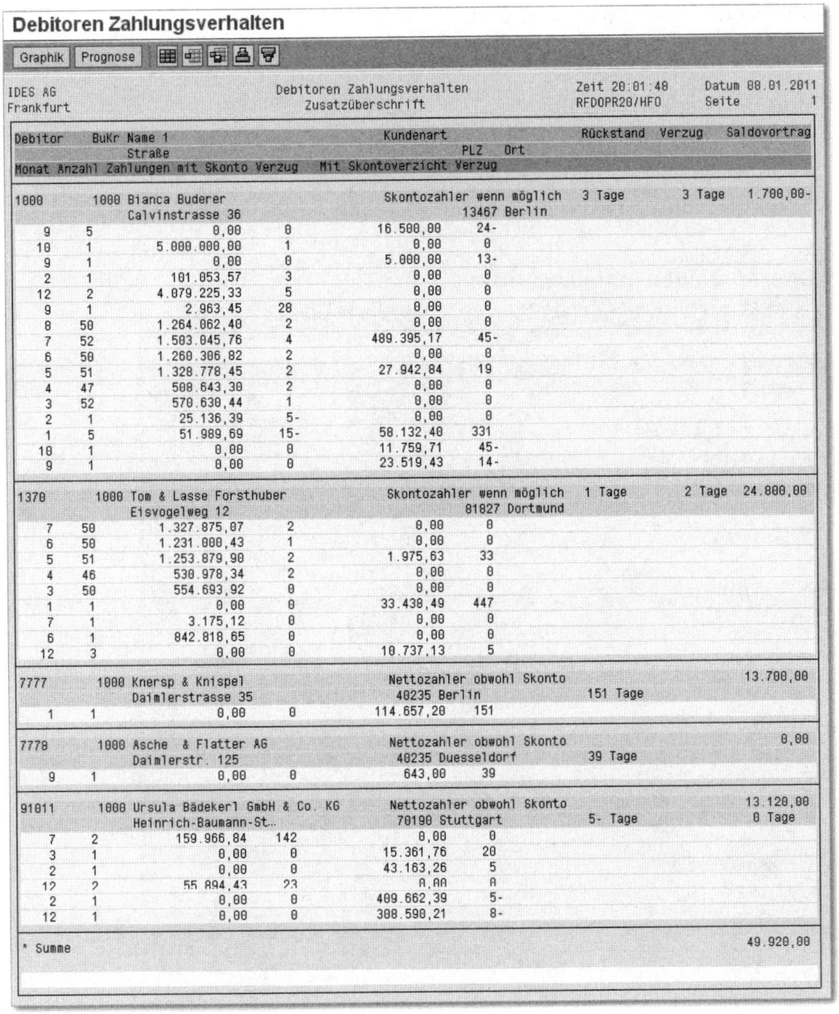

Abbildung 4.24 Report RFDOPR20 – Listausgabe

4.14 Report RFDSLD00 – Debitoren-Salden in Hauswährung

Der Report RFDSLD00 kann die Salden folgender Vorgänge ausgeben:

- normale Hauptbuchvorgänge
- Sonderhauptbuchvorgänge (je Sonderhauptbuchkennzeichen)
- Saldo zu Periodenbeginn (Saldovortrag und Saldo der Perioden, die vor den Berichtsperioden liegen)

- Sollsumme des Berichtszeitraums
- Habensumme des Berichtszeitraums
- Saldo des Gesamtzeitraums
- Sollsalden oder Habensalden des Gesamtzeitraums (optional)

Das Selektionsbild zu diesem Programm sehen Sie in Abbildung 4.25.

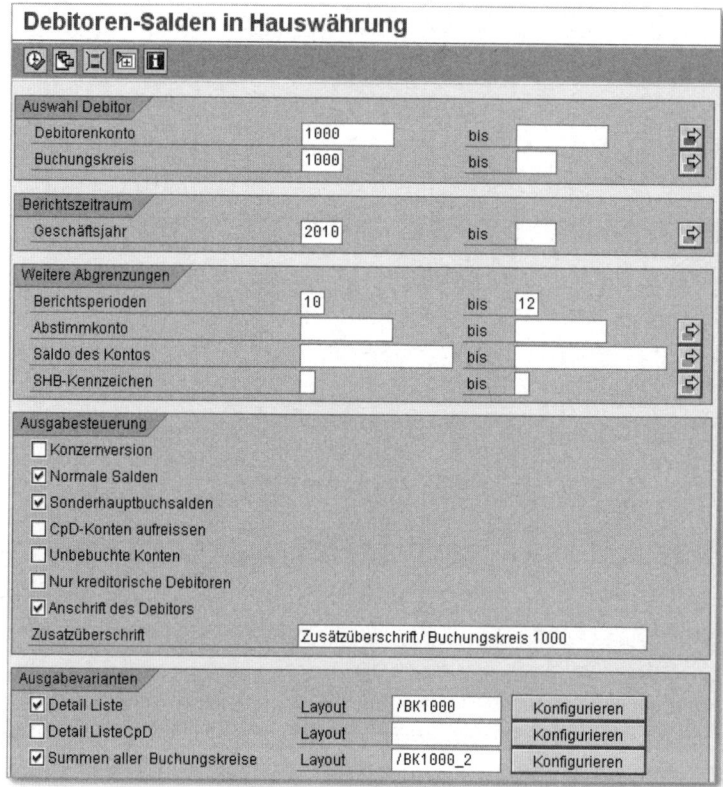

Abbildung 4.25 Report RFDSLD00 – Selektionsbild

Im Anschluss betrachten wir noch einige der Selektionsfelder genauer.

- **Konzernversion**
  Bei der Normalversion ist der Buchungskreis oberstes Sortierkriterium. Bei der Konzernversion werden zu einem Konto die Zahlen für alle selektierten Buchungskreise zusammenhängend ausgegeben.

- **Normale Salden**
  Wird dieses Kennzeichen markiert, werden für die selektierten Konten die normalen Salden ausgegeben.

- **Sonderhauptbuchsalden**
  Mit diesem Kennzeichen werden die Sonderhauptbuchsalden pro SHB-Vorgang für die selektierten Konten mit ausgegeben.
- **CpD-Konten aufreißen**
  Markieren Sie dieses Kennzeichen, werden bei den CpD-Konten zusätzlich pro CpD-Debitor bzw. CpD-Kreditor der Name, die Anschrift und die Summe der Einzelposten ausgegeben. Diese Sätze sind mit einem < gekennzeichnet. Der Aufriss der CpD-Daten ist nur bei Verdichtungsstufe 0 möglich.
- **Unbebuchte Konten**
  Zeigt auch die nicht gebuchten Buchungskreise der Konten mit an, wenn diese Anweisung markiert ist.
- **Nur kreditorische Debitoren**
  Legt fest, dass nur die Debitoren ausgewählt werden, die zum Ende des Berichtszeitraums kreditorisch sind.
- **Anschrift des Debitors**
  Standardmäßig werden zur Identifikation des Kontos bei der Normalversion die Kontonummer und der Kurzname, bei der Konzernversion nur die Kontonummer ausgegeben. Ist dieses Kennzeichen gesetzt, werden für jedes Konto zusätzlich Name und Anschrift in einer separaten Zeile ausgegeben.

In Abbildung 4.26 sehen Sie die Debitorensaldenliste zu unseren Selektionswerten.

Debitoren-Salden in Hauswährung

IDES AG
Frankfurt
Vortragsperioden 01 - 09 2010 Berichtsperioden 10 - 12 2010

Debitoren-Salden in Hauswährung
Zusätzüberschrift / Buchungskreis 1000

Zeit 18:21:44 RFDSLD00/HFO
Datum 20.01.2011 Seite 1

	BuKr	Mitbuchkonto	Debitor	Name 1	Ort	Suchbegr.	Sonde	Wäh	Saldovortrag	Soll Berichtszeitraum	Haben Berichtszeitraum	Kum. Saldo
	1000	140000	1000	Bianca Buderer	Berlin	STEUER		EUR	1.700,00-	13.100,00	13.100,00	1.700,00-
*		140000	1000					EUR	1.700,00-	13.100,00	13.100,00	1.700,00-
	1000	140000	1370	Tom & Lasse Forsthu…	Dortmund	DIENSTLEIS		EUR	24.800,00	0,00	23.000,00	1.800,00
*		140000	1370					EUR	24.800,00	0,00	23.000,00	1.800,00
	1000	140000	3460	Matthias Beltz	Frankfurt	UNGERER		EUR	6.637,77	6.637,77	12.247,77	1.027,77
	1000	140000	3460	Matthias Beltz	Frankfurt	UNGERER	J	EUR	84,37	0,00	0,00	84,37
	1000	140000	3460	Matthias Beltz	Frankfurt	UNGERER	K	EUR	1.556,89-	0,00	0,00	1.556,89-
*		140000	3460					EUR	5.165,25	6.637,77	12.247,77	444,75-
	1000	140000	3466	Ullrich Rauser KG	Dortmund	RAUSER		EUR	75.467,68	78.967,68	150.587,68	3.847,68
	1000	140000	3466	Ullrich Rauser KG	Dortmund	RAUSER	J	EUR	97,14	0,00	0,00	97,14
	1000	140000	3466	Ullrich Rauser KG	Dortmund	RAUSER	K	EUR	1.232,16-	0,00	0,00	1.232,16-
*		140000	3466					EUR	74.332,66	78.967,68	150.587,68	2.712,66
	1000	140000	4999	Doris Kurzeja-Hüsch	Dortmund	ARZT		EUR	24.990,00	0,00	0,00	24.990,00
*		140000	4999					EUR	24.990,00	0,00	0,00	24.990,00
	1000	140000	7777	Knersp & Knispel	Berlin	BANK		EUR	13.700,00	0,00	0,00	13.700,00
*		140000	7777					EUR	13.700,00	0,00	0,00	13.700,00
	1000	140000	77777	Ulrike Rauser	Dortmund	MOTORRAD		EUR	31.891,00	0,00	0,00	31.891,00
*		140000	77777					EUR	31.891,00	0,00	0,00	31.891,00
**		140000						EUR	173.178,91	98.705,45	198.935,45	72.948,91
	1000	141000	40050	Robin Masters	Lands End	MASTERS		EUR	2.025.916,80	0,00	0,00	2.025.916,80
*		141000	40050					EUR	2.025.916,80	0,00	0,00	2.025.916,80
	1000	141000	40051	Martin Mittermayer	Berlin	MITTERMAYE		EUR	300,00	0,00	0,00	300,00
*		141000	40051					EUR	300,00	0,00	0,00	300,00
**		141000						EUR	2.026.216,80	0,00	0,00	2.026.216,80
***								EUR	2.199.395,71	98.705,45	198.935,45	2.099.165,71

Abbildung 4.26 Report RFDSLD00 – Listausgabe

4.15 Report RFDUML00 – Debitoren-Umsätze

Die Debitorenumsatzliste zeigt die Umsätze in Hauswährung oder in einer von Ihnen zu bestimmenden Ausgabewährung an. Am Ende der Liste wird pro Hauswährung folgende Aufstellung ausgegeben:

- Summe pro Buchungskreis
- Endsumme über alle Buchungskreise (pro Währung)

In Abbildung 4.27 sehen Sie das Selektionsbild des Berichts *Debitoren-Umsätze*.

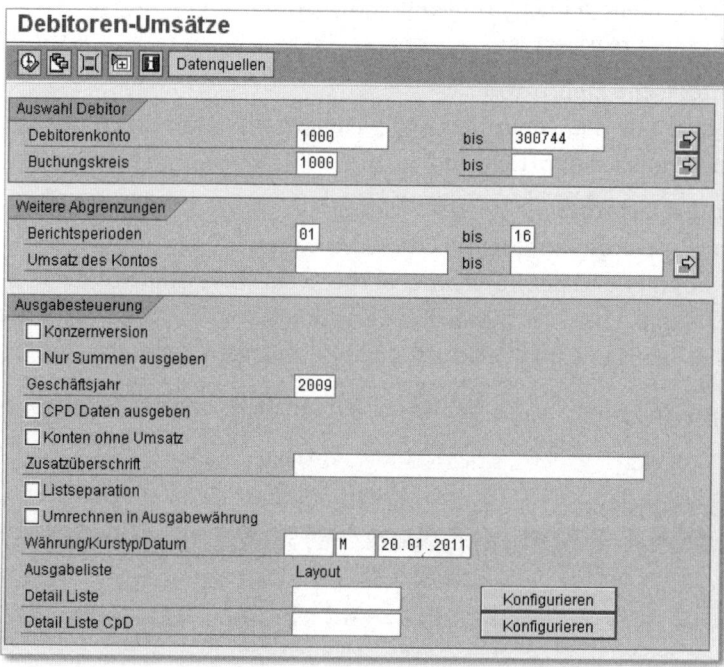

Abbildung 4.27 Report RFDUML00 – Selektionsbild

Im Folgenden wird der Zusammenhang dargestellt zwischen:

- den Kontensortierungen
- der Normal- bzw. Konzernversion
- den Verdichtungsstufen

Konten-sortierung	Version	Sortierung	Verdichtung
1	Normal	Buchungskreis Abstimmkonto Kontonummer	0 = keine Verdichtung 1 = Kontokorrentkonto 2 = Abstimmkonto 3 = nur Summenblatt
	Konzern	Abstimmkonto Kontonummer Hauswährung Buchungskreis	0 = keine Verdichtung 1 = Buchungskreis 2 = Kontokorrentkonto 3 = nur Summenblatt
2	Normal	Buchungskreis Kontonummer	0 = keine Verdichtung 1 = Kontokorrentkonto 2 = nur Summenblatt
	Konzern	Kontonummer Hauswährung Buchungskreis	0 = keine Verdichtung 1 = Buchungskreis 2 = nur Summenblatt
3	Normal	Buchungskreis Umsatzhöhe Kontonummer	0 = keine Verdichtung 1 = Kontokorrentkonto 2 = nur Summenblatt
	Konzern	Umsatzhöhe Kontonummer Hauswährung Buchungskreis	0 = keine Verdichtung 1 = Buchungskreis 2 = nur Summenblatt
4	Normal	Buchungskreis Land Postleitzahl Kontonummer	0 = keine Verdichtung 1 = Kontokorrentkonto 2 = Land 3 = nur Summenblatt
	Konzern	Land Postleitzahl Kontonummer Hauswährung Buchungskreis	0 = keine Verdichtung 1 = Buchungskreis 2 = Kontokorrentkonto 3 = nur Summenblatt

Tabelle 4.3 Kontensortierung und Verdichtung im Report RFDUML00

In Abbildung 4.28 sehen Sie die dazugehörende Listausgabe.

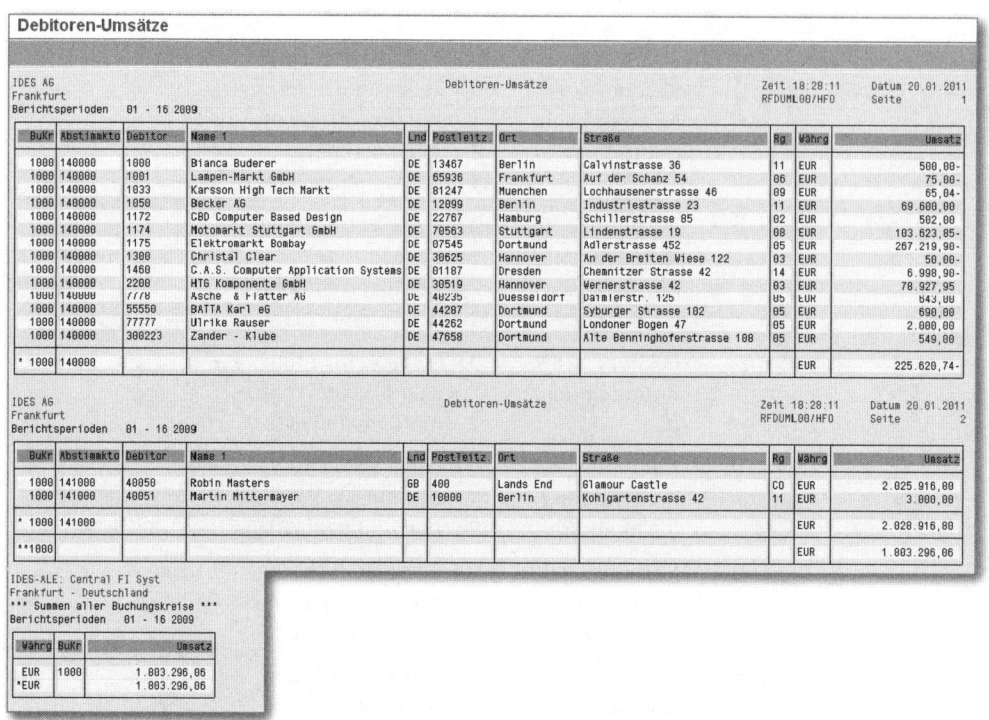

Abbildung 4.28 Report RFDUML00 – Listausgabe

4.16 Report RFDZIS00 – Zinsstaffel Debitoren

Der Report RFDZIS00 erzeugt eine Zinsstaffel (Saldenverzinsung) in Hauswährung für Debitoren. Es wird ein Anschreiben erzeugt, das dann der Debitor zugeschickt bekommt und dessen Detaillierungsgrad Sie festlegen können. Darin sind folgende Positionen enthalten:

- Text des Anschreibens
- Posten- und Saldeninformationen in wählbarem Detaillierungsgrad
- wahlweise eine Zinssatzübersicht
- eine Zinsbetragsübersicht, differenziert nach Zinssätzen

Voraussetzung für die Verzinsung und Buchung der Zinsen ist:

- Sie haben ein Zinskennzeichen für die Saldenverzinsung definiert und alle weiteren Festlegungen dazu getroffen. Sie können auch festlegen, dass die Zinskonditionen unter einer Kontonummer, die dann als Verzinsungskennzeichen fungiert, abgelegt werden. So ist eine kontenspezifische Hinterlegung der Zinskonditionen möglich.

- Sie haben das Formular, das für die Verzinsung verwendet wird, definiert und im System hinterlegt. Prüfen Sie, ob diese Voraussetzung erfüllt ist. Das Standardformular ist F_D_INT_SCALE_00.
- Stellen Sie sicher, dass das gewünschte Zinskennzeichen in die Stammsätze der Debitoren eingetragen wird, die an der Verzinsung teilnehmen sollen.
- Für die Buchung der Zinsen definieren Sie in den Systemeinstellungen der Buchhaltung die Kontenfindung und hinterlegen die zu verwendende Belegart.

Es wird pro Debitor ein Schreiben mit Postenaufstellung erstellt. Zusätzlich werden folgende Listen erzeugt:

- Buchungskreisübersicht
- Zusatzprotokoll (optional)
- Fehlerprotokoll (falls Fehler aufgetreten sind)

4.16.1 Sonderhauptbuchvorgänge

Es ist möglich, Sonderhauptbuchvorgänge zu verzinsen. Ausgenommen davon sind Merkposten. Dazu müssen im Report die entsprechenden Felder gefüllt werden. Über die eingegebene Sonderumsatzart und das Zinskennzeichen (bzw. die Kontonummer) wird den Sonderhauptbuchvorgängen ein neues Zinskennzeichen zugeordnet. Unter diesem sind dann die Verzinsungskonditionen abgelegt, d.h., es ist möglich, Sonderhauptbuchvorgänge getrennt und unter anderen Konditionen zu verzinsen.

4.16.2 Abrechnungszeitraum

Aus dem Verzinsungsrhythmus und dem Abrechnungstag setzt sich der Abrechnungszeitraum zusammen. Man kann hierbei zwei Fälle unterscheiden:

- Der Stichtag der letzten Verzinsung ist im Stammsatz nicht gepflegt. In diesem Fall bestimmen die Parameter ABRECHNUNGSZEITRAUM ... BIS ... die Zeitraumober- und -untergrenze. (Es wird also als Stichtag der letzten Verzinsung die Zeitraumuntergrenze – 1 angenommen.)
- Der Stichtag der letzten Verzinsung ist im Stammsatz gepflegt. Will man maschinell den nächsten Verzinsungstermin ermitteln lassen, müssen vor

dem ersten Zinsabrechnungslauf der Stichtag der letzten Verzinsung im Stammsatz und der Zinsrhythmus (in Monaten) gepflegt sein; Letzteres entweder individuell im Stammsatz oder global pro Verzinsungskennzeichen in den allgemeinen Zinskonditionen (dabei gilt: Eintrag im Stammsatz geht vor Eintrag in den allgemeinen Zinskonditionen). Es wird ab dem Stichtag der letzten Verzinsung + 1 Tag bis zum nächsten Verzinsungstermin verzinst, sofern der nächste Verzinsungstermin noch kleiner oder gleich der Obergrenze ist, die in der Anweisung ABRECHNUNGSZEITRAUM angegeben wurde.

4.16.3 Rückvaluten

Posten, die nach dem Tag des Zinslaufs valutarisch in den bereits abgerechneten Zeitraum gebucht worden sind, bezeichnet man als *Rückvaluten* oder auch *vorfällige Valuten*. Durch sie wird eigentlich die letzte Zinsabrechnung ungültig, da nicht alle Posten erfasst wurden (nicht erfasst werden konnten), die valutarisch in diesen Zeitraum fallen. Da es nun zu umständlich wäre, die alte Zinsabrechnung zu wiederholen und die alte Zinsbuchung zu stornieren, werden Konten mit Rückvaluten folgendermaßen behandelt:

1. Bei der Selektion der einzelnen Posten wird die älteste Rückvaluta ermittelt.
2. Ausgehend vom Jahressaldovortrag, wird der Endsaldo des letzten Zinslaufs berechnet (ohne Berücksichtigung der Rückvaluten).
3. Die alte Zinsabrechnung wird erneut durchgeführt – und zwar rückwärts, d.h., ausgehend vom alten Endsaldo wird zeitlich die alte Zinsabrechnung zurückgerechnet bis zum Valutadatum der ältesten Rückvaluta (mit genau den Posten der alten Zinsabrechnung). Es ergeben sich dabei sogenannte *Minussoll*- und *Minushabenzinsen*, die genau den Soll- bzw. Habenzinsen entsprechen, die beim letzten Zinslauf im Zeitraum zwischen dem Datum der ältesten Rückvaluta und der alten Zeitraumobergrenze angefallen sind. Zieht man nun diese Minussoll- bzw. Habenzinsen von den beim letzten Zinslauf errechneten Zinsen ab, ergeben sich als Ergebnis die (korrekten) Zinsen zwischen der Verzinsungsuntergrenze der letzten Zinsabrechnung und dem Datum der ältesten Rückvaluta.

4.16.4 Allgemeine Zinskonditionen

In den allgemeinen Zinskonditionen werden mittels Zinskennzeichen (bzw. der Kontonummer) zeitunabhängige Bedingungen abgelegt. Zur Zinstagebestimmung können verschiedene Kalenderarten angegeben werden, etwa:

- **Bankkalender**
  Monat immer 30 Tage, Jahr 360 Tage
- **Französischer Kalender**
  genaue Anzahl Tage pro Monat, Jahr 360 Tage
- **Japanischer Kalender**
  Monat immer 30 Tage, Jahr 365/366 Tage
- **Gregorianischer Kalender**
  genaue Anzahl Tage pro Monat, Jahr 365/366 Tage

4.16.5 Grenzbetrag

Sind die errechneten Zinsen betragsmäßig kleiner als der Grenzbetrag, findet keine Zinsabrechnung statt. Ist der Grenzbetrag 0 angegeben, findet auf alle Fälle eine Zinsabrechnung statt, wenn entweder das Konto einen valutarischen Saldovortrag ungleich null oder Posten im zu verzinsenden Zeitraum hat. Beim Grenzbetrag handelt es sich um einen nicht negativen Wert, der gleichermaßen für Soll- und Habenzinsen gilt.

> **Batch-Input** [«]
> Durch Parameterwahl kann eine Batch-Input-Mappe zur Pflege der Stammsatzfelder STICHTAG LETZTE VERZINSUNG sowie DATUM LETZTER ZINSLAUF erzeugt werden.

4.16.6 Zinssatzbeschaffung

In den zeitabhängigen Konditionen werden für die Parameter VERZINSUNGSKENNZEICHEN, WÄHRUNG und DATUM AB die Zinssätze oder Zinsreferenzen abgelegt. Dies ist auch betragsabhängig möglich. Die betragsabhängigen Zinsreferenzen bzw. Zinssätze müssen pro Kondition und DATUM AB gemeinsam abgelegt werden. Die pro Kondition und DATUM AB abgelegten Referenzen/Zinssätze bestimmen die ab diesem Zeitpunkt gültigen Zinsreferenzen und deren betragsmäßige Staffelung. Alle Daten, die zeitlich vorher abgelegt wurden, werden von diesem Zeitpunkt an (DATUM AB) als nicht mehr gültig betrachtet. Daraus folgt, dass bei einer Änderung der einzelnen Sätze immer alle zu dieser Bewegungsart, zu diesem Zinskennzeichen und dieser Währung gehörende Sätze im Feld DATUM AB eingepflegt werden müssen. Achten Sie insbesondere darauf, dass pro DATUM AB und Zinsbewegungsart/Kondition immer ein Eintrag BETRAG AB = 0 gepflegt ist. Die Zinssätze werden dann aus der Referenzzinssatztabelle gelesen. Ist kein Referenzzinssatz angegeben, wird der Zuschlag zum Referenzzins genommen. Allgemein ist dabei zu beachten, dass sich durch Abschläge keine negativen Zinssätze ergeben.

4.16.7 Zinsbuchung und Kontenfindung

Die Zinsbuchung wird in eine Batch-Input-Mappe gestellt, wenn Sie das Feld ZINSABRECHNUNGEN BUCHEN markiert haben. Ist das Feld ZINSSPLITTING markiert, werden die Zinsbuchungen des Rückvalutenzeitraums storniert (Minussoll- und Minushabenzinsen), die Soll- und Habenzinsen des Rückvalutenzeitraums und die Soll- und Habenzinsen des Abrechnungszeitraums gebucht. Ansonsten werden nur die Gesamtzinsen gebucht. Die Kontenfindung erfolgt über die Buchungsschnittstelle.

In Abbildung 4.29 sehen Sie das Selektionsbild zur Zinsstaffel Debitoren.

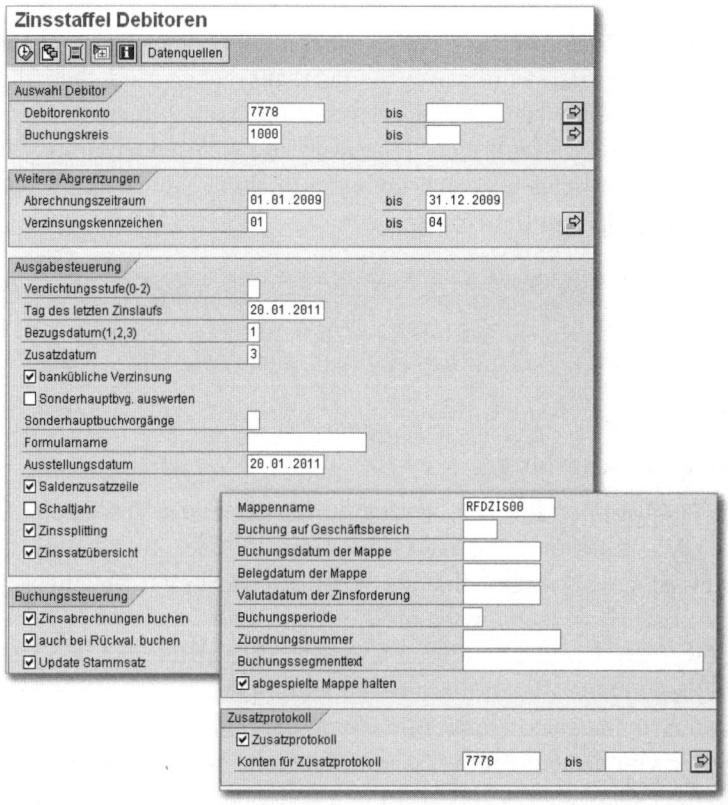

Abbildung 4.29 Report RFDZIS00 – Selektionsbild

Im Folgenden werden einige der Selektionskriterien näher betrachtet.

▸ **Formularname**
Name des beim Ausdruck zu verwendenden Formulars. Wird kein Formular angegeben, wird das im System pro Buchungskreis und Verzinsungskennzeichen (bzw. Kontonummer) hinterlegte Formular verwendet.

- **Ausstellungsdatum**
  Dieses Datum wird als Ausstellungsdatum auf dem Anschreiben angedruckt.

- **Zinssplitting**
  Wird diese Anweisung nicht markiert, werden die Soll- und Habenzinsen miteinander verrechnet. Es wird dann pro Konto nur die Zinsdifferenz ausgewiesen und gebucht. Im anderen Fall werden die Zinsen aufgesplittet. Waren keine Rückvaluten zu berücksichtigen, werden die Zinsen des Abrechnungszeitraums nach Soll- und Habenzinsen getrennt ausgegeben. Sind bei einem Konto Rückvaluten aufgetreten, werden zusätzlich die Zinsen des Rückvalutenzeitraums separat angezeigt.

- **Zinssatzübersicht**
  Ist diese Anweisung markiert, wird am Ende jeder Abrechnung eine Zinssatzübersicht getrennt nach Soll- und Habenzinsen gedruckt.

- **Zinsabrechnungen buchen**
  Das Kennzeichen bewirkt, dass die Zinsen gebucht werden. Bei der Saldenverzinsung werden die Daten zur Zinsbuchung in die Batch-Input-Mappe gestellt. Beim Abspielen der Mappe wird die Buchung vorgenommen.

- **Auch bei Rückval. buchen**
  Kennzeichen, das bewirkt, dass die Zinsbuchungen auch dann in die Batch-Input-Mappe gestellt werden, wenn bei einem Konto Rückvaluten zu berücksichtigen waren. Ist dieser Schalter nicht markiert und es fallen Rückvaluten an, werden überhaupt keine Zinsen gebucht.

- **Update Stammsatz**
  Hier legen Sie fest, ob im Stammsatz die Felder STICHTAG LETZTE VERZINSUNG und DATUM LETZTER ZINSLAUF mittels Batch-Input gepflegt werden. Beim Feld DATUM LETZTER ZINSLAUF ist Folgendes zu beachten: Lief der Report zwischen Mitternacht und 6 Uhr morgens, wird dennoch das Vortagsdatum als Datum letzter Zinslauf im Stammsatz eingepflegt. Das Update der Stammsatzfelder wird nicht durchgeführt, wenn eine Verzinsung wegen fehlender Tabelleneinträge nicht möglich war.

- **Valutadatum der Zinsforderung**
  Hier müssen Sie das Valutadatum (Zahlungsfristenbasisdatum) der Zinsbuchung angeben (für Batch-Input-Buchung der Zinsen). Ist hier nichts angegeben, wird die Verzinsungsobergrenze plus ein Tag verwendet.

In Abbildung 4.30 sehen Sie den Auszug aus einem Protokoll, das bei Erstellen der Zinsstaffel erzeugt wurde. In Abbildung 4.31 sehen Sie ein durch die Zinsstaffel erzeugtes Schreiben an den Debitor.

4 | Standardberichte in der Debitorenbuchhaltung

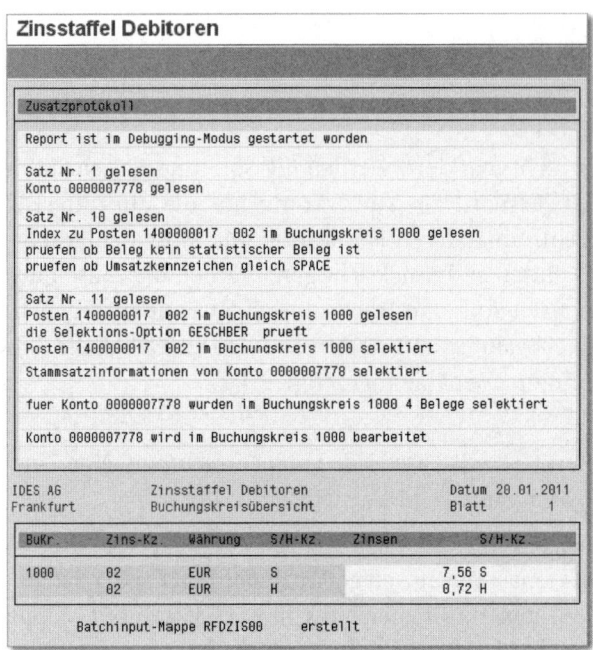

Abbildung 4.30 Report RFDZIS00 – Protokollauszug

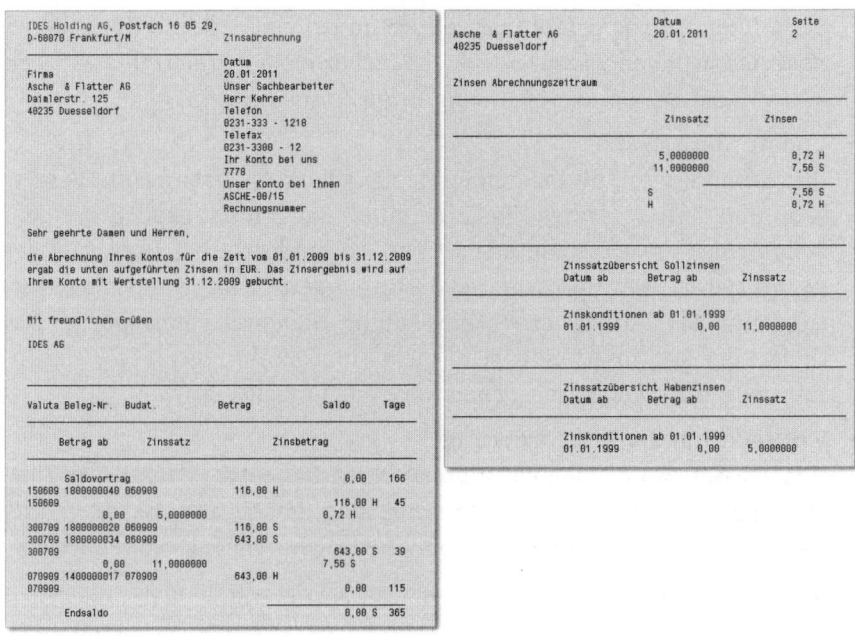

Abbildung 4.31 Report RFDZIS00 – Schreiben

4.17 Report RFITEMAR – Debitoren-Einzelpostenliste

Der Report RFITEMAR listet die Einzelposten von Debitoren auf. Sie können auf einer Liste die Posten mehrerer Debitorenkonten auch buchungskreisübergreifend ausgeben. Von der Liste ausgehend, sind unter anderem die Änderung einzelner Belege und die Massenänderung gebuchter Belegzeilen möglich. In Abbildung 4.32 sehen Sie das Selektionsbild des Reports.

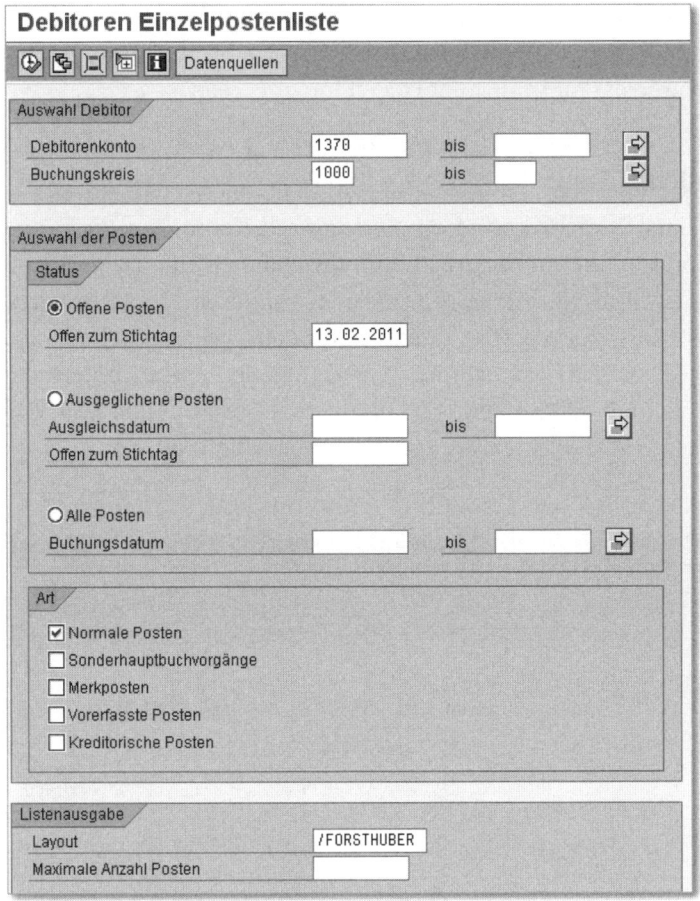

Abbildung 4.32 Report RFITEMAR – Selektionsbild

- **Offene Posten**
  Wenn Sie diesen Parameter markieren, werden Posten, die bis zum Stichtag gebucht wurden und die danach ausgeglichen wurden bzw. noch nicht ausgeglichen sind, selektiert. Als Stichtag wird das aktuelle Tagesdatum

vorgeschlagen. Bleibt das Feld leer, wird ebenfalls das aktuelle Tagesdatum angenommen.

▶ **Ausgeglichene Posten**
Ist dieser Parameter markiert, werden Posten, die zum aktuellen Zeitpunkt ausgeglichen sind, selektiert. Durch die Angabe eines Ausgleichsdatums und eines Stichtags können Sie die Posten weiter eingrenzen.

▶ **Alle Posten**
Mit diesem Parameter werden offene und ausgeglichene Posten selektiert.

▶ **Kreditorische Posten**
Falls zu einem Geschäftspartner zusätzlich ein Kreditorenkonto geführt wird, werden die darauf gebuchten Posten mit angezeigt.

4.17.1 Listengestaltung

In den SAP-Standardvarianten sind die Posten nach Konto und Buchungskreis sortiert und summiert und durch Kopfinformationen zum Debitor voneinander abgesetzt. Innerhalb eines Kontoblocks sind offene, ausgeglichene und vorerfasste Posten gruppiert, durch Statusicons gekennzeichnet und summiert. Aus dem Feldvorrat können Sie Icons zur Kennzeichnung der Nettofälligkeit und der Skontofälligkeit von offenen Posten in die Liste einfügen. Die erzeugte Einzelpostenliste sehen Sie in Abbildung 4.33.

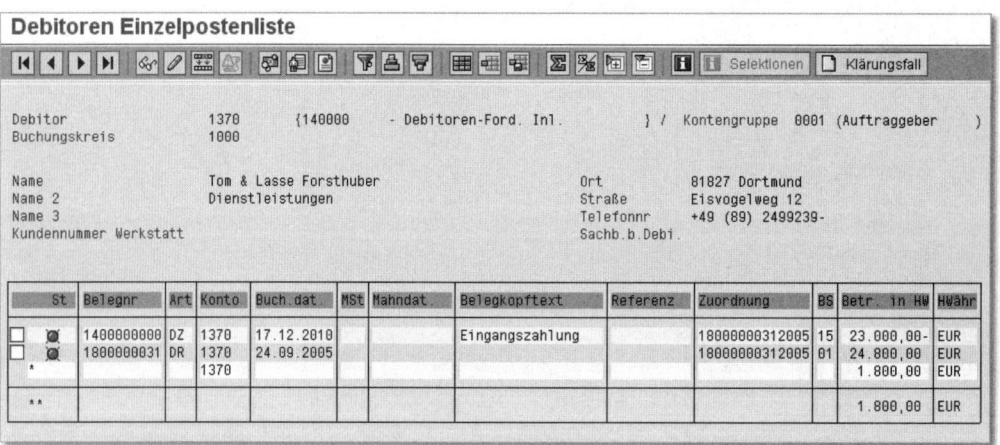

Abbildung 4.33 Report RFITEMAR – Listausgabe

4.17.2 Aktionen auf der Liste

Sie haben die Möglichkeit, folgende Aktionen auf der Liste durchzuführen:

- **Durchführen von Grundfunktionen**
  Die Grundfunktionen wie etwa Variantenlayout, Summieren und Sortieren sind im Standard des SAP List Viewers enthalten.

- **Absprung in die Beleganzeige**
  Sie können in der Anzeige gebuchter Belege zwischen den Buchungszeilen der Posten blättern, ohne in die Liste zurückspringen zu müssen. Vorerfasste Belege können einzeln angezeigt werden.

- **Absprung in die Belegänderung**
  Sie können einzelne Belege markieren und in die Belegänderung verzweigen, es können nur bestimmte Felder eines Belegs geändert werden.

- **Absprung in die Massenänderung**
  Für alle markierten gebuchten Posten kann eine Auswahl von Belegfeldern mit neuen Werten versehen werden. Ist die Änderung für einen Beleg nicht möglich, können Sie zum Posten ein Fehlerprotokoll abrufen.

- **Anzeige des Kontenstammsatzes**
  Sie können in die Anzeige des Kontenstammsatzes eines markierten Kontos verzweigen.

- **Saldenanzeige**
  Es besteht die Möglichkeit, in die Saldenanzeige zu verzweigen.

- **Ein- und Ausblenden einer Legende zu den auf der Liste angezeigten Icons**
  Sie können eine Legende zu den verwendeten Icons auf der Liste ein- und ausblenden.

- **Ein- und Ausblenden der Spaltentrennlinien**
  Sie haben die Möglichkeit, auf der Liste Spaltentrennlinien ein- und auszublenden.

- **Layout der Kopfinformationen zum Debitorenkonto**
  Sie können eine Auswahl von Feldern aus dem Debitorenstammsatz und andere Informationen darstellen. Das Layout kann mit der Listenvariante gespeichert und damit auch benutzerspezifisch gestaltet werden.

4.18 Fazit

Sie haben in diesem Kapitel die wichtigsten SAP-Standardberichte der Debitorenbuchhaltung (Komponente FI-AR) kennengelernt. Nachdem Sie dieses Kapitel gelesen haben, können Sie über im Standard enthaltene Reports Kundenbeurteilungen mit und ohne OP-Rasterung erstellen oder eine Analyse des Zahlungsverhaltens durchführen. Sie wissen, wie Sie ab sofort und einfach Debitoren-Einzelpostenlisten, Debitorensaldenlisten, eine Debitorenumsatzliste oder ein Debitorenverzeichnis erstellen können. Außerdem haben wir Ihnen eine Variante, mit der Sie eine Verzinsung von Debitorenkonten durchführen können, vorgestellt.

Im nächsten Kapitel behandeln wir die Kreditorenbuchhaltung (Komponente FI-AP).

In diesem Kapitel behandeln wir die wichtigsten Standardreports aus dem Bereich der Kreditorenbuchhaltung. Wir stellen Einsatzzweck, Selektionskriterien und Listenausgabe nacheinander vor.

5 Standardberichte in der Kreditorenbuchhaltung

Dieses Kapitel behandelt die wichtigsten SAP-Standardberichte, die Informationen zu Lieferanten bzw. Kreditoren auswerten. Der Aufbau dieses Kapitels gleicht dem der Kapitel 3, »Standardberichte in der Hauptbuchhaltung«, und 4, »Standardberichte in der Debitorenbuchhaltung«. Die einzelnen im Standard verfügbaren Reports sind abschnittsweise nach den technischen Namen aufsteigend sortiert. Jedem Report ist dabei ein eigener Abschnitt gewidmet. Sie erfahren neben einer detaillierten Beschreibung der Selektionsmöglichkeiten an einem Beispiel, wie die Listausgabe aussieht. Sofern möglich, erklären wir die Gestaltungsmöglichkeiten der Berichtsausgabe.

Grundlegende Informationen zu den Standardreports erhalten Sie in Kapitel 2, »Standardberichte auswählen und nutzen«.

5.1 Report RFITEMAP – Kreditoren-Einzelpostenliste

Der Report RFITEMAP listet die Einzelposten von Kreditoren auf. Sie können auf einer Liste die Posten mehrerer Kreditorenkonten auch buchungskreisübergreifend ausgeben. Von der Liste ausgehend, sind unter anderem die Änderung einzelner Belege und die Massenänderung gebuchter Belegzeilen möglich. Das Selektionsbild der Einzelpostenliste sehen Sie in Abbildung 5.1.

Im Folgenden betrachten wir einige der Selektionskennzeichen genauer.

- **Offene Posten**
  Posten, die bis zum Stichtag gebucht wurden und die danach ausgeglichen wurden bzw. noch nicht ausgeglichen sind. Als Stichtag wird das aktuelle Tagesdatum vorgeschlagen. Bleibt das Feld leer, wird ebenfalls das aktuelle Tagesdatum angenommen.

- **Ausgeglichene Posten**
  Posten, die zum aktuellen Zeitpunkt ausgeglichen sind. Durch die Angabe eines Ausgleichsdatums und eines Stichtags können Sie die Posten weiter eingrenzen.

- **Alle Posten**
  offene und ausgeglichene Posten

- **Normale Posten**
  Posten, die zu keiner der anderen auswählbaren Kategorien gehören

- **Debitorische Posten**
  Posten, die angezeigt werden, falls zu einem Geschäftspartner zusätzlich ein Debitorenkonto geführt wird

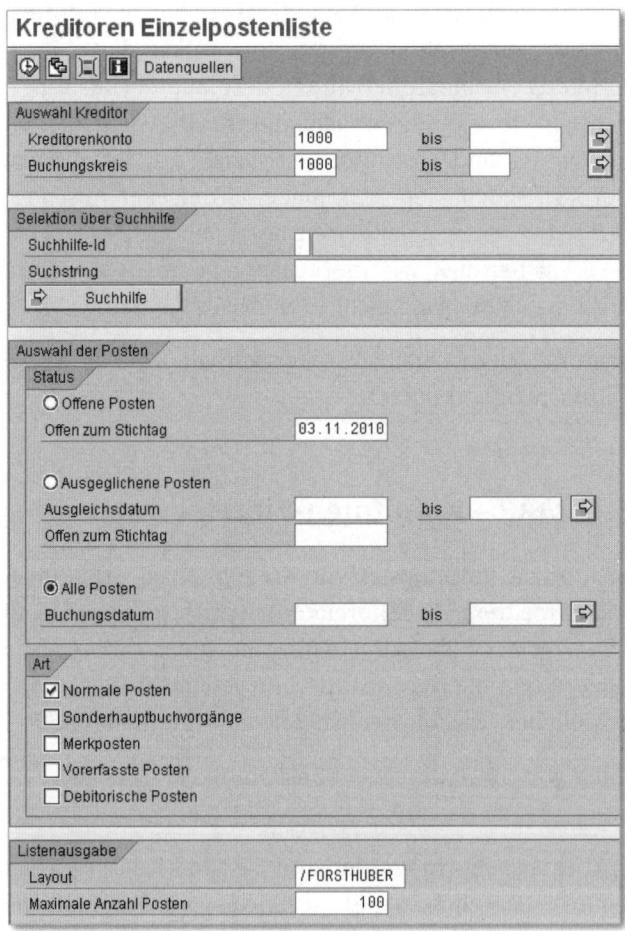

Abbildung 5.1 Report RFITEMAP – Selektionsbild

5.1 | Report RFITEMAP – Kreditoren-Einzelpostenliste

Auf der erstellten Einzelpostenliste (siehe Abbildung 5.2) können Sie folgende Aktionen ausführen:

- **Absprung in die Beleganzeige**
  Sie können in der Anzeige gebuchter Belege zwischen den Buchungszeilen der Posten blättern, ohne auf die Liste zurückspringen zu müssen. Vorerfasste Belege können einzeln angezeigt werden.

- **Belegänderung**
  Sie können sich vorgenommene Belegänderungen anzeigen lassen.

- **Massenänderung**
  Für alle markierten gebuchten Posten kann eine Auswahl von Belegfeldern mit neuen Werten versehen werden. Ist die Änderung für einen Beleg nicht möglich, können Sie zum Posten ein Fehlerprotokoll abrufen.

- **Anzeige des Kontenstammsatzes**
  Sie können sich die entsprechenden Kontenstammsatzdaten anzeigen lassen.

- **Saldenanzeige**
  Sie können die Saldenanzeige aktivieren.

- **Ein- und Ausblenden einer Legende zu den auf der Liste angezeigten Icons**
  Sie können sich eine Legende einblenden lassen.

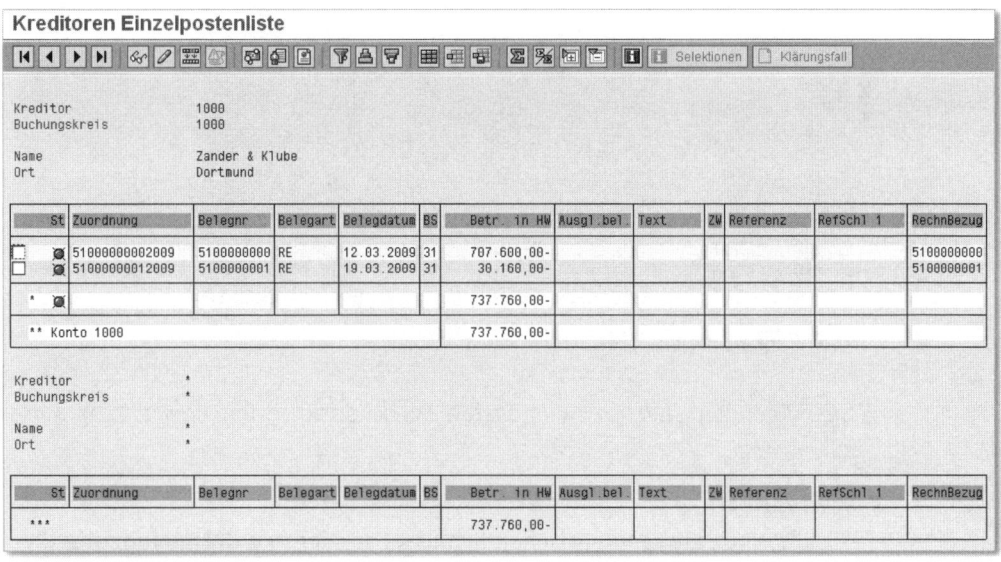

Abbildung 5.2 Report RFITEMAP – Listdarstellung

- **Ein- und Ausblenden der Spaltentrennlinien**
  Hier können Sie sich Spaltentrennlinien einblenden lassen.
- **Layout der Kopfinformationen zum Kreditorenkonto**
  Sie können eine Auswahl von Feldern aus dem Kreditorenstammsatz und andere Informationen darstellen. Das Layout kann mit der Listenvariante gespeichert und damit auch benutzerspezifisch gestaltet werden.

5.2 Report RFKABL00 – Änderungsanzeige Kreditoren

Mit dem Report RFKABL00 haben Sie die Möglichkeit, Änderungen bei den Kreditorenstammdaten kontenübergreifend anzuzeigen. Abbildung 5.3 zeigt das Selektionsbild des Reports RFKABL00.

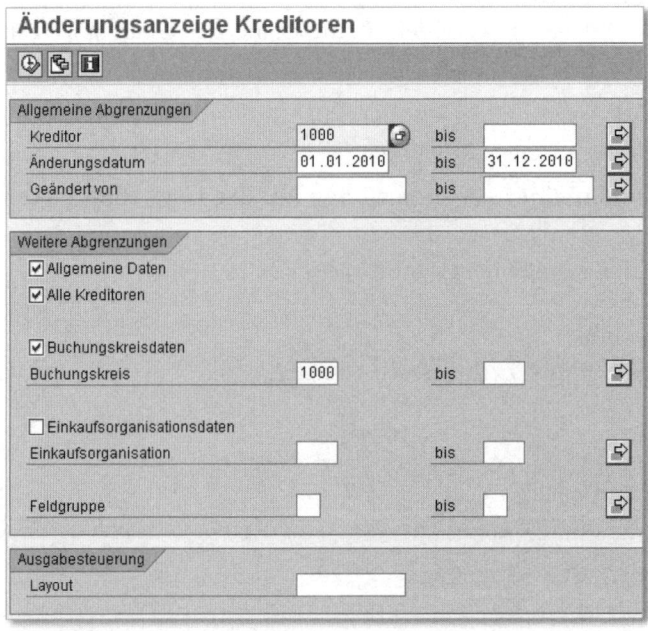

Abbildung 5.3 Report RFKABL00 – Selektionsbild

Im Folgenden sind die wichtigsten Selektionskriterien dieses Programms aufgelistet:

- **Kreditor**
  Gibt einen alphanumerischen Schlüssel an, der den Beleg eindeutig identifiziert.

- **Änderungsdatum**
  Datum, ab dem Änderungsbelege angezeigt werden sollen
- **Geändert von**
  Benutzername, für den Änderungsbelege angezeigt werden sollen
- **Feldgruppe**
  Die Feldgruppe dient zur Vergabe von Berechtigungen. Jeder Benutzer kann die Berechtigung erhalten, Felder aus einer oder mehreren Gruppen zu ändern. Dies bedeutet, dass ein Benutzer entweder alle Felder einer Gruppe ändern darf oder kein Feld der Gruppe.

In Abbildung 5.4 sehen Sie die Listausgabe zu unserem Beispiel.

Abbildung 5.4 Report RFKABL00 – Listausgabe

5.3 Report RFKABL00_NACC – Änderungsanzeige Kreditoren

Mit dem Report RFKABL00_NACC haben Sie wie mit dem Report RFKABL00 aus dem vorangegangenen Abschnitt die Möglichkeit, Änderungen bei den Kreditorenstammdaten kontenübergreifend anzuzeigen. Der Report RFKABL00_NACC ist nicht barrierefrei, wird jedoch weiterhin gerne genutzt. Das dazugehörende Selektionsbild sehen Sie in Abbildung 5.5.

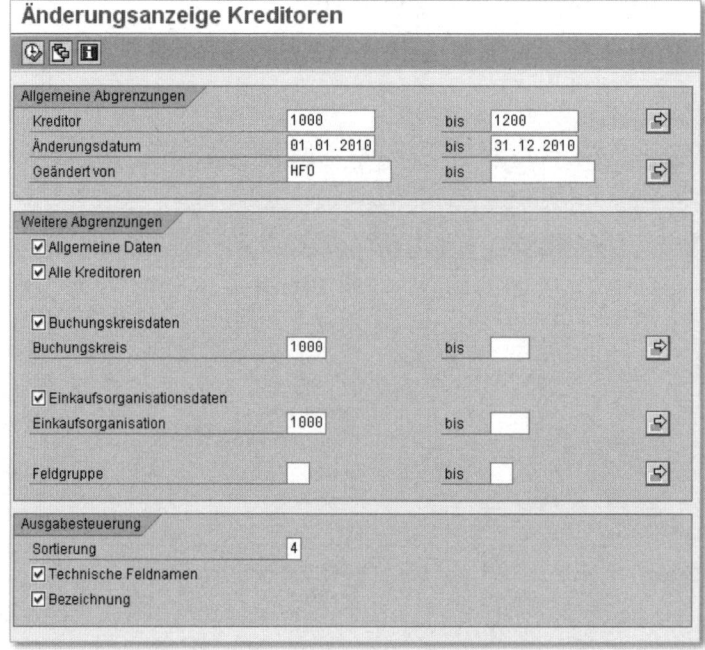

Abbildung 5.5 Report RFKABL_NACC – Selektionsbild

Auch hier sollen zunächst die wichtigsten Selektionskriterien erläutert werden.

- **Technische Feldnamen**
  Damit ist es möglich, pro Änderung den technischen Feldnamen auszugeben.
- **Bezeichnung**
  Die Bezeichnung des Kontos wird unterhalb der Kontonummer ausgegeben.

Innerhalb der Listausgabe können Sie zwischen vier Sortiermöglichkeiten auswählen:

- nach der Änderungszeit sortieren
- nach der Kontonummer sortieren

- nach dem Namen des Änderers sortieren
- nach dem Feldnamen sortieren

Die meisten Änderungsbelege werden einzeilig ausgegeben. Ausnahmen sind Änderungen bei Feldern, zu deren genauer Identifikation noch weitere Schlüssel angegeben werden müssen. Ein Beispiel hierfür sind die Bankverbindungen. Die weiteren Schlüssel werden dann in einer zweiten Zeile ausgegeben. Bei Auswahl der Option TECHNISCHE FELDNAMEN beansprucht jeder Änderungsbeleg zwei Zeilen. Die Listausgabe des Reports RFKABL00_NACC sehen Sie in Abbildung 5.6. Sie erkennen den Unterschied zur Liste des Reports RFKABL00, die in Abbildung 5.4 zu sehen ist.

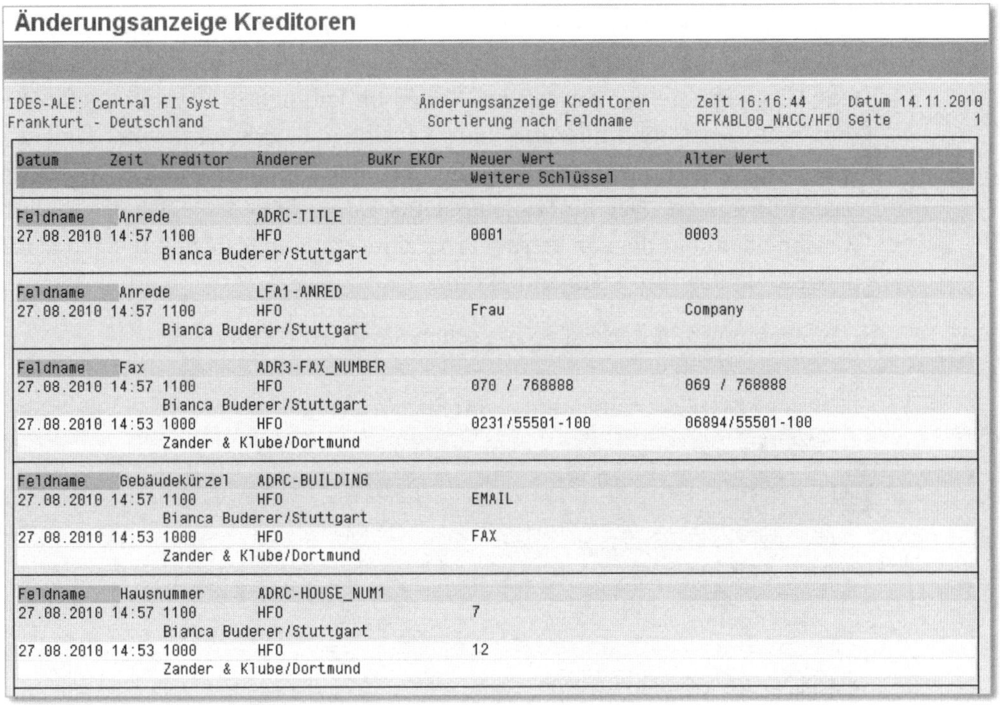

Abbildung 5.6 Report RFKABL00_NACC – Listausgabe

5.4 Report RFKAPO00 – Kreditoren – Ausgeglichene-Posten-Liste

Der Report RFKAPO00 ist veraltet. Bitte nutzen Sie den Report RFKEPL00, der in Abschnitt 5.6, »Report RFKEPL00 – Kreditoren-Einzelpostenliste«, beschrieben wird.

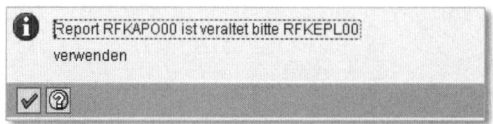

Abbildung 5.7 Report RFKAPO00 – Hinweismeldung

5.5 Report RFKCON00 – Kritische Kreditorenänderungen bestätigen

Der Report RFKCON00 dient zum Anzeigen und Ändern des Bestätigungsstatus der Kreditoren. Der Bestätigungsstatus gibt Auskunft darüber, ob am Kreditorenkonto sensible Stammdatenfelder geändert wurden und ob diese durch das 4-Augen-Prinzip bestätigt oder abgelehnt worden sind. Die sensiblen Stammdatenfelder werden von Ihnen im Rahmen der Systemkonfiguration hinterlegt. Bei Änderung eines sensiblen Feldes wird eine Zahllaufsperre für das Konto aktiviert und der Bestätigungsstatus NOCH NICHT BESTÄTIGT gesetzt. Der Bestätigungsstatus kann entweder einzeln geändert werden oder über die von diesem Programm erstellte Liste durch einen Doppelklick auf das zu bestätigende Konto.

Das Selektionsbild dieses Reports sehen Sie in Abbildung 5.8.

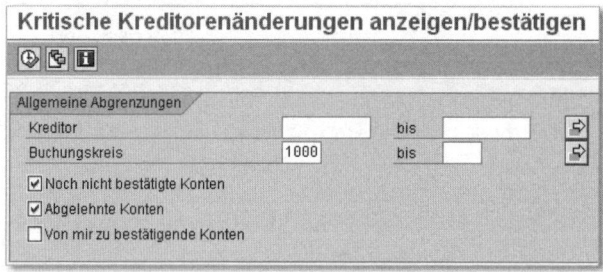

Abbildung 5.8 Report RFKCON00 – Selektionsbild

Folgende Selektionskriterien werden hier verwendet:

- **Noch nicht bestätigte Konten**
  Es werden die Konten angezeigt, bei denen die sensiblen Änderungen (4-Augen-Prinzip) noch nicht bestätigt sind.

- **Abgelehnte Konten**
  Es werden die Konten angezeigt, bei denen die sensiblen Änderungen (4-Augen-Prinzip) abgelehnt wurden.

▶ **Von mir zu bestätigende Konten**
Es werden nur die Konten angezeigt, für die Sie die Berechtigung zur Änderungsbestätigung besitzen. Zusätzlich wird aufgrund des 4-Augen-Prinzips geprüft, ob Sie an den sensiblen Änderungen beteiligt waren.

Der Bestätigungsstatus wird mithilfe einer Ampel farblich dargestellt (siehe Tabelle 5.1).

Status	Bedeutung
Grün	bestätigt
Gelb	noch nicht bestätigt
Rot	abgelehnt

Tabelle 5.1 Status der Belegänderungen bei Kreditoren

In Abbildung 5.9 sehen Sie die einzelnen Schritte nach dem Ausführen des Reports RFKCON00 in unserem Beispiel.

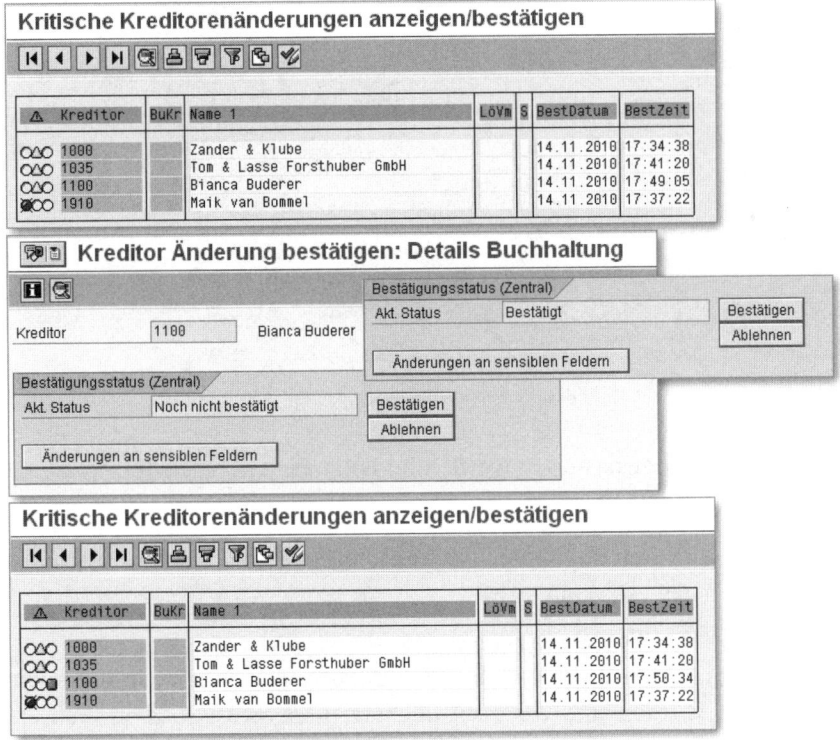

Abbildung 5.9 Report RFKCON00 – Einzelschritte

5.6 Report RFKEPL00 – Kreditoren-Einzelpostenliste

Der Report erzeugt eine Liste der Einzelposten, die zeitlich abgegrenzt werden können. Die Liste enthält Kreditorenposten, die im selektierten Zeitraum gebucht worden sind. In Abbildung 5.10 sehen Sie das Selektionsbild der Einzelpostenanzeige Kreditoren.

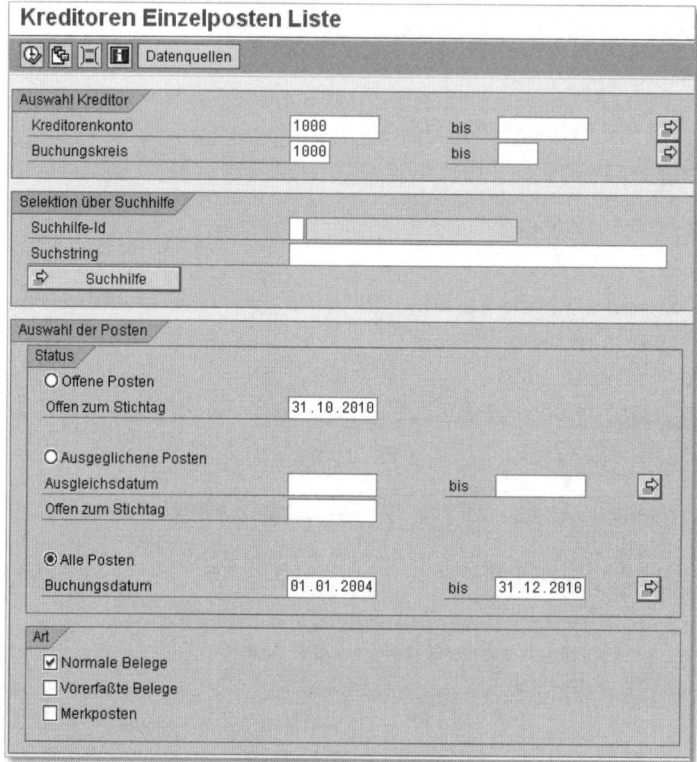

Abbildung 5.10 Report RFKEPL00 – Selektionsbild

Einige der Selektionskriterien werden im Folgenden dargestellt.

- **Offene Posten**
  Es werden Posten angezeigt, die zum angegebenen Stichtag offen sind bzw. offen gewesen sind.

- **Ausgeglichene Posten**
  Es werden Posten angezeigt, die zum angegebenen Ausgleichsdatum ausgeglichen wurden und die zum Stichtag offen gewesen sind. Falls Sie keine Angaben zum Ausgleichsdatum und zum Stichtag machen, werden alle ausgeglichenen Posten angezeigt.

Report RFKEPL00_NACC – Kreditoren-Einzelpostenliste | 5.7

- **Alle Posten**
  Es werden alle Posten angezeigt, die am angegebenen Buchungsdatum gebucht wurden.

In Abbildung 5.11 sehen Sie die Einzelpostenliste zu unserem Beispiel.

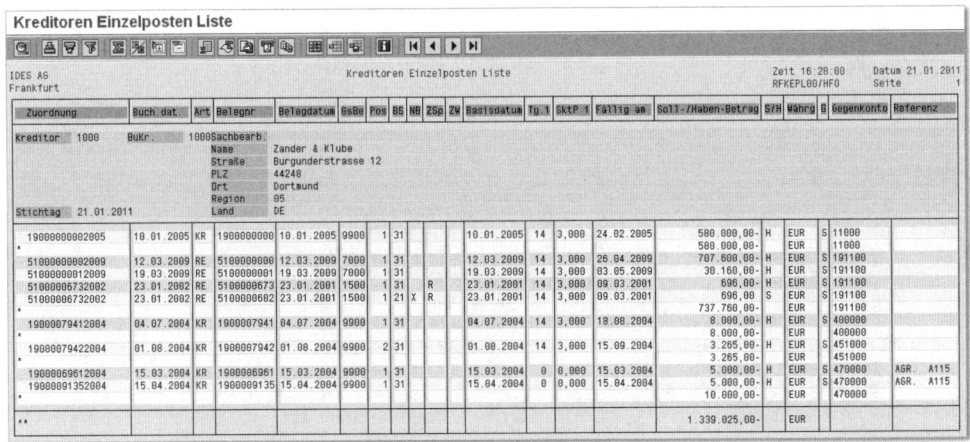

Abbildung 5.11 Report RFKEPL00 – Listausgabe

5.7 Report RFKEPL00_NACC – Kreditoren-Einzelpostenliste

Dies ist ein weiterer nicht barrierefreier Report. Er erzeugt wie der Report RFKEPL00 eine Liste der Einzelposten, die zeitlich abgegrenzt werden können. Das Selektionsbild ist in Abbildung 5.12 zu sehen.

Betrachten wir zunächst die einzelnen Selektionsfelder und deren Bedeutung.

- **Offene Posten zum Stichtag**
  Abgrenzung auf einen bestimmten Zeitpunkt. Es werden alle Posten selektiert, die bis zum angegebenen Stichtag gebucht und zu diesem Zeitpunkt offen sind. Standardmäßig wird das Tagesdatum vorgeschlagen. Das Kennzeichen hat nur Auswirkungen, wenn Postenauswahl = »3«.

- **Ausgleichsdatum**
  Das Ausgleichsdatum (Datum des Ausgleichs) gibt an, ab wann die Position als ausgeglichen zu betrachten ist. Im Rahmen eines Ausgleichs wird das höchste Buchungsdatum aller am Ausgleich beteiligten Belege als Ausgleichsdatum gesetzt. Hat nur Auswirkungen, wenn Postenauswahl = »2«.

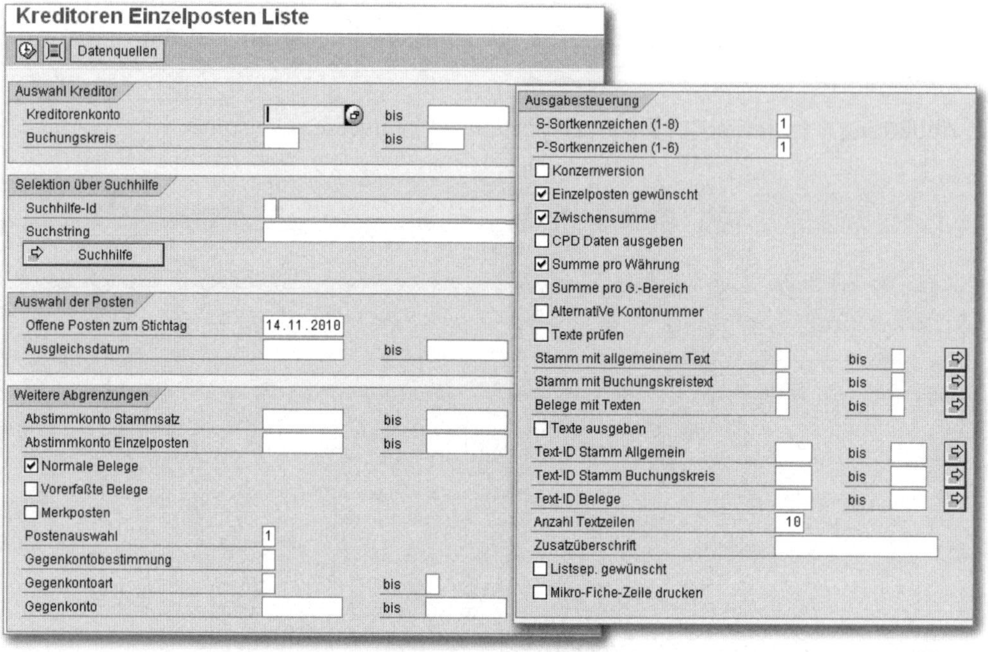

5 | Standardberichte in der Kreditorenbuchhaltung

Abbildung 5.12 Report RFKEPL00_NACC – Selektionsbild

- **Postenauswahl (1, 2 oder 3)**
  Mithilfe dieses Kennzeichens können Sie wie folgt Posten auswählen:
  - »1« = alle Posten
  - »2« = ausgeglichene Posten
  - »3« = offene Posten

- **S-Sortkennzeichen (1–8)**
  Sortierkennzeichen für Stammsatzdaten: Bei falscher Eingabe wird auf den Default-Wert »1« zurückgesetzt.

- **P-Sortkennzeichen (1–6)**
  Bei falscher Eingabe wird auf den Default-Wert 1 zurückgesetzt.

- **Zwischensumme**
  Ist dieses Kennzeichen angekreuzt, wird am Ende der niedrigsten Gruppenstufe (festgelegt durch das Kennzeichen P-SORTKENNZEICHEN) jeweils eine Zwischensumme ausgegeben.

- **Summe pro Währung**
  Wird dieses Kennzeichen angekreuzt, werden am Ende jeder Gruppenstufe die in Fremdwährung gebuchten Beträge summiert und pro Wäh-

rungsschlüssel angezeigt. Zusätzlich wird bei den Einzelpostenzeilen, die in Fremdwährung gebucht wurden, neben der Beleg- auch die Hauswährung des aktuellen Buchungskreises gedruckt.

- **Summe pro G.-Bereich (Summe pro Geschäftsbereich)**
  Wird dieses Kennzeichen angekreuzt, werden am Ende jeder Gruppenstufe die aufsummierten Beträge pro Geschäftsbereich angezeigt.

In Abbildung 5.13 sehen Sie das Selektionsbild dieses Reports.

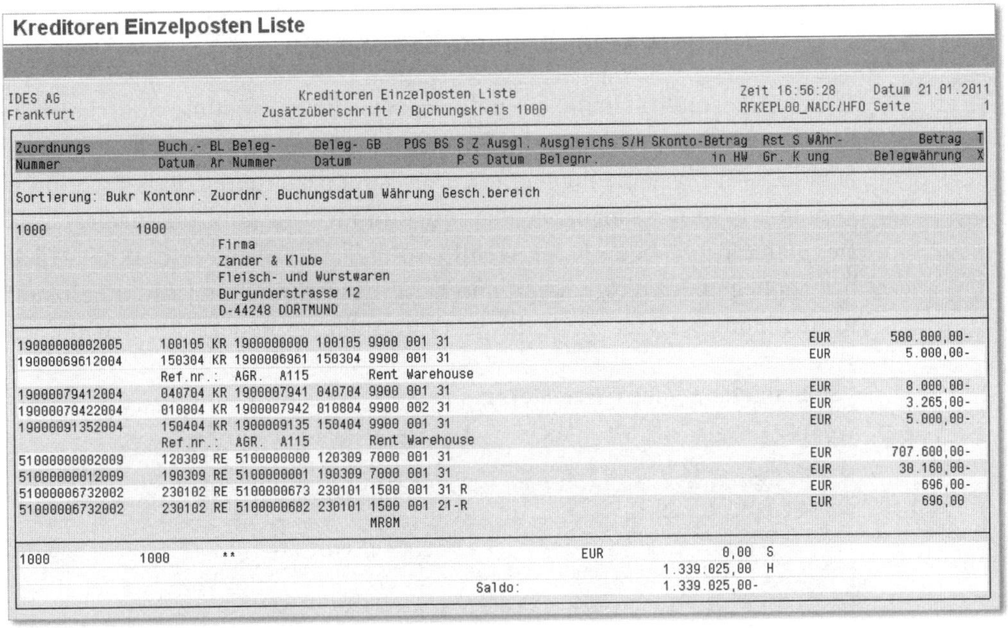

Abbildung 5.13 Report RFKEPL00_NACC – Listausgabe

5.8 Report RFKK_DELETE_MAKOMAZE – Löschen Mahnvorschlag

Mit diesem Report können Sie einen Mahnvorschlag löschen. Intern wird der gleiche Funktionsbaustein verwendet, der auch in der Transaktion FPVA über das Menü UMFELD • MAHNVORSCHLAG LÖSCHEN aufgerufen wird. Voraussetzung für das erfolgreiche Starten dieses Programms ist das Vorhandensein eines Mahnvorschlags, der gelöscht werden kann. In Abbildung 5.14 sehen Sie das Selektionsbild dieses Reports. Hier geben Sie die Datumskennung sowie die Identifikation des Mahnlaufs ein, den Sie löschen möchten.

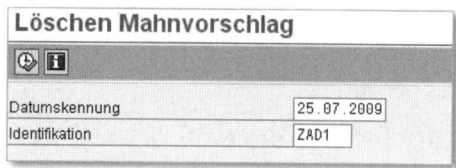

Abbildung 5.14 Report RFKK_DELETE_MAKOMAZE – Selektionsbild

5.9 Report RFKKAG00 – Stammdatenabgleich Kreditoren

Dieser Report führt einen Stammdatenabgleich der Kreditoren durch. Kreditorenstammsätze werden in der Finanzbuchhaltung und im Einkauf (Materialwirtschaft) angelegt und gepflegt. Dies kann dazu führen, dass Kreditorenkonten z. B. in der Finanzbuchhaltung und nicht im Einkauf angelegt sind. Der Stammdatenabgleich der Kreditoren dient zur Anzeige der unterschiedlich gepflegten Kreditorenkonten in der Finanzbuchhaltung und im Einkauf. In Abbildung 5.15 sehen Sie das Selektionsbild des Reports RFKKAG00.

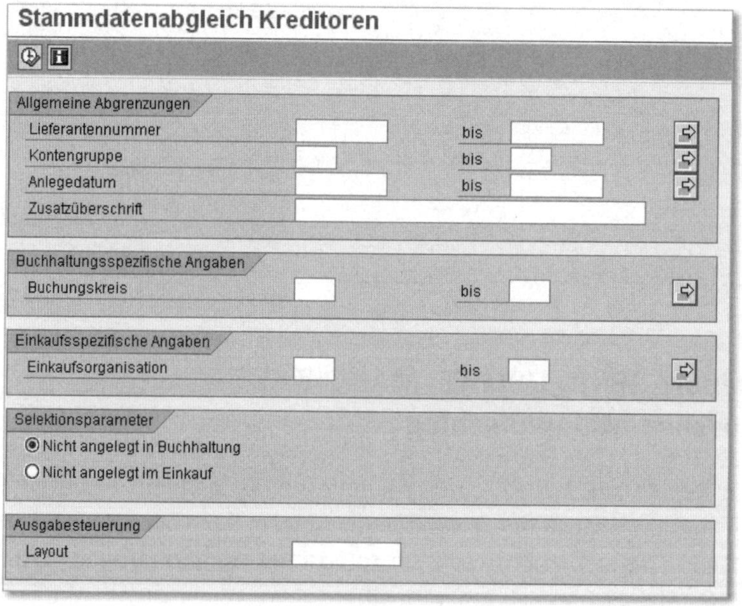

Abbildung 5.15 Report RFKKAG00 – Selektionsbild

Nun betrachten wir noch einige der Selektionskriterien dieses Selektionsbildes etwas genauer.

- **Lieferantennummer**
  Gibt einen alphanumerischen Schlüssel an, der den Beleg eindeutig identifiziert.
- **Kontengruppe**
  Die Kontengruppe ist ein klassifizierendes Merkmal innerhalb der Kreditorenstammsätze.
- **Anlegedatum**
  Datum, an dem der Stammsatz bzw. der betrachtete Teil des Stammsatzes hinzugefügt wurde.
- **Zusatzüberschrift**
  Sie können hier einen Text als Zusatzüberschrift für die Listausgabe mitgeben.
- **Einkaufsorganisation**
  Benennt die Einkaufsorganisation.

In Abbildung 5.16 sehen Sie die Ergebnisliste zu unserem Beispiel.

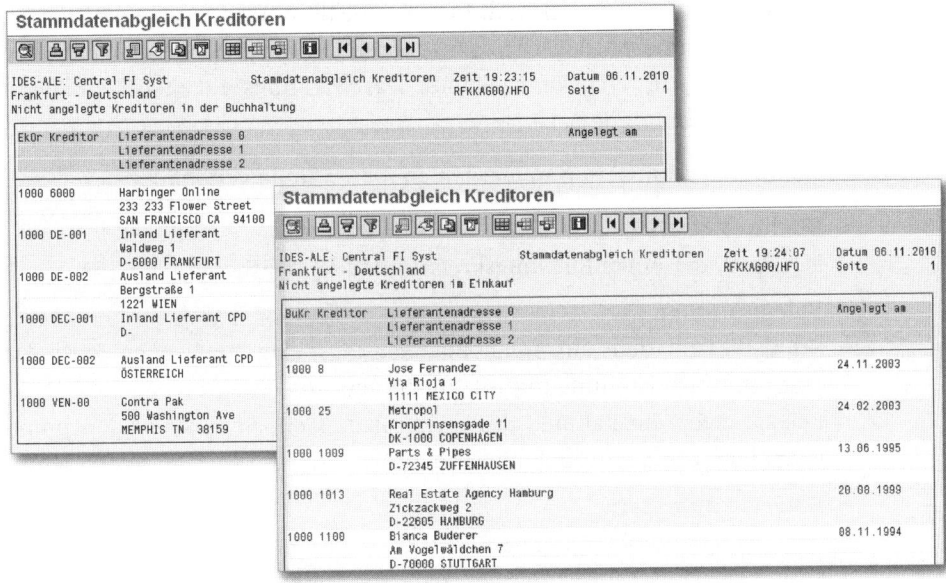

Abbildung 5.16 Report RFKKAG00 – Listausgaben

5.10 Report RFKKAK00 – Kontenschreibung nach alternativer Kontonummer

Dieser Report sortiert einen bereits vorhandenen Bestand der Kontokorrent-Kontenschreibung nach der alternativen Kontonummer um. Der Bestand enthält Stammsatz- und Posteninformationen für Kreditoren-, Debitoren- und Sachkontierungen. Der Kreditoren- und Debitorenteil ist innerhalb jedes Personenkontos nach dem Mitbuchkonto sortiert. Die Sachkonten sind nur nach der Sachkontonummer sortiert.

5.11 Report RFKKBU00 – Kontokorrentkontenschreibung aus der Belegdatei

Dieser Bericht dokumentiert die Bewegungen kontokorrent geführter Debitoren-, Kreditoren- und Sachkonten. Die Ausgabelisten können benutzerspezifisch gestaltet werden. Bei der Gestaltung der Listen stehen Ihnen die Funktionen des ABAP List Viewers (ALV) zur Verfügung. Im Statistikteil am Ende des Berichts kann die Meldung SALDO UNGLEICH 0 IN AUSGLEICHSVORGÄNGEN (ANZAHL) ausgegeben werden. Dies geschieht in den Fällen, bei denen innerhalb des abgegrenzten Zeitraums nicht alle Posten eines Ausgleichsvorgangs vorhanden sind. In diesem Fall müssen Sie die Abgrenzung des Zeitraums überprüfen. Die dazugehörenden Ausgleichvorgänge sind im Feld SALDO AUSGLEICH gekennzeichnet. Das Selektionsbild zu diesem Bericht sehen Sie in Abbildung 5.17.

Folgende Selektionskriterien werden an dieser Stelle verwendet:

- **Buchungskreis**
  Schlüssel, der einen Buchungskreis eindeutig identifiziert

- **Belegnummer**
  Schlüssel, mit dem auf einen Buchhaltungsbeleg zugegriffen wird. Die Belegnummer ist eindeutig pro Buchungskreis und Geschäftsjahr. Jeder Belegart wird im Rahmen des Customizings ein Bereich der Belegnummern über die Zuordnung eines Nummernkreises zugewiesen.

- **Referenznummer**
  Die Referenznummer kann z.B. die Belegnummer beim Geschäftspartner enthalten. Dies Feld kann aber auch für andere Informationen genutzt werden.

- **Berichtsmonate**
  Dieses Selektionskriterium dient zur Periodenabgrenzung. Die Vortragsperioden werden aus den Berichtsperioden berechnet. Die Untergrenze und die Obergrenze der Perioden dürfen nur Werte zwischen 01 und 16 annehmen. Hier kann nur ein Intervall eingegeben werden.

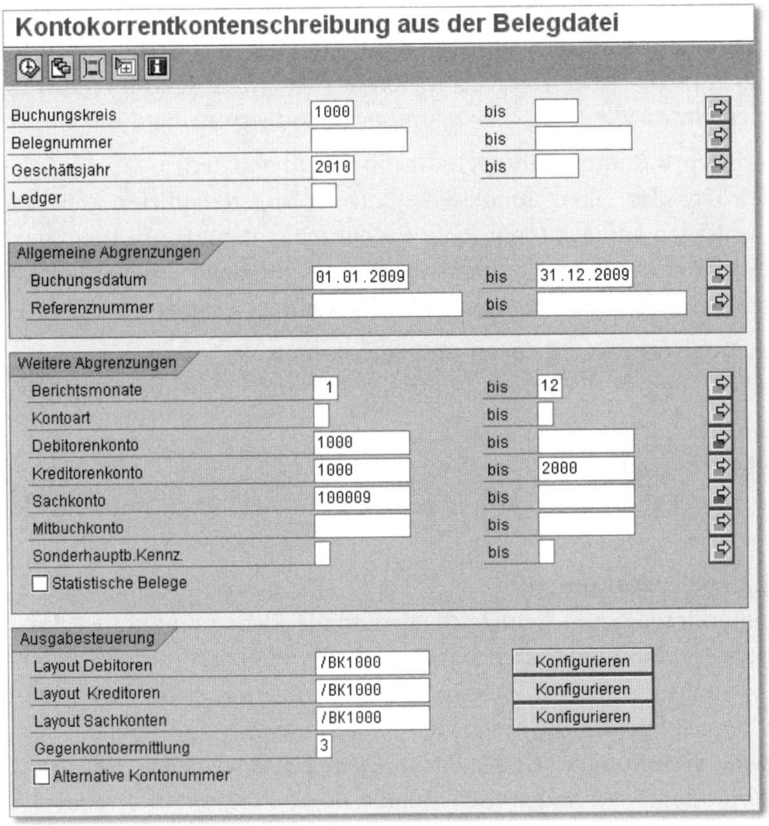

5.11 Report RFKKBU00 – Kontokorrentkontenschreibung aus der Belegdatei

Abbildung 5.17 Report RFKKBU00 – Selektionsbild

- **Kontoart**
  Die Kontoart legt fest, ob das Hauptbuch oder eines der Nebenbücher der Buchhaltung angesprochen ist.

- **Debitorenkonto**
  Gibt einen alphanumerischen Schlüssel an, der den Kunden bzw. Debitor innerhalb des SAP-Systems eindeutig identifiziert.

- **Kreditorenkonto**
  Kontonummer des Lieferanten bzw. Kreditors. Gibt einen alphanumerischen Schlüssel an, der den Beleg eindeutig identifiziert.

- **Sachkonto**
  Sachkonto der Hauptbuchhaltung. Kontonummer des Sachkontos, auf dem die Verkehrszahlen fortgeschrieben werden. Hier ist das im Stammsatz des Geschäftspartners hinterlegte Sachkonto gemeint.

- **Mitbuchkonto**
Sachkonto der Hauptbuchhaltung. Kontonummer des Sachkontos, auf dem die Verkehrszahlen fortgeschrieben werden. Hier ist das im selektierten Beleg hinterlegte Konto der Hauptbuchhaltung gemeint.

- **Sonderhauptb.Kennz. (Sonderhauptbuchkennzeichen)**
Kennzeichen, das einen Sonderhauptbuchvorgang identifiziert. Für alle Belegpositionen auf Debitoren- oder Kreditorenkonten, die im Hauptbuch auf einem abweichenden Abstimmkonto fortgeschrieben werden, bestimmt das Sonderhauptbuchkennzeichen, welches Konto gewählt werden soll.

- **Layout Debitoren, Kreditoren und Sachkonten**
Das Layout steuert die Aufbereitung der Liste und kann benutzerspezifisch bearbeitet werden.

- **Gegenkontoermittlung**
Mit diesem Kennzeichen bestimmen Sie die Art der Ermittlung des Gegenkontos.

- **Alternative Kontonummer**
Durch Markieren dieses Kennzeichens wird die Sachkontonummer durch die alternative Kontonummer (aus dem buchungskreisspezifischen Sachkontenstamm) ersetzt. Die Ersetzung erfolgt nur, wenn in den globalen Daten der selektierten Buchungskreise Landeskontenpläne gepflegt sind, die jeweils vom Kontenplan des Buchungskreises abweichen. Die alternativen Kontonummern in den Sachkontenstämmen müssen in dem jeweiligen Landeskontenplan enthalten sein.

Mit den Eingaben aus Abbildung 5.17 gelangen wir zu den Listen, die in den Abbildungen 5.18 und 5.19 zu sehen sind.

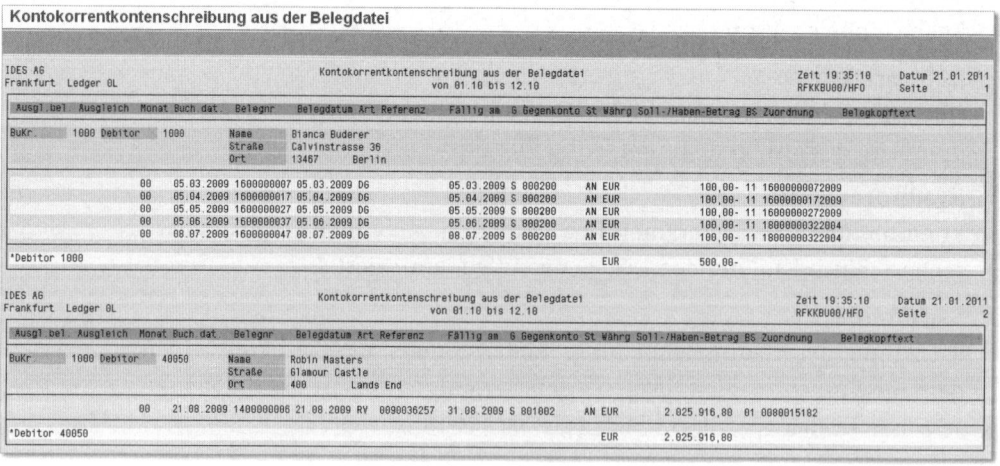

Abbildung 5.18 Report RFKKBU00 – Liste 1

Report RFKKBU10 – Kontenniederschrift aus Kontenschreibung | **5.12**

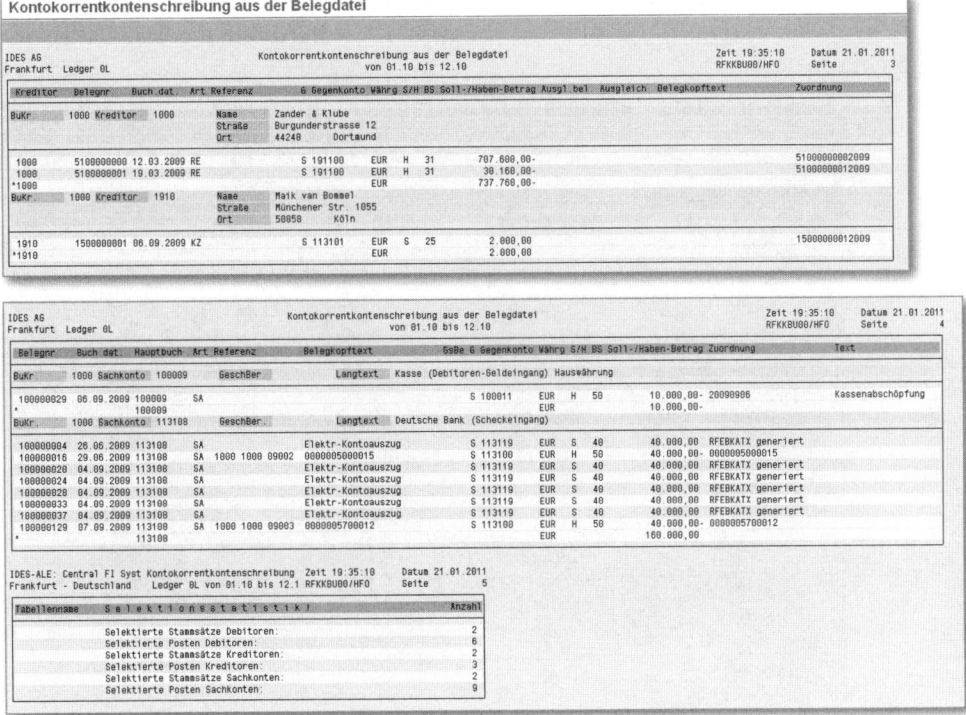

Abbildung 5.19 Report RFKKBU00 – Liste 2

5.12 Report RFKKBU10 – Kontenniederschrift aus Kontenschreibung

Der Report RFKKBU10 ist der Druckreport zur kumulierten Kontokorrentkontenschreibung. Er dokumentiert die Bewegungen kontokorrent geführter Debitoren-, Kreditoren- und Sachkonten. Der Report verarbeitet den Bestand der kumulierten Kontokorrentkontenschreibung, der zuvor erzeugt wurde.

Sie haben die Möglichkeit, die Ausgabelisten benutzerspezifisch zu gestalten. Dabei stehen Ihnen die Funktionen des SAP List Viewers (ALV) zur Verfügung. Im Statistikteil am Ende des Berichts kann die Meldung SALDO UNGLEICH 0 IN AUSGLEICHSVORGÄNGEN (ANZAHL) angezeigt werden. Dieser Fehler tritt auf, wenn innerhalb des abgegrenzten Zeitraums nicht alle Posten eines Ausgleichsvorgangs vorhanden sind. In diesem Fall müssen Sie die Abgrenzung des Zeitraums überprüfen und den Bestand vervollständigen. Die von der Meldung betroffenen Ausgleichvorgänge sind im Feld SALDO

AUSGLEICH = 'X' markiert (der technische Name des Feldes ist XAUGL_ERR). Das Selektionsbild des Reports RFKKBU10 ist in Abbildung 5.20 dargestellt.

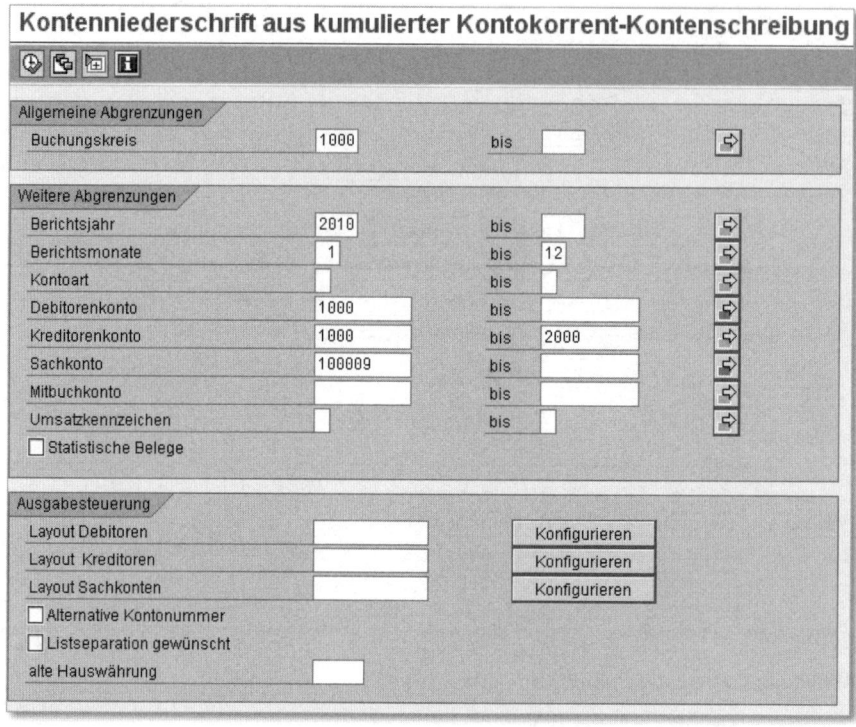

Abbildung 5.20 Report RFKKBU10 – Selektionsbild

Im Folgenden werden die wichtigsten Selektionskriterien beschrieben.

- **Buchungskreis**
  Schlüssel, der einen Buchungskreis eindeutig identifiziert

- **Berichtsjahr**
  Zeitraum in der Regel von zwölf Monaten, für den das Unternehmen seine Inventur und Bilanz zu erstellen hat. Das Geschäftsjahr kann sich mit dem Kalenderjahr decken, muss es aber nicht.

- **Berichtsmonate**
  Dieses Kriterium dient zur Periodenabgrenzung. Die Vortragsperioden werden aus den Berichtsperioden berechnet. Die Untergrenze und die Obergrenze dieser Perioden dürfen nur Werte zwischen 01 und 16 annehmen. In diesem Selektionsbild kann nur ein Intervall eingegeben werden.

- **Kontoart**
  Die Kontoart legt fest, ob das Hauptbuch oder eines der Nebenbücher der Buchhaltung angesprochen ist.
- **Umsatzkennzeichen**
  Sonderhauptbuchkennzeichen. Dies ist ein Kennzeichen, das einen Sonderhauptbuchvorgang identifiziert Für alle Belegpositionen auf Debitoren- oder Kreditorenkonten, die im Hauptbuch auf einem abweichenden Abstimmkonto fortgeschrieben werden, bestimmt das Sonderhauptbuchkennzeichen, welches Konto gewählt werden soll.

5.13 Report RFKKVZ00 – Kreditorenverzeichnis

Im Kreditorenverzeichnis (Report RFKKVZ00) werden diejenigen Kreditorenstammdaten angezeigt, die im Bereich der Finanzbuchhaltung benötigt werden. Dieses Verzeichnis kann zur Information und Dokumentation genutzt werden. Auf dem in Abbildung 5.21 dargestellten Selektionsbild können Sie die Auswahl der auszugebenden Kreditoren eingrenzen. Für die Ausgabe können Sie zwischen vier Sortierungen der Kreditoren wählen. Zusätzlich zu Ihrer Auswahl innerhalb des Bereichs WEITERE ABGRENZUNGEN werden für jeden Lieferanten die Kontonummer, der Suchbegriff, die Kontengruppe, der Erfasser sowie das Anlegedatum der allgemeinen Daten ausgegeben.

Im Folgenden betrachten wir den Bereich WEITERE ABGRENZUNGEN etwas genauer:

- **Adresse u. Telekom (Stamm)**
  Haben Sie dieses Kennzeichen markiert, erhalten Sie sämtliche Stammsatzdaten aus dem Bereich ADRESSE UND TELEKOMMUNIKATION.
- **Liste der Buchungskreise**
  Bei Markierung dieses Kennzeichens erhalten Sie pro Konto eine Liste der Buchungskreise, in denen das Konto angelegt ist. Hierbei sind zwei Fälle zu unterscheiden: Falls Sie die zu selektierenden Buchungskreise nicht mittels des entsprechenden Selektionskriteriums eingrenzen und kein Kennzeichen markieren, das nur buchungskreisspezifische Daten liefert, erhalten Sie für die von Ihnen selektierten Konten eine komplette Liste der Buchungskreise. In diesem Fall wird auch angezeigt, falls ein Konto in keinem Buchungskreis angelegt ist. Falls Sie die zu selektierenden Buchungskreise eingrenzen und/oder ein Kennzeichen markieren, das nur

buchungskreisspezifische Daten liefert, erhalten Sie Angaben zu einem Konto nur, wenn es in mindestens einem bzw. mindestens einem der von Ihnen selektierten Buchungskreise angelegt ist. Die Liste bezieht sich bei Eingrenzung der Buchungskreise auch nur auf diese Eingrenzung und nicht auf alle vorhandenen Buchungskreise.

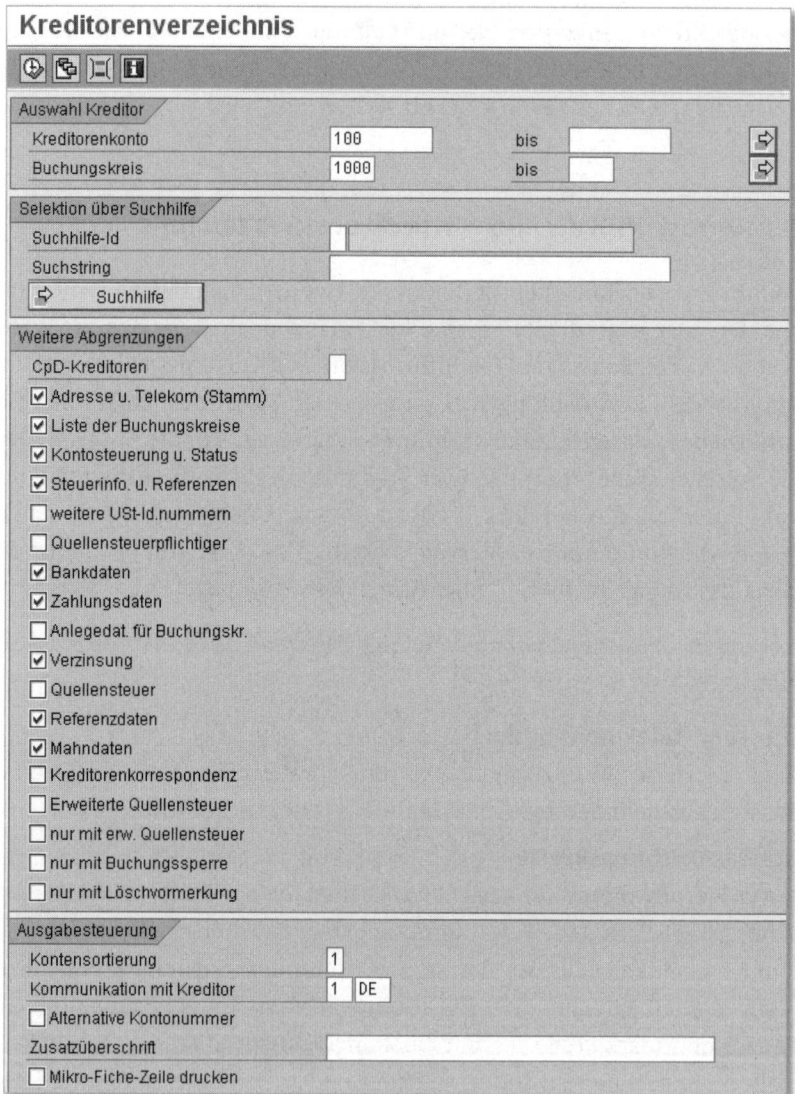

Abbildung 5.21 Report RFKKVZ00 – Selektionsbild

- **Kontosteuerung u. Status**
  Bei Markierung dieses Kennzeichens erhalten Sie allgemeine und buchungskreisspezifische Daten zu Kontosteuerung und Status angezeigt.

- **Steuerinfo u. Referenzen**
  Steuerinformationen und Referenzen werden angezeigt, wenn Sie dieses Kennzeichen markieren.

- **Weitere USt-Id.nummern**
  Bei Markierung dieses Kennzeichens erhalten Sie für jede im Stammsatz angegebene zusätzliche Umsatzsteuer-Identifikationsnummer die folgenden allgemeinen Daten: Länderschlüssel und Umsatzsteuer-Identifikationsnummer.

- **Bankdaten**
  Bei Markierung dieses Kennzeichens erhalten Sie für jede im Kreditorenstammsatz angegebene Bankverbindung die folgenden allgemeinen Daten: Name des Geldinstituts, Bankschlüssel, Bankland, Bankkontonummer, Bankenkontrollschlüssel, Einzugsermächtigung, Fremde Bank (Banktyp), SWIFT-Code, Bankengruppe, Postgiroamt, Referenzangabe zur Bankverbindung. Falls keine Bankdaten vorhanden sind, wird dieser Block nicht angezeigt.

- **Zahlungsdaten**
  Bei Markierung dieses Kennzeichens werden Daten zu den Zahlungen angezeigt.

- **Anlegedat. für Buchungskr. (Anlegedaten für Buchungskreis)**
  Bei Markierung dieses Kennzeichens werden Ihnen die folgenden buchungskreisabhängigen Daten angezeigt: ANGELEGT VON und ANGELEGT AM.

- **Verzinsung**
  Bei Markierung des Kennzeichens erhalten Sie die folgenden buchungskreisabhängigen Daten: Zinskennzeichen, Stichtag letzte Verzinsung, Datum letzte Verzinsung, Verzinsungsrhythmus.

- **Referenzdaten**
  Wenn Sie dieses Kennzeichen markieren, erhalten Sie, falls vorhanden, die alte Stammsatznummer.

- **Mahndaten**
  Hier erhalten Sie die folgenden buchungskreisspezifischen Daten: Mahnverfahren, Mahnsperre, Letzte Mahnung (Datum), Mahnempfänger, Schlüssel für Mahnungsgruppierung, Mahnbereich, Mahnstufe, gericht-

liches Mahnverfahren (Datum), Sachbearbeiter Mahnen. Falls keine Mahndaten vorhanden sind, wird dieser Block nicht angezeigt.

- **Kreditorenkorrespondenz**
Wenn dieses Kennzeichen markiert ist, werden die folgenden buchungskreisspezifischen Daten angezeigt: Sachbearbeiter bei Kreditor, Buchhaltungssachbearbeiter, Konto beim Kreditor, Dezentrale Verarbeitung, Kontovermerk.

- **Nur mit Buchungssperre**
Dieses Kennzeichen ermöglicht die Eingrenzung auf Konten mit zentraler Buchungssperre.

- **Nur mit Löschvormerkung**
Das Setzen dieses Kennzeichens ermöglicht eine Eingrenzung auf Konten mit zentraler Löschvormerkung.

- **Kontensortierung**
Es stehen mehrere Sortierreihenfolgen zur Auswahl. Die Konten werden zunächst nach dem ersten Kriterium sortiert. Alle folgenden Kriterien beziehen sich dann auf die Sortierung innerhalb des jeweils vorangegangenen Kriteriums. Falls Sie keine buchungskreisspezifischen Daten wünschen, ist eine Sortierung nach Buchungskreisen überflüssig. Deshalb wird in diesem Fall der Buchungskreis als Sortierkriterium in der Listausgabe nicht erwähnt.

- **Kommunikation mit Kreditor**
Je nach Anzahl der von Ihnen gewählten Ausgabezeilen und dem Umfang der vorhandenen Stammdaten werden die Anschrift und die Telekommunikationsdaten der Kreditoren vollständig oder teilweise ausgegeben. Die Ausgabe der Anschrift eines Kreditors erfolgt nach den postalischen Vorschriften des Landes, in dem sich die Anschrift befindet. Dies kann z.B. zur Folge haben, dass die Straße nicht ausgegeben wird, wenn ein Postfach vorhanden ist. Die im Kreditorenstammsatz von Ihnen angegebene Sprache wird immer ausgegeben. Die Ausgabe der Telekommunikationsdaten erfolgt anhand einer Prioritätenliste.

Das Kennzeichen ZUSATZÜBERSCHRIFT bietet Ihnen die Möglichkeit, im Seitenkopf individuelle Informationen zu einer Liste auszugeben. In Abbildung 5.22 sehen Sie das Berichtsergebnis mithilfe unserer Selektionskriterien.

```
Kreditorenverzeichnis

IDES-ALE: Central FI Syst              Kreditorenverzeichnis                    Zeit 20:14:31      Datum 21.01.2011
Frankfurt - Deutschland          Zusatzüberschrift / Buchungskreis 1000         RFKKVZ00/HFO      Seite          1

Sortierung: Land, PLZ, Kreditor, BuKr.

Bezn. 1    Inhalt 1           Bezn. 2         Inhalt 2       Bezn. 3       Inhalt 3     Bezn. 4      Inhalt 4         Bezn. 5      Inhalt
Kreditor   9902               Buchungskreis        Name des Buchungskreis
Abschnitt                     TECHNISCHE DATEN
Suchbegr.  INTERNIST          Kontengr.       0001           Erfasser      BONIN        EröffDat.   02.03.1999
Abschnitt                     ADRESSE UND TELEKOMMUNIKATION (VOLLSTÄNDIGE STAMMDATEN)
Anrede     Praxis                                            Sprache       DE           Telefon-1   020/787—447
Name       Doris Kurzeja-Hüsch                               Land          DE           Telefon-2   016014214200
Name 2     Betriebsärztin                                    Region        05           Telefax     020/787—1000
Name 3                                                       RegStruGrp                 Telex
Name 4                                                       Zeitzone      CET          Teletex
c/o                                                          Komm.art                   Telebox
Gebäude    FAX               Raumnummer                      Stockwerk                  Datenleit.
Ort        Dortmund                                          PLZ           44245        Postfach                     PF ohne Nr
Ortsteil                                                     PLZ-Postf.                 PLZ Firma                    PF-Land
Wohnort                                                      Postf.-Ort                 PF-Region
Straße     Wittenerstrasse                                                              Hausnummer  82               Zusatz
Bemerkgen                                                                               Suchbegr.
Abschnitt                     BANKDATEN
Geldinst.  Deutsche Bank Hamburg                             Bankschl.     20050000     Bankland    DE
Bankkonto  454577474         KontrSchl.                      Einzugerm.                 PartnBank   DEBA
SWIFT-Code                   Postb.Giro                      Referenz
Kontoinhab                   Zweigst.
IBAN       DE24200050000454577474                            Gültig ab     15.01.2010
Geldinst.  Volksbank Breisgau Nord eG                        Bankschl.     68092000     Bankland    DE
Bankkonto  1234567890        KontrSchl.                      Einzugerm.                 PartnBank   VOBA
SWIFT-Code GENODE61EMM       Postb.Giro                      Referenz
Kontoinhab                   Zweigst.
IBAN       DE16680920001234567890                            Gültig ab     01.07.2009
Abschnitt                     LISTE DER BUCHUNGSKREISE
BuKr.      1000 2000
Kreditor   9902              Buchungskreis   1000  Name des Buchungskreis   IDES AG
Abschnitt                    ANLEGEDATEN FÜR BUCHUNGSKREIS
Erfasser   BONIN                                             EröffDat.     02.03.1999
Abschnitt                    VERZINSUNG
Zins-Kz.   02                Ltz.Stitg  20.01.2011  Ltz.Verz.   16.01.2011  Ltz.Verz.   16.01.2011   Verz.Rhyt.   1
Abschnitt                    REFERENZDATEN
Alte Ktonr 1212                                              Personalnr    1912
```

Abbildung 5.22 Report RFKKVZ00 – Listausgabe

5.14 Report RFKOFW00 – OP – Fälligkeitsvorschau Kreditoren

Dieser Bericht führt eine Rasterung der offenen Posten (Kreditoren) nach Nettofälligkeit pro Buchungskreis und Geschäftsbereich durch und erzeugt eine Liste mit dem Ergebnis. Auf einem Summenblatt, das auf Wunsch auch alleine erzeugt werden kann, sind die Rastersummen kumuliert über alle ausgewählten Lieferanten ausgewiesen. Bei diesem Report handelt es sich um eine Vorschau, d.h., die überfälligen Posten werden nicht gerastert. Die Nettofälligkeit errechnet sich aus Fälligkeitsdatum – Stichtagsdatum. Kulanztage, die bei manuellem Zahlungsausgleich berücksichtigt werden, finden bei diesem Report keine Berücksichtigung. Das Selektionsbild des Reports RFKOFW00 ist in Abbildung 5.23 dargestellt.

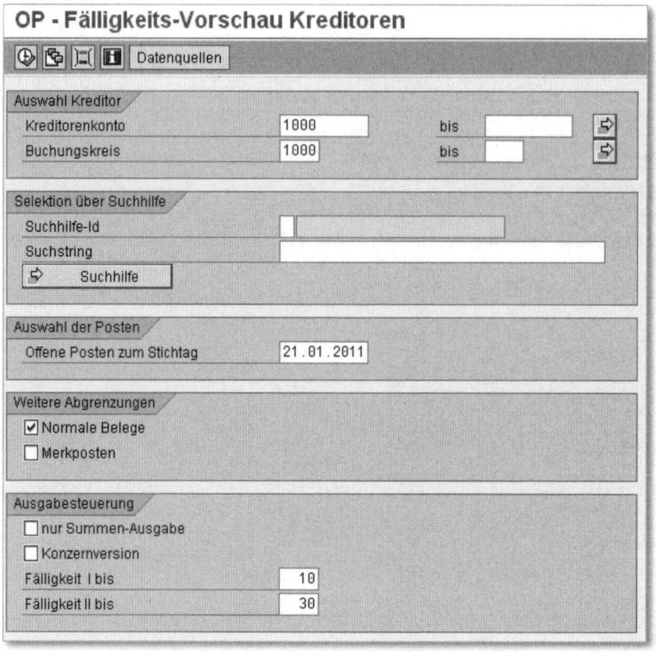

5 | Standardberichte in der Kreditorenbuchhaltung

Abbildung 5.23 Report RFKOFW00 – Selektionsbild

Im Folgenden betrachten wir die einzelnen Selektionskriterien zum Report RFKFW00.

- **Suchhilfe-Id**

  Die Suchhilfe-Id ist eine sogenannt *Kurzanwahl* einer elementaren Suchhilfe. In Abbildung 5.24 sehen Sie die unterschiedlichen Suchhilfen, die Ihnen für Kreditoren angeboten werden.

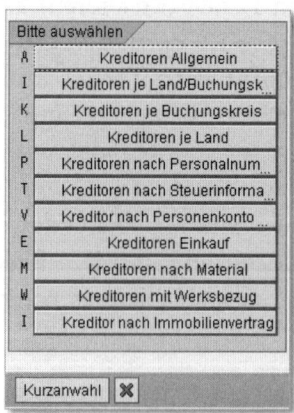

Abbildung 5.24 Suchhilfe-ID für Kreditoren

Über die Kurzanwahl kann der Benutzer direkt im Eingabefeld durch die Kurznotation eine elementare Suchhilfe aus der Sammelsuchhilfe auswählen. Dabei können auch direkt die Einschränkungen im Dialogfenster zur Werteeinschränkung mitgegeben werden. Als Kurzanwahl sind Buchstaben und Ziffern zulässig.

- **Suchstring**

    Im Suchstring für die Indexselektion können Sie bei Typ M (Matchcode) Abgrenzungen eingeben, mit denen dann die Daten selektiert werden. Einzelne Suchbegriffe werden durch Punkte getrennt. Beispiel: Suchstring »RAU.UL.«. Selektiert werden alle Sätze, deren Namen mit »RAU« (z.B. »Rauser« und »Rauber«) und deren Vornamen mit »UL« beginnen (z.B. »Ulrich«, »Ulrike« und »Ulf«). Wenn Sie sich im Feld INDEXNAME die Eingabemöglichkeiten anzeigen lassen und einen Indexnamen übernehmen, dann können Sie anschließend den Suchstring in einem Pop-up strukturgerecht eingeben. Die Punkte zum Abtrennen der einzelnen Suchbegriffe werden dann vom System eingesetzt.

- **Offene Posten zum Stichtag**

    Es werden alle Posten selektiert, die bis zum angegebenen Stichtag gebucht und zu diesem Zeitpunkt offen sind. Standardmäßig wird das Tagesdatum vorgeschlagen.

- **Normale Belege**

    Dieses Kennzeichen legt fest, dass nur buchhalterisch relevante Belege ausgewertet werden sollen. Das heißt, es werden keine Belege wie statistische Belege, Musterbelege, Dauerbuchungsurbelege oder Vorarfassungsbelege berücksichtigt. Da dies in der Regel auch nicht gewünscht ist, wird das Kennzeichen automatisch gesetzt. Sie können es, wenn nötig, entfernen. Dann werden jedoch nur die Ausnahmefälle berücksichtigt und die Standardbelege ausgeschlossen.

- **Merkposten**

    Die Markierung dieses Kennzeichens bewirkt, dass Merkposten ausgewertet werden. Ein Merkposten ist ein spezieller Posten, durch den keine Kontostände verändert werden. Beim Buchen eines Merkpostens wird ein Beleg erzeugt. Der Merkposten kann über die Einzelpostenanzeige angezeigt werden. Bestimmte Merkposten werden durch das Zahlungs- oder Mahnprogramm bearbeitet. Beispiel: Anzahlungsanforderungen.

- **Konzernversion**

    Bei der Konzernversion werden die Summen über mehrere Buchungskreise mit ausgewiesen.

- **Fälligkeit**
  Mit Ihren Eingaben in den dazugehörenden Selektionsfeldern legen Sie die Grenzen der einzelnen Fälligkeitsbereiche I bis III fest.

Die Ergebnisliste dieses Berichts sehen Sie in Abbildung 5.25.

OP - Fälligkeits-Vorschau Kreditoren

IDES-ALE: Central FI Syst OP - Fälligkeits-Vorschau Kredi Zeit 18:04:52 Datum 22.01.2011
Frankfurt - Deutschland Offene Posten per 21.01.2011 in Seite 1

Kreditor	1000	Name	Zander & Klube
		Name 2	Fleisch- und Wurstwaren
		Ort	Dortmund

BuKr	GsBe	Sum. off. Post.	Fällig bis 10 Tage	Fällig bis 30 Tage	Fällig ueber 30 Tage
1000	1500				696,00-
1000	7000	737.760,00-			737.760,00-
1000	9900	601.265,00-	13.000,00-	3.265,00-	585.000,00-
*1000		1.339.025,00-	13.000,00-	3.265,00-	1.323.456,00-

IDES-ALE: Central FI Syst OP - Fälligkeits-Vorschau Kredito Zeit 18:04:52 Datum 22.01.2011
Frankfurt - Deutschland S U M M E N B L A T T Seite 2

BuKr	GsBe	Sum. off. Post.	Fällig bis 10 Tage	Fällig bis 30 Tage	Fällig ueber 30 Tage
* 1000	1500				696,00-
* 1000	7000	737.760,00-			737.760,00-
* 1000	9900	601.265,00-	13.000,00-	3.265,00-	585.000,00-
** 1000		1.339.025,00-	13.000,00-	3.265,00-	1.323.456,00-
***		1.339.025,00-	13.000,00-	3.265,00-	1.323.456,00-

Abbildung 5.25 Report RFKOFW00 – Listausgabe

5.15 Report RFKOPO00 – Debitoren – Offene-Posten-Liste

Der Report RFKOPO00 zur Anzeige der offene Posten eines Debitors ist veraltet. Bitte verwenden Sie stattdessen den Report RFKEPL00 (siehe Abschnitt 5.6, »Report RFKEPL00 – Kreditoren-Einzelpostenliste«).

5.16 Report RFKOPR00 – Kreditorenbeurteilung mit OP-Rasterung

Der Report RFKOPR00 dient dazu, den aktuellen Zahlungsstatus bei Kreditoren, die besondere Aufmerksamkeit verdienen, möglichst genau zu ermitteln. Als Kriterien stehen hierfür zur Verfügung: die aktuellen Daten aus der

Stammdatenbank wie Kontokorrentsaldo, Sonderhauptbuchsalden etc. Neben der Analyse des Zahlungsstatus wird in dem Bericht eine Analyse der offenen Posten eines Kreditors durchgeführt. Dabei werden die selektierten Posten nach einem durch den Benutzer frei wählbaren Zeitraster strukturiert und geschäftsbereichsbezogen ausgegeben. Mittels Steueranweisung sind eine oder mehrere Untersuchungskriterien wählbar:

- **Altersstruktur der offen Posten nach Nettofälligkeit**

  Nettofälligkeit (Net) = Nettofälligkeitsdatum – Stichtag

- **Fälligkeitsvorschau gemäß Skontotage 1**

  Skonto-1-Fälligkeit (Skt) = Zfbdatum + Skontotage – 1 – Stichtag

- **Altersstruktur der offenen Posten nach Belegdatum**

  Altersrasterung (Alt) = Stichtag – Belegdatum

- **Überfälligkeit der fälligen Posten**

  Überfälligkeit (Ueb) = Stichtag – Nettofälligkeitsdatum

Analysearten	[«]
Bei den Analysearten (Net) und (Skt) zeigt die Zeitachse in die Zukunft, d.h., wir betreiben eine Vorschau des Zahlungseingangs. Bei (Alt) und (Ueb) zeigt sie jedoch in die Vergangenheit, da wir eine Analyse der überfälligen Posten vornehmen.	

Betrachten wir zum besseren Verständnis ein Beispiel.

Beispiel zu den Analysearten	[zB]
Folgende Daten werden angenommen:	
Belegdatum 01.04.2011	
Zahlungsfristenbasisdatum 05.04.2011	
Zahlungsbedingung 1 8 Tage / 5 %	
Zahlungsbedingung 2 14 Tage / 2 %	
Netto 21 Tage	
Die einzelnen Analysearten werden wie folgt berechnet:	
Stichtag: 15.04.2011:	
Nettofälligkeit des Postens: (Zahlungsfristenbasisdatum + Nettotage)	
Nettofälligkeit (Net) = 26.04.–15.04. = 11 Tage	
Skonto-1-Fälligkeit (Skt) = 05.04. + 8–15.04. = – 2 Tage	
Altersrasterung (Alt) = 15.04.–01.04. = 14 Tage	
Überfälligkeit (Ueb) = 15.04.–26.04. = 11 Tage	

In Abbildung 5.26 sehen Sie das Selektionsbild des Reports RFKOPR00.

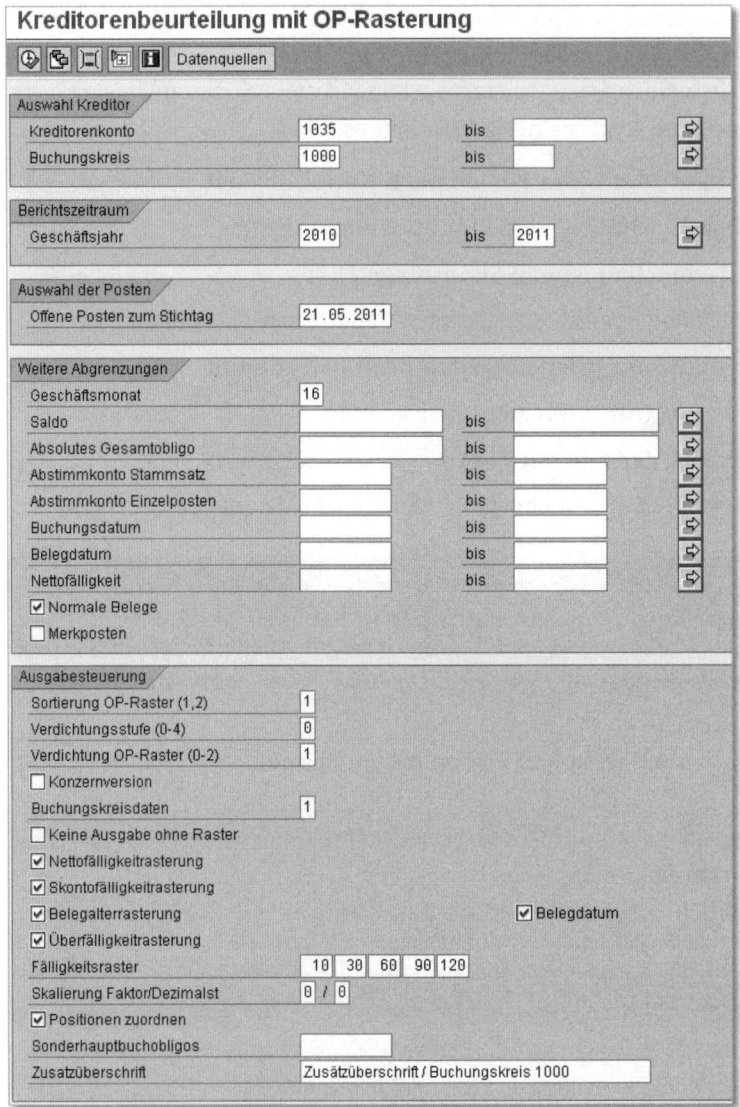

Abbildung 5.26 Report RFKOPR00 – Selektionsbild

Nun betrachten wir einige der Selektionskriterien des Berichts genauer.

- **Nettofälligkeitsrasterung**
  Ist dieses Kennzeichens markiert, wird erreicht, dass eine OP-Rasterung nach der Nettofälligkeit erfolgt.

- **Skontofälligkeitsrasterung**
  Mittels dieses Kennzeichens erfolgt eine OP-Rasterung nach der Skontofälligkeit (Skontotage 1).

- **Belegalterrasterung**
  Durch Markieren dieses Kennzeichens wird erreicht, dass eine OP-Rasterung nach Alter der Belege erfolgt.

- **Überfälligkeitsrasterung**
  Mit diesem Kennzeichen erreichen Sie, dass eine OP-Rasterung nach der Überfälligkeit erfolgt.

In Abbildung 5.27 sehen Sie das Ergebnis unserer Kreditorenbeurteilung.

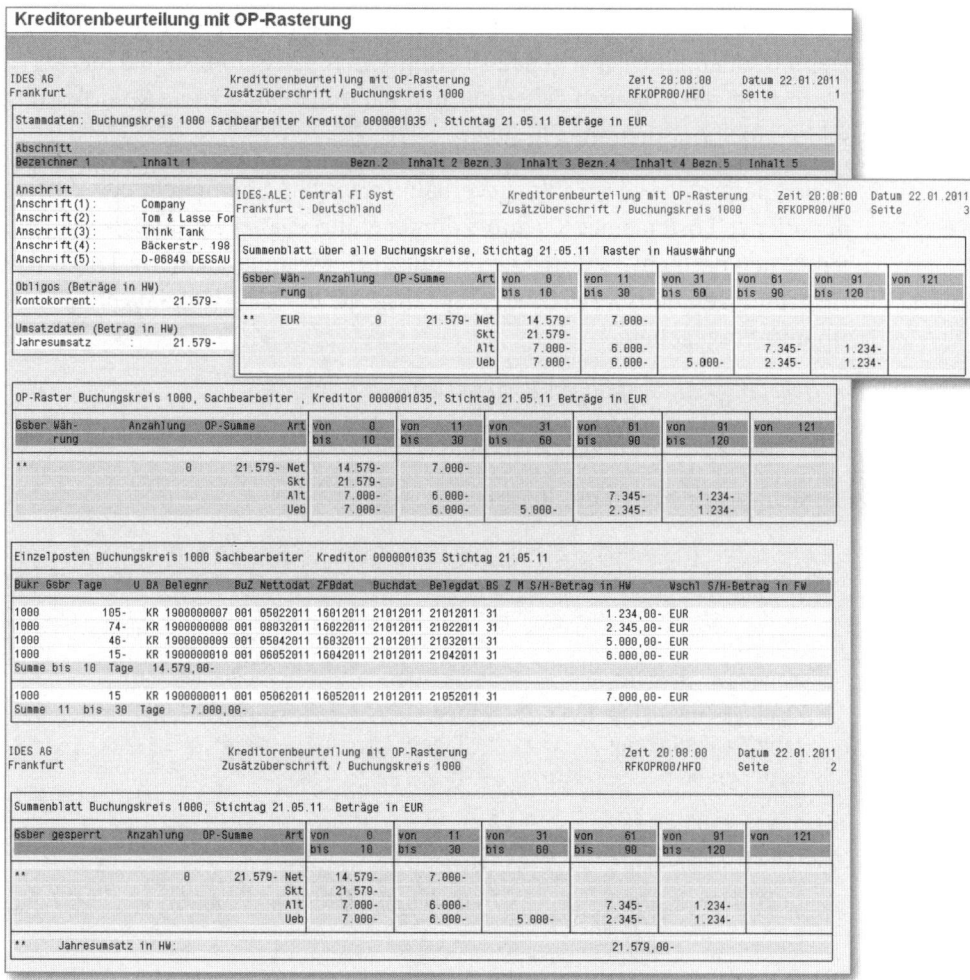

Abbildung 5.27 Report RFKOPR00 – Listausgaben

5.17 Report RFKOPR10 – OP-Analyse Kreditoren – Saldo überfälliger Posten

Der Report ermöglicht die Selektion und Analyse offener Posten von Kreditoren, deren überfällige Posten einen von Ihnen hinterlegten Betrag übersteigen. Falls Sie keine Selektion bezüglich des Saldos der überfälligen Posten wünschen, sollten Sie prüfen, ob Sie anstelle dieses Reports den Report zur Lieferantenbeurteilung mit OP-Rasterung (Report RFKOPR00, siehe Abschnitt 5.16, »Report RFKOPR00 – Kreditorenbeurteilung mit OP-Rasterung«) verwenden können. Dieser Report bietet Ihnen bezüglich der Überfälligkeitsanalyse fast die gleichen Möglichkeiten, ist aber von der Laufzeit her günstiger. Die Auswertung dient dazu, die Kreditoren, die aufgrund erheblicher Außenstände einer erhöhten Kreditüberwachung unterzogen werden sollen, möglichst genau zu ermitteln. Als Kriterien stehen hierfür zur Verfügung: die aktuellen Daten aus der Stammdatenbank wie Kontokorrentsaldo und Sonderhauptbuchsalden.

Neben der Analyse des Zahlungsverhaltens wird in dem Bericht eine Analyse der offenen Posten eines Kreditors durchgeführt. Dabei werden die selektierten Posten nach einem durch den Benutzer frei wählbaren Zeitraster strukturiert und geschäftsbereichsbezogen ausgegeben. Als Untersuchungskriterium ist vorgegeben:

Überfälligkeit der fälligen Posten (Ueb)

Verzugstage = Stichtag – Nettofälligkeitsdatum

Betrachten wir hierzu ein Beispiel.

[zB]

Analyse offener Posten

Folgende Daten werden angenommen:

Belegdatum	01.04.2011
Zahlungsfristenbasisdatum	05.04.2011
Zahlungsbedingung-1	8 Tage / 5 %
Zahlungsbedingung-2	14 Tage / 2 %
Zahlungsbedingung Netto	21 Tage

Stichtag: 14.05.2011

Die Überfälligkeit wird wie folgt durchgeführt:

Überfälligkeit (Ueb) = 14.05.93 – 26.04.93 = 18 Tage

Bei der Analyseart Ueb zeigt die Zeitachse in die Vergangenheit, da wir eine Analyse der überfälligen Posten durchführen. Bei Verdichtungsstufe 0 werden nur die überfälligen offenen Posten ausgegeben. Falls Sie die Ausgabe von Stammsatzinformationen zu Kreditoren ohne überfällige Posten nicht wünschen, können Sie die Ausgabe dadurch unterdrücken, dass Sie bei der Selektionsmöglichkeit für den Saldo der überfälligen Posten den Initialwert (0) als Einzelwert von der Selektion ausschließen.

In Abbildung 5.28 ist das Selektionsbild dieses Berichts dargestellt.

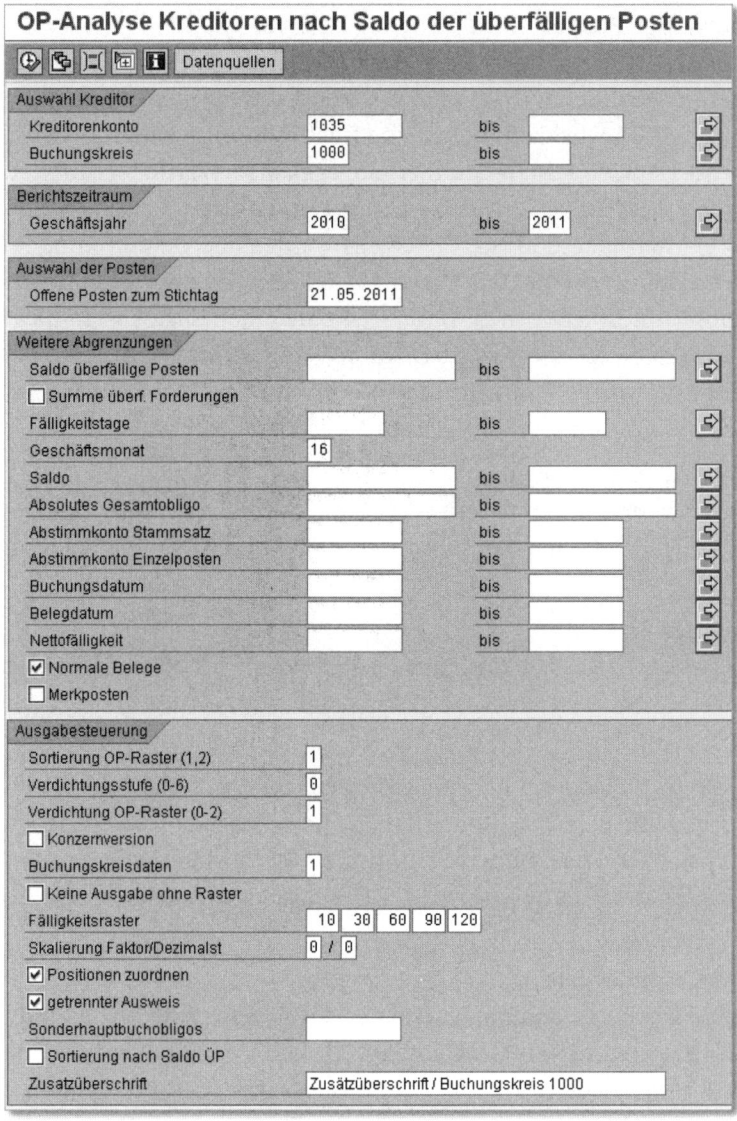

Abbildung 5.28 Report RFKOPR10 – Selektionsbild

An dieser Stelle sehen wir uns die Selektionskriterien des Berichts RFKOPR10 im Einzelnen an.

- **Offene Posten zum Stichtag**
  Hierbei handelt es sich um die Abgrenzung auf einen bestimmten Zeitpunkt. Es werden alle Posten selektiert, die bis zum angegebenen Stichtag gebucht und zu diesem Zeitpunkt offen sind. Standardmäßig wird für dieses Feld das Tagesdatum vorgeschlagen.

- **Saldo überfällige Posten**
  Hierbei handelt es sich um den Saldo der überfälligen Soll- und Habenbuchungen eines Debitors in Hauswährung. Mit dieser Selektionsoption hat der Benutzer die Möglichkeit, nur solche Debitoren zu selektieren, deren Saldo der überfälligen Posten den hier eingegebenen Wert überschreitet. Die Eingabe muss hier ohne Nachkommastellen erfolgen. Beispiel: Saldo überfällige Posten = 10.000 bis 15.000. Es werden alle Debitoren selektiert, deren Saldo zwischen 10.000 und 15.000 liegt. Falls Sie die Ausgabe von Stammsatzinformationen zu Debitoren ohne überfällige Posten nicht wünschen, können Sie die Ausgabe dadurch unterdrücken, dass Sie bei der Selektionsmöglichkeit für den Saldo der überfälligen Posten den Initialwert (0) als Einzelwert von der Selektion ausschließen.

- **Summe überf. Forderungen**
  Bei Markierung dieses Kennzeichens werden in die Berechnung des Saldos der überfälligen Posten eines Debitors nur überfällige Sollbeträge einbezogen.

- **Fälligkeitstage**
  Die Fälligkeitstage werden durch die Subtraktion des Nettofälligkeitsdatums vom Stichtag errechnet.

- **Saldo**
  Mit dieser Selektionsoption haben Sie die Möglichkeit, nur solche Kreditoren zu selektieren, deren Kontokorrentsaldo den hier eingegebenen Wert überschreitet. Der Saldo ergibt sich aus den 16 Monatsfeldern der Verkehrszahlen des Kreditorenkontos. Die Eingabe muss ohne Nachkommastellen erfolgen.

- **Absolutes Gesamtobligo**
  Mit dieser Selektionsoption haben Sie die Möglichkeit, nur solche Kreditoren zu selektieren, deren Gesamtobligo die hier eingegebenen Werte überschreitet. Der Saldo setzt sich zusammen aus den 16 Monatsfeldern + Saldo aller Sonderhauptbuchvorgänge des Kreditorenkontos. Die Eingabe muss hier ebenfalls ohne Nachkommastellen erfolgen.

- **Sortierung OP-Raster (1,2)**
  Dieses Kennzeichen steuert die Sortierung innerhalb des OP-Rasters.
  »1« – Es werden alle offenen Posten gerastert.
  »2« – Es werden nur offene Posten gerastert, die in Fremdwährung gebucht sind.

- **Verdichtungsstufe (0–6)**
  Das Kennzeichen wird verwendet, um die Listausgabe zu begrenzen.

- **Verdichtung OP-Raster (0–2)**
  Das Kennzeichen wird verwendet, um die Ausgabe des OP-Rasters zu steuern. Die Eingabemöglichkeiten und ihre Bedeutung sind:
  - »0« = Pro Geschäftsbereich wird ein OP-Raster gedruckt.
  - »1« = Es wird ein OP-Raster summiert über alle Geschäftsbereiche gedruckt.
  - »2« = Es wird kein OP-Raster, sondern nur der Anschriftenblock gedruckt. Dabei entfallen dann auch die Summenblätter.

- **Buchungskreisdaten**
  Mittels dieses Kennzeichens können Sie bei der Ausgabe der Liste als Konzernversion steuern, ob zusätzlich zu den Stammdaten und Rastern pro Konto auch die entsprechenden Daten pro Buchungskreis und Konto ausgegeben werden sollen.

- **Keine Ausgabe ohne Raster**
  Wird dieses Kennzeichen markiert, werden Stammsätze nur dann ausgegeben, wenn zugehörige Posten für die Rasterung selektiert wurden.

- **Rasterobergrenze in Tagen**
  Obergrenze in Tagen eines Rasterintervalls bei der Fälligkeitsrasterung

- **Skalierung Faktor/Dezimalst (Dezimalstellen)**
  Mit diesem Kennzeichen kann die Betragsausgabe gesteuert werden. Der Default-Vorschlag »0/0« bedeutet, dass die Beträge ohne Nachkommastellen angezeigt werden. Die Eingabe »3/2« würde bedeuten, dass die Beträge durch 1.000 dividiert und dann auf zwei Stellen nach dem Komma gerundet werden. Auf die Einzelpostenbeträge hat die Angabe von Faktor/Dezimalstellen keine Auswirkung.

- **Positionen zuordnen**
  Bei Markierung dieses Kennzeichens werden rechnungsbezogene Positionen bei der Rasterung wie die Rechnungspositionen, auf die sie sich beziehen, eingeordnet.

- **Getrennter Ausweis**
  Bei Markierung dieses Kennzeichens werden in den Rastern Soll- und Habenbeträge getrennt ausgewiesen.

5 | Standardberichte in der Kreditorenbuchhaltung

- **Sonderhauptbuchobligos**
  Liste der Sonderhauptbuchkennzeichen, für die im Bereich der Angaben zum Stammsatz gesonderte Salden ausgewiesen werden sollen. Falls Sonderhauptbuchvorgänge gebucht wurden, die nicht in dieser Liste aufgeführt sind, werden die Salden unter SONSTIGE OBLIGOS summiert. Merkposten werden nicht berücksichtigt.

- **Sortierung nach Saldo ÜP (überfällige Posten)**
  Bei Markierung dieses Kennzeichens werden die selektierten Debitoren pro Buchungskreis und Buchhaltungssachbearbeiter nach der Höhe des Saldos der überfälligen Posten absteigend sortiert.

In Abbildung 5.29 können Sie die verschiedenen Ergebnislisten sehen, die Sie mithilfe dieses Berichts erhalten.

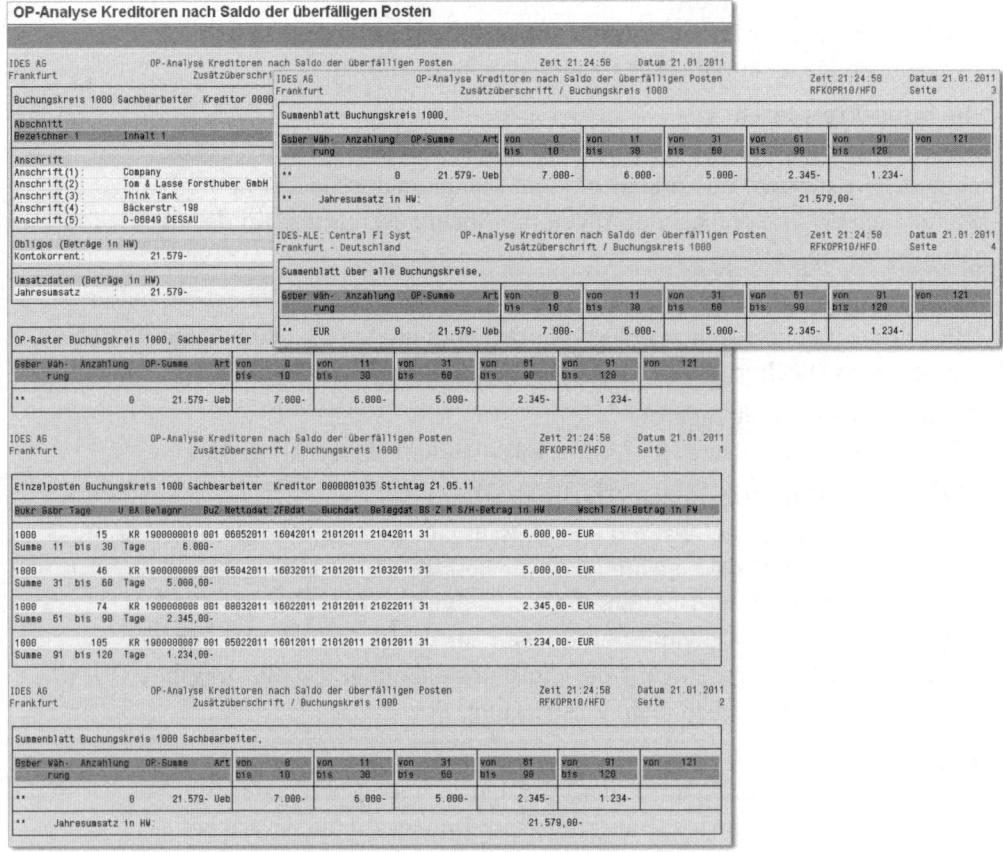

Abbildung 5.29 Report RFKOPR10 – Listausgaben

5.18 Report RFKORB00 – Interne Belege

Der Report selektiert diejenigen Buchhaltungsbelege, für die interne Belege ausgegeben werden sollen, und stellt entsprechende Anforderungen in die Tabelle für Korrespondenzanforderungen der Buchhaltung. Nach der Selektion werden die durch diesen Report erstellten aktuellen Korrespondenzanforderungen mittels des Triggerreports für Korrespondenz und der Druckreports ausgegeben sowie abgearbeitete durch den Report erstellte Korrespondenzanforderungen für interne Belege reorganisiert. Der Name des im Standard ausgelieferten Druckreports für interne Belege ist RFKORD30. Falls eine Ausgabe von Korrespondenzen erfolgt, wird pro Reportlauf ein Protokoll mit den durch die Druckprogramme erzeugten Druckaufträgen ausgegeben. Ohne Angabe eines Druckers für das Protokoll im Report wird gegebenenfalls der Drucker aus dem Benutzerstamm desjenigen, der das Programm gestartet hat, oder der beim Einplanen des Jobs angegebene Drucker gewählt. Wird der Report online ausgeführt, dann wird das Protokoll am Bildschirm ausgegeben. Falls das Programm als Job eingeplant wird, setzt sich der Name des Spool-Auftrags zum Protokoll aus der Kennung F140, dem Druckernamen, dem Erstellungsdatum und der Programmidentifikation KORB zusammen. Die Ausgabe der Korrespondenzen erfolgt durch das entsprechende Druckprogramm RFKORD30. Falls eine Ausgabe aufgrund des Datenmaterials und der Konfiguration möglich ist, wird pro Korrespondenzart und Buchungskreis ein Spool-Auftrag erzeugt. Die bearbeiteten Korrespondenzanforderungen werden, unabhängig davon, ob tatsächlich eine Ausgabe erfolgte, durch ein Druckdatum als erledigt gekennzeichnet, damit eine Reorganisation erfolgen kann. In Abbildung 5.30 sehen Sie das Selektionsbild zur Erstellung der internen Belege.

Nun folgt ein detaillierter Blick auf die einzelnen Selektionskriterien zu diesem Bericht.

- **Buchungskreis**
  Schlüssel, der einen Buchungskreis eindeutig identifiziert
- **Belegnummer**
  Schlüssel, mit dem auf einen Buchhaltungsbeleg zugegriffen wird. Die Belegnummer ist eindeutig pro Buchungskreis und Geschäftsjahr.
- **Geschäftsjahr**
  Zeitraum in der Regel von zwölf Monaten, für den das Unternehmen seine Inventur und Bilanz zu erstellen hat. Das Geschäftsjahr kann sich mit dem Kalenderjahr decken, muss es aber nicht.

Interne Belege			
Allgemeine Abgrenzungen			
Buchungskreis	1000	bis	
Belegnummer		bis	
Geschäftsjahr	2010	bis	
Belegart		bis	
Referenznummer		bis	
Übergreifende Nummer		bis	
Belegdatum		bis	
Buchungsdatum		bis	
CPU-Datum		bis	
Erfasser		bis	
Weitere Abgrenzungen			
☑ Normale Belege			
☐ Stornobelege			
Belegnummer des Stornobelegs		bis	
☐ Dauerbelege			
☐ Echtbelege			
Belegnummer der Dauerbuchung		bis	
☐ Musterbelege			
☐ Merkposten			
☐ Vorerfaßte Belege			
Ausgabesteuerung			
Zusatzüberschrift			
Korrespondenz	SAP09		
Programmsteuerung			
Löschen, falls erledigt seit	8		
Drucksteuerung			
Protokoll auf Drucker	Local		

Abbildung 5.30 Report RFKORB00 – Selektionsbild

▸ **Belegart**
Die Belegart klassifiziert die Buchhaltungsbelege. Sie wird im Belegkopf vermerkt. Zu jeder Belegart werden Eigenschaften vereinbart, die die Erfassung des Belegs steuern oder aber selbst im Beleg vermerkt werden. Insbesondere wird zu jeder Belegart über Nummernkreise festgelegt, welcher Bereich von Belegnummern für die zugehörigen Belege zugelassen ist.

▸ **Referenznummer = Referenz-Belegnummer**
Die Referenznummer kann die Belegnummer beim Geschäftspartner enthalten. Dies Feld kann aber auch anders gefüllt sein. Die Referenz-Beleg-

nummer dient als Suchkriterium bei Beleganzeige oder -änderung. In der Korrespondenz wird die Referenz-Belegnummer teilweise anstelle der Belegnummer gedruckt.

▸ **Übergreifende Nummer**
Das ist die Nummer eines buchungskreisübergreifenden Buchungsvorgangs. Bei der buchungskreisübergreifenden Belegerfassung entstehen mehrere Belege in unterschiedlichen Buchungskreisen. Durch eine gemeinsame Vorgangsnummer wird gekennzeichnet, dass die Belege logisch zusammengehören. Die Vorgangsnummer kann manuell oder vom System vergeben werden. Das System bildet die Nummer aus Belegnummer, Buchungskreis und Geschäftsjahr. Beispiel: Belegnummer = 0000004711, Buchungskreis = 1000 und Geschäftsjahr = 2011. Die automatisch erzeugte Belegnummer lautet 0000004711100011.

▸ **CPU-Datum**
Tag der Erfassung des Buchhaltungsbelegs. Gibt an, an welchem Tag der Buchhaltungsbeleg erfasst wird. Das Buchungsdatum kann sich sowohl vom Erfassungsdatum (Tag der Eingabe in das System) als auch vom Belegdatum (Tag der Erstellung des Originalbelegs) unterscheiden.

▸ **Erfasser**
Name des Benutzers

▸ **Normale Belege**
Bei Markierung dieses Kennzeichens werden Belege selektiert, die nicht zu den folgenden Belegtypen gehören: Stornobelege, Dauerbuchungsurbelege, Buchhaltungsbelege, Musterbelege und Merkposten.

▸ **Stornobelege**
Bei Markierung dieses Kennzeichens werden Belege mit Stornobelegnummer selektiert.

▸ **Belegnummer des Stornobelegs**
Enthält die Belegnummer des Belegs, mit dem der aktuell angezeigte Beleg storniert worden ist. Das Feld wird beim Stornieren automatisch vom System gefüllt.

▸ **Dauerbelege**
Bei Markierung dieses Kennzeichens werden Dauerbuchungsurbelege selektiert.

- **Echtbelege**
  Bei Markierung dieses Kennzeichens werden Belege selektiert, die aufgrund von Dauerbuchungsurbelegen gebucht wurden.

- **Belegnummer der Dauerbuchung**
  Unter dieser Belegnummer wurde der Urbeleg für die Dauerbuchung erfasst.

- **Musterbelege**
  Bei Markierung dieses Kennzeichens werden Musterbelege selektiert.

- **Merkposten**
  Wenn Sie dieses Kennzeichen markieren, werden Merkposten selektiert.

- **Vorerfasste Belege**
  Wird dieses Kennzeichen markiert, werden zusätzlich die Belege aus der Belegvorerfassung selektiert. Sie finden diese Belege ohne weitere Indizierung unter den normalen Belegen.

- **Zusatzüberschrift**
  Hier kann ein Text als Zusatzüberschrift für die Listausgabe mitgegeben werden.

- **Korrespondenz**
  Eine Korrespondenz (z.B. Zahlungsmitteilung oder Kontoauszug) wird durch eine Kurzbezeichnung identifiziert. In diesem Fall SAP09 für INTERNE BELEGE.

- **Löschen, falls erledigt seit**
  Wenn Sie hier eine Anzahl Tage größer 0 eingeben, löscht der allgemeine Report für die Korrespondenz die Korrespondenzanforderungen der Buchhaltung, die als erledigt gekennzeichnet sind. Bedingung ist, dass das Druckdatum mindestens um die Anzahl der eingegebenen Tage älter ist als das aktuelle Tagesdatum beim Lauf des allgemeinen Reports. Ist das Feld leer oder die Eingabe »00«, werden die erledigten Korrespondenzanforderungen nicht gelöscht.

- **Protokoll auf Drucker**
  (Kurz-)Name eines Ausgabegeräts im SAP-System, angegeben in der Definition des Geräts. Sie verwenden diesen Namen (oder den Langnamen), um ein Ausgabegerät auszuwählen.

In Abbildung 5.31 sehen Sie den internen Beleg, der in unserem Beispiel erzeugt wurde.

```
Interner Buchungsbeleg                              Seite        1

Buchungskr.. 1000 IDES AG
Belegart.... DZ    Zahlung Kontoauszug
Belegnummer. 1400000000              Geschäftsj.. 2010
Belegdatum.. 16.12.2010              Währung..... EUR
Haus-Währung EUR Buchungskreiswährung
                                     Umrech.dat.. 17.12.2010
2. Haus-Währ EUR Konzernwährung
                                     Umrech.dat.2 Umrechnungsdatum
Umrechnung ausgehend von der ersten Hauswährung
3. Haus-Währ USD Hartwährung
Umr.kurs 3..    1,39000              Umrech.dat.3 Umrechnungsdatum
Umrechnung ausgehend von der ersten Hauswährung
Buchungsdat. 17.12.2010              Buchungsper. 12
Erfass.datum 17.12.2010              Erfasser.... HFO
Belegk.text. Eingangszahlung
Referenztyp. BKPF                    Referenzschl 140000000010002010

Sachkonten-Positionen
Buch.schl... 40 Soll-Buchung                          Buch.zeile.. 001
Konto....... 113109 Deutsche Bank (Debitoren-Geldeingang)
Betrag......       23.000,00 EUR Soll
Betrag KonzW       23.000,00 EUR
Betrag HartW       31.970,00 USD
Valutadatum. 17.12.2010
Zuordnung... 0000002300000

Debitoren-Positionen           Automatisch erzeugte Position
Buch.schl... 15  Zahlungseingang                      Buch.zeile.. 002
Debitor..... 1370        Tom & Lasse Forsthuber
                         Eisvogelweg 12
                         81827 Dortmund
Hauptbuch... 140000 Debitoren-Forderungen Inland
Betrag......       23.000,00 EUR Haben
Betrag KonzW       23.000,00 EUR
Betrag HartW       31.970,00 USD
Basisdatum.. 01.01.2011
Zahlbetrag..
RechnBezug..       23.000,00 EUR
             1800000000 / 2010  / 001
Zuordnung... 18000000312005
Dispo-Datum. 03.12.2010
Dispos.Ebene F1 Buchung Einkauf/Verkauf

Belegende
```

Abbildung 5.31 Report RFKORB00 – interner Beleg

5.19 Report RFKORD40 – Individuelle Briefe und Standardbriefe

Dieser Report druckt individuelle Briefe und Standardbriefe für Debitoren und Kreditoren. Bei individuellen Briefen können Sie einen beliebigen Text während des Dialogs eingeben. Bei Standardbriefen ist im Formular bzw. einem Standardtext ein Text hinterlegt, der nur durch bestimmte Variablen ergänzt, aber nicht interaktiv verändert werden kann. Das Druckprogramm

5 | Standardberichte in der Kreditorenbuchhaltung

wird i.d.R. nur während der Systemeinstellung für Testzwecke direkt ausgeführt. Ansonsten erfolgt der Aufruf automatisch durch übergeordnete Korrespondenzprogramme.

Bevor Sie individuelle Briefe und Standardbriefe im Rahmen der Korrespondenz drucken können, müssen Sie Formulare definieren: Formulare müssen im System definiert und aktiviert sein, damit Sie die gewünschten Schreiben drucken können. Im Standardsystem wird ein Formular ausgeliefert, das Sie kopieren und Ihren Bedürfnissen entsprechend anpassen können. In diesem Programm wird das Formular F140_IND_TEXT_01 verwendet.

Die Erstellung von individuellen Briefen und Standardbriefen ist für CpD-Kunden nicht möglich.

Pro Debitor oder Kreditor wird ein individueller Brief oder Standardbrief ausgegeben. Pro Buchungskreis wird ein gesonderter Spool-Auftrag erzeugt. Für Probezwecke kann eine Ausgabe am Bildschirm erfolgen.

Abbildung 5.32 zeigt das Selektionsbild des Reports RFKORD40.

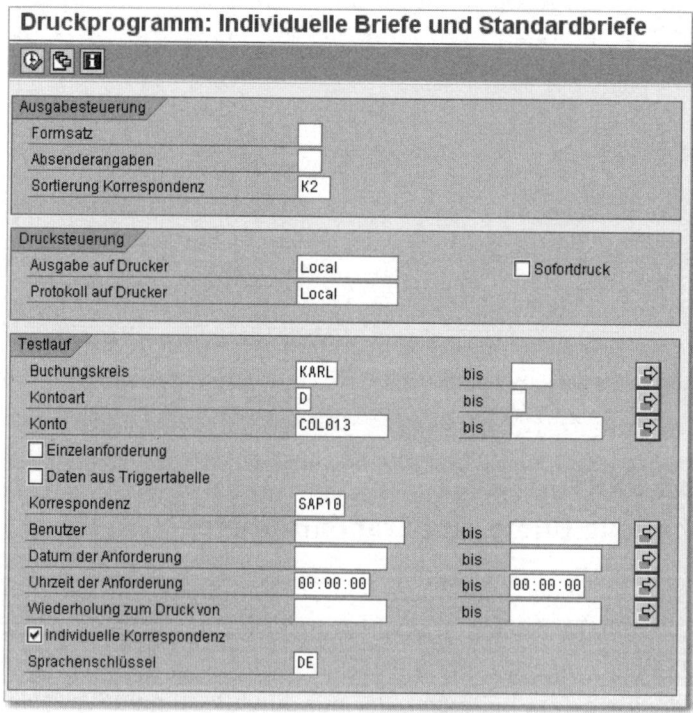

Abbildung 5.32 Report RFKORD40 – Selektionsbild

Treten während eines Reportlaufs Fehler auf, die nicht so schwerwiegend sind, dass ein Abbruch der Verarbeitung erfolgt, wird am Ende des Reportlaufs eine Fehlerliste ausgegeben. Wird der Report online ausgeführt, dann sehen Sie diese Fehlerliste am Bildschirm. Falls das Programm als Job eingeplant wird, setzt sich der Spool-Auftragsname der Fehlerliste aus der Kennung F140ER, dem Druckernamen und gegebenenfalls der Korrespondenzart und dem Buchungskreis zusammen. Wird der Druckreport direkt ausgeführt, wird, falls eine Druckausgabe erfolgte, pro Reportlauf ein Protokoll mit den erzeugten Spool-Aufträgen ausgegeben. Wird der Report online ausgeführt, dann wird das Protokoll am Bildschirm ausgegeben. Falls das Programm als Job eingeplant wird, setzt sich der Spool-Auftragsname des Protokolls aus der Kennung F140, dem Druckernamen, dem Erstellungsdatum und der Programmidentifikation KORD zusammen. Wird der Druckreport durch ein übergeordnetes Korrespondenzprogramm gestartet, erfolgt die Protokollausgabe durch das übergeordnete Programm (Trigger für Korrespondenz – etwa das Programm SAPF140).

Anschließend sehen wir uns einige der Selektionskriterien des Druckprogramms genauer an.

- **Formsatz**
  Identifikation, mit der eines oder mehrere Formulare einer Korrespondenz zugeordnet werden können

- **Absenderangaben**
  Identifikation, mit der Standardtexte für die Absenderangaben im Brieffenster, im Fußtext, im Kopftext und im Text für die Unterschrift einer Korrespondenz zugeordnet werden können

- **Sortierung Korrespondenz**
  Die Sortiervariante beinhaltet die Felder und Reihenfolge der Felder, nach der die Korrespondenz bei der Ausgabe sortiert werden soll

- **Ausgabe auf Drucker**
  (Kurz-)Name eines Ausgabegeräts im SAP-System. Die Benutzer im SAP-System verwenden diesen Namen (oder den Langnamen), um ein Ausgabegerät auszuwählen. Geben Sie den SAP-Namen des Ausgabegeräts an, das Ihren Ausgabeauftrag ausführen soll. Sie können sich über die Eingabemöglichkeiten eine Liste der verfügbaren Drucker und anderen Geräte anzeigen lassen und unter den vorhandenen Geräten wählen.

- **Kontoart**
  Die Kontoart legt fest, ob das Hauptbuch oder eines der Nebenbücher der Buchhaltung angesprochen ist.

▶ **Individuelle Korrespondenz**

Ist dieses Kennzeichen gesetzt, können Sie nach dem Start des Programms in die individuelle Textpflege verzweigen (siehe Abbildung 5.33). Hier können Sie den Text erfassen und über die Verwendung von Absatzformaten formatieren. Es gibt Standardabsatzformate, die verwendet werden können. Zum Beispiel erfassen Sie mit dem Format * einen Fließtext. Über die F4-Hilfe lassen sich sämtliche vorhandenen Formate anzeigen und auswählen.

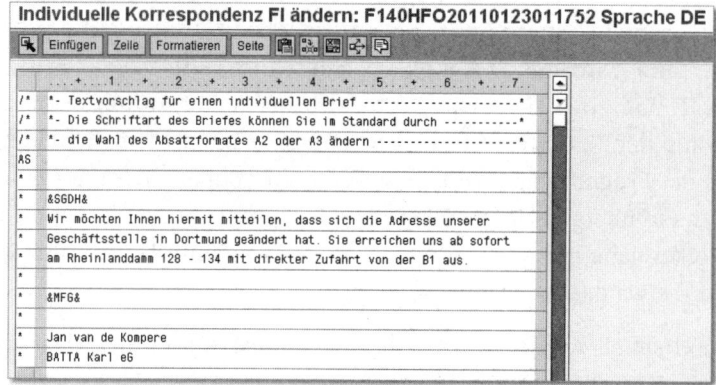

Abbildung 5.33 Report RFKORD40 – Textpflege

Den in Abbildung 5.33 gepflegten Text finden Sie in dem vom Report erzeugten Anschreiben aus Abbildung 5.34.

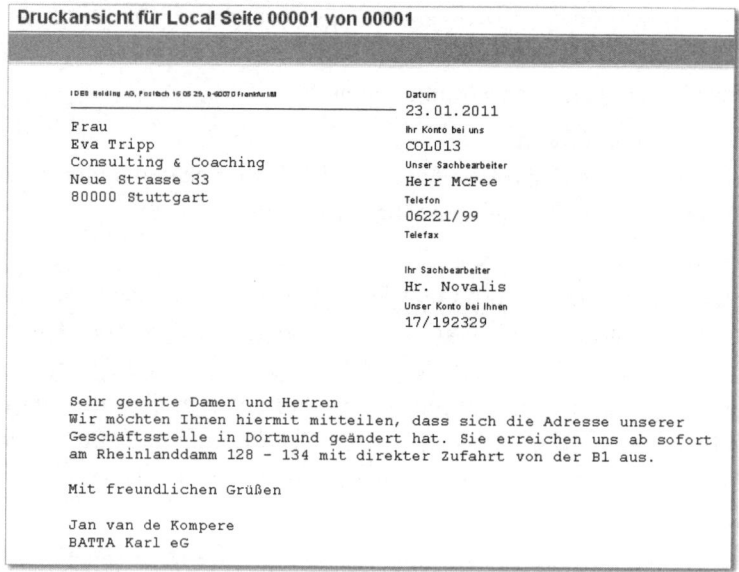

Abbildung 5.34 Report RFKORD40 – Anschreiben

5.20 Report RFKORK00 – Druckprogramm Kontoauszug periodisch

Dieser Report erstellt auf Anforderung periodische Kontoauszüge für selektierte Geschäftspartner. Die Korrespondenzart ist für dieses Druckprogramm mit SAP06 (Kontoauszug) voreingestellt. Sie können sie aber auch ändern, um etwa Eigenentwicklungen einzusetzen. Abbildung 5.35 zeigt das Selektionsbild für dieses Druckprogramm.

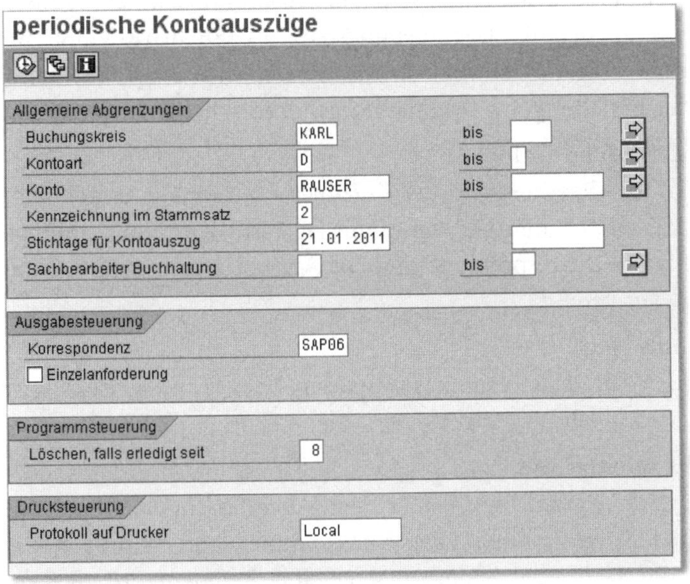

Abbildung 5.35 Report RFKORK00 – Selektionsbild

Betrachten wir zunächst die Felder dieses Selektionsbildes.

- **Kontoart**
  Die Kontoart legt fest, ob das Hauptbuch oder eines der Nebenbücher der Buchhaltung angesprochen ist.

- **Konto**
  Kontonummer des Geschäftspartners, dessen offene Posten bearbeitet werden

- **Kennzeichnung im Stammsatz**
  Sie können im Stammsatz eine Kennzeichnung hinterlegen, dass ein Konto bei der Erstellung von periodischen Kontoauszügen zu berücksichtigen ist. Durch die Festlegung unterschiedlicher Kennungen können Sie Konten in Gruppen mit unterschiedlichen Kontoauszugsintervallen ein-

teilen. Die Kennungen sind frei definierbar. Beispiel: 1 = wöchentliche Kontoauszüge/2 = monatliche Kontoauszüge. Die Kennzeicheneingabe dient hier zur Selektion der gekennzeichneten Konten.

- **Stichtage für Kontoauszug**
Datum, unter dem der Beleg in der Buchhaltung bzw. in der Kostenrechnung erfasst wird. Aus dem Buchungsdatum werden das Geschäftsjahr und die Periode abgeleitet, für die eine Fortschreibung der im Beleg angesprochenen Konten bzw. Kostenarten erfolgt. Bei der Belegerfassung wird anhand der erlaubten Buchungsperiode überprüft, ob das angegebene Buchungsdatum zulässig ist. Das Buchungsdatum kann sich sowohl vom Erfassungsdatum (Tag der Eingabe in das System) als auch vom Belegdatum (Tag der Erstellung des Originalbelegs) unterscheiden.

- **Sachbearbeiter Buchhaltung**
Kürzel für den Sachbearbeiter in der Buchhaltung. Der Name des Sachbearbeiters, der unter dem Kürzel hinterlegt ist, wird im Zahlungsprogramm, für die Korrespondenz und für Auswertungen (z.B. Offene-Posten-Listen) verwendet.

- **Korrespondenz**
Eine Korrespondenz (z.B. Zahlungsmitteilung oder Kontoauszug) wird durch eine Kurzbezeichnung identifiziert, hier SAP06.

- **Löschen, falls erledigt seit**
Wenn Sie hier eine Anzahl Tage größer 0 eingeben, löscht der allgemeine Report für die Korrespondenz die Korrespondenzanforderungen der Buchhaltung, die als erledigt gekennzeichnet sind. Bedingung ist, dass das Druckdatum mindestens um die Anzahl der eingegebenen Tage älter ist als das aktuelle Tagesdatum beim Lauf des allgemeinen Reports. Ist das Feld leer oder lautet die Eingabe »00«, werden die erledigten Korrespondenzanforderungen nicht gelöscht.

- **Protokoll auf Drucker**
(Kurz-)Name eines Ausgabegeräts im SAP-System, angegeben in der Definition des Geräts. Die Benutzer im SAP-System verwenden diesen Namen (oder den Langnamen), um ein Ausgabegerät auszuwählen. Sie können über die Eingabemöglichkeiten unter den vorhandenen Geräten wählen.

In Abbildung 5.36 sehen Sie das in unserem Beispiel erzeugte Protokoll. In Abbildung 5.37 ist dann der erzeugte Kontoauszug für den Geschäftspartner Rauser & Co. dargestellt.

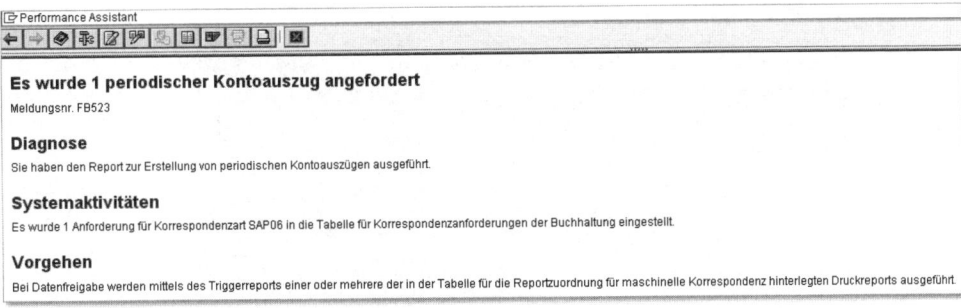

Abbildung 5.36 Report RFKORK00 – Protokoll

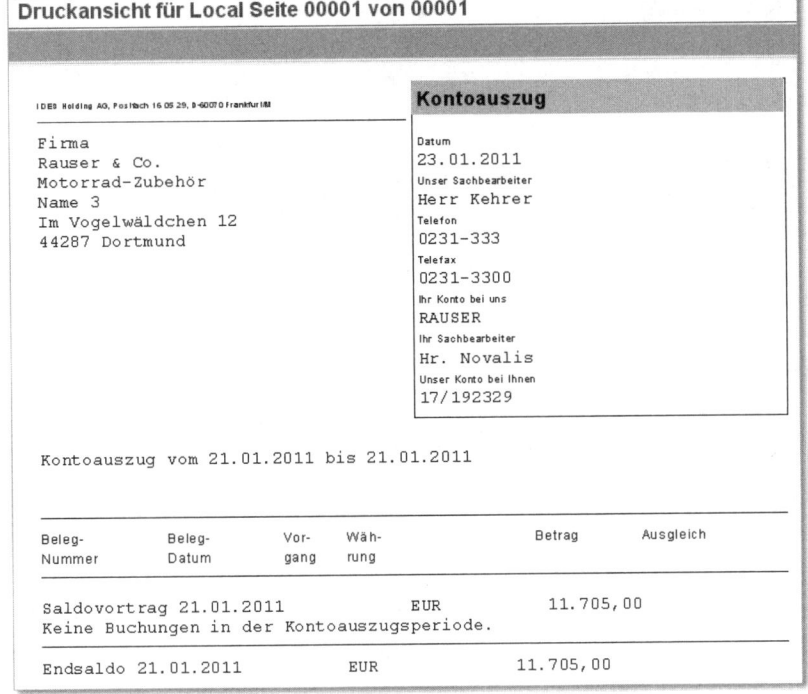

Abbildung 5.37 Report RFKORK00 – Schreiben

5.21 Report RFKORS10 – Druckprogramm Serienbriefe

Mit diesem Report können Serienbriefe für Kreditoren unter bestimmten erfassten Kriterien erstellt werden. Durch die Verwendung von Formularen und Textbausteinen können die Briefe zu den verschiedensten Anforderungen erstellt werden. In Abbildung 5.38 sehen Sie das Selektionsbild des Reports RFKORS10.

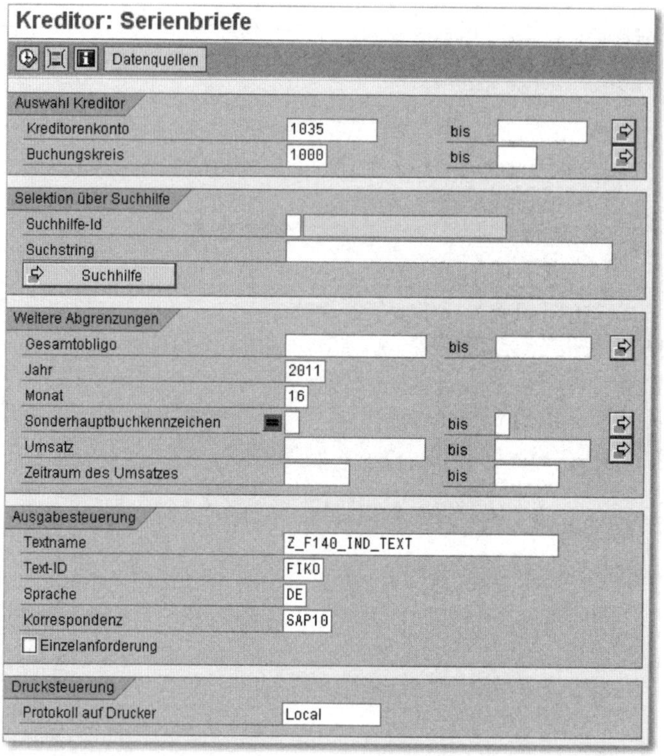

Abbildung 5.38 Report RFKORS10 – Selektionsbild

Einige der Selektionskriterien werden wir uns nun genauer ansehen.

- **Umsatz**
  Es ist möglich, nach einem vorgegebenen Jahresumsatz zu selektieren.

- **Zeitraum des Umsatzes**
  Die Umsätze der Konten werden pro Geschäftsmonat innerhalb des Geschäftsjahres fortgeschrieben. Maximal können 16 Geschäftsmonate fortgeschrieben werden. Pro Buchungskreis wird festgelegt, wie sich ein Geschäftsjahr in Geschäftsmonate unterteilt. Zum Beispiel können zwölf Geschäftsmonate (Kalendermonate) oder 13 Geschäftsmonate (je vier Wochen) definiert werden. Werden weniger als 16 Geschäftsmonate vereinbart, können die restlichen Perioden (in den Beispielen 13–16 bzw. 14–16) als sogenannte *Sonderperioden* verwendet werden. Für die Buchhaltungsbelege wird der Geschäftsmonat aus dem Buchungsdatum abgeleitet bzw. kann direkt eingegeben werden, wenn anstelle der letzten Periode eines Geschäftsjahres eine Sonderperiode fortgeschrieben werden soll. Die Umsatzperiode dient zur Eingrenzung des Geschäftsmonats und

des Geschäftsjahres des Umsatzes. Geben Sie diese Daten in der folgenden Form ein: MM.JJJJ.

▶ **Textname**
Dies ist der Name eines Textes. Er kann bis zu 70 Stellen lang sein. In speziellen Textanwendungen werden aber meist nur kürzere Namen zugelassen. Die Standardtextpflege (Transaktion SO10) lässt z.B. nur 32-stellige Textnamen zu. Die Zeichen »,« »*« und »&« im Textnamen sind unzulässig, und der Textname darf nicht leer gelassen werden.

▶ **Text-ID**
Die Text-ID legt die verschiedenen Arten von Texten fest, die zu einem Textobjekt gehören.

▶ **Korrespondenz**
Eine Korrespondenz (z.B. Zahlungsmitteilung oder Kontoauszug) wird durch eine Kurzbezeichnung identifiziert. Diese Kurzbezeichnung können Sie frei definieren.

▶ **Protokoll auf Drucker**
(Kurz-)Name eines Ausgabegeräts im SAP-System, angegeben in der Definition des Geräts. Die Benutzer im SAP-System verwenden diesen Namen (oder den Langnamen), um ein Ausgabegerät auszuwählen.

In Abbildung 5.39 sehen Sie einen Serienbrief, der mit diesem Programm erstellt wurde.

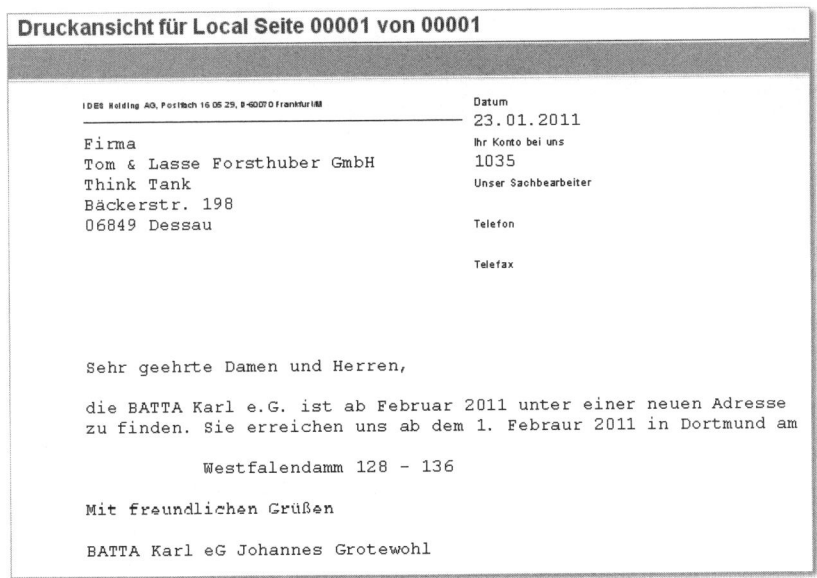

Abbildung 5.39 Report RFKORS10 – Serienbrief

5.22 Report RFKSLD00 – Kreditoren-Salden in Hauswährung

Die Salden folgender Vorgänge können mit der Kreditorensaldenliste ausgegeben werden:

- normale Hauptbuchvorgänge
- Sonderhauptbuchvorgänge (je Sonderhauptbuchkennzeichen)

Das Selektionsbild zum Report RFKSLD00 sehen Sie in Abbildung 5.40.

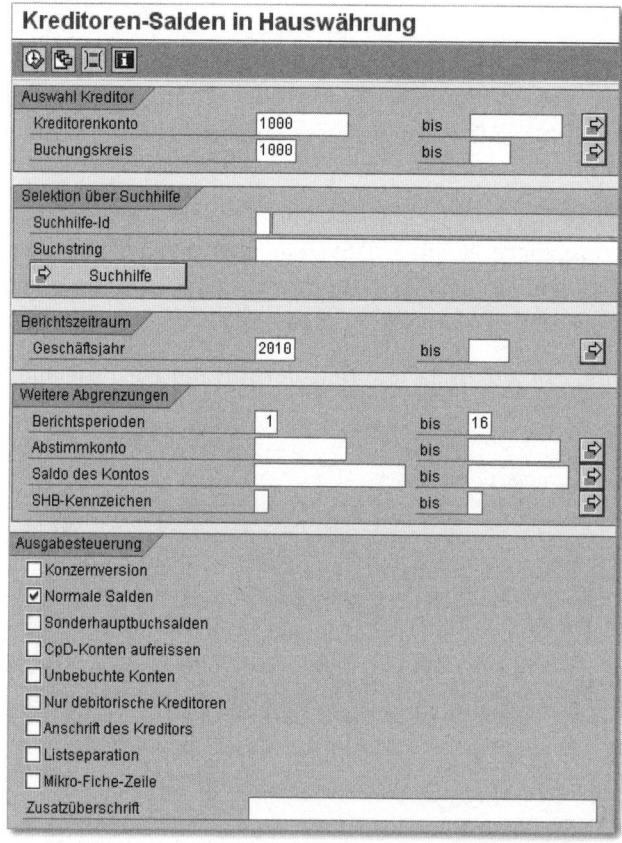

Abbildung 5.40 Report RFKSLD00 – Selektionsbild

Folgende monatsabgegrenzte Zahlen werden in Hauswährung angezeigt:

- Saldo zu Periodenbeginn (Saldovortrag und Saldo der Perioden, die vor den Berichtsperioden liegen)
- Sollsumme des Berichtszeitraums

- Habensumme des Berichtszeitraums
- Saldo des Gesamtzeitraums
- Sollsalden oder Habensalden des Gesamtzeitraums (optional)

Am Ende der Liste wird pro Hauswährung folgende Aufstellung ausgegeben:

- Summen pro Buchungskreis
- Endsumme über alle Buchungskreise

Die Sortierung und Verdichtungen können Sie mithilfe des SAP List Viewers (ALV) individuell festlegen. Abbildung 5.41 zeigt die Listausgabe zu unserem Beispiel.

Sachkontensalden

IDES AG　　Sachkontensalden　　Zeit 20:33:24　　Datum 19.01.2011
Frankfurt Ledger 0L　　RFSSLD00/HFO　　Seite 1
Vortragsperioden 00-00 2010 Berichtsperioden 01-03 2010

BuKr Sachkonto	Kurztext	Währg GsBe	Saldovortrag	Saldo der Vorperioden	Soll Berichtszeitraum	Haben Berichtszeitraum	Kum. Saldo
1000 113301	Commer(Ausg.-Scheck)	EUR	0,00	0,00	0,00	108.600,00	108.600,00-
1000 140000	Debitoren-Ford. Inl.	EUR	4.000,00-	0,00	0,00	0,00	4.000,00-
* Zwischensumme 1	00001	EUR	4.000,00-	0,00	0,00	108.600,00	112.600,00-
1000 310000	Handelswaren	EUR	0,00	0,00	108.000,00	0,00	108.000,00
* Zwischensumme 1	00003	EUR	0,00	0,00	108.000,00	0,00	108.000,00
1000 420000	Fertigungs-Loehne	EUR	0,00	0,00	30.000,00	0,00	30.000,00
1000 430000	Gehaelter	EUR	0,00	0,00	75.000,00	0,00	75.000,00
1000 473110	Telefonkosten	EUR	0,00	0,00	3.600,00	0,00	3.600,00
* Zwischensumme 1	00004	EUR	0,00	0,00	108.600,00	0,00	108.600,00
1000 894015	Bestandsveränderung	EUR	0,00	0,00	0,00	108.000,00	108.000,00-
* Zwischensumme 1	00008	EUR	0,00	0,00	0,00	108.000,00	108.000,00-
1000 900000	Ergebnis-Vortrag VJ	EUR	4.000,00	0,00	0,00	0,00	4.000,00
* Zwischensumme 1	00009	EUR	4.000,00	0,00	0,00	0,00	4.000,00
**1000		EUR	0,00	0,00	216.600,00	216.600,00	0,00

Abbildung 5.41 Report RFKSLD00 – Listausgabe

5.23 Report RFKUMLOO – Kreditoren-Umsätze

Die Kreditorenumsatzliste zeigt die Umsätze in Hauswährung oder in einer von Ihnen zu bestimmenden Ausgabewährung an. Am Ende der Liste wird pro Hauswährung folgende Aufstellung ausgegeben:

- Summe pro Buchungskreis
- Endsumme über alle Buchungskreise (pro Währung)

Es stehen vier Kontensortierungen zur Verfügung. Bei Sortierung 1 wird das Abstimmkonto, bei Sortierung 2 die Kontonummer, bei Sortierung 3 die Höhe des Umsatzes und bei Sortierung 4 das Land und die Postleitzahl als Sortierkriterium herangezogen. Bei allen Sortierungen können Sie zwischen einer Normalversion und einer Konzernversion wählen. Bei der Normalversion werden die Konten pro Buchungskreis, bei der Konzernversion die Buchungskreise pro Konto angezeigt. Über die Anweisung VERDICHTUNGSSTUFE können Sie festlegen, ob die Daten in detaillierter Form oder verdichtet ausgegeben werden sollen. In Tabelle 5.2 wird der Zusammenhang dargestellt zwischen:

- den Kontensortierungen
- der Normal- bzw. Konzernversion
- den Verdichtungsstufen

Kontensortierung	Sortierung nach	Verdichtungsstufen
1 – Normalversion	Buchungskreis Abstimmkonto Kontonummer	0 = keine Verdichtung 1 = je Abstimmkonto 2 = je Buchungskreis 3 = nur Summenblatt
1 – Konzernversion	Abstimmkonto Kontonummer Hauswährung Buchungskreis	0 = keine Verdichtung 1 = je Währung 2 = je Abstimmkonto 3 = nur Summenblatt
2 – Normalversion	Buchungskreis Kontonummer	0 = keine Verdichtung 1 = je Buchungskreis 2 = nur Summenblatt
2 – Konzernversion	Kontonummer Hauswährung Buchungskreis	0 = keine Verdichtung 1 = je Währung 2 = nur Summenblatt
3 – Normalversion	Buchungskreis Umsatzhöhe Kontonummer	0 = keine Verdichtung 1 = je Währung 2 = nur Summenblatt
3 – Konzernversion	Umsatzhöhe Kontonummer Hauswährung Buchungskreis	0 = keine Verdichtung 1 = je Währung 2 = nur Summenblatt

Tabelle 5.2 Sortierung und Verdichtung im Report RFKUML00

Kontensortierung	Sortierung nach	Verdichtungsstufen
4 – Normalversion	Buchungskreis Land Postleitzahl Kontonummer	0 = keine Verdichtung 1 = je Land 2 = je Buchungskreis 3 = nur Summenblatt
4 – Konzernversion	Land Postleitzahl Kontonummer Hauswährung Buchungskreis	0 = keine Verdichtung 1 = je Währung 2 = je Land 3 = nur Summenblatt

Tabelle 5.2 Sortierung und Verdichtung im Report RFKUML00 (Forts.)

Abbildung 5.42 zeigt das Selektionsbild zum Report Kreditoren-Umsätze.

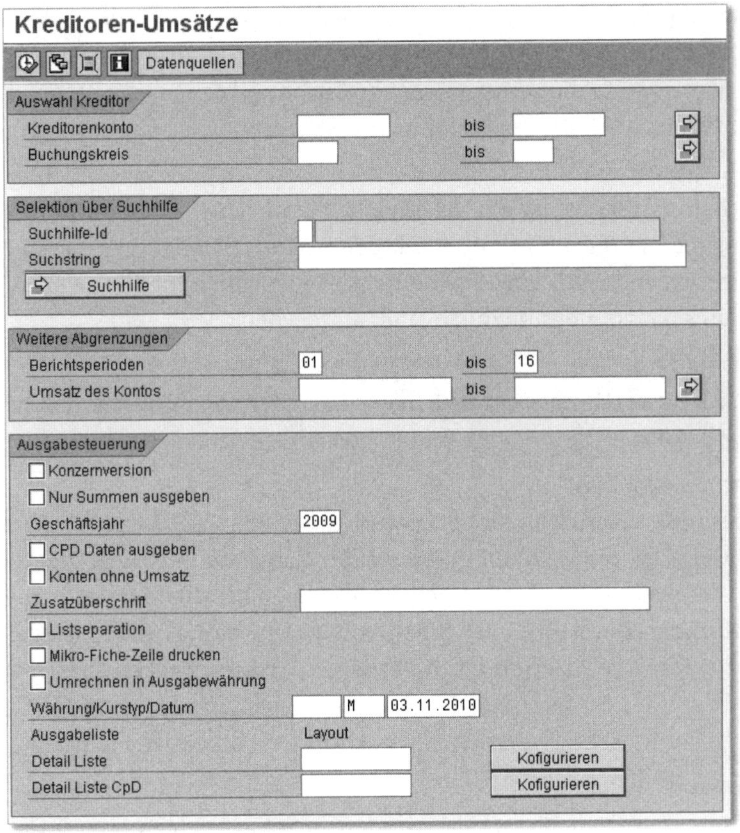

Abbildung 5.42 Report RFKUML00 – Selektionsbild

Nun werden wir uns einige der Selektionskriterien anschauen.

- **Kreditorenkonto**
  Kontonummer des Lieferanten bzw. Kreditors. Gibt einen alphanumerischen Schlüssel an, der den Beleg eindeutig identifiziert.

- **Buchungskreis**
  Schlüssel, der einen Buchungskreis eindeutig identifiziert

- **Berichtsperioden**
  Mit dieser Selektionsoption können Sie die auszuwertenden Perioden des Geschäftsjahres einschränken. Sie können nur ein Intervall hinterlegen.

- **Umsatz des Kontos**
  Hier können Sie Konten aufgrund ihrer Umsatzhöhe selektieren. Generell wird der Umsatz eines Kontos pro Buchungskreis mit Ihrer Selektion verglichen. Dies gilt auch für die Konzernversion bei Anzeige in Hauswährung, da die Buchungskreise unterschiedliche Hauswährungen haben können und ein Aufsummieren falsche Resultate liefern würde. Einzige Ausnahme ist bei der Konzernversion die Anzeige in Ausgabewährung. Dort wird pro Konto die Summe über alle Buchungskreise mit Ihrer Selektion verglichen.

- **Konzernversion**
  Bei der Normalversion ist der Buchungskreis oberstes Sortierkriterium. Alle Konten eines Buchungskreises werden nacheinander ausgegeben. Bei der Konzernversion werden zu einem Konto die Zahlen für alle selektierten Buchungskreise zusammenhängend ausgegeben.

- **Geschäftsjahr**
  Buchungsdatum JJJJ. Das Feld enthält das Kalenderjahr als Bestandteil des Buchungsdatums.

- **CPD Daten ausgeben**
  Wird dieses Kennzeichen markiert, werden bei den CpD-Konten zusätzlich pro CpD-Debitor bzw. CpD-Kreditor der Name, die Anschrift und die Summe der Einzelposten ausgegeben. Diese Sätze sind mit einem < gekennzeichnet. Der Aufriss der CpD-Daten ist nur bei Verdichtungsstufe 0 möglich. Der Report ermittelt die Summe der Einzelposten pro CpD-Debitor bzw. CpD-Kreditor aus den Belegen. Dabei können natürlich nur die Belege berücksichtigt werden, die noch nicht reorganisiert wurden.

- **Konten ohne Umsatz**
  Wird dieses Kennzeichen markiert, werden auch die Konten ohne Umsatz im Buchungskreis angezeigt. Bei der Konzernversion und der Anzeige in Ausgabewährung werden auch die Konten ohne Umsatz in allen selektierten Buchungskreisen angezeigt.

- **Umrechnen in Ausgabewährung**
  Ist dieses Kennzeichen markiert, werden die Umsatzzahlen in die Ausgabewährung umgerechnet.
- **Währung/Kurstyp/Datum**
  Ausgabewährung/Kurstyp für die Umrechnung in Ausgabewährung/ Datum der Umrechnung in die Ausgabewährung

In Abbildung 5.43 sehen Sie die Listdarstellung der Kreditorenumsätze zu unserem Beispiel.

Kreditoren-Umsätze

BuKr	Abstimmkto	Kreditor	Name 1	Lnd	Postleitz.	Ort	Straße	Rg	Währg	Einkauf
1000	160000	1000	Zander & Klube	DE	44248	Dortmund	Burgunderstrasse 12	05	EUR	737.760,00-
* 1000	160000								EUR	737.760,00-
**1000									EUR	737.760,00-

Währg	BuKr	Einkauf
EUR	1000	737.760,00-
*EUR		737.760,00-

Abbildung 5.43 Report RFKUML00 – Listausgabe

5.24 Fazit

Sie haben in diesem Kapitel die wichtigsten SAP-Standardprogramme der Komponente FI-AP kennengelernt. Sie können nun über die im Standard enthaltenen Reports Kreditorenbeurteilungen mit und ohne OP-Rasterung erstellen oder eine Fälligkeitsvorschau durchführen. Sie wissen, wie Sie ab sofort und einfach Kreditoren-Einzelpostenlisten, Kreditorensaldenlisten, eine Kreditorenumsatzliste oder ein Kreditorenverzeichnis erstellen können. Außerdem haben wir Ihnen mehrere Varianten der Korrespondenzpflege und deren Einsatz vorgestellt.

Im folgenden Kapitel lernen Sie die Reports kennen, die sich nicht eindeutig einer der drei Komponenten FI-GL, FI-AR und FI-AP zuordnen lassen.

Dieses Kapitel gibt Ihnen eine Übersicht über nützliche Standardreports, die nicht zu bestimmten FI-Komponenten gehören, sondern komponentenübergreifend sind.

6 Komponentenübergreifende Standardberichte

Dieses Kapitel behandelt die wichtigsten SAP-Standardberichte, die Fragestellungen beantworten, die nicht direkt einer der drei Komponenten Hauptbuchhaltung, Debitorenbuchhaltung und Kreditorenbuchhaltung zuzuordnen sind. Ihre Ausführung ist somit komponentenübergreifend.

Jeder Abschnitt beschäftigt sich mit genau einem Report und enthält neben einer detaillierten Beschreibung der Selektionsmöglichkeiten die jeweilige Listausgabe. Sofern möglich, erklären wir die Gestaltungsmöglichkeiten der Berichtsausgabe. Die einzelnen Programme und damit die einzelnen Abschnitte dieses Kapitels sind nach den Namen der SAP-Standardreports aufsteigend sortiert.

Eine allgemeine Einführung in die Standardreports erhalten Sie in Kapitel 2, »Standardberichte auswählen und nutzen«.

6.1 Report CACS_FILE_COPY – Kopieren einer Datei

Mit dem Report CACS_FILE_COPY können Sie Dateien von Ihrem Applikationsserver (der Server, auf dem das SAP-System installiert ist) und Ihrem Präsentationsserver (etwa auf das Dateisystem Ihres PCs) kopieren. Der umgekehrte Weg ist ebenfalls möglich. In Abbildung 6.1 sehen Sie das Selektionsbild dieses Reports.

Das Selektionsbild enthält folgende Kennzeichen:

- **Appl.- auf Präs.-Server**
  Diese Markierung gibt die Richtung an, in die kopiert werden soll.

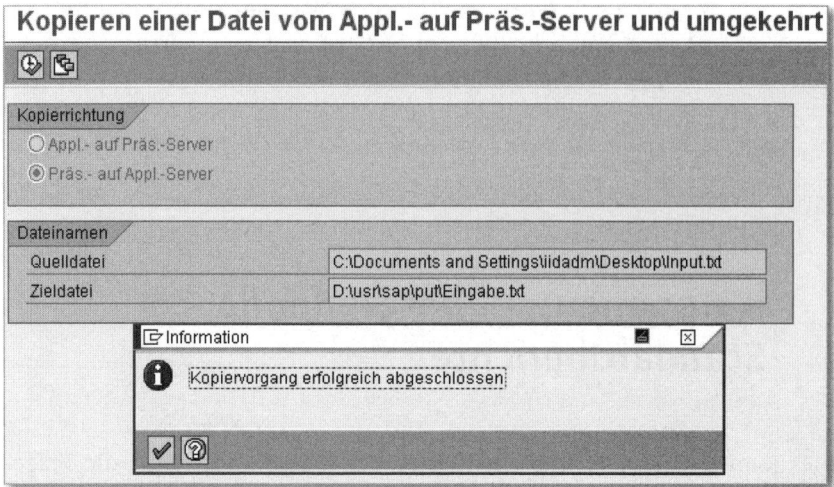

Abbildung 6.1 Report CACS_FILE_COPY – Selektionsbild

- **Präs.- auf Appl.-Server**
  Diese Markierung gibt die Richtung an, in die kopiert werden soll.

- **Quelldatei**
  Hier geben Sie den kompletten Pfadnamen inklusive Dateinamen der Quelldatei ein. In unserem Beispiel heißt die Quelldatei *Input.txt*.

- **Zieldatei**
  Hier geben Sie den kompletten Pfadnamen inklusive Dateinamen der Zieldatei ein. In unserem Beispiel hat die Zieldatei den Namen *Eingabe.txt*.

Nach Eingabe des Transaktionscodes AL11 gelangen Sie in das Einstiegsbild der SAP-Verzeichnisse (siehe Abbildung 6.2).

Nach einem Doppelklick auf die Zeile mit dem Verzeichnisparameter DIR_PUT werden die Dateien aus dem Verzeichnis *D:\usr\sap\put* angezeigt (siehe Abbildung 6.3). Dazu gehört die eben kopierte Datei *Eingabe.txt*.

[»] **Programm CACS_FILE_COPY und XML-Dateien**

Das Programm CACS_FILE_COPY hat Schwierigkeiten mit dem Transport von XML-Dateien. Dies liegt daran, dass XML-Dateien auf dem Dateisystem des SAP-Systems ohne Zeilenvorschub in einer Zeile abgelegt werden. Aus diesem Grund können Teile der Datei nach einem Upload oder einem Download verloren gehen. Verwenden Sie deshalb zum Download einer XML-Datei das Programm RC1TCG3Y und zum Upload das Programm RC1TCG3Z.

SAP-Directories (22:01:2011 20:14:30 IID octasiid)	
Name des Verzeichnisparameters	Verzeichnis
DIR_ATRA	D:\usr\sap\IID\DVEBMGS00\data
DIR_BINARY	D:\usr\sap\IID\DVEBMGS00\exe
DIR_CT_LOGGING	D:\usr\sap\IID\SYS\global
DIR_CT_RUN	D:\usr\sap\IID\SYS\exe\uc\NTI386
DIR_DATA	D:\usr\sap\IID\DVEBMGS00\data
DIR_DBMS	D:\usr\sap\IID\SYS\SAPDB
DIR_EXECUTABLE	D:\usr\sap\IID\DVEBMGS00\exe
DIR_EXE_ROOT	D:\usr\sap\IID\SYS\exe
DIR_GEN	D:\usr\sap\IID\SYS\gen\dbg
DIR_GEN_ROOT	D:\usr\sap\IID\SYS\gen
DIR_GLOBAL	D:\usr\sap\IID\SYS\global
DIR_GRAPH_EXE	D:\usr\sap\IID\DVEBMGS00\exe
DIR_GRAPH_LIB	D:\usr\sap\IID\DVEBMGS00\exe
DIR_HOME	D:\usr\sap\IID\DVEBMGS00\work
DIR_INSTALL	D:\usr\sap\IID\SYS
DIR_INSTANCE	D:\usr\sap\IID\DVEBMGS00
DIR_LIBRARY	D:\usr\sap\IID\DVEBMGS00\exe
DIR_LOGGING	D:\usr\sap\IID\DVEBMGS00\log
DIR_MEMORY_INSPECTOR	D:\usr\sap\IID\DVEBMGS00\data
DIR_ORAHOME	E:\oracle\IID\102
DIR_PAGING	D:\usr\sap\IID\DVEBMGS00\data
DIR_PUT	D:\usr\sap\put
DIR_PERF	D:\usr\sap\PRFCLOG
DIR_PROFILE	D:\usr\sap\IID\SYS\profile
DIR_PROTOKOLLS	D:\usr\sap\IID\DVEBMGS00\data

Abbildung 6.2 SAP-Directories – Einstiegsbild

Directory : D:\usr\sap\put							
benutzb	gesehen	geändert	Länge	Eigentüme	letztÄnd	letztÄnd	Filename
		X		Administ	22.01.2011	20:27:02	.
				Administ	14.06.2007	08:57:30	..
X			817	SAPServi	22.01.2011	20:27:02	Eingabe.txt
X			817	SAPServi	03.12.2010	14:08:55	Input.txt_20101203_140855
X			3810	SAPServi	17.06.2010	16:10:12	O_20100617_171010.xml
X			3810	SAPServi	19.06.2010	14:04:01	O_20100619_150355.xml
X			3810	SAPServi	17.06.2010	16:02:57	out.xml

Abbildung 6.3 Verzeichnis »D:\usr\sap\put«

6.2 Report RC1TCG3Y – Download einer Datei

Mit dem Report RC1TCG3Y können Sie Dateien von Ihrem Applikationsserver (der Server, auf dem das SAP-System installiert ist) auf Ihren Präsentationsserver (etwa auf das Dateisystem Ihres PCs) kopieren. In Abbildung 6.4

sehen Sie das Dialogfenster dieses Programms. Hinterlegen Sie beide Dateinamen inklusive aller Ordnernamen. Zum Präsentationsserver können Sie eine Eingabehilfe nutzen.

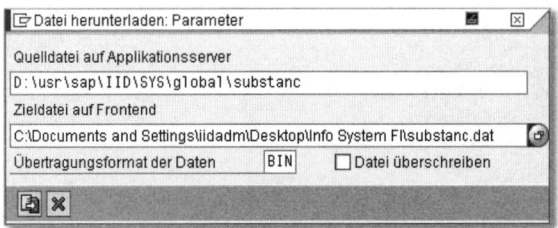

Abbildung 6.4 Report RC1TCG3Y – Dialogfenster

6.3 Report RC1TCG3Z – Upload einer Datei

Mit dem Report RC1TCG3Z können Sie Dateien von Ihrem Präsentationsserver (etwa das Dateisystem Ihres PCs) auf Ihren Applikationsserver (der Server, auf dem das SAP-System installiert ist) kopieren. In Abbildung 6.5 sehen Sie das Dialogfenster dieses Programms. Hinterlegen Sie beide Dateinamen inklusive aller Ordnernamen. Zum Präsentationsserver können Sie eine Eingabehilfe nutzen.

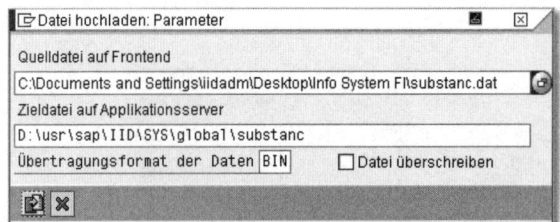

Abbildung 6.5 Report RC1TCG3Z – Dialogfenster

6.4 Report RF150SMS – Mahnlauf einplanen

Der Report RF150SMS dient zum Einplanen eines Mahnlaufs aus dem Schedule Manager, oder er wird per Job mit Variante und Wiederholungsrate eingeplant, um regelmäßig einen Mahnlauf auszuführen. In diesem Report ist ein Mahnlauf in Form einer Variante hinterlegt, der als Kopiervorlage für den einzuplanenden Mahnlauf genutzt werden kann. Der neue Mahnlauf erhält eine Identifikation, die sich aus der Identifikation der Kopiervorlage und dem aktuellen Tagesdatum bei Ausführung des Reports zusammensetzt.

Der Report erstellt aus einem Vorlagemahnlauf einen Mahnvorschlag mit der Identifikation aus der Vorlage und dem Ausführungsdatum aus dem Starttermin – dies allerdings nur, wenn das Kennzeichen PARAMETER KOPIEREN markiert ist. Dabei werden die Parameter aus der Vorlage übernommen und die Termine angepasst. Anschließend wird der Mahnvorschlag erstellt.

Sollte bereits ein noch nicht ausgeführter Mahnlauf mit derselben Identifikation existieren, dann hängt es von den beiden Kennzeichen ZIELPARAMETER LÖSCHEN und PARAMETER KOPIEREN ab, wie die Verarbeitung vonstatten geht:

Sind sowohl das Kennzeichen ZIELPARAMETER LÖSCHEN als auch das Kennzeichen PARAMETER KOPIEREN markiert, werden die Parameter des vorhandenen Mahnlaufs gelöscht und durch die Parameter der Vorlage ersetzt. Anschließend wird die Mahnselektion gestartet und so der Mahnvorschlag erstellt.

Ist PARAMETER KOPIEREN nicht markiert, wird der Mahnvorschlag mit den bereits erfassten Parametern erstellt, unabhängig davon, wie das Kennzeichen ZIELPARAMETER LÖSCHEN gepflegt ist.

Der Report läuft folgendermaßen ab: Zuerst werden die Parameter des Mahnlaufs kopiert, dann wird ein Eintrag in der Tabelle MAHNV vorgenommen und schließlich die Mahnselektion (SAPF150S2) ausgeführt. Bei den Parametern VORLAGE: TAG DER AUSFÜHRUNG und VORLAGE: IDENTIFIKATION wird die Identifikation des Mahnlaufs, der als Kopiervorlage dienen soll, hinterlegt.

Ist das Kennzeichen ZIELPARAMETER LÖSCHEN gesetzt und die Zielparameter existieren bereits, werden sie überschrieben, andernfalls bricht das Programm ab. Das Kennzeichen PARAMETER KOPIEREN sollte gesetzt sein. Andernfalls geht das Programm davon aus, dass der Ziellauf mit Parametern bereits besteht. Der Report plant lediglich die Mahnselektion ein, nicht den Mahndruck. Das Selektionsbild dieses Programms ist in Abbildung 6.6 dargestellt.

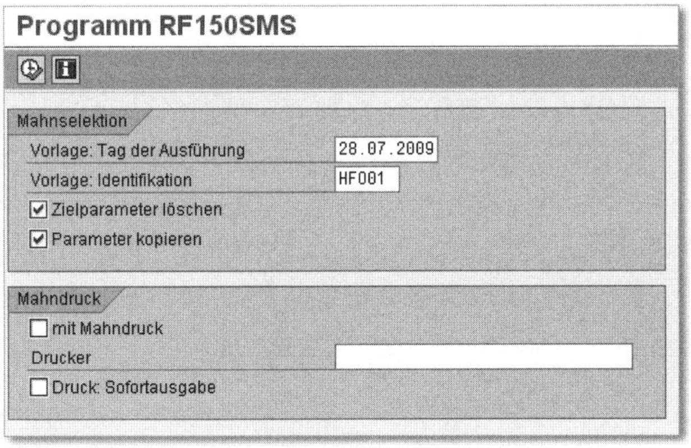

Abbildung 6.6 Report RF150SMS – Selektionsbild

Nun schauen wir uns die Kennzeichen dieses Reports näher an.

- **Vorlage: Tag der Ausführung & Identifikation**
  Diese beiden Parameter legen den Mahnlauf eindeutig fest, dessen Parameter kopiert werden.

- **Zielparameter löschen**
  Über dieses Kennzeichen stellen Sie ein, ob die Zielparameter gelöscht werden sollen.

- **Parameter kopieren**
  Dieses Kennzeichen legt fest, ob die Parameter kopiert werden sollen.

- **Mit Mahndruck**
  Dieses Kennzeichen bewirkt, dass anschließend an den Mahnlauf auch der Druck der Mahnungen durchgeführt wird. Die erstellten Mahnbriefe befinden sich dann im Spool-System. Es besteht keine Möglichkeit mehr, den Mahnbestand manuell zu bearbeiten oder einen erstellten Mahnbestand zu löschen.

- **Drucker**
  (Kurz-)Name eines Ausgabegeräts im SAP-System, angegeben in der Definition des Geräts. Die Benutzer im SAP-System verwenden diesen Namen (oder den Langnamen), um ein Ausgabegerät auszuwählen. Lassen Sie sich mit den Eingabemöglichkeiten eine Liste der verfügbaren Drucker und anderen Geräte anzeigen. Sie können über die Eingabemöglichkeiten unter den vorhandenen Geräten wählen.

- **Druck: Sofortausgabe**
  Kennzeichen: SOFORT AUSGEBEN (Druckparameter): Falls das Kennzeichen gesetzt ist, wird der Spool-Auftrag sofort nach seiner Fertigstellung zum Ausgabegerät gesendet.

In Abbildung 6.7 sehen Sie das Ergebnis des Programmlaufs.

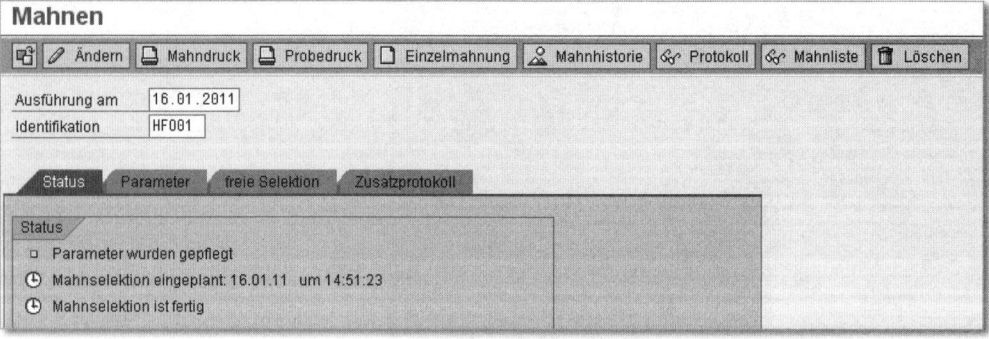

Abbildung 6.7 Report RF150SMS – Ergebnis

6.5 Report RFAUSZ00 – Debitoren-/Kreditoren-/Sachkontenauszüge

Der Report RFAUSZ00 erstellt eine nach Konten geordnete Liste von Posten für die Kontoarten Sachkonto, Debitoren und Kreditoren. Die Anlagen- und Materialkonten werden bei den Sachkontenauszügen gedruckt, d.h., die Sachkontenauszüge umfassen Sachkonten, Anlagekonten und Materialkonten. Die in der neuen Hauptbuchsicht vorhandenen reinen Verrechnungskonten können nicht angezeigt werden, da in der Erfassungssicht keine entsprechenden Belegzeilen für die Hauptbucheinzelposten existieren. Dieser Report unterscheidet sich primär von anderen Postenlisten zur Erfassungssicht (Debitoren-, Kreditoren, Sachkonten Einzelpostenliste) dadurch, dass hiermit auch Postenlisten für Sachkonten ohne Einzelpostenanzeige in der Erfassungssicht ausgegeben werden können.

Für jedes Konto mit ausgewählten Buchungen werden neben der Kontenbezeichnung alle Posten der ausgewählten Art und des abgegrenzten Zeitraums ausgegeben. Neben den üblichen Posteninformationen werden kontenspezifische Zusatzkontierungen ausgewiesen, soweit diese im Posten enthalten sind.

Die in der Liste gebildeten Summen von Soll- und Haben- sowie Saldenbeträgen sind durch eine unterschiedliche Anzahl von Sternen (*) gekennzeichnet:

- * = Ende des 1. bzw. 2. Sortierkriteriums oder Kennzeichnung einer Belegwährungssumme
- ** = Ende Debitor, Kreditor oder Geschäftsbereich
- *** = Ende Abstimmkonto oder Sachkonto
- **** = Ende Buchungskreis
- ***** = Ende Debitoren-, Kreditoren- oder Sachkontenauszüge

Bei **, ***,**** und ***** werden zusätzlich Salden für die Belegwährungen ausgegeben.

In Abbildung 6.8 sehen Sie das Selektionsbild des Reports.

Nun werden wir uns mit den einzelnen Selektionskriterien dieses Reports befassen.

- **Ledger**
  Bezeichnet ein Ledger in der Hauptbuchhaltung. Ein Ledger wird zu Berichtszwecken als Buch geführt.

6 | Komponentenübergreifende Standardberichte

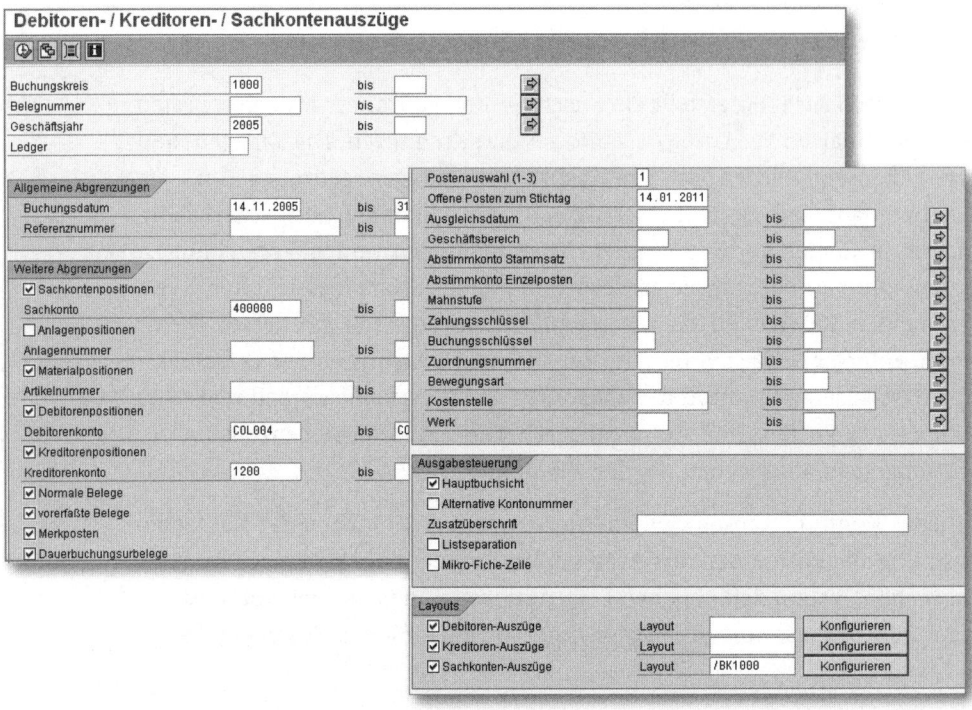

Abbildung 6.8 Report RFAUSZ00 – Selektionsbild

- **Referenznummer**
  Die Referenznummer kann die Belegnummer beim Geschäftspartner enthalten. Dieses Feld kann aber auch mit anderen Werten gefüllt sein.

- **Sachkontenpositionen**
  Durch Markieren dieses Kennzeichens werden die Auszüge für die Sachkonten gedruckt (Kontoart S). Standardmäßig ist das Kennzeichen angekreuzt. Durch Löschen der Markierung kann die Ausgabe unterdrückt werden.

- **Anlagenpositionen**
  Wenn Sie dieses Kennzeichen markieren, werden bei den Sachkontenauszügen auch die Anlagekonten (Kontoart A) gedruckt.

- **Materialpositionen**
  Durch Markieren dieses Kennzeichens werden bei den Sachkontenauszügen auch die Materialkonten (Kontoart M) gedruckt.

- **Debitorenpositionen**
  Durch Markieren dieses Kennzeichens werden die Auszüge für die Debitoren gedruckt (Kontoart D).

▸ **Kreditorenpositionen**
Durch Markieren dieses Kennzeichens werden die Auszüge für die Kreditoren gedruckt (Kontoart K).

▸ **Normale Belege**
Durch dieses Kennzeichen legen Sie fest, dass nur buchhalterisch relevante Belege ausgewertet werden sollen. Das heißt, es werden keine Belege wie statistische Belege, Musterbelege, Dauerbuchungsurbelege oder Vorerfassungsbelege berücksichtigt. Wenn Sie diese Markierung entfernen, werden nur die Ausnahmefälle berücksichtigt und die Standardbelege ausgeschlossen.

▸ **Vorerfaßte Belege**
Wird dieses Kennzeichen markiert, werden zusätzlich die Belege aus der Belegvorerfassung selektiert. Sie finden diese Belege ohne weitere Indizierung unter den normalen Belegen.

▸ **Merkposten**
Die Markierung dieses Kennzeichens bewirkt, dass Merkposten ausgewertet werden.

▸ **Dauerbuchungsurbelege**
Standardmäßig werden die Dauerbuchungsurbelege nicht ausgewertet. Dies wird erst durch Markieren des Kennzeichens durchgeführt.

▸ **Postenauswahl (1–3)**
Mithilfe dieses Kennzeichens kann die Postenauswahl wie folgt getroffen werden:

1. alle Posten

2. ausgeglichene Posten

3. offene Posten

▸ **Offene Posten zum Stichtag**
Es werden alle Posten selektiert, die bis zum angegebenen Stichtag gebucht und zu diesem Zeitpunkt offen sind. Standardmäßig wird das Tagesdatum vorgeschlagen. In Verbindung mit dem Kennzeichen POSTENAUSWAHL = 3 wird der Stichtag zur Selektion von offenen Posten verwendet.

▸ **Ausgleichsdatum**
Das Ausgleichsdatum gibt an, ab wann die Position als ausgeglichen zu betrachten ist. Im Rahmen eines Ausgleichs wird das höchste Buchungsdatum aller am Ausgleich beteiligten Belege als Ausgleichsdatum gesetzt. In

Verbindung mit dem Kennzeichen POSTENAUSWAHL = 2 wird die Selektionsmöglichkeit zur Auswahl von ausgeglichenen Posten verwendet.

- **Abstimmkonto Stammsatz**
  Abstimmkonto des Debitoren- bzw. Kreditorenstammsatzes zum Zeitpunkt der Buchung
- **Mahnstufe**
  Ziffer, die angibt, wie oft ein Posten oder ein Konto bereits gemahnt wurde. Die Mahnstufe hat der Geschäftspartner durch den letzten Mahnlauf erhalten. Falls Sie Mahnbereiche verwenden, ist es die Mahnstufe des Geschäftspartners, die er durch den letzten Mahnlauf in dem zugeordneten Mahnbereich erhalten hat. Das Mahnprogramm setzt die Mahnstufe automatisch ein, wenn der Kunde oder Lieferant eine Mahnung erhält.
- **Zahlungsschlüssel**
  Zahlweg, über den dieser Posten bezahlt wurde
- **Bewegungsart**
  Die Bewegungsart entspricht in diesem Fall der Anlagenbewegungsart.

In Abbildung 6.9 sehen Sie die erzeugten Debitoren- und Kreditorenlisten, die Sachkontenliste aus unserem Beispiel finden Sie in Abbildung 6.10.

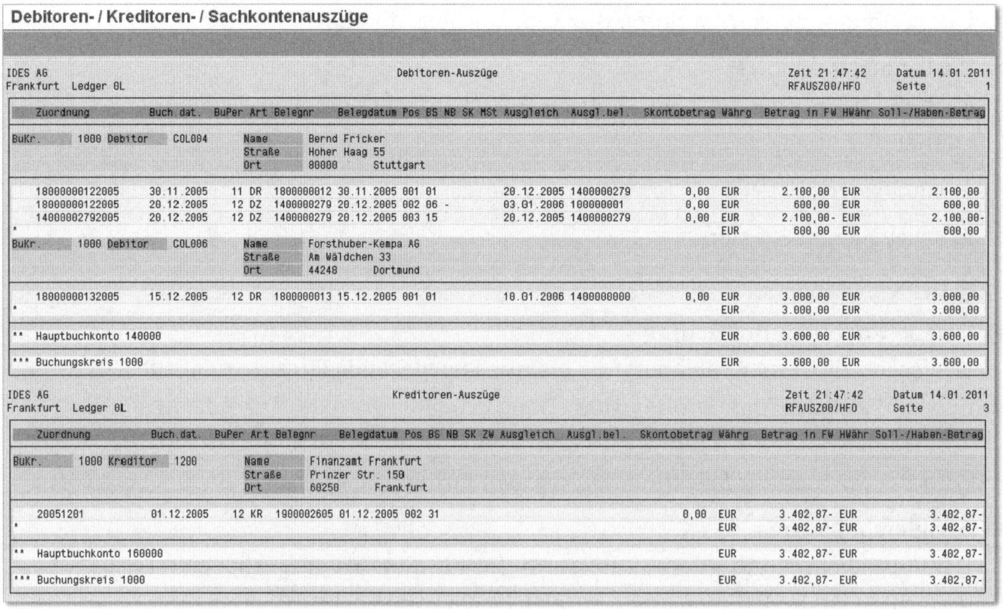

```
Debitoren- / Kreditoren- / Sachkontenauszüge

IDES AG                                   Debitoren-Auszüge                          Zeit 21:47:42    Datum 14.01.2011
Frankfurt  Ledger 0L                                                                 RFAUSZ00/HFO     Seite          1

  Zuordnung         Buch.dat.  BuPer Art Belegnr    Belegdatum Pos BS NB SK MSt Ausgleich  Ausgl.bel.  Skontobetrag Währg  Betrag in FW HWähr Soll-/Haben-Betrag

BuKr.     1000 Debitor    COL004      Name      Bernd Fricker
                                      Straße    Hoher Haag 55
                                      Ort       80000      Stuttgart

  18000000122005      30.11.2005    11 DR  1800000012 30.11.2005 001 01          20.12.2005 1400000279        0,00 EUR      2.100,00  EUR        2.100,00
  18000000122005      20.12.2005    12 DZ  1400000279 20.12.2005 002 06 -        03.01.2006 100000001         0,00 EUR        600,00  EUR          600,00
  14000002792005      20.12.2005    12 DZ  1400000279 20.12.2005 003 15          20.12.2005 1400000279        0,00 EUR      2.100,00- EUR        2.100,00-
*                                                                                                                  EUR        600,00  EUR          600,00
BuKr.     1000 Debitor    COL006      Name      Forsthuber-Kempa AG
                                      Straße    Am Wäldchen 33
                                      Ort       44248      Dortmund

  18000000132005      15.12.2005    12 DR  1800000013 15.12.2005 001 01          10.01.2006 1400000000        0,00 EUR      3.000,00  EUR        3.000,00
*                                                                                                                  EUR      3.000,00  EUR        3.000,00

**  Hauptbuchkonto 140000                                                                                          EUR      3.600,00  EUR        3.600,00

*** Buchungskreis 1000                                                                                             EUR      3.600,00  EUR        3.600,00

IDES AG                                   Kreditoren-Auszüge                         Zeit 21:47:42    Datum 14.01.2011
Frankfurt  Ledger 0L                                                                 RFAUSZ00/HFO     Seite          3

  Zuordnung         Buch.dat.  BuPer Art Belegnr    Belegdatum Pos BS NB SK ZW Ausgleich  Ausgl.bel.  Skontobetrag Währg  Betrag in FW HWähr Soll-/Haben-Betrag

BuKr.     1000 Kreditor  1200         Name      Finanzamt Frankfurt
                                      Straße    Prinzer Str. 150
                                      Ort       60250      Frankfurt

  20051201            01.12.2005    12 KR  1900002605 01.12.2005 002 31                                      0,00 EUR      3.402,87- EUR        3.402,87-
*                                                                                                                  EUR      3.402,87- EUR        3.402,87-

**  Hauptbuchkonto 160000                                                                                          EUR      3.402,87- EUR        3.402,87-

*** Buchungskreis 1000                                                                                             EUR      3.402,87- EUR        3.402,87-
```

Abbildung 6.9 Report RFAUSZ00 – Debitoren- und Kreditorenlisten

| IDES AG | | | | | | Sachkonten-Auszüge | | | | | Zeit 21:47:42 | | Datum 14.01.2011 |
Frankfurt Ledger 0L											RFAUSZ00/HFO		Seite 5
Zuordnung	Buch.dat.	BuPer	Art	Belegnr	BS	HWähr	Soll-/Haben-Betrag	Debitor	GsBe	Material	Kostenst.	Menge	BME	Auftrag
BuKr. 1000 Sachkonto 0000400000 Langtext Verbrauch Rohstoffe 1														
20051114	14.11.2005	11	WA	4900000686	81	EUR	1.613,67	1000		1000	102-600	32	ST	100004129
20051114	14.11.2005	11	WA	4900000686	81	EUR	52,43	1000		1000	102-700	20,48	M2	100004129
20051114	14.11.2005	11	WA	4900000686	81	EUR	2,56	1000		1000	102-130	256	ST	100004129
20051114	14.11.2005	11	WA	4900000688	81	EUR	3.399,67	1000		1000	100-600	71	ST	100004131
20051114	14.11.2005	11	WA	4900000688	81	EUR	116,32	1000		1000	100-700	45,44	M2	100004131
BuKr. 1000 Sachkonto 0000400000 Langtext Verbrauch Rohstoffe 1														
20051201	01.12.2005	12	KR	1000002694	40	EUR	1.155,33	4000		4000		4255		
20051219	19.12.2005	12	KP	4800000004	81	EUR	1.000,00	4000		4000	P182_WST	4250	10	TO
BuKr. 1000 Sachkonto 0000400000 Langtext Verbrauch Rohstoffe 1														
20051201	01.12.2005	12	KR	1900002631	40	EUR	210,70	9900		9900		3200		
20051201	01.12.2005	12	KR	1900002747	40	EUR	492,39	9900		9900				100002
20051201	01.12.2005	12	KR	1900002752	40	EUR	223,82	9900		9900				100003
20051201	01.12.2005	12	KR	1900002757	40	EUR	358,11	9900		9900				100004
20051219	19.12.2005	12	AB	100000662	50	EUR	1.170,00-	9900				1220		
20051219	19.12.2005	12	SA	100000558	40	EUR	1.170,00	9900		9900		1220		
* Hauptbuchkonto 400000						EUR	8.625,00							
** Buchungskreis 1000						EUR	8.625,00							

Abbildung 6.10 Report RFAUSZ00 – Sachkontenliste

6.6 Report RFBABL00 – Änderungsanzeige Belege

Mit dem Report RFBABL00 haben Sie die Möglichkeit, Änderungen bei den Belegen belegübergreifend anzuzeigen. Selektionsmöglichkeiten bestehen über den Buchungskreis, die Belegnummer, das Geschäftsjahr, das Änderungsdatum, den Namen des Änderers, den empfangenden Buchungskreis (nur bei externen Belegen) und die Feldgruppe. Zusätzlich können Sie wählen, ob Sie die Änderungen im Belegkopf bzw. in den Belegzeilen sehen wollen.

Bei der Auswahl des Kennzeichens BELEGE MIT VORERFASSUNGEN erhalten Sie die Änderungshistorie eines Belegs von der ersten Vorerfassung bis zum gebuchten Beleg. Zusätzlich haben Sie die Möglichkeit, pro Änderung den technischen Feldnamen auszugeben. Die Ausgabe können Sie mittels ALV (SAP List Viewer) festlegen. Leerzeilen können hierbei nicht unterdrückt werden. Sind Feldinhalte länger als 35 Zeichen, werden diese in zwei Felder mit je 35 Zeichen aufgesplittet. In Abbildung 6.11 sehen Sie das Selektionsbild zu diesem Programm.

Lassen Sie uns einen Blick auf einige der Selektionsfelder des Selektionsbildes werfen.

▸ **Belegformen**
Auswahl, welche Belege angezeigt werden sollen – normale Belege, Dauerbelege, Musterbelege, vorerfasste Belege oder externe Belege. Bei der Auswahl von BELEGE MIT VORERFASSUNGEN erhalten Sie die Änderungshistorie zu Belegen und vorerfassten Belegen. Entstand ein Beleg aus einer

Vorerfassung, erhalten Sie die Änderungshistorie von der ersten Vorerfassung bis zum gebuchten Beleg. Nur die Sortierung 2 (nach Belegnummer) ist hier möglich.

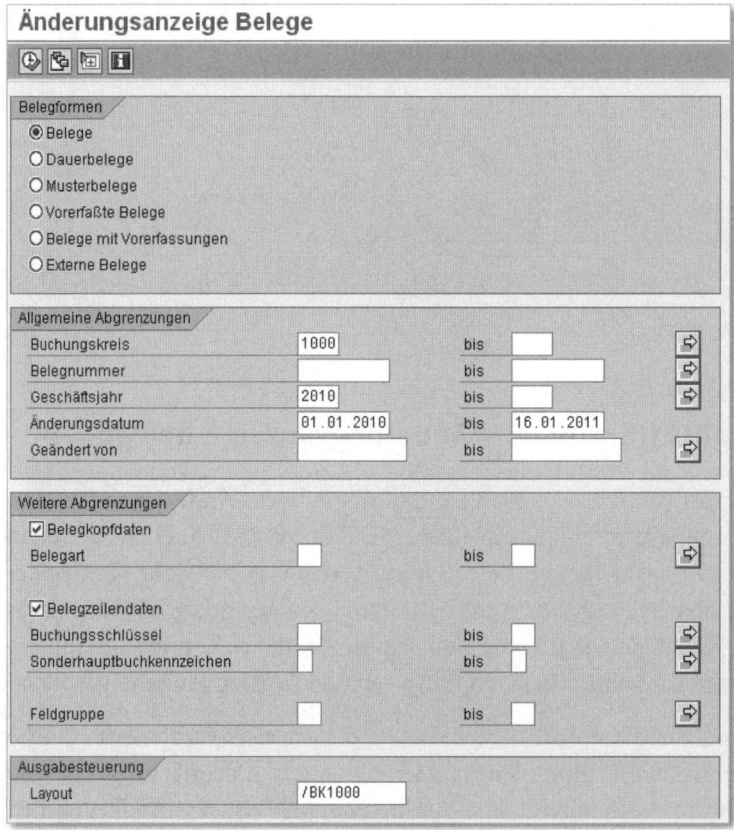

Abbildung 6.11 Report RFBABL00 – Selektionsbild

- **Buchungskreis**
  Bei externen Belegen: sendenden Buchungskreis eingrenzen. Bei den anderen Belegformen: Buchungskreis eingrenzen.

- **Belegkopfdaten**
  Kennzeichen, um Änderungen bei den Belegkopfdaten anzeigen zu lassen. Hier ist die Eingrenzung auf Belege mit bestimmter Belegart möglich.

- **Belegzeilendaten**
  Kennzeichen, um Änderungen bei den Belegzeilendaten anzeigen zu lassen. Hier ist die Eingrenzung auf Belegzeilen mit bestimmten Buchungsschlüsseln oder Sonderhauptbuchschlüsseln möglich.

- **Feldgruppe**
  Hier ist eine Eingrenzung der angezeigten Felder auf Felder, die vorgegebenen Feldgruppen angehören, möglich.

In Abbildung 6.12 sehen Sie die Ergebnisliste der Änderungsanzeige zu unserem Beispiel.

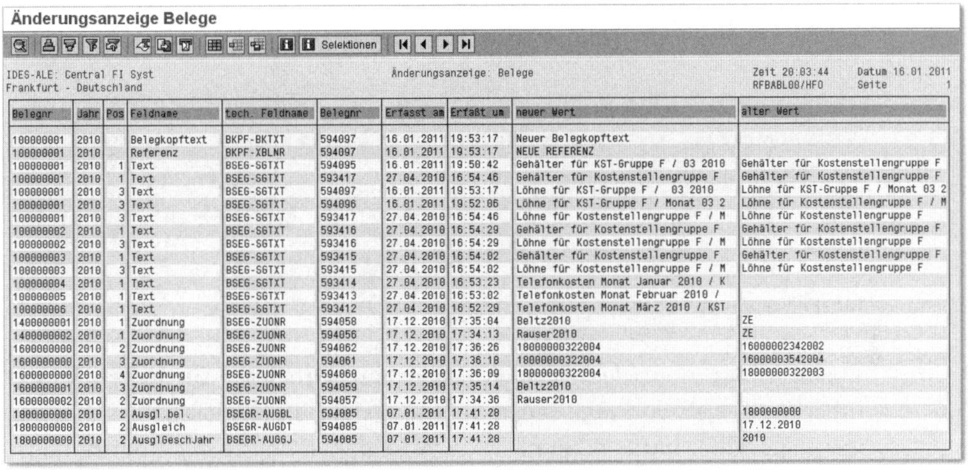

Belegnr	Jahr	Pos	Feldname	tech. Feldname	Belegnr	Erfasst am	Erfaßt um	neuer Wert	alter Wert
100000001	2010		Belegkopftext	BKPF-BKTXT	594097	16.01.2011	19:53:17	Neuer Belegkopftext	
100000001	2010		Referenz	BKPF-XBLNR	594097	16.01.2011	19:53:17	NEUE REFERENZ	
100000001	2010	1	Text	BSEG-SGTXT	594095	16.01.2011	19:50:42	Gehälter für KST-Gruppe F / 03 2010	Gehälter für Kostenstellengruppe F
100000001	2010	1	Text	BSEG-SGTXT	593417	27.04.2010	16:54:46	Gehälter für Kostenstellengruppe F	Gehälter für Kostenstellengruppe F
100000001	2010	3	Text	BSEG-SGTXT	594097	16.01.2011	19:53:17	Löhne für KST-Gruppe F / 03 2010	Löhne für KST-Gruppe F / Monat 03 2
100000001	2010	3	Text	BSEG-SGTXT	594096	16.01.2011	19:52:06	Löhne für KST-Gruppe F / Monat 03 2	Löhne für Kostenstellengruppe F / M
100000001	2010	3	Text	BSEG-SGTXT	593417	27.04.2010	16:54:46	Löhne für Kostenstellengruppe F / M	Löhne für Kostenstellengruppe F
100000002	2010	1	Text	BSEG-SGTXT	593416	27.04.2010	16:54:29	Gehälter für Kostenstellengruppe F	Gehälter für Kostenstellengruppe F
100000002	2010	3	Text	BSEG-SGTXT	593416	27.04.2010	16:54:29	Löhne für Kostenstellengruppe F / M	Löhne für Kostenstellengruppe F
100000003	2010	1	Text	BSEG-SGTXT	593415	27.04.2010	16:54:02	Gehälter für Kostenstellengruppe F	Gehälter für Kostenstellengruppe F
100000003	2010	3	Text	BSEG-SGTXT	593415	27.04.2010	16:54:02	Löhne für Kostenstellengruppe F / M	Löhne für Kostenstellengruppe F
100000004	2010	1	Text	BSEG-SGTXT	593414	27.04.2010	16:53:23	Telefonkosten Monat Januar 2010 / K	
100000005	2010	1	Text	BSEG-SGTXT	593413	27.04.2010	16:53:02	Telefonkosten Monat Februar 2010 /	
100000006	2010	1	Text	BSEG-SGTXT	593412	27.04.2010	16:52:29	Telefonkosten Monat März 2010 / KST	
1400000001	2010	1	Zuordnung	BSEG-ZUONR	594058	17.12.2010	17:35:04	Beltz2010	ZE
1400000002	2010	1	Zuordnung	BSEG-ZUONR	594056	17.12.2010	17:34:13	Rauser2010	ZE
1600000000	2010	2	Zuordnung	BSEG-ZUONR	594062	17.12.2010	17:36:26	18000000322004	16000002342002
1600000000	2010	3	Zuordnung	BSEG-ZUONR	594061	17.12.2010	17:36:18	18000000322004	16000003542004
1600000000	2010	4	Zuordnung	BSEG-ZUONR	594060	17.12.2010	17:36:09	18000000322004	18000000322003
1600000001	2010	3	Zuordnung	BSEG-ZUONR	594059	17.12.2010	17:35:14	Beltz2010	
1600000002	2010	2	Zuordnung	BSEG-ZUONR	594057	17.12.2010	17:34:36	Rauser2010	
1800000000	2010	2	Ausgl.bel.	BSEGR-AUGBL	594085	07.01.2011	17:41:28		1800000000
1800000000	2010	2	Ausgleich	BSEGR-AUGDT	594085	07.01.2011	17:41:28		17.12.2010
1800000000	2010	2	AusglGeschJahr	BSEGR-AUGGJ	594085	07.01.2011	17:41:28		2010

Abbildung 6.12 Report RFBABL00 – Listausgabe

6.7 Report RFBELJ00 – Beleg-Kompaktjournal

Das Beleg-Kompaktjournal (Report RFBELJ00) listet die wichtigsten Daten aus Belegköpfen und Belegpositionen zu den selektierten Belegen auf. Diese Liste ist als Grundbuch und zur Abstimmung mit den Saldenlisten (große Umsatzprobe) geeignet. Falls die im jeweiligen Land gültigen Rechnungslegungsvorschriften zum Grundbuch eine Sortierung nach Erfassungsdatum erfordern, muss anstelle dieses Programms der Report RFBELJ10 verwendet werden.

Die Informationen der Beleganzeige sind in Tabelle 6.1 dargestellt.

Gruppe	Informationen	
Belegkopf	▸ Buchungskreis ▸ Belegart ▸ gegebenenfalls Referenz	▸ Belegnummer ▸ Buchungsdatum ▸ gegebenenfalls Stornobeleg

Tabelle 6.1 Gruppen der Beleganzeige im Report RFBELJ00

Gruppe	Informationen	
Personenkonten-buchungen	▸ Kontoart ▸ Buchungsschlüssel ▸ Kennzeichen Negativbuchung ▸ Hauswährung ▸ gegebenenfalls Fremdwährung	▸ Kontonummer ▸ SHB-Kennzeichen ▸ Betrag in HW ▸ gegebenenfalls Betrag in FW
Steuerbuchungen	USt-Kennzeichen	USt.-Betrag
Sachkonten-buchungen	▸ USt-Kennzeichen ▸ Kennzeichen Negativbuchung ▸ Betrag in HW	▸ Buchungsschlüssel ▸ Hauptbuchkonto

Tabelle 6.1 Gruppen der Beleganzeige im Report RFBELJ00 (Forts.)

Je Belegstatus (normale Belege, Dauerbuchungsurbelege, Musterbelege, statistische Belege) wird eine separate Liste erstellt. Der Belegstatus ist an der jeweiligen Überschrift erkennbar. Im Anschluss an das Beleg-Kompaktjournal werden Summenblätter ausgegeben, die die Soll- und Habensummen pro Kontoart (Sachkonten, Debitoren, Kreditoren), jeweils getrennt nach den Buchungsperioden, ausweisen. Bei mehr als einem Buchungskreis folgen den oben genannten Listen die Summenblätter des Konzerns. Zuerst eine Wiederholung der einzelnen Buchungskreis-Summenblätter, anschließend eine Zusammenfassung der Buchungskreise mit gleicher Hauswährung (wieder je Belegstatus). Bei großen Datenmengen sollte aus Performancegründen immer die klassische Liste verwendet werden.

Falls Sie das neue Hauptbuch im Einsatz haben, besteht die Möglichkeit, eine Verdichtung von Beleginformationen mithilfe der Informationen der Hauptbuchsicht vorzunehmen. Ist dieses Kennzeichen nicht markiert, werden die Daten aus den Belegzeilen der Erfassungssicht ausgegeben. Ansonsten werden die Zeilendaten der Erfassungssicht mit den Daten der Hauptbucheinzelposten abgemischt. Außerdem bewirkt das Kennzeichen INFORMATIONEN DER HAUPTBUCHSICHT eine Änderung bei der Sortierung. Ist das Kennzeichen markiert, wird für die Sortierung die Hauptbuchbelegnummer anstelle der Erfassungsbelegnummer verwendet. In der klassischen Liste wird dann entsprechend der Sortierung auch die Hauptbuchbelegnummer anstelle der Erfassungsbelegnummer ausgegeben.

Die Sortierung der einzelnen Listabschnitte ist in Tabelle 6.2 aufgelistet.

Beleg-Kompaktjournal	Summenblätter
▸ Buchungskreis	▸ Belegstatus
▸ Belegstatus	▸ Buchungskreis bzw. Hauswährung
▸ Geschäftsjahr	
▸ Belegnummer	

Tabelle 6.2 Sortierung im Report RFBELJ00

In Abbildung 6.13 sehen Sie das Selektionsbild des Beleg-Kompaktjournals.

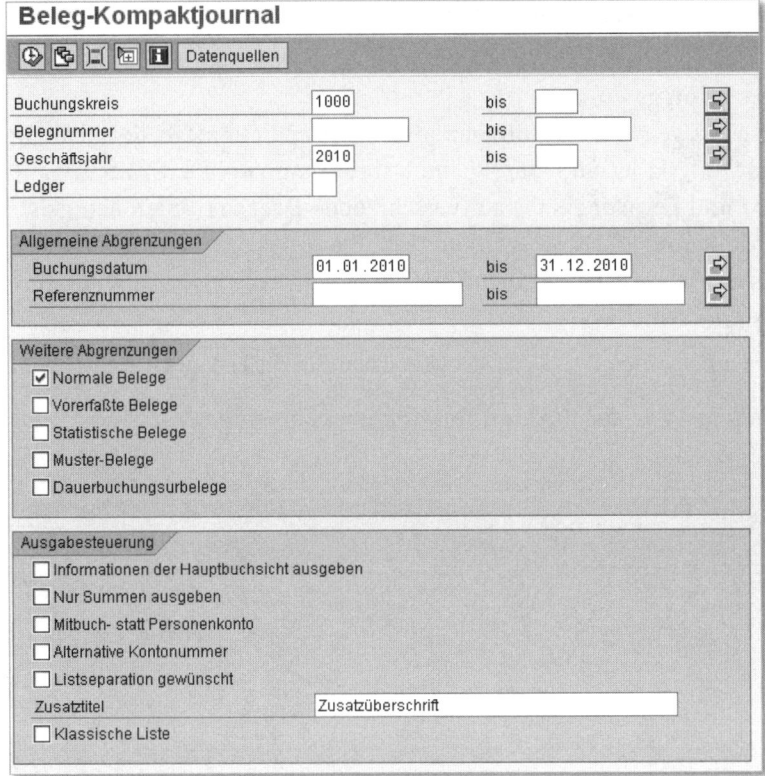

Abbildung 6.13 Report RFBELJ00 – Selektionsbild

Nun sehen wir uns einige der Selektionskriterien genauer an.

▸ **Informationen der Hauptbuchsicht ausgeben**
Kennzeichen, ob Belege in der Hauptbuchsicht angezeigt werden

▸ **Nur Summen ausgeben**
Nur Ausgabe des Summenblatts

- **Mitbuch- statt Personenkonto**
  Durch Markieren dieses Kennzeichens wird in der Spalte für die Personenkontendaten nicht die Personenkontonummer, sondern die zugehörige Abstimmkontonummer ausgegeben.
- **Alternative Kontonummer**
  Durch Markieren dieses Kennzeichens wird die Sachkontonummer durch die alternative Kontonummer (aus dem buchungskreisspezifischen Sachkontenstamm) ersetzt. Die Ersetzung erfolgt nur, wenn in den globalen Daten der selektierten Buchungskreise Landeskontenpläne gepflegt sind, die jeweils vom Kontenplan des Buchungskreises abweichen. Die alternativen Kontonummern in den Sachkontenstämmen müssen in dem jeweiligen Landeskontenplan enthalten sein.
- **Listseparation gewünscht**
  Bewirkt, dass gemäß den Einträgen in der Listseparationstabelle abhängig vom Buchungskreis und der Buchungskreisnummer die Druckausgabe separiert und gegebenenfalls auf verschiedene Druckdestinationen geleitet wird. Summenblätter werden von Standardreports dem Pseudobuchungskreis » « (Blank) zugeordnet.
- **Zusatztitel**
  Sie können hier einen Text als Zusatzüberschrift für die Listausgabe mitgeben.

In Abbildung 6.14 ist das Ergebnis unserer Selektion dargestellt.

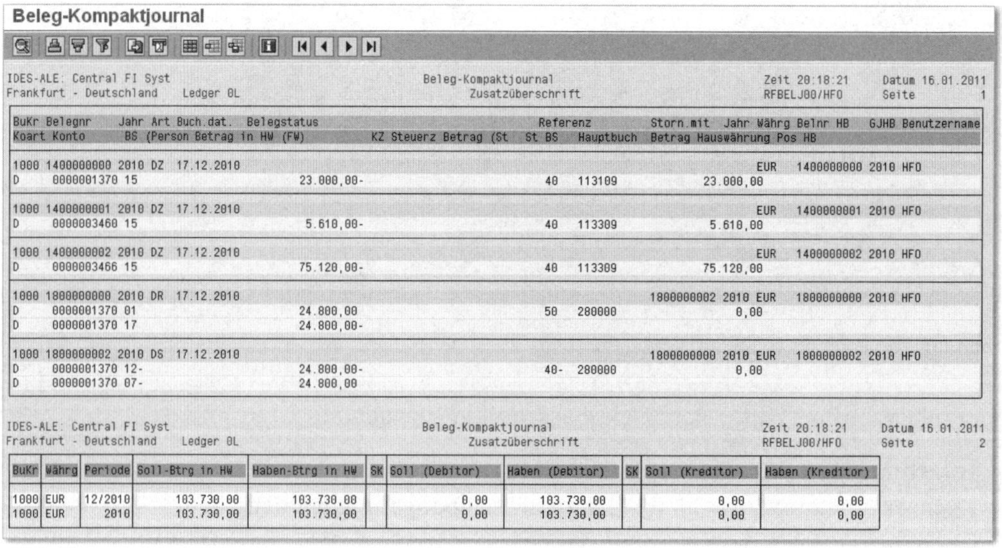

Beleg-Kompaktjournal

```
IDES-ALE: Central FI Syst                    Beleg-Kompaktjournal                Zeit 20:18:21   Datum 16.01.2011
Frankfurt - Deutschland   Ledger 0L              Zusatzüberschrift               RFBELJ00/HFO    Seite          1

BuKr Belegnr    Jahr Art Buch.dat.  Belegstatus                   Referenz    Storn.mit  Jahr Währg Belnr HB   GJHB Benutzername
Koart Konto       BS (Person Betrag in HW (FW)      KZ Steuerz Betrag (St  St BS  Hauptbuch  Betrag Hauswährung Pos HB

1000 1400000000 2010 DZ  17.12.2010                                                         EUR   1400000000 2010 HFO
D     0000001370 15                   23.000,00-                   40   113109      23.000,00

1000 1400000001 2010 DZ  17.12.2010                                                         EUR   1400000001 2010 HFO
D     0000003460 15                    5.610,00-                   40   113309       5.610,00

1000 1400000002 2010 DZ  17.12.2010                                                         EUR   1400000002 2010 HFO
D     0000003466 15                   75.120,00-                   40   113309      75.120,00

1000 1800000000 2010 DR  17.12.2010                                         1800000002 2010 EUR   1800000000 2010 HFO
D     0000001370 01                   24.800,00                    50   280000           0,00
D     0000001370 17                   24.800,00-

1000 1800000002 2010 DS  17.12.2010                                         1800000000 2010 EUR   1800000002 2010 HFO
D     0000001370 12-                  24.800,00-                   40-  280000           0,00
D     0000001370 07-                  24.800,00

IDES-ALE: Central FI Syst                    Beleg-Kompaktjournal                Zeit 20:18:21   Datum 16.01.2011
Frankfurt - Deutschland   Ledger 0L              Zusatzüberschrift               RFBELJ00/HFO    Seite          2
```

BuKr	Währg	Periode	Soll-Btrg in HW	Haben-Btrg in HW	SK	Soll (Debitor)	Haben (Debitor)	SK	Soll (Kreditor)	Haben (Kreditor)
1000	EUR	12/2010	103.730,00	103.730,00		0,00	103.730,00		0,00	0,00
1000	EUR	2010	103.730,00	103.730,00		0,00	103.730,00		0,00	0,00

Abbildung 6.14 Report RFBELJ00 – Listausgabe

6.8 Report RFBELJ10 – Beleg-Journal (Barrierefrei)

Dieser Report erstellt eine barrierefreie Version des Beleg-Journals (Report RFBELJ10_NACC). Aufgrund technologischer Einschränkungen ist es nicht möglich, alle legalen Anforderungen an das Beleg-Journal in einer barrierefreien Version zur Verfügung zu stellen. Verwenden Sie zur Erstellung des Beleg-Journals für legale Zwecke das Programm RFBELJ10_NACC (siehe Abbildung 6.16, »Report RFBELJ10_NACC – Beleg-Journal (Nicht barrierefrei)«). In Abbildung 6.15 sehen Sie das Selektionsbild des Beleg-Journals.

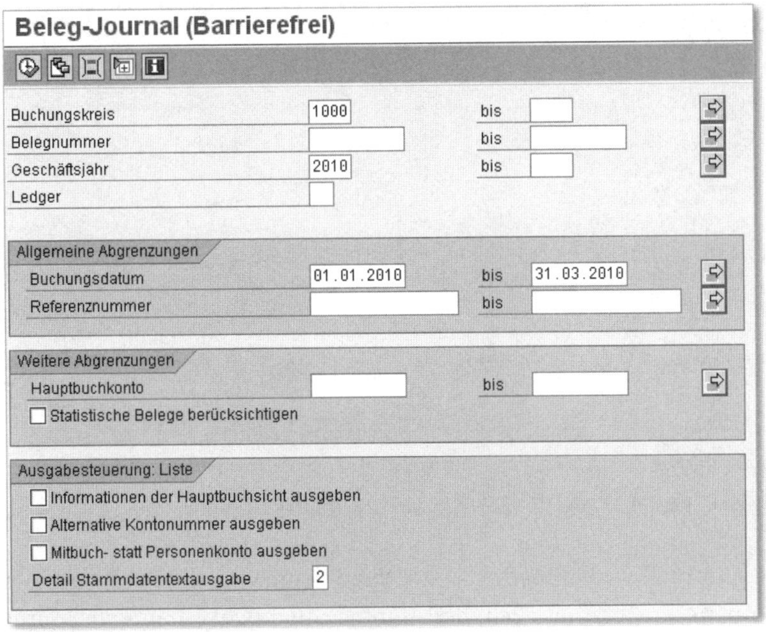

Abbildung 6.15 Report RFBELJ10 – Selektionsbild

Hier benötigen wir nur einen kurzen Blick auf die Selektionskriterien.

- **Detail Stammdatentextausgabe**
  In Abhängigkeit von diesem Kennzeichen werden bis zu n Zeilen Stammdatentext zur Verfügung gestellt.
    - 1 Kontokurzbezeichnung, Ort
    - 2 Name1, Ort
    - 3 Name1, Straße, Ort
    - 4 Name1, Name2, Straße, Ort

▶ **Mitbuch- statt Personenkonto ausgeben**
Wenn Sie dieses Kennzeichen markieren, wird in der Spalte für die Personenkontendaten nicht die Personenkontonummer, sondern die zugehörige Abstimmkontonummer ausgegeben.

In Abbildung 6.16 sehen Sie das Ergebnis des Beleg-Journals.

```
Beleg-Journal (Barrierefrei)
IDES AG                           Beleg-Journal (Barrierefr 01.01.2010 - 31.03.2010             Zeit 20:34:54    Datum 16.01.2011
Frankfurt  Ledger 0L                                                                            RFBELJ10/HF0     Seite         1
        Nummer Erfasst am Belegnr    Periode Buch.dat.  Belegdatum Art Referenz   Belegkopftext          Benutzername Belnr HB  6JHB Storn.mit  Jahr
                                 Pos Koart Konto           GsBe BS   SK Hauptbuch St NB   Betrag in FW Währg   Soll in Hauswährung   Haben-Btrg in HW
             1 27.04.2010 100000004      1 31.01.2010 31.01.2010 SA            Sachkontenbeleg          HF0          100000004  2010
Telefonkosten                    1 M    0000473110         40             V0               800,00  EUR           800,00
Commer (Ausg.-Scheck)            2 S    0000113301         50                              800,00- EUR                                   800,00

             2 24.03.2010 4900000000     3 24.03.2010 24.03.2010 WA            Warenausgabe             HF0         4900000000  2010
Handelswaren                     1 M    0000310000 1000 89                               2.000,00  EUR         2.000,00
Bestandsveränderung              2 S    0000894015 1000 91                               2.000,00- EUR                                 2.000,00
Handelswaren                     3 M    0000310000 1000 89                               2.000,00  EUR         2.000,00
Bestandsveränderung              4 S    0000894015 1000 91                               2.000,00- EUR                                 2.000,00
Handelswaren                     5 M    0000310000 1000 89                              50.000,00  EUR        50.000,00
Bestandsveränderung              6 S    0000894015 1000 91                              50.000,00- EUR                                50.000,00
Handelswaren                     7 M    0000310000 1000 89                               7.000,00  EUR         7.000,00
Bestandsveränderung              8 S    0000894015 1000 91                               7.000,00- EUR                                 7.000,00
Handelswaren                     9 M    0000310000 1000 89                               2.000,00  EUR         2.000,00
Bestandsveränderung             10 S    0000894015 1000 91                               2.000,00- EUR                                 2.000,00
Handelswaren                    11 M    0000310000 1000 89                              45.000,00  EUR        45.000,00
Bestandsveränderung             12 S    0000894015 1000 91                              45.000,00- EUR                                45.000,00

             3 27.04.2010 100000003      3 31.03.2010 31.03.2010 SA            Sachkontenbeleg          HF0          100000003  2010
Gehaelter                        1 S    0000430000         40                           25.000,00  EUR        25.000,00
Commer (Ausg.-Scheck)            2 S    0000113301         50                           35.000,00  EUR                                35.000,00
Fertigungs-Loehne                3 S    0000420000         40                           10.000,00  EUR        10.000,00

             4 27.04.2010 100000006      3 31.03.2010 31.03.2010 SA            Sachkontenbeleg          HF0          100000006  2010
Telefonkosten                    1 S    0000473110         40             V0             1.600,00  EUR         1.600,00
Commer (Ausg.-Scheck)            2 S    0000113301         50                            1.600,00- EUR                                 1.600,00
* Summe
                                                                                                             145.400,00              145.400,00
```

Abbildung 6.16 Report RFBELJ10 – Beleg-Journal (Nicht barrierefrei)

Das Beleg-Journal wird monatlich erstellt und beinhaltet alle Buchungen der Buchungsperiode. Es ist möglich, bestimmte Hauptbuchkonten vom Journal auszuschließen. Das entgegengesetzte Vorgehen, das Journal nur für bestimmte Konten zu erstellen, ist aus Performancegründen nicht zu empfehlen. Mittels des Kennzeichens TESTLAUF können Sie steuern, ob die aktuellen Soll- und Habensummen der Monatsmeldung in der Tabelle TRVOR hinterlegt werden sollen.

Für jeden neuen Monatslauf werden die Soll- und Habensummen aus der Tabelle TRVOR gelesen und als Vortrag im Beleg-Journal ausgewiesen. Ist das neue Hauptbuch aktiv, erfolgt die Fortschreibung in der Tabelle FAGL_TRVOR anstelle der Tabelle TRVOR. Die Fortschreibung der Daten wird dort pro Ledger vorgenommen. Wenn das neue Hauptbuch im Einsatz ist, besteht die Möglichkeit, alternativ zu den Beleginformationen aus der Erfassungssicht Informationen der Hauptbuchsicht darzustellen. Hierzu dient das Kennzeichen INFORMATIONEN DER HAUPTBUCHSICHT. Auf einem Summenblatt werden die Soll- und Habensummen getrennt nach Kontoarten je Buchungsperiode, Währung und Geschäftsjahr ausgewiesen. Diese Summenblätter sind zur Abstimmung mit den Saldenlisten (große Umsatzprobe) geeignet.

Aufgrund der gesetzlichen Anforderungen an die Formatierung der Ausgabe ist die Liste, die dieses Programm erstellt, nicht barrierefrei (Stichworte *Accessibility* bzw. *Barrierefreiheit*). Zusätzlich zu diesem Programm gibt es noch das Programm RFBELJ10, das die Informationen in einem ähnlichen Format zur Verfügung stellt. Die Ausgabe des Programms RFBELJ10 ist barrierefrei und kann somit für eine entsprechende Analyse verwendet werden. Die gesetzlichen Anforderungen an ein Beleg-Journal werden jedoch ausschließlich in der nicht barrierefreien Version des Programms abgedeckt.

In Abbildung 6.17 auf der nächsten Seite sehen Sie das Selektionsbild dieses Programms.

Schauen wir uns die Selektionsbedingungen etwas genauer an.

- **Statistische Belege berücksichtigen**
  Durch Markieren dieses Kennzeichens werden auch Merkposten berücksichtigt.

- **Testlauf**
  Dieses Kennzeichen steuert, ob ein Testlauf stattfindet oder nicht. Ist der Testlauf aktiv, erzeugt das SAP-System nur ein Protokoll. Es werden keine Daten in der Datenbank fortgeschrieben oder verändert. Ist die Markierung TESTLAUF inaktiv, schreibt das SAP-System Daten in der Datenbank fort.

- **Kurz-Header**
  Dieses Kennzeichen bewirkt, dass nur die Spaltenüberschriften ausgegeben werden. Dagegen werden die Buchungskreisdaten unterdrückt. Dadurch werden bei der Ausgabe zwei Zeilen pro Seite eingespart.

- **Selektionszeitraum ausgeben**
  Wenn Sie dieses Kennzeichen markieren, wird der in den Kennzeichen angegebene Selektionszeitraum für das Buchungsdatum in jede Seitenüberschrift übernommen.

6 | Komponentenübergreifende Standardberichte

- **Nur Summenseiten**
  Mit diesem Kennzeichen können Sie steuern, ob nur Summenblätter oder auch Einzelposten angezeigt werden sollen.

- **Belegzeilentext ausgeben**
  Wahlweise können die Segmenttexte angezeigt werden.

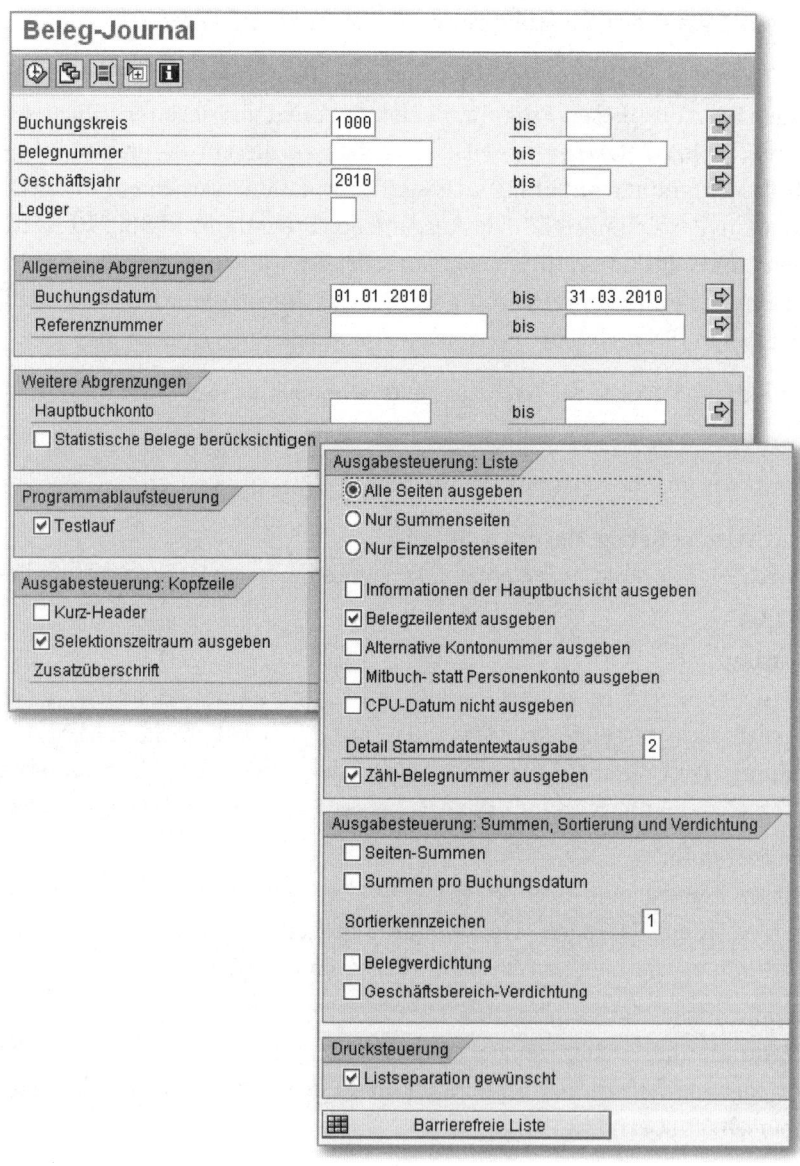

Abbildung 6.17 Report RFBELJ10_NACC – Selektionsbild

- **Alternative Kontonummer ausgeben**
  Durch Markieren dieses Kennzeichens wird die Sachkontonummer durch die alternative Kontonummer (aus dem buchungskreisspezifischen Sachkontenstamm) ersetzt.
- **Mitbuch- statt Personenkonto ausgeben**
  Durch Markieren dieses Kennzeichens wird in der Spalte für die Personenkontendaten nicht die Personenkontonummer, sondern die zugehörige Abstimmkontonummer ausgegeben.
- **CPU-Datum nicht ausgeben**
  Dieses Kennzeichen bewirkt, dass in der Liste das CpU-Datum der Belege nicht ausgegeben wird. Dieser Schalter kann jedoch nur bei gleichzeitiger Wahl der Sortiervarianten 1 oder 2 gesetzt werden.
- **Detail Stammdatentextausgabe**
  In Abhängigkeit von diesem Kennzeichen werden bis zu n Zeilen Stammdatentext zur Verfügung gestellt.
- **Zähl-Belegnummer ausgeben**
  Auf Wunsch können die Belege durch Markieren dieses Kennzeichens aufsteigend durchnummeriert werden.
- **Seiten-Summen**
  Ist dieses Kennzeichen gesetzt, erscheinen sowohl die Summen pro Seite als auch kumulierte Summen.
- **Summen pro Buchungsdatum**
  Wenn Sie dieses Kennzeichen aktivieren, ist es möglich, die Summen pro Buchungsdatum anzuzeigen, falls Sie das Sortierkennzeichen »2« angeben.
- **Sortierkennzeichen**
  Mit diesem Kennzeichen wird gesteuert, nach welchen Kriterien die Liste sortiert werden soll.
- **Belegverdichtung**
  Das Markieren dieses Kennzeichens bewirkt, dass eine Belegverdichtung vorgenommen wird. Alle Belegzeilen gleichen Buchungsschlüssels, die sich nur durch ihre Zusatzkontierung voneinander unterscheiden, werden zu einer Buchungszeile verdichtet.
- **Geschäftsbereich-Verdichtung**
  Wenn Sie dieses Kennzeichen markieren, wird eine Geschäftsbereichverdichtung vorgenommen, falls gleichzeitig die Belegverdichtung gewählt wird.

In Abbildung 6.18 sehen Sie das in diesem Beispiel erzeugte Beleg-Journal.

```
Beleg-Journal

IDES AG                          Beleg-Journal 01.01.2010 - 31.03.2010              Zeit 21:14:39    Datum 16.01.2011
Frankfurt  Ledger 0L                Zusätzüberschrift / Buchungskreis 1000         RFBELJ10_NACC/HF0 Seite        1

Jahr Waehr Bk   Mo K ..Soll-Betrag Hw .Haben-Betrag Hw K ..Soll-Betrag Hw .Haben-Betrag Hw K ..Soll-Betrag Hw .Haben-Betrag Hw
                   a                                   a                                     a

2010 EUR   1000 01  S         800,00        800,00 D        0,00        0,00 K        0,00         0,00
2010 EUR   1000 02  S       1.200,00      1.200,00 D        0,00        0,00 K        0,00         0,00
2010 EUR   1000 03  S     143.000,00    143.000,00 D        0,00        0,00 K        0,00         0,00
2010 EUR   1000 **  S     145.000,00    145.000,00 D        0,00        0,00 K        0,00         0,00

2010 EUR   **** **  S     145.000,00    145.000,00 D        0,00        0,00 K        0,00         0,00

Lfd.-Nr. Beleg-nr.. CPUdat Bu-Dat Beldat Ba Referenznr...... Belegkopf-Text...........
         Konto-Bezeichnung........BUZ K Konto-Nr.. GSBR BS  Hauptbuch. MW ...Betrag in FW  Waehr .Soll-Betrag HW Haben-Betrag HW

00000001 0100000003 270410 310310 310310 SA               Sachkontenbeleg           HF0
         Gehaelter                       001  S 0000430000           40                  25.000,00 EUR   25.000,00
                                         Gehälter für Kostenstellengruppe F / März 2010
         Commer(Ausg.-Scheck)            002  S 0000113301           50                  35.000,00- EUR                  35.000,00
         Fertigungs-Loehne               003  S 0000420000           40                  10.000,00 EUR   10.000,00
                                         Löhne für Kostenstellengruppe F / Monat März 2010

00000002 0100000004 270410 310110 310110 SA               Sachkontenbeleg           HF0
         Telefonkosten                   001  S 0000473110           40     V0              800,00 EUR      800,00
                                         Telefonkosten Monat Januar 2010 / KST-Gr. F
         Commer(Ausg.-Scheck)            002  S 0000113301           50                     800,00- EUR                     800,00

00000003 0100000005 270410 280210 280210 SA               Sachkontenbeleg           HF0
         Telefonkosten                   001  S 0000473110           40     V0            1.200,00 EUR    1.200,00
                                         Telefonkosten Monat Februar 2010 / KST-Gr. F
         Commer(Ausg.-Scheck)            002  S 0000113301           50                   1.200,00- EUR                   1.200,00

00000004 4900000000 240310 240310 240310 WA               Warenausgabe              HF0
         Handelswaren                    001  M 0000310000 1000 89                        2.000,00 EUR    2.000,00
         Bestandsveränderung             002  S 0000894015 1000 91                        2.000,00- EUR                   2.000,00
         Handelswaren                    003  M 0000310000 1000 89                        2.000,00 EUR    2.000,00
         Bestandsveränderung             004  S 0000894015 1000 91                        2.000,00- EUR                   2.000,00
         Handelswaren                    005  M 0000310000 1000 89                       50.000,00 EUR   50.000,00
         Bestandsveränderung             006  S 0000894015 1000 91                       50.000,00- EUR                  50.000,00
         Handelswaren                    007  M 0000310000 1000 89                        7.000,00 EUR    7.000,00
         Bestandsveränderung             008  S 0000894015 1000 91                        7.000,00- EUR                   7.000,00
         Handelswaren                    009  M 0000310000 1000 89                        2.000,00 EUR    2.000,00
         Bestandsveränderung             010  S 0000894015 1000 91                        2.000,00- EUR                   2.000,00
         Handelswaren                    011  M 0000310000 1000 89                       45.000,00 EUR   45.000,00
         Bestandsveränderung             012  S 0000894015 1000 91                       45.000,00- EUR                  45.000,00

Jahr Waehr Bk   Mo K ..Soll-Betrag Hw .Haben-Betrag Hw K ..Soll-Betrag Hw .Haben-Betrag Hw K ..Soll-Betrag Hw .Haben-Betrag Hw
                   a                                   a                                     a

2010 EUR   1000 01  S         800,00        800,00 D        0,00        0,00 K        0,00         0,00
2010 EUR   1000 02  S       1.200,00      1.200,00 D        0,00        0,00 K        0,00         0,00
2010 EUR   1000 03  S     143.000,00    143.000,00 D        0,00        0,00 K        0,00         0,00
2010 EUR   1000 **  S     145.000,00    145.000,00 D        0,00        0,00 K        0,00         0,00
```

Abbildung 6.18 Report RFBELJ10_NACC – Listausgabe

6.9 Report RFBUSU00 – Buchungssummen

Dieser Report gibt Ihnen eine Übersicht über Soll- und Habensummen sowie die Anzahl der Buchungszeilen. Pro Buchungskreis, Geschäftsbereich und Belegart werden drei Zeilen mit den oben genannten Informationen ausgewiesen, die zusätzlich nach den verschieden Kontoarten D/K/S/M/A aufgeteilt sind. Darüber hinaus werden für jeden Geschäftsbereich bzw. für jeden

Buchungskreis Summen ausgegeben. Am Ende der Liste werden die Summen für alle selektierten Buchungskreise mit gleicher Währung angezeigt. Zusätzlich erfahren Sie die Anzahl der Belege. Die Liste wird in der Regel zur Abstimmung des erfassten Buchungsstoffes (Kontrollsummen) genutzt. Zum Beispiel können mit dem Report die Batch-Input-Mappen aus externen Systemen abgestimmt werden.

In Abbildung 6.19 sehen Sie das Selektionsbild dieses Berichts.

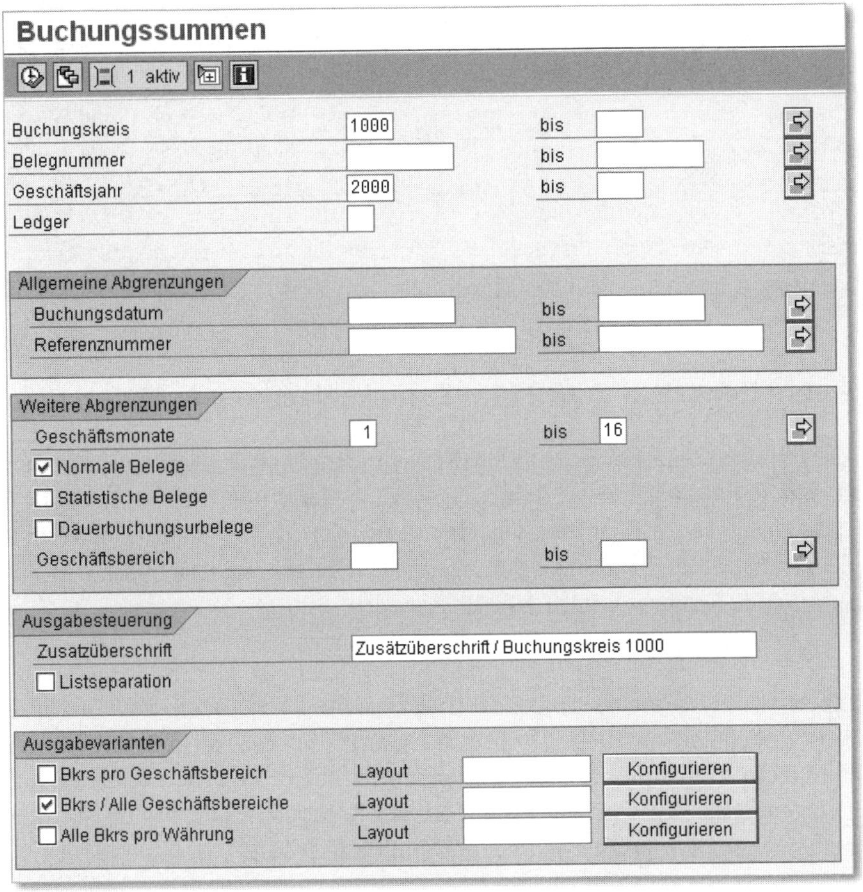

Abbildung 6.19 Report RFBUSU00 – Selektionsbild

Die einzelnen Felder des Selektionsbildes sind in diesem Programm selbsterklärend. Nach dem Ausführen des Berichts erhalten Sie die Listausgabe aus Abbildung 6.20.

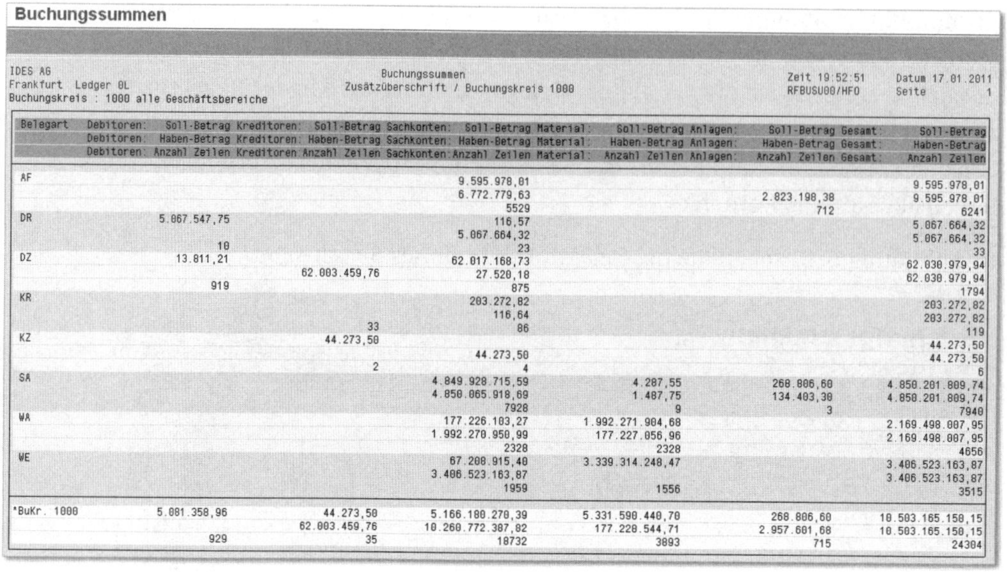

Buchungssummen

IDES AG
Frankfurt Ledger 0L
Buchungskreis : 1000 alle Geschäftsbereiche

Buchungssummen
Zusätzüberschrift / Buchungskreis 1000

Zeit 19:52:51
RFBUSU00/HFO

Datum 17.01.2011
Seite 1

Belegart	Debitoren: Soll-Betrag Debitoren: Haben-Betrag Debitoren: Anzahl Zeilen	Kreditoren: Soll-Betrag Kreditoren: Haben-Betrag Kreditoren: Anzahl Zeilen	Sachkonten: Soll-Betrag Sachkonten: Haben-Betrag Sachkonten: Anzahl Zeilen	Material: Soll-Betrag Material: Haben-Betrag Material: Anzahl Zeilen	Anlagen: Soll-Betrag Anlagen: Haben-Betrag Anlagen: Anzahl Zeilen	Gesamt: Soll-Betrag Gesamt: Haben-Betrag Gesamt: Anzahl Zeilen
AF			9.595.978,01			9.595.978,01
			6.772.779,63		2.823.198,38	9.595.978,01
			5529		712	6241
DR	5.067.547,75		116,57			5.067.664,32
			5.067.664,32			5.067.664,32
	10		23			33
DZ	13.811,21		62.017.168,73			62.030.979,94
		62.003.459,76	27.520,18			62.030.979,94
	919		875			1794
KR			203.272,82			203.272,82
			116,64			203.272,82
		33	86			119
KZ		44.273,50				44.273,50
			44.273,50			44.273,50
		2	4			6
SA			4.849.928.715,59	4.287,55	268.806,60	4.850.201.809,74
			4.850.065.918,69	1.487,75	134.403,30	4.850.201.809,74
			7928	9	3	7940
WA			177.226.103,27	1.992.271.904,68		2.169.498.007,95
			1.992.270.950,99	177.227.056,96		2.169.498.007,95
			2328	2328		4656
WE			67.208.915,40	3.339.314.248,47		3.406.523.163,87
			3.406.523.163,87			3.406.523.163,87
			1959	1556		3515
*BuKr. 1000	5.081.358,96	44.273,50	5.166.180.270,39	5.331.590.440,70	268.806,60	10.503.165.150,15
		62.003.459,76	10.260.772.387,82	177.228.544,71	2.957.601,68	10.503.165.150,15
	929	35	18732	3893	715	24304

Abbildung 6.20 Report RFBUSU00 – Listausgabe

6.10 Report RFCORR14 – Zurücksetzen eines Mahnlaufs

Der Echtdruck eines Mahnlaufs hat die Mahndaten in Belegen und im Kundenstamm geändert. Diese Änderungen werden durch den Report RFCORR14 rückgängig gemacht. Um ein versehentliches Starten des Reports zu vermeiden, müssen Sie vor der Durchführung des Echtlaufs im Programm den entsprechende Benutzer unter UNAME eintragen:

```
data: UNAME like SY-UNAME value 'USER-NAME'.
```

Innerhalb eines mehrstufigen Notfallkonzepts kann dieses Programm in Ausnahmefällen nützliche Dienste leisten. In diesem Fall müssen Sie den Benutzernamen eines der abgestuften Notfallnutzer im Programmcode hinterlegen. Dazu muss selbstverständlich der Report zunächst in den Kundennamensraum kopiert werden (siehe Abbildung 6.21).

Voraussetzung für die Durchführbarkeit des Programms ist, dass der Mahnbestand (in den Tabellen MHNK und MHND) vorhanden ist. In Abbildung 6.22 sehen Sie das Selektionsbild des Reports RFCORR14.

Der Mahnlauf wird auf der Datenbank nur zurückgesetzt, wenn das Kennzeichen ECHTLAUF MIT UPDATE AUF BSEG ! markiert ist. Ansonsten wird lediglich ein Protokoll ausgegeben. In Abbildung 6.23 sehen Sie das Protokoll eines Echtlaufs.

Report RFCORR14 – Zurücksetzen eines Mahnlaufs | 6.10

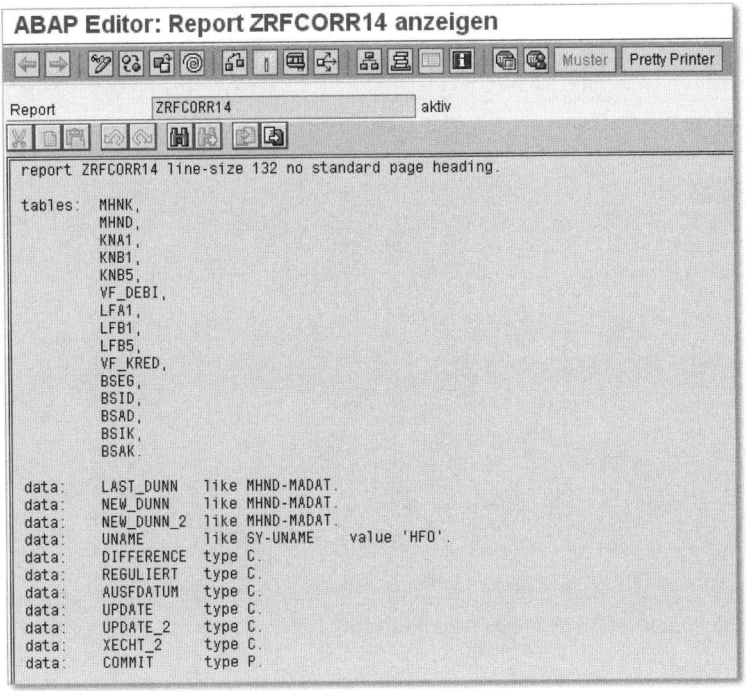

Abbildung 6.21 Report RFCORR14 – Coding-Ausschnitt

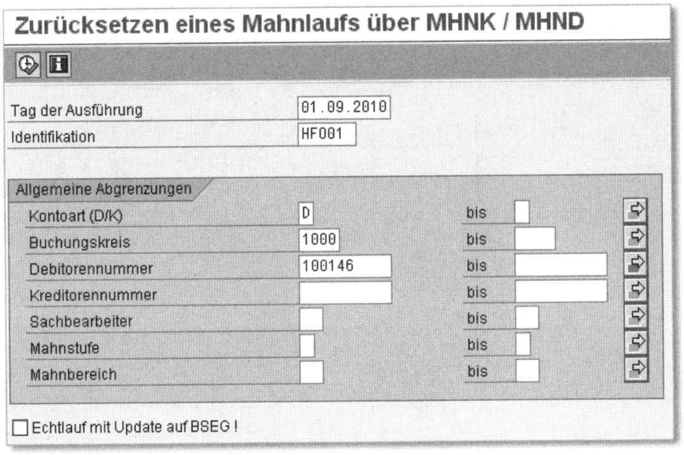

Abbildung 6.22 Report RFCORR14 – Selektionsbild

Die entsprechenden FI-Belege und die Mahndaten des Stamms werden geändert. In Abbildung 6.24 sehen Sie die Einzelpostenliste zu einem Debitor vor und nach der Durchführung des Echtlaufs aus unserem Beispiel.

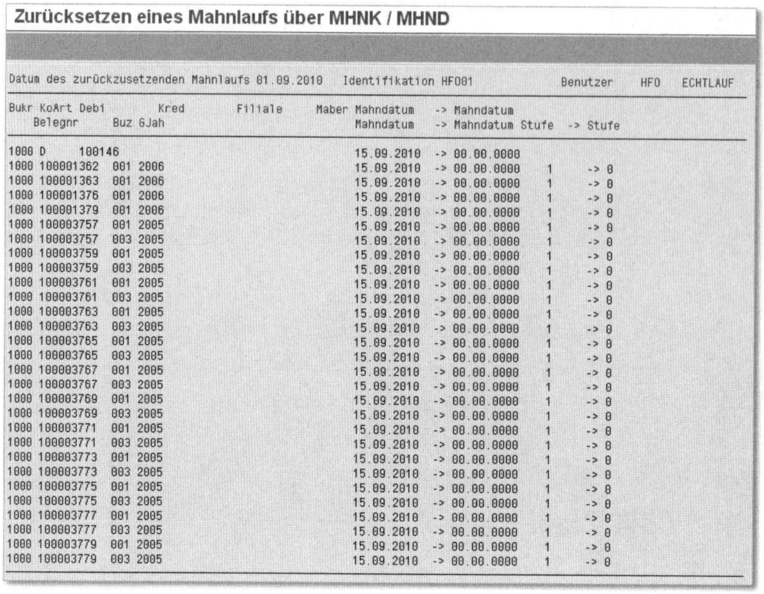

6 | Komponentenübergreifende Standardberichte

Abbildung 6.23 Report RFCORR14 – Protokoll Echtlauf

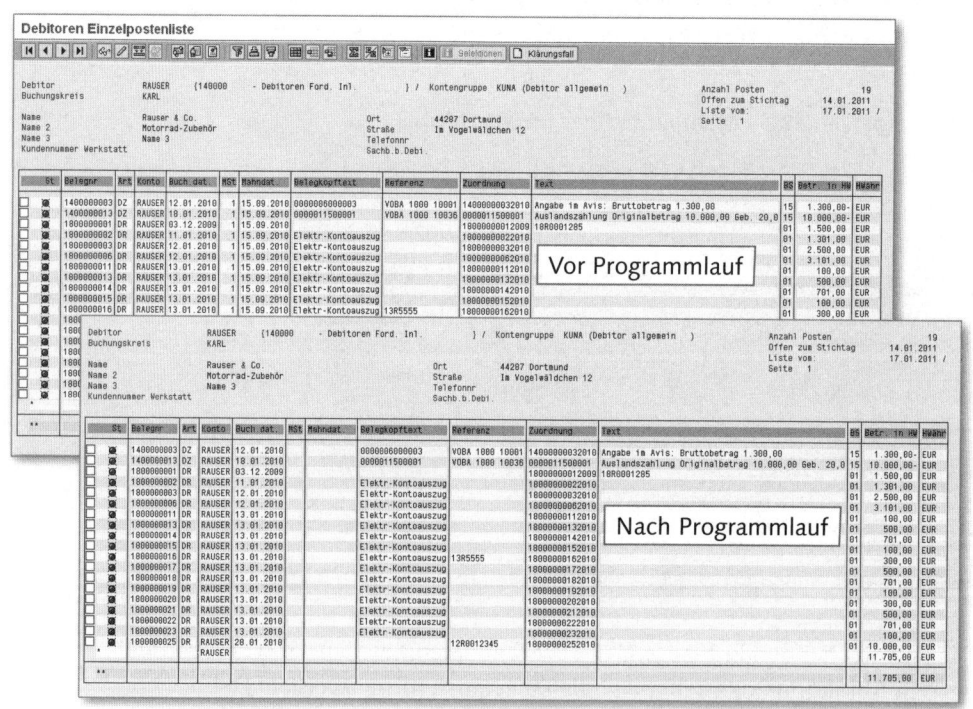

Abbildung 6.24 Report RFCORR14 – Einzelposten vor und nach Programmlauf

6.11 Report RFEPOJ00 – Einzelpostenjournal

Das Einzelpostenjournal erstellt eine Übersicht der ausgewählten Buchungsbelege. Ausgegeben werden unter anderem das Buchungsdatum, die Belegnummer, das Belegdatum, die Buchungszeile, der Buchungsschlüssel, das Umsatzkennzeichen, das Kennzeichen für umsatzwirksam, die Kontonummern und die Beträge. Für die höheren Gruppenstufen erscheinen die Soll-/Habensummen (Gesamtsalden) der Hauswährungsbeträge. Ist das Kennzeichen SUMME PRO WÄHRUNG markiert, werden zusätzlich die aufsummierten Beträge pro Fremdwährung mit ausgegeben.

Sollen zusätzlich auch die Sonderbelege mit ausgegeben werden, können Sie dies mittels diverser Kennzeichen steuern. Außerdem kann die Datenmenge auf bestimmte Buchungszeilen bzw. Kontoarten eingeschränkt werden. Das Selektionsbild des Reports sehen Sie in Abbildung 6.25.

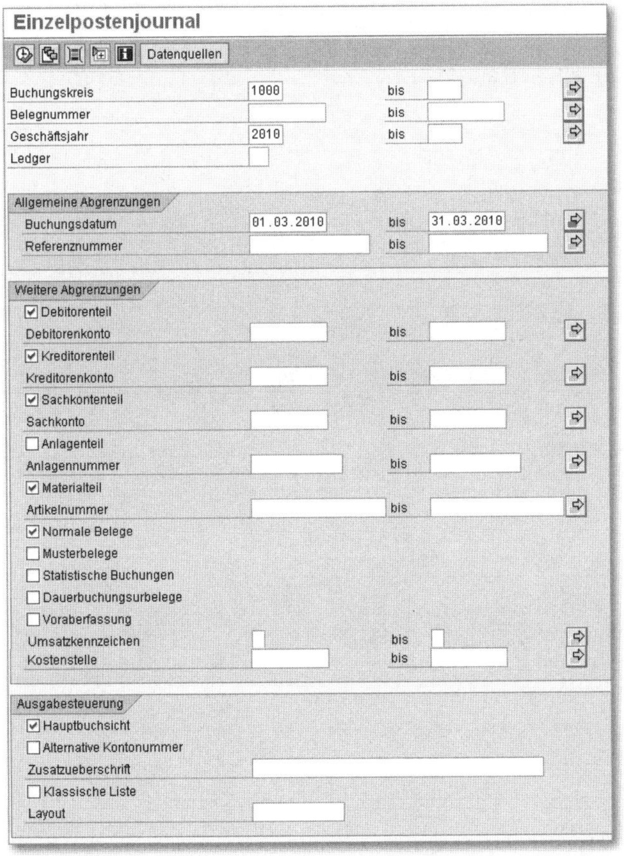

Abbildung 6.25 Report RFEPOJ00 – Selektionsbild

Der Bericht nutzt die logische Datenbank BR (Beleg-Datenbank). Die Sortierung der Ausgabeliste erfolgt in der Reihenfolge:

- Buchungskreis
- Kontoart
- Belegart

In Abbildung 6.26 sehen Sie das entstandene Einzelpostenjournal.

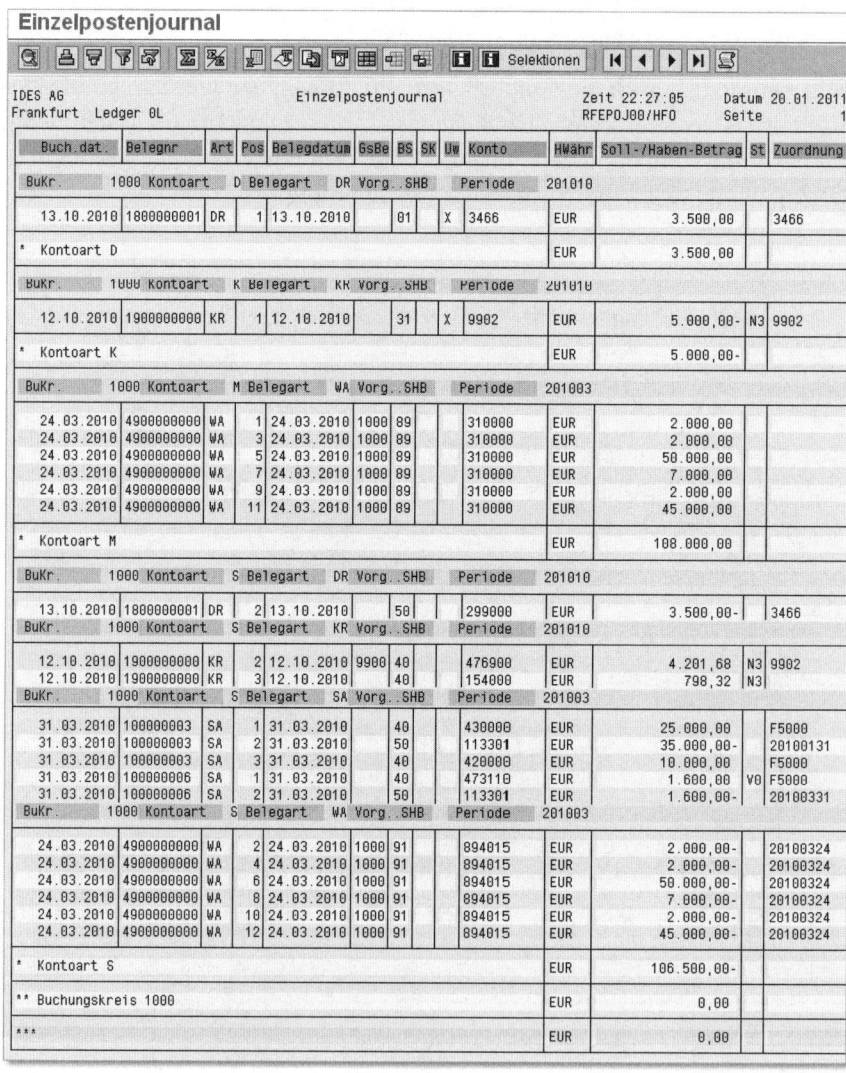

Abbildung 6.26 Report RFEPOJ00 – Listausgabe

6.12 Report RFF110S – Automatische Einplanung des Zahlprogramms

Dieser Report dient zur Einplanung des Zahlprogramms SAPF110S im Hintergrund. Der Report RFF110S bietet im Wesentlichen dieselben Kennzeichen an, die in der Transaktion F110 zur Verfügung stehen. Nachdem Sie eine Variante für den Report hinterlegt haben, können Sie diesen im Hintergrund einplanen. Um periodische Läufe mit identischen Kennzeichen anlegen zu können, müssen Sie für die Datumsfelder in Ihrer Selektionsvariante eine Selektionsvariable hinterlegen. Die periodische Einplanung können Sie über die Jobverwaltung bzw. den Schedule Manager vornehmen. Die Ergebnisse des Zahlprogramms können Sie wahlweise über die Transaktion F110, die Jobverwaltung oder den Monitor des Schedule Managers einsehen.

Das Selektionsbild (Teil 1 ist in Abbildung 6.27 und Teil 2 in Abbildung 6.28 zu sehen) stellt die wesentlichen Kennzeichen des Zahlprogramms SAPF110S zur Verfügung. Hier geben Sie Ihre Zahllaufkennzeichen wie in der Transaktion F110 ein und speichern diese als Variante ab.

Im Folgenden stellen wir Ihnen einige der Selektionskriterien genauer vor.

- **Tag der Ausführung**
  Das Datum, an dem das Programm laufen soll: Das Laufdatum dient zur Identifikation der Kennzeichen. Es handelt sich um das Datum, an dem das Programm planmäßig ausgeführt werden soll. Eine spätere oder frühere Ausführung des Programms ist jedoch auch zulässig.

- **Vorschlagslauf**
  Dieses Kennzeichen gibt an, dass die Daten aus dem Zahlungsvorschlag und nicht aus der Zahlung stammen.

- **Zielrechner**
  Rechner, auf dem der Hintergrund-Job ausgeführt werden soll

- **Buchungsdatum**
  Das Buchungsdatum im Beleg: Datum, unter dem der Beleg in der Buchhaltung bzw. in der Kostenrechnung erfasst wird. Aus dem Buchungsdatum werden das Geschäftsjahr und die Periode abgeleitet, für die eine Fortschreibung der im Beleg angesprochenen Konten bzw. Kostenarten erfolgt.

- **Belege erfasst bis**
  Das Abgrenzungsdatum für die offenen Posten: Gibt das Datum an, bis zu dem offene Posten bei der Bearbeitung berücksichtigt werden. Maßgeblich ist der Tag der Erfassung, nicht das Buchungsdatum.

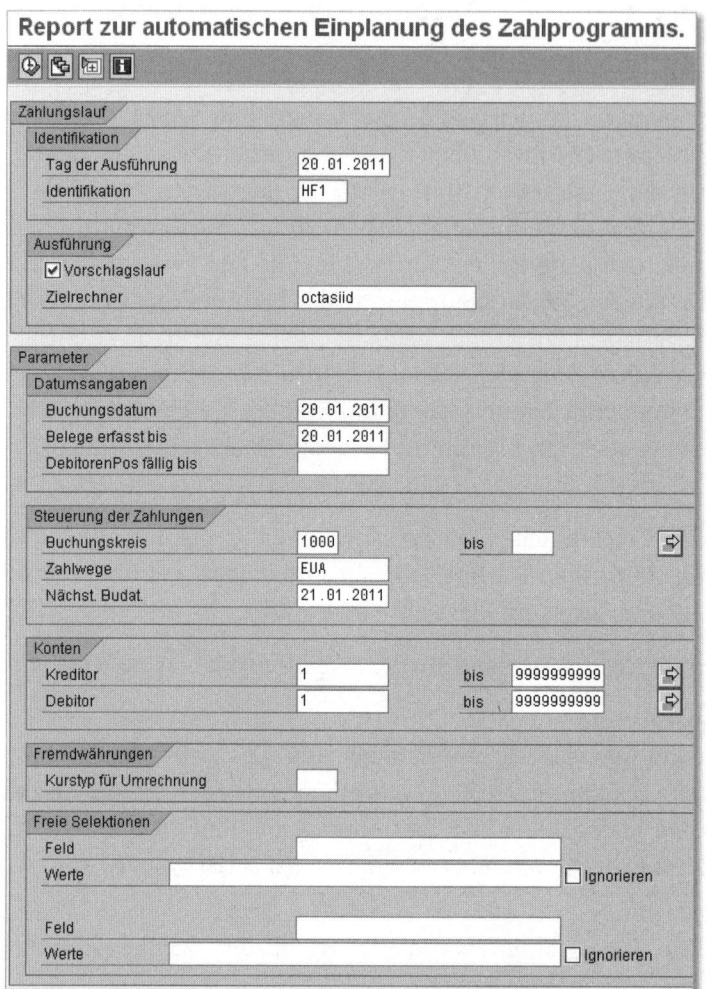

Abbildung 6.27 Report RFF110S – Selektionsbild (erster Teil)

- **DebitorenPos fällig bis**
  Das Bis-Fälligkeitsdatum für Debitorenpositionen, also das Datum, bis zu dem ein debitorischer offener Posten fällig sein muss, um beim Zahlungslauf berücksichtigt zu werden. Sollen Lastschriften bereits vor dem Fälligkeitstag erzeugt werden, müssen Sie in diesem Feld das Datum angeben, bis zu dem die Posten fällig sein müssen. Ohne Eintrag gilt das Buchungsdatum des Zahllaufs als Grenze für die Fälligkeit. Wollen Sie auch Posten regulieren, die erst nach dem Buchungsdatum fällig werden, müssen Sie hier ein späteres Datum eintragen.

Fälligkeiten [zB]

Das Buchungsdatum des Zahlungslaufs ist der 01.07.2011. Die debitorischen Positionen sollen bis zum Fälligkeitsdatum 05.07.2011 berücksichtigt werden. Sie haben folgende Positionen auf dem Konto:

- Rechnung   Basisdatum 20.06.11   14 Tage 3 % 30 Tage netto
- Rechnung   Basisdatum 25.06.11   14 Tage 3 % 30 Tage netto
- Gutschrift   Basisdatum 25.06.11   14 Tage 3 % 30 Tage netto

Für Rechnungen und rechnungsbezogene Gutschriften gilt unabhängig von der eingestellten Zahlungsbedingung immer Fälligkeitsdatum = Basisdatum + Tage 1. Für sonstige Gutschriften, Akontozahlungen etc. gilt unabhängig von der eingestellten Zahlungsbedingung immer Fälligkeitsdatum = Basisdatum. Damit ergeben sich für das Beispiel folgende Fälligkeiten:

- Rechnung   fällig am   04.07.11   wird reguliert
- Rechnung   fällig am   09.07.11   wird nicht reguliert
- Gutschrift   fällig am   25.06.11   wird reguliert

Fälligkeit [«]

Die Datumsangabe wirkt sowohl für Rechnungen als auch für Gutschriften. Das kann dazu führen, dass nicht nur Lastschriften vor Fälligkeit erzeugt werden, sondern auch die Rückzahlung von Gutschriften vor der Fälligkeit erfolgt.

- **Zahlwege**
  Liste der Zahlwege, die im Zahllauf verwendet werden sollen: Geben Sie die gewünschten Zahlwege ohne weitere Trennzeichen ein. Die Reihenfolge der angegebenen Zahlwege ist ausschlaggebend für die Auswahl eines Zahlwegs.

- **Nächst. Budat. (Nächstes Buchungsdatum)**
  Das Datum wird benötigt, um die Fälligkeit einer Verbindlichkeit zu prüfen. Wenn ein Posten zum Datum des nächsten Zahlungslaufs bereits überfällig wäre oder Skonto verlieren würde, wird die Regulierung in diesem Zahlungslauf vorgenommen. Für Forderungen gilt generell, dass eine Regulierung vor Erreichen des Zahlungsfristenbasisdatums nicht möglich ist. Eine Regulierung erfolgt, falls das Zahlungsfristenbasisdatum erreicht oder überschritten ist, unabhängig davon, wann der nächste Zahlungslauf vorgesehen ist.

- **Kreditor**
  Hier können die gesuchten Kreditorennummern eingegeben werden.

- **Debitor**
  Hier können die gesuchten Debitorennummer eingegeben werden.

- **Kurstyp für Umrechnung**
  Abweichender Kurstyp für Zahlungen in Fremdwährung: Kurstyp, der bei Zahlungen in Fremdwährung für die Umrechnung in die Hauswährung verwendet werden soll.
- **Feld**
  Gibt das Feld an, für das zusätzliche Selektionsbedingungen vorgegeben werden sollen.

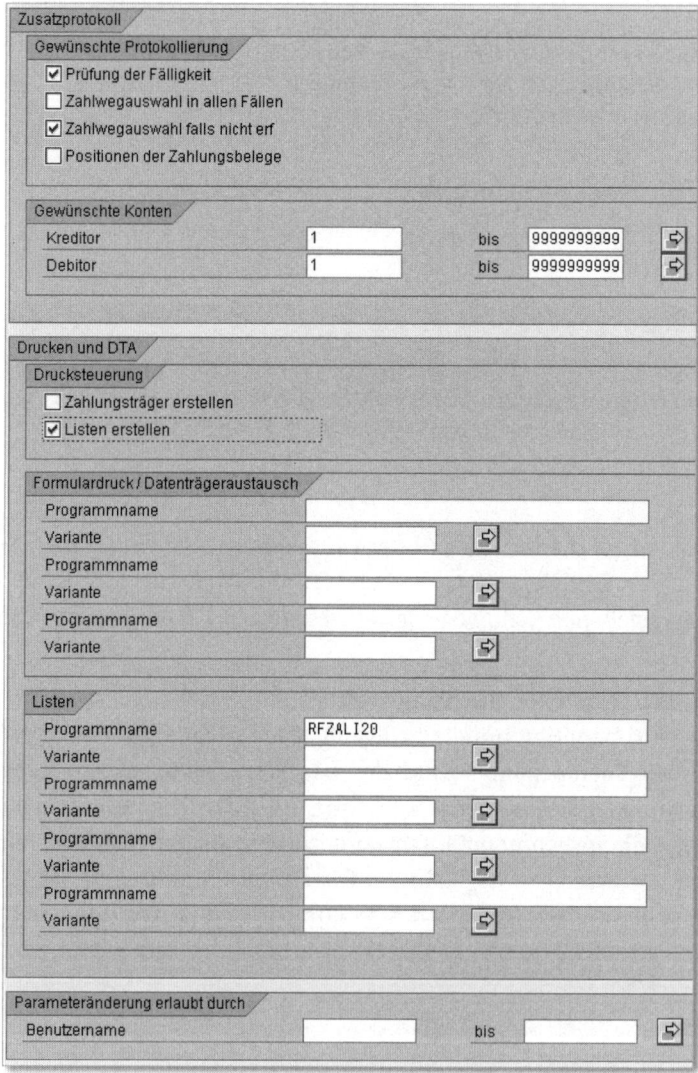

Abbildung 6.28 Report RFF110S – Selektionsbild (zweiter Teil)

- **Werte**
  Liste der Werte, die berücksichtigt bzw. ausgeschlossen werden sollen. Geben Sie hier eine Liste von Einzelwerten oder Intervallen an. Alle Werte müssen in voller Länge in aufsteigender Reihenfolge angegeben werden.

- **Zahlungsträger erstellen**
  Nach dem Zahlungslauf werden die Zahlungsträger erstellt. Dieser Arbeitsschritt kann durch Markieren dieses Kennzeichens mit eingeplant werden. Bitte beachten Sie bei der Erstellung der Zahlungsträger aus Vorschlagsdaten, dass der Vorschlagsbestand anschließend gelöscht oder durch die Vorschlagsbearbeitung geändert werden könnte!

- **Listen erstellen**
  Zusätzlich zu den Zahlungsträgern können Listen eingeplant werden – z.B. die Zahlungsregulierungsliste RFZALI20 (siehe Abschnitt 6.25, »Report RFZALI20 – Zahlungsregulierungsliste«).

Der Report erstellt zunächst einen Parametersatz für den Zahllauf. Danach wird, je nachdem, ob das Kennzeichen VORSCHLAGSLAUF gesetzt ist, ein Vorschlagslauf bzw. ein Echtlauf gestartet. Sind die Kennzeichen MIT LISTEN bzw. MIT DRUCKPROGRAMMEN ausgewählt, werden im Anschluss an das Zahlprogramm auch die List- bzw. Datenträgerprogramme gestartet.

Der Status des Zahllaufs ist ab dem Zeitpunkt, zu dem die Parameter durch den Report RFF110S erzeugt wurden, online in der Transaktion F110 sichtbar. Das Protokoll des eingeplanten Zahllaufs und die erstellten Listen können Sie sowohl über die Jobverwaltung (der Echtlauf wird unter dem Namen F110-DATUM-IDENTIFIKATION, das System ersetzt zur Laufzeit die Felder DATUM und IDENTIFIKATION durch Echtdaten, eingeplant, beim Vorschlagslauf wird noch -X angehängt) als auch über die Transaktion F110 erreichen. Haben Sie den Report im Schedule Manager eingeplant, sind die Ausgaben des Zahlprogramms ebenfalls dort verfügbar.

In Verbindung mit der Sollsaldoprüfung (Programm RFF110SSP, siehe Abschnitt 6.13, »Report RFF110SSP – Saldoprüfung nach einem Zahlungsvorschlag«) ist z.B. folgendes Szenario denkbar: Sie möchten periodisch im Hintergrund zunächst einen Vorschlagslauf durchführen. Direkt im Anschluss soll eine Sollsaldoprüfung über den Vorschlag laufen. Unmittelbar nach der Sollsaldoprüfung soll der Echtlauf starten.

Um dieses Szenario zu realisieren, gehen Sie wie folgt vor: Erstellen Sie zwei Varianten für den Report RFF110S, eine für einen Vorschlagslauf, die andere für einen Echtlauf. In der Variante für den Vorschlagslauf geben Sie unter den Listprogrammen die Sollsaldoprüfung RFF110SSP mit einer entsprechenden Variante und dann den Report RFF110S selbst mit der Variante für den Echtlauf an.

6.13 Report RFF110SSP – Saldoprüfung nach einem Zahlungsvorschlag

Mit diesem Report können Sie einen vom Zahlprogramm (F110) erstellten Zahlungsvorschlag analysieren und je nach Ergebnis der Analyse Posten des Vorschlags automatisch zur Zahlung sperren. Diese Prüfung wird pro Konto im zahlenden Buchungskreis durchgeführt. In der Regel wird der Report RFF110SSP innerhalb eines Jobs nach Ausführung des Reports RFF110S gestartet.

Der Hauswährungssaldo der Posten eines Kontos in einem Zahlungsvorschlag wird pro zahlendem Buchungskreis ermittelt. Dabei werden alle Posten berücksichtigt, die im Vorschlag nicht mit einem Eingangszahlweg versehen wurden. Dies sind die Belege, die nicht explizit einen Eingangszahlweg im Beleg hatten bzw. nicht im Vorschlag einer Eingangszahlung zugeordnet wurden.

Die Posten werden gesperrt, wenn ein Sollsaldo vorliegt. Falls ein Mindestzahlbetrag im Customizing des Zahlprogramms hinterlegt wurde, werden die Posten auch gesperrt, wenn ein Habensaldo kleiner als dieser Mindestbetrag vorliegt.

Der Report kann direkt aus der Transaktion F110 über den Pfad BEARBEITEN • VORSCHLAG • SOLLSALDOPRÜFUNG als Simulationslauf bzw. Echtlauf aufgerufen werden. Außerdem kann der Report direkt als Liste in einem Vorschlagslauf eingeplant werden, sodass er im Anschluss an den Vorschlagslauf automatisch gestartet wird. In Abbildung 6.29 sehen Sie das Selektionsbild des Reports RFF110SSP zur Saldoprüfung.

Nun betrachten wir einige der Selektionskriterien etwas genauer.

- **Programmlaufdatum**
  Das Laufdatum dient zur Identifikation. Es ist das Datum, an dem das Programm planmäßig ausgeführt wurde.
- **Identifikationsmerkmal**
  Das zusätzliche Identifikationsmerkmal kann für die Unterscheidung von mehreren Läufen mit gleichem Abstimmungsstichtag eingesetzt werden.

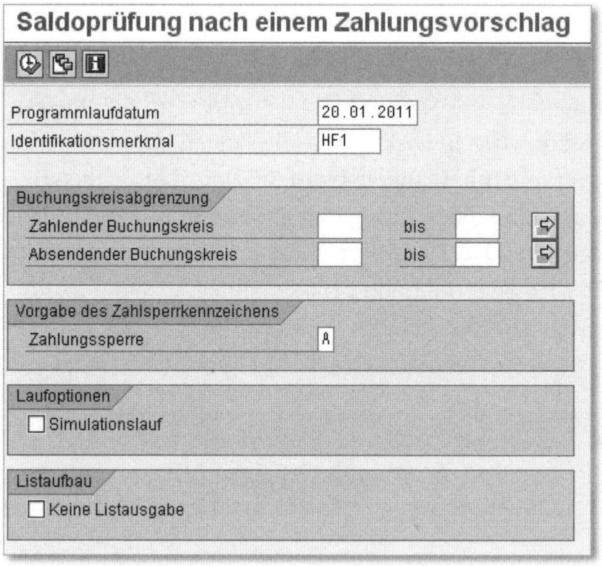

Report RFF110SSP – Saldoprüfung nach einem Zahlungsvorschlag | 6.13

Abbildung 6.29 Report RFF110SSP – Selektionsbild

▸ **Zahlender Buchungskreis**

Buchungskreis, der den Zahlungsverkehr (eventuell auch für andere Buchungskreise) abwickelt. In dem hier angegebenen Buchungskreis finden beim automatischen Zahlungsverkehr die Buchungen auf den Bankkonten oder Bankunterkonten statt.

▸ **Absendender Buchungskreis**

Der absendende Buchungskreis ist der Buchungskreis, der dem Geschäftspartner bekannt ist. Bei buchungskreisübergreifenden Regulierungen kann pro Buchungskreis neben dem zahlenden Buchungskreis auch der absendende Buchungskreis angegeben werden. Unterscheidet sich der absendende Buchungskreis vom zahlenden Buchungskreis, enthält der Zahlungsträger oder das Avis einen Hinweis auf den absendenden Buchungskreis. Nur für Buchungskreise mit gleichem zahlenden Buchungskreis und gleichem absendenden Buchungskreis werden die Posten zu einer Zahlung zusammengefasst. Wird der absendende Buchungskreis nicht angegeben, gilt automatisch der zahlende Buchungskreis auch als absendender Buchungskreis.

▸ **Zahlungssperre**

Sperrschlüssel, mit dem ein offener Posten oder ein Konto für den Zahlungsverkehr gesperrt wird. Im automatischen Zahlungsverkehr wirkt die

Sperre, wenn sie im Stammsatz hinterlegt oder im Beleg eingetragen wurde.

Von besonderer Bedeutung sind die Sperrschlüssel * und + im Stammsatz. Der Sperrschlüssel * im Stammsatz bewirkt, dass alle Posten des Kontos im automatischen Zahlungsverkehr übergangen werden. Der Sperrschlüssel + im Stammsatz bewirkt, dass alle Posten übergangen werden, in denen nicht explizit ein Zahlweg vorgegeben ist. Der Sperrschlüssel A hat ebenfalls eine besondere Bedeutung: Er wird generell beim Erfassen einer Anzahlung automatisch gesetzt. A sollte daher weder gelöscht noch für andere Zwecke verwendet werden.

[»] **Sperrschlüssel**

Ob ein Sperrschlüssel in der Zahlungsvorschlagsbearbeitung gesetzt oder entfernt werden kann, hängt vom Attribut ÄNDERBAR im Zahlungsvorschlag des Sperrschlüssels ab.

Manuelle Zahlungen werden durch einen Sperrschlüssel im Beleg nur beeinflusst, wenn der Sperrschlüssel mit dem Attribut GESPERRT FÜR MANUELLE ZAHLUNGEN versehen wird. Ein im Stammsatz gesetzter Sperrschlüssel hat auf manuelle Zahlungen keine Auswirkung. Der für die Zahlungsfreigabe im Finanzwesen relevante Sperrschlüssel muss mit dem zugehörigen Attribut NICHT ÄNDERBAR versehen sein.

Die Ausgabe des Reports ist eine Liste der gesperrten Konten pro zahlendem Buchungskreis, wie Sie in Abbildung 6.30 sehen können. Das erneute Erstellen eines Vorschlags mit der gleichen Identifikation löscht die Sperren.

Ausführ.am	Ident	Bukr	Koart	Konto	ZSp	Geändert von	ÄndDatum	Uhrzeit
20.01.2011	HF1	1000	K	1910	A	HF0	21.01.2011	15:30:55
20.01.2011	HF1	1000	K	9902	A	HF0	21.01.2011	15:30:55
20.01.2011	HF1	1000	K	100006	A	HF0	21.01.2011	15:30:55

Abbildung 6.30 Report RFF110SSP – Ausgabe

Wenn Sie dennoch Positionen eines von der Sollsaldoprüfung gesperrten Kontos bezahlen möchten, haben Sie zwei Möglichkeiten:

▶ Sie löschen die Sperren zu dem Kreditor mit dem Report RFF110SSPL. Danach löschen Sie den Vorschlag und führen einen Echtlauf durch, ohne erneut einen Vorschlag zu erstellen. Der Echtlauf berücksichtigt dann die gesperrten Konten nicht.

- Sie bearbeiten den Vorschlag in der Vorschlagsbearbeitung und ordnen die von der Sollsaldoprüfung gesperrten Posten neuen Zahlungen zu. In einem auf die Bearbeitung folgenden Echtlauf werden die Posten dann so reguliert, wie es der Vorschlag vorgibt.

Wenn Sie nicht die im Standard implementierte Saldoprüfung übernehmen möchten, können Sie über das Business Transaction Event 00001840 (Prozessbaustein) eine eigene Prüfung hinterlegen.

Im Folgenden geben wir Ihnen zwei Beispiele für die Funktionsweise der Sollsaldoprüfung im Standard:

Beispiele für eine Sollsaldoprüfung [zB]

Beispiel 1
Es existieren zwei offene Posten auf einem Kreditor in einem zahlenden Buchungskreis: eine Rechnung über 98 EUR und eine Gutschrift über 100 EUR. In der Rechnung ist ein Ausgangszahlweg hinterlegt, die Gutschrift besitzt keinen Zahlweg, und im Stammsatz des Kreditors ist kein Eingangszahlweg hinterlegt. Der Zahlungsvorschlag erstellt also eine Zahlung über 98 EUR, auf der Ausnahmeliste stehen 100 EUR.
Der Saldo der Posten beläuft sich also auf 2 EUR im Soll. Deshalb werden beide Posten gesperrt.

Beispiel 2
Ein Kreditor hat drei offene Posten: eine Rechnung über 102 EUR mit Zahlweg, eine Gutschrift über 100 EUR ohne Zahlweg und eine Gutschrift über 250 EUR mit einem Eingangszahlweg im Beleg. Im Stammsatz des Kreditors ist wiederum kein Eingangszahlweg hinterlegt. Der Zahlungsvorschlag erstellt nun drei Gruppen: eine Ausgangszahlung über 102 EUR, eine Eingangszahlung über 250 EUR und eine Ausnahme über 100 EUR.
Die Saldoprüfung berücksichtigt nur die Posten ohne Eingangszahlweg, d.h., die 250 EUR werden nicht berücksichtigt. Es ergibt sich also ein Saldo von 2 EUR im Haben; die Zahlung wird unverändert übernommen.

6.14 Report RFFMKWD2 – Mahnsperre in Debitoreneinzelposten setzen

Dieser Report setzt den offenen Posten eines Debitors eine Mahnsperre. Mit den folgenden Auswahlmöglichkeiten können Sie die Debitorenpositionen eingrenzen (siehe Abbildung 6.31):

- Buchungskreis
- Belegnummer
- Geschäftsjahr
- Debitor
- Einnahmeart
- Belegart

Der Report schreibt die Mahnsperren, die Sie ausgewählt haben, in den selektierten Datenbestand. Die Belegänderung wird in den Änderungsbelegen protokolliert.

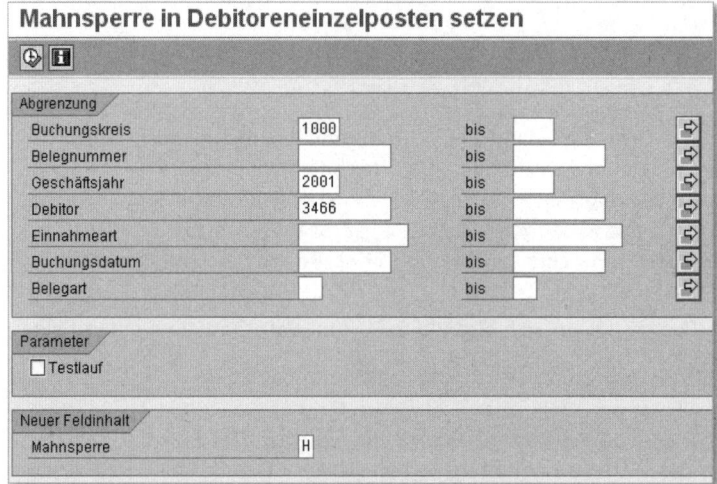

Abbildung 6.31 Report RFFMKWD2 – Selektionsbild und Liste

Der Report erzeugt eine Liste der selektierten Einzelposten. Über die Anzeigevariante ist es möglich, den Listaufbau individuell zu gestalten. Sie können sich weitere Felder anzeigen lassen und Felder, die Sie nicht interessieren, ausblenden (sofern es sich nicht um Schlüsselfelder handelt).

6.15 Report RFMAHN00 – Mahnstatistik

Mit diesem Report können Sie eine Mahnstatistik erstellen. Dabei erhalten Sie eine Übersicht der von Ihnen selektierten Konten, in der die jeweiligen Mahnstufen und Salden enthalten sind. In Abbildung 6.32 sehen Sie das Selektionsbild des Reports RFMAHN00 zur Mahnstatistik.

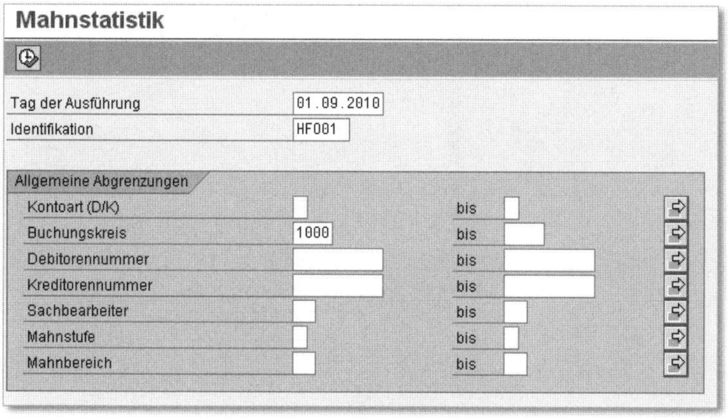

Abbildung 6.32 Report RFMAHN00 – Selektionsbild

Werfen wir jetzt noch einen Blick auf die Selektionskriterien.

- **Kontoart (D/K)**
  Die Kontoart legt fest, ob das Hauptbuch oder eines der Nebenbücher der Buchhaltung angesprochen ist.

- **Sachbearbeiter**
  Dies ist das Kürzel für den Sachbearbeiter der Mahnungen. Mithilfe dieses Kürzels wird der Name des Sachbearbeiters ermittelt, der auf die Mahnbriefe gedruckt wird.

- **Mahnstufe**
  Dies ist eine Ziffer, die angibt, wie oft ein Posten oder ein Konto bereits gemahnt wurde. Die Mahnstufe hat der Geschäftspartner durch den letzten Mahnlauf erhalten. Falls Sie Mahnbereiche verwenden, ist es die Mahnstufe des Geschäftspartners, die er durch den letzten Mahnlauf in dem zugeordneten Mahnbereich erhalten hat.

- **Mahnbereich**
  Der Mahnbereich repräsentiert eine organisatorische Einheit, die für das Mahnwesen zuständig ist. Die Mahnbereiche stellen eine Untergliederung der Buchungskreise dar. Wenn innerhalb eines Buchungskreises unterschiedliche Verantwortlichkeiten oder unterschiedliche Mahnverfahren

existieren, können entsprechende Mahnbereiche eingerichtet werden. Alle Mahnungen erfolgen getrennt nach Mahnbereichen, gegebenenfalls mit unterschiedlichen Mahnverfahren. Der Mahnbereich muss in den Belegpositionen vermerkt werden. Soweit Belege aus vorgelagerten Arbeitsgebieten übernommen werden (Faktura), kann der Mahnbereich gegebenenfalls aus Angaben wie Sparte oder Vertriebsbereich abgeleitet werden.

In Abbildung 6.33 sehen Sie die Mahnstatistik zu unserem Beispiel.

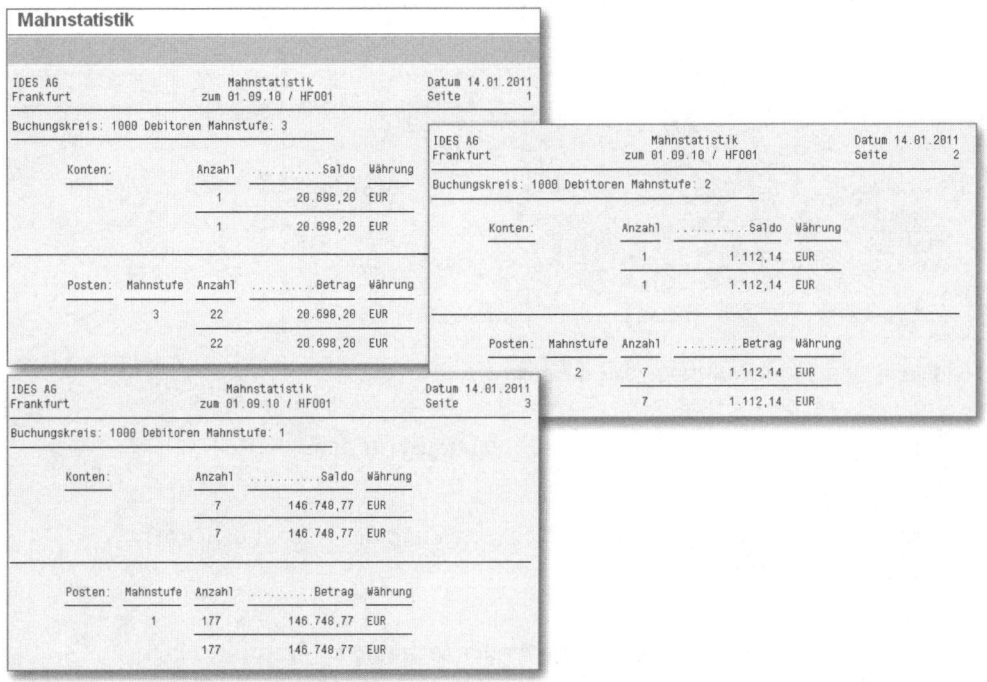

Abbildung 6.33 Report RFMAHN00 – Listausgaben

6.16 Report RFMAHN01 – Mahnliste

Mit dem Report RFMAHN01 können Sie eine Mahnliste erstellen. In Abbildung 6.34 sehen Sie das Selektionsbild dieses Reports. Sie haben dieselben Selektionsmöglichkeiten wie bei der Ausführung der Mahnstatistik (Report RFMAHN00) im vorangegangenen Abschnitt. Bei der Mahnliste haben Sie zusätzlich die Möglichkeit, sich die Einzelposten zum selektierten Konto anzeigen zu lassen, wenn Sie detailliertere Informationen wünschen.

In Abbildung 6.35 sehen Sie die Mahnliste aus unserem Beispiel.

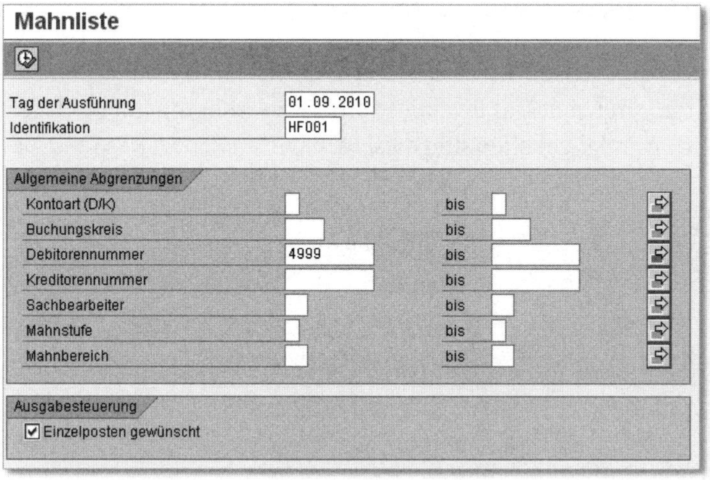

Report RFMAHN01 – Mahnliste | 6.16

Mahnliste

Tag der Ausführung	01.09.2010	
Identifikation	HF001	

Allgemeine Abgrenzungen

Kontoart (D/K)		bis	
Buchungskreis		bis	
Debitorennummer	4999	bis	
Kreditorennummer		bis	
Sachbearbeiter		bis	
Mahnstufe		bis	
Mahnbereich		bis	

Ausgabesteuerung
☑ Einzelposten gewünscht

Abbildung 6.34 Report RFMAHN01 – Selektionsbild

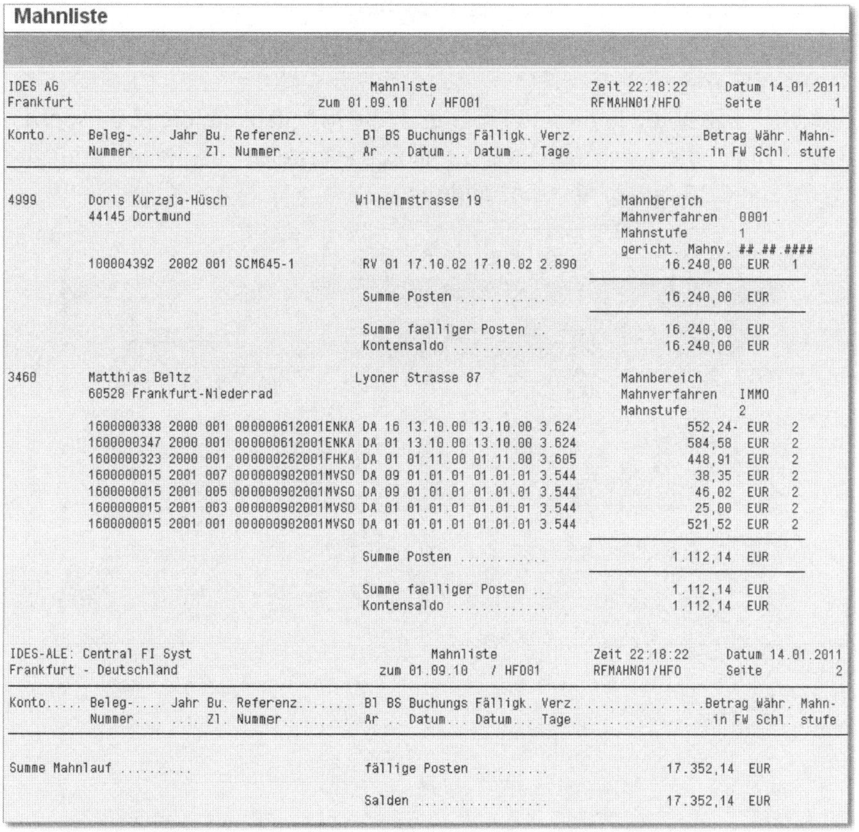

Mahnliste

```
IDES AG                              Mahnliste              Zeit 22:18:22     Datum 14.01.2011
Frankfurt                        zum 01.09.10  / HF001      RFMAHN01/HF0      Seite         1

Konto.... Beleg-....  Jahr Bu. Referenz........ Bl BS Buchungs. Fälligk. Verz. ........Betrag Währ. Mahn-
          Nummer.... ....  Zl. Nummer.........  Ar .. Datum... Datum... Tage. ........in FW Schl. stufe

4999      Doris Kurzeja-Hüsch           Wilhelmstrasse 19           Mahnbereich
          44145 Dortmund                                            Mahnverfahren   0001
                                                                    Mahnstufe          1
                                                                    gericht. Mahnv. ##.##.####
          100004392  2002 001 SCM645-1   RV 01 17.10.02 17.10.02 2.890      16.240,00  EUR      1

                                        Summe Posten ..........           16.240,00  EUR

                                        Summe faelliger Posten ..          16.240,00  EUR
                                        Kontensaldo ............          16.240,00  EUR

3460      Matthias Beltz                Lyoner Strasse 87           Mahnbereich
          60528 Frankfurt-Niederrad                                 Mahnverfahren   IMMO
                                                                    Mahnstufe          2
          1600000338 2000 001 000000612001ENKA DA 16 13.10.00 13.10.00 3.624    552,24- EUR     2
          1600000347 2000 001 000000612001ENKA DA 01 13.10.00 13.10.00 3.624    584,58  EUR     2
          1600000323 2000 001 000000262001FHKA DA 01 01.11.00 01.11.00 3.605    448,91  EUR     2
          1600000015 2001 007 000000902001MVSO DA 09 01.01.01 01.01.01 3.544     38,35  EUR     2
          1600000015 2001 005 000000902001MVSO DA 09 01.01.01 01.01.01 3.544     46,02  EUR     2
          1600000015 2001 003 000000902001MVSO DA 01 01.01.01 01.01.01 3.544     25,00  EUR     2
          1600000015 2001 001 000000902001MVSO DA 01 01.01.01 01.01.01 3.544    521,52  EUR     2

                                        Summe Posten ..........            1.112,14  EUR

                                        Summe faelliger Posten ..           1.112,14  EUR
                                        Kontensaldo ............            1.112,14  EUR


IDES-ALE: Central FI Syst                Mahnliste              Zeit 22:18:22     Datum 14.01.2011
Frankfurt - Deutschland              zum 01.09.10  / HF001      RFMAHN01/HF0      Seite         2

Konto.... Beleg-....  Jahr Bu. Referenz........ Bl BS Buchungs. Fälligk. Verz. ........Betrag Währ. Mahn-
          Nummer.... ....  Zl. Nummer.........  Ar .. Datum... Datum... Tage. ........in FW Schl. stufe

Summe Mahnlauf .........                fällige Posten .........         17.352,14  EUR

                                        Salden .............             17.352,14  EUR
```

Abbildung 6.35 Report RFMAHN01 – Listausgabe

6.17 Report RFMAHN02 – Liste gesperrter Posten

Mit dem Report RFMAHN02 können Sie eine Liste der in einem Zahllauf gesperrten Posten erzeugen. Das Selektionsbild ist in Abbildung 6.36 dargestellt. Die Selektionsmöglichkeiten sind dieselben wie im Report RFMAHN00.

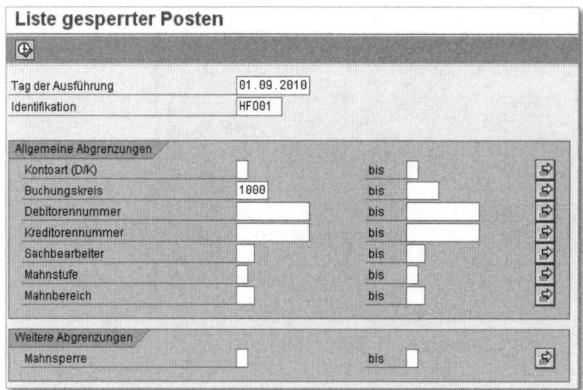

Abbildung 6.36 Report RFMAHN02 – Selektionsbild

Zusätzlich haben Sie in diesem Programm die Möglichkeit, die Mahnsperren auszuwählen, die angezeigt werden sollen. Die Liste zu unserer Selektion aus Abbildung 6.36 finden Sie in Abbildung 6.37.

```
Liste gesperrter Posten

IDES AG                       Liste gesperrter Posten                          Zeit 22:20:16     Datum 14.01.2011
Frankfurt               Mahnlauf 01.09.2010 Identifikation HF001               RFMAHN02/HFO      Seite          1

      Beleg-.... Jahr Bu- BA BS Buchungs-. Fälligk.-. Verzug .........HW-Betrag Währ. Sperrgrund...........................
      Nummer.... .... Z1. .. .. Datum..... Datum..... ...... .................. ..... ......................................

Buchungskreis: 1000

1050       Becker AG                        Berlin                        0001

      100000608  2005 001 RV 01 31.01.2005 17.03.2005 2.008        594.557,30  EUR   A Manuelle Sperre aufgrund eines Telefon
      100000958  2005 001 RV 01 31.03.2005 15.05.2005 1.949        106.970,33  EUR   A Manuelle Sperre aufgrund eines Telefon
      100001252  2005 001 RV 01 30.04.2005 14.06.2005 1.919        133.638,50  EUR   A Manuelle Sperre aufgrund eines Telefon
      100001808  2005 001 RV 01 30.06.2005 14.08.2005 1.858        544.985,63  EUR   A Manuelle Sperre aufgrund eines Telefon
      100002353  2005 001 RV 01 31.07.2005 14.09.2005 1.827        229.093,97  EUR   A Manuelle Sperre aufgrund eines Telefon
      100002388  2005 001 RV 01 31.08.2005 15.10.2005 1.796        604.148,65  EUR   A Manuelle Sperre aufgrund eines Telefon
      100002389  2005 001 RV 01 31.08.2005 15.10.2005 1.796        106.970,33  EUR   A Manuelle Sperre aufgrund eines Telefon
      100002680  2005 001 RV 01 30.09.2005 14.11.2005 1.766        625.132,70  EUR   A Manuelle Sperre aufgrund eines Telefon
      100003227  2005 001 RV 01 31.10.2005 15.12.2005 1.735        623.305,00  EUR   A Manuelle Sperre aufgrund eines Telefon
      100003228  2005 001 RV 01 31.10.2005 15.12.2005 1.735        127.219,75  EUR   A Manuelle Sperre aufgrund eines Telefon
      1400000001 2009 001 RV 01 17.03.2009 17.03.2009   547         69.600,00  EUR   A Manuelle Sperre aufgrund eines Telefon
                                                                 ______________________
                                                                 3.765.622,16  EUR
                        Summe fälliger Posten                    3.765.622,16  EUR
                        Saldo des Kontos                         3.765.622,16  EUR

      Beleg-.... Jahr Bu- BA BS Buchungs-. Fälligk.-. Verzug .........HW-Betrag Währ. Sperrgrund...........................
      Nummer.... .... Z1. .. .. Datum..... Datum..... ...... .................. ..... ......................................

Buchungskreis: 2200

COL020     Meilleurs Ordinateurs SA         Paris                         0001

      1800000001 2006 001 DR 01 11.01.2006 11.01.2006 1.291          1.950,00  EUR   B Manuelle Sperre Mängelrüge
                                                                 ______________________
                                                                     1.950,00  EUR
                        Summe fälliger Posten                        3.650,00  EUR
                        Saldo des Kontos                             6.150,00  EUR
```

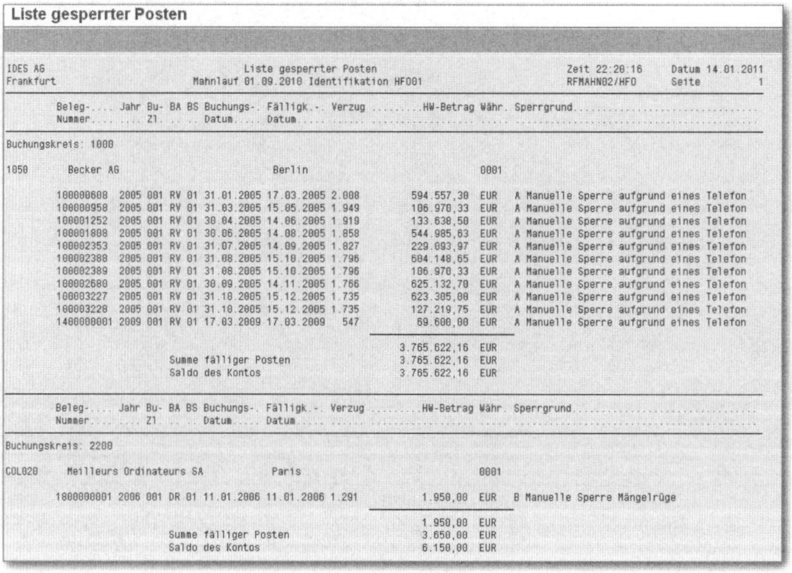

Abbildung 6.37 Report RFMAHN02 – Listausgabe

6.18 Report RFMAHN03 – Liste gesperrter Konten

Mit dem Report RFMAHN03 können Sie sich eine Liste der in einem Zahllauf gesperrten Konten (Debitor oder Kreditor) anzeigen lassen. Die Selektionsmöglichkeiten, die Sie in Abbildung 6.38 sehen, sind dieselben wie im Report RFMAHN02.

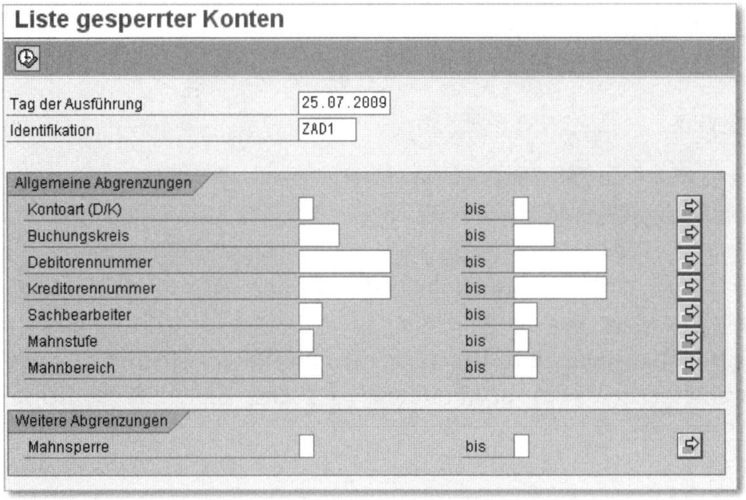

Abbildung 6.38 Report RFMAHN03 – Selektionsbild

In Abbildung 6.39 sehen Sie das Ergebnis nach dem Programmstart mit unseren Selektionswerten.

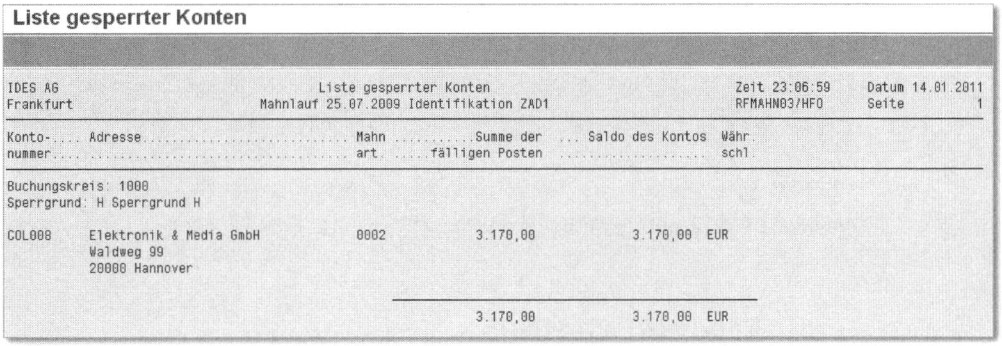

Abbildung 6.39 Report RFMAHN03 – Listausgabe

6.19 Report RFMAHN04 – Mahnvorschlag Änderungen Posten

Mit dem Report RFMAHN04 können Sie sich diejenigen Posten anzeigen lassen, die innerhalb der Bearbeitung eines Mahnvorschlags geändert wurden. Das Selektionsbild des Reports sehen Sie in Abbildung 6.40.

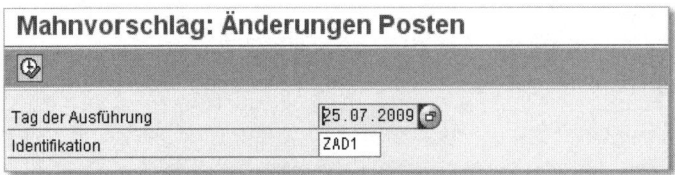

Abbildung 6.40 Report RFMAHN04 – Selektionsbild

Als Selektionskriterien stehen Ihnen die beiden Felder TAG DER AUSFÜHRUNG und IDENTIFIKATION zur Verfügung. Diese beiden Felder identifizieren einen Mahnlauf eindeutig, sodass mit diesem Selektionsbild nur genau ein Mahnlauf ausgewählt werden kann. In Abbildung 6.41 sehen Sie die Ergebnisliste zu unserer Selektion.

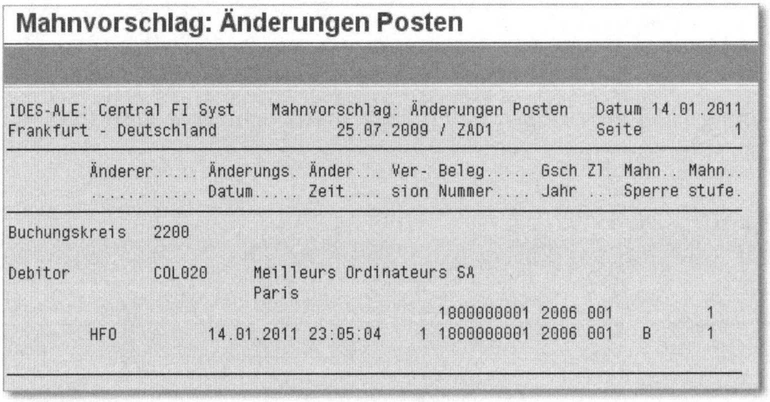

Abbildung 6.41 Report RFMAHN04 – Listausgabe

6.20 Report RFMAHN05 – Mahnvorschlag Änderungen Konto

Mit dem Report RFMAHN05 können Sie sich diejenigen Konten (Debitoren und Kreditoren) anzeigen lassen, die innerhalb der Bearbeitung eines Mahnvorschlags geändert wurden. Das Selektionsbild des Reports sehen Sie in Abbildung 6.42.

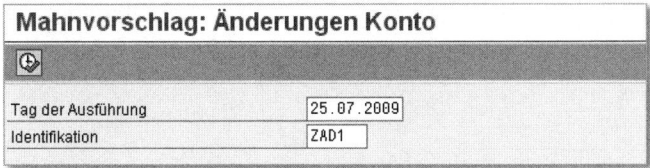

Abbildung 6.42 Report RFMAHN05 – Selektionsbild

Als Selektionskriterien stehen Ihnen die beiden Felder TAG DER AUSFÜHRUNG und IDENTIFIKATION zur Verfügung. Diese beiden Felder identifizieren einen Mahnlauf eindeutig, sodass mit diesem Selektionsbild nur genau ein Mahnlauf ausgewählt werden kann. In Abbildung 6.43 sehen Sie das Ergebnis unserer Selektion.

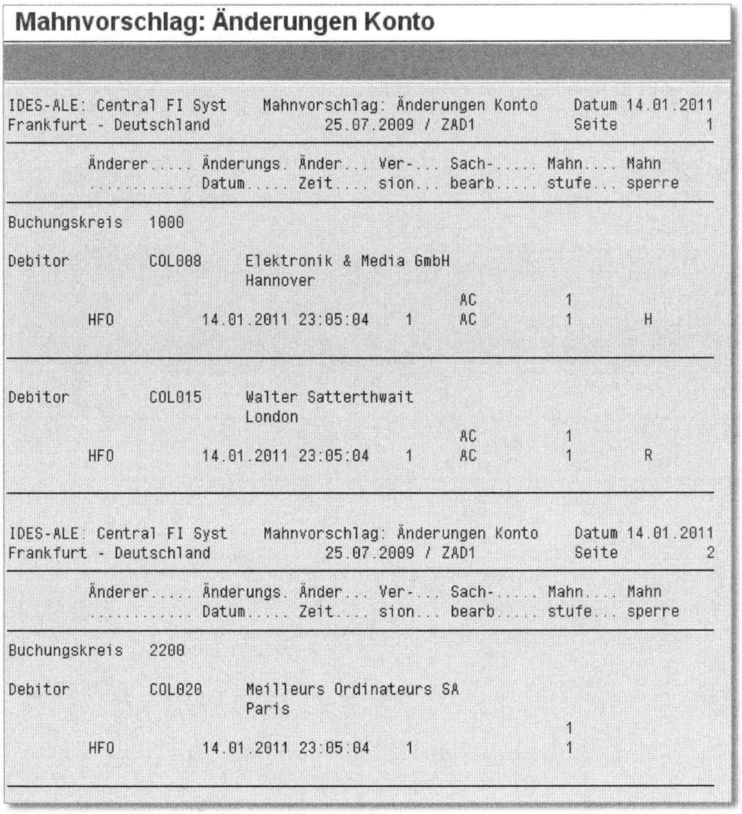

Abbildung 6.43 Report RFMAHN05 Listausgabe

6.21 Report RFMAHN20 – Mahnhistorie

Mit diesem Report können Sie sich die Mahnhistorie zu den einzelnen Geschäftspartnern anzeigen lassen. Im Selektionsbild aus Abbildung 6.44 haben Sie die Auswahl zwischen folgenden Kriterien:

- Kontoart
- Buchungskreis
- Debitor
- Kreditor

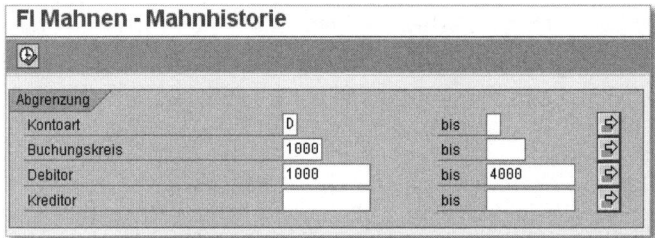

Abbildung 6.44 Report RFMAHN20 – Selektionsbild

In Abbildung 6.45 sehen Sie die Mahnhistorie zu unserem Beispiel.

FI Mahnen - Mahnhistorie

Mahnung anzeigen | Auswählen

IDES-ALE: Central FI Syst — Zeit 05:27:53 — Datum 13.02.2011
Frankfurt - Deutschland — Mahnhistorie — RFMAHN20/HFO — Seite 1

Bukrs. / Ausführ.am	Kontoart / Ident	Konto / Druckdatum	Mahndatum	Ger.Mahn.	Mahnverf.	Sortierfeld	CPD	Bereich	Mahnstufe	Fällige Posten	Währg
1000	D	1000									
28.07.2009	HF02	28.07.2009	28.07.2010		0001				1	6.500,00	EUR
1000	D	1001									
01.09.2010	HF001	18.09.2010	15.09.2010		0001				1	422,40	EUR
21.12.1998	DE1	21.12.1998	21.12.1998		0001				1	1.481.426,55	DEM
1000	D	1033									
20.06.1996	FRE1	20.06.1996	20.06.1996		0001				1	3.864,00	DEM
20.06.1996	FRE1	20.06.1996	20.06.1996		0001					3.864,00	DEM
06.06.1996	FRE1	06.06.1996	06.06.1996		0001					0,00	DEM
1000	D	1175									
21.12.1998	DE1	21.12.1998	21.12.1998		0001				1	3.734.016,65	DEM
23.02.1998	T1	23.02.1998	23.02.1998		0001				1	2.300,00	DEM
23.02.1998	T2	23.02.1998	23.02.1998		0001				1	2.300,00	DEM
1000	D	1390									
01.09.2010	HF001	18.09.2010	15.09.2010		0001				1	40.600,00	EUR
21.12.1998	DE1	21.12.1998	21.12.1998		0001				1	6.325,00	DEM
1000	D	3460									
01.09.2010	HF001	18.09.2010	15.09.2010		IMMO	0002.0011.0013			2	1.112,14	EUR
15.01.2001	RE15	05.02.2001	15.01.2001		IMMO	0002.0011.0013			1	1.112,14	EUR
1000	D	3477									
01.09.2010	HF001	18.09.2010	15.09.2010		IMMO	0002.0008.0013			3	20.698,20	EUR
30.01.2001	RE9	05.02.2001	30.01.2001		IMMO	0002.0008.0013			2	20.698,20	EUR
15.01.2001	RE9	05.02.2001	15.01.2001		IMMO	0002.0008.0013			1	20.698,20	EUR

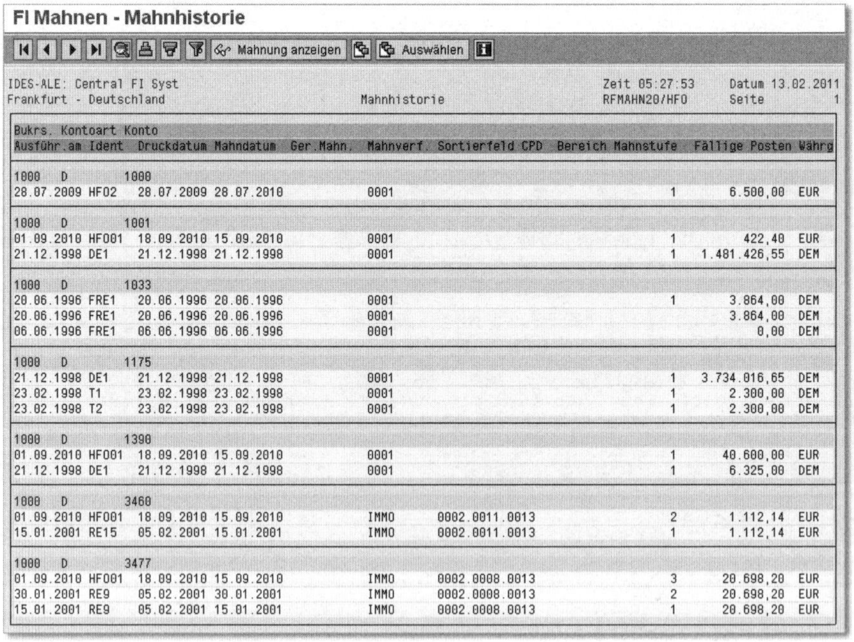

Abbildung 6.45 Report RFMAHN20 – Listausgabe

6.22 Report RFMPAY00 – Status bei zahllaufübergreifenden Zahlungsträgern

Mit dem Programm RFMPAY00 können Sie überwachen, ob Zahlungen, die für eine zahllaufübergreifende Verarbeitung vorgesehen sind, bereits mit dem Programm SAPFPAYM_MERGE (siehe Abschnitt 6.34, »Report SAPFPAYM_MERGE – Zahllaufübergreifende Zahlungsträger«) in einem Zahlungsträgerlauf verarbeitet wurden. Sie erhalten Informationen über das Datum und die Identifikation des Zahlungsträgerlaufs, in dem die Zahlungen verarbeitet wurden. In Abbildung 6.46 ist das Selektionsbild dieses Reports zu sehen.

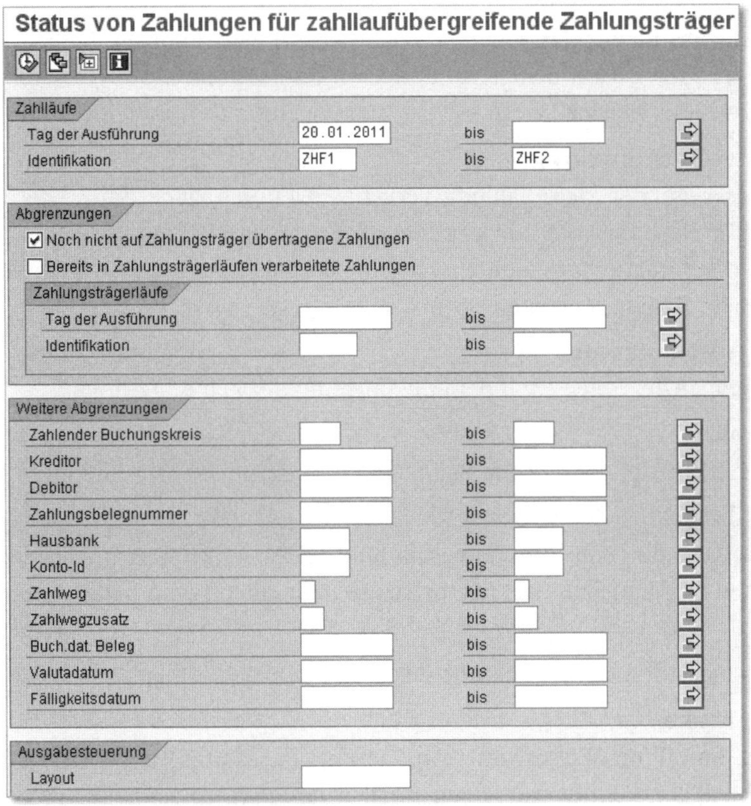

Abbildung 6.46 Report RFMPAY00 – Selektionsbild

Es sind folgende Selektionskriterien zu beachten:

- **Tag der Ausführung**
  Das Laufdatum dient zur Identifikation der Parameter. Es handelt sich um das Datum, an dem das Programm planmäßig ausgeführt wurde.

- **Identifikation**
  Das zusätzliche Identifikationsmerkmal kann für die Unterscheidung von mehreren Läufen mit gleichem Abstimmungsstichtag eingesetzt werden.

- **Tag der Ausführung**
  Die Zahlungen aus verschiedenen Zahlläufen werden in einem Zahlungsträgerlauf zusammengefasst. Dieser wird (wie ein gewöhnlicher Zahllauf) unter einem Schlüssel zusammengeführt, der aus dem Tag der Ausführung und einer Identifikation zusammengesetzt wird. Dieser Schlüssel kann für die Zahlungsträgererstellung verwendet werden.

- **Identifikation (Abgrenzungen)**
  Die Zahlungen aus verschiedenen Zahlläufen werden in einem Zahlungsträgerlauf zusammengefasst. Dieser wird (wie ein gewöhnlicher Zahllauf) unter einer Identifikation abgelegt und kann für die Zahlungsträgererstellung verwendet werden.

- **Zahlender Buchungskreis**
  Buchungskreis, der den Zahlungsverkehr (eventuell auch für andere Buchungskreise) abwickelt. In dem hier angegebenen Buchungskreis finden beim automatischen Zahlungsverkehr die Buchungen auf den Bankkonten oder Bankunterkonten statt.

- **Zahlungsbelegnummer**
  Belegnummer des Belegs, mit dem die Buchung der Zahlung erfolgt ist

- **Hausbank**
  Über den Schlüssel werden alle Bankdaten ermittelt.

- **Konto-Id**
  Kurzschlüssel für eine Kontenverbindung. Dieser Schlüssel definiert zusammen mit dem Schlüssel für die Hausbank eindeutig ein Bankkonto.

- **Zahlweg**
  Zahlweg, über den die Regulierung der offenen Posten erfolgt

- **Zahlwegzusatz**
  Merkmal im offenen Posten zur Gruppierung von Zahlungen. Posten mit unterschiedlichen Zahlwegzusätzen werden getrennt voneinander reguliert. Beim Formulardruck besteht die Möglichkeit, getrennt pro Zahlwegzusatz zu drucken. Damit können z.B. Schecks in mehrere Gruppen unterteilt werden, die vor dem Postversand unterschiedliche Kontrollverfahren im Haus durchlaufen.

- **Buch.dat. Beleg**
  Buchungsdatum des Zahlungsbelegs

▶ **Valutadatum**
Tag der Wertstellung. Das Valutadatum ist das maßgebliche Datum für die Darstellung des Tagesfinanzstatus.

▶ **Fälligkeitsdatum**
Fälligkeitsdatum der regulierten Posten

In Abbildung 6.47 sehen Sie das Ergebnis der Statusermittlung.

Status von Zahlungen für zahllaufübergreifende Zahlungsträger										
Ausführ.am	Identif.	Bukr	Haus	Kont	Zahlung	Fälligkeit	Name	Währg	∗	Regulierter Betrag
20.01.2011	ZHF1	KARL	BZSK	GIRO	1500000000	20.01.2011	Doris Kurzeja-Hüsch	EUR		19.000,00-
20.01.2011	ZHF2	KARL	BZSK	GIRO	2000000000	20.01.2011	Doris Kurzeja-Hüsch	EUR		11.000,00
								EUR	∗	8.000,00-

Abbildung 6.47 Report RFMPAY00 – Listausgabe

6.23 Report RFPAYM_MERGE_RESET

Mit dem Report SAPFPAYM_MERGE (siehe Abschnitt 6.34, »Report SAPFPAYM_MERGE – Zahllaufübergreifende Zahlungsträger«) können Zahlungsträger aus mehreren Zahlläufen zusammengefasst und gemeinsam auf Zahlungsträger übertragen werden. Mithilfe des Reports RFPAYM_MERGE_RESET können Sie die vom Report SAPFPAYM_MERGE vorgenommene Zusammenfassung zurücknehmen. Abbildung 6.48 zeigt das Selektionsbild des Reports.

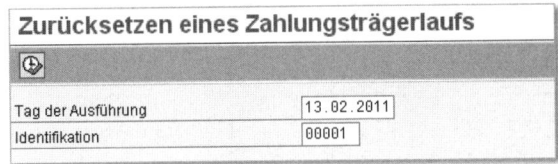

Abbildung 6.48 Report RFPAYM_MERGE_RESET – Selektionsbild

Nachdem Sie dieses Programm ausgeführt haben, liegen wieder die ursprünglichen Zahlungsträger vor.

6.24 Report RFZALI00 – Zahlungsregulierungsliste

Das Zahlungsprogramm erzeugt einen Regulierungsdatenbestand, der über die Zahlungsregulierungsliste und die Ausnahmeliste angezeigt und analysiert werden kann. Nach einem Vorschlagslauf kann die Zahlungsregulierungsliste als Grundlage zur Vorschlagsbearbeitung genutzt werden, nach einem Echtlauf dient sie zur Abstimmung mit den Zahlungsbegleitlisten der Zahlungsträgerprogramme. Die Zahlungsregulierungsliste zeigt:

- alle zur Zahlung kommenden Rechnungen
- alle Posten, die sich nicht zur Zahlung qualifiziert haben

Diese Posten werden mit einem Postenkennzeichen versehen, das Auskunft über den jeweiligen Sperrgrund gibt.

[»] **Nachfolgereport zu Report RFZALI00**

Es existiert ein Nachfolgereport, der Report RFZALI20. Dieser bietet eine erweiterte Funktionalität und verbesserte Darstellungsmöglichkeiten durch Verwendung des ABAP List Viewers.

In Abbildung 6.49 sehen Sie das Selektionsbild zur Zahlungsregulierungsliste.

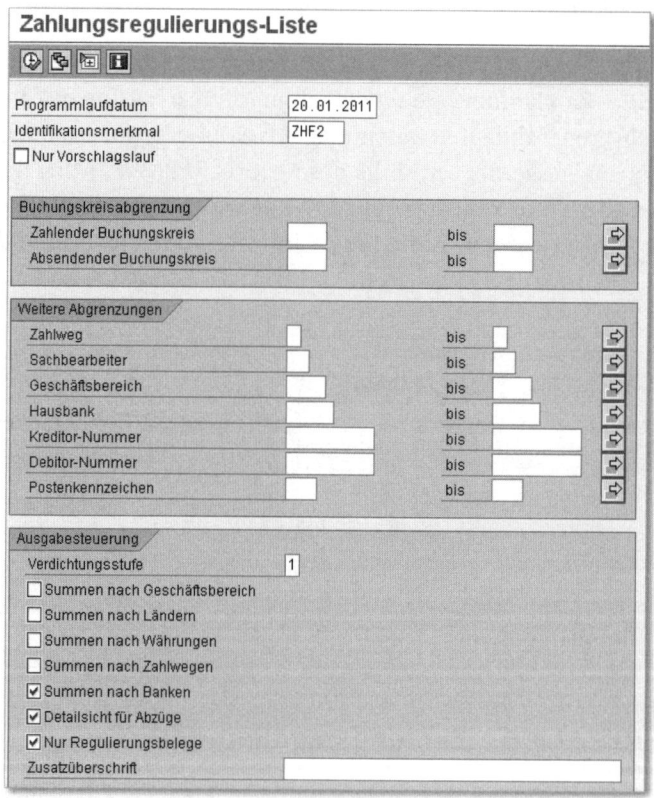

Abbildung 6.49 Report RFZALI00 – Selektionsbild

6.24.1 Einzelpostenliste

Für die Einzelpostenliste werden die fälligen Posten pro Kontonummer aufgelistet, unabhängig davon, ob sich der Posten zur Zahlung qualifiziert hat oder nicht. Neben den Einzelpostenzeilen werden Stammsatzinformationen und die Summe pro Zahlungsbeleg mit dem eventuell ausgewählten Zahlweg ausgegeben. Das Kennzeichen NUR REGULIERUNGSBELEGE ermöglicht die Unterdrückung der nicht qualifizierten Posten.

6.24.2 Summenlisten

Für die Summenlisten werden fünf Tabellen erstellt, die die Summen der zur Zahlung gekommenen Rechnungen nach den folgenden Kriterien enthalten:

- Geschäftsbereiche
- Länder
- Währungen
- Zahlwege
- Banken

Die Ausgabe der Summentabellen kann jeweils unterdrückt werden.

6.24.3 Verdichtungsstufen

Sie können zwischen drei Verdichtungsstufen wählen:

- Liste der Einzelposten und der gewünschten Summentabellen
- Liste der Zahlbeträge pro vergebener Zahlungsbelegnummer und gewünschten Summentabellen
- Liste der gewünschten Summentabellen

6.24.4 Sortierung

Die Sortierung findet in folgender Reihenfolge statt:

1. zahlender Buchungskreis
2. Buchhaltungssachbearbeiter
3. Personenkontonummer
4. Zahlungsbelegnummer
5. Postenkennzeichen
6. Geschäftsbereich der Rechnung

7. Rechnungsbelegnummer

8. Buchungszeile

In Abbildung 6.50 sehen Sie die Zahlungsregulierungsliste aus unserem Beispiel.

```
Zahlungsregulierungs-Liste

BATTA Karl eG           Zahlungsregulierungs-Liste zum Zahlungslauf 20.01.11/ZHF2        Zeit 06:10:19     Datum 13.02.2011
Dortmund                                                                                 RFZALI00/HFO      Seite         1
Buchungskreis: KARL Regulierungsdatum: 20.01.11

K Konto-Nr.. Anschrift.............................................................Bankanschrift.............................
GB.. Bukr Beleg-Nr.. BA BelDat BasDat Kond Zahlbed... BS Z S Währ.....Bruttowähr....Abzüge-Währ.....Netto-Währ.Skt.Verl.-Währ  Err
            Abzug auf Grund von                                                         Quellensteuer/Skonto

K 9902        Doris Kurzeja-Hüsch                                                 Volksbank Breisgau Nord eG
              Betriebsärztin                                                      68092000          1234567890
              Wittenerstrasse 82
              44245 Dortmund

       KARL 1500000004 KZ 150110 180110       0/ 0,000  25         EUR         11.000,00          11.000,00                     098
                                                                   EUR         11.000,00          11.000,00                      *
       2000000000 Bankabbuchung        BZSK GIRO        A          EUR                            11.000,00                     **


BATTA Karl eG           Zahlungsregulierungs-Liste zum Zahlungslauf 20.01.11/ZHF2        Zeit 06:10:19     Datum 13.02.2011
Dortmund                                                                                 RFZALI00/HFO      Seite         2

                                 * * *  B e t r ä g e   n a c h   B a n k e n  * * *

Bankanschrift........................ Währung     Zahlweg       .....Zahlbetrag  ...Betrag in Hw
Bezirkssparkasse Lörrach-Rheinfelde   EUR         A                  11.000,00      11.000,00
68350048       1234567890             *****       *
                                                                                    11.000,00 **
```

Abbildung 6.50 Report RFZALI00 – Listausgabe

6.25 Report RFZALI20 – Zahlungsregulierungsliste

Nach einem Vorschlagslauf kann die durch diese Programme ausgegebene Zahlungsregulierungsliste als Grundlage zur Vorschlagsbearbeitung genutzt werden, nach einem Echtlauf dient sie zur Abstimmung mit den Zahlungsbegleitlisten der Zahlungsträgerprogramme. Die Zahlungsregulierungsliste zeigt:

- alle zur Zahlung kommenden Rechnungen
- alle Posten, die sich nicht zur Zahlung qualifiziert haben. Diese werden mit einem Postenkennzeichen versehen, das Auskunft über den jeweiligen Sperrgrund gibt. Einen erklärenden Text zu den Postenkennzeichen finden Sie am Ende der ausgegebenen Liste mit den Ausnahmen.
- Sie können die Zahlungsregulierungsliste benutzerspezifisch gestalten. Bei der Gestaltung der Liste stehen Ihnen die Funktionen des ABAP List Viewers zur Verfügung.

Sie haben verschiedene Möglichkeiten, das Layout der auszugebenden Liste Ihren individuellen Anforderungen entsprechend zu gestalten. Diese individuellen Listgestaltungen können Sie auf dem Selektionsbild angeben und als Variante speichern.

- **Ausgabeliste modifizieren**
  Im Pflegemodus des Reports RFZALI20 können Sie das Aussehen der Ausgabeliste bestimmen. Um den Report RFZALI20 im Pflegemodus zu starten, markieren Sie im Selektionsbild das Kennzeichen Pflege der Anzeigevarianten. Sie können Spalten ein- und ausblenden, deren Ausgabebreite ändern, Filter setzen sowie Sortierkriterien ändern. Beachten Sie dabei, dass der Buchungskreis immer als erstes Sortierkriterium erhalten bleibt. Sie können sowohl für die Hauptliste als auch für Summenlisten (buchungskreisspezifische und buchungskreisübergreifende) Varianten erstellen.

- **Auszugebende Posten auswählen**
  Sie können die Art der auszugebenden Posten auswählen. Um eine Listausgabe zu ermöglichen, müssen Sie mindestens eines der beiden folgenden Kennzeichen markieren:

  - Wenn Sie das Kennzeichen Regulierte Belege markieren, werden auf der Regulierungsliste alle Posten ausgegeben, die sich zur Zahlung qualifiziert haben.

  - Wenn Sie das Kennzeichen Ausnahmen markieren, werden diejenigen Posten ausgegeben, die sich nicht zur Zahlung qualifiziert haben. Den Grund für die Zahlsperre können Sie dem Postenkennzeichen entnehmen.

- **Verdichtungsgrad der Zahlungsbeträge auswählen**
  Sie können den Verdichtungsgrad der Liste der Zahlungsbeträge wählen.

  - Wenn Sie das Kennzeichen Verdichtete Daten markieren, erfolgt die Ausgabe der Liste der Zahlungsbeträge pro Zahlungsbelegnummer.

  - Wenn Sie dieses Kennzeichen nicht markieren, erfolgt die Ausgabe der Liste auf Einzelpostenebene.

- **Adressinformationen ein- und ausblenden**
  Sie können Adressinformationen ausgeben oder deren Ausgabe unterdrücken. Pro Zahlungsbelegnummer werden die Adresse des beteiligten Geschäftspartners, gegebenenfalls des abweichenden Zahlungsempfängers bzw. Regulierers und Informationen über die Bankverbindung ausgegeben. Die maximale Anzahl an Zeilen, die hierfür zur Verfügung stehen soll, können Sie im Feld Max. Anzahl Adresszeilen eingeben. Wenn Sie in das Feld »0« eingeben, werden die oben beschriebenen Informationen nicht ausgegeben.

6 | Komponentenübergreifende Standardberichte

▶ **Druckparameter für die Einplanung pflegen**
Sie können Druckparameter für die Einplanung des Reports RFZALI20 im Zahlprogramm eingeben. Über die Schaltfläche DRUCKPARAMETER können Sie die gewünschten Werte zur Drucksteuerung für die Einplanung des Programms RFZALI20 im Zahlprogramm festlegen. Hierbei können Sie unter anderem das benötigte Ausgabeformat bestimmen, das unter Berücksichtigung der von Ihnen verwendeten Listvariante festgelegt werden muss.

[»] **Einzelpostenanzeige – Alternativen**
Das Programm RFZALI20 dient als Alternative zur Einzelpostenanzeige eines Regulierungsbestands durch die Programme RFZALI00 und RFZALI10.

In Abbildung 6.51 sehen Sie die Listausgabe zu unseren Selektionen.

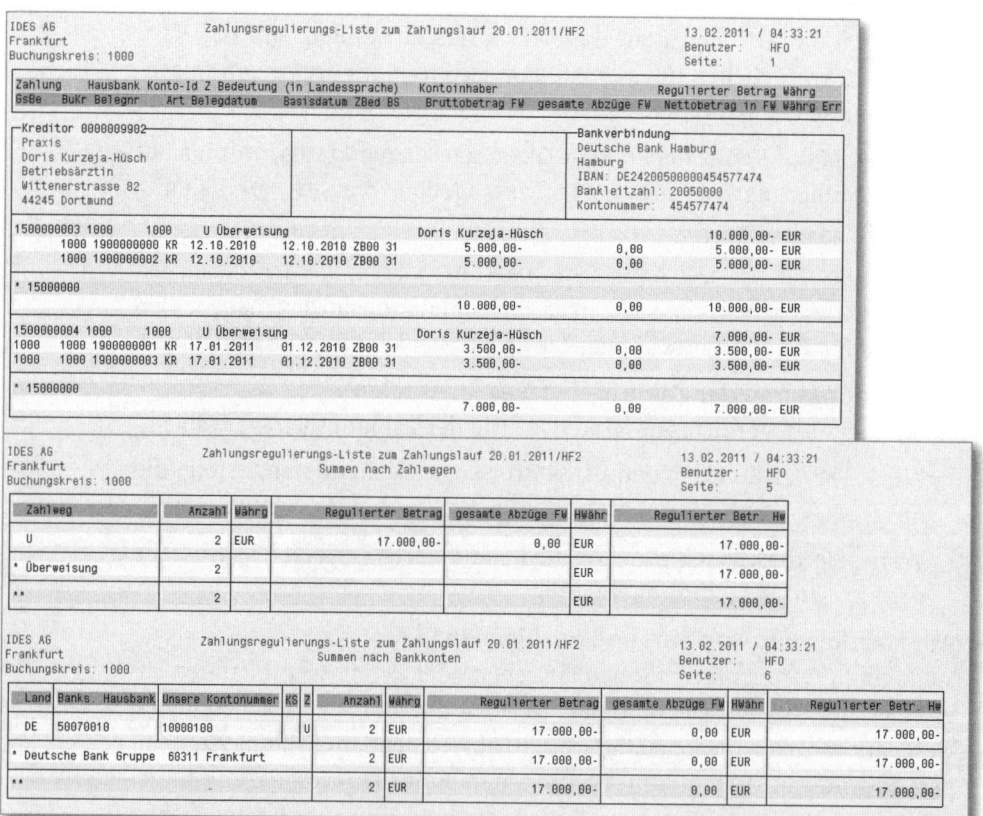

Abbildung 6.51 Report RFZALI20 – Listausgabe

6.26 Report SAPF010 – Saldovortrag kontokorrent

Der Report SAPF010 führt den Saldovortrag für Debitoren und/oder Kreditoren durch. Die Salden des Vorjahres werden auf das neue Jahr vorgetragen. Falls das Konto im neuen Jahr noch nicht bebucht wurde und noch kein Saldovortrag für dieses Konto gelaufen ist, wird mit dem 1. Saldovortrag das Konto im neuen Jahr eröffnet; im anderen Fall wird der Saldovortrag des Kontos im neuen Jahr aktualisiert, wenn sich Änderungen ergeben sollten. In Abbildung 6.52 ist das Selektionsbild dieses Reports dargestellt.

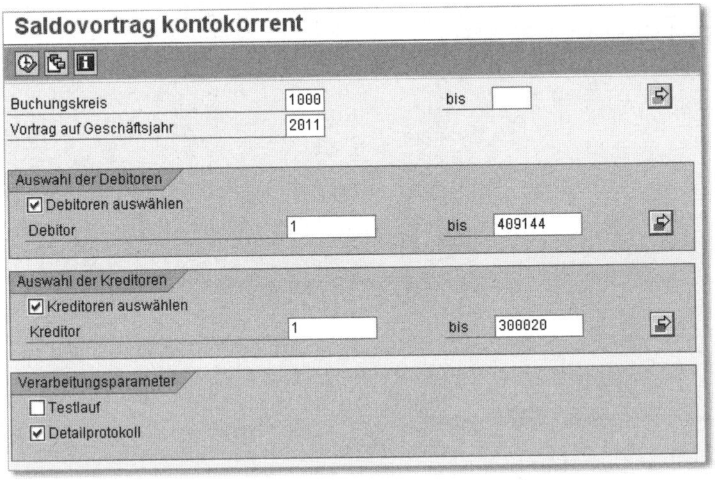

Abbildung 6.52 Report SAPF010 – Selektionsbild

Beim Buchen in einem Vorjahr trägt das System den Saldo automatisch vor. Dies ist unabhängig davon, ob das Programm bereits gelaufen ist oder nicht. BUCHEN IN VORJAHR heißt dabei, dass das Buchungsdatum des Belegs in einem früheren Jahr liegt als das Erfassungsdatum. Dieses automatische Vortragen geschieht auch kaskadierend über mehrere Jahre, d.h., eine Buchung im Januar 2011 mit Buchungsdatum Dezember 2010 ändert den Saldovortrag für 2010 und 2011. In Abbildung 6.53 sehen Sie das Protokoll zum Echtlauf eines Saldovortrags.

Wird das Programm bereits am Ende des alten Geschäftsjahres gestartet, führen Buchungen, die noch danach im alten Geschäftsjahr gebucht werden, nicht zur automatischen Anpassung des Saldovortrags. In so einem Fall ist es notwendig, das Programm nach diesen Buchungen erneut laufen zu lassen, um die nachträglich erfassten Buchungen ebenfalls vorzutragen. Das Programm kann beliebig oft gestartet werden. Falls das Programm noch nicht gelaufen ist, kann dennoch im neuen Jahr gebucht werden.

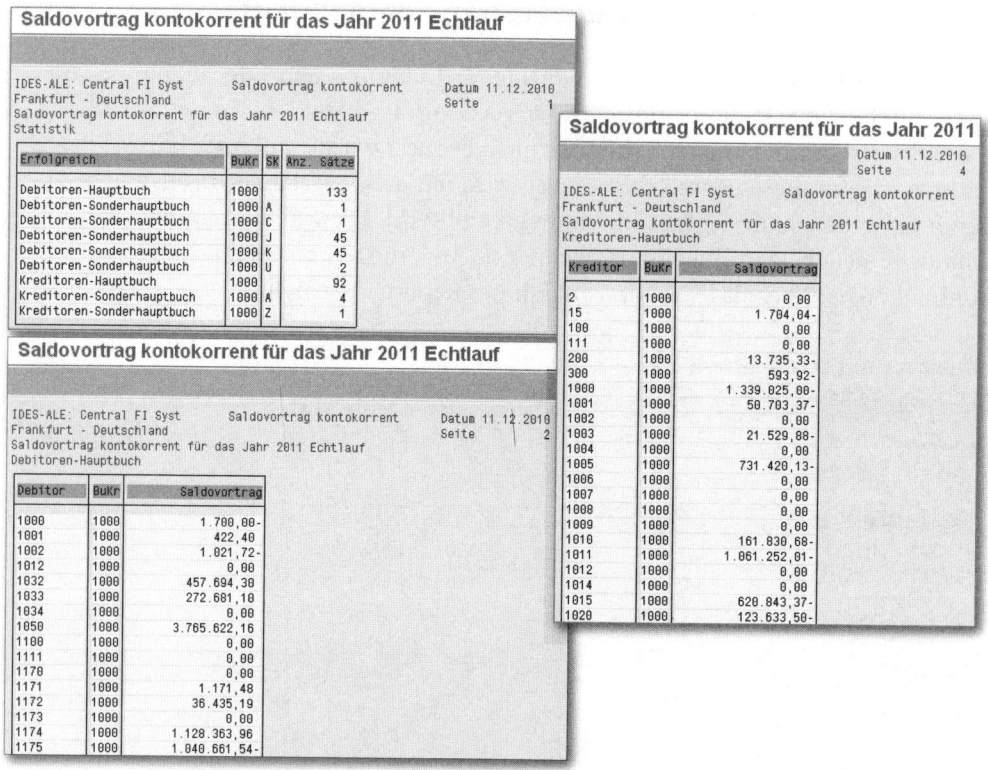

Abbildung 6.53 Report SAPF010 – Protokoll

6.27 Report SAPF071 – Korrektur nach Abgleich Belege/Verkehrszahlen

Falls bei der Abstimmanalyse Finanzbuchhaltung (Report SAPF190) bzw. bei der Abstimmung Belege/Verkehrszahlen (Report SAPF070) Differenzen zwischen Belegen und Verkehrszahlen ermittelt wurden, können Sie mit diesem Report eine Korrektur vornehmen. Grundlage sind dabei die Belege. Die (im Prinzip redundanten) Verkehrszahlen, die nur Summen über Beträge aus Belegen sind, werden angepasst. Dabei müssen alle im Folgenden aufgeführten Voraussetzungen erfüllt sein:

▸ Die Abstimmanalyse Finanzbuchhaltung (Report SAPF190) oder die Abstimmung Belege/Verkehrszahlen (Report SAPF070) wurde durchgeführt. Dabei wurden Differenzen zwischen Belegen und Verkehrszahlen gefunden.

Report SAPF071 – Korrektur nach Abgleich Belege/Verkehrszahlen | 6.27

- Es wurden keine inkonsistenten Belege gefunden. Diese werden sowohl bei den Abstimmreports SAPF070 und SAPF190 als auch in diesem Programm ausgegeben.
- Es dürfen keine Probleme mit anderen SAP-Komponenten vorliegen. Dies müssen Sie selbst prüfen. Ihnen ist nicht wirklich geholfen, wenn die Finanzbuchhaltung korrigiert wird, andere Komponenten aber nicht.
- Die Korrektur kann nur in den Ledgern vorgenommen werden, die von Report SAPF070 abgestimmt werden.
- Es dürfen keine Belege der Periode, für die Verkehrszahlen korrigiert werden sollen, archiviert sein. Dies müssen Sie durch organisatorische Maßnahmen selbst sicherstellen.

In Abbildung 6.54 sehen Sie das Selektionsbild dieses Reports.

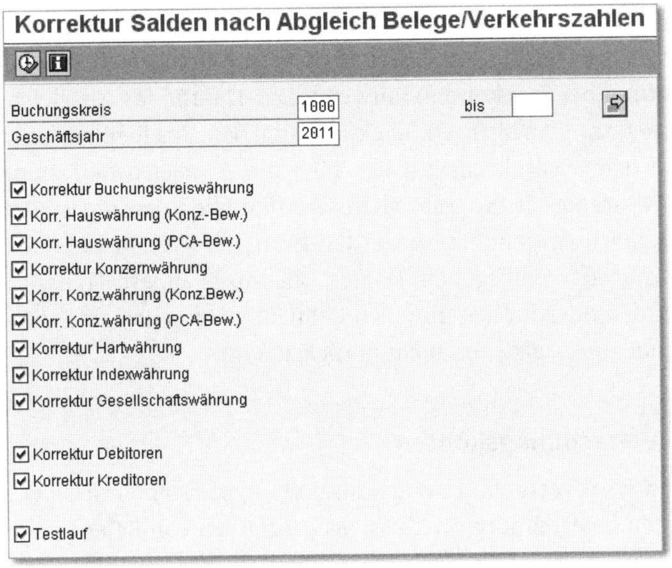

Abbildung 6.54 Report SAPF071 – Selektionsbild

Sie sollten für jeweils einen Buchungskreis alle Differenzen zusammen korrigieren. Durch die Auswahlmöglichkeiten des Reports können Sie die Korrektur auf Währungstypen im Hauptbuch bzw. auf die Salden der Nebenbücher einschränken.

Testlauf durchführen [+]

Es empfiehlt sich, zuerst einen Testlauf durchzuführen. Ermittelte Differenzen werden dabei ausgegeben.

6.28 Report SAPF124 – Maschinelles Ausgleichen

Mit dem Report SAPF124 werden offene Posten von Debitoren-, Kreditoren- und Sachkonten (insbesondere von WE/RE-Verrechnungskonten) automatisch ausgeglichen. Die offenen Posten werden nach festen Systemkriterien gruppiert:

- Buchungskreis
- Kontoart
- Kontonummer
- Abstimmkontonummer
- Währungsschlüssel
- Sonderhauptbuchkennzeichen

Ein Ausgleich erfolgt genau dann, wenn die selektierte Gruppe von Belegposten den Saldo 0 in Belegwährung (bei Debitoren und Kreditoren) bzw. in Fortschreibewährung (bei Sachkonten) aufweist. Das Datum des Ausgleichs ist das Ausgleichsdatum gemäß Ihren Selektionsangaben. Im Echtlauf wird bei einem erfolgreichen Ausgleichsvorgang auch die Ausgleichsbelegnummer angegeben. Während des Programmlaufs werden alle Konten gesperrt, auf denen ein Ausgleich vorgenommen werden kann. Sie werden nach dem Ausgleichsvorgang wieder freigegeben. Konten, die durch andere Transaktionen gesperrt wurden oder im maschinellen Zahllauf vorgesehen sind, werden beim maschinellen Ausgleichen nicht berücksichtigt.

6.28.1 WE/RE-Verrechnungskonten

Bei WE/RE-Konten wird versucht, in einer zusammengefassten Gruppe von nicht ausgleichbaren Belegen durch sukzessives Weglassen von Belegen eine ausgleichbare Gruppe zu erzeugen. Falls trotz dieses Weglassens die Zuordnung von Wareneingängen zu den entsprechenden Rechnungseingängen über die Bestellnummer und die Bestellposition nicht ausreichend ist (z.B. bei Lieferplänen), können Sie das Kennzeichen SONDERBEARBEITUNG WE/RE-KONTEN setzen. Dieses Kennzeichen bewirkt, dass dann die Zuordnung von Belegen auf WE/RE-Konten nicht nur über die Bestellnummer und die Bestellposition erfolgt, sondern zusätzlich über den Materialbeleg, falls in der Bestellposition eine wareneingangsbezogene Rechnungsprüfung vorgesehen ist.

Wenn Sie in der Ausgabesteuerung gewählt haben, dass ausgleichbare oder nicht ausgleichbare Belege ausgegeben werden sollen, erhalten Sie eine Detailliste. Wenn Sie keines der beiden Kennzeichen gesetzt haben, gibt das Programm eine Kurzliste aus. Die Detailliste ist eine Liste der Belegposten und gibt Auskunft über die selektierten offenen oder ausgeglichenen (bzw. ausgleichbaren) Belegposten. Gruppen von Posten, die sowohl den Systemkriterien als auch den Anwenderkriterien genügen, werden optisch zusammengefasst. Sind die Ausgleichsbedingungen erfüllt, werden das Ausgleichsdatum und im Echtlauf zusätzlich die Ausgleichsbelegnummer angezeigt, falls der entsprechende Ausgleichsvorgang erfolgreich verlaufen ist. Ist beim Ausgleichen ein Fehler aufgetreten, erscheint die Meldung KEIN AUSGLEICH.

Die Kurzliste der offenen und ausgeglichenen Posten bietet eine Zusammenfassung der Ergebnisse des Programmlaufs. Dabei werden die Zahl der je Konto selektierten offenen Posten, die Zahl der davon ausgleichbaren Posten sowie die tatsächlich ausgeglichenen Posten angezeigt. Dem Fehlerprotokoll können Sie entnehmen, welche Fehler beim Ausgleichen einer (gemäß den Systemkriterien und Anwenderkriterien ausgleichbaren) Gruppe aufgetreten sind. Je nach Fehlermeldung sollten Sie dann versuchen, die entsprechende Gruppe manuell auszugleichen. In Abbildung 6.55 sehen Sie das Selektionsbild dieses Programms.

Betrachten wir im Folgenden die wichtigsten Selektionskriterien.

- **Debitoren auswählen**
  Bei einer Markierung dieses Feldes werden alle debitorischen offenen Posten selektiert, die keine Sonderhauptbuchvorgänge sind.

- **SHB-Vorgänge**
  Diese Markierung bewirkt, dass alle offenen debitorischen Posten selektiert werden, die Sonderhauptbuchvorgänge sind. Wechsel sind von der Selektion ausgeschlossen.

- **Gruppierung über Avisnummer**
  Diese Markierung bewirkt, dass nur Debitorenposten selektiert werden, die mithilfe der Anwendung POSTEN ZUORDNEN zugeordnet und bestätigt wurden. Die Gruppierung der Belege erfolgt dann automatisch über die Avisnummer.

- **Kreditoren auswählen**
  Bei einer Markierung dieses Feldes werden alle kreditorischen offenen Posten selektiert, die keine Sonderhauptbuchvorgänge sind.

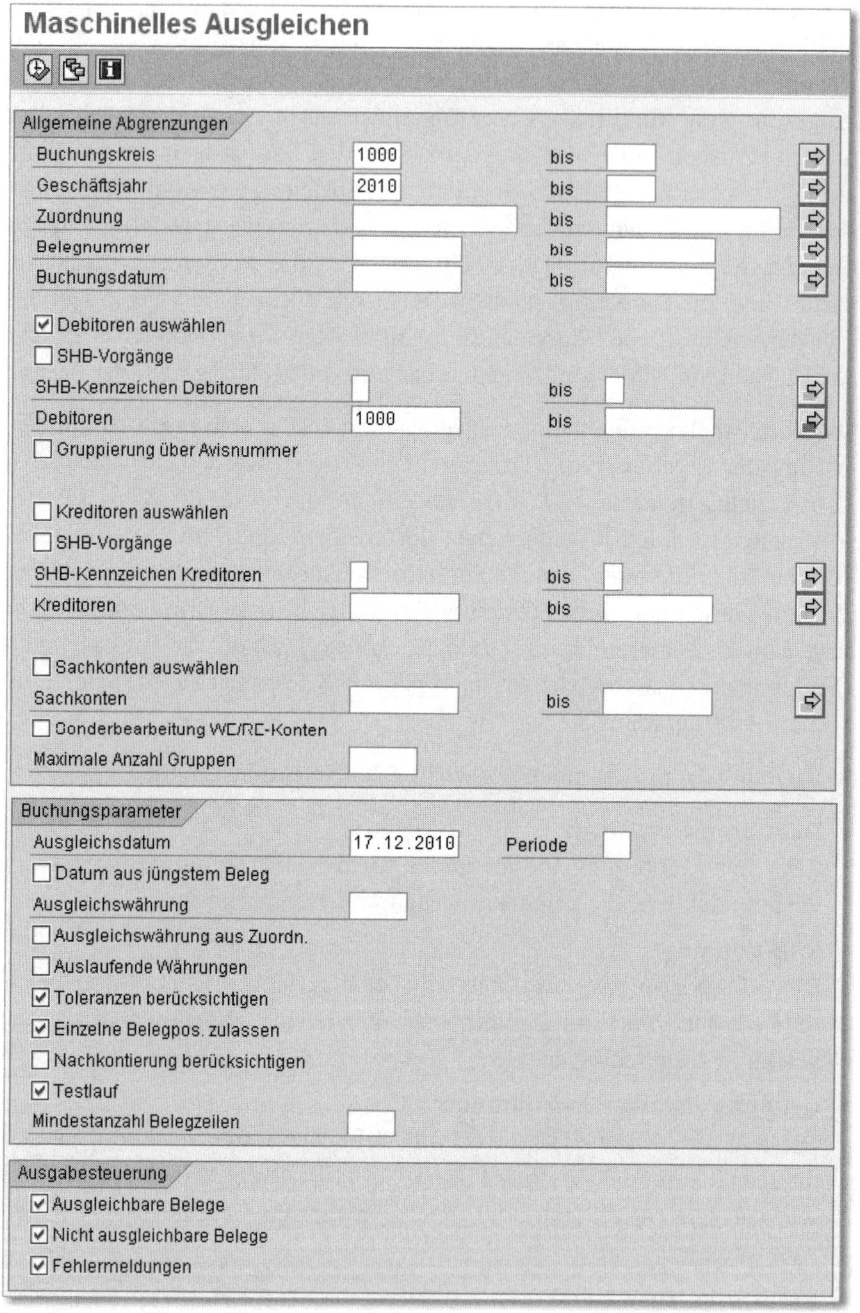

Abbildung 6.55 Report SAPF124 – Selektionsbild

- **SHB-Vorgänge**
  Diese Markierung bewirkt, dass alle offenen kreditorischen Posten selektiert werden, die Sonderhauptbuchvorgänge sind. Wechsel sind von der Selektion ausgeschlossen.

- **Sachkonten auswählen**
  Wenn dieses Kennzeichen markiert ist, werden alle offenen Posten der folgenden Sachkonten selektiert.

- **Sonderbearbeitung WE/RE-Konten**
  Dieses Kennzeichen bewirkt, dass die Zuordnung von Belegen auf WE/RE-Konten nicht nur über die Bestellnummer und die Bestellposition erfolgt, sondern zusätzlich über den Materialbeleg, falls in der Bestellposition eine wareneingangsbezogene Rechnungsprüfung vorgesehen ist. Dieses Kennzeichen ist nur dann sinnvoll, wenn die Zuordnung von Rechnungseingängen zu den entsprechenden Wareneingängen über die Bestellnummer und die Bestellposition nicht ausreichend ist (z. B. bei Lieferplänen). Aus Performancegründen sollten Sie darauf achten, dass dieses Kennzeichen auch nur in diesen Fällen gesetzt ist.

- **Ausgleichsdatum**
  Dieses Datum ist das Buchungsdatum des Ausgleichsbelegs.

- **Periode**
  Die Verkehrszahlen der Konten werden pro Periode innerhalb des Geschäftsjahres fortgeschrieben. Maximal können 16 Perioden fortgeschrieben werden.

- **Datum aus jüngstem Beleg**
  Diese Markierung bewirkt, dass (innerhalb einer ausgleichbaren Gruppe von Belegen) das Ausgleichsdatum das Buchungsdatum des jüngsten Belegs ist.

- **Ausgleichswährung**
  Dies ist die Währung, in der der Ausgleichsbeleg gebucht wird (Transaktionswährung).

- **Ausgleichswährung aus Zuordn.**
  Wenn diese Markierung gesetzt ist, wird die Ausgleichswährung automatisch aus dem Feld ZUORDNUNG DER BELEGPOSITION übernommen. Dies ist zurzeit nur sinnvoll bei Bankverrechnungskonten, die mit dem elektronischen Kontoauszug bebucht werden.

- **Auslaufende Währungen**
  Wenn dieses Kennzeichen gesetzt ist, wird ein Beleg, der in einer auslaufenden Währung gebucht wurde oder dessen Ausgleichswährung im Feld ZUORDNUNG eine auslaufende Währung ist (nur relevant bei Bankverrechnungskonten), automatisch in der Folgewährung ausgeglichen, wenn das Ausgleichsdatum nach dem Datum für die automatische Umrechnung beim maschinellen Ausgleichen liegt. Liegt das Ausgleichsdatum vor dem Datum für die automatische Umrechnung, wird in der Belegwährung bzw. in der Währung aus der Zuordnung ausgeglichen.

- **Toleranzen berücksichtigen**
  Diese Markierung bewirkt, dass bei Ausgleichsvorgängen auf Debitoren-, Kreditoren- und Sachkonten Toleranzgruppen bzw. Toleranzen berücksichtigt werden.

- **Einzelne Belegpos. zulassen**
  Diese Markierung bewirkt, dass bei der Berücksichtigung von Toleranzen bzw. Toleranzgruppen auch eine nach den Gruppierungskriterien gebildete Gruppe von Belegen, die nur aus einer einzigen Belegposition besteht, zu einem Ausgleichsvorgang zugelassen wird.

- **Nachkontierung berücksichtigen**
  Ist dieses Kennzeichen gesetzt, werden Belege nicht ausgeglichen werden, wenn der Ausgleichsbeleg automatisch erzeugte Belegzeilen enthält, die beim manuellen Ausgleich normalerweise geändert werden könnten. Ist dieses Kennzeichen gesetzt und ist im Stammsatz des Sachkontos, auf das die automatische Buchung erfolgen soll, das Kennzeichen NACHKONTIEREN AUTOMATISCHE BUCHUNG gesetzt, erfolgt kein Ausgleich. Ist dieses Kennzeichen nicht gesetzt und ist im Stammsatz des Sachkontos das Kennzeichen NACHKONTIEREN AUTOMATISCHE BUCHUNG gesetzt, erfolgt ein Ausgleich (jedoch ohne Möglichkeit, die automatisch erzeugte Position zu verändern).

- **Mindestanzahl Belegzeilen**
  Das Setzen dieser Markierung bewirkt (bei sehr großem Belegvolumen) eine Verbesserung der Performance des Programms, weil die Ausgleichstransaktion erst aufgerufen wird, wenn diese Mindestanzahl von Belegzeilen erreicht wird.

- **Ausgleichbare Belege**
  Diese Markierung bewirkt, dass Sie eine ausführliche Liste der selektierten ausgleichbaren Belegposten erhalten.

- **Nicht ausgleichbare Belege**
  Ist dieses Kennzeichen gesetzt, erhalten Sie eine ausführliche Liste der selektierten Belegposten, die nicht ausgeglichen werden können.
- **Fehlermeldungen**
  Mithilfe des Fehlerprotokolls können Sie analysieren, warum eine ausgleichbare Gruppe von Belegposten nicht ausgeglichen wird.

In Abbildung 6.56 sehen Sie das Protokoll zum Programmstart.

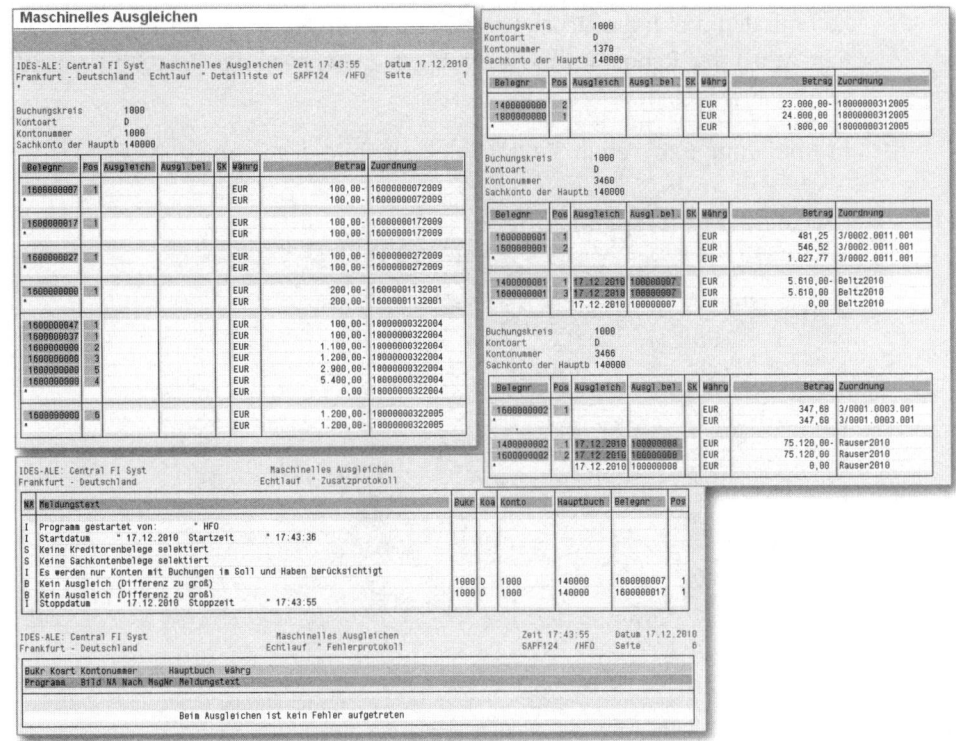

Abbildung 6.56 Report SAPF124 – Protokoll

6.29 Report SAPF140 – Trigger für Korrespondenz

Der Report SAPF140 steuert die Ausgabe von Korrespondenzanforderungen, indem er buchungskreisabhängig die für die einzelnen Korrespondenzanforderungen vorgesehenen Druckreports aufruft. Außerdem reorganisiert er die Tabelle für Korrespondenzanforderungen der Buchhaltung und die darin vermerkten individuellen Texte. Die Reorganisation erfolgt in Abhängigkeit von der Anzahl Tage, nach denen abgearbeitete Korrespondenzanforderungen gelöscht werden sollen. Der Report wird i.d.R. ein- bis zweimal täglich als Job eingeplant, damit die zwischenzeitlich angefallenen Korrespondenzanforderungen ausgegeben werden. Im Normalfall werden hierbei höchstens die Buchungskreise, für die eine Abarbeitung der Korrespondenzanforderungen erfolgen soll, und die Anzahl Tage, nach denen eine Reorganisation stattfinden soll, abgegrenzt. Die Einplanung des Jobs kann durch die Angabe einer Wiederholungsperiode automatisiert werden. Falls eine Ausgabe von Korrespondenzen erfolgt, wird pro Reportlauf ein Protokoll mit den durch die Druckprogramme erzeugten Druckaufträgen ausgegeben. Wird der Report online ausgeführt, dann wird das Protokoll am Bildschirm ausgegeben.

In Abbildung 6.57 sehen Sie das Selektionsbild des Reports SAPF140.

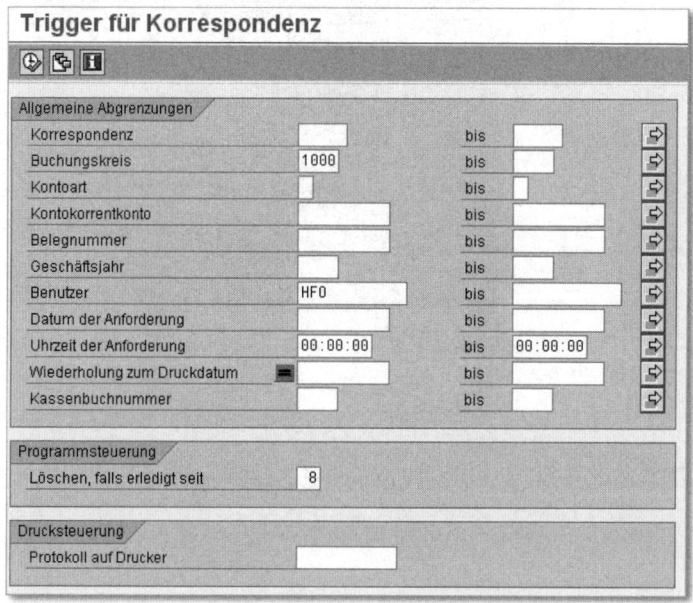

Abbildung 6.57 Report SAPF140 – Selektionsbild

Beim Triggerreport für die Korrespondenz wird i.d.R. keine Abgrenzung nach Kontoart, Konto, Belegnummer oder Geschäftsjahr nötig sein, da der Report grundsätzlich dazu dient, alle noch nicht erledigten Korrespondenzanforderungen abzuarbeiten. Bei der Selektionsoption KORRESPONDENZ wird deshalb i.d.R. auch keine Abgrenzung erfolgen. In Abbildung 6.58 wird eine Zahlungsmitteilung angezeigt, die mithilfe des Reports SAPF140 erzeugt wurde.

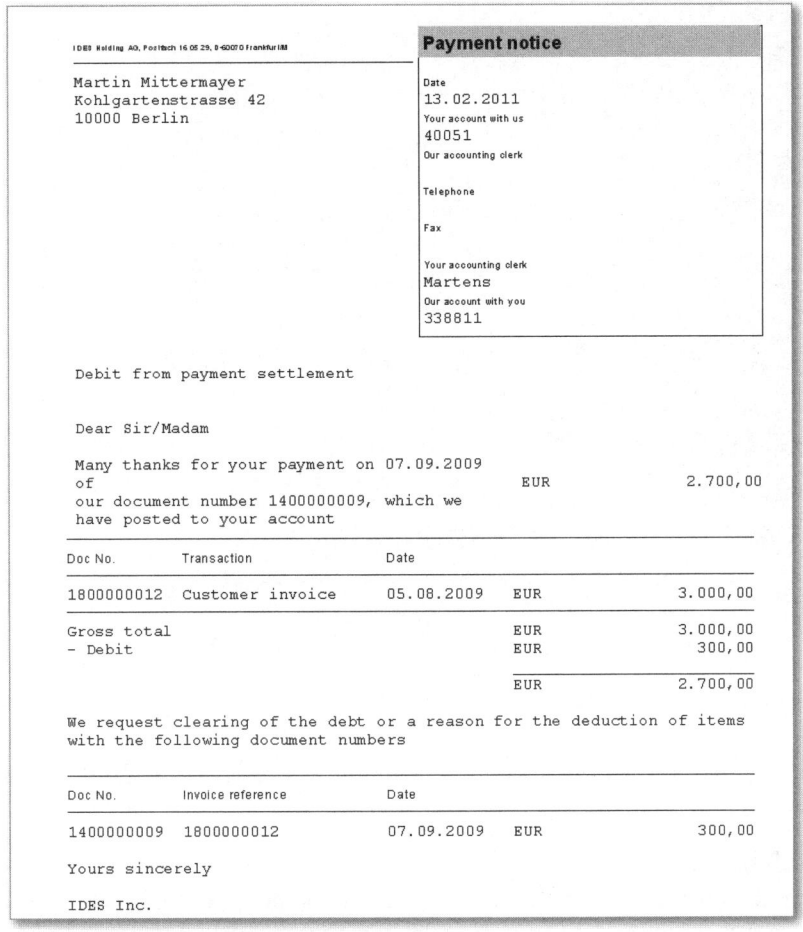

Abbildung 6.58 Report SAPF140 – Schreiben

6.30 Report SAPF140D – Korrespondenzanforderungen löschen

Der Report SAPF140D dient zur Anzeige und zum Löschen von Einträgen in der Tabelle für Korrespondenzanforderungen der Buchhaltung. Der Einsatz dieses Reports ist sinnvoll, um Testdaten, die nicht mehr benötigt werden, oder Einträge, die nicht ausgegeben werden sollen oder die aufgrund fehlerhafter Angaben in der Tabelle nicht abgearbeitet werden können, zu löschen. Der Report listet die selektierten bzw. die durch den Reportlauf gelöschten Einträge der Tabelle für Korrespondenzanforderungen der Buchhaltung auf. In Abbildung 6.59 sehen Sie das Selektionsbild des Reports SAPF140D.

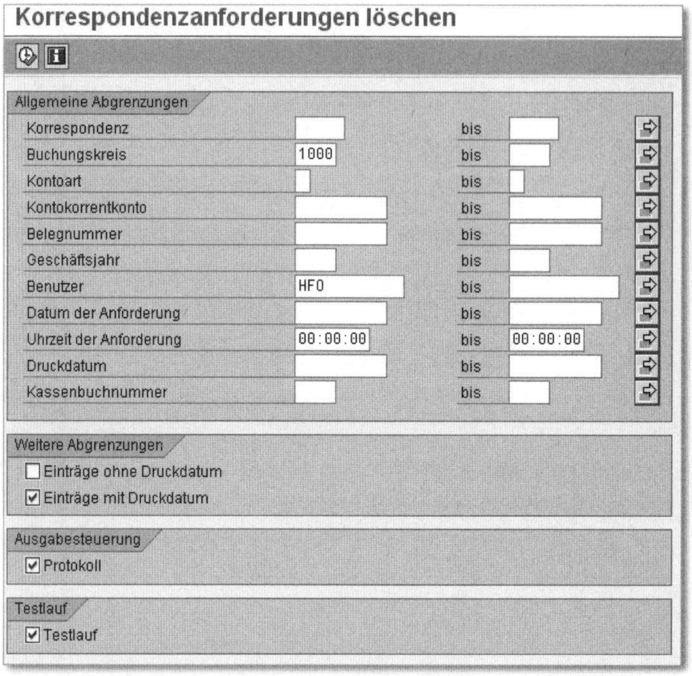

Abbildung 6.59 Report SAPF140D – Selektionsbild

Nun werfen wir noch einen Blick auf die Selektionskriterien des Reports SAPF140D.

- **Korrespondenz**
  Eine Korrespondenz (z.B. Zahlungsmitteilung oder Kontoauszug) wird durch eine Kurzbezeichnung identifiziert. Diese Kurzbezeichnung können Sie frei definieren.

- **Kontokorrentkonto**
  Kontonummer des Geschäftspartners, dessen offene Posten bearbeitet werden

- **Druckdatum**
  Das Druckdatum verhindert ein unbeabsichtigtes Mehrfachausdrucken und dient als Basis für das Löschen erledigter Korrespondenzanforderungen.

- **Kassenbuchnummer**
  Identifiziert das Kassenbuch eindeutig innerhalb eines Buchungskreises. Sie können eine beliebige Kassenbuchnummer vergeben.

- **Einträge ohne Druckdatum**
  Bei Markierung dieses Kennzeichens werden Korrespondenzanforderungen selektiert, die noch nicht ausgedruckt wurden.

- **Einträge mit Druckdatum**
  Bei Markierung dieses Kennzeichens werden Korrespondenzanforderungen selektiert, die bereits ausgedruckt wurden.
- **Protokoll**
  Wenn Sie dieses Kennzeichen markieren, werden die durch das Programm selektierten oder gelöschten Einträge der Tabelle für Korrespondenzanforderungen der Buchhaltung ausgegeben.
- **Testlauf**
  Bei Markierung dieses Kennzeichens werden die selektierten Korrespondenzanforderungen nicht gelöscht.

6.31 Report SAPF140P – Korrespondenzanforderungen pflegen

Der Report SAPF140P dient zur Anzeige und Pflege der Korrespondenzanforderungen des aktuellen Benutzers. Das heißt, Sie können Ihre Anforderungen anzeigen, löschen, wiederholen, Texte pflegen, die Druckansicht betrachten und das Schreiben sofort ausdrucken.

In Abbildung 6.60 sehen Sie das Selektionsbild des Reports SAPF140P.

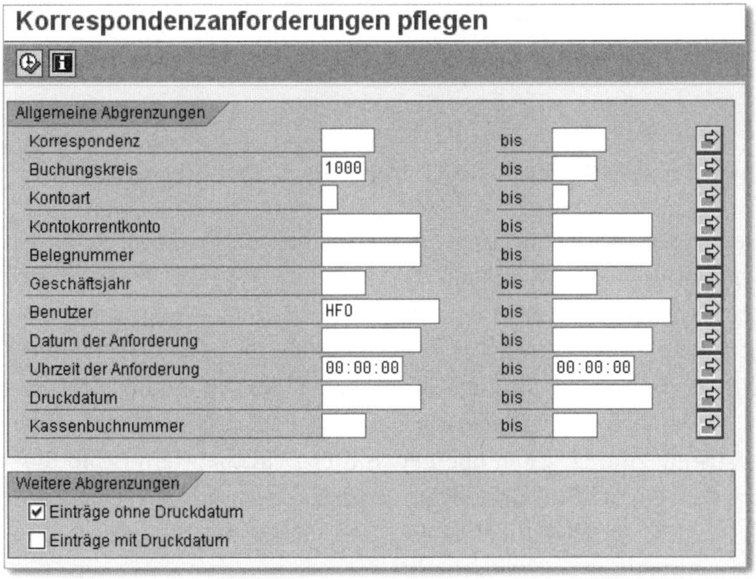

Abbildung 6.60 Report SAPF140P – Selektionsbild

In Abbildung 6.61 ist die Listausgabe zu unserem Beispiel zu sehen. Der Report listet die ausgewählten Korrespondenzanforderungen des aktuellen Benutzers auf. Sie können jetzt mit diesem Programm bearbeitet werden.

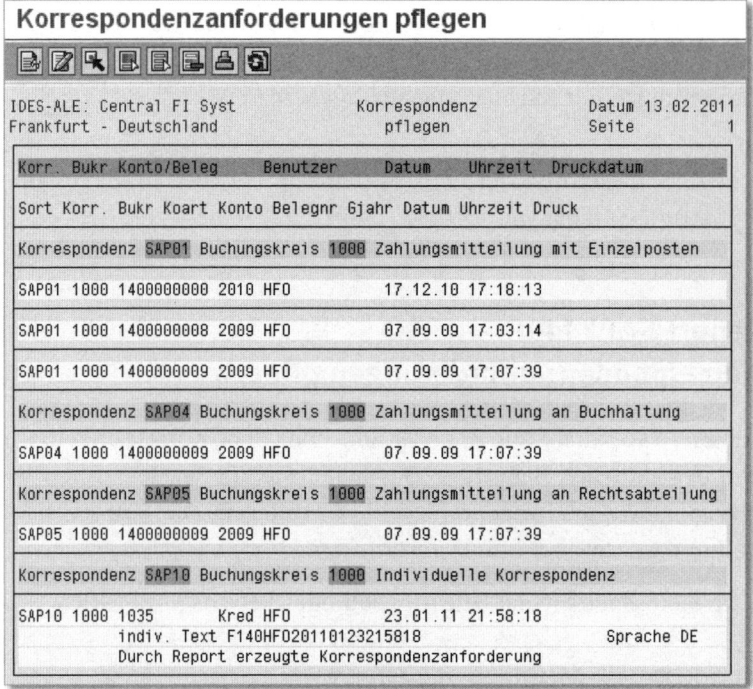

Abbildung 6.61 Report SAPF140P – Listausgabe

6.32 Report SAPF150D2 – FI Mahnen – Druckprogramm

Mit dem Report SAPF150D2 drucken Sie Ihre Mahnschreiben. Der Report ist integraler Bestandteil des Mahnlaufs (Transaktion F150); er kann jedoch auch separat ausgeführt werden. Voraussetzung für einen erfolgreichen Programmlauf ist die Durchführung einer Mahnselektion, also die Erstellung eines Mahnvorschlags. Die Einträge der Tabellen MHNK und MHND des gewählten Mahnlaufs werden selektiert und pro Mahnschreiben an den Funktionsbaustein zum Drucken übergeben. Der Druckbaustein ist im Business Transaction Event 1720 hinterlegt. Es handelt sich um den Funktionsbaustein FI_PRINT_DUNNING_NOTICE. Das Selektionsbild dieses Programms ist in Abbildung 6.62 zu sehen.

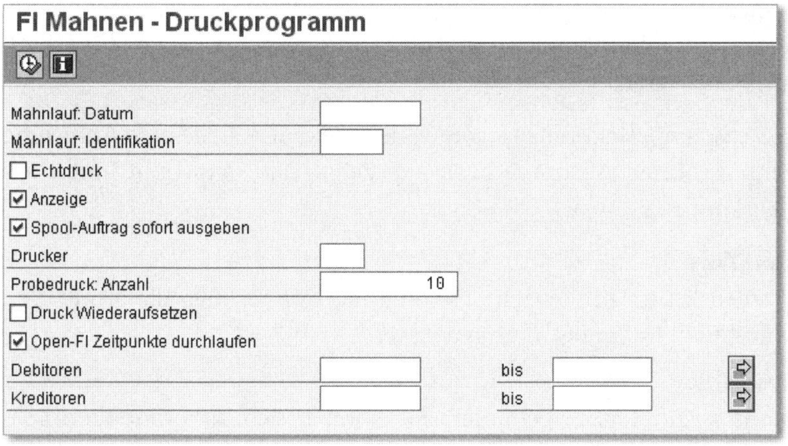

```
FI Mahnen - Druckprogramm

Mahnlauf: Datum
Mahnlauf: Identifikation
☐ Echtdruck
☑ Anzeige
☑ Spool-Auftrag sofort ausgeben
Drucker
Probedruck: Anzahl                    10
☐ Druck Wiederaufsetzen
☑ Open-FI Zeitpunkte durchlaufen
Debitoren                      bis
Kreditoren                     bis
```

Abbildung 6.62 Report SAPF150D2 – Selektionsbild

Zu den Selektionskriterien gehören z. B. die beiden folgenden Kennzeichen:

- **Mahnlauf: Datum**
  Das Laufdatum dient zur Identifikation der Kennzeichen. Es handelt sich um das Datum, an dem das Programm planmäßig ausgeführt wurde.

- **Mahnlauf: Identifikation**
  Das zusätzliche Identifikationsmerkmal kann für die Unterscheidung von mehreren Läufen mit gleichem Abstimmungsstichtag eingesetzt werden.

Die Mahnschreiben können Sie als Druckaufträge, E-Mails oder Faxe ausgeben lassen. Die Mahndaten von Kundenstamm und Beleg werden fortgeschrieben. Das Protokoll wird ausgegeben.

6.33 Report SAPF190 – Abstimmanalyse Finanzbuchhaltung

Der Report führt eine erweiterte Abstimmung in der Finanzbuchhaltung durch. Im Rahmen des Hauptbuch-Monatsabschlusses werden folgende Konsistenzprüfungen durchgeführt:

- Soll- und Habenverkehrszahlen der Debitorenkonten, Kreditorenkonten und Sachkonten mit den Soll- und Habensummen der gebuchten Belege (bisherige Funktionalität des Reports SAPF070)

- Soll- und Habenverkehrszahlen der Debitorenkonten, Kreditorenkonten und Sachkonten mit den Soll- und Habensummen der Anwendungsindizes (Sekundärindex)

Wollen Sie sich die Historie anzeigen lassen, bekommen Sie eine Auflistung aller durchgeführten Abstimmungen angezeigt. Der Status gibt Ihnen folgende Auskunft:

- **Status Okay**
  Es wurden keine Differenzen gefunden. Sie können sich die ermittelten Soll- und Habensummen anzeigen lassen.

- **Status Fehler**
  Es wurden Differenzen gefunden. Sie können sich die ermittelten Soll- und Habensummen und Konten mit Differenzen anzeigen lassen.

Die Durchführung der Abstimmanalyse kann unter Umständen mehrere Stunden andauern. Deshalb sollte die Datenselektion im Hintergrund ausgeführt werden. Das Selektionsbild zum Report SAPF190 sehen Sie in Abbildung 6.63.

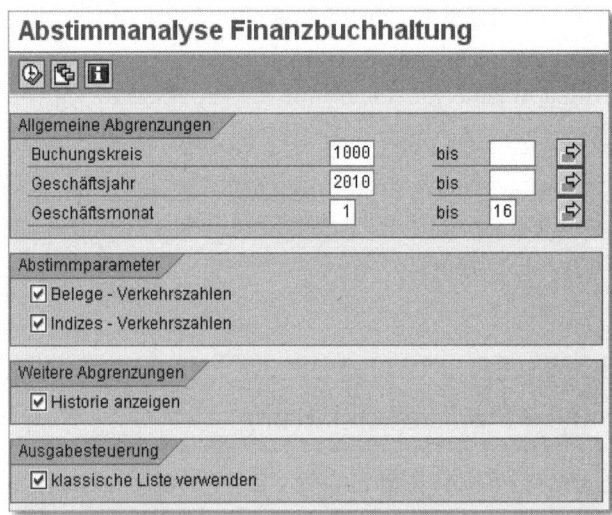

Abbildung 6.63 Report SAPF190 – Selektionsbild

Nun sehen wir uns die Auswahlmöglichkeiten genauer an.

- **Belege – Verkehrszahlen**
  Wird der Abstimmparameter BELEGE – VERKEHRSZAHLEN markiert, werden die Soll- und Habenverkehrszahlen der Debitorenkonten, Kreditorenkon-

ten und Sachkonten mit den Soll- und Habensummen der gebuchten Belege verglichen.

▶ **Indizes – Verkehrszahlen**
Markieren Sie den Abstimmparameter INDIZES – VERKEHRSZAHLEN, werden die Soll- und Habenverkehrszahlen der Debitorenkonten, Kreditorenkonten und Sachkonten mit den Soll- und Habensummen der Anwendungsindizes (Sekundärindex) verglichen.

▶ **Historie anzeigen**
Sie können sich die Historie der Abstimmanalyse anzeigen lassen. Wird das Kennzeichen HISTORIE ANZEIGEN markiert, bleiben die anderen Selektionsparameter (BUCHUNGSKREIS, GESCHÄFTSJAHR etc.) bei der Selektion unberücksichtigt.

In Abbildung 6.64 sehen Sie eine beispielhafte Historie.

```
Belege - Verkehrszahlen

BuKr Jahr Periode Periode
BuKr Koart Währg              Soll    Verkehrszahlen Soll        Haben    Verkehrszahlen Haben

1000 2009        1       16
1000 D      EUR         2.231.670,71        2.231.670,71       433.660,10        433.660,10
1000 K      EUR             7.260,00            7.260,00       743.020,00        743.020,00
1000 S      EUR        11.023.946,55       11.023.946,55    11.023.946,55     11.023.946,55
1000 S      EUR        11.023.946,55       11.023.946,55    11.023.946,55     11.023.946,55
1000 S      USD        15.118.296,91       15.118.296,91    15.118.296,91     15.118.296,91

Indizes - Verkehrszahlen

BuKr Jahr Periode Periode
BuKr Koart Währg              Soll    Verkehrszahlen Soll        Haben    Verkehrszahlen Haben

1000 2009        1       16
1000 D      EUR         2.231.670,71        2.231.670,71       433.660,10        433.660,10
1000 K      EUR             7.260,00            7.260,00       743.020,00        743.020,00
1000 S      EUR         5.288.028,41        5.288.028,41     6.901.695,56      6.901.695,56
```

Abbildung 6.64 Report SAPF190 – Historie

▶ **Klassische Liste verwenden**
In der klassischen Liste werden pro Geschäftsjahr, Buchungskreis und Kontoart die Summen auch dann auf Periodenebene dargestellt, wenn für die jeweiligen Posten keine Differenzen gefunden wurden. Bleibt diese Option deaktiviert, wird – wenn keine Differenzen gefunden wurden – nur noch der Hinweis KEINE DIFFERENZEN GEFUNDEN ausgegeben.

In Abbildung 6.65 sehen Sie das Ergebnis einer durchgeführten Abstimmanalyse im Kontokorrentbereich (Debitoren und Kreditoren).

Abstimmanalyse Finanzbuchhaltung

```
IDES AG                        Abstimmung Belege / Verkehrszahlen Stamm       Zeit 16:40:41         Datum 05.01.2011
Frankfurt                      Debitoren: Summen über Buchungskreis 1000      SAPF070   /HFO        Seite         1

Abstimmung in Buchungskreiswährung EUR
K Bukr Haus- JJ MM    Summe Soll     Summe Soll    Differenz     Summe Haben    Summe Haben    Differenz
A       währg  MM       Posten         Stamm         Soll          Posten         Stamm         Haben

D 1000 EUR   09 01         0,00           0,00         0,00           0,00           0,00          0,00
D 1000 EUR   09 02         0,00           0,00         0,00           0,00           0,00          0,00
D 1000 EUR   09 03    148.527,95     148.527,95        0,00      75.750,02      75.750,02          0,00
D 1000 EUR   09 04        34,96          34,96         0,00      75.750,02      75.750,02          0,00
D 1000 EUR   09 05         0,00           0,00         0,00      75.750,02      75.750,02          0,00
D 1000 EUR   09 06     1.277,00       1.277,00         0,00      76.046,02      76.046,02          0,00
D 1000 EUR   09 07         0,00           0,00         0,00      75.750,02      75.750,02          0,00
D 1000 EUR   09 08  2.074.916,80   2.074.916,80        0,00           0,00           0,00          0,00
D 1000 EUR   09 09     6.914,00       6.914,00         0,00      54.614,00      54.614,00          0,00
D 1000 EUR   09 10         0,00           0,00         0,00           0,00           0,00          0,00

IDES AG                        Abstimmung Belege / Verkehrszahlen Stamm       Zeit 16:40:41         Datum 05.01.2011
Frankfurt                      Kreditoren: Summen über Buchungskreis 1000     SAPF070   /HFO        Seite         4

Abstimmung in Buchungskreiswährung EUR
K Bukr Haus- JJ MM    Summe Soll     Summe Soll    Differenz     Summe Haben    Summe Haben    Differenz
A       währg  MM       Posten         Stamm         Soll          Posten         Stamm         Haben

K 1000 EUR   09 01         0,00           0,00         0,00           0,00           0,00          0,00
K 1000 EUR   09 02         0,00           0,00         0,00           0,00           0,00          0,00
K 1000 EUR   09 03         0,00           0,00         0,00     737.760,00     737.760,00          0,00
K 1000 EUR   09 04         0,00           0,00         0,00           0,00           0,00          0,00
K 1000 EUR   09 05         0,00           0,00         0,00           0,00           0,00          0,00
K 1000 EUR   09 06         0,00           0,00         0,00           0,00           0,00          0,00
K 1000 EUR   09 07         0,00           0,00         0,00           0,00           0,00          0,00
K 1000 EUR   09 08         0,00           0,00         0,00           0,00           0,00          0,00
K 1000 EUR   09 09     4.760,00       4.760,00         0,00       2.760,00       2.760,00          0,00
K 1000 EUR   09 10         0,00           0,00         0,00       2.500,00       2.500,00          0,00
K 1000 EUR   09 11     2.500,00       2.500,00         0,00           0,00           0,00          0,00
K 1000 EUR   09 12         0,00           0,00         0,00           0,00           0,00          0,00
K 1000 EUR   09 13         0,00           0,00         0,00           0,00           0,00          0,00
K 1000 EUR   09 14         0,00           0,00         0,00           0,00           0,00          0,00
K 1000 EUR   09 15         0,00           0,00         0,00           0,00           0,00          0,00
K 1000 EUR   09 16         0,00           0,00         0,00           0,00           0,00          0,00
K 1000 EUR   09 **     7.260,00       7.260,00         0,00     743.020,00     743.020,00          0,00

Umsatz                           Posten         Stamm        Differenz

K 1000 EUR   09 01         0,00           0,00         0,00
K 1000 EUR   09 02         0,00           0,00         0,00
K 1000 EUR   09 03    737.760,00-    737.760,00-       0,00
K 1000 EUR   09 04         0,00           0,00         0,00
K 1000 EUR   09 05         0,00           0,00         0,00
K 1000 EUR   09 06         0,00           0,00         0,00
K 1000 EUR   09 07         0,00           0,00         0,00
K 1000 EUR   09 08         0,00           0,00         0,00
K 1000 EUR   09 09     1.620,00-      1.620,00-        0,00
K 1000 EUR   09 10     2.500,00-      2.500,00-        0,00
```

Abbildung 6.65 Abstimmanalyse Kontokorrent

In Abbildung 6.66 ist das Ergebnis einer durchgeführten Abstimmanalyse im Sachkontenbereich zu sehen.

| IDES AG | | | Abstimmung Belege / Verkehrszahlen Stamm | | | Zeit 16:40:41 | Datum 05.01.2011 |
| Frankfurt | | | Sachkonten: Summen über Buchungskreis 1000 | | | SAPF070 /HFO | Seite 7 |

Abstimmung in Buchungskreiswährung EUR							
K Bukr Haus- A währg	JJ MM MM	Summe Soll Posten	Summe Soll Stamm	Differenz Soll	Summe Haben Posten	Summe Haben Stamm	Differenz Haben
S 1000 EUR	09 01	0,00	0,00	0,00	0,00	0,00	0,00
S 1000 EUR	09 02	544,00	544,00	0,00	544,00	544,00	0,00
S 1000 EUR	09 03	1.654.719,30	1.654.719,30	0,00	1.654.719,30	1.654.719,30	0,00
S 1000 EUR	09 04	98.201,39	98.201,39	0,00	98.201,39	98.201,39	0,00
S 1000 EUR	09 05	95.658,02	95.658,02	0,00	95.658,02	95.658,02	0,00
S 1000 EUR	09 06	425.507,02	425.507,02	0,00	425.507,02	425.507,02	0,00
S 1000 EUR	09 07	950.750,02	950.750,02	0,00	950.750,02	950.750,02	0,00
S 1000 EUR	09 08	6.476.166,80	6.476.166,80	0,00	6.476.166,80	6.476.166,80	0,00
S 1000 EUR	09 09	1.317.400,00	1.317.400,00	0,00	1.317.400,00	1.317.400,00	0,00
S 1000 EUR	09 10	2.500,00	2.500,00	0,00	2.500,00	2.500,00	0,00
S 1000 EUR	09 11	2.500,00	2.500,00	0,00	2.500,00	2.500,00	0,00
S 1000 EUR	09 12	0,00	0,00	0,00	0,00	0,00	0,00
S 1000 EUR	09 13	0,00	0,00	0,00	0,00	0,00	0,00
S 1000 EUR	09 14	0,00	0,00	0,00	0,00	0,00	0,00
S 1000 EUR	09 15	0,00	0,00	0,00	0,00	0,00	0,00
S 1000 EUR	09 16	0,00	0,00	0,00	0,00	0,00	0,00
S 1000 EUR	09 **	11.023.946,55	11.023.946,55	0,00	11.023.946,55	11.023.946,55	0,00

| IDES AG | | | Abstimmung Belege / Verkehrszahlen Stamm | | | Zeit 16:40:41 | Datum 05.01.2011 |
| Frankfurt | | | Sachkonten: Summen über Buchungskreis 1000 | | | SAPF070 /HFO | Seite 13 |

Abstimmung in Hartwährung USD							
K Bukr Haus- A währg	JJ MM MM	Summe Soll Posten	Summe Soll Stamm	Differenz Soll	Summe Haben Posten	Summe Haben Stamm	Differenz Haben
S 1000 USD	09 01	0,00	0,00	0,00	0,00	0,00	0,00
S 1000 USD	09 02	701,76	701,76	0,00	701,76	701,76	0,00
S 1000 USD	09 03	2.134.587,90	2.134.587,90	0,00	2.134.587,90	2.134.587,90	0,00
S 1000 USD	09 04	126.679,79	126.679,79	0,00	126.679,79	126.679,79	0,00
S 1000 USD	09 05	123.398,84	123.398,84	0,00	123.398,84	123.398,84	0,00
S 1000 USD	09 06	555.013,25	555.013,25	0,00	555.013,25	555.013,25	0,00
S 1000 USD	09 07	1.313.967,52	1.313.967,52	0,00	1.313.967,52	1.313.967,52	0,00
S 1000 USD	09 08	9.001.871,85	9.001.871,85	0,00	9.001.871,85	9.001.871,85	0,00
S 1000 USD	09 09	1.855.126,00	1.855.126,00	0,00	1.855.126,00	1.855.126,00	0,00
S 1000 USD	09 10	3.475,00	3.475,00	0,00	3.475,00	3.475,00	0,00
S 1000 USD	09 11	3.475,00	3.475,00	0,00	3.475,00	3.475,00	0,00
S 1000 USD	09 12	0,00	0,00	0,00	0,00	0,00	0,00
S 1000 USD	09 13	0,00	0,00	0,00	0,00	0,00	0,00
S 1000 USD	09 14	0,00	0,00	0,00	0,00	0,00	0,00
S 1000 USD	09 15	0,00	0,00	0,00	0,00	0,00	0,00
S 1000 USD	09 16	0,00	0,00	0,00	0,00	0,00	0,00
S 1000 USD	09 **	15.118.296,91	15.118.296,91	0,00	15.118.296,91	15.118.296,91	0,00

Abbildung 6.66 Abstimmanalyse Sachkonten

6.34 Report SAPFPAYM_MERGE – Zahllaufübergreifende Zahlungsträger

Mit dem Report SAPFPAYM_MERGE können Zahlungsträger aus mehreren Zahlläufen zusammengefasst und gemeinsam auf Zahlungsträger übertragen werden. Die Funktionalität wird in den Zahlungsprogrammen für Kreditoren und Debitoren (Transaktion F110), für Zahlungsanordnungen (Transaktion F111) und in allen DTA-Vorprogrammen der Personal- und Reisekostenabrechnung unterstützt.

Es müssen Zahllauf-Identifikationen reserviert werden, die ausschließlich über zahllaufübergreifende Zahlungsträger verarbeitet werden können.

Dazu dient die Customizing-Einstellung RESERVIERUNG ZAHLLAUFÜBERGREIFENDER ZAHLUNGSTRÄGER. In Abbildung 6.67 sehen Sie das Selektionsbild.

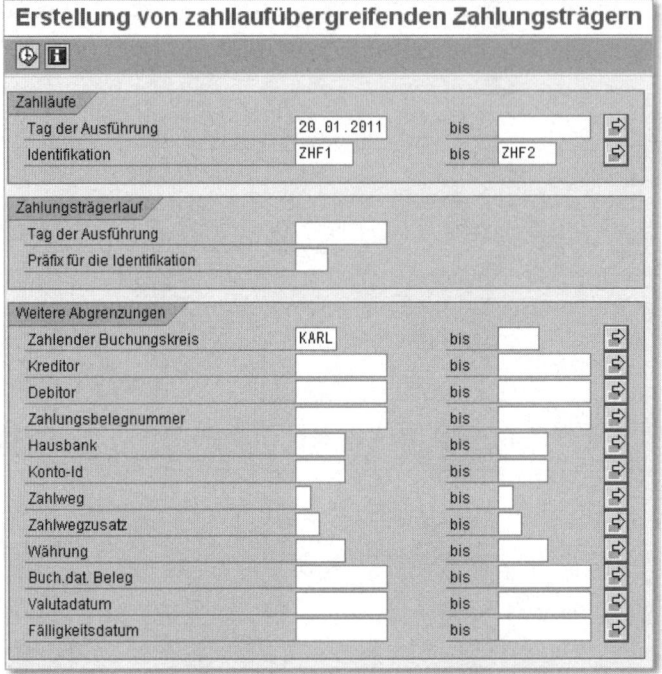

Abbildung 6.67 Report SAPFPAYM_MERGE – Selektionsbild

Die vorhandenen Selektionskriterien sind dieselben wie im Selektionsbild des Reports RFMPAY00. In Abbildung 6.68 ist das Protokoll aus unserem Beispiel zu sehen.

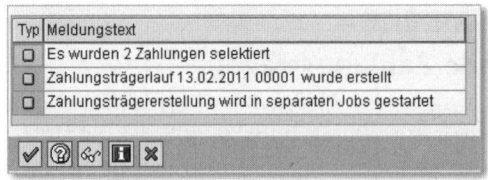

Abbildung 6.68 Report SAPFPAYM_MERGE – Protokoll

6.34.1 Verfahrensweise in Fehlersituationen

Zum einen erstellt das Programm einen sogenannten *Zahlungsträgerlauf*, der wie ein Zahlungslauf über die bekannten Listen (Report RFZALI20) dargestellt werden kann. Darüber hinaus besteht die Möglichkeit, über den

Report RFMPAY00 die offenen und verarbeiteten Zahlungen aufzulisten. Zum anderen wird für diesen Zahlungsträgerlauf das generische Zahlungsträgerprogramm der PMW gestartet, das die Zahlungsträger erstellt. Die Ausgaben werden in den zugehörigen Jobprotokollen aufgeführt, u.a. werden Zahlungsträger in der DTA-Verwaltung und in Druckausgaben erzeugt.

Sind den verwendeten Zahlwegen Formate der PMW zugeordnet, werden (wie oben beschrieben) die Zahlungsträger direkt mit dem Start des Programms SAPFPAYM_MERGE erstellt. Treten dabei Fehler auf, kann die Erstellung der Zahlungsträger durch einen nachträglichen Start des generischen Zahlungsträgerprogramms SAPFPAYM nachgeholt werden.

6.34.2 Klassische Zahlungsträgerprogramme verwenden

Die Funktion kann am besten in Verbindung mit Zahlwegen verwendet werden, die die PMW nutzen. Die Nutzung der klassischen Zahlungsträgerprogramme (RFFO*) ist möglich, wenn das Kennzeichen EINSTELLBARE NACHRICHT FZ113 deaktiviert wurde. Jedoch wird die Erstellung der Zahlungsträger in diesem Fall nicht automatisch mit dem Report SAPFPAYM_MERGE gestartet. Bei Zahlungsträgerläufen für FI können die Zahlungsträgerprogramme (Transaktionen F110 oder F111) eingeplant werden, sofern nicht mehr als zehn Zahlwege im Zahlungsträgerlauf enthalten sind.

6.35 Fazit

Sie haben in diesem Kapitel die wichtigsten SAP-Standardprogramme kennengelernt, die sich keiner der drei Komponenten eindeutig zuordnen lassen. Nach der Lektüre dieses Kapitels können Sie über im Standard enthaltene Programme Dateien kopieren und sowohl einen Dateiupload als auch einen Download durchführen. Sie wissen, wie Sie ab sofort und einfach ein Beleg-Kompaktjournal, ein Beleg-Journal (sowohl barrierefrei als auch nicht barrierefrei) und Programme rund um den Mahnlauf und den Zahllauf einsetzen können. Außerdem haben wir Ihnen mehrere Möglichkeiten gezeigt, Korrespondenzarten einzusetzen, die komponentenübergreifend wirken.

Im folgenden Kapitel wenden wir uns den Werkzeugen in SAP ERP zu, mit denen Sie individuelle Berichte erstellen können.

In diesem Kapitel lernen Sie die Funktionalitäten des Report Painters kennen. Anhand eines Fallbeispiels werden Sie Schritt für Schritt an die Erstellung eines Report-Painter-Berichts herangeführt.

7 Report Painter

Der *Report Painter* ist ein Berichtswerkzeug im SAP ERP-System, mit dem Sie Informationen aus verschiedenen Anwendungen auswerten können. Sollten Ihnen die SAP-Standardberichte nicht ausreichen, können Sie mit dem Report Painter eine an Ihre Bedürfnisse angepasste Auswertung schnell und einfach erstellen. Zusätzliche Funktionen wie z. B. Drilldown-Funktionalitäten im Bericht ermöglichen flexible Datenanalysen bis auf Belegebene.

In diesem Kapitel zeigen wir zunächst, in welchen Bereichen Sie den Report Painter einsetzen und wie Sie einen Bericht anlegen können. Anhand eines Fallbeispiels lernen Sie in Abschnitt 7.3, »Beispiel: Jahresvergleich der Energieaufwendungen«, das Berichtswerkzeug dann Schritt für Schritt kennen. In der Praxis kommt es häufig vor, dass Sie größere Datenbestände auswerten müssen, sodass die Technik der Extrakterstellung durchaus nützlich sein kann. Erfahren Sie in Abschnitt 7.5, wie Sie durch die Technik der Extrakterstellung das Antwortzeitverhalten deutlich verbessern können.

Der Report Painter bietet viele Gestaltungsmöglichkeiten in der Berichtsausgabe, wie Sie in Abschnitt 7.6, »Berichtstext«, sehen werden. Schließlich zeigen wir Ihnen in Abschnitt 7.7, wie Sie mithilfe der Bericht-Bericht-Schnittstelle die Möglichkeit haben, ausgehend von der Ausgabe Ihrer Berichtsdaten in andere Anwendungskomponenten zu navigieren.

7.1 Überblick

Die Grundlage für die Berichtsdefinition ist die grafische Berichtsstruktur. Hierbei werden die definierten Zeilen und Spalten des Berichts so angezeigt, wie sie anschließend im Bericht ausgegeben werden.

7 Report Painter

> **[»] Report Painter und Report Writer**
>
> Sowohl der *Report Painter* als auch der *Report Writer* sind Berichtswerkzeuge im SAP-System. Der Report Writer ist dabei gewissermaßen der Vorgänger des Report Painters. Zwar sind die meisten Funktionen des Report Writers auch im Report Painter enthalten, doch gibt es immer noch einige funktionale Unterschiede. Deshalb existieren beide Berichtswerkzeuge immer noch nebeneinander.
>
> Die technische Grundlage der Report-Painter-Berichte bildet der Report Writer. Wie in Abbildung 7.1 zu sehen ist, wird der Bericht am Bildschirm über eine grafische Berichtsstruktur definiert. Er lässt sich dabei in Abschnitte und Spaltenblöcke gliedern. Während der Definition wird der Bericht so dargestellt, wie er zum Zeitpunkt der Ausgabe auf dem Bildschirm erscheinen wird. Im Report Painter sind viele Report-Writer-Funktionen enthalten, jedoch sind Kenntnisse über Report-Writer-Konzepte (z. B. Sets) für die Bedienung nicht erforderlich.
>
> Der Report Writer verwendet eine komplexere Berichtsdefinition, führt jedoch zur selben Berichtsausgabe. Aufgrund der einfacheren und intuitiven Bedienung ist die Arbeit mit dem Report Painter zu empfehlen.

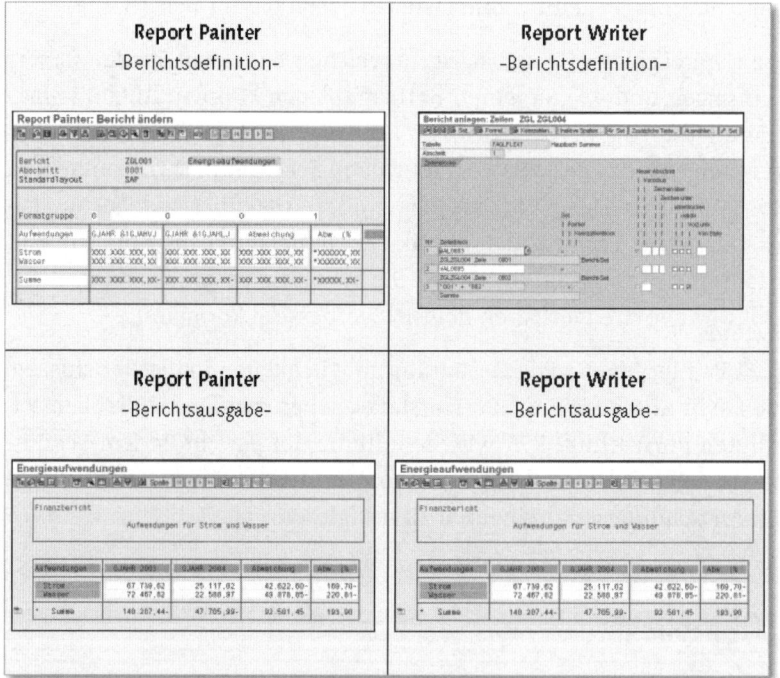

Abbildung 7.1 Berichtsdefinition und -ausgabe mit Report Painter und Report Writer

Abbildung 7.2 veranschaulicht die einzelnen Schritte, die notwendig sind, um einen Report-Painter-Bericht anzulegen.

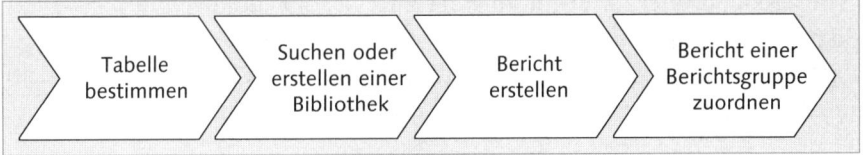

Abbildung 7.2 Hauptschritte beim Erstellen eines Report-Painter-Berichts

In den folgenden Abschnitten erläutern wir Ihnen die grundlegenden Schritte zur Erstellung eines Report-Painter-Berichts.

7.1.1 Die Tabelle bestimmen

Zunächst müssen Sie sich Gedanken darüber machen, in welcher Tabelle die Daten abgelegt sind, die Sie auswerten möchten. Kenntnisse über Datenflüsse sind eine entscheidende Voraussetzung, um gute Berichte zu erstellen. Beachten Sie, dass Sie nur die Tabellen im Report-Painter-Bericht nutzen können, die als Reportingtabellen definiert sind. Prüfen Sie die vorhandenen Reportingtabellen durch Eingabe der Transaktion GRCT. Ein Blick auf die Tabelle in Abbildung 7.3 zeigt Ihnen einen Ausschnitt aus den existierenden Report-Writer-Tabellen, die zur Auswertung im SAP-Standard zur Verfügung stehen. Sie können auch zusätzlich zu den vorhandenen eine eigene kundenspezifische Reportingtabelle anlegen.

Tabelle	Beschreibung	TKl	Ap
3AA			
BC-STR01			
CCSS	Berichtstabelle Gemeinkostencontrolling		K
COFIT	Berichtstabelle Abstimmledger		F
FAGLFLEXT	Hauptbuch: Summen		F
FILC	FI-LC: Datenbank-Struktur für Reporting	I	F
FILCT	FI-LC: Globale Summentabelle mit 2 Objekttabellen		F
FIMC	EC-CS: Datenbank-Struktur für Reporting	I	F
FMGLFLEXT			F
FMRBCS		I	K
FMRFA	HHM Reporting für Fund Accounting - Report-Writer-Struktur	I	K
FMSPLITT	GASB 34/35 Finanzberichte		F
FMUSFGFACTS1T	US-Bundesregierung FACTS I		F
FMUSFGFACTS2T	US-Bundesregierung FACTS II		F
FMUSFGT	Summentabelle für US-Bundesregierung		F
GLFUNCT	Summentabelle mit Funktionsbereich für IDES		F
GLPCOP	Profit Center offene Posten Reporting		K
GLPCT	EC-PCA: Summentabelle		K

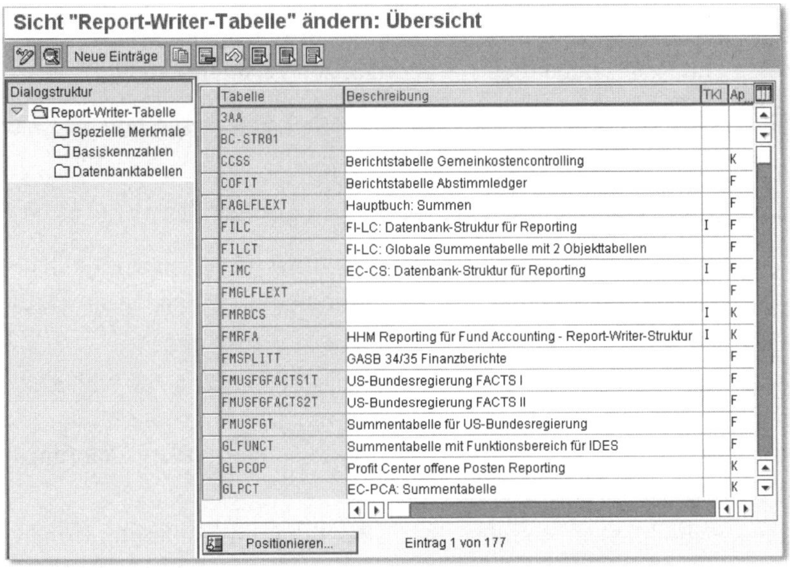

Abbildung 7.3 Report-Writer-Tabellen

In unserem Beispiel zur Ermittlung der Energieaufwendungen im Jahresvergleich, das wir Ihnen in Abschnitt 7.1, »Einsatzgebiete des Report Painters«, vorstellen werden, werden wir die Tabelle FAGLFLEXT (neues Hauptbuch) nutzen, da darin die Summensätze der Hauptbuchkonten abgelegt sind.

7.1.2 Bibliothek suchen oder erstellen

Voraussetzung für eine Berichtsdefinition mit dem Report Painter ist die Zuordnung zu einer sogenannten *Bibliothek*. Eine Bibliothek enthält eine Auswahl von Merkmalen, Basiskennzahlen und Kennzahlen.

Ein *Merkmal* ist ein nicht numerisches Feld. Beispiele für Merkmale sind Konto, Geschäftsjahr und Buchungskreis. Die *Basiskennzahl* ist ein numerisches Wertfeld. Basiskennzahlen sind Kennzahlen, die im Report Painter aufgenommen werden und direkt durch Fortschreibung aus der Datenbank versorgt werden. Beispiele hierfür sind *Beleg Hauswährung Ist*, *Mittlerer Bestand Hauswährung* und *Belegmenge (Ist)*. Eine *Kennzahl* besteht aus einer Basiskennzahl und einem oder mehreren Merkmalen. Im Gegensatz zu Basiskennzahlen wird der Wert einer Kennzahl nicht auf der Datenbank gespeichert. Stattdessen wird er vom System errechnet, wenn Sie einen Bericht, der diese Kennzahl enthält, ausführen. *Istkosten im aktuellen Geschäftsjahr* ist ein Beispiel für eine Kennzahl. Mithilfe vordefinierter Spalten können Sie Standardspalten definieren, die Sie mehrfach in Ihren Berichten verwenden können.

Alle Berichte sind Bibliotheken zugeordnet. Achten Sie darauf, welcher Bibliothek Sie Ihren Bericht zuordnen, da Ihnen auch nur die Merkmale, Basiskennzahlen und Kennzahlen dieser Bibliothek zur Verfügung stehen.

In Abbildung 7.4 ist die selbst angelegte Bibliothek ZGL dargestellt, die wir auch in unserem Fallbeispiel verwenden werden.

Wenn Sie eine Bibliothek anlegen müssen, gehen Sie wie folgt vor:

1. Nutzen Sie den SAP-Menüpfad INFOSYSTEME • AD-HOC-BERICHTE • REPORT PAINTER • REPORT WRITER • BIBLIOTHEK • ANLEGEN, oder rufen Sie alternativ die Transaktion GR21 auf.

2. Geben Sie im Einstiegsbild im Feld BIBLIOTHEK den Namen der Bibliothek sowie den Tabellennamen für die Bibliothek ein. Der Name der Bibliothek darf nicht mit einer Ziffer beginnen, da diese Namen für Auslieferungsobjekte reserviert sind.

3. Klicken Sie anschließend auf die Schaltfläche KOPF, um die Kopfinformationen einzugeben (siehe Abbildung 7.4). Geben Sie an dieser Stelle lediglich eine Beschreibung für die Bibliothek ein, und bestätigen Sie mit der Schaltfläche 💾 (SICHERN).

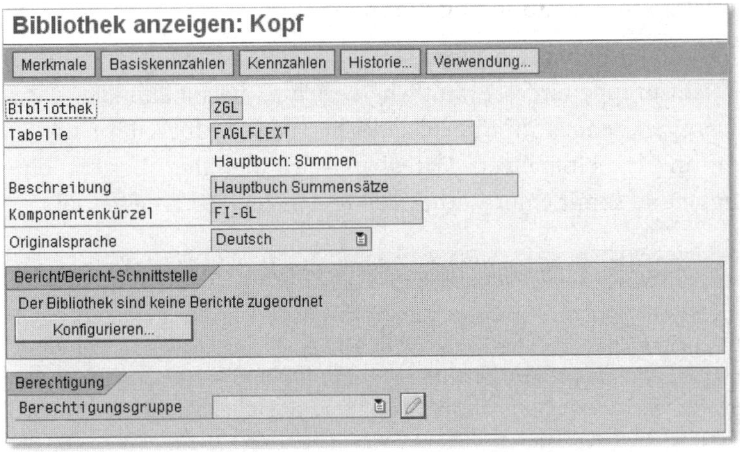

Abbildung 7.4 Bibliothek

7.1.3 Bericht erstellen

Bei der Berichtserstellung müssen Zeilen und Spalten definiert werden. Zeilen enthalten eine Kombination von Merkmalswerten oder Formeln, während Spalten eine Kombination aus einer Basiskennzahl und optional einschränkenden Merkmalswerten enthalten. Abbildung 7.5 zeigt die typische Berichtsstruktur des Report Painters mit Zeilen und Spalten.

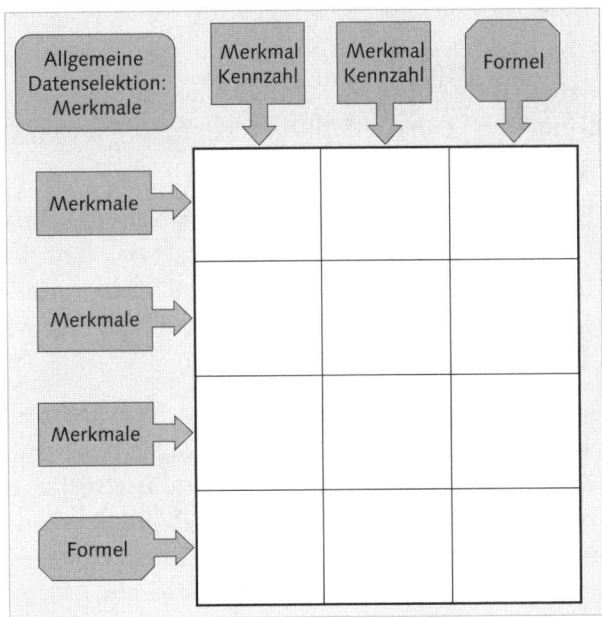

Abbildung 7.5 Berichtsstruktur

7.1.4 Bericht einer Gruppe zuordnen

Die Zuordnung eines Berichts zu einer Berichtsgruppe ist zwingend erforderlich. Die Berichtsgruppe umfasst sämtliche Berichte, die auf ähnliche Datenbestände zugreifen, jedoch in unterschiedlicher Form aufbereitet sind. Der Vorteil liegt in der einmaligen Datenbankselektion aller Bericht einer Berichtsgruppe und somit einer Verbesserung der Verarbeitungszeiten.

[+] **Technische Daten eines Report-Painter-Berichts**

Für den Einstieg zur Berichtserstellung mithilfe des Report Painters empfehlen wir Ihnen, sich zunächst die technischen Daten eines bereits ausgelieferten SAP-Standardberichts anzuschauen. Darin erhalten Sie u.a. die Information über die verwendete Bibliothek und erfahren, aus welcher Reportingtabelle die Daten gelesen werden.

Um die technischen Daten aufzurufen, folgen Sie im Selektionsbild eines Report-Painter-Berichts dem Menüpfad UMFELD • TECHNISCHE DATEN.

7.2 Einsatzgebiete des Report Painters

Ein Großteil der Anforderungen an das Berichtswesen kann durch die Standardberichte der verschiedenen SAP-Anwendungskomponenten gedeckt werden. Sollten trotz allem die Standardberichte nicht Ihren Anforderungen genügen, können Sie mithilfe des Report Painters schnell und einfach Ihre Berichte erstellen.

Mit dem Report Painter können Sie Daten aus der Anwendungskomponente Spezielle Ledger (FI-SL) und aus anderen SAP-Anwendungskomponenten auswerten und nach Ihren Bedürfnissen aufbereiten.

Der besondere Vorteil beim Report Painter liegt in der flexiblen und einfachen Berichtsdefinition auch für komplexes Datenmaterial. Im Vergleich zum Report Writer ist die Verwendung von Sets nicht erforderlich. Darüber hinaus sehen Sie in der Berichtsdefinition Ihre Layoutgestaltungen so, wie sie letztlich auch in der Berichtsausgabe erscheinen werden.

Im Gegensatz zur Recherche (siehe Kapitel 8, »Rechercheberichte«) haben Sie in der Berichtsausgabe begrenzte Gestaltungsmöglichkeiten. Sie beschränkt sich auf das Auf- und Zuklappen der Hierarchie in der Schlüsselspalte. Es werden lediglich vordefinierte Aufrisse nach einem oder mehreren Merkmalen (z.B. Profit-Center und Konto) ausgegeben. Darüber hinaus können Sie über die Funktion BERICHT/BERICHT-SCHNITTSTELLE (siehe Abschnitt 7.7) von einem Summenbericht in einen Einzelpostenbericht verzweigen.

7.3 Beispiel: Jahresvergleich der Energieaufwendungen

Die Finanzbuchhaltung unseres Beispielunternehmens möchte mithilfe des Report Painters die Aufwendungen für Strom und Wasser im Jahresvergleich betrachten. Dabei sollen im Bericht sowohl die absoluten Abweichungen als auch die prozentualen Abweichungen ermittelt werden. Darüber hinaus müssen die Aufwendungen nach Funktionsbereichen getrennt ausgewiesen werden. In Abbildung 7.6 sehen Sie den gewünschten Aufbau des zu erstellenden Report-Painter-Berichts.

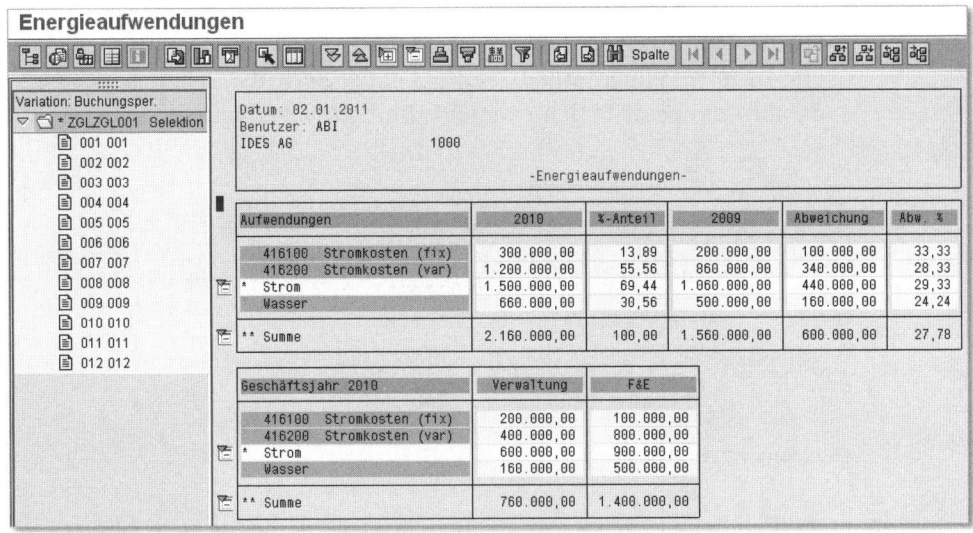

Abbildung 7.6 Fallbeispiel – Auswertung der Energieaufwendungen

7.4 Report-Painter-Bericht anlegen

In diesem Abschnitt lernen Sie Schritt für Schritt anhand eines Fallbeispiels, wie Sie einen Bericht mit dem Report Painter erstellen können.

Um einen Bericht anzulegen, rufen Sie die Transaktion GRR1 auf oder wählen alternativ den Menüpfad INFOSYSTEME • AD-HOC-BERICHTE • REPORT PAINTER • BERICHT • BERICHT ANLEGEN. Sie gelangen zum Einstiegsbild (siehe Abbildung 7.7).

1. Geben Sie im Einstiegsbild die Bibliothek ein. Sie können an dieser Stelle sowohl eine SAP-Standardbibliothek nutzen als auch eigene Bibliotheken anlegen. In unserem Beispiel verwenden wir die selbst angelegte Biblio-

thek ZGL (siehe Abschnitt 7.1.2, »Bibliothek suchen oder erstellen«), da in dieser die Summentabelle FAGLFLEXT zur Auswertung der Hauptbuchkonten angeboten wird.

2. Im Eingabefeld BERICHT geben Sie den Namen »ZGL001« und die kurze Beschreibung »Energieaufwendungen« für Ihren Bericht ein. Als Berichtsnamen können Sie maximal acht alphanumerische Zeichen verwenden. Der Berichtsname darf lediglich nicht mit einer Ziffer beginnen, da dieser für SAP-Auslieferungsobjekte reserviert ist. Klicken Sie anschließend auf die Schaltfläche [Anlegen].

3. Geben Sie unter KOPIEREN AUS den Namen des Berichts ein, sofern Sie einen Report-Painter-Bericht als Vorlage verwenden möchten. Dies erspart Ihnen einige Arbeitsschritte bei der Berichtserstellung. Achten Sie darauf, dass beide Berichte dieselbe Bibliothek verwenden.

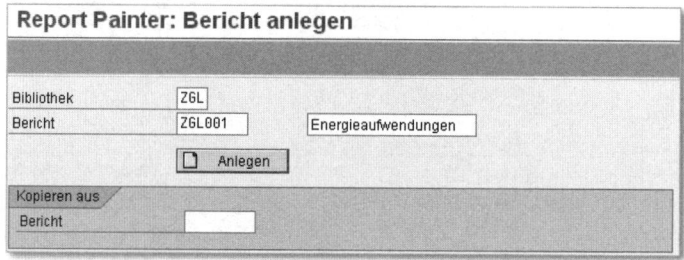

Abbildung 7.7 Bericht anlegen

In Abbildung 7.8 sehen Sie die Berichtsstruktur des Report Painters, die näher zu definieren ist. In den nächsten Abschnitten werden wir Ihnen die einzelnen Schritte zur Zeilen- und Spaltendefinition exemplarisch demonstrieren.

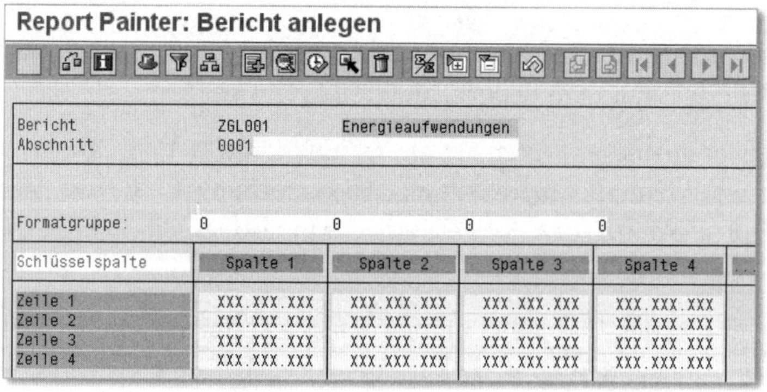

Abbildung 7.8 Bericht anlegen – Einstiegsbild

7.4.1 Zeilen definieren

Zur Definition von Zeilenelementen können Sie Merkmale nutzen, die der ausgewählten Bibliothek zugrunde liegen. Zusätzlich ist die Verwendung von Formeln möglich.

1. Zur Definition der Zeile 1 führen Sie einen Doppelklick auf die Zeile aus oder positionieren den Cursor in der Zeile und wählen über die Menüleiste BEARBEITEN • ELEMENTE • ÄNDERN/ANZEIGEN.

2. Im Arbeitsvorrat VERFÜGBARE MERKMALE im rechten Bereich können Sie nun die erforderlichen Merkmale auswählen. Fügen Sie diese über die Pfeiltaste ◀ in den linken Bereich des Dialogfensters ein. Anschließend können Sie im linken Bereich des Dialogfensters die Werte für das ausgewählte Merkmal eingeben. An dieser Stelle werden Ihnen folgende Auswahlmöglichkeiten angeboten:

   - Markieren Sie 🖳 (SET), sofern Sie Merkmalswerte über sogenannte *Sets* eingeben wollen. In einem Set werden bestimmte Werte oder Wertintervalle unter einem Setnamen zusammengefasst. Geben Sie den Namen des Sets ein, und wählen Sie ÜBERNEHMEN.

   - Markieren Sie 🖳 (VARIABLE), wenn Sie eine Variable eingeben wollen. Wenn Sie Variablen nutzen, können Sie bei der Berichtsausführung die Selektion weiter eingrenzen. Geben Sie den Namen der Variablen ein, und wählen Sie ÜBERNEHMEN.

   - Sie können aber auch Einzelwerte, Wertintervalle oder Gruppen eingeben. Geben Sie z.B. unter VON die Kontonummer »416100« (Aufwandskonto Strom) ein (siehe Abbildung 7.9).

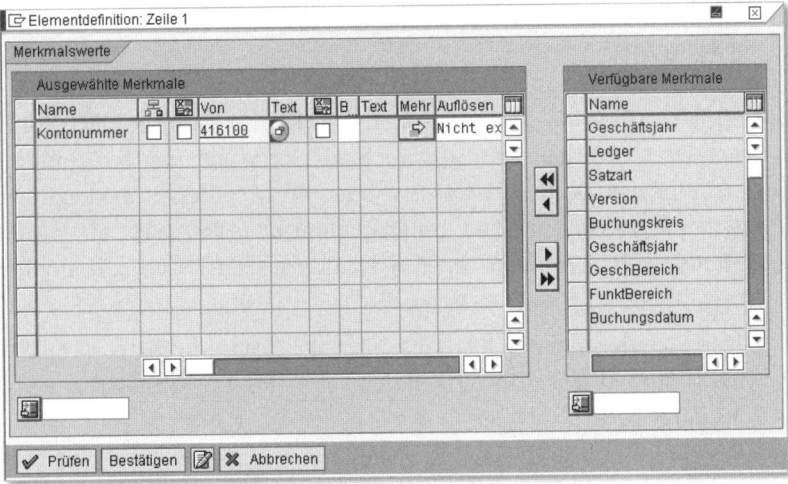

Abbildung 7.9 Elementdefinition

3. Als Nächstes wählen Sie eine Bezeichnung für die Zeile. Die erste Zeile soll die Stromkosten aufführen. Klicken Sie auf 🖉 (TEXTPFLEGE), und geben Sie Kurz-, Mittel- und Langtext ein (siehe Abbildung 7.10). Übernehmen Sie den Text anschließend mit ✓ (ÜBERNEHMEN).

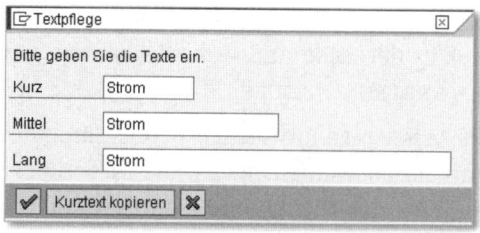

Abbildung 7.10 Textpflege

4. Es öffnet sich das Dialogfenster ELEMENTDEFINITION, das in Abbildung 7.9 bereits dargestellt wurde. Klicken Sie auf die Schaltfläche PRÜFEN und anschließend auf BESTÄTIGEN. Nun haben Sie die erste Zeile definiert, die in Abbildung 7.11 dargestellt ist.

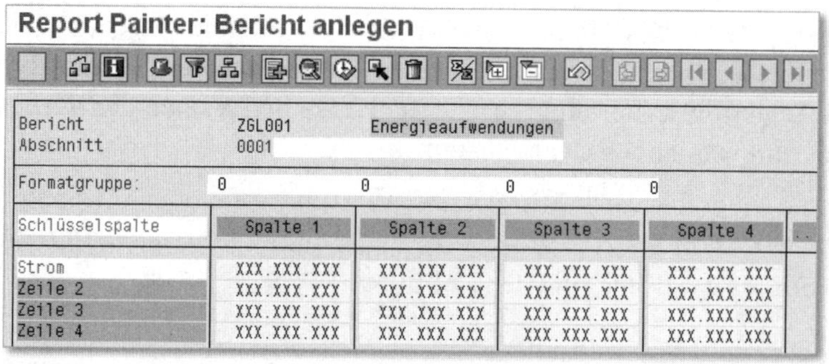

Abbildung 7.11 Elementdefinition

5. Definieren Sie nun die zweite Zeile im Report Painter. Dazu führen Sie einen Doppelklick auf die entsprechende Zeile aus oder positionieren den Cursor in der Zeile und wählen über die Menüleiste BEARBEITEN • ELEMENTE • ÄNDERN/ANZEIGEN. Im Dialogfenster ELEMENTTYP AUSWÄHLEN aus Abbildung 7.12 wählen Sie MERKMALSÜBERSICHT und übernehmen die Auswahl mit ✓ (ÜBERNEHMEN).

6. Fügen Sie wie in den Schritten 1 bis 4 die Kontonummer »416300« (Aufwandskonto Wasser) in den Bericht ein. Das Ergebnis ist in Abbildung 7.13 dargestellt.

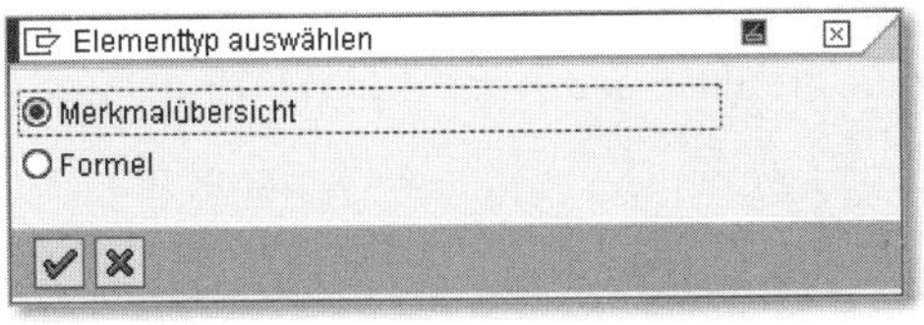

Abbildung 7.12 Elementtyp auswählen

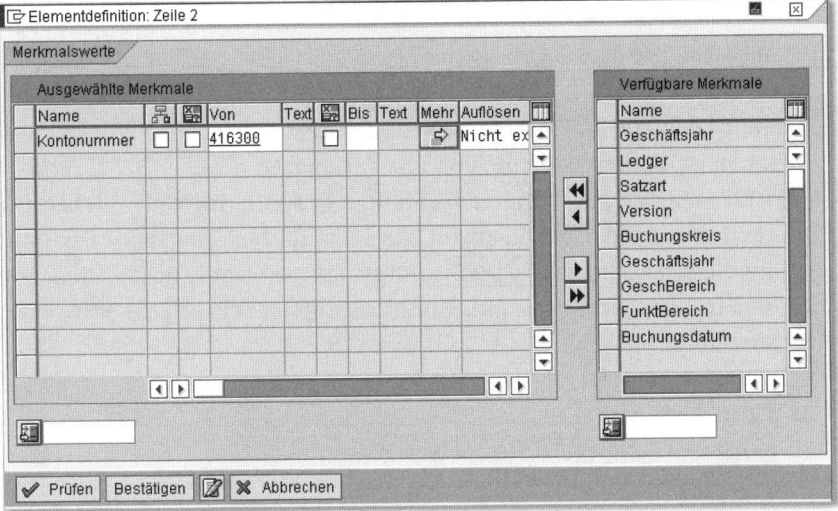

Abbildung 7.13 Elementdefinition: Zeile 2

7. Klicken Sie auf ▨, um zur Textpflege zu gelangen. In diesem Fenster können Sie den Kurz-, Mittel- und Langtext eingeben, in unserem Fall »Wasser« (siehe Abbildung 7.14).

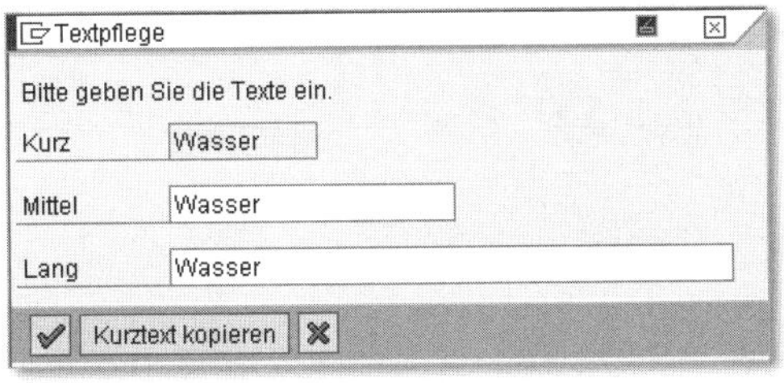

Abbildung 7.14 Textpflege

8. Klicken Sie im Dialogfenster ELEMENTDEFINITION, das Sie in Abbildung 7.13 sehen, auf die Schaltfläche PRÜFEN und anschließend auf BESTÄTIGEN.

9. In Zeile 3 wird nun eine Summierung über die beiden Konten durchgeführt. Wählen Sie nun im Dialogfenster aus Abbildung 7.15 als Zeilenelementtyp die Option FORMEL.

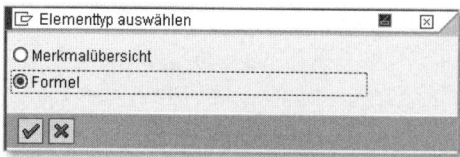

Abbildung 7.15 Elementtyp auswählen

10. Im Dialogfenster RECHENFORMEL ANGEBEN, das in Abbildung 7.16 zu sehen ist, addieren Sie die von uns definierten Felder Y001 (STROM) und Y002 (WASSER). Sie können die Summe in der Formelzeile direkt mithilfe der Tastatur oder per Klick auf die Schaltflächen eingeben. Durch Klick auf die Schaltfläche [Prüfen] können Sie die Formel überprüfen. Sofern die Eingaben fehlerfrei sind, fahren Sie mit der Schaltfläche ✓ (ÜBERNEHMEN) fort.

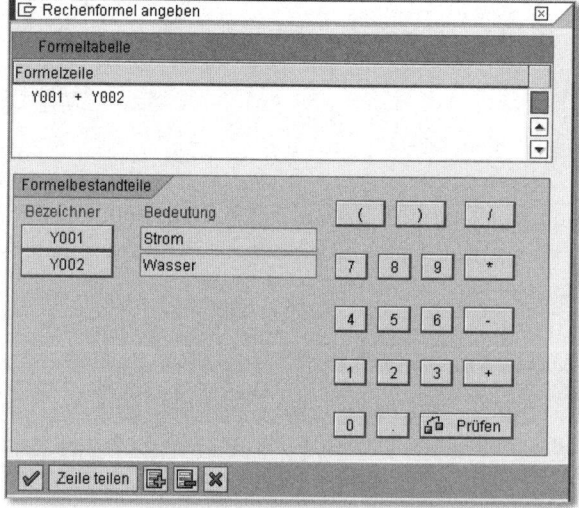

Abbildung 7.16 Rechenformel eingeben

11. Geben Sie nach der Formeleingabe den Kurz-, Mittel- und Langtext »Summe« ein. Bestätigen Sie dies mit der Schaltfläche ✓ (ÜBERNEHMEN).

12. In der Übersicht BERICHT ANLEGEN haben Sie nun die gewünschten drei Zeilen definiert (siehe Abbildung 7.17).

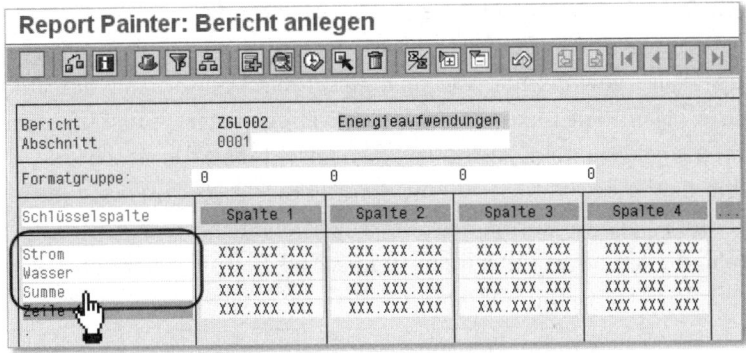

Abbildung 7.17 Zeilendefinition

Falls Sie häufig gleiche oder ähnliche Zeilen für zukünftige Berichtsdefinitionen benötigen, ist die Definition von Zeilenvorlagen sinnvoll. Abschnitt 7.4.3 zeigt Ihnen, welche Schritte Sie durchführen müssen, um eine Zeilen- bzw. Spaltenvorlage anzulegen und diese in einen Bericht einzubinden.

7.4.2 Spalten definieren

Die Definition von Berichtsspalten erfolgt analog zur Zeilendefinition. Allerdings können Sie in der Spaltendefinition Kennzahlen in Kombination mit den gewählten Merkmalen sowie bereits definierte Kennzahlen auswählen.

Gehen Sie wie folgt vor, um Spalten zu definieren:

1. Positionieren Sie den Cursor in der Berichtsdefinition in Spalte 1, und klicken Sie in der Menüleiste auf BEARBEITEN • ELEMENTE • ELEMENTE EINFÜGEN, oder führen Sie alternativ einen Doppelklick auf Spalte 1 aus.

   Im Dialogfenster ELEMENTTYP AUSWÄHLEN stehen folgende Elementtypen zur Verfügung:

   ▸ Kennzahl mit Merkmalen: Sie kombinieren eine Basiskennzahl mit den von Ihnen gewünschten Merkmalen.

   ▸ Vordefinierte Kennzahl: Eine Kombination aus einer Basiskennzahl und einem oder mehreren Merkmalen wird vom System bereitgestellt. Sie können die vordefinierte Kennzahl übernehmen oder nochmals verändern.

   ▸ Formel: Diese Option steht Ihnen nur zur Verfügung, wenn bereits andere Elemente definiert sind.

   Wählen Sie für unser Beispiel den Elementtyp KENNZAHL MIT MERKMALEN aus.

2. Wählen Sie nun im oberen Bereich die Basiskennzahl Beleg Hauswährung Ist aus. Anschließend übertragen Sie aus der Liste der verfügbaren Merkmale das gewünschte Merkmal Geschäftsjahr durch Klick auf die Pfeiltaste ◀ in den linken Bereich des Dialogfensters. Zur Eingrenzung der Datenselektion beim Ausführen des Berichts soll das Geschäftsjahr als Variable deklariert werden. Daher markieren Sie 🔲 (Variable ein) und positionieren den Cursor im Feld Von. Wählen Sie im Auswahlfenster die Variable, die Sie nutzen möchten. In unserem Beispiel selektieren Sie die Variable ZGJAHE (siehe Abbildung 7.18).

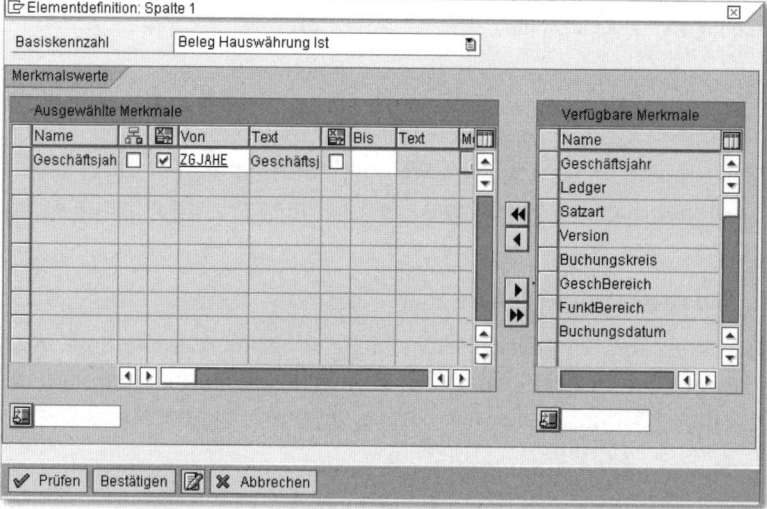

Abbildung 7.18 Elementdefinition

3. Klicken Sie im nächsten Schritt auf die Schaltfläche 🔲 (Textpflege), und geben Sie im Feld Kurz das &-Zeichen und den Variablennamen ein, wie in Abbildung 7.19 dargestellt. Das &-Zeichen bewirkt, dass anstelle eines fixen Textes der Tabelle/Feld-Wert als Spaltenbezeichnung ausgegeben wird. Klicken Sie anschließend auf die Schaltfläche Kurztext kopieren, und bestätigen Sie mit ✓ (Übernehmen).

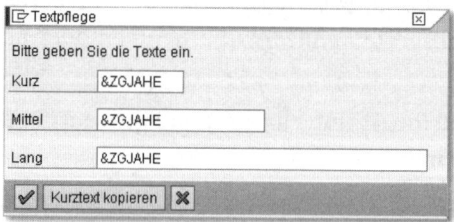

Abbildung 7.19 Textpflege

4. Im Dialogfenster ELEMENTDEFINITION können Sie die Eingaben über die Schaltfläche ✓ Prüfen noch einmal kontrollieren und anschließend mit Bestätigen übernehmen.

5. In unserem Fallbeispiel soll in der zweiten Spalte ein Vorjahresvergleich durchgeführt werden. Hierzu führen Sie einen Doppelklick auf Spalte 2 aus und wählen, wie in Abbildung 7.20 zu sehen ist, die Merkmale aus. Selektieren Sie im Feld VON für das Geschäftsjahr die Variable ZGJAHVJ. Verfahren Sie anschließend wie in Spalte 1, und pflegen Sie den Text, bevor Sie auf BESTÄTIGEN klicken.

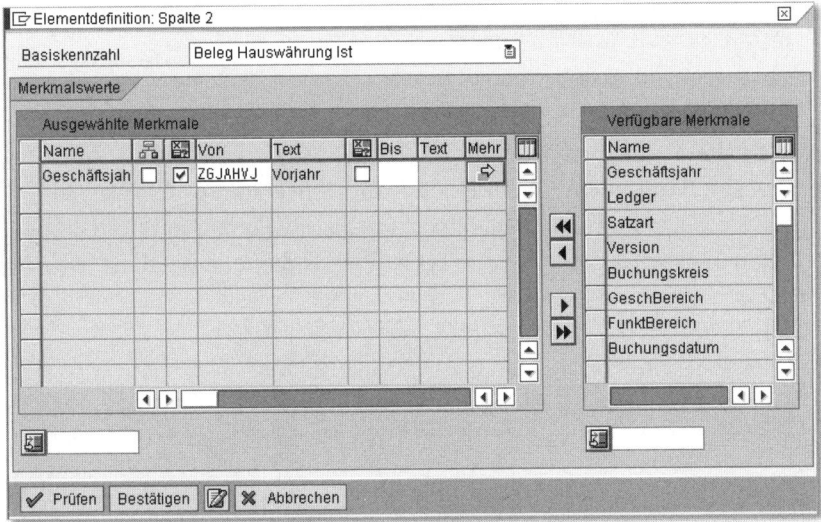

Abbildung 7.20 Elementdefinition

6. In Spalte 3 soll die Abweichung zwischen dem auszuwertenden Geschäftsjahr und dem Vorjahr ermittelt werden. Führen Sie einen Doppelklick auf Spalte 3 aus, und wählen Sie die Option FORMEL als Elementtyp aus (siehe Abbildung 7.21).

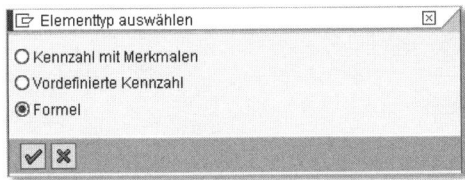

Abbildung 7.21 Elementtyp auswählen

7. Im Dialogfenster RECHENFORMEL ANGEBEN subtrahieren Sie die Formelbestandteile X002 und X001 und wählen dann ✓ (ÜBERNEHMEN). Im darauffolgenden Dialogfenster zur Textpflege geben Sie den Kurztext »Abweichung« ein und kopieren den Kurztext (siehe Abbildung 7.22).

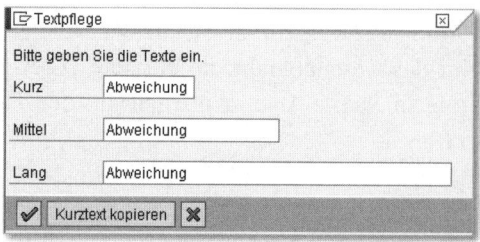

Abbildung 7.22 Textpflege

8. In Spalte 4 möchten wir nun die prozentuale Abweichung zum Vorjahr angeben. Führen Sie erneut einen Doppelklick auf Spalte 4 aus, und wählen Sie auch hier als Elementtyp FORMEL. Geben Sie im Dialogfenster RECHENFORMEL ANGEBEN die Formelbestandteile ein (siehe Abbildung 7.23).

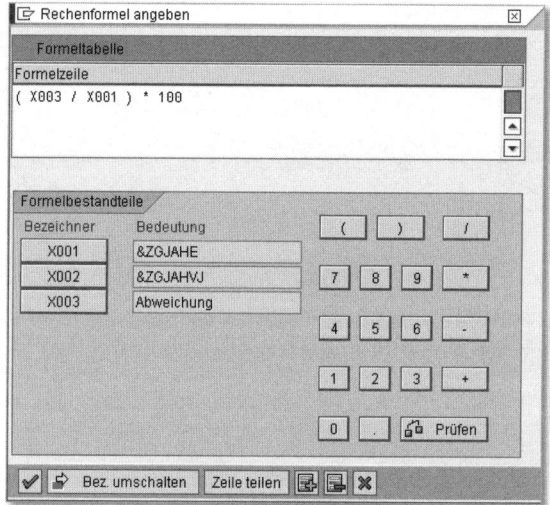

Abbildung 7.23 Rechenformel eingeben

Klicken Sie nach Eingabe der Formel auf ÜBERNEHMEN ✓, und geben Sie in der Textpflege »Abw. (%)« ein. Damit haben Sie die Definition der Formelspalten beendet. Der Report-Painter-Bericht hat nun die Form, die in Abbildung 7.24 dargestellt ist.

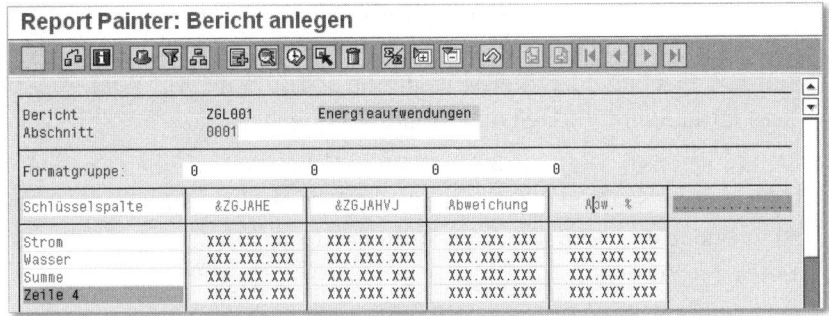

Abbildung 7.24 Report-Painter-Bericht anlegen

7.4.3 Vorlagen für Zeilen oder Spalten anlegen

Nutzen Sie die Möglichkeit, Zeilen- oder Spaltenvorlagen anzulegen, wenn Sie vermuten, dass Sie bestimmte Zeilen oder Spalten häufig für Ihre Berichtsdefinitionen benötigen. Mit dieser Technik lassen sich mehrere Arbeitsschritte für zukünftige Berichtserstellungen einsparen.

Um z. B. Zeilenvorlagen in einem Bericht weiterverwenden zu können, führen Sie folgende Aktionen aus:

1. Wählen Sie im SAP Easy Access Menü den Pfad INFOSYSTEME • AD-HOC-BERICHTE • REPORT PAINTER • VORLAGE • ANLEGEN, oder rufen Sie alternativ die Transaktion GRR4 auf.

2. Im Einstiegsbild (siehe Abbildung 7.25) legen Sie fest, ob Sie eine Zeilen- oder Spaltenvorlage anlegen möchten. Die gewählte Vorlage müssen Sie anschließend einer Bibliothek zuordnen. Nachdem Sie einen Namen und eine Bezeichnung für die Zeilenvorlage vergeben haben, fahren Sie mit der Schaltfläche [Anlegen] fort.

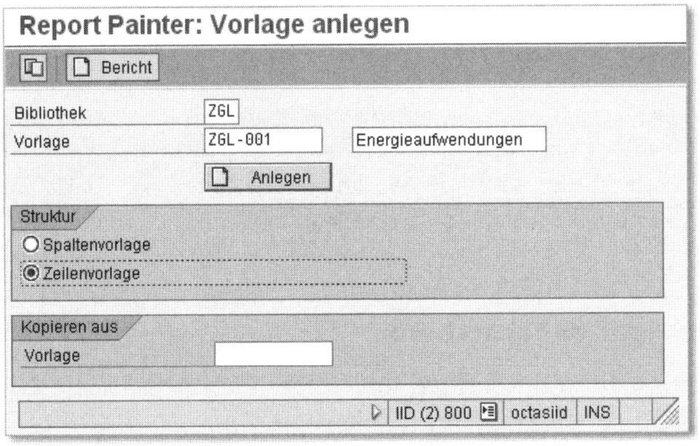

Abbildung 7.25 Zeilenvorlage anlegen

3. Sie können außerdem eine neue Vorlage durch Kopieren einer bestehenden Vorlage erstellen, indem Sie den Namen der bereits vorhandenen Vorlage angeben oder alternativ auf die Schaltfläche 🗐 (VORLAGE KOPIEREN) klicken und Vorlage und Bibliothek angeben.

4. Sie können nun, wie in den Abschnitten 7.4.1 und 7.4.2 beschrieben, Ihre Zeilen oder Spalten definieren. Es stehen Ihnen sämtliche Merkmale, Kennzahlen und vordefinierten Spalten der von Ihnen ausgewählten Bibliothek zur Verfügung.

5. Nachdem Sie die Zeilenvorlage definiert haben, können Sie diese über die Schaltfläche PRÜFEN auf Fehler untersuchen. Klicken Sie nach erfolgreicher Prüfung, wenn Sie keine Fehler mehr gefunden haben, auf die Schaltfläche 🖫 (SICHERN).

7.4.4 Zeilen- oder Spaltenvorlage im Bericht einbinden

Nachdem Sie eine Zeilen- oder Spaltenvorlage angelegt haben, können Sie diese Vorlage jederzeit im Bericht einbinden. Wählen Sie eine der folgenden Möglichkeiten:

1. Wählen Sie in der Berichtsdefinition das Menü BEARBEITEN • ZEILEN • ZEILENVORLAGE HOLEN bzw. BEARBEITEN • SPALTEN • SPALTENVORLAGE HOLEN.

[»] **Zeilen- oder Spaltenvorlage holen**

Die ausgewählte Vorlage überschreibt sämtliche Zeilen- bzw. Spalten, die Sie zuvor erstellt haben. Daher sollten Sie nach Einfügen der Zeilen- bzw. Spaltenvorlage durch die Funktion ZEILEN- BZW. SPALTENVORLAGE HOLEN Ihre Zeilen bzw. Spalten zusätzlich einfügen.

2. Alternativ können Sie die Vorlage über das Menü BEARBEITEN • ZEILEN • ZEILENVORLAGE EINFÜGEN bzw. BEARBEITEN • SPALTEN • SPALTENVORLAGE EINFÜGEN im Bericht einbinden.

[»] **Zeilen- bzw. Spaltenvorlage einfügen**

Die ausgewählte Vorlage wird am Ende der definierten Zeile bzw. Spalte angehängt. Es werden keine Zeilen oder Spalten überschrieben.

7.4.5 Zeilen und Spalten formatieren

Damit Sie die Berichtsspalten individuell formatieren können, ist die Zuordnung der Berichtsspalten zu sogenannten *Formatgruppen* erforderlich. In einem Bericht können maximal fünf Formatgruppen definiert werden. In einer Formatgruppe können Sie zum einen das Spaltenformat und zum anderen das Zeilenformat festlegen. Beginnen wir mit dem Spaltenformat.

Spaltenformate

1. Rufen Sie über die Menüleiste FORMATIERUNG • SPALTEN das Fenster für die Pflege der Formatgruppen auf (siehe Abbildung 7.26).

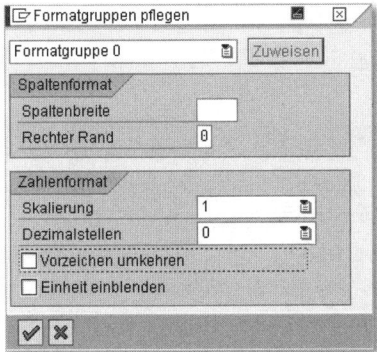

Abbildung 7.26 Formatgruppe pflegen

2. Nachdem Sie die von Ihnen benötigen Formatgruppen definiert haben, können Sie diese der Berichtsspalte zuordnen.

3. In der Zeile FORMATGRUPPE Ihrer Berichtsdefinition werden die Formate der Berichtsspalten angezeigt. Dieser Sachverhalt ist in Abbildung 7.27 zu erkennen. Als Standardwert ist für alle Spalten die Formatgruppe 0 voreingestellt. Wenn Sie die einer Spalte zugeordnete Formatgruppe ändern wollen, führen Sie einen Doppelklick auf das Feld FORMATGRUPPE aus und wählen die gewünschte Formatgruppe. Die betreffende Spalte wird anhand der Layoutparameter der angegebenen Formatgruppe formatiert.

In unserem Beispiel haben wir für die Formatgruppe 0 die Spaltenbreite 15 und zwei Dezimalstellen nach dem Komma ausgewählt. Für die Spalte ABW. % benötigen Sie nur eine Spaltenbreite von 10 und ordnen diese der Formatgruppe 1 zu.

4. Über das Menü FORMATIERUNG • BERICHTSLAYOUT können Sie u.a. mithilfe der Registerkarte SPALTENÜBERSCHRIFTEN festlegen, ob diese linksbündig, zentriert oder rechtsbündig ausgegeben werden sollen. Tabelle 7.1 listet die Einstellungsmöglichkeiten im Berichtslayout auf.

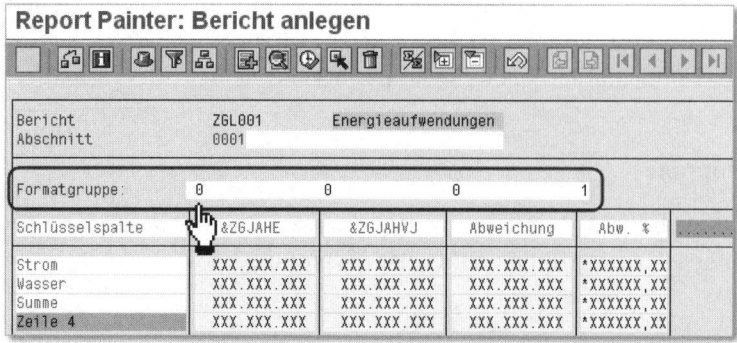

Abbildung 7.27 Spaltenformatierungen festlegen

Registerkarte	Beschreibung
Seite/Steuerung	Auf dieser Registerkarte definieren Sie allgemeine Parameter (z. B. die Seitengröße).
Zeilen	Auf dieser Registerkarte legen Sie die Parameter für die Zeilensummen fest (z. B. die Position und die Summierungsstufen der Zeilensummen).
Schlüsselspalte	Auf dieser Registerkarte definieren Sie Parameter für die Zeilentexte (z. B. Inhalt der Schlüsselspalten, die Textart und die Zeilenlänge).
Spalten	Auf dieser Registerkarte definieren Sie die Art der Spaltentrennung und die Behandlung der Nullspalten.
Spaltenüberschriften	Auf dieser Registerkarte definieren Sie die Ausrichtung der Spaltenüberschriften (z. B. die Position und das Layout der Spalten).
Darstellung	Auf dieser Registerkarte definieren Sie numerische Formate.
Sprachabh.	Auf dieser Registerkarte definieren Sie sprachabhängige Berichtsparameter.
Grafik	Auf dieser Registerkarte definieren Sie die grafische Darstellung und Farbgebung.

Tabelle 7.1 Einstellungen im Berichtslayout

Wenn Sie das Standardlayout ändern wollen, können Sie über die Schaltfläche STANDARDLAYOUT ÜBERNEHMEN zwischen dem Änderungsmodus Ihres Berichtslayouts und den eingestellten Parametern des Standardlayouts wechseln. Die geänderten Parameter sind nur für den betreffenden Bericht gültig.

Darüber hinaus können Sie für alle Berichtsspalten festlegen, welche Textart in den Spaltenüberschriften verwendet werden soll. Klicken Sie hierzu auf FORMATIERUNG • ZEILEN-/SPALTENTEXTE.

Zeilenformate

Um Berichtszeilen optisch hervorzuheben, bietet der Report Painter die Möglichkeit der Zeilenformatierung.

1. Positionieren Sie den Cursor in der entsprechenden Zeile, und wählen Sie in der Menüleiste FORMAT • ZEILE.
2. Es öffnet sich ein Dialogfenster (siehe Abbildung 7.28), in dem Sie für die Berichtszeile eine Über-/Unterstreichung festlegen, das Vorzeichen umkehren sowie die Farbeinstellungen aktivieren können.

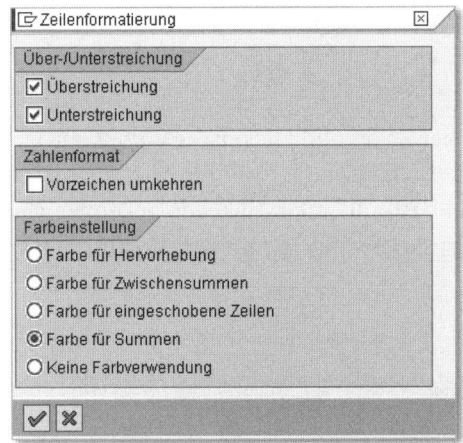

Abbildung 7.28 Zeilenformatierungen festlegen

3. In unserem Beispiel positionieren Sie den Cursor in der Summenzeile und aktivieren die Optionen ÜBERSTREICHUNG und UNTERSTREICHUNG sowie unter FARBEINSTELLUNG FARBE FÜR SUMMEN.
4. Darüber hinaus können Sie die Funktion EXPANDIEREN BIS/KOMPRIMIEREN BIS nutzen, um eine Gruppe von Merkmalswerten in der Ergebnisliste expandiert oder komprimiert darzustellen.

Wenn Sie den Cursor in einer der aufgelösten Zeilen in der Berichtsdefinition positionieren und über FORMATIERUNG • KOMPRIMIEREN BIS wählen, können Sie die Summierungsebene angeben, bis zu der die expandierten Berichtszeilen komprimiert werden sollen.

Wenn Sie FORMATIERUNG • EXPANDIEREN BIS wählen, können Sie die Summierungsebene festlegen, bis zu der Sie aufgelöste Berichtszeilen expandieren wollen. Bei der Ausführung des Berichts erfolgt die Darstellung der Summierungsstufen so, wie sie in der Berichtsdefinition festgelegt wurde. Innerhalb des ausgeführten Berichts können die Zeilen jedoch erneut expandiert und komprimiert werden.

7.4.6 Zellen definieren

In der Berichtsdefinition können Sie einzelne Zellen markieren und als Operanden in Formeln verwenden. Daraus ergeben sich weitere Gestaltungsmöglichkeiten in der Berichtsdefinition. Markieren Sie hierzu die Zellen, die Sie in einer Formel nutzen möchten. Gehen Sie wie folgt vor:

1. Fügen Sie eine zusätzliche Spalte zur bisherigen Berichtsdefinition ein, um den prozentualen Anteil der Energieaufwendungen an der Gesamtsumme zu ermitteln. Die relevante Zelle zur Ermittlung des prozentualen Anteils ist die Gesamtsumme.

2. Positionieren Sie den Cursor in der Zelle, und klicken Sie auf BEARBEITEN • ELEMENTE • ELEMENTE ANZEIGEN/ÄNDERN, oder führen Sie einen Doppelklick auf die Zelle aus. Die Zelle ist mit einem Häkchen gekennzeichnet (siehe Abbildung 7.29) und steht Ihnen danach im Formeleditor zur Verfügung.

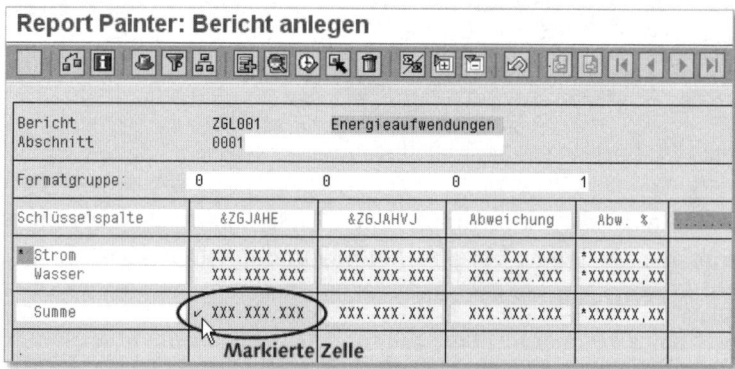

Abbildung 7.29 Zelle markieren

3. Im Formeleditor aus Abbildung 7.30 können Sie nun die in Abbildung 7.29 markierte Zelle zur Ermittlung des prozentualen Anteils einsetzen. Das System ordnet der Zelle eine Beschreibung zu, die sich aus der Zeilenbezeichnung und der Spaltenüberschrift zusammensetzt. Diese können Sie

über den Menüpfad Bearbeiten • Elemente • Text ändern an Ihre Bedürfnisse anpassen.

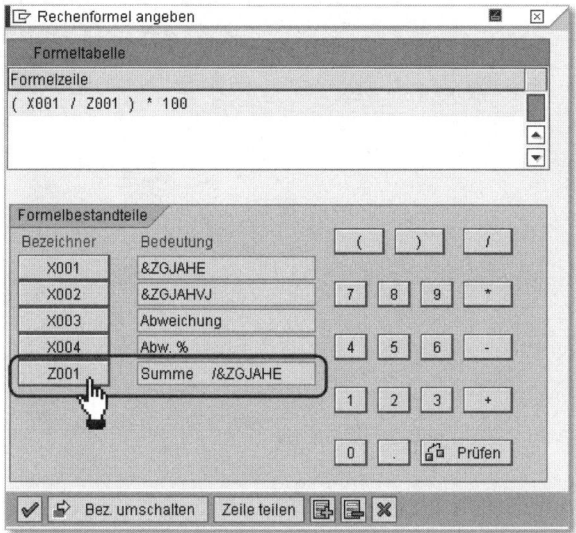

Abbildung 7.30 Rechenformel angeben

7.4.7 Abschnitte definieren

Im nächsten Schritt unseres Fallbeispiels werden die Energieaufwendungen nach Funktionsbereichen gegliedert. Dazu definieren Sie einen neuen Abschnitt. In einem Bericht können Sie einen oder mehrere Abschnitte anlegen. In der Berichtsdefinition wird jeder Abschnitt auf einer eigenen Seite angezeigt. Es stehen Ihnen Abschnitte mit *Kennzahlen und Merkmalen* sowie Abschnitte mit *abgeleiteten Basiskennzahlen* zur Verfügung.

1. Wählen Sie Bearbeiten • Abschnitte • Neuer Abschnitt, um einen neuen Abschnitt zu erstellen. In dem Dialogfenster, das sich daraufhin öffnet, wählen Sie die Einstellung Abschnitt mit Merkmalen und Kennzahlen.

2. Legen Sie wie im vorangegangenen Abschnitt die Zeilen und Spalten an. Fügen Sie in der Spaltendefinition zusätzlich das Merkmal Funktionsbereich ein (siehe Abbildung 7.31).

3. Geben Sie für den ausgewählten Funktionsbereich im Kurz-, Mittel- und Langtext die Bezeichnung »Verwaltung« ein. Übernehmen Sie den Text anschließend mit ✓ (Übernehmen).

4. Im Dialogfenster Elementdefinition bestätigen Sie die Eingaben über die Schaltfläche Bestätigen .

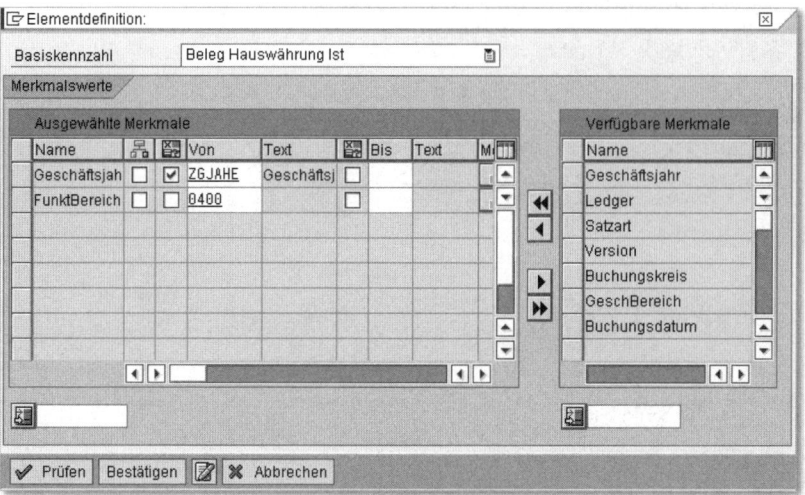

Abbildung 7.31 Neuer Abschnitt – Elementdefinition

5. In der Übersicht BERICHT ANLEGEN haben Sie nun den gewünschten Abschnitt definiert (siehe Abbildung 7.32).

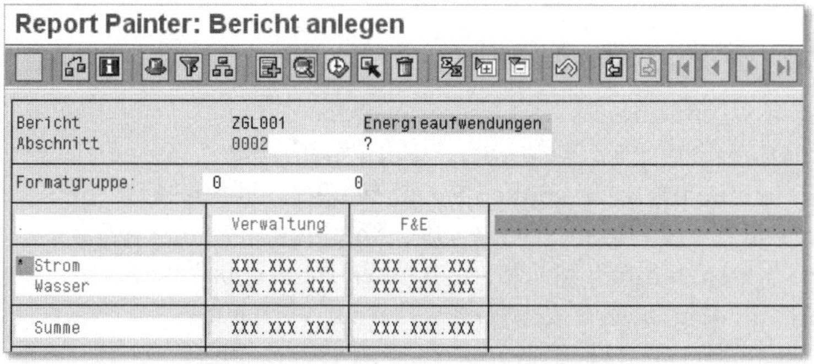

Abbildung 7.32 Neuer Abschnitt

Zum Wechseln in den vorangegangenen Abschnitt wählen Sie in der Menüleiste SPRINGEN • ABSCHNITT • VORIGER ABSCHNITT.

[»] **Rechenoperationen**

Bitte beachten Sie, dass Rechenoperationen nur mit Spalten innerhalb des Abschnitts durchgeführt werden können. Für übergreifende Rechenoperationen müssen Sie die Zellen markieren.

7.4.8 Allgemeine Selektionen

Nachdem Sie die Zeilen und Spalten im Bericht angelegt haben, müssen noch die allgemeinen Datenselektionen definiert werden. In der allgemeinen Datenselektion sind weitere Eingrenzungen der Daten für den gesamten Bericht möglich. Dabei können nur solche Merkmale verwendet werden, die nicht bereits in den einzelnen Zeilen oder Spalten zugeordnet sind. In Abbildung 7.33 sehen Sie die allgemeine Datenselektion. Im Beispiel selektieren Sie die Merkmale BUCHUNGSKREIS, LEDGER und SATZART.

Die Vorgabe eines Ledgers sowie der Satzart ist in der Berichtsdefinition zwingend erforderlich. Die Vorgaben können genauso in die Zeilendefinition oder die Spaltendefinition integriert werden.

Gehen Sie wie folgt vor, um die Datenselektion festzulegen:

1. Wählen Sie in der Berichtsdefinition die Menüleiste BEARBEITEN • ALLG. SELEKTIONEN aus Abbildung 7.33.

2. Im Dialogfenster ELEMENTDEFINITION markieren Sie im rechten Bereich VERFÜGBARE MERKMALE die Merkmale, die Sie für die Datenselektion nutzen möchten. Markieren Sie die Merkmale BUCHUNGSKREIS, LEDGER und SATZART, und klicken Sie anschließend auf das Icon ◀, um die Auswahl in den linken Bereich AUSGEWÄHLTE MERKMALE zu verschieben.

3. Für den BUCHUNGSKREIS geben Sie die Variable »ZRBUKRS« ein, um in der Berichtsausführung die Selektion nach Buchungskreis eingeben zu können. Für das Merkmal LEDGER geben Sie »0L« (führendes Ledger) und für SATZART den Wert »0« (Ist) ein.

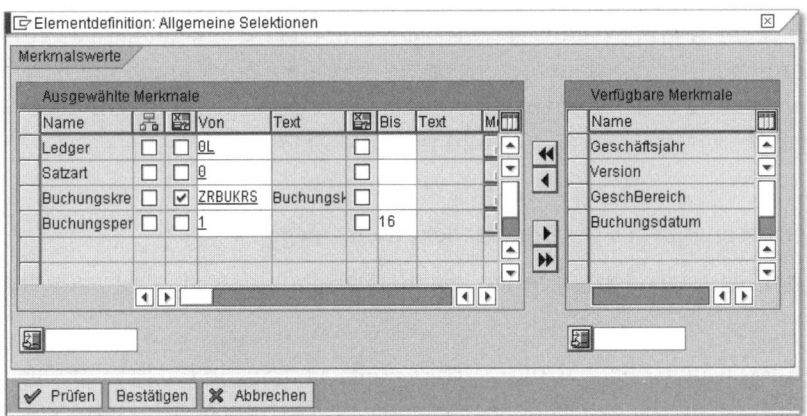

Abbildung 7.33 Allgemeine Selektionen definieren

In der Berichtsausführung stehen Ihnen die Merkmale zur Selektion bereit, die Sie zuvor in der Zeilen-/Spaltendefinition bzw. in den ALLGEMEINEN SELEKTIONEN als Variable deklariert haben.

[»] **Programmlaufzeiten**

Um Programmlaufzeiten so gering wie möglich zu halten, sollten Sie die Datenselektionen stets so weit wie möglich eingrenzen.

7.4.9 Berichtsgruppe zuordnen

Um den selbst erstellten Bericht auszuführen, ist die Zuordnung in eine Berichtsgruppe erforderlich. Eine Berichtsgruppe kann eine oder mehrere Berichte enthalten. In einer Berichtsgruppe können Sie sämtliche Berichte einer Bibliothek zusammenfassen, die auf dieselben Datenbestände zugreifen, jedoch in unterschiedlicher Form aufbereitet sind.

Durch die Bündelung der Berichte in einer Berichtsgruppe liest das Programm nur einmal aus der Datenbank und erzeugt dann die einzelnen Berichte. Hierdurch können Sie Verarbeitungszeiten optimieren.

[»] **Berichtsgruppe**

Bitte achten Sie darauf, dass Sie nicht zu viele Berichte in einer Berichtsgruppe zuordnen, da eventuell bei einer Onlineausführung ein Programmabbruch aufgrund von Zeitüberschreitung erzeugt wird. Daher ist eine Aufteilung in mehrere Berichtsgruppen zu empfehlen.

Nachdem Sie einen Bericht angelegt haben, müssen Sie für diesen Bericht eine Berichtsgruppe anlegen oder ihn einer bestehenden Berichtsgruppe zuordnen. Hierzu haben Sie zwei Möglichkeiten. Sie können die Berichtsgruppe aus der Berichtsdefinition heraus erzeugen oder alternativ über die Transaktion GR51 eine Berichtsgruppe anlegen.

Berichtsgruppe aus der Berichtsdefinition anlegen

Legen Sie folgendermaßen aus der Berichtsdefinition eine Berichtsgruppe an:

1. Klicken Sie im Bericht auf AUSFÜHREN zum Ausführen des Berichts. Im folgendem Dialogfenster erfolgt eine Abfrage nach der Zuordnung zu einer Berichtsgruppe.
2. Klicken Sie auf JA, um den Bericht einer Berichtsgruppe zuzuordnen.

3. Sie können im darauffolgenden Fenster eine vorhandene Berichtsgruppe oder eine neu anzulegende Berichtsgruppe eingeben (siehe Abbildung 7.34).
4. Geben Sie eine noch nicht vorhandene Berichtsgruppe ein, und klicken Sie auf das Icon ✓.
5. Klicken Sie im nächsten Fenster auf JA, damit das Programm automatisch die Berichtsgruppe anlegt. Nach erfolgreicher Anlage verzweigen Sie direkt in das Selektionsbild des Berichts.

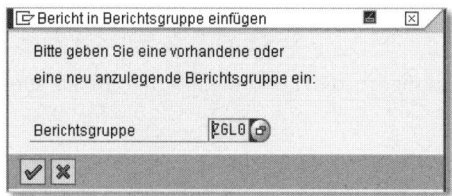

Abbildung 7.34 Berichtsgruppe einfügen

Berichtsgruppe manuell anlegen

Eine Berichtsgruppe können Sie alternativ manuell anlegen:

1. Wählen Sie im SAP-Menü INFOSYSTEM • AD-HOC-BERICHTE • REPORT PAINTER • REPORT WRITER • BERICHTSGRUPPE • ANLEGEN oder alternativ die Transaktion GR51.
2. Geben Sie im Einstiegsbild einen Namen für die Berichtsgruppe ein. Sie können zum Anlegen einer Berichtsgruppe eine vorhandene Berichtsgruppe als Vorlage zum Kopieren nutzen oder eine neue Berichtsgruppe anlegen, indem Sie die zu nutzende Bibliothek angeben. Klicken Sie auf AUSFÜHREN, nachdem Sie sich für eine der Alternativen entschieden haben.
3. Geben Sie im nächsten Dialogfenster die Bezeichnung der Berichtsgruppe ein, und klicken Sie abschließend auf die Schaltfläche 🖫 (SICHERN).

7.4.10 Variation

Mithilfe der Funktion VARIATION können Sie zu jedem Merkmal, das Sie in der allgemeinen Selektion festgelegt haben, einen individuellen Bericht anlegen. Im Beispielbericht nutzen wir die Funktion VARIATION, um innerhalb des Berichts die Ergebnisse nach Buchungsperioden zu verändern.

1. Wählen Sie in der Berichtsdefinition die Menüleiste BEARBEITEN • VARIATION.

2. Markieren Sie für das Merkmal BUCHUNGSPERIODE die Option AUFLÖSEN, und klicken Sie anschließend auf ÜBERNEHMEN. Abbildung 7.35 zeigt Ihnen die Auswahlmöglichkeiten in der Funktion VARIATION. Sie können Merkmale in der Ergebnisliste auflösen bzw. nicht auflösen lassen. Darüber hinaus besteht die Möglichkeit, sich in der Ergebnisliste die Einzelwerte anzeigen zu lassen. Für jedes Merkmal können Sie über das Kennzeichen BINNENUMSATZELIMINIERUNG festlegen, ob innerhalb des Berichts Binnenumsätze ausgewiesen oder eliminiert werden sollen.

[»] **Definition: Binnenumsatz**
Binnenumsätze sind alle Verrechnungen, die ausschließlich innerhalb einer Merkmalsgruppe erfolgen.

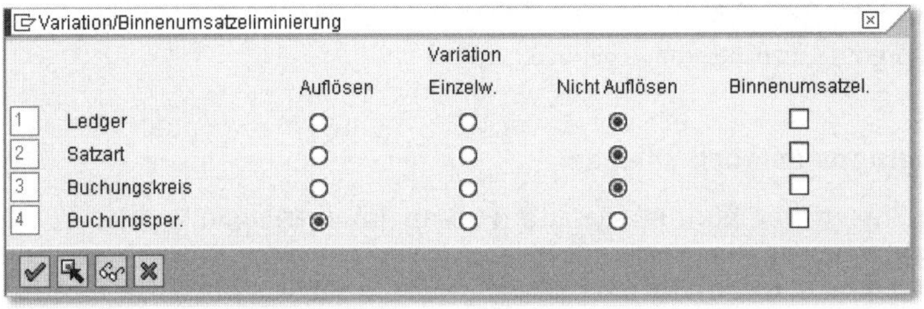

Abbildung 7.35 Variation

3. Sichern Sie die vorgenommenen Änderungen, und führen Sie anschließend den Bericht aus. In der Ergebnisliste des Berichts können Sie im Bereich VARIATION: BUCHUNGSPER. einzelne Buchungsperioden auswählen. Klicken Sie auf den Hauptordner, um sich das Ergebnis des gesamten Jahres anzeigen zu lassen (siehe Abbildung 7.36).

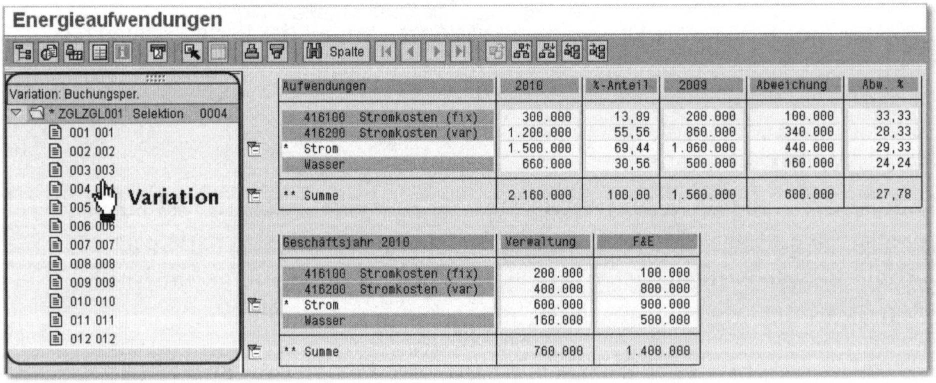

Abbildung 7.36 Berichtsausgabe mit Variation

> **Variation von Merkmalen** [«]
>
> Nutzen Sie die Funktion VARIATION VON MERKMALEN, um innerhalb der Berichtsausgabe interaktiv und flexibel Daten zu analysieren.

7.4.11 Berichtskopf definieren

Soll ein Bericht nur einem bestimmten Anwenderkreis zur Verfügung stehen, kann im Berichtskopf eine *Berechtigungsgruppe* hinterlegt werden. Darüber hinaus können Sie ein Standardlayout, das dem Bericht zugrunde liegt, zuordnen. In jedem neuen Bericht ist diesem zunächst das Standardlayout SAP zugeordnet. Außerdem können Sie Parameter für den Export eines Berichts auf einen Applikationsserver oder Präsentationsserver voreinstellen. In Abbildung 7.37 sehen Sie die angesprochenen Einstellungsmöglichkeiten im Berichtskopf.

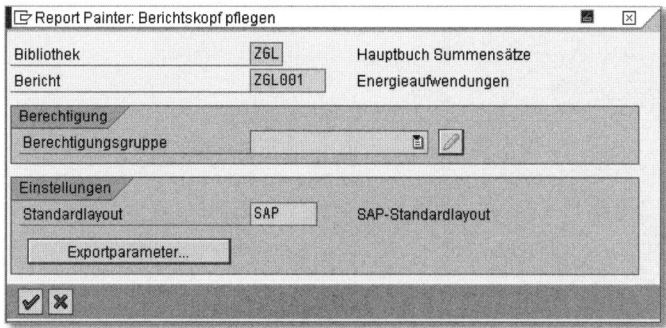

Abbildung 7.37 Berichtskopf pflegen

7.5 Extrakt

Bei der Ausführung eines Berichts haben Sie die Möglichkeit, einen Extrakt erzeugen zu lassen. Ein Extrakt ist ein Ausschnitt aus dem Datenbestand, der zum Zeitpunkt der Extrakterstellung die selektierten Berichtsdaten enthält. Diese Vorgehensweise bietet sich insbesondere dann an, wenn größere Datenmengen ausgewertet werden.

> **Extrakt** [«]
>
> Durch die Erstellung von Extrakten wird das Antwortzeitverhalten wesentlich verbessert. Denn das System braucht nicht direkt die Datenbank zu lesen. Denken Sie daran, dass Extrakte dem Datenbestand zum Zeitpunkt ihrer Erzeugung entsprechen. Das heißt, dass die Daten nicht unbedingt auf dem neuesten Stand sind.

Um einen Extrakt anzulegen, gehen Sie wie folgt vor:

1. Wählen Sie im Selektionsbild eines Berichts in der Menüleiste UMFELD • OPTIONEN.
2. Aktivieren Sie im Dialogfenster OPTIONEN unter ALLGEMEINE EINSTELLUNGEN das Kennzeichen EXPERTENMODUS, und wählen Sie im Bereich BERICHT VERLASSEN das Kennzeichen EXTRAKT ERZEUGEN (siehe Abbildung 7.38).

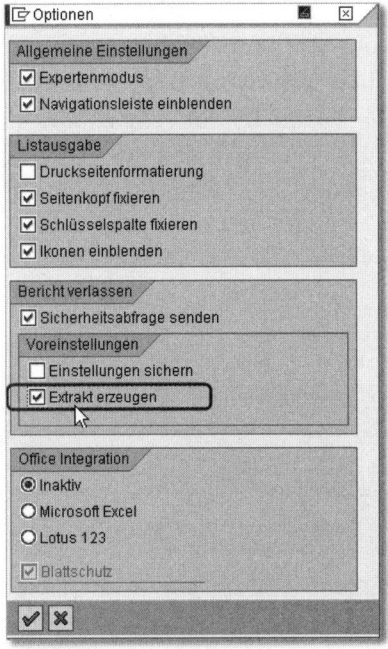

Abbildung 7.38 Optionen

Durch die Aktivierung des Expertenmodus stehen Ihnen zusätzliche Funktionen zur Verfügung. Der Expertenmodus kann jederzeit aktiviert oder deaktiviert werden. Folgende zusätzliche Funktionen stehen Ihnen im Expertenmodus zur Verfügung:

- erweiterter Funktionsumfang auf dem Selektionsbild (z.B. Ausgabeparameter, Variation, Extraktparameter, Berichte auswählen, Währungsumrechnung)
- weitere Funktionen in der Berichtsausgabe, z.B. Bericht speichern, Layouteinstellungen, Schwellwert, Einstellungen sichern, Bericht exportieren, Aufruf der Geschäftsgrafik, Währungsumrechnung

Bei der Sicherheitsabfrage beim Verlassen des Berichts stehen im Expertenmodus die Funktionen BERICHT SPEICHERN und EINSTELLUNGEN SICHERN zur Verfügung.

1. Wählen Sie in der Menüleiste EXTRAKTPARAMETER. Im Dialogfenster EINGABE: EXTRAKTPARAMETER, das in Abbildung 7.39 dargestellt ist, wählen Sie den Eintrag EXTRAKT ERZEUGEN.

2. Im Bereich EXTRAKTPARAMETER geben Sie unter BESCHREIBUNG den Namen des Extrakts vor. Legen Sie unter VERFALLSDATUM die Dauer der Gültigkeit des Extrakts sowie die Priorität des Extrakts fest. Bestätigen Sie die Eingaben mit [↵] oder alternativ über die Schaltfläche ✓ (ÜBERNEHMEN).

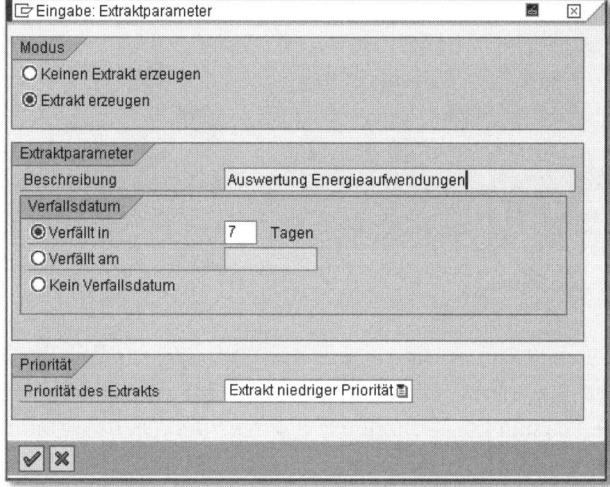

Abbildung 7.39 Eingabe: Extraktparameter

3. Führen Sie nun nach Eingabe der Selektionskriterien den Bericht über die Schaltfläche ⊕ (AUSFÜHREN) aus.

4. Nach dem Verlassen der Berichtsliste gelangen Sie wieder zurück in das Selektionsbild. Der Extrakt wird nach Ausführen des Berichts im Hintergrund erzeugt. Sie können sich nun über das Extraktverzeichnis den Extrakt anzeigen lassen.

5. Wählen Sie dazu im Menü zum Selektionsbild UMFELD • EXTRAKTVERZEICHNIS. Geben Sie die Kriterien für die Selektion der Extrakte ein. Markieren Sie z.B. im Dialogfenster EXTRAKTVERWALTUNG aus Abbildung 7.40 im Bereich ERZEUGER den Punkt NUR SELBST ERZEUGTE EXTRAKTE, und geben Sie den Zeitpunkt der Extrakterzeugung sowie die Berichtsgruppe ein. Klicken Sie anschließend auf ⊕ (AUSFÜHREN).

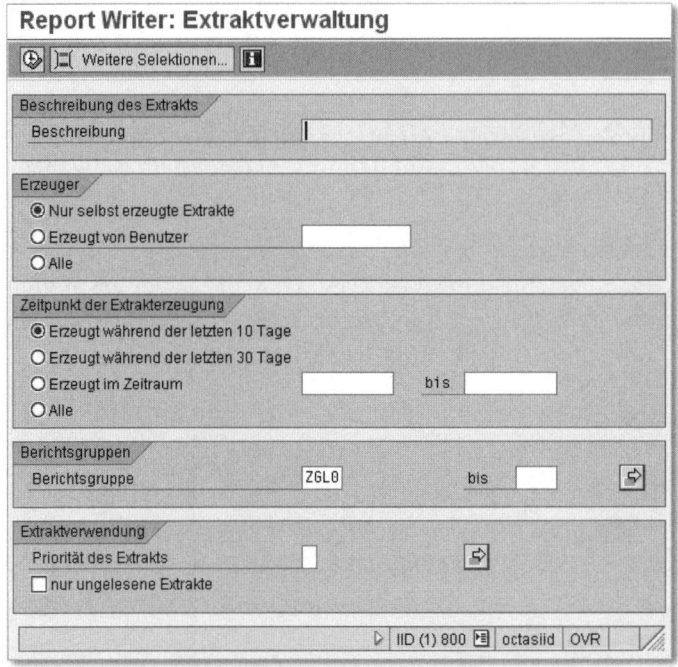

Abbildung 7.40 Extraktverwaltung

6. Im nächsten Bild stehen Ihnen die selektierten Extrakte zur Anzeige zur Verfügung. Führen Sie hierzu einen Doppelklick auf den gewünschten Extrakt aus, um den dazugehörenden Bericht aufzurufen (siehe Abbildung 7.41).

Abbildung 7.41 Extraktverwaltung

7. Über die Extraktverwaltung haben Sie Zugriff auf folgende Funktionen:
   - Extrakte anzeigen
   - Extrakt drucken
   - Extraktpriorität ändern

- Verfallsdatum eines Extrakts ändern
- Extrakt löschen

Um beim Aufruf eines Berichts einen Extrakt als Datenquelle vorzugeben, wählen Sie im Selektionsbild die Schaltfläche DATENQUELLE aus. Aktivieren Sie im nächsten Dialogfenster den Punkt EXTRAKT ANZEIGEN als Datenquelle. Bei der Berichtsausführung prüft das System, ob anhand der Eingaben im Selektionsbild bereits passende Extrakte vorliegen, und bietet Ihnen diese zur Auswahl an.

7.6 Berichtstext

Zur Hervorhebung von Berichtsdaten können Sie im Report Painter Berichtstexte definieren. Es werden Ihnen folgende Gestaltungsmöglichkeiten angeboten:

- Text für die Titelseite
- Text für die Kopfzeile
- Text für die Fußzeile
- Text für die Schlussseite
- Text für den Export

Gehen Sie wie folgt vor, um einen Berichtstext zu definieren:

1. Ausgehend vom Einstiegsbild BERICHT ANLEGEN ODER ÄNDERN, wählen Sie in der Menüleiste ZUSÄTZE • BERICHTSTEXTE z.B. TITELSEITE, um einen Text für die Titelseite einzugeben.

    Für die Berichtstexte können Sie folgende Textarten verwenden:
    - gewöhnlichen Text
    - Standardtextvariablen, z.B. Datum, Benutzername und Seitenzahl
    - spezielle Textvariablen
    - Textvariablen für Selektionsparameter
    - Textvariablen für Merkmale, die im Text verwendet werden

2. In der Menüleiste können Sie über die Schaltflächen (ZEILEN HINZUFÜGEN) und (ZEILEN LÖSCHEN) zusätzliche Zeilen generieren bzw. entfernen. Um einen Rahmen zu den Kopfzeilen zu erzeugen, muss der Cursor zunächst in die linke obere Ecke des Rahmens gestellt werden.

3. Anschließend klicken Sie auf die Schaltfläche ☐ Rahmen. Als Nächstes setzen Sie Cursor in die rechte untere Ecke des Rahmens, bevor Sie dann ein zweites Mal auf RAHMEN klicken. Abbildung 7.42 zeigt die gepflegten Texte der Titelseite in unserem Fallbeispiel.

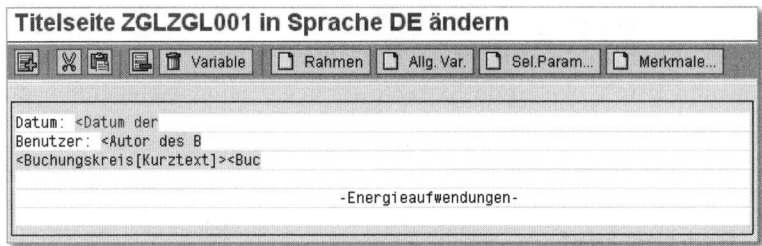

Abbildung 7.42 Berichtstext – Titelseite

4. In der Berichtsausgabe wird nun die eben definierte Titelseite ausgegeben (siehe Abbildung 7.43).

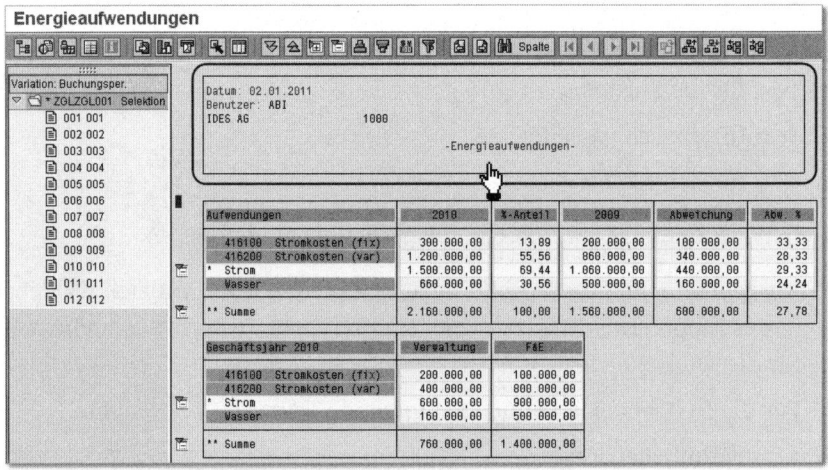

Abbildung 7.43 Berichtstext – Titelseite

7.7 Bericht-Bericht-Schnittstelle

Die *Bericht-Bericht-Schnittstelle* oder der *Berichtsaufruf* ist eine Funktion im Report Painter, die es erlaubt, in der Berichtsausgabe durch Doppelklick auf eine Zelle in einen anderen Bericht zu verzweigen. Diese Möglichkeit hat den besonderen Vorteil, dass Sie z.B. von einem Saldenbericht in einen Einzelpostenbericht verzweigen und somit interaktiv Daten analysieren und ihre Entstehung bis auf Belegebene verfolgen können.

Sie haben zwei Möglichkeiten, um eine Bericht-Bericht-Schnittstelle anzulegen. Einerseits können Sie über die Definition der Berichtsgruppe einen Berichtsaufruf integrieren. Andererseits können Sie einen Berichtsaufruf einer Bibliothek hinzufügen. Dies möchten wir im Folgenden anhand eines Beispiels verdeutlichen.

Sie können als Empfängerberichte sowohl Berichtsheftberichte, Rechercheberichte und Transaktionen als auch Report-Writer- und ABAP-Programme hinzufügen.

Führen Sie folgende Schritte durch, um einen Berichtsaufruf in einen Bericht zu integrieren:

1. Wählen Sie im Einstiegsbild im SAP Easy Access-Menü den Pfad INFOSYSTEME • AD-HOC-BERICHTE • REPORT PAINTER • REPORT WRITER • BERICHTSGRUPPE ÄNDERN, oder rufen Sie alternativ die Transaktion GR52 auf.

2. Geben Sie im Dialogfenster BERICHTSGRUPPE ÄNDERN den Namen Ihrer Berichtsgruppe ein, der Sie die Berichtsaufruffunktion hinzufügen möchten, und drücken Sie die Taste ⏎.

3. Wählen Sie im nächsten Schritt im Gruppenrahmen BERICHT/BERICHT-SCHNITTSTELLE die Schaltfläche KONFIGURIEREN, wie in Abbildung 7.44 gezeigt.

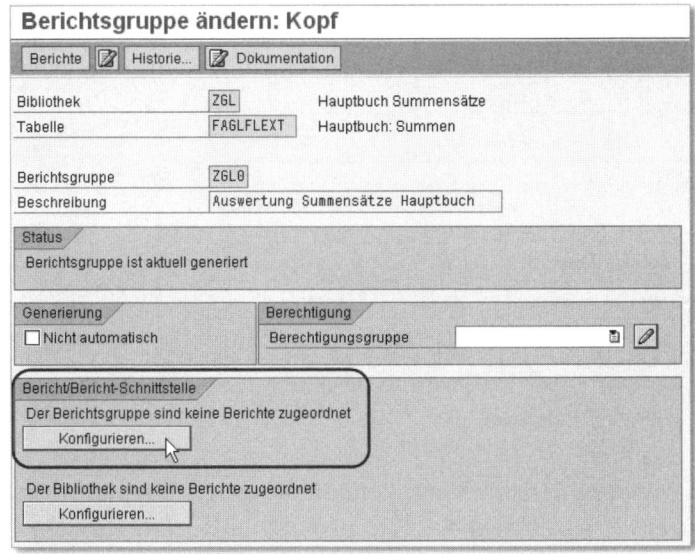

Abbildung 7.44 Bericht-Bericht-Schnittstelle hinzufügen

4. Fügen Sie im Dialogfenster BERICHTE ZUORDNEN (siehe Abbildung 7.45) einen ABAP-Report hinzu. Klicken Sie zunächst auf die Schaltfläche ⊞, um eine Zeile hinzuzufügen. Wählen Sie anschließend im nächsten Fenster die Schaltfläche ANDERER BERICHTSTYP, um aus der angebotenen Auswahl den Berichtstyp ABAP REPORT hinzuzufügen.

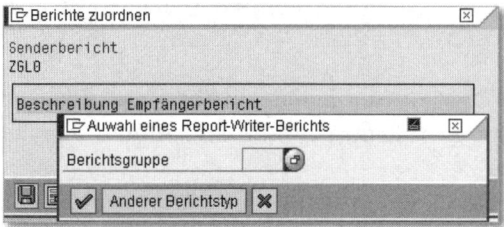

Abbildung 7.45 Bericht zuordnen

5. Geben Sie im Dialogfenster ABAP/4 BERICHT HINZUFÜGEN aus Abbildung 7.46 »RGGD1300« ein, und bestätigen Sie die Eingaben mit der Schaltfläche ✓. Das Programm RGGD1300 listet für FI-SL-Summentabellen die Einzelposten auf.

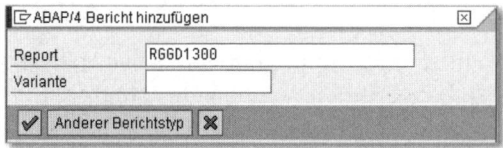

Abbildung 7.46 ABAP/4-Bericht hinzufügen

6. Sichern Sie sowohl den soeben festgelegten Empfängerbericht als auch die Berichtsgruppe (siehe Abbildung 7.47).

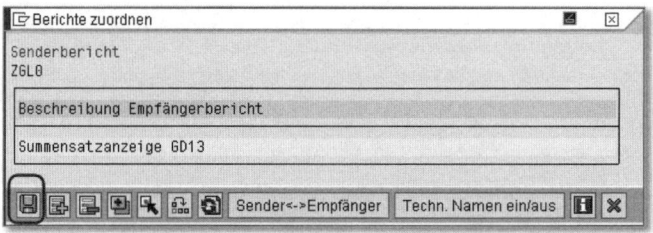

Abbildung 7.47 Bericht zuordnen

7. Ausgehend von den Berichtsdaten, können Sie durch Doppelklick oder alternativ über die Schaltfläche BERICHT AUFRUFEN in die Einzelposten verzweigen (siehe Abbildung 7.48).

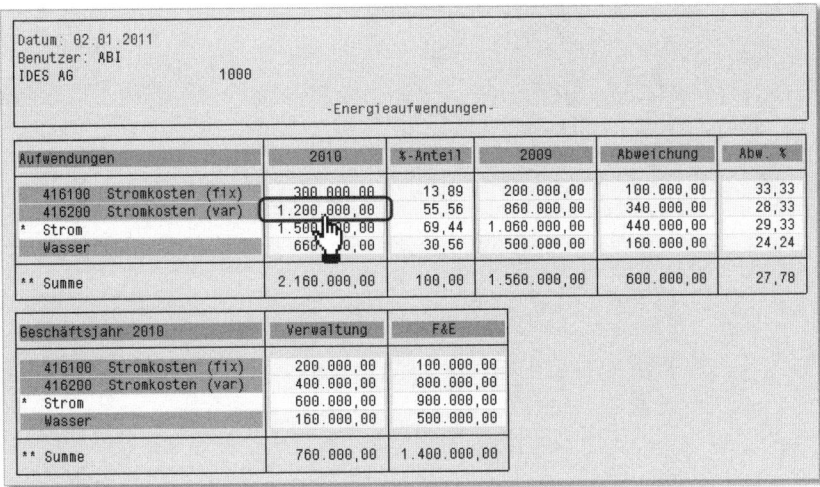

Abbildung 7.48 Drilldown-Funktion

8. Das Programm RGGD1300 übernimmt die Selektionskriterien des Berichts und listet die Einzelposten auf. In Abbildung 7.49 ist für diesen Sachverhalt ein Beispiel dargestellt.

Buc.	Kontonum.	Profitcenter	FunktBereich	∑	Btr. Konzernwährung
1000	416200	1402	0400		400.000,00
1000	416200	1402	0500		800.000,00
				∎	1.200.000,00

Abbildung 7.49 Einzelpostenanzeige

7.8 Fazit

In diesem Kapitel haben Sie einen Überblick über die Funktionen und Möglichkeiten einer Berichtsdefinition mit dem Report Painter erhalten. Zur Erstellung eines Finanzberichts mithilfe des Report Painters lässt sich zusammenfassend feststellen, dass flexible Auswertungen nach den Bedürfnissen der Anwender schnell und einfach realisierbar sind. Was die Handhabung betrifft, haben Sie anhand eines Fallbeispiels erfahren, dass Sie Auswertungen auch ohne Programmierkenntnisse erstellen können.

In diesem Kapitel möchten wir Ihnen einen Einblick in die Funktionen des Recherche-Tools in SAP ERP geben. Anhand eines praxisnahen Beispiels zeigen wir Ihnen die Möglichkeiten und Besonderheiten bei der Berichtsgestaltung.

8 Rechercheberichte

Das SAP-Berichtswerkzeug *Recherche* ermöglicht Ihnen eine interaktive Analyse der Datenbestände. Sofern SAP-Standardberichte Ihren Anforderungen nicht genügen, können Sie mithilfe der Recherche mit wenigen Schritten nach Ihren Bedürfnissen angepasste Bericht erstellen. So bekommen Sie fundierte Antworten auf spontan oder regelmäßig auftretende Geschäftsfragen. Vorhandene Berichte können Sie jederzeit unkompliziert den aktuellen Anforderungen anpassen.

In diesem Kapitel erhalten Sie zunächst einen allgemeinen Überblick über das Berichtswerkzeug Recherche. In welchen Bereichen Sie dieses Tool einsetzen können, erfahren Sie in Abschnitt 8.2. In Abschnitt 8.3 lernen Sie die unterschiedlichen Berichtsarten, die das Werkzeug anbietet, kennen. Anhand eines Fallbeispiels in Abschnitt 8.4, »Beispiel: Ermittlung der Liquiditätskennzahlen ›Working Capital und Effektivverschuldung‹ im Jahresvergleich«, möchten wir Ihnen zeigen, wie Sie mit geringem Aufwand einen Finanzbericht erstellen können. Mithilfe dieses Beispiels lernen Sie die Berichtsstruktur kennen und erfahren vor allem, wie Sie eigene Berichte erstellen können. Der große Vorteil der Recherche gegenüber den SAP-Standardberichten liegt in der interaktiven Analyse der Berichtsdaten. Die Navigationsmöglichkeiten durch die Aufrisstechniken werden in Abschnitt 8.7 näher beleuchtet. Schließlich erfahren Sie in Abschnitt 8.8, »Daten analysieren«, wie Sie gezielte Auswertungen durch die angebotenen Analysefunktionen (Rangliste, ABC-Analyse etc.) vornehmen können.

8.1 Überblick

Die Besonderheit der Recherche im Vergleich zu anderen Reporting-Tools liegt in ihrer interaktiven Funktionalität. Es können Berichtsdaten mit der Aufrisstechnik aufgeteilt oder neu zusammengestellt werden (Slice & Dice).

Zusammenfassungen, Abweichungen (z.B. Plan-/Ist-Vergleich, Geschäftsjahresvergleich) und jede andere benutzerspezifische Berechnung können in eine Zeile oder Spalte eingefügt werden.

Die Recherche wird in verschiedenen SAP-Anwendungskomponenten zur interaktiven und mehrdimensionalen Analyse verwendet. Die Recherchetechnik des SAP-Systems ermöglicht es, sowohl Ad-hoc-Recherchen als auch Recherchen auf Basis eines Formulars zu definieren.

Abbildung 8.1 stellt die einzelnen Schritte dar, die beim Anlegen eines formularbasierten Berichts durchlaufen werden.

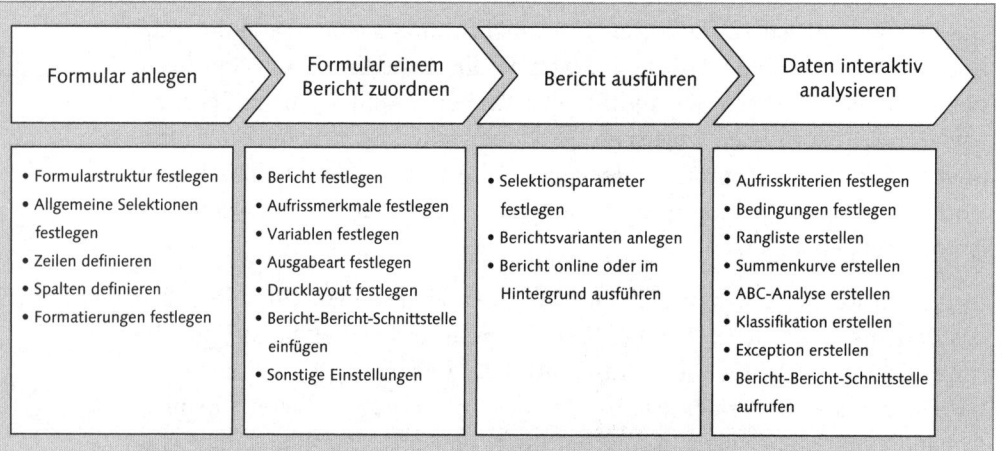

Abbildung 8.1 Ablauf beim Anlegen eines formularbasierten Berichts

Im Folgendem werden wir Ihnen die einzelnen Schritte, die Sie beim Anlegen eines Rechercheberichts durchlaufen, kurz erläutern.

8.1.1 Schritt 1: Formular anlegen

In einem Formular nutzen Sie eine grafische Berichtsstruktur. Die Zeilen und Spalten des Berichts werden so angezeigt, wie sie zum Zeitpunkt der Berichtsausgabe erscheinen. Technisch gesehen, wird hierfür das gleiche Werkzeug eingesetzt wie für die Definition von Report-Painter-Berichten (siehe Kapitel 7, »Report Painter«). Beim Anlegen eines Formulars müssen Sie zunächst die Formularstruktur festlegen, bevor Sie die ALLGEMEINEN SELEKTIONEN sowie Zeilen und/oder Spalten definieren. Darüber hinaus können Sie im Formular diverse Formatierungen (Farbeinstellungen, Zahlenformat etc.) vornehmen.

8.1.2 Schritt 2: Formular einem Bericht zuordnen

In der Berichtsdefinition legen Sie die Aufrissmerkmale fest, die es Ihnen erlauben, im Bericht beliebig zu navigieren. Des Weiteren können Sie Variablen anlegen, die Sie beim Definieren oder beim Ausführen des Berichts festlegen müssen. Neben den unterschiedlichen Ausgabearten, die bestimmen, wie der Bericht dargestellt wird, bietet die Berichtsdefinition darüber hinaus umfangreiche Druckeinstellungen.

8.1.3 Schritt 3: Bericht ausführen

Wenn Sie einen Bericht, für den bereits Variablen definiert sind, ausführen, dann erscheint ein Selektionsbild, in dem Sie für die Variablen entweder Einzelwerte, Intervalle oder komplexe Selektionen eingeben können. Nachdem Sie einen Bericht ausgeführt haben, können Sie ihn auf verschiedenste Art bearbeiten. Außerdem können Sie beliebig durch den Bericht und seinen Datenbestand navigieren.

8.1.4 Schritt 4: Daten interaktiv analysieren

Wenn Sie sich in einem Recherchebericht befinden, können Sie in einem Datenwürfel frei navigieren, d.h., der Aufriss nach einem Merkmal kann gewechselt werden, und Merkmale können auf einzelne Werte festgelegt werden (Slice & Dice). Darüber hinaus stehen Ihnen verschiedene Analysefunktionen (Ranglisten, ABC-Analysen, Klassifikation etc.), die auch grafisch unterstützt werden, zur Verfügung.

8.2 Einsatzgebiete der Recherche

Mit der Recherche können Sie Daten aus verschiedenen Applikationen in Berichten darstellen. Im Vergleich zu den Report-Painter-Berichten sind Rechercheberichte in ihrer Analysemöglichkeit flexibler. Mit dem Recherche-Tool haben Sie die Möglichkeit, Daten aufzuteilen oder neu zusammenzustellen.

Tabelle 8.1 zeigt Ihnen die wichtigsten Transaktionen zum Ausführen und Anlegen von Rechercheberichten in den jeweiligen Anwendungskomponenten auf einen Blick.

Komponente	Bericht	Bericht ausführen	Formular anlegen	Bericht anlegen
FI-AR	Einzelpostenanalyse Saldenanzeige	FDI0	FDI4	FDI1
FI-AP	Einzelpostenanalyse Saldenanzeige	FKI0	FKI4	FKI1
FI-GL (klassisches Hauptbuch)	Bilanzanalyse Bilanzkennzahlen Saldenanzeige Bilanzanalyse aus Umsatzkostenledger Bilanzkennzahlen aus Umsatzkostenledger	FSI0	FSI4	FSI1
FI-GL (neues Hauptbuch)	Reporting für Tabelle FAGL-FLEXT Verbindlichkeiten nach Hauptbuchkontierungen Forderungen nach Hauptbuchkontierungen Reporting für Tabelle FMGL-FLEXT	FGI0	FGI4	FGI1
FI-SL	Reporting für flexibles Hauptbuch Reporting für Tabelle FAGL-FLEXT Reporting für Tabelle ZZ001T	FXI0	FXI4	FXI1
EC-CS	Konsolidierungsbericht	CXR0	CXR4	CXR1
CO-PC	Produktbericht	KKO0	KKO4	KKO1
CO-PC-ACT	Summentabelle	KKML0	KKML4	KKML1
IM	Maßnahmenanforderungen Investitionsprogramme	IMD0 IMC0	IMD4 IMC4	IMD1 IMC1
CO-PA	Ergebnisbericht Einzelpostenanalyse	KE30	KE34 KE94	KE31 KE91
PS	Projektbericht Verdichtungsbericht für Projekte	CJE0	CJE4	CJE1
FSCM	Treasury-Bericht	TRM0	TRM4	TRM1
FSCM-TRM-MR	Risk-Management-Bericht	JBW0	JBW4	JBW1

Tabelle 8.1 Übersicht der Transaktionen für Rechercheberichte

Im nächsten Abschnitt lernen Sie die unterschiedlichen Berichtsarten des Recherche-Tools kennen.

8.3 Berichtsarten

Mit der Recherche haben Sie die Möglichkeit, einfache *Ad-hoc-Berichte*, aber auch komplexere Berichte mithilfe der sogenannten *Formularberichte* zu erstellen. Beide Möglichkeiten stellen wir Ihnen in den folgenden Abschnitten vor.

8.3.1 Ad-hoc-Bericht

Ein *Ad-hoc-Bericht* ermöglicht dem Anwender eine spontane Auswertung, um im Datenbestand nach eventuellen statistischen Auffälligkeiten zu suchen. Der Aufbau des Ad-hoc-Berichts ist einfacher und allgemeiner als der des Formularberichts. Die Erstellung von Ad-hoc-Berichten wird jedoch nicht in allen Komponenten angeboten.

8.3.2 Formularbericht

Im Vergleich zum Ad-hoc-Bericht ist ein *Formularbericht* im Aufbau komplexer und zielgerichtet. Darüber hinaus eignen sich Formularberichte besser für den Druck. Ein Formular legt den inhaltlichen und formalen Aufbau einer Berichtsliste fest. Er basiert auf einer Struktur aus Zeilen und Spalten. Der Inhalt eines Formulars sollte als fix angesehen und nur in Ausnahmefällen verändert werden. Verändert sich nämlich ein Formular, wirkt sich diese Veränderung in allen Berichten aus, die dieses Formular verwenden.

Es gibt einkoordinatige und zweikoordinatige Formulare. Bei einkoordinatigen Formularen definieren Sie immer nur eine Dimension, also entweder Spalten oder Zeilen. Bei zweikoordinatigen Formularen legen Sie sowohl Spalten als auch Zeilen fest. Die verfügbaren Formulararten stellen wir auf den folgenden Seiten im Einzelnen dar. Welche Art von Formular Sie verwenden, hängt davon ab, welches Layout bzw. welchen (fixen) Inhalt Sie für Ihre Berichte benötigen.

Einkoordinatiges Formular ohne Kennzahl

Beim einkoordinatigen Formular ohne Kennzahl definieren Sie entweder die Zeilen oder die Spalten des Formulars mit Merkmalen. Über GRUNDBILD gelangen Sie zunächst in eine inhaltlich leere Liste mit Spalten. Sie können über SPRINGEN • ZEILENDARSTELLUNG das Formular jederzeit kippen. Sie können also frei entscheiden, ob Sie bei dieser Formularart die Zeilen oder Spalten definieren.

Einkoordinatiges Formular mit Kennzahl

Beim einkoordinatigen Formular mit Kennzahl definieren Sie entweder die Zeilen oder Spalten des Formulars mit Kennzahlen. Über die Schaltfläche GRUNDBILD gelangen Sie zunächst in eine inhaltlich leere Liste mit Zeilen. Sie können über SPRINGEN • SPALTENDARSTELLUNG das Formular jederzeit kippen. Sie können auch hier entscheiden, ob Sie bei dieser Formularart die Zeilen oder Spalten definieren.

Zweikoordinatiges Formular mit Kennzahl

Beim zweikoordinatigen Formular mit Kennzahl definieren Sie sowohl die Zeilen als auch die Spalten des Formulars mit Kennzahlen und Merkmalen. Über GRUNDBILD können Sie in eine leere Liste mit Zeilen und Spalten öffnen. Ob Kennzahlen in den Zeilen und Merkmale in den Spalten stehen oder umgekehrt, ist optional und hängt davon ab, worüber Sie berichten wollen.

8.4 Beispiel: Ermittlung der Liquiditätskennzahlen »Working Capital und Effektivverschuldung« im Jahresvergleich

Die Finanzbuchhaltung unseres Beispielunternehmens verlangt einen Bericht, bei dem das Working Capital und die Effektivverschuldung im Jahresvergleich dargestellt werden. Mit diesem Bericht sollen interaktiv durch Aufrissmöglichkeiten die eingetretenen Liquiditätsveränderungen analysiert werden.

Abbildung 8.2 zeigt einen fertigen Bericht, der als klassischer Bericht ausgegeben wurde. Die Unterschiede zwischen den Ausgabearten KLASSISCHE RECHERCHE und GRAFISCHE BERICHTSAUSGABE lernen Sie in Abschnitt 8.5.5, »Formular einem Bericht zuordnen«, kennen.

Im nächsten Abschnitt erfahren Sie, wie der gewünschte Bericht mit dem Recherche-Tool umgesetzt wird.

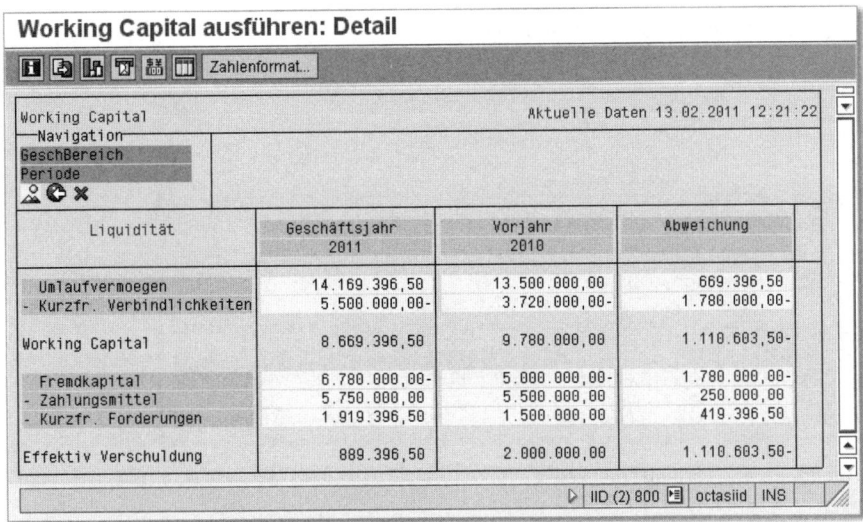

Abbildung 8.2 Recherchebericht »Working Capital und Effektivverschuldung«

8.5 Bericht anlegen

In diesem Abschnitt erfahren Sie Schritt für Schritt und anhand eines Beispielberichts, wie Sie einen zweikoordinatigen Formularbericht anlegen können.

Um einen Recherchebericht in der Hauptbuchhaltung (klassisches Hauptbuch) anzulegen, rufen Sie die Transaktion FSI4 auf oder navigieren alternativ im IMG über den Menüpunkt INFORMATIONSSYSTEM der jeweiligen Anwendung (hier: Hauptbuchhaltung).

8.5.1 Formular anlegen

Im ersten Schritt definieren Sie zunächst das Formular.

1. Geben Sie hierzu, wie im Einstiegsbild in Abbildung 8.3, die Berichtsart BILANZKENNZAHLEN an, und geben Sie einen Namen sowie eine Bezeichnung für das Formular vor. Wählen Sie als Formularart die Struktur ZWEI KOORDINATEN (MATRIX) aus.

2. Klicken Sie anschließend auf die Schaltfläche [Anlegen] (ANLEGEN).

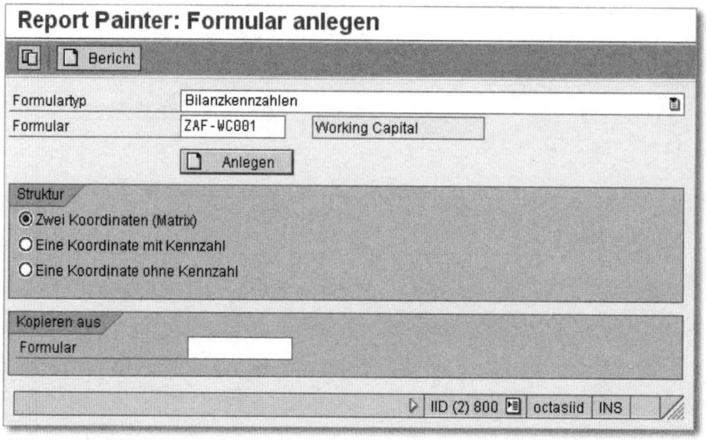

8 | Rechercheberichte

Abbildung 8.3 Formular anlegen

[»] **Formularbezeichnung**

Als Kopiervorlage können Sie die von SAP ausgelieferten Formulare nutzen. Beachten Sie, dass der Formularname nicht mit einer Ziffer beginnen darf, da dieser Namensraum von SAP für Auslieferungen vorgesehen ist.

In Abbildung 8.4 sehen Sie die Formularstruktur, die näher zu definieren ist. Die Vorgehensweise ähnelt der Definition im Report Painter, der in Kapitel 7 beschrieben wurde.

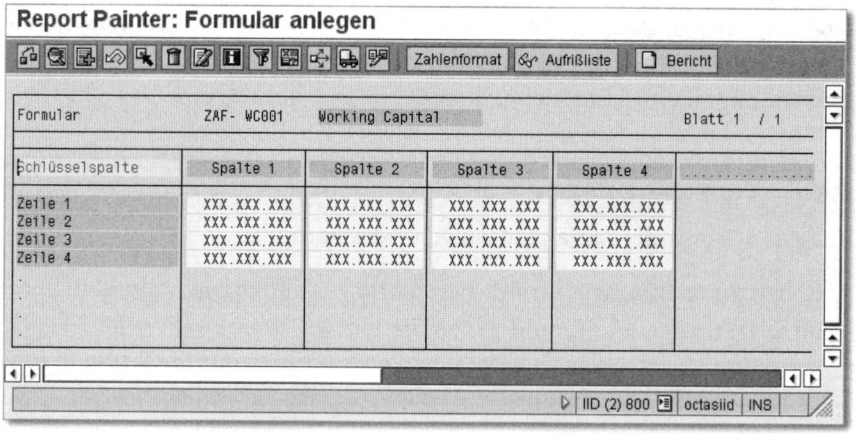

Abbildung 8.4 Formularstruktur

Legen Sie im ersten Schritt die ALLGEMEINEN SELEKTIONEN fest, wie im folgenden Abschnitt beschrieben.

8.5.2 Allgemeine Selektionen

Im Bereich der allgemeinen Datenselektion legen Sie die Merkmale bzw. Merkmalswerte fest, die für das gesamte Formular gelten. Die in der Datenselektion ausgewählten Merkmale stehen dann für die Zeilen- und/oder Spaltendefinition nicht zur Verfügung.

Die Funktion Allgemeine Selektionen empfiehlt sich in jedem Fall für ein Merkmal, das für ein ganzes Formular gelten soll. Das jeweilige Merkmal steht dann für die Definition von weiteren Zeilen und Spalten nicht mehr zur Verfügung. Zum einen verringert sich der Aufwand bei der Definition des Formulars durch die Nutzung der Allgemeinen Selektionen erheblich. Zum anderen führt dies beim Ausführen des Berichts zu verbesserten Antwortzeiten, da weniger Daten gelesen werden müssen.

1. Über den Menüpfad BEARBEITEN • ALLGEMEINE SELEKTIONEN • ALLG. SELEKTIONEN verzweigen Sie ins Dialogfenster zur Festlegung der ALLGEMEINEN SELEKTIONEN (siehe Abbildung 8.5). Alternativ klicken Sie doppelt auf die Bezeichnung FORMULAR.

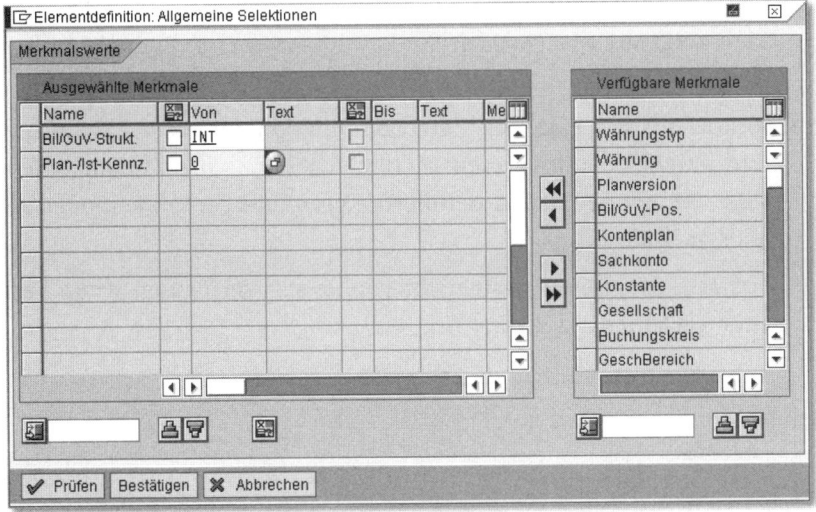

Abbildung 8.5 »Allgemeine Selektionen«

2. Da wir in unserem Beispiel die Handelsbilanz (INT) als Bilanzstruktur verwenden und die Istdaten betrachten möchten, müssen die Merkmale BIL/GUV-STRUKT. und PLAN-/IST-KENNZ. für die allgemeine Datenselektion definiert werden. Im Arbeitsvorrat VERFÜGBARE MERKMALE im rechten Bereich des Dialogfensters markieren Sie die beiden Merkmale und fügen sie über die Pfeiltaste ◀ in den linken Bereich des Dialogfensters ein.

3. Geben Sie im Feld VON die Bilanzstruktur INT für die Handelsbilanz und als Plan-/Ist-Kennzeichen den Wert 0 für Istdaten ein. Prüfen Sie die Eingaben über die Schaltfläche [Prüfen] (PRÜFEN), und klicken Sie dann anschließend auf [Bestätigen] (BESTÄTIGEN).

Nachdem Sie die ALLGEMEINEN SELEKTIONEN definiert haben, legen Sie anschließend die Merkmale der einzelnen Zeilen fest.

8.5.3 Zeilen definieren

Im Bereich der Zeilen sollen die benötigten Bilanzpositionen aufgeführt werden. Gehen Sie wie folgt vor:

1. Zur Definition der Zeile 1 führen Sie einen Doppelklick auf die Zeile aus oder positionieren den Cursor in der Zeile und wählen in der Menüleiste BEARBEITEN • ELEMENTE • ÄNDERN/ANZEIGEN.

2. Im Dialogfenster ELEMENTTYP AUSWÄHLEN stehen folgende Elementtypen zur Verfügung (siehe Abbildung 8.6):

    ▸ MERKMALSÜBERSICHT: Sie legen eines oder mehrere Merkmale fest.

    ▸ KENNZAHL MIT MERKMALEN: Sie kombinieren eine Basiskennzahl mit den von Ihnen gewünschten Merkmalen.

    ▸ VORDEFINIERTES ELEMENT: Eine Kombination aus einer Basiskennzahl und einem oder mehreren Merkmalen wird vom System bereitgestellt. Sie können die vordefinierte Kennzahl übernehmen oder nochmals verändern.

    ▸ FORMEL: Diese Option steht Ihnen nur zur Verfügung, wenn bereits andere Elemente definiert sind.

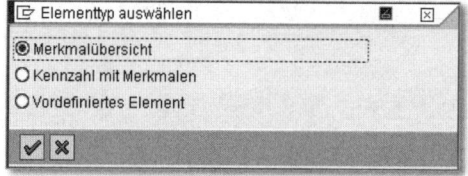

Abbildung 8.6 Elementtyp auswählen

Wählen Sie die Option MERKMALSÜBERSICHT aus. Bestätigen Sie die Auswahl durch Klick auf die Schaltfläche ✓ (BESTÄTIGEN) oder mit der ⏎-Taste.

3. Aus der Liste der verfügbaren Merkmale wählen Sie das Merkmal BIL/GUV-POS. aus. Geben Sie im VON-Feld die Bilanzposition für das Umlaufvermögen vor. Klicken Sie auf die Auswahlliste, um die entsprechende Position zu selektieren (siehe Abbildung 8.7).

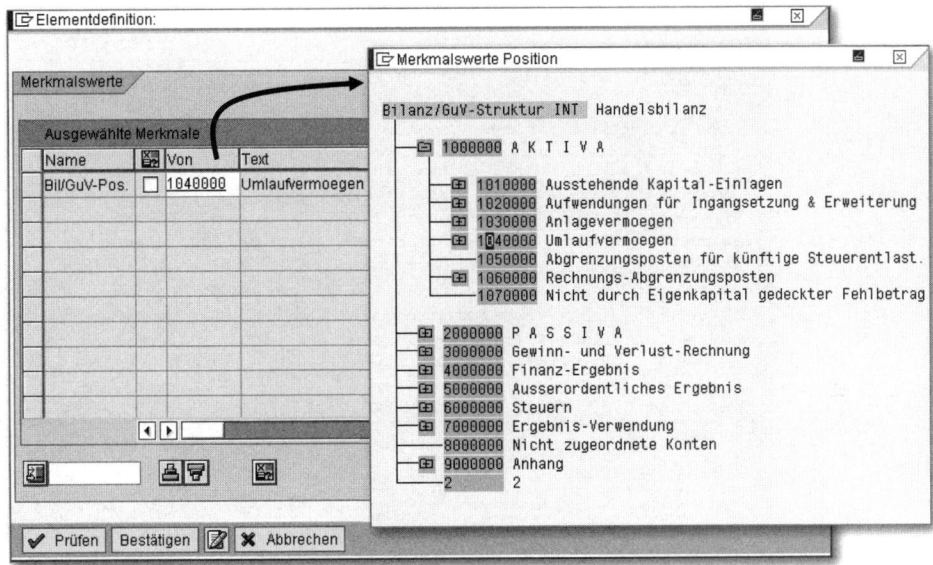

Abbildung 8.7 Elementdefinition: Zeile 1

4. Für die Eingabe der Zeilenbezeichnung wählen Sie ✏ (TEXTPFLEGE). Geben Sie wie in Abbildung 8.8 den Kurz-, Mittel- und Langtext ein. Bestätigen Sie anschließend mit ✔ (ÜBERNEHMEN).

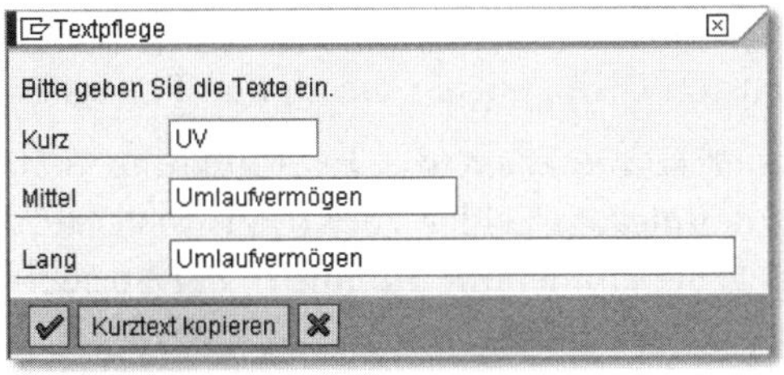

Abbildung 8.8 Textpflege

5. Prüfen Sie die Eingaben über die Schaltfläche ✔ Prüfen (PRÜFEN), bevor Sie dann anschließend auf Bestätigen klicken.

6. In Zeile 2 müssen die kurzfristigen Verbindlichkeiten (mit einer Restlaufzeit von einem Jahr) aufgeführt werden. Da die kurzfristigen Verbindlichkeiten aus mehreren Einzelpositionen bestehen, selektieren Sie die einzelnen Bilanzpositionen aus der Auswahlliste, wie in Abbildung 8.9 dargestellt.

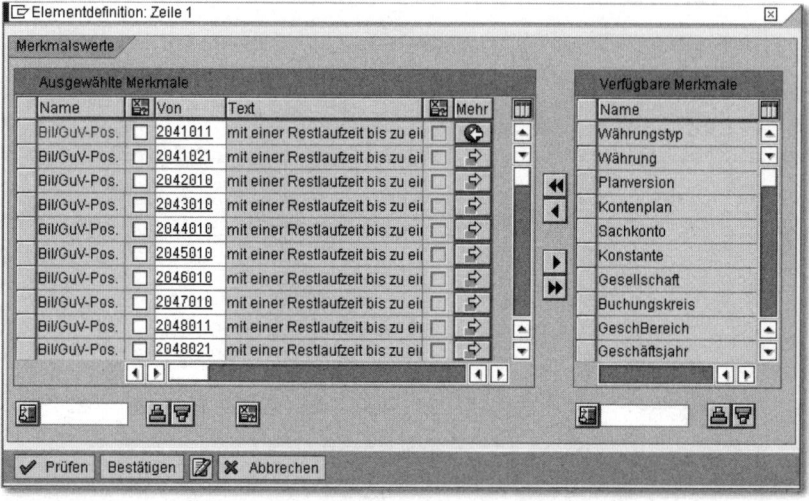

Abbildung 8.9 Elementdefinition: Zeile 2

7. Pflegen Sie in der Textpflege (📝) den Kurz-, Mittel- und Langtext ein. Anschließend prüfen Sie die Eingaben über die Schaltfläche ✔ Prüfen (PRÜFEN), bevor Sie dann anschließend auf Bestätigen (BESTÄTIGEN) klicken.

8. In Zeile 3 fügen Sie eine Formel ein, um das Working Capital zu ermitteln. Führen Sie wie in den Schritten zuvor einen Doppelklick auf Zeile 3 aus, und wählen Sie im nächsten Dialogfenster die Option FORMEL.

9. Im Dialogfenster RECHENFORMEL ANGEBEN, das in Abbildung 8.10 zu sehen ist, addieren Sie die definierten Felder Y001 (UMLAUFVERMÖGEN) und Y002 (KURZFR. VERBINDL). Sie können die Summe in der Formelzeile direkt mithilfe der Tastatur eintippen oder durch Klick auf die Schaltflächen wählen. Zur Überprüfung der Formel wählen Sie die Schaltfläche 🔍 Prüfen (PRÜFEN). Sofern die Eingaben fehlerfrei sind, können Sie mit der Schaltfläche ✔ (ÜBERNEHMEN) fortfahren.

10. Geben Sie nach der Formeleingabe den Kurz-, Mittel- und Langtext »Working Capital« ein. Bestätigen Sie dies mit der Schaltfläche ✔ (ÜBERNEHMEN).

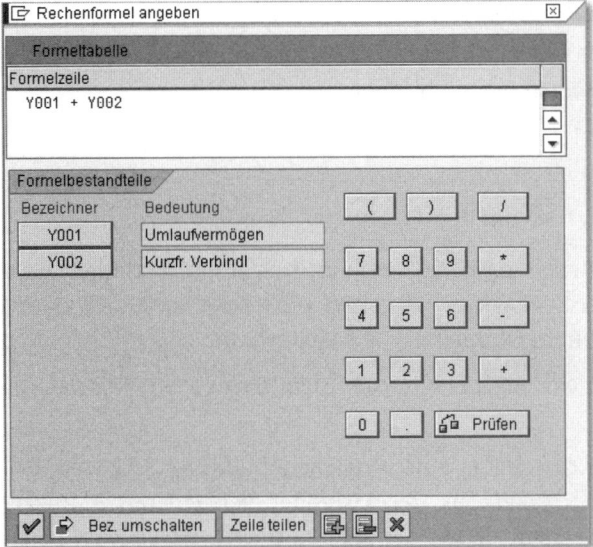

Abbildung 8.10 Rechenformel eingeben

Wiederholen Sie die gerade beschriebenen Schritte, um für die Ermittlung der Effektivverschuldung weitere Zeilen einzufügen. Nachdem Sie die Zeilen eingefügt haben, dürfte sich die Formularstruktur wie in Abbildung 8.11 darstellen.

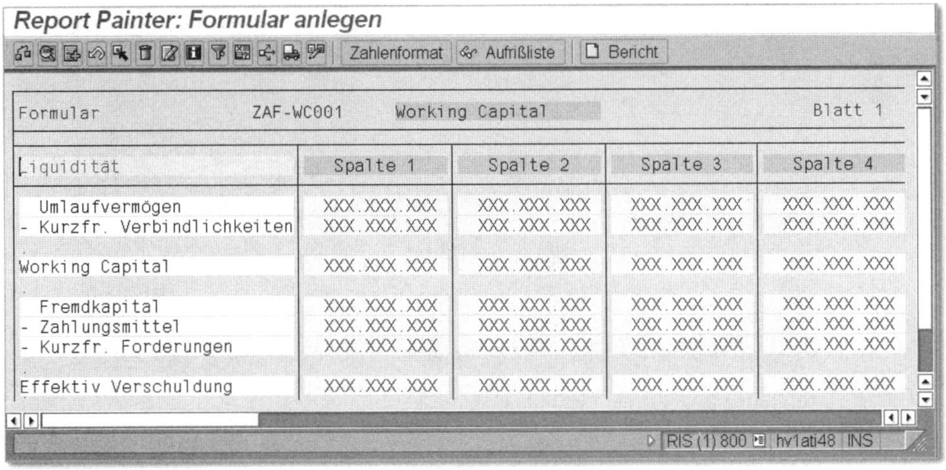

Abbildung 8.11 Definition der Zeilen

8.5.4 Spalten definieren

Als Nächstes möchten wir in unserem Formular die Spalten GESCHÄFTSJAHR, VORJAHR und die Abweichungen einfügen.

Spalte 1: Geschäftsjahr

So fügen Sie Spalte 1, GESCHÄFTSJAHR, ein:

1. Positionieren Sie den Cursor im Formular in Spalte 1, und klicken Sie in der Menüleiste auf BEARBEITEN • ELEMENT • ELEMENT EINFÜGEN, oder führen Sie alternativ einen Doppelklick auf Spalte 1 aus.

2. Wählen Sie im nächsten Dialogfenster den Elementtyp KENNZAHL MIT MERKMALEN aus.

3. Im Dialogfenster ELEMENTDEFINITION (siehe Abbildung 8.12) wählen Sie die Kennzahl BILANZWERT aus der Liste der verfügbaren Kennzahlen. Anschließend übertragen Sie aus der Liste der verfügbaren Merkmale das gewünschte Merkmal GESCHÄFTSJAHR durch Klick auf die Pfeiltaste ◀ in den linken Bereich des Dialogfensters.

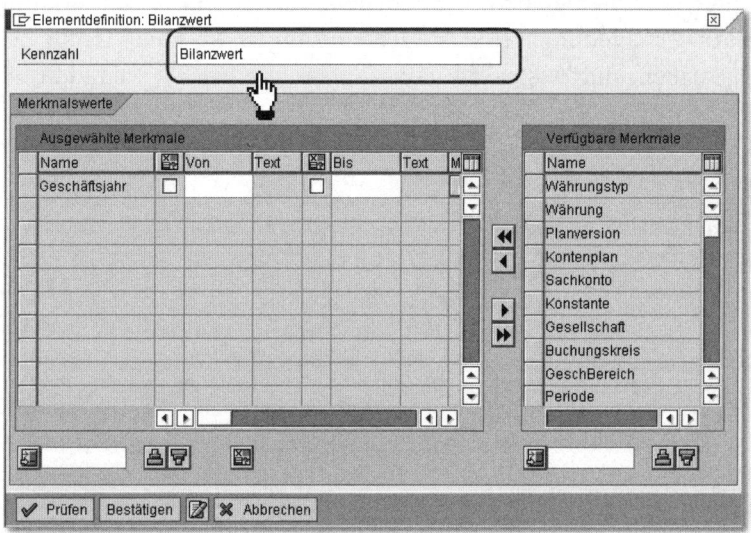

Abbildung 8.12 Elementdefinition: Spalte 1

Sie können für das Merkmal GESCHÄFTSJAHR einen Festwert oder eine Variable eingeben. Die Nutzung von Variablen hat den Vorteil, dass Sie das Formular für verschiedene Berichte verwenden können, da die Werte für die Variablen erst beim Ausführen eines Berichts festgelegt werden. Das Recherche-Tool unterscheidet, je nachdem, wie häufig die Variable genutzt werden soll, zwischen *globalen* und *lokalen Variablen*. Verwenden Sie globale Variablen, wenn diese in allen Formularen und Berichten eingesetzt werden sollen. Wollen Sie eine Variable anlegen, die nur in einem speziellen Formular oder Bericht verwendet wird, legen Sie eine lokale Variable an. Nähere Informationen zur Definition von Variablen erhalten Sie über die Onlinehilfe ([F1]-Hilfe).

4. Klicken Sie daher auf die Schaltfläche ▦ (VARIABLE EIN/AUS). Für die erste Spalte des Jahresvergleichs wählen Sie die globale Variable 1FY aus (siehe Abbildung 8.13). Markieren Sie hierzu die entsprechende Zeile, und bestätigen Sie die Selektion durch Klick auf die Schaltfläche ✓ (ÜBERNEHMEN).

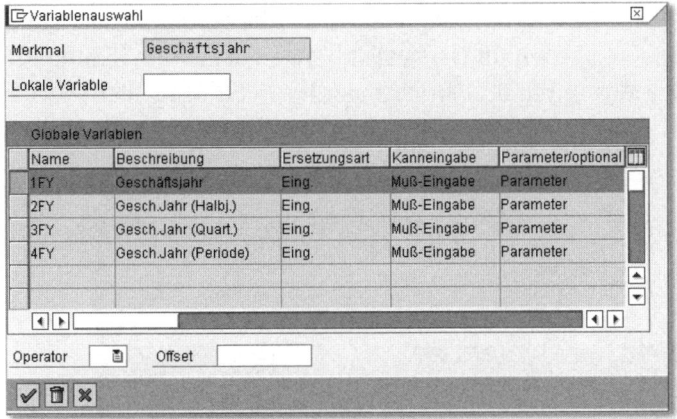

Abbildung 8.13 Variablenauswahl

5. Klicken Sie im nächsten Schritt auf die Schaltfläche ▦ (TEXTPFLEGE) zur Pflege des Kurz-, Mittel- und Langtextes für die Spaltenüberschrift. Geben Sie das &-Zeichen vor der Variablen ein, damit beim Ausführen des Berichts der Spaltentext mit Werten gefüllt wird. Für eine zweizeilige Überschrift trennen Sie den Langtext an der Trennungsstelle durch ein Semikolon (siehe Abbildung 8.14). Bestätigen Sie Ihre Eingaben mit dem Symbol ✓ (ÜBERNEHMEN).

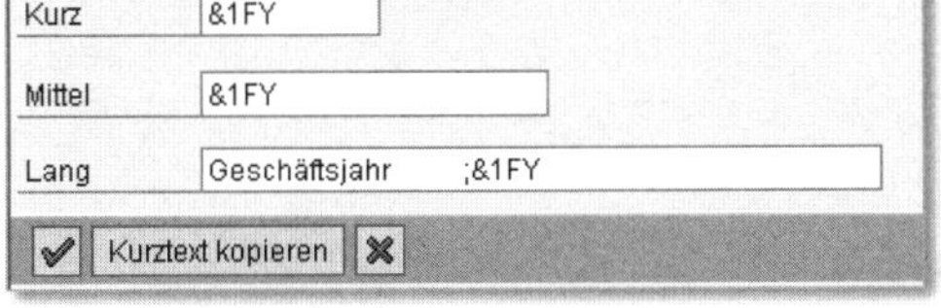

Abbildung 8.14 Textpflege

6. Im Dialogfenster ELEMENTDEFINITION können Sie die Eingaben über die Schaltfläche [Prüfen] (PRÜFEN) korrigieren und anschließend mit Klick auf [Bestätigen] übernehmen.

Spalte 2: Vorjahr

In Spalte 2 möchten wir in unserem Beispiel die Werte aus dem Vorjahr darstellen. Wiederholen Sie die oben beschriebenen Schritte zu Spalte 1. Der einzige Unterschied zu Spalte 1 liegt in der Variablendefinition.

1. Klicken Sie im Dialogfenster ELEMENTDEFINITION auf die Schaltfläche (VARIABLE EIN/AUS). Im Dialogfenster VARIABLENAUSWAHL markieren Sie die Zeile 1FY für GESCHÄFTSJAHR, wählen im OPERATOR-Eingabefeld den Operator - aus und geben im OFFSET-Feld »1« ein (siehe Abbildung 8.15). Beim späteren Ausführen des Berichts werden bei Eingabe der Geschäftsjahresvariablen im Selektionsbild automatisch die Werte des Vorjahres ermittelt.

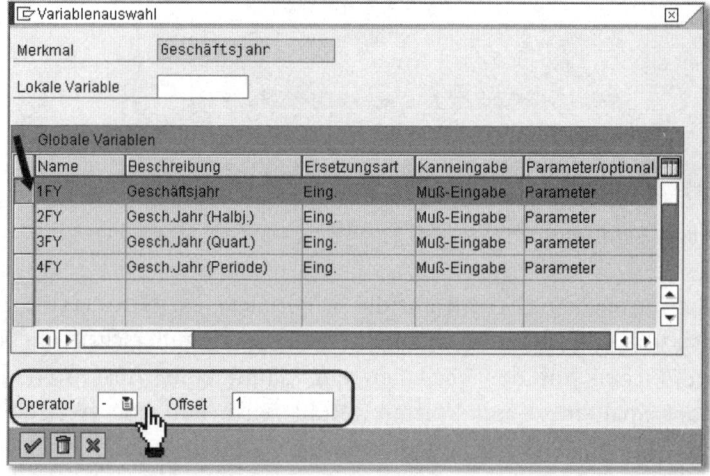

Abbildung 8.15 Variablenauswahl

2. Geben Sie abschießend den Kurz-, Mittel- und Langtext ein. Im Dialogfenster ELEMENTDEFINITION bestätigen Sie die Eingaben mit der Schaltfläche [Bestätigen].

Spalte 3: Abweichung

Fügen Sie in Spalte 3 eine Formel ein, um die Abweichung zwischen den beiden Geschäftsjahren auszugeben. Führen Sie dazu folgende Schritte aus:

1. Führen Sie einen Doppelklick auf Spalte 3 aus, und wählen Sie die Option FORMEL als Elementtyp.
2. Im Dialogfenster RECHENFORMEL ANGEBEN subtrahieren Sie die Formelbestandteile X001 und X002 und wählen dann ✓ (ÜBERNEHMEN). Im darauffolgenden Dialogfenster zur Textpflege geben Sie den Kurztext »Abweichung« ein und kopieren den Kurztext.

Nachdem Sie die Zeilen und Spalten in unserem Formular definiert haben (siehe Abbildung 8.16), können Sie abschließend das Formular formatieren (Farbeinstellungen, Zahlenformat etc.). Weitere Informationen erhalten Sie in der Onlinehilfe ([F1]-Hilfe).

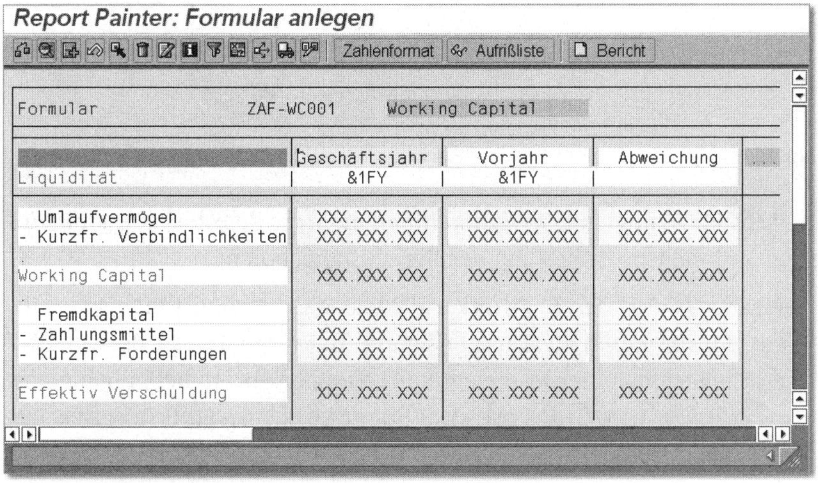

Abbildung 8.16 Formular

Auf der Grundlage dieses Formulars können Sie, wie im nächsten Abschnitt beschrieben, Ihren Bericht zur Bilanzkennzahl anlegen.

8.5.5 Formular einem Bericht zuordnen

Nachdem Sie erfolgreich ein Formular angelegt haben, können Sie dieses Formular einem Bericht zuordnen. Gehen Sie wie folgt vor, um einen Bilanzbericht mit dem zuvor definierten Formular anzulegen:

1. Geben Sie im Befehlsfeld die Transaktion FSI1 ein. Wählen Sie, wie in Abbildung 8.17 dargestellt, als Berichtsart BILANZKENNZAHLEN, und geben Sie eine Bezeichnung für Ihren Bericht ein. Denken Sie daran, dass Namen, die mit einer Ziffer beginnen, von SAP zur Auslieferung vorgesehen sind.

2. Geben Sie unter MIT FORMULAR das Formular an, auf dessen Grundlage Sie Ihren Bericht erstellen wollen. In unserem Beispiel ist dies das zuvor selbst angelegte Formular ZAF-WC001. Klicken Sie anschießend auf die Schaltfläche ☐ Anlegen (ANLEGEN), um fortzufahren.

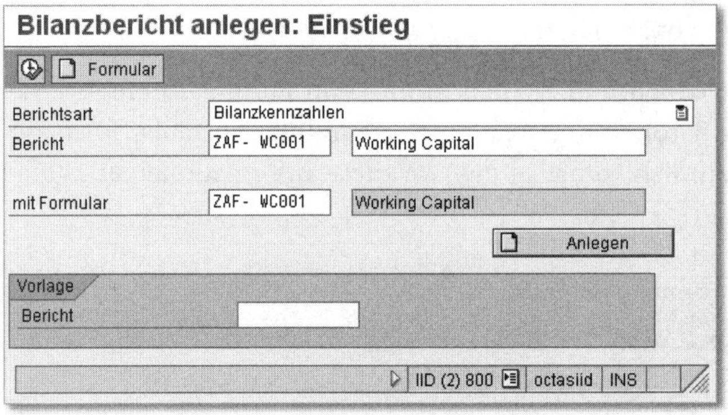

Abbildung 8.17 Bilanzbericht anlegen: Einstieg

Im nächsten Dialogfenster werden Ihnen mehrere Registerkarten mit weiteren Optionen zur Steuerung des Berichts angeboten:

- MERKMALE: Auf der Registerkarte MERKMALE stehen Ihnen verschiedene Aufrissmerkmale zur Verfügung. Im ausgeführten Bericht können Sie nach den hier festgelegten Aufrissmerkmalen beliebig navigieren (z.B. BILANZ-/GUV-POSITION, BUCHUNGSKREIS, FUNKTIONSBEREICH, GESCHÄFTSBEREICH).

[»] **Bilanz-/GuV-Positionen**
Beachten Sie, dass das Merkmal BILANZ-/GUV-POSITIONEN immer an erster Stelle aufgeführt werden muss, da es sich um ein Merkmal mit Hierarchie handelt. In der Bilanz-/GuV-Struktur werden die Kontonummern hierarchisch geordnet angezeigt.

- VARIABLEN: Auf der Registerkarte VARIABLEN können Sie für die Variablen, die Sie in das zugrunde liegende Formular aufgenommen haben, feste Werte eingeben oder festlegen, ob die Variablen beim Ausführen des Berichts eingabebereit sein sollen.

- AUSGABEART: Auf der Registerkarte AUSGABEART können Sie festlegen, wie der Bericht nach der Ausführung dargestellt werden soll, z.B. können Sie Kopf- und Fußzeilen definieren.

▸ OPTIONEN: Auf der Registerkarte OPTIONEN können Sie weitere Einstellungen zum Drucklayout vornehmen und zusätzliche Informationen hinterlegen.

3. Markieren Sie im Rahmen VERFÜGBAREN MERKMALE die Merkmale GESCHÄFTSBEREICH und PERIODE, und klicken Sie auf die Pfeiltaste ◀, um die Merkmalsauswahl zu übernehmen (siehe Abbildung 8.18).

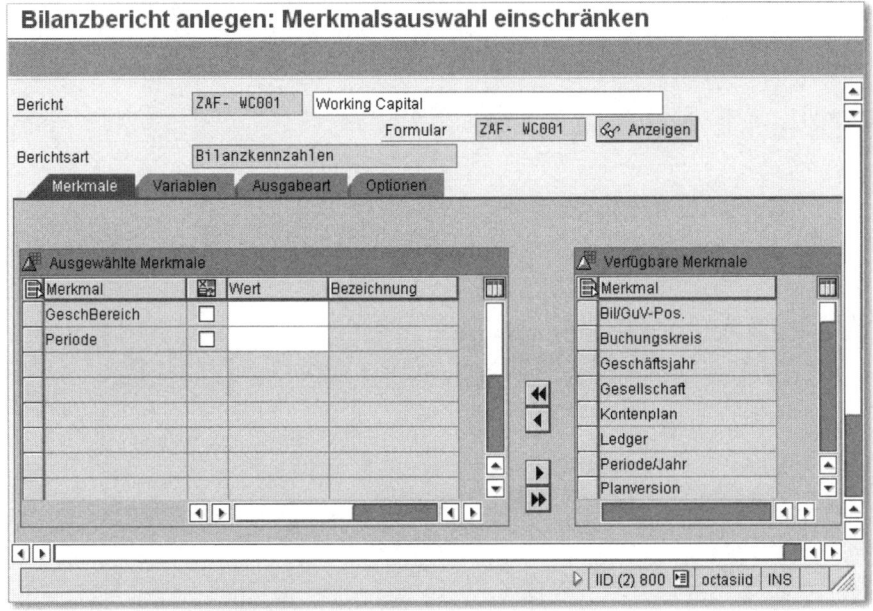

Abbildung 8.18 Registerkarte »Merkmale«

4. Auf der Registerkarte VARIABLEN wurden die definierten Variablen aus dem Formular automatisch übertragen. An dieser Stelle könnten Sie weitere Variablen für diesen Bericht integrieren. In unserem Beispiel genügt, wie in Abbildung 8.19 dargestellt, die Variable GESCHÄFTSJAHR. Sie können die Variablen mit Vorschlagswerten belegen. Bei der Berichtsausführung kann der Anwender jedoch diese Werte überschreiben. Um das Überschreiben der Variablen bei Berichtsausführung zu ermöglichen, müssen Sie das Kennzeichen EINGABE BEIM AUSFÜHREN setzen.

5. Legen Sie auf der Registerkarte AUSGABEART fest, wie der Bericht dargestellt werden soll. Die Voreinstellungen, die Sie auf dieser Registerkarte vornehmen, können jedoch im Selektionsbild des Berichts verändert werden. Aktivieren Sie hierzu, wie in Abbildung 8.20 zu sehen, im unteren Bereich der Registerkarte die Einstellung AUF SELEKTIONSBILD AUSWÄHLBAR.

8 | Rechercheberichte

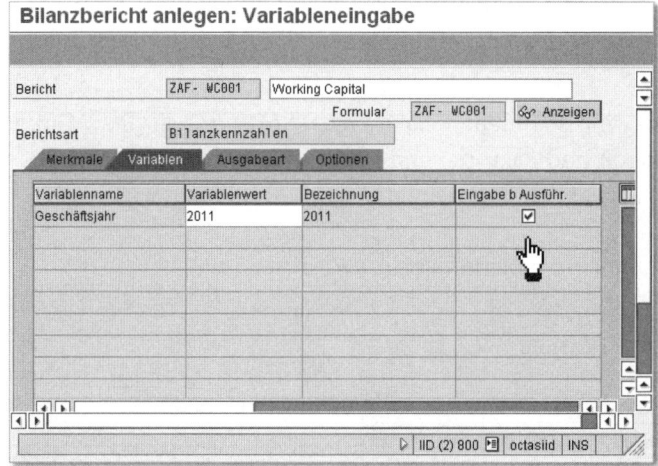

Abbildung 8.19 Registerkarte »Variablen«

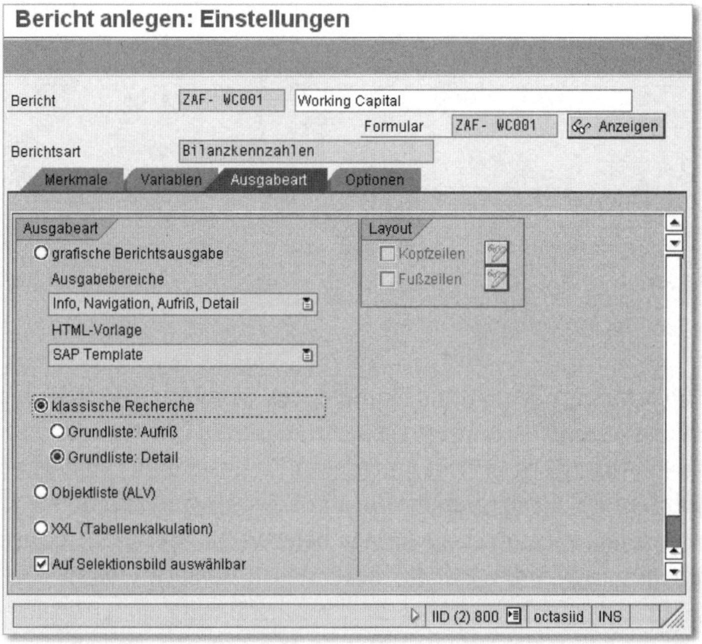

Abbildung 8.20 Ausgabeart festlegen

Die folgende Aufstellung soll Ihnen helfen, die für Ihre Zwecke am besten geeignete Berichtsart zu finden:

▶ GRAFISCHE BERICHTSAUSGABE: Verwenden Sie die grafische Berichtsausgabe, wenn Sie die Berichtdaten besonders ansprechend am Bildschirm präsentieren wollen oder wenn Sie gleichzeitig mehrere Sichten auf die Berichtsdaten benötigen (z.B. Aufriss- und Detailliste).

- KLASSISCHE RECHERCHE: Nutzen Sie diese Ausgabeart, wenn Sie eine hohe Performance benötigen (z.B. bei Berichten, die ein Datenvolumen auswerten) oder wenn die Berichtsdaten ausgedruckt werden sollen.

- OBJEKTLISTE (ALV): Sie verwenden Objektlisten, wenn Sie für jede Berichtszeile die entsprechenden Merkmalswerte ausgewiesen haben wollen. Objektlisten sind oft erheblich umfangreicher als klassische oder grafische Berichte über denselben Datenbestand.

- XXL (TABELLENKALKULATION): Sie verwenden die Berichtsausgabe an XXL (Extended Export of Lists), wenn Sie die Berichtsdaten mithilfe einer Tabellenkalkulation weiterbearbeiten wollen oder wenn Sie auf die Daten auch dann zugreifen wollen, wenn Sie gerade keinen Zugriff auf ein SAP ERP-System haben.

6. Wählen Sie für unser Beispiel die klassische Recherche aus. Im Gruppenrahmen LAYOUT können Sie Kopf- und Fußzeilen im Bericht einfügen. Wählen Sie gegebenenfalls PFLEGEN, um den Text zu bearbeiten, der in der Kopf- und Fußzeile angezeigt werden soll.

7. Wechseln Sie nun abschließend auf die Registerkarte OPTIONEN, um im Gruppenrahmen DRUCKLAYOUT weitere Einstellungen für das Druckbild des Berichts festzulegen (siehe Abbildung 8.21). Darüber hinaus können Sie im Gruppenrahmen Zusätze Kommentare zu Ihrem Bericht hinterlegen.

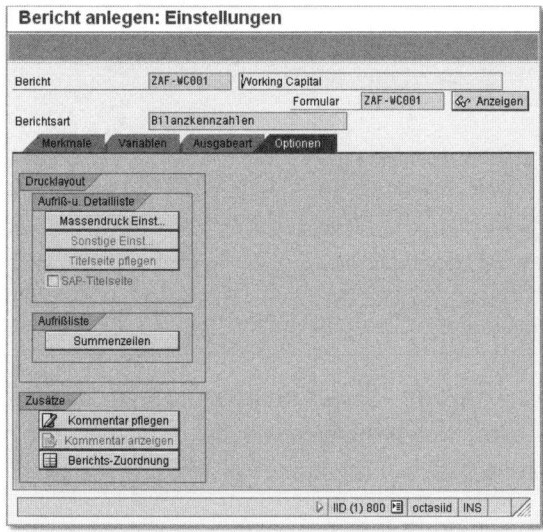

Abbildung 8.21 Optionen

Die Funktion BERICHTS-ZUORDNUNG ermöglicht es, Ihrem Bericht weitere Berichte zuzuordnen, um in der Berichtsausgabe über die Bericht-Bericht-Schnittstelle flexibel in einen anderen Bericht zu verzweigen. Zum Beispiel möchten Sie ausgehend von unserem Kennzahlenbericht in einen Einzelpostenbericht verzweigen. Sie können als Empfängerberichte sowohl Berichtsheftberichte, Rechercheberichte und Transaktionen als auch Report-Writer- und ABAP-Programme hinzufügen.

Gehen Sie hierzu wie folgt vor:

1. Fügen Sie im Dialogfenster BERICHTE ZUORDNEN aus Abbildung 8.22 einen ABAP-Report hinzu. Klicken Sie zunächst auf die Schaltfläche 🔲 (ELEMENT EINFÜGEN), um eine Zeile hinzuzufügen. Wählen Sie anschließend im nächsten Fenster die Schaltfläche ANDERER BERICHTSTYP, um aus der angebotenen Auswahl den Berichtstyp ABAP REPORT hinzuzufügen.

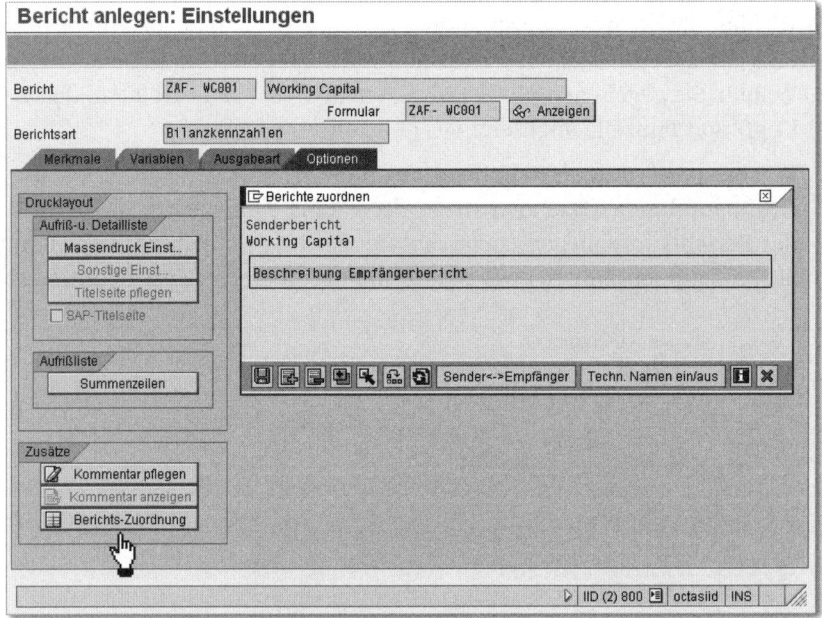

Abbildung 8.22 Berichtszuordnung

2. Geben Sie im Dialogfenster ABAP/4 BERICHT HINZUFÜGEN aus Abbildung 8.23 »RFGLRE_ITEMS« ein, und bestätigen Sie die Eingaben mit der Schaltfläche ✅ (ÜBERNEHMEN). Das Programm RFGLRE_ITEMS listet die Einzelposten auf.

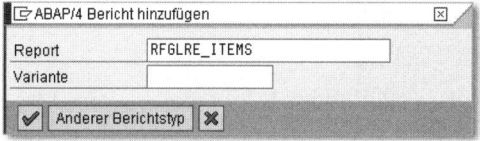

Abbildung 8.23 ABAP/4-Bericht hinzufügen

3. Sichern Sie den soeben festgelegten Empfängerbericht über die Schaltfläche 🖫 (SICHERN).

Nachdem Sie die gewünschten Einstellungen im Bericht vorgenommen haben, können Sie den Bericht sichern.

8.6 Bericht ausführen

Erfahren Sie in diesem Abschnitt, wie Sie einen Bericht ausführen, nachdem Sie ihn definiert haben. Da wir in unserem Beispiel Variablen definiert haben, werden wir nach einem Klick auf die Schaltfläche 🔄 (AUSFÜHREN) in ein Selektionsbild verzweigen. Im Selektionsbild werden Sie aufgefordert, Einzelwerte, Intervalle oder komplexe Selektionen einzugeben, um die Datenselektion weitestgehend einzugrenzen.

> **Bericht ausführen** [«]
>
> Das Ausführen von Berichten kann in den Applikationen unterschiedlich gehandhabt werden. Lesen Sie deshalb bitte den entsprechenden Abschnitt in Ihrer applikationsspezifischen Dokumentation nach.

Setzen Sie im Befehlsfeld die Transaktion FSI0 ein, markieren Sie im Ordner BILANZKENNZAHLEN den von uns angelegten Recherchebericht WORKING CAPITAL, und klicken Sie auf die Schaltfläche 🔄 (AUSFÜHREN) (siehe Abbildung 8.24).

In dem in Abbildung 8.25 dargestellten Selektionsbild können Sie nun die Parameter zur Eingrenzung der Datenselektion eingeben. Im unteren Bereich des Selektionsbildes können Sie die Ausgabeart festlegen. Sollten Sie täglich Auswertungen durchführen, empfiehlt es sich, mit sogenannten *Berichtsvarianten* zu arbeiten. Die Parameter, die Sie in der Selektion eingeben, können Sie speichern und in der nächsten Berichtsausführung aufrufen.

Klicken Sie, nachdem Sie die Parameter vorgegeben haben, auf die Schaltfläche 🔄 (AUSFÜHREN), um sich online die Berichtsliste anzeigen zu lassen.

8 | Rechercheberichte

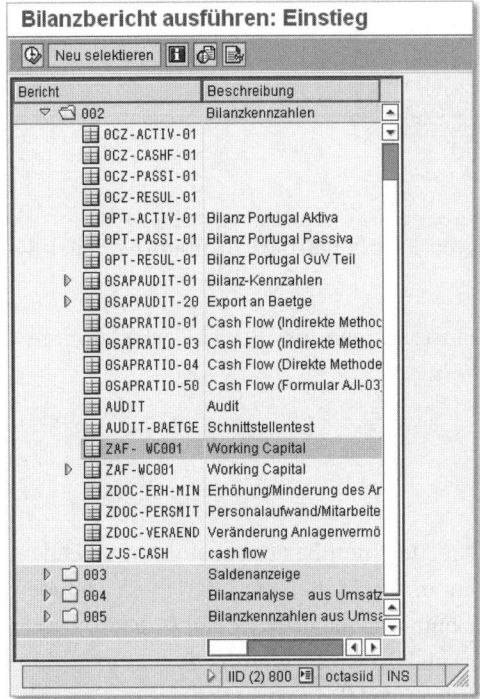

Abbildung 8.24 Bilanzbericht ausführen

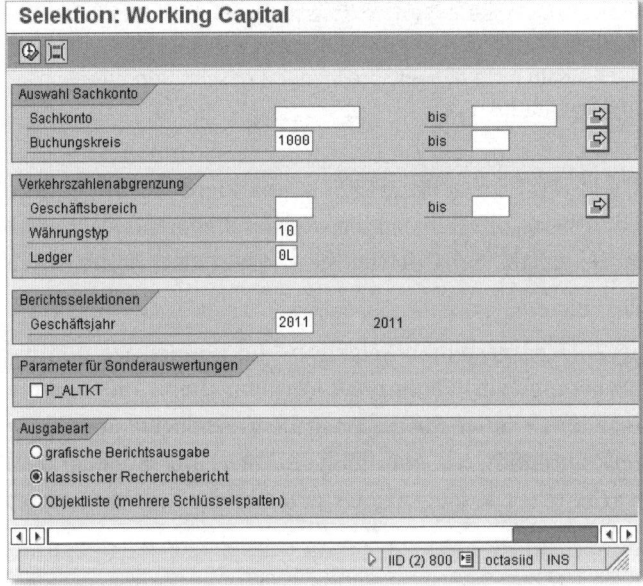

Abbildung 8.25 Selektionsbild

Sofern größere Datenmengen ausgewertet werden müssen, empfehlen wir Ihnen, die Berichtsausführung im Hintergrund einzuplanen, um die Laufzeit zu verringern. Weitere Informationen zur Jobeinplanung im Hintergrund erhalten Sie in Abschnitt 1.3, »Automatisierung«.

8.7 Interaktive Navigationsmöglichkeiten

Der besondere Vorteil des Recherche-Tools liegt in der Möglichkeit, Berichtsdaten interaktiv zu analysieren. Die Recherche enthält Funktionen zur Navigation in der Datenbank und zur interaktiven Bearbeitung einer Liste. Nachdem Sie die Datenselektion ausgeführt haben, stehen Ihnen in der Berichtsliste Aufrissfunktionen zur Verfügung. In diesem Abschnitt möchten wir Ihnen anhand von Beispielen verdeutlichen, wie Sie in der Berichtsliste interaktiv navigieren können.

8.7.1 Navigation in klassischen Berichten

Im Folgenden werden wir Ihnen die verschiedenen Navigationstechniken in der Berichtsliste vorstellen.

Verzweigung von der Detail- in die Aufrissliste

In Abbildung 8.26 wird zunächst die Detailliste als Grundliste angezeigt, so wie wir es in unserem Beispiel in der Berichtsdefinition als Ausgabeart festgelegt haben.

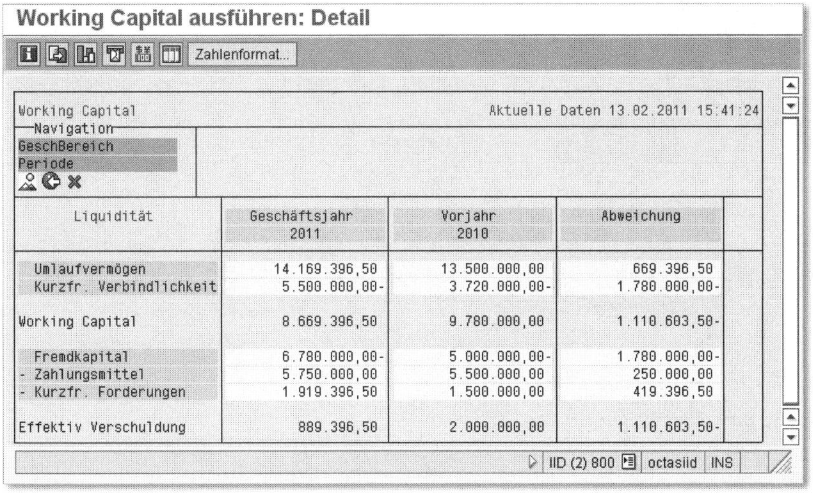

Abbildung 8.26 Grundliste – Detail

Möchten Sie von der Detailliste zur Aufrissliste wechseln, klicken Sie zunächst auf die Schaltfläche ▨ (AUFRISSLISTE). Daraufhin werden alle freien Merkmale im Navigationsblock farblich gekennzeichnet. Klicken Sie anschließend auf eins der Merkmale, um, wie in Abbildung 8.27 veranschaulicht, in die Aufrissliste zu verzweigen.

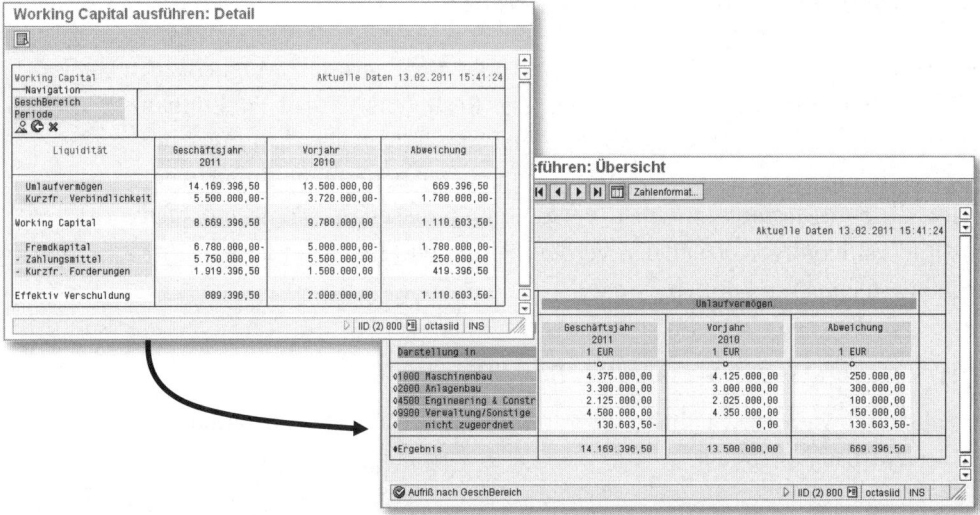

Abbildung 8.27 Verzweigung der Aufrissliste

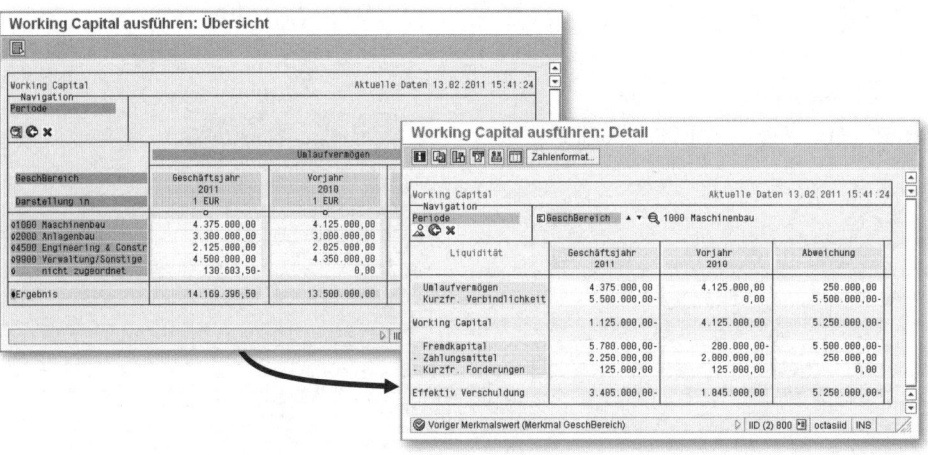

Abbildung 8.28 Verzweigung in die Detailliste

Verzweigung von der Aufriss- zur Detailliste

Im nächsten Beispiel sollen Kennzahlen zu einem Geschäftsbereich ermittelt werden. Um in die Detailliste zu wechseln, klicken Sie auf die Schaltfläche (DETAILLISTE). Die Zeilenmarkiersymbole werden danach farbig hervorgehoben. Wählen Sie durch einen Klick ein Merkmal aus der Zeile, um in die Detailliste zu wechseln. Das Ergebnis verdeutlicht Abbildung 8.28.

Zurück zur Grundliste

Die Verzweigung in die Grundliste erfolgt durch einen Klick auf die Schaltfläche (GRUNDLISTE). Bis auf die Zahlenformatänderungen werden sämtliche Einstellungen aufgehoben.

Aufrissmerkmale wechseln

Im nächsten Beispiel möchten wir die Aufrissmerkmale austauschen. In Abbildung 8.29 sehen Sie zunächst einen Aufriss nach Geschäftsbereich, der durch einen Aufriss nach Periode ersetzt werden soll. Klicken Sie hierzu auf das Merkmal GESCHÄFTSBEREICH und anschließend auf das freie Merkmal PERIODE im Navigationsbereich. Ein Blick auf Abbildung 8.29 zeigt, dass die beiden Merkmale dadurch ihre Positionen wechseln. Während die Periode über alle Merkmale aufgerissen wird, steht das Merkmal GESCHÄFTSBEREICH als freies Merkmal im Navigationsbereich.

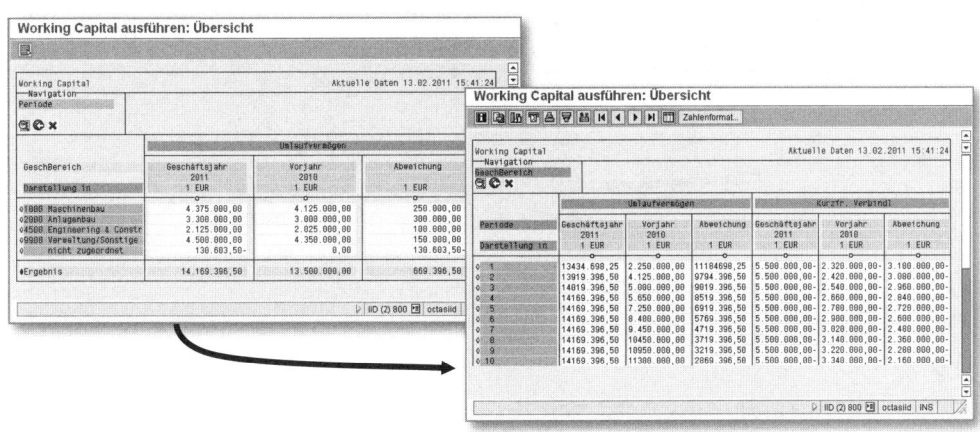

Abbildung 8.29 Aufrissmerkmale wechseln

Merkmalswert aufreißen

Im nächsten Fall befinden wir uns in der Aufrissliste und haben das Merkmal *Geschäftsbereich* über alle Merkmalswerte aufgerissen. Wenn Sie in der Aufrissliste einen Geschäftsbereich tiefer aufreißen möchten, führen Sie einen Doppelklick auf die Zeile aus. Als Ergebnis wird der spezielle Geschäftsbereich nach einem des nächsten freien Merkmals aufgerissen. Geschäftsbereich und Maschinenbau wandern dabei nach rechts oben in den Navigationsblock. Alternativ können Sie, sofern Sie nach einem anderen Merkmal aufreißen möchten, das Zeilenmarkierungssymbol ◊ per Klick zunächst aktivieren und anschließend eines der freien Merkmale im Navigationsblock anklicken (siehe Abbildung 8.30).

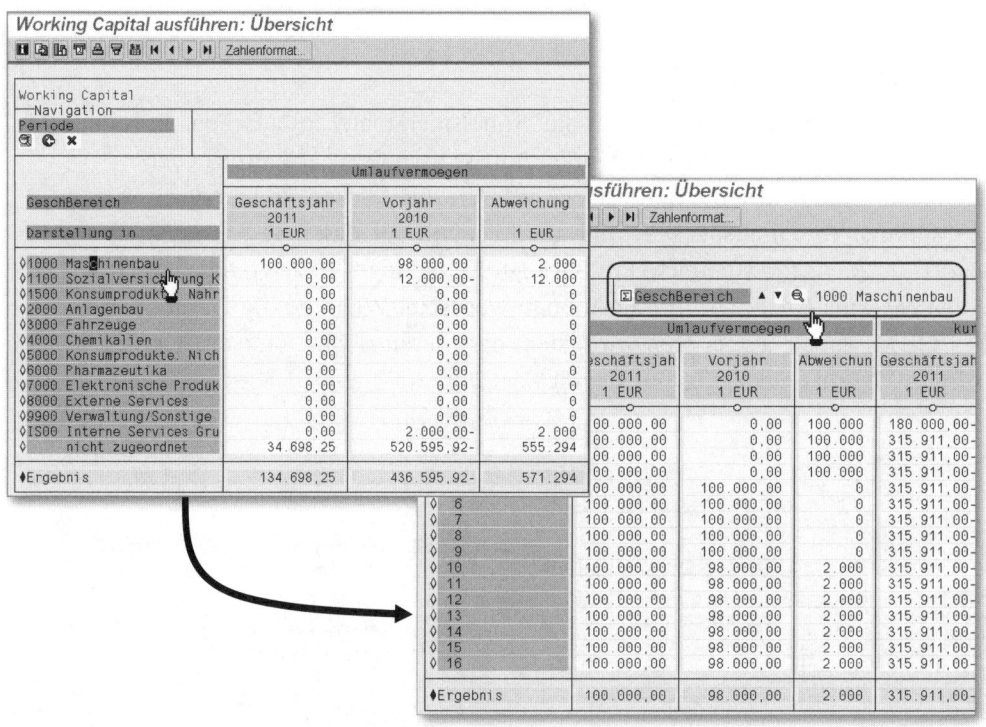

Abbildung 8.30 Merkmalswert aufreißen

Möchten Sie ausgehend von der aktuellen Aufrissliste z.B. die Periode 4 näher betrachten, führen Sie auch hier einen Doppelklick darauf aus. Das Merkmal PERIODE mit dem MERKMALSWERT 4 wandert daraufhin in den oberen Bereich der Berichtsliste. Wenn Sie anstelle der Periode 4 eine andere Periode aufreißen möchten, nutzen Sie die Blätterfunktion. Eine Auswahlliste erhalten Sie, wenn Sie auf die Schaltfläche 🔍 (AUSWAHL) klicken. Um wieder zurück in die vorherige Sicht zu verzweigen, klicken Sie auf die Schaltfläche ⊙ (AUFRISS ZURÜCKNEHMEN).

Tabelle 8.2 gibt Ihnen eine Übersicht über die Symbole, die Ihnen zur Verfügung stehen.

Funktion	Symbol
Aufrissliste	
Detailliste	
Zeilenmarkierer	
Grundliste	

Tabelle 8.2 Übersicht der Symbole

8.7.2 Navigation in grafischen Berichten

Im Vergleich zur klassischen Berichtsausgabe navigieren Sie in der Berichtsliste der grafischen Berichtsausgabe weitestgehend per Drag & Drop bzw. per Doppelklick auf das Merkmal. Diese Navigationsmöglichkeiten lernen Sie im Folgenden kennen.

Aufrisswechsel

Damit Sie ein Merkmal aus dem Navigationsbereich aufreißen können, klicken Sie auf das Merkmal PERIODE und ziehen es mit gedrückter Maustaste an eine beliebige Stelle im Aufrissbereich (Drag & Drop). Lassen Sie die Maustaste los, sodass die Berichtsdaten nach dem Merkmal PERIODE aufgebaut werden können. Alternativ können Sie einen Doppelklick auf ein Merkmal im Navigationsbereich ausführen, um einen Aufriss nach diesem Merkmal vorzunehmen.

Drilldown

Ausgehend von der Darstellung aus Abbildung 8.31, können Sie ein Merkmal aus dem Aufrissbereich mit der linken Maustaste anklicken und es anschließend mit gedrückter Maustaste auf ein Merkmal im Navigationsbereich ziehen. Nachdem Sie die Maustaste losgelassen haben, werden die Berichtsdaten nach dem gewünschtem Merkmal aufbereitet. Genauso können Sie einen Doppelklick auf ein Merkmal im Aufrissbereich ausführen. Gleichzeitig erscheinen im Navigationsbereich Pfeiltasten für das ausgewählte Merkmal, mit denen Sie durch die Werte des Merkmals blättern können.

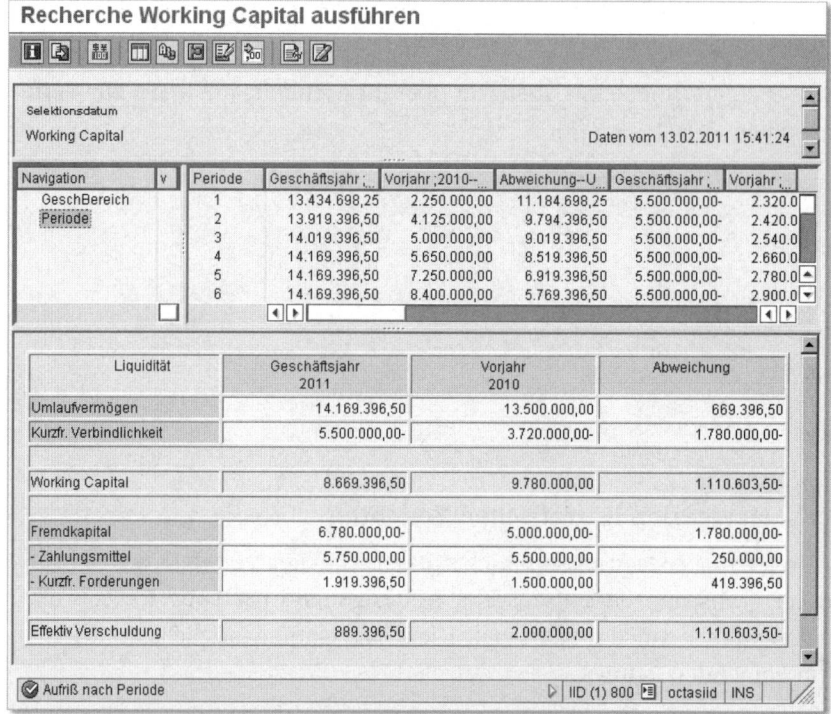

Abbildung 8.31 Aufrisswechsel in der grafischen Berichtsausgabe

Die Aufrisskriterien, die Sie ausgewählt haben, können auf dem gleichen Weg rückgängig gemacht werden. Ziehen Sie entweder mit der linken Maustaste das Merkmal aus dem Navigationsbereich in den Aufrissbereich, und lassen Sie anschließend die Maustaste los, oder führen Sie einen Doppelklick auf das Merkmal im Navigationsbereich aus.

8.8 Daten analysieren

In diesem Abschnitt erhalten Sie einen Überblick über die angebotenen Analysefunktionen in der Berichtsliste. Erfahren Sie, wie Sie über Analysefunktionen gezielte Auswertungen vornehmen und sich dazu passende Grafiken anzeigen lassen können.

[»] Menüpfade

Die Menüpfade Ihrer Applikation können von den in diesem Abschnitt genannten Menüpfaden abweichen. Bitte beachten Sie hierzu die applikationsspezifische Dokumentation.

8.8.1 Bedingungen

Legen Sie für eine Spalte eine Bedingung an, um die Wertebereiche weiter einzuschränken. Sie können jedoch höchstens eine Bedingung aktiv setzen. Gehen Sie wie folgt vor, um eine Bedingung anzulegen:

1. Markieren Sie die Spalte, für die Sie eine Bedingung festlegen möchten, durch einen einfachen Klick.

2. Wählen Sie anschließend in der Menüleiste BEARBEITEN • BEDINGUNG • ANLEGEN.

3. Im Dialogfenster SPALTE BEARBEITEN: BEDINGUNG können Sie über die Bedingungsoperatoren festlegen, welche Daten in der Berichtsliste angezeigt werden sollen (siehe Abbildung 8.32).

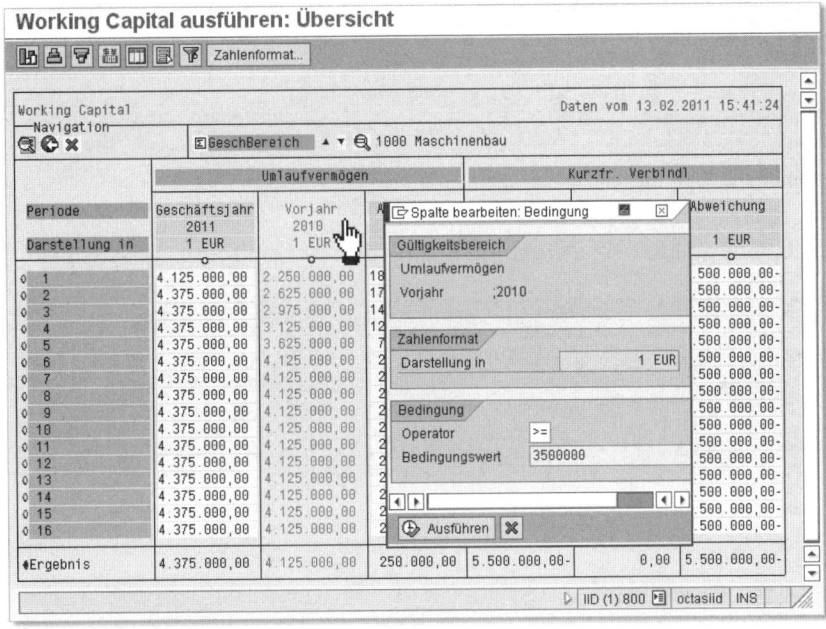

Abbildung 8.32 Bedingung eingeben

4. Klicken Sie abschließend auf die Schaltfläche [Ausführen] (AUSFÜHREN). In der Berichtsliste erhalten Sie nur noch die Zeilen, die die Bedingung erfüllen, angezeigt (siehe Abbildung 8.33).

Sowohl die Zeilen, die die Bedingung erfüllen, als auch jene, bei denen die Bedingung nicht erfüllt ist, werden als Zwischenergebnis ausgegeben. Darüber hinaus werden Spalten mit Bedingungsfunktion farbig hervorgehoben.

8 | Rechercheberichte

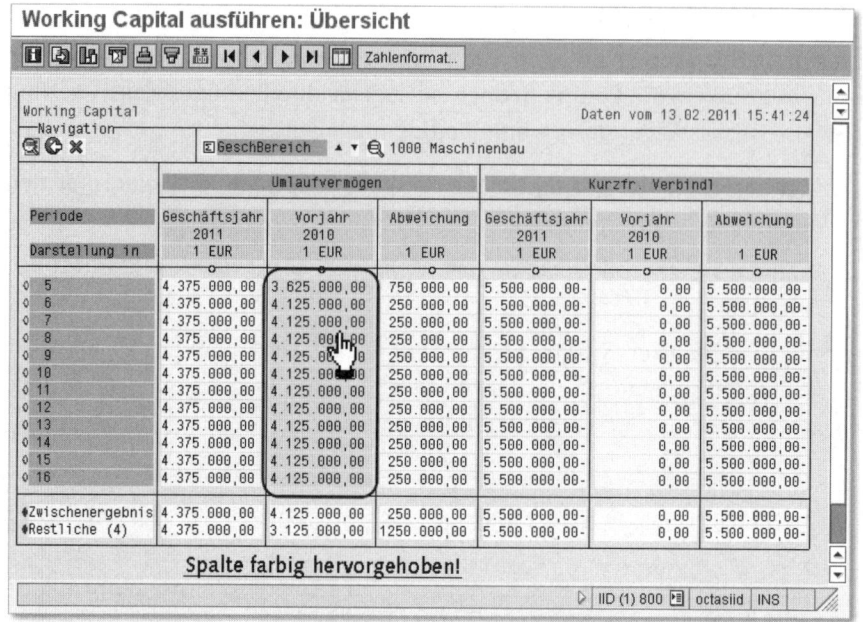

Abbildung 8.33 Bedingung eingeben

Die Funktion BEDINGUNG können Sie jederzeit verändern (siehe Tabelle 8.3).

Funktion	Menüpfad
Bedingung anlegen	BEARBEITEN • BEDINGUNG • ANLEGEN
Bedingung ändern	BEARBEITEN • BEDINGUNG • ÄNDERN
Bedingung löschen	BEARBEITEN • BEDINGUNG • LÖSCHEN

Tabelle 8.3 Funktion »Bedingung«

8.8.2 Rangliste

Erstellen Sie über die Funktionen TOP N, TOP %, LAST N und LAST % eine Rangliste für die Spalten der Berichtsliste. Mit dieser Funktion lassen sich Top- oder Last-Werte ermitteln.

Nutzen Sie z.B. die Funktion TOP N, um in einer Spalte die fünf höchsten Werte anzeigen zu lassen. Gehen Sie wie folgt vor:

1. Markieren Sie eine Spalte durch einfachen Klick, für die Sie die Funktion TOP N anwenden möchten.
2. Wählen Sie anschließend in der Menüleiste BEARBEITEN • RANGLISTE • TOP N.

3. Im Dialogfenster (siehe Abbildung 8.34) geben Sie die Anzahl der gewünschten Top-Werte an.

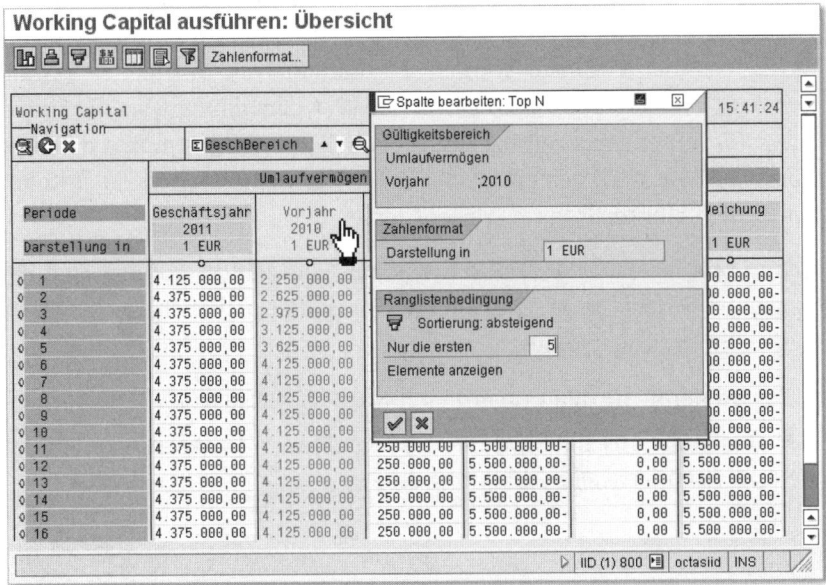

Abbildung 8.34 Rangliste erstellen

4. In Abbildung 8.35 sehen Sie das Ergebnis dieser Einstellung.

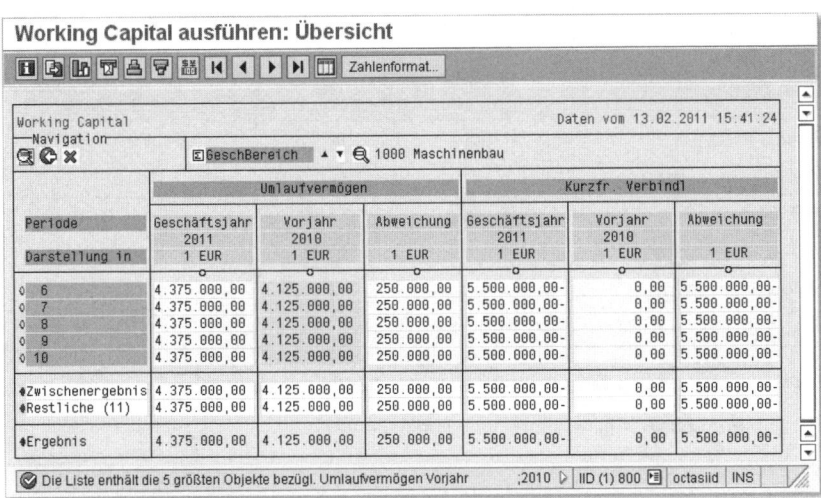

Abbildung 8.35 Rangliste

8.8.3 Summenkurve

Die *Summenkurve* ist eine Treppenkurve, die Auskunft über die Konzentration von Merkmalswerten gibt. Die Kennzahlenwerte werden absteigend sortiert addiert. Auf der Abszisse wird die Anzahl der Merkmalswerte abgetragen, auf der Ordinate werden die kumulierten Werte der gewählten Kennzahl abgetragen. Je nach gewählter Wertdarstellung wird die Summenkurve absolut oder prozentual ausgegeben. Die Grafik vermittelt damit einen Überblick, wie stark sich ein großer Anteil des Gesamtwertes einer Kennzahl auf wenige Merkmalswerte konzentriert.

In unserem Beispiel soll ermittelt werden, wie sich die kurzfristigen Forderungen im Geschäftsjahr 2010 auf die einzelnen Geschäftsbereiche verteilen. Gehen Sie wie folgt vor:

1. Positionieren Sie den Cursor in der Spalte KURZFRISTIGE FORDERUNGEN.
2. Wählen Sie anschließend in der Menüleiste BEARBEITEN • ANALYSE • SUMMENKURVE (siehe Abbildung 8.36).

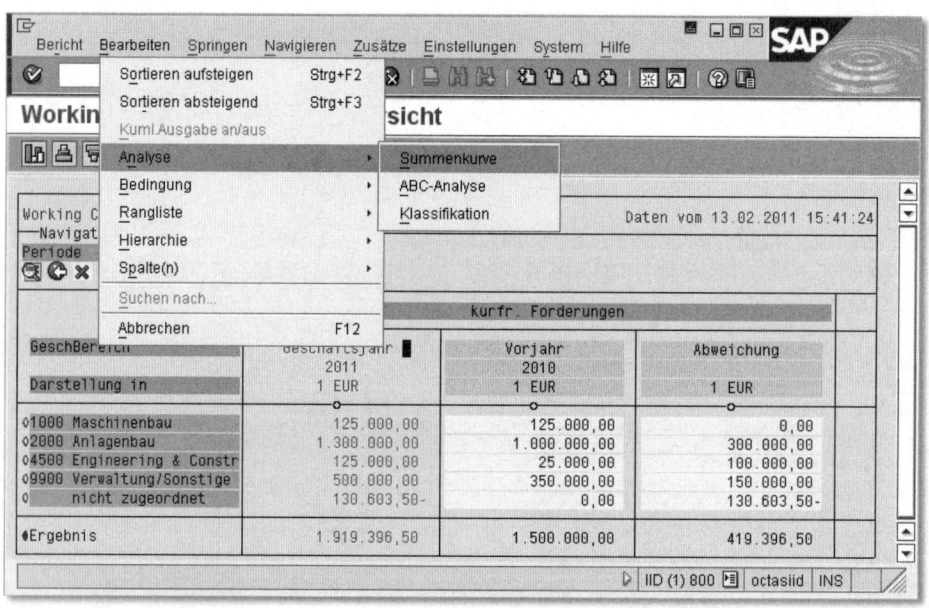

Abbildung 8.36 Analysefunktion: Summenkurve

Abbildung 8.37 veranschaulicht die vom System erstellte Summenkurve. Die Analysefunktion SUMMENKURVE ist ein nützliches Hilfsmittel, das Sie bei Fragen zur Häufigkeitsverteilung grafisch unterstützt.

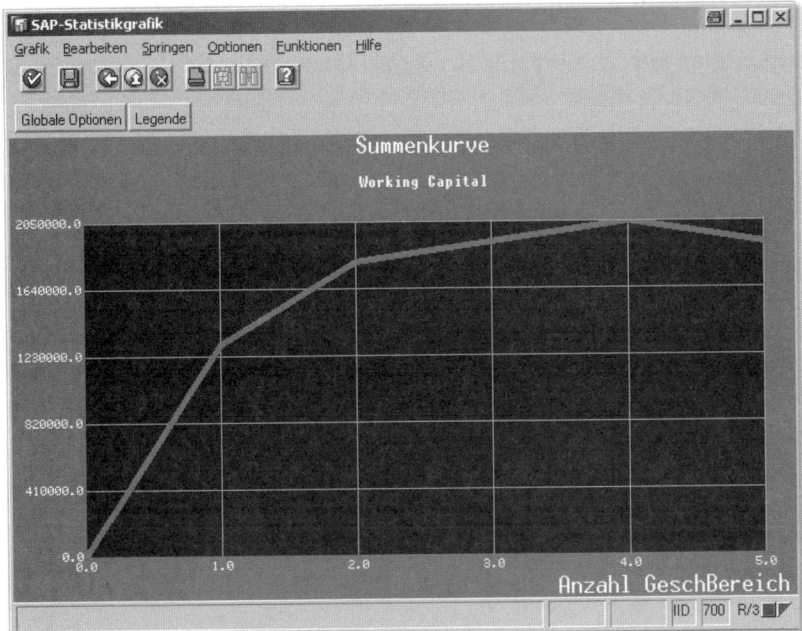

Abbildung 8.37 Summenkurve

8.8.4 ABC-Analyse

Mithilfe der *ABC-Analyse* können Sie Merkmalswerte im Hinblick auf ihre Wichtigkeit bei bestimmten Kennzahlen klassifizieren. Das Ziel der ABC-Analyse besteht also darin, herauszufinden, welchem Bereich besondere Aufmerksamkeit geschenkt werden sollte.

Die ABC-Analyse erlaubt die Schwerpunktbildung durch folgende Dreiteilung:

- A: wichtig
- B: weniger wichtig
- C: relativ unwichtig

Für das A-Segment geben Sie 70 % an, für das B-Segment 20 % und für das C-Segment 10 %. Das System erstellt intern eine Liste, die absteigend nach dem Kennzahlenwert geordnet ist. Dem A-Segment werden alle Merkmalswerte zugeordnet, die 70 % am Gesamtkennzahlenwert ausmachen. Dem B-Segment werden die folgenden 20 % zugeordnet und dem C-Segment die Merkmalswerte, die einen Anteil von 10 % am Gesamtkennzahlenwert haben.

Führen Sie folgende Schritte durch, um eine ABC-Analyse zu erstellen:

1. Positionieren Sie den Cursor in der Kennzahlenspalte, die als Kriterium für die ABC-Analyse dient.
2. Wählen Sie anschließend in der Menüleiste BEARBEITEN • ANALYSE • ABC-ANALYSE.
3. Sie erhalten ein Dialogfenster (siehe Abbildung 8.38), in dem Ihnen vier Strategien für die Durchführung der ABC-Analyse angeboten werden.

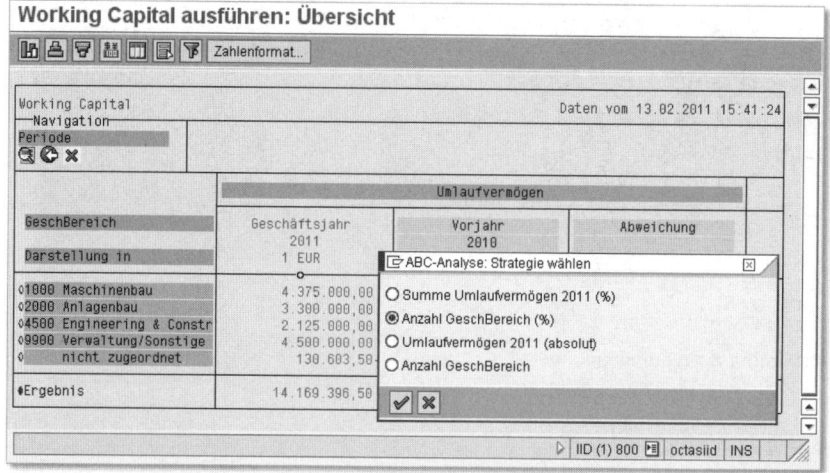

Abbildung 8.38 ABC-Analyse

4. Markieren Sie eine Strategie, nach der Ihre ABC-Analyse durchgeführt werden soll.

Die folgenden Strategien stehen Ihnen zur Verfügung.

Summe Kennzahl in %

Bei dieser Strategie erhalten Sie ein Dialogfenster, in dem Sie für das A-, B- und C-Segment den prozentualen Anteil am Gesamtwert der Kennzahl angeben müssen. Diese Strategie wird nur für Kennzahlen angeboten, die summierbar sind – z.B. nicht für Durchschnittskennzahlen.

Anzahl Merkmalswerte in %

Bei dieser Strategie erhalten Sie ein Dialogfenster, in dem Sie für das A-, B-, C-Segment den prozentualen Anteil der Merkmalswerte angeben müssen.

Kennzahl (absolut)

Haben Sie diese Strategie gewählt, erhalten Sie ein Dialogfenster, in dem Sie die Grenzen zwischen dem A/B-Segment und dem B/C-Segment vorgeben müssen.

Anzahl Merkmalswerte

Bei dieser Strategie erhalten Sie ein Dialogfenster, in dem Sie die Anzahl der Merkmalswerte angeben müssen, die dem A- und B-Segment zugeordnet werden. Die Anzahl der Merkmalswerte, die dem C-Segment zugeordnet werden, wird automatisch vom System errechnet.

Wählen Sie für das Beispiel die Strategie ANZAHL MERKMALSWERTE IN %, und bestätigen Sie Ihre Eingaben mit der Schaltfläche ✓ (ÜBERNEHMEN). Abbildung 8.39 veranschaulicht das Ergebnis der ABC-Analyse.

Abbildung 8.39 ABC-Analyse

Ausgehend von der Ergebnisliste aus der ABC-Analyse, werden Ihnen weitere Hilfsmittel angeboten. Weitere Informationen zur ABC-Analyse erhalten Sie in der Onlinehilfe (F1-Hilfe).

8.8.5 Klassifikation

Bei der Klassifikation werden die Merkmalswerte in Bezug auf *eine* Kennzahl in Klassen eingeteilt. Auf diese Weise ist es möglich, sich schnell einen Überblick über alle Merkmalswerte zu dieser Kennzahl zu verschaffen und Trends und Zusammenhänge zu erkennen.

Die Einteilung in Klassen, also die Festlegung der Klassengrenzen, wird zunächst automatisch vom System je nach Datenlage errechnet. Vom System werden stets sechs Klassen festgelegt.

Die Festlegung der Klassengrenzen sowie die Anzahl der Klassen können jedoch auch von Ihnen selbst interaktiv bestimmt werden.

Um eine Klassifikation durchzuführen, gehen Sie wie folgt vor:

1. Positionieren Sie den Cursor in der Kennzahlenspalte in der Berichtsliste, die für die Klassifikation herangezogen werden soll.
2. Wählen Sie anschließend die Menüleiste BEARBEITEN • ANALYSE • KLASSIFIKATION.

Es wird Ihnen, wie in Abbildung 8.40 dargestellt, eine Grafik angezeigt. Mithilfe von Drucktasten am rechten Rand der Grafik können Sie in die Listanzeige verzweigen bzw. die Klassenanzahl und Klassengrenzen neu bestimmen.

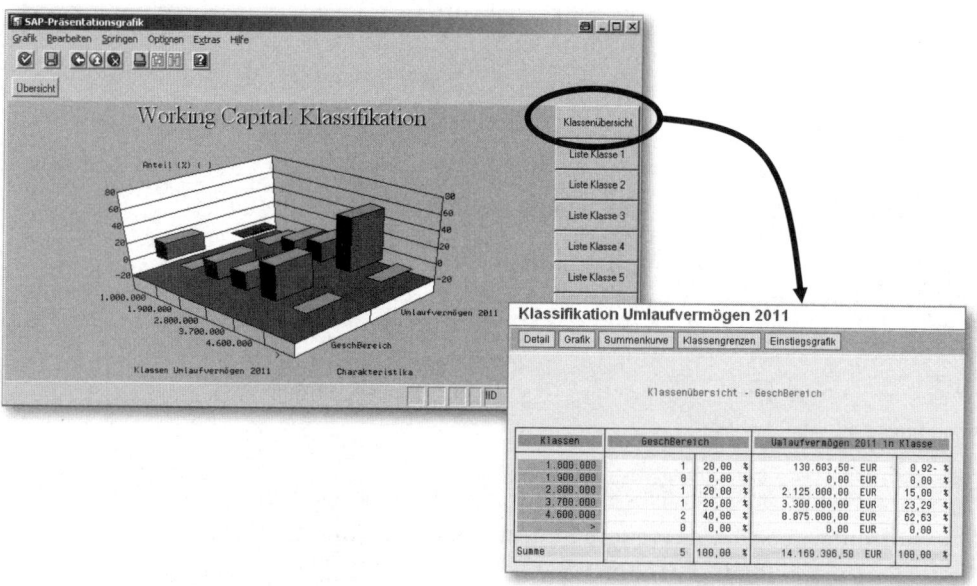

Abbildung 8.40 Klassifikation

8.8.6 Exception

Mithilfe der Funktion EXCEPTION können Sie in der Berichtsliste Ausnahmebedingungen für Objekte definieren. Durch die Festlegung von Schwellenwerten können Sie Toleranzbereiche nach oben und unten festlegen. Wenn Zahlenwerte für Objekte die definierten Schwellen über- oder unterschreiten, wird die Zelle farblich markiert (rot bzw. grün). Die Ausnahmebedingungen können sowohl für Spalten als auch Zellen definiert werden.

Das Anlegen einer Exception erfolgt immer auf der Aufrissliste. Nachdem eine Exception definiert wurde, wird sie auch in der Detailliste ausgewertet und kann dort geändert werden. Gehen Sie wie folgt vor, um mit der Funktion EXCEPTION einen Schwellenwert für eine Spalte anzulegen:

1. Positionieren Sie den Cursor in einer der Spalten, auf die sich die Exception beziehen soll.
2. Klicken Sie in der Menüleiste auf ZUSÄTZE • EXCEPTION ANLEGEN.
3. Im darauffolgenden Dialogfenster wählen Sie SPALTE als Gültigkeitsbereich, wenn Sie die Exception für eine Spalte in allen Listen des Berichts bewerten lassen wollen. Wählen Sie ZELLE, wenn Sie die Exception für eine Zelle oder die Zellen in einer Spalte in einer einzigen Liste des Berichts definieren wollen. Klicken Sie anschließend auf die Schaltfläche ✔ (ÜBERNEHMEN).
4. Geben Sie im nächsten Dialogfenster (siehe Abbildung 8.41) eine Beschreibung der Exception ein. Legen Sie im unteren Bereich des Fensters fest, welche Schwellen und Farben verwendet werden sollen. Bei einer zu definierenden Schwelle geben Sie einen Wert ein und stellen die Schwelle auf AKTIV. Wählen Sie die entsprechende Farbe aus. Wenn eine Schwelle nicht zu definieren ist, vergewissern Sie sich, dass das entsprechende Kennzeichen auch nicht auf AKTIV gesetzt ist.
5. Bestätigen Sie die Eingaben mit ✔ (ÜBERNEHMEN).

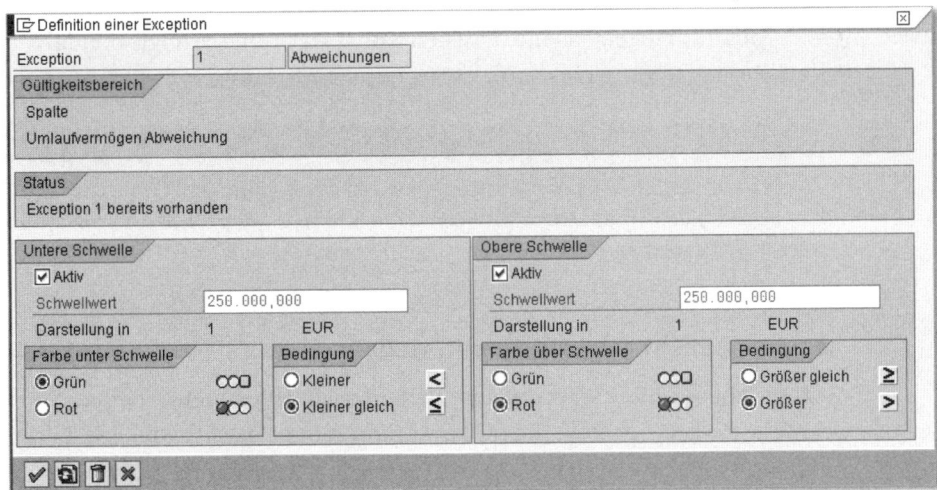

Abbildung 8.41 Exception anlegen

Abbildung 8.42 veranschaulicht das Ergebnis der soeben definierten Ausnahmebedingungen. In der Berichtsliste werden die Zahlenwerte farbig markiert, die die Ausnahmebedingungen erfüllen.

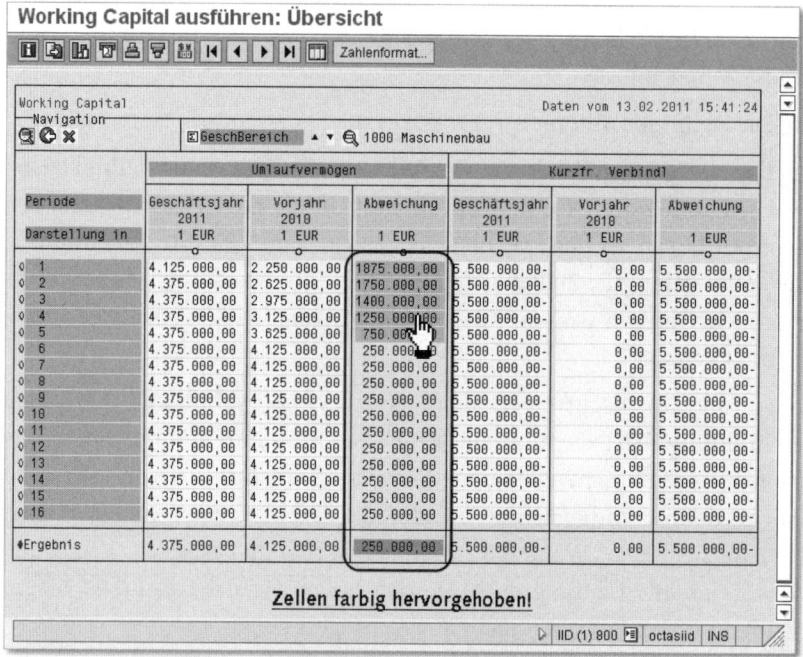

Abbildung 8.42 Exception – Ergebnisliste

Das Ändern, Anzeigen und Löschen von Exceptions erfolgt ebenfalls über den Menüpfad ZUSÄTZE • EXCEPTIONS ÄNDERN/ANZEIGEN/LÖSCHEN.

[»] **Exception anlegen**

Bitte beachten Sie, dass das Anlegen einer Exception grundsätzlich von der Aufrissliste aus erfolgt. In der Detailliste können die Exceptions geändert und angezeigt, aber nicht angelegt werden.

8.8.7 Bericht-Bericht-Schnittstelle

In Abschnitt 8.5.5, »Formular einem Bericht zuordnen«, haben Sie eine Bericht-Bericht-Schnittstelle definiert, um in der Berichtsliste eine Verknüpfung mit anderen Berichten herzustellen. Somit haben Sie über diese Funktion die Möglichkeit, von hoch aggregierten Objekten bis ins Detail oder zu andersartigen Objekten zu navigieren. Führen Sie folgende Schritte aus, um aus der Berichtsliste in einen anderen Bericht zu verzweigen:

Daten analysieren | **8.8**

1. Klicken Sie in der Berichtsliste auf die Schaltfläche ▦ (BERICHT AUF-
RUFEN), und wählen Sie den gewünschten Bericht per Doppelklick oder
durch einen Klick auf die Schaltfläche ✓ (ÜBERNEHMEN) aus (siehe Abbildung 8.43).

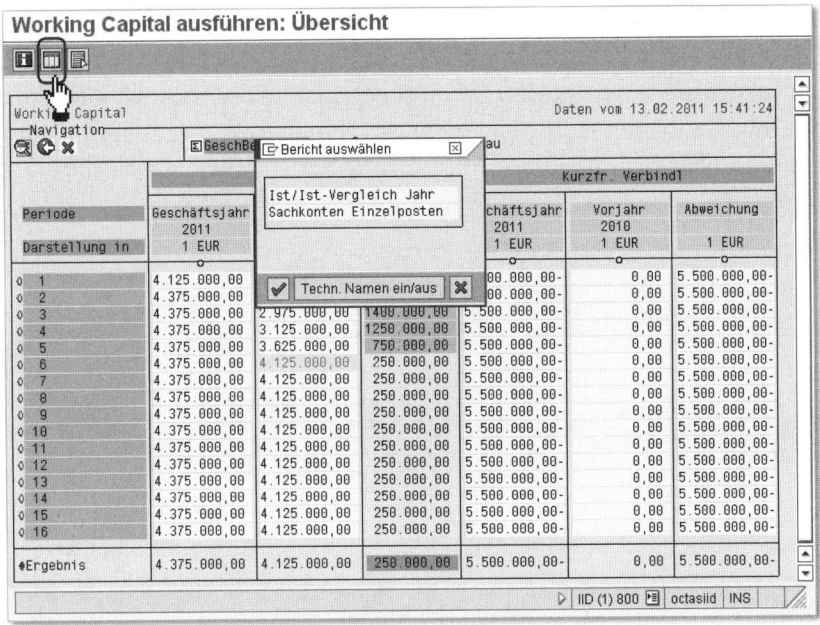

Abbildung 8.43 Bericht-Bericht-Schnittstelle

Der gewünschte Bericht (siehe Abbildung 8.44) wird angezeigt. Wählen Sie
◉ (ZURÜCK), um zum ersten Bericht zurückzukehren.

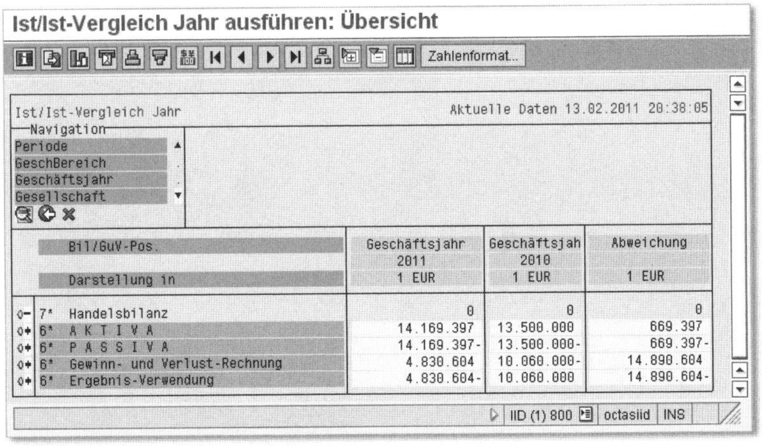

Abbildung 8.44 Bericht – Ist/Ist-Vergleich Jahr

371

8.9 Fazit

In diesem Kapitel haben Sie die Funktionen der Recherche kennengelernt. Bereits nach kurzer Einarbeitung in diese Thematik ist es möglich, optimale Berichte für einen Großteil der Geschäftsprozesse zu erstellen. Der besondere Vorteil liegt in der interaktiven Datenanalyse durch die Aufrisstechniken. Diese Art der Darstellung ist für die Analyse von Daten von Vorteil, da auf verschiedene Aspekte der Daten zugegriffen wird. Als Anwender können Sie mit flexiblen Berichten mehr Fragestellungen beantworten und so noch unabhängiger von der Unterstützung der IT-Abteilung werden.

In diesem Kapitel erfahren Sie, wie Sie mithilfe des QuickViewers schnell und unkompliziert Berichte erstellen können. Sie erhalten anhand von Fallbeispielen einen Überblick über die Reportingmöglichkeiten, die Ihnen der QuickViewer zur Verfügung stellt. Wir zeigen Ihnen aber auch, wie Sie Ihre Berichte mithilfe von etwas ABAP-Coding und dem Einsatz von InfoSets erweitern können.

9 QuickViewer

Für Situationen, in denen rasch (möglichst sofort) Daten benötigt werden, stellt SAP mehrere Reporting-Tools zur Verfügung. Dazu zählt u.a. der QuickViewer, mit dem Sie individuelle Berichte erstellen können. Mit dem QuickViewer können Sie auch dann, wenn Sie noch wenig Erfahrung haben, problemlos *Grundlisten*, also die einfachste Form einer Liste, die die Ergebnisse in Zeilen darstellt, erzeugen. In den meisten Fällen müssen Sie nicht programmieren, sondern lediglich vorgegebene Markierungsfelder ankreuzen.

In diesem Kapitel zeigen wir Ihnen neben der Erstellung einfacher QuickViews auch, wie Sie mithilfe von InfoSets die Möglichkeiten deutlich erweitern können.

9.1 Überblick

Eines der wichtigsten Werkzeuge eines SAP-Anwenders ist die Transaktion SE16 (Tabellenanzeige), die dazu dient, Datensätze einer Tabelle im SAP-System selektieren und anzeigen zu können. Das SAP ERP-Reportingwerkzeug SAP Query ist im Prinzip eine Erweiterung dieser Transaktion. Mit seiner Hilfe können u.a. Datensätze einer oder mehrerer verknüpfter Tabellen selektiert und z.B. in einer Grundliste angezeigt werden. Wegen der Komplexität und schwerfälligen Bedienung von SAP Query stellt SAP für SAP-Anwender eine wnzeniger komplexe und einfacher zu bedienende Variante zur Verfügung, den QuickViewer, der Thema dieses Kapitels ist.

Zu SAP Query gehören drei Werkzeuge:

- SAP Query (Transaktion SQ01, SQ01, SQ03)
- InfoSet Query (Transaktion SQ10)
- QuickViewer (Transaktion SQVI)

Der QuickViewer ist einfach anzuwenden, hat aber auch den geringsten Funktionsumfang der drei Werkzeuge: Er bietet die Möglichkeit, auf einfache Weise Grundlisten zu erstellen. Um diese Grundlisten zu definieren, werden nur einzelne Texte eingegeben und Felder und Optionen markiert, die den Aufbau des Reports bestimmen. Mit SAP Query und InfoSet Query stehen zusätzlich zur Grundliste Ranglisten und Statistiken für die Ausgabe zur Verfügung.

Mit SAP Query und InfoSet Query sind berechnete Zusatzfelder und ein Drilldown möglich; der QuickViewer bietet diese Möglichkeiten nicht.

Jeder Benutzer besitzt einen eigenen, persönlichen Vorrat an QuickViews, den er selbst angelegt hat. Ein Austausch von QuickViews zwischen verschiedenen Benutzern ist nicht möglich. Damit ein QuickView allen Benutzern einer Benutzergruppe zur Verfügung steht, muss er in eine Query konvertiert werden.

Bei der Anlage einer SAP Query benötigen Sie unbedingt ein sogenanntes *InfoSet* (nicht zu verwechseln mit der InfoSet Query) als Datenquelle Ihrer Auswertung. Vereinfacht ausgedrückt, ist ein InfoSet auf der einen Seite eine Zusammenfassung einer bzw. mehrerer Tabellen und deren Verknüpfungen. Auf der anderen Seite können die Felder der beteiligten Tabellen begrenzt werden, sodass innerhalb der auswertenden SAP Query nur eine Auswahl der Tabellenfelder zur Verfügung steht. Für die Definition eines QuickViews wird nicht zwingend ein InfoSet benötigt. Bei der Definition eines QuickViews müssen Sie zwar eine Datenquelle spezifizieren; eine solche Datenquelle kann aber eine Tabelle, ein Tabellen-Join oder ein vorhandenes InfoSet sein. Die Verwendung von Zusatztabellen und Zusatzfeldern ist allerdings nur möglich, wenn als Datenquelle ein InfoSet verwendet wird. Ein InfoSet definiert Tabellen und die darin enthaltenen Felder. Es reduziert die Felder der beteiligten Tabellen und fasst diese zu sinnvollen Einheiten zusammen. Dies erleichtert die abschließende Erstellung des QuickViews. Darüber hinaus können Sie in InfoSets sowohl Zusatzfelder definieren als auch komplexes Coding hinterlegen.

Mit einem QuickView können Daten an externe Programme, wie etwa Excel oder Word, weitergegeben werden.

9.2 Fallbeispiele

Im Folgenden stellen wir Ihnen drei typische Fallbeispiele vor, die die Nutzung des QuickViewers illustrieren. Wie Sie vorgehen müssen, um diese Fallbeispiele ausführen zu können, erfahren Sie im Laufe dieses Kapitels.

Aus der Fachabteilung unseres Beispielunternehmens liegen die folgenden drei Anforderungen zur Erstellung je eines Auswertungsprogramms vor.

9.2.1 Beispiel »Lieferantenadressen«

Sie wollen eine Liste mit Lieferantenadressen erstellen. Die Liste soll folgende Felder enthalten: KREDITORENNUMMER, NAME 1, NAME 2, ADRESSNUMMER, POSTLEITZAHL, ORT und STRASSE. Es soll die Möglichkeit bestehen, nach der Adressnummer und/oder der Kontonummer des Lieferanten selektieren zu können. Die Ausgabe soll als ALV-Liste erfolgen. Der SAP List Viewer (kurz ALV) ist eine interaktive Form der Listdarstellung.

9.2.2 Beispiel »Kommunikationsdaten zu Kreditoren«

Sie haben die Anforderung erhalten, eine Liste der Kommunikationswege mit den Kreditoren des Unternehmens zu erstellen. Die Liste soll folgende Felder enthalten: KOMMUNIKATIONSART, LIEFERANTENNUMMER, ANREDE, NAME, NAMENSZUSATZ und ORT. Es soll außerdem die Anzahl der Lieferanten pro Kommunikationsart ausgegeben werden. Die Selektion soll nach Kontonummer des Lieferanten sowie der Gebäudenummer (hier ist die Kommunikationsart hinterlegt) erfolgen können. Die Ausgabe soll als ABAP-Liste (einfache Form der Listdarstellung mit minimalen Möglichkeiten) mit Kopf- und Fußzeile und Überschriften realisiert werden.

9.2.3 Beispiel »Liste von Debitoren mit Mahndaten«

Sie möchten für Ihre Buchhaltung eine Liste mit Daten zu Debitoren nach Mahndaten erstellen. Die Liste soll folgende Felder enthalten: DEBITORENNUMMER, BUCHUNGSKREIS, DATUM DER LETZTEN MAHNUNG, WOCHENTAG ZUM MAHNDATUM, NAME 1, NAME 2, LÄNDERSCHLÜSSEL, REGION, ORT und GESAMTUMSATZ MIT DEM KUNDEN. Die Liste soll nach der Debitorennummer sortiert werden. Außerdem muss die Anzahl der Kunden für jedes Sachbearbeiterteam ausgegeben werden. Es soll eine Gruppenstufe zum Ort mit Text und Zählung eingefügt werden. Die Felder GESCHÄFTSJAHR, DEBITORENNUMMER, BUCHUNGSKREIS und MAHNSTUFE werden als Selektionsfelder benötigt. Die Ausgabe soll als ABAP-Liste mit Überschrift sowie einer Kopfzeile, die das Datum mit entsprechendem Wochentag anzeigt, realisiert werden.

9.3 Die Herkunft der Daten bestimmen

Bevor Sie einen QuickView anlegen, müssen Sie zunächst festlegen, auf welchen Daten Ihre Auswertung basieren soll. Die meisten Daten, die Sie benötigen, stehen Ihnen in SAP-Tabellen zur Verfügung. Leider sind dabei die Namen der auszuwertenden Tabellen oft nicht bekannt, sondern müssen zuerst ermittelt werden. Dies geschieht intuitiv, d.h., Sie ermitteln, ausgehend von einem oder mehreren der auszuwertenden Felder, die entsprechenden Tabellen. Um diese Tabellen optimal identifizieren zu können, ist es notwendig, das Datenmodell von SAP zu verstehen. Aus diesem Grund geben wir Ihnen zunächst einen kurzen Überblick über das ABAP Dictionary, in dem alle Tabellen des SAP-Systems enthalten sind. Dazu erklären wir, wie eine Tabelle aufgebaut ist und welche Objekte dieser Tabelle Sie benötigen, um Ihren Bericht zu erstellen.

Die Tabellen und Datendefinitionen, die Sie für Ihren QuickView benötigen, sind im ABAP Dictionary hinterlegt. Hier sind die meisten der im System vorhandenen Datenstrukturen zentral und redundanzfrei beschrieben. Die Objekttypen im ABAP Dictionary, die unser Thema betreffen, sind Tabellen, Typen, Domänen und Datenelemente:

- **Tabellen**
  Tabellen werden im ABAP Dictionary datenbankunabhängig definiert. Aus dieser Tabellendefinition wird dann eine Tabelle mit gleicher Struktur in der unterliegenden Datenbank angelegt. In den Tabellen sind die Daten, auf die wir zugreifen wollen, physisch hinterlegt.

- **Typen**
  Typen werden in ABAP-Programmen verwendet. Die Struktur eines Typs kann global im ABAP Dictionary definiert werden. Änderungen an einem Typ sind automatisch in allen Programmen wirksam, die diesen Typ verwenden. Typen benötigen wir, um ordentliche Definitionen unserer eigenen Felder in InfoSets erstellen zu können.

- **Domänen**
  Über Domänen können verschiedene technisch gleichartige Felder zusammengefasst werden. Eine Domäne beschreibt den Wertebereich aller Tabellenfelder, die sich auf diese Domäne beziehen, sowie deren technische Eigenschaften. Das Datenelement basiert auf den Eigenschaften, die in einer Domäne hinterlegt sind.

- **Datenelemente**
  Ein Datenelement ist das Objekt des ABAP Dictionarys, das den Datentyp und die inhaltliche Bedeutung eines Tabellen- bzw. Strukturfeldes beschreibt. Ein Datenelement gibt u.a. Schlüsselwörter, Überschriften und eine Domäne vor. Das Datenelement ist unser zentraler Einstiegspunkt, über den wir die meisten benötigten Tabellen finden werden.

Die für den QuickViewer relevanten Objekttypen werden wir im Folgenden genauer vorstellen.

9.3.1 Tabellen

Im ABAP Dictionary sind die Tabellen datenbankunabhängig definiert, d.h., die Felder der Tabelle sind mit ihren Datentypen und Längen festgelegt. Zu der im ABAP Dictionary abgelegten Tabellendefinition wird beim Aktivieren der Tabelle eine physische Tabellendefinition auf der Datenbank angelegt. Dabei wird die Tabellendefinition aus dem ABAP Dictionary in eine Definition der jeweiligen Datenbank übersetzt.

Zu einer Tabellendefinition, wie Sie sie bei Ihrer Suche vorfinden (siehe Abbildung 9.1), gehören folgende Festlegungen:

- **Feldname**
  Der Feldname kann maximal 16-stellig sein und darf aus Buchstaben, Zahlen und Unterstrichen bestehen. Der Feldname muss mit einem Buchstaben beginnen.

- **Schlüsselkennzeichen**
  Hier wird angezeigt, ob das Feld zum Schlüssel der Tabelle gehören soll.

- **Feldtyp**
  Hier ist der Datentyp des Feldes hinterlegt.

- **Feldlänge**
  Die Feldlänge gibt die Anzahl der gültigen Stellen des Feldes an.

- **Dezimalstellen**
  Für numerische Datentypen wird noch die Zahl der Nachkommastellen angezeigt.

- **Kurztext**
  Dies ist ein kurzer Text, der die Bedeutung des Feldes beschreibt.

9 | QuickViewer

Feld	Key	Initi	Datenelement	Datentyp	Länge	DezSt	Kurzbeschreibung
MANDT	☑	☑	MANDT	CLNT	3	0	Mandant
LIFNR	☑	☑	LIFNR	CHAR	10	0	Kontonummer des Lieferanten bzw. Kreditors
LAND1	☐	☐	LAND1_GP	CHAR	3	0	Länderschlüssel
NAME1	☐	☐	NAME1_GP	CHAR	35	0	Name 1

Abbildung 9.1 Tabellenfelder

Als Anwender können Sie an dieser Stelle keine Änderungen durchführen, sondern nur erkennen, welche Informationen für Sie notwendig sind. Die Zuordnung von Datentyp, Länge und Kurztext ist in der Regel durch Zuordnung eines Datenelements erfolgt. Datentyp, Feldlänge (und Dezimalstellen) werden dann aus der Domäne des Datenelements ermittelt. So enthalten im Beispiel aus Abbildung 9.2 die Tabellen LFA1 und KNA1 das Feld KUNNR. In beiden Tabellen ist diesem Feld das Datenelement KUNNR zugewiesen. Somit besitzen die beiden Felder LFA1-KUNNR und KNA1-KUNNR dieselben Eigenschaften. Doch diese Identität ist unabhängig vom Feldnamen, sie hängt vielmehr einzig von den jeweiligen Datenelementen ab. Die Tabelle WRF1 enthält etwa das Feld LOCNR, das ebenfalls auf das Datenelement KUNNR verweist. Aus diesem Grund besitzt das Tabellenfeld WRF1-LOCNR dieselben Eigenschaften wie LFA1-KUNNR und KNA1-KUNNR. Dazu gehören die Feldbezeichnung und der Datentyp, aber auch die Unterstützung durch die [F1]-Hilfe und die [F4]-Hilfe, da diese vom hinterlegten Datenelement abhängen.

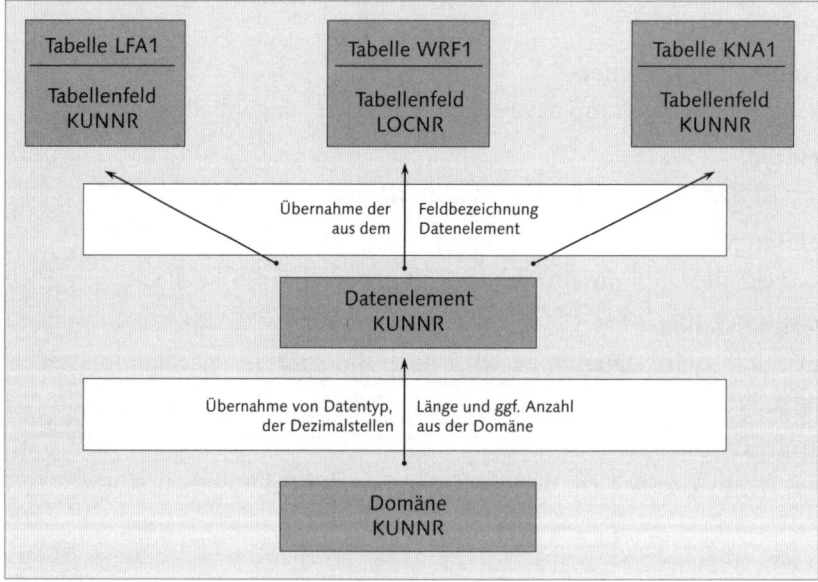

Abbildung 9.2 Zusammenspiel von Datenelement und Domäne

9.3.2 Datentypen

Der Datentyp im ABAP Dictionary bestimmt, wie Sie als Anwender die Daten auf Ihrem Bildschirm sehen, d.h., das Datenformat auf der Benutzeroberfläche. Dieses Datenformat ist vom verwendeten Datenbanksystem unabhängig. Das SAP-System überführt die dort definierten Datentypen automatisch in die Datentypen des jeweils verwendeten Datenbanksystems.

Wenn Sie ein ABAP-Dictionary-Objekt (also Datenelement, Struktur, Tabellentyp, Tabelle oder View) in einem ABAP-Programm verwenden, werden die Dictionary-Datentypen der Objektfelder in die entsprechenden ABAP-Datentypen konvertiert. Die ABAP-Datentypen werden vom ABAP-Prozessor verwendet. Es gibt u.a. die folgenden ABAP-Datentypen:

- **C**: Character
- **D**: Datum, Format JJJJMMTT
- **N**: numerischer Character String beliebiger Länge
- **P**: Betrags- oder Rechenfeld (gepackt)
- **S**: Timestamp JJJJMMTTHHMMSS
- **T**: Uhrzeit HHMMSS

Sie sollten diese Datentypen beachten, wenn Sie z.B. Zusatz-Coding in Ihrem QuickView verwenden, da Felder mit unterschiedlichen Datentypen nur sehr begrenzt kompatibel sind.

9.3.3 Datenelemente

Im Zentrum des SAP-Datenmodells steht, wie Sie in den vorangegangenen Abschnitten erfahren haben, das *Datenelement*. Es ist über die Domäne durch den Datentyp, die Länge und gegebenenfalls die Anzahl der Dezimalstellen definiert. In Abbildung 9.3 sehen Sie die Registerkarte DATENTYP, auf der Sie die Definition des Datenelements finden.

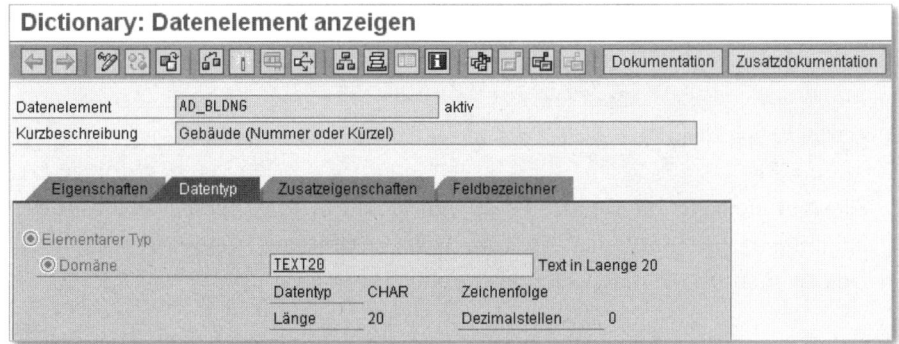

Abbildung 9.3 Definition des Datenelements

Einem Datenelement sind Informationen zur Bedeutung eines Tabellenfeldes und zur Aufbereitung des zugehörigen Feldes auf einem Bildschirmbild (das Dynpro) zugeordnet. Diese Informationen stehen dann automatisch für alle Dynpro-Felder zur Verfügung, die auf das Datenelement zeigen. Sie finden Sie auf der Registerkarte FELDBEZEICHNER (siehe Abbildung 9.4).

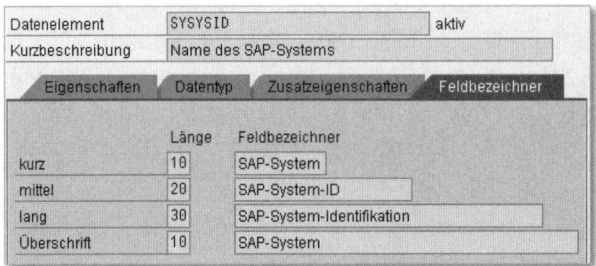

Abbildung 9.4 Feldbezeichner des Datenelements

Die Informationen auf der Registerkarte FELDBEZEICHNER umfassen die Darstellung des Feldes auf Eingabemasken durch Schlüsselworttexte und die Aufbereitung der Ausgabe durch Spaltenüberschriften bei Listausgaben des Tabelleninhalts. Auf der Registerkarte ZUSATZEIGENSCHAFTEN ist die Zuordnung einer Suchhilfe oder die Verwendung einer Parameter-ID festgelegt (siehe Abbildung 9.5).

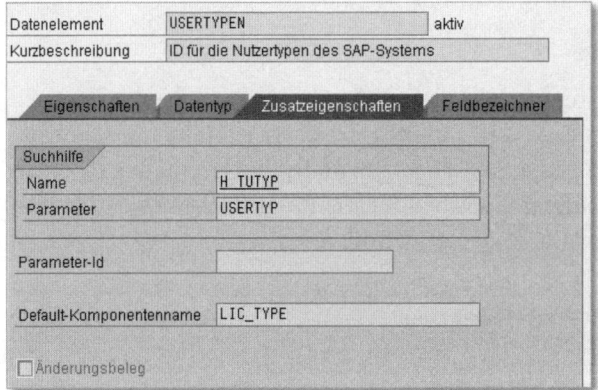

Abbildung 9.5 Zusatzeigenschaften des Datenelements

Dies gilt auch für die Online-Felddokumentation. Der beim Ausführen der Feldhilfe ([F1]-Hilfe) erscheinende Text stammt aus der entsprechenden Dokumentation des Datenelements.

> **Datenelement und Bezeichnung** [zB]
>
> In den Tabellen BSEG (Belegsegmente der Buchhaltungsbelege) und MSEG (Belegsegmente der Materialbelege) ist jeweils das Feld LIFNR enthalten. Beide Felder besitzen dieselben Eigenschaften, unterscheiden sich jedoch in der Bezeichnung. Dies wird durch die Zuordnung unterschiedlicher Datenelemente, die auf dieselbe Domäne verweisen, erreicht. Abbildung 9.6 verdeutlicht dieses Beispiel.

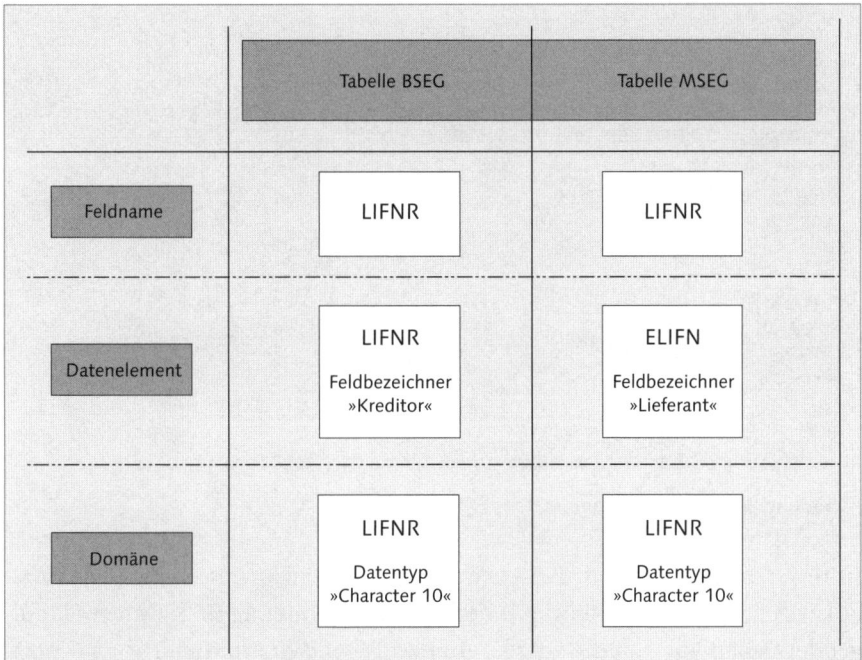

Abbildung 9.6 Bezeichnung des Feldes

9.3.4 Tabellenrecherche

Die Tabellen, die Sie auswerten möchten, ermitteln Sie in der Regel über das Datenelement, da dieses im Mittelpunkt des SAP-Datenmodells steht. Ausgehend vom ausgewählten Datenelement, können Sie über den VERWENDUNGSZWECK (diesen finden Sie, wenn Sie sich die Datenelementdefinition anzeigen lassen) eine Liste erzeugen, die alle Felder enthält, die auf dieses Datenelement verweisen. Damit erhalten Sie gleichzeitig eine Liste mit allen Tabellen, die betroffen sein können. Ausgangspunkt für Ihre Recherche ist üblicherweise ein SAP-Bildschirmbild, auf dem das Feld angezeigt wird, das Sie in Ihrem Bericht verwenden möchten. In Abbildung 9.7 sehen Sie z.B. die Anschriftsdaten eines Kreditorenstammsatzes.

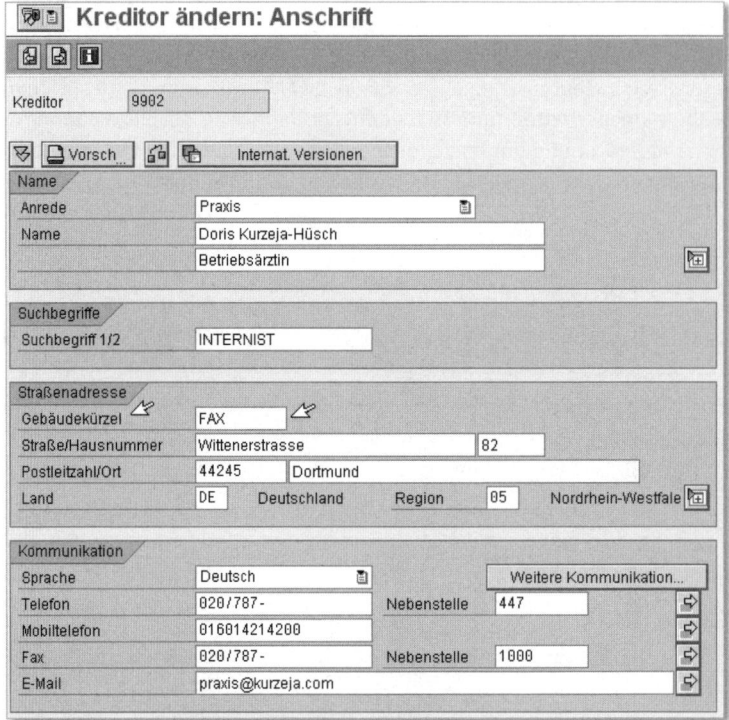

Abbildung 9.7 Kreditorenstammdaten

In unserem Beispiel soll die Auswertung den Inhalt des Feldes GEBÄUDE-KÜRZEL enthalten (Markierung innerhalb von Abbildung 9.7). Gehen Sie folgendermaßen vor, um die auszuwertende Tabelle zu ermitteln:

1. Positionieren Sie den Cursor in das entsprechende Feld, und rufen Sie die [F1]-Hilfe zum Feld auf. Diese sehen Sie in Abbildung 9.8.

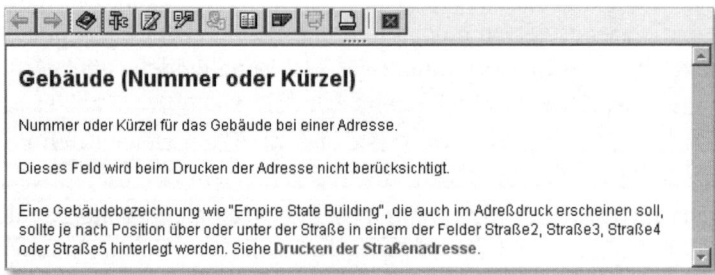

Abbildung 9.8 Gebäudekürzel – F1-Hilfe

2. Weiter geht es mit der Schaltfläche TECHNISCHE INFORMATIONEN. Sie sehen das Fenster aus Abbildung 9.9.

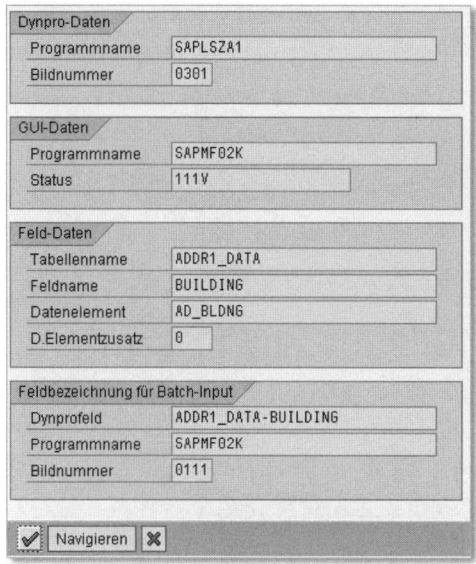

Abbildung 9.9 Gebäudekürzel – technische Info

3. Nach einem Doppelklick auf das Datenelement AD_BLDNG navigiert das SAP-System automatisch zur Transaktion DATENELEMENT ANZEIGEN (siehe Abbildung 9.10).

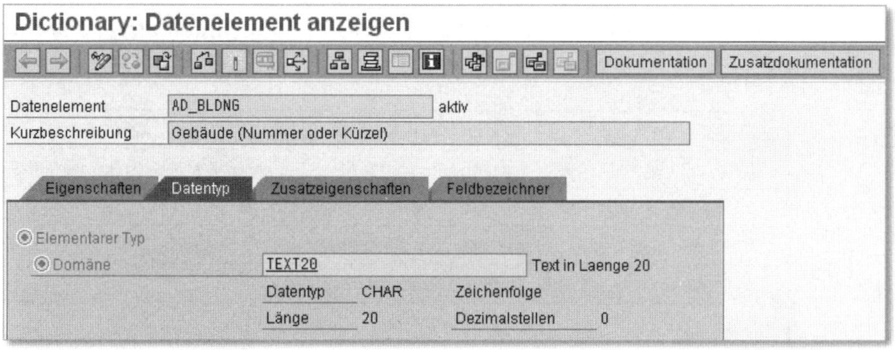

Abbildung 9.10 Datenelement »Gebäudekürzel«

In welchen Tabellen dieses Datenelement verwendet wird, erfahren Sie mithilfe der Schaltfläche 🔍 (VERWENDUNGSNACHWEIS). Es erscheint das Dialogfenster aus Abbildung 9.11.

9 | QuickViewer

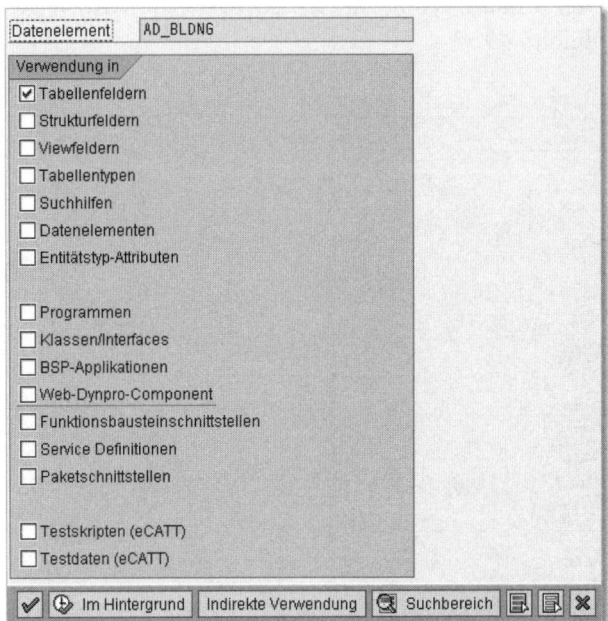

Abbildung 9.11 Verwendungsnachweis für das Datenelement

4. Weiter geht es mit der Schaltfläche ✓ (ÜBERNEHMEN). Nach einer kurzen Bearbeitungszeit werden die Tabellenfelder, die das gewählte Datenelement verwenden, sortiert nach den Tabellennamen in einer Liste angezeigt. Die Liste zu diesem Beispiel ist in Abbildung 9.12 zu sehen.

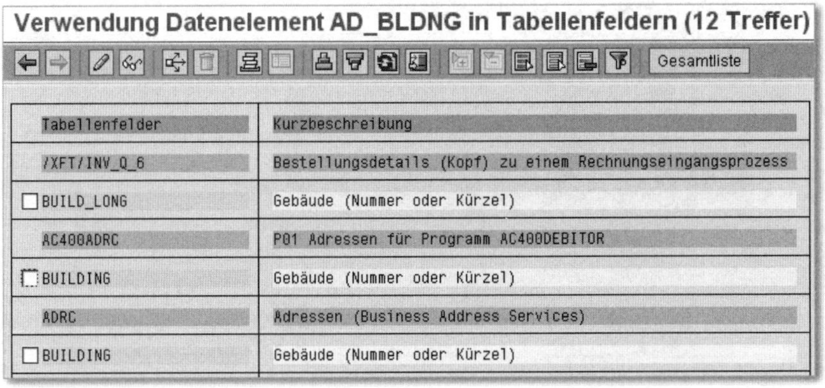

Abbildung 9.12 Verwendung des Datenelements in Tabellenfeldern

5. Prüfen Sie die angezeigten Tabellen manuell, um herauszufinden, welche Tabelle Sie auswerten möchten. In diesem Beispiel ist es die Tabelle ADRC,

die über die Adressnummer (Feld ADDRNUMBER) mit den Daten der Stammdatentabelle LFA1 verbunden ist.

Nun kennen Sie die Tabelle, die Sie in Ihrem Bericht verwenden müssen, um das Feld GEBÄUDEKÜRZEL zu erhalten. Damit sind die Vorarbeiten erledigt. Im nächsten Abschnitt erfahren Sie, wie Sie einen QuickView anlegen.

9.4 QuickView anlegen

Um einen QuickView anzulegen, müssen Sie einen Namen für Ihren Bericht vergeben, die Datenquelle auswählen und schließlich die Selektions-, Sortier- und Ausgabefelder festlegen. Darüber hinaus können Sie das Layout Ihres Berichts anpassen. In diesem Abschnitt erklären wir Ihnen zunächst die grundlegenden Schritte zum Anlegen eines QuickViews. Anschließend lernen Sie, wie Sie im Basismodus des QuickViewers Ausgabe- und Selektionsfelder sowie Sortierreihenfolge und Ausgabeart festlegen. Im darauffolgenden Abschnitt zeigen wir Ihnen, wie Sie mithilfe von Tabellen-Joins Tabellen verbinden. Schließlich wird beschrieben, wie Sie im Layoutmodus das Layout Ihres Berichts festlegen.

Gehen Sie folgendermaßen vor, um einen QuickView (hier zum ersten Beispiel »Lieferantenadressen«) zu erzeugen:

1. Rufen Sie den QuickViewer im SAP Easy Access Menü über den Pfad SYSTEM • DIENSTE • QUICKVIEWER (Transaktion SQVI) auf.

2. Geben Sie im Einstiegsbild des QuickViewers, das in Abbildung 9.13 gezeigt wird, den Namen des anzulegenden QuickViews ein. Der Name eines QuickViews kann maximal 14 Zeichen umfassen. In unserem Beispiel wählen wir QV_LI_ADRESSE.

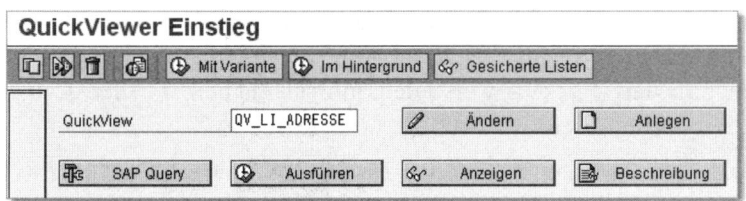

Abbildung 9.13 Einstiegsbild des QuickViewers

3. Klicken Sie auf die Schaltfläche (ANLEGEN), die in Abbildung 9.13 zu sehen ist. Es erscheint das Dialogfenster aus Abbildung 9.14.

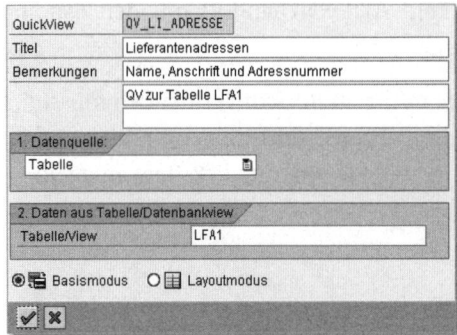

Abbildung 9.14 Titel und Datenquelle festlegen – Basismodus

4. Geben Sie im Feld TITEL einen Titel und, wenn dies sinnvoll erscheint, Bemerkungen zum QuickView ein.

5. Im Bereich DATENQUELLE bestimmen Sie, auf der Basis welcher Daten der QuickView erstellt werden soll. Folgende Möglichkeiten stehen in einem Drop-down-Menü zur Verfügung:

    - TABELLE: Die erste und einfachste Möglichkeit ist der Zugriff auf eine einzelne Tabelle.

    - LOGISCHE DATENBANK: Logische Datenbanken, die zweite Möglichkeit, sind vordefinierte Zugriffspfade auf Datenbanktabellen. In einer logischen Datenbank sind die Tabellen bereits verknüpft; sie nimmt die Datenselektion automatisch vor.

    - INFOSET: Die dritte Möglichkeit ist das InfoSet: Hier können Sie Hilfsfelder definieren, die Sie wie Datenbankfelder bearbeiten können. Außerdem können Zusatztabellen angeschlossen werden, um z.B. Langtexte nachzulesen und ABAP-Coding zu hinterlegen (siehe Abschnitt 9.6, »InfoSets«).

    - TABELLEN-JOIN: Als vierte Möglichkeit können Sie mehrere Tabellen zu einem Join verknüpfen. Die Ergebnismenge besteht aus einer Tabelle, deren Zeilen alle Felder aller am Join beteiligten Tabellen enthalten. Bevor Sie den QuickView erstellen, müssen Sie den Tabellen-Join definieren (siehe Abschnitt 9.4.2).

6. Im Feld TABELLE/VIEW im Bereich DATEN AUS TABELLE/DATENBANKVIEW geben Sie den Namen der Tabelle oder des Views ein.

7. Mithilfe der Schaltflächen BASISMODUS und LAYOUTMODUS legen Sie die Gestaltung Ihres Berichts fest. Beide Varianten werden in den folgenden Abschnitten detailliert beschrieben.

8. Klicken Sie auf ✔, um Ihre Eingaben zu bestätigen.

Wie Sie anschließend weiter vorgehen, um Ihren Bericht zu gestalten, beschreiben wir in den Abschnitten 9.4.1, »Listerstellung im Basismodus«, und 9.4.3, »Layoutmodus«.

9.4.1 Listerstellung im Basismodus

Im vorangegangenen Abschnitt haben Sie gelernt, wie Sie einen QuickView anlegen. Nun müssen Sie noch die Selektionskriterien und das Layout festlegen. Wählen Sie den Basismodus, wenn Sie die Liste direkt, ohne ein besonderes Listendesign, erstellen möchten. In Abbildung 9.14 finden Sie die Schaltfläche BASISMODUS, über die Sie den Basismodus konfigurieren.

Der Basismodus umfasst folgende Funktionen:

- Felder festlegen und Reihenfolge zuordnen
- Sortierfelder auswählen
- Selektionskriterien (Felder für das Selektionsbild) auswählen
- Liste ausführen: Ausgabe im Standardformat oder Export der Liste nach Microsoft Excel, Word etc.

Felder und Reihenfolge bestimmen Sie folgendermaßen:

1. Im Einstiegsbild des QuickViewers wählen Sie die Felder aus, die in Ihrer Liste erscheinen sollen (siehe Abbildung 9.15).

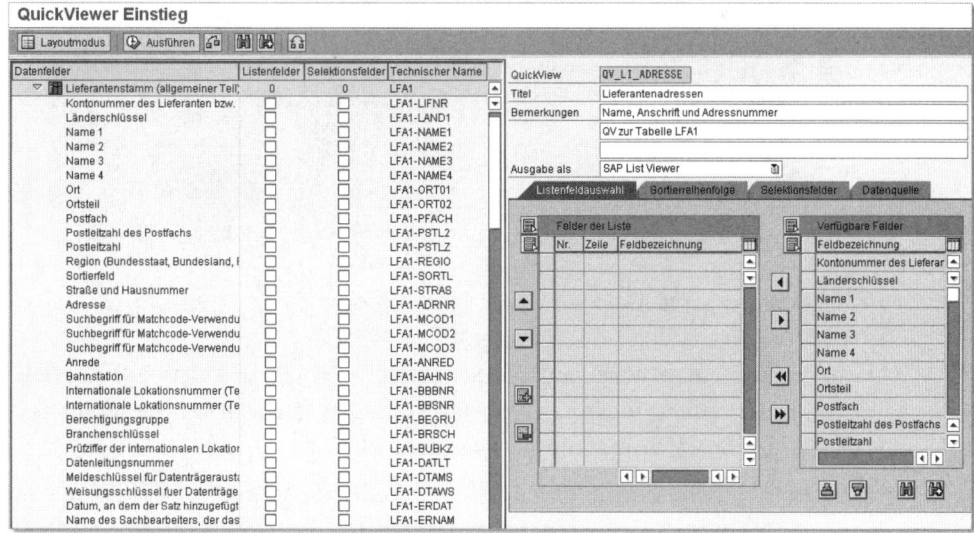

Abbildung 9.15 QuickViewer – Einstiegsbild

2. Markieren Sie im rechten Table Control VERFÜGBARE FELDER die Felder, die Sie für Ihre Liste benötigen.

3. Mit der Schaltfläche ◀ (SPALTE LINKS) übernehmen Sie die Felder in das linke Table Control FELDER DER LISTE. Wenn Sie alle verfügbaren Felder in die Liste übernehmen möchten, wählen Sie die Schaltfläche ◀◀ (SEITE LINKS). Mit ▶▶ (SEITE RECHTS) nehmen Sie diese Auswahl zurück.

4. Legen Sie nun fest, in welcher Reihenfolge die Felder ausgegeben werden sollen. Wenn Sie ein Feld in der Reihenfolge nach vorne verschieben möchten, markieren Sie es und wählen die Schaltfläche ▲ (NÄCHSTER WERT). Analog verwenden Sie die Schaltfläche ▼ (VORIGER WERT), wenn Sie ein Feld nach unten verschieben möchten. In unserem Beispiel übernehmen Sie die Felder so, wie in Abbildung 9.16 dargestellt.

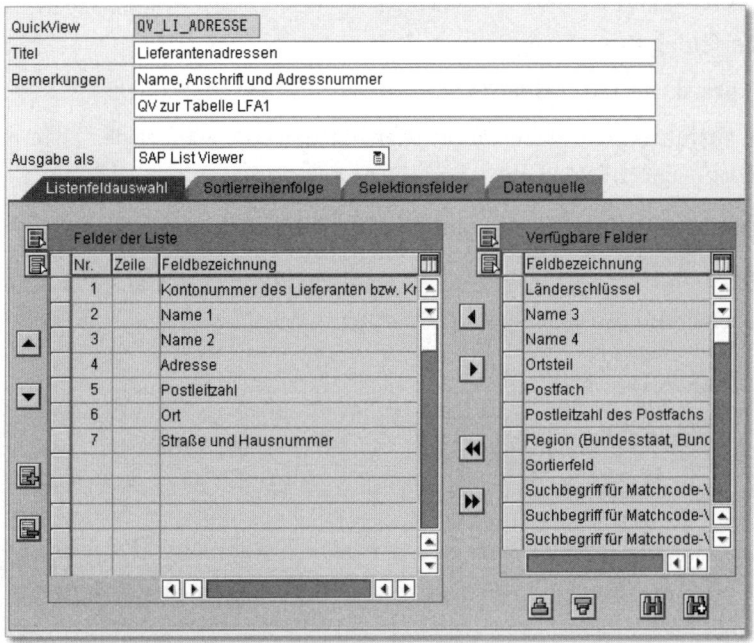

Abbildung 9.16 Listenfeldauswahl im Basismodus

▶ Mit einem Klick auf die Schaltfläche 🗐 (ZEILE EINFÜGEN) können Sie bei mehrzeiligen Grundlisten festlegen, an welcher Stelle ein Zeilenumbruch vorgenommen werden soll.

▶ Bei Bedarf können Sie sich mit der Schaltfläche 🔒 (TECHNISCHER NAME <> LANGTEXT) in der Menüleiste anstelle des Langtextes die technischen Namen der Felder anzeigen lassen (siehe Abbildung 9.17).

Abbildung 9.17 Listenfeldauswahl – technische Namen

5. Wählen Sie nun die Registerkarte SORTIERREIHENFOLGE. Hier können Sie festlegen, welches die Kriterien für die sortierte Ausgabe der Liste sein sollen. Im rechten Table Control markieren Sie die Sortierfelder. Sie können die Felder im Table Control VERFÜGBARE SORTIERFELDER mit den entsprechenden Schaltflächen sortieren bzw. suchen.

6. Haben Sie die passenden Felder gefunden, markieren Sie sie und übernehmen sie mit der Schaltfläche ◀ (SPALTE LINKS) in das linke Table Control. Sie können für jedes Feld entscheiden, ob aufsteigend ▲ oder absteigend ▼ sortiert werden soll. In unserem Beispiel ist die Adressnummer als einziges Sortierkriterium ausreichend (siehe Abbildung 9.18).

Abbildung 9.18 Sortierkriterien im Basismodus

9 | QuickViewer

7. Um die Selektionskriterien festzulegen, wählen Sie die Registerkarte SELEKTIONSFELDER. Selektionsfelder werden auf einem Selektionsbild vor der Ausführung eines Reports als Eingabefelder angeboten. Sie können die Menge der im Report ausgegebenen Daten reduzieren, indem Sie Werte in den Selektionsfeldern eingeben.

8. Wenn Sie für ein Feld eine zusätzliche Selektion wünschen, müssen Sie es im rechten Table Control markieren und mit der entsprechenden Schaltfläche ◀ in das linke Table Control übernehmen. Unser Beispiel verlangt die beiden Selektionsfelder ADRESSNUMMER und LIEFERANTEN-NUMMER.

9. Als Nächstes legen Sie fest, wie die Liste ausgegeben werden soll. Dazu wählen Sie im Feld AUSGABE ALS aus, ob der Bericht exportiert (z.B. in andere Softwareprodukte) oder direkt ausgegeben werden soll. Das Feld AUSGABE ALS sowie die Auswahlmöglichkeiten sind in Abbildung 9.19 zu sehen. Außerdem können Sie bereits beim Anlegen eines QuickViews einen Vorschlagswert hinterlegen.

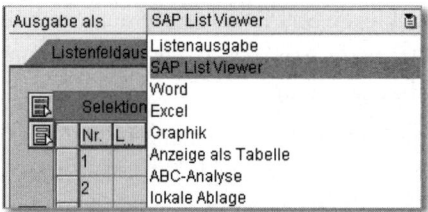

Abbildung 9.19 Ausgabearten im Basismodus

10. Wählen Sie die Schaltfläche ⊕ Ausführen (AUSFÜHREN), und es erscheint das Selektionsbild des eben erstellten QuickViews, das Sie in Abbildung 9.20 sehen.

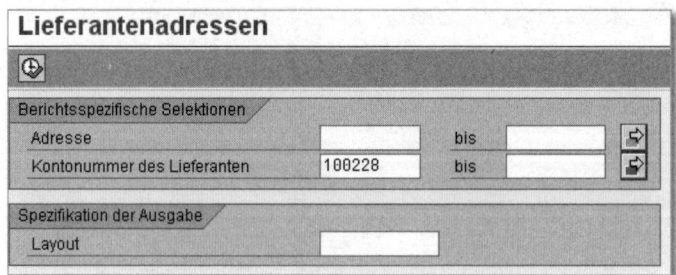

Abbildung 9.20 Selektionsbild des erstellten QuickViews

11. Geben Sie im Selektionsbild aus Abbildung 9.20 im Feld KONTONUMMER DES LIEFERANTEN den gewünschten Lieferanten ein. Die dazugehörende Liste ist in Abbildung 9.21 dargestellt.

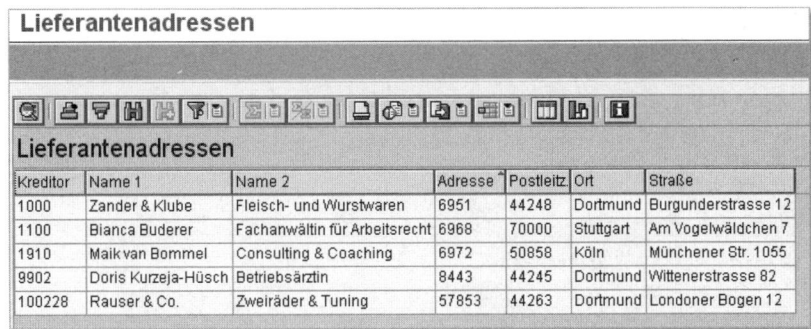

Abbildung 9.21 Ergebnisliste des erstellten QuickViews

Nun haben Sie das erste Fallbeispiel erfolgreich nachvollzogen. Im zweiten Beispiel aus Abschnitt 9.2.2, »Beispiel ›Kommunikationsdaten zu Kreditoren‹«, das im folgenden Abschnitt besprochen wird, lernen Sie zum einen, wie man einen Tabellen-Join als Datenquelle hinterlegt. Außerdem nutzen wir in diesem Beispiel den Layoutmodus.

9.4.2 Tabellen-Join

Innerhalb eines QuickViews können mehrere Tabellen zu einem Join verknüpft werden. Das Ergebnis ist eine Tabelle, die alle Felder der am Join beteiligten Tabellen enthält. Zwischen den einzelnen Tabellen im Join können Verknüpfungsbedingungen formuliert werden. Über diese Bedingungen können Sie festlegen, welche Kombinationen der Sätze der einzelnen Tabellen in die Ergebnismenge aufgenommen werden. Die Nutzung mit Tabellen-Joins vereinfacht Ihnen die Arbeit, wenn Sie Daten aus mehreren Tabellen benötigen.

> **Einschränkungen von Tabellen-Joins**
>
> Das Ergebnis eines Tabellen-Joins ist wieder eine (flache) Tabelle! Die Auswertung hierarchischer Beziehungen zwischen Tabellen ist deshalb mit einem Tabellen-Join nicht möglich. Dazu müssen logische Datenbanken verwendet werden.

Um einen Tabellen-Join zu erstellen, gehen Sie folgendermaßen vor:

1. Wählen Sie im Dialogfenster QUICKVIEW ANLEGEN: DATENQUELLE AUSWÄHLEN (siehe Abbildung 9.22) die Datenquelle TABELLEN-JOIN aus.

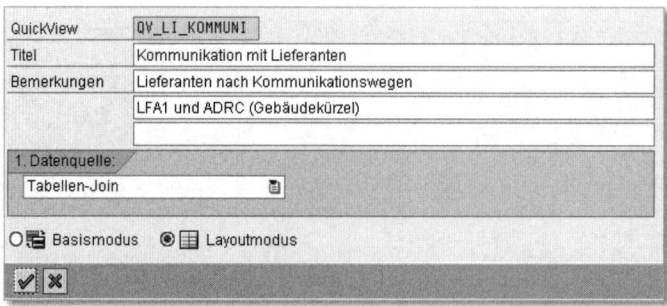

Abbildung 9.22 QuickView: Titel und Datenquelle – Layoutmodus

2. Anschließend wird das Bild zur grafischen Join-Definition angezeigt, das in Abbildung 9.23 zu sehen ist.

   Dabei handelt es sich um einen grafischen Editor, der den Anwender dabei unterstützt, die Datenbasis des QuickViews festzulegen. Dies sind die beteiligten Tabellen und deren Verknüpfungen.

Abbildung 9.23 Grafische Join-Definition

3. Mithilfe der Schaltfläche (TABELLE EINFÜGEN) können Sie Tabellen hinzufügen. In diesem Beispiel fügen wir die Tabelle LFA1 (Lieferantenstammdaten Allgemein) hinzu. Das Ergebnis sehen Sie in Abbildung 9.24.

4. Als Nächstes fügen Sie die Tabelle ADRC hinzu, indem Sie die Schaltfläche (TABELLE EINFÜGEN) anklicken.

5. Es erscheint ein Dialogfenster, in dem Sie den Tabellennamen, hier »ADRC«, eingeben. Das System stellt nun Standardvorschläge für Verknüpfungen zwischen den Tabellen bereit.

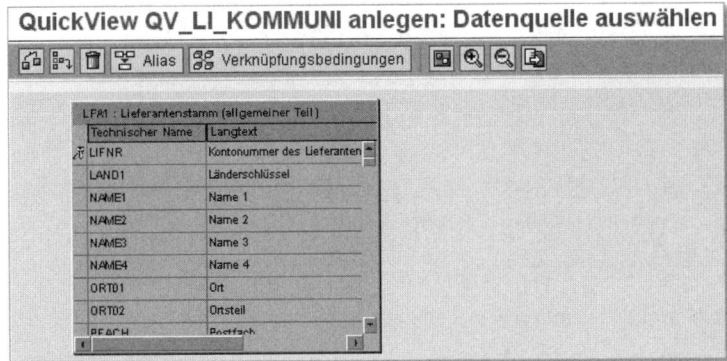

Abbildung 9.24 Grafische Join-Definition – Tabelle LFA1

6. Um die Verknüpfungen zwischen den Tabellen direkt vorzunehmen, verwenden Sie die Schaltfläche [Verknüpfungsbedingungen]. Aus den im ABAP Dictionary hinterlegten Fremdschlüsselbeziehungen und den Schlüsselfeldern der beteiligten Tabellen leitet das SAP-System einen Vorschlag ab. Die Verknüpfungsbedingungen zwischen den einzelnen Tabellen des Joins werden dann mithilfe von Linien dargestellt. Der Vorschlag des SAP-Systems ist nicht immer sinnvoll, wie Abbildung 9.25 zeigt.

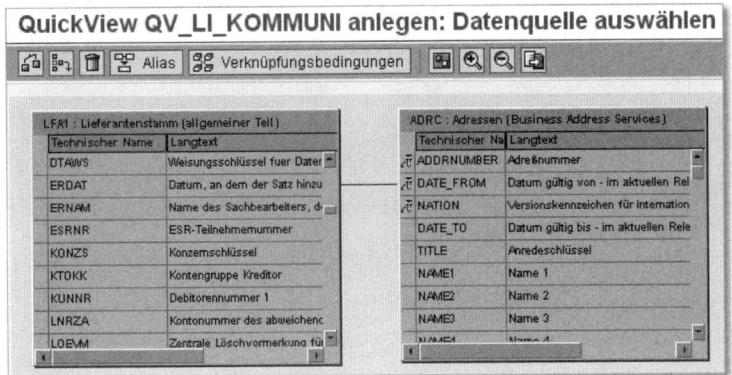

Abbildung 9.25 Unsinnige Verknüpfung

Die Verknüpfung können Sie ändern, indem Sie das Kontextmenü auf der Verbindungslinie zwischen den Tabellen wählen. Hier können Sie, wie in Abbildung 9.26 zu sehen ist, zwischen zwei Alternativen wählen: Sie können die Art des Joins ändern (hier LEFT OUTER JOIN) oder die Join-Bedingung löschen (LINK LÖSCHEN).

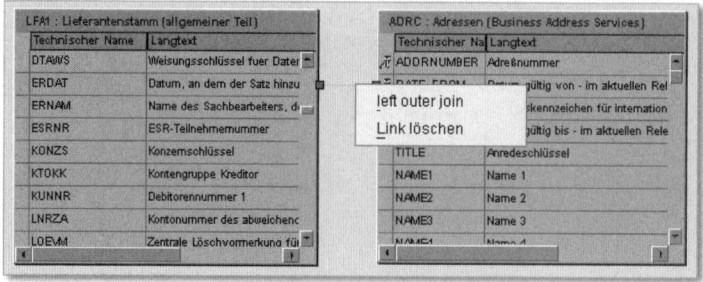

Abbildung 9.26 Kontextmenü zur Join-Verknüpfung

Es gibt zwei Arten von Tabellen-Joins:

- **Inner Join**
  Wenn es gemäß den Verknüpfungsbedingungen zu einem Satz der ersten Tabelle einen entsprechenden Satz in der zweiten Tabelle gibt, wird dieser Satz in die Ergebnismenge aufgenommen.

- **Left Outer Join**
  Alle Sätze der ersten Tabelle werden in die Ergebnismenge aufgenommen. Wenn es zu einem Satz der ersten Tabelle keinen entsprechenden Satz in der zweiten Tabelle gibt, wird für die zweite Tabelle ein Satz verwendet, dessen Felder alle den Initialwert enthalten. SAP empfiehlt, an die durch Left Outer Join verknüpften Tabellen keine weitere Tabelle anzufügen.

Debitor	Name 1	Ort	Bankschlüssel	Bankkonto
1001	Lampen-Markt GmbH	Frankfurt	60050020	2553633
1004	US-Partner	JEWETT	123123123	55544433
1032	Institut fuer Umweltforschung	Muenchen	23984899	5487541354
1033	Karsson High Tech Markt	Muenchen	30080000	2134564
1034	ERL Freiburg	Freiburg	66015020	5487541354
1050	Becker AG	Berlin	10050033	54768756
1100	Phundix KG	Frankfurt	67040031	44552999

Abbildung 9.27 Liste mit Inner Join

Beispielsweise sind folgende Verknüpfungen der Tabellen KNA1 (Kundenstamm) und KNBK (Bankverbindungen der Kunden) möglich:

- Inner Join: Es werden nur die Kunden mit Bankverbindung selektiert (siehe Abbildung 9.27).

9.4 QuickView anlegen

- Left Outer Join: Es werden auch Kunden ohne Bankverbindung selektiert (siehe Abbildung 9.28).

Abbildung 9.28 Liste mit Left Outer Join

Sie können Verknüpfungsbedingungen folgendermaßen manuell herstellen:

1. Markieren Sie das Ausgangsfeld der Verknüpfungsbedingung.
2. Verwenden Sie nun die Drag & Relate-Funktion, um das Ausgangsfeld mit dem Zielfeld zu verbinden. Wenn die Verknüpfungsbedingung zulässig ist, wird die Verbindung in Form einer Linie dargestellt.

In unserem Beispiel müssen die beiden Tabellen über die Adressnummer verknüpft werden. Dies ist in Abbildung 9.29 zu sehen.

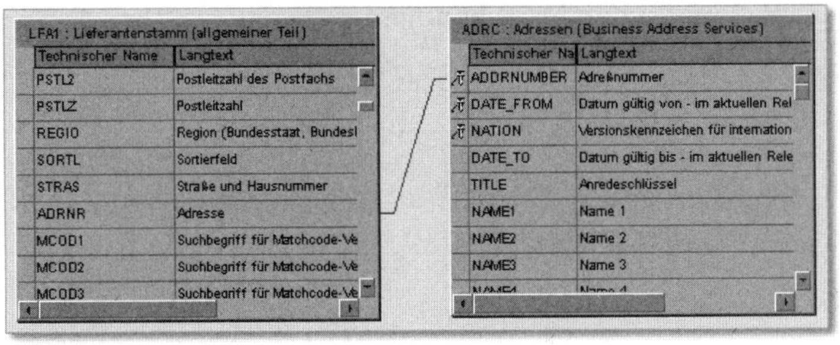

Abbildung 9.29 Korrekte Verknüpfung zwischen LFA1 und ADRC

> **Feldverknüpfungen**
>
> Wenn zwei Felder dieselbe Domäne haben, können sie immer verknüpft werden. Dies gilt ebenso für zwei Felder, die denselben Datentyp (einschließlich der Längenattribute) haben.

3. Klicken Sie auf die Schaltfläche 🔍, um zu prüfen, ob die Verknüpfungsbedingungen zwischen den gewählten Tabellen sinnvoll sind oder ob z. B. Tabellen zwar eingefügt, aber nicht verknüpft worden sind.

Zum Löschen einer Tabelle des angezeigten Tabellen-Joins gehen Sie wie folgt vor:

1. Markieren Sie die Tabelle.
2. Klicken Sie anschließend auf die Schaltfläche 🗑 (LÖSCHEN). Die Tabelle wird damit aus der Join-Definition entfernt.
3. Wenn Sie die Definition des Tabellen-Joins vorgenommen haben, sichern Sie Ihre Eingaben mit der Schaltfläche ⬅ (ZURÜCK). Die Join-Definition wird zusammen mit dem QuickView gesichert.

> **InfoSets**
>
> Da der Tabellen-Join eine flache Tabelle ist, werden Zusatztabellen und Zusatzfelder immer an die erste Tabelle des Tabellen-Joins angeschlossen, und es existiert nur das Coding zur Satzverarbeitung. Im Coding für Zusatzfelder kann allerdings auf alle Felder der am Join beteiligten Tabellen zugegriffen werden, auch wenn der Anschluss immer an die erste Tabelle des Joins erfolgt. Vergleichen Sie hierzu Abschnitt 9.6, »InfoSets«.

9.4.3 Layoutmodus

Wenn Sie höhere Ansprüche an das Layout Ihres Berichts stellen, wählen Sie anstelle des Basismodus (siehe Abschnitt 9.4.1) den Layoutmodus. Hier können Sie mithilfe eines grafischen Query Painters die Liste nach Ihren Wünschen aufbereiten. Im Layoutmodus können Sie:

▸ Datenfelder für die Liste auswählen oder löschen

▸ Datenfelder als Sortierkriterien festlegen

▸ Eigenschaften des Listenfeldes ändern

▸ Eigenschaften der Liste pflegen

▸ Kopf- und Fußzeilen einfügen

▸ Spaltenüberschriften einfügen oder ausblenden

QuickView anlegen | **9.4**

- Ausgabeoptionen für Zeilen festlegen
- Zählfelder einsetzen

Den Layoutmodus rufen Sie auf, indem Sie beim Anlegen Ihres QuickViews die Schaltfläche [Layoutmodus] (LAYOUTMODUS) anklicken. Bevor wir auf die einzelnen Funktionen des Layoutmodus eingehen, erhalten Sie zunächst einen Überblick über die Oberfläche des grafischen Painters.

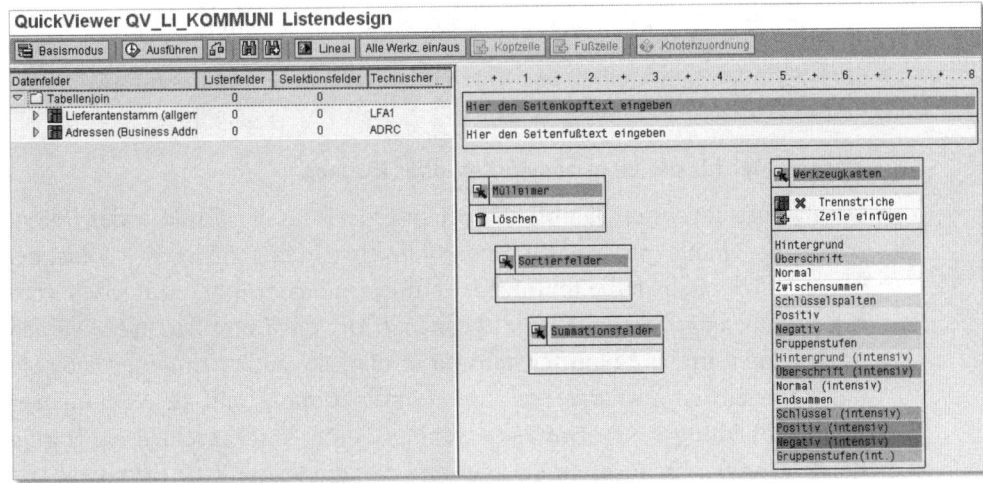

Abbildung 9.30 Oberfläche des grafischen Painters im Layoutmodus

Der grafische Painter besteht aus zwei Bildschirmbereichen mit mehreren Fenstern, deren Größe Sie mit der Maus durch Verschieben der Fenstergrenzen ändern können. Links oben sehen Sie die zur Verfügung stehenden Datenfelder in einer Baumstruktur und gruppiert nach den jeweiligen Tabellen oder Feldgruppen. Die einzelnen Datenfelder werden durch Feldwerte repräsentiert, indem Beispielsätze aus der Datenquelle gelesen oder Feldwerte simuliert werden.

Im rechten Bereich legen Sie das Layout der Liste fest. Rechts oben wird das derzeitige Layout der Liste dargestellt (siehe hierzu Abbildung 9.31). Die Struktur entspricht in der Anordnung der Felder, Überschriften, Farben, Summenzeilen etc. der später erzeugten Liste.

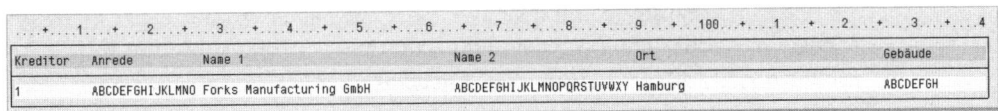

Abbildung 9.31 Listendarstellung im Layoutmodus

Rechts unten finden Sie eine Reihe von Werkzeugleisten, mit deren Hilfe Sie das Listenlayout verändern und Eigenschaften festlegen können:

- Werkzeugkasten
- Mülleimer
- Sortierfelder
- Summationsfelder

Die einzelnen Werkzeuge sind in Abbildung 9.30 zu sehen.

Im Folgenden beschreiben wir Ihnen die einzelnen Funktionen im Detail.

Datenfelder für die Liste auswählen oder löschen

Die Baumstruktur der Datenfelder orientiert sich an der Struktur der Datenquelle. Bei einem Join sind die Knoten die einzelnen Tabellen des Joins, bei einem InfoSet jedoch die im InfoSet definierten Feldgruppen. An jeden Knoten sind die zugehörigen Felder angehängt. Um das Datenfeld auszuwählen und es somit in das Layoutfenster und in die Liste aufzunehmen, setzen Sie das Kennzeichen LISTENFELDER oder klicken doppelt auf den Feldnamen (siehe Abbildung 9.32). Die ausgewählten Felder sind anschließend farbig hervorgehoben (in unserem Beispiel sind dies die Felder KONTONUMMER DES LIEFERANTEN, NAME 1, NAME 2 und ORT).

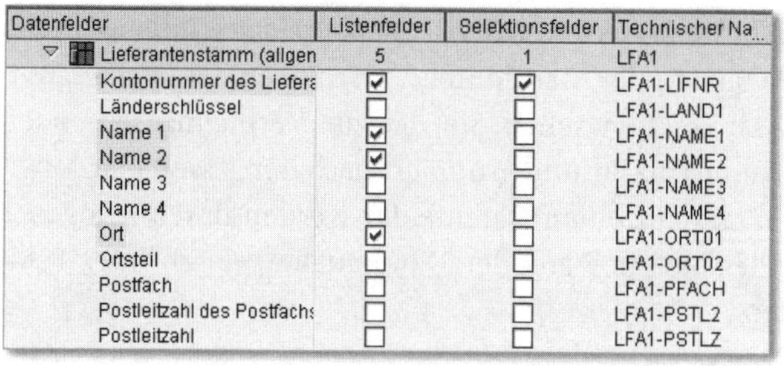

Datenfelder	Listenfelder	Selektionsfelder	Technischer Na
▽ 🏛 Lieferantenstamm (allgen	5	1	LFA1
Kontonummer des Liefera	☑	☑	LFA1-LIFNR
Länderschlüssel	☐	☐	LFA1-LAND1
Name 1	☑	☐	LFA1-NAME1
Name 2	☑	☐	LFA1-NAME2
Name 3	☐	☐	LFA1-NAME3
Name 4	☐	☐	LFA1-NAME4
Ort	☑	☐	LFA1-ORT01
Ortsteil	☐	☐	LFA1-ORT02
Postfach	☐	☐	LFA1-PFACH
Postleitzahl des Postfachs	☐	☐	LFA1-PSTL2
Postleitzahl	☐	☐	LFA1-PSTLZ

Abbildung 9.32 Listenfeld auswählen

Um Selektionsfelder, die im Selektionsbild vor dem Ausführen eines Berichts als Eingabefelder angeboten werden, auszuwählen, setzen Sie das Kennzeichen SELEKTIONSFELDER. Sie können durch die Eingabe von Feldwerten die Menge der im Bericht ausgegebenen Daten reduzieren. Abbildung 9.32 zeigt die für unser Beispiel notwendige Auswahl.

Um ausgewählte Felder wieder zu löschen, entfernen Sie das Kennzeichen oder wählen die Schaltfläche [Löschen] (LÖSCHEN) und ziehen das Icon auf das zu löschende Feld. Gelöschte Felder werden im Mülleimer zwischengespeichert und können bei Bedarf wiederhergestellt werden; die Eigenschaften, die die Felder vor dem Löschen hatten, bleiben erhalten.

> **Leeren des Mülleimers**
> Der Mülleimer wird erst beim Verlassen des Programms geleert.

Datenfelder als Sortierkriterien festlegen

Um eine Sortierung durchzuführen, gehen Sie folgendermaßen vor:

1. Markieren Sie das Feld im rechten oberen Fenster, und ziehen Sie es per Drag & Drop in den Werkzeugkasten SORTIERFELDER. Falls sich mehrere Felder in diesem Werkzeugkasten befinden, bestimmt die Reihenfolge der Felder die Reihenfolge der Sortierung.

2. Die Schaltflächen (AUFSTEIGEND) und (ABSTEIGEND) hinter jedem Feld beschreiben seine Sortierrichtung. Klicken Sie auf die entsprechende Schaltfläche, um die Sortierrichtung zu ändern. Sie können die Sortierung zurücknehmen, indem Sie das Feld im Werkzeugkasten markieren und in den Mülleimer ziehen. Ziehen Sie in diesem Beispiel, wie in Abbildung 9.33 dargestellt, die Felder GEBÄUDEKÜRZEL und NAME 1 in die Werkzeugleiste SORTIERFELDER.

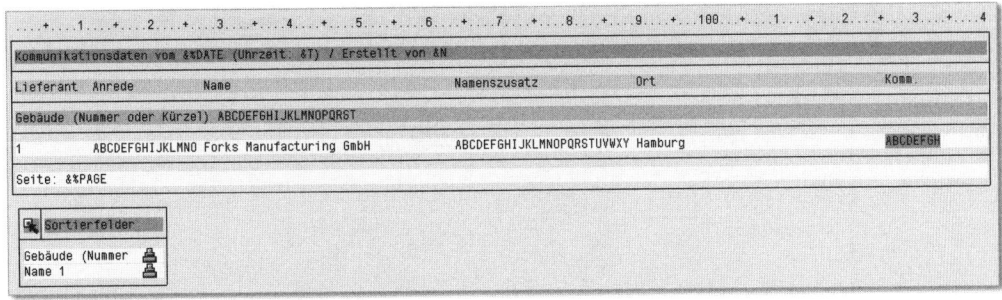

Abbildung 9.33 Sortierkriterien festlegen

Der vom SAP-System vorgeschlagene Gruppenstufensummentext – er erscheint, wenn Felder innerhalb der Liste summiert werden – ist änderbar (siehe Abbildung 9.34).

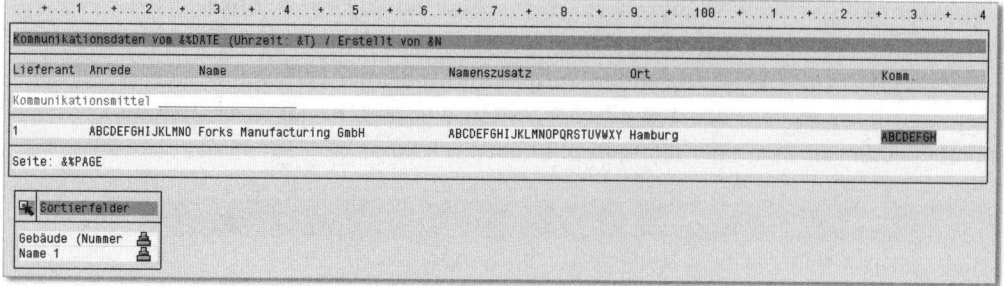

Abbildung 9.34 Gruppenstufentext zum Sortierkriterium

Eigenschaften der Listenfelder ändern

Innerhalb des Layoutfensters ist es möglich, zahlreiche Elemente per Drag & Drop zu verschieben. Bei verschiebbaren Elementen nimmt der Cursor die Form eines Zeigefingers an, wenn er über einem solchen Element steht. Per Einfachklick mit der linken Maustaste können Sie das verschiebbare Element markieren; es trägt dann einen blauen Rahmen. Ein Beispiel hierfür zeigt Abbildung 9.35.

In unserem Beispiel markieren wir das Listenfeld ANREDE. Im linken unteren Fenster werden Informationen zu dem markierten Element angezeigt. In Abbildung 9.35 sind dies: AUSGABEZEILE, AUSGABEPOSITION, AUSGABELÄNGE, SORTIERNUMMER etc.

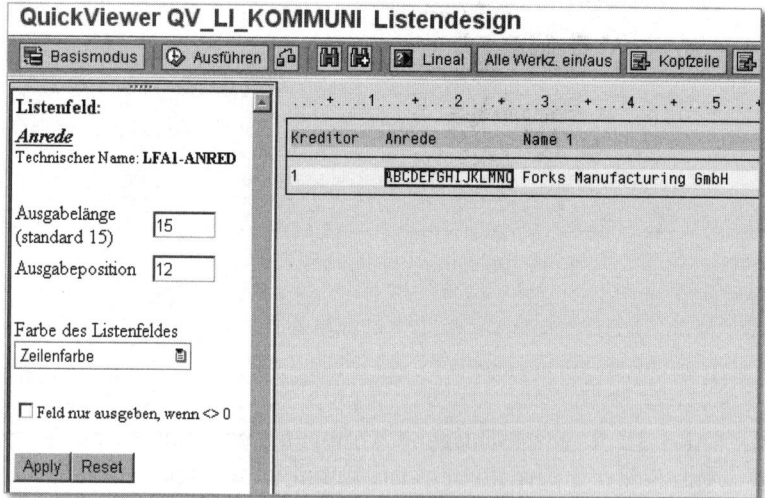

Abbildung 9.35 Eigenschaften eines Listenfeldes ändern

Die Eigenschaften können Sie hier verändern und die Schaltfläche APPLY anklicken, um diese Eingaben zu übernehmen. Folgende Änderungen können Sie vornehmen:

- **Position eines Feldes verändern**
  Markieren Sie das Feld, und ziehen Sie es mit gedrückter linker Maustaste an die gewünschte Position. Um ein Feld innerhalb einer Zeile zu verschieben, können Sie es markieren und im unteren linken Fenster im Feld AUSGABEPOSITION festlegen, an welcher Stelle innerhalb der Listzeile das Feld ausgegeben werden soll.

- **Ausgabelänge eines Feldes verändern**
  Markieren Sie das Feld, und positionieren Sie den Cursor am rechten Rand des Feldes. Ändern Sie die Ausgabelänge durch Ziehen dieses Randes auf den gewünschten Wert. Alternativ können Sie im Feld AUSGABELÄNGE einen Wert eingeben.

- **Farbe eines Feldes festlegen**
  Im Dropdown-Menü FARBE DES LISTENFELDES können Sie die Farbe einstellen. Statt direkt eine Farbe festzulegen, wählen Sie die in den Entwicklungsrichtlinien vorgegebenen Farben.

Abbildung 9.36 zeigt die Auswahlmöglichkeiten zur Farbgestaltung eines Listenfeldes.

Abbildung 9.36 Farbe der Listenfelder festlegen

Eigenschaften der Liste pflegen

Zur Pflege der Eigenschaften der Liste klicken Sie auf das Lineal im oberen rechten Fenster des grafischen Painters, das anschließend mit einem Rahmen markiert wird. Alternativ positionieren Sie den Cursor auf ein Feld der Liste und wählen im Kontextmenü LISTOPTIONEN.

Die Eigenschaften der Liste können Sie im Fenster links, das in Abbildung 9.37 dargestellt ist, ändern.

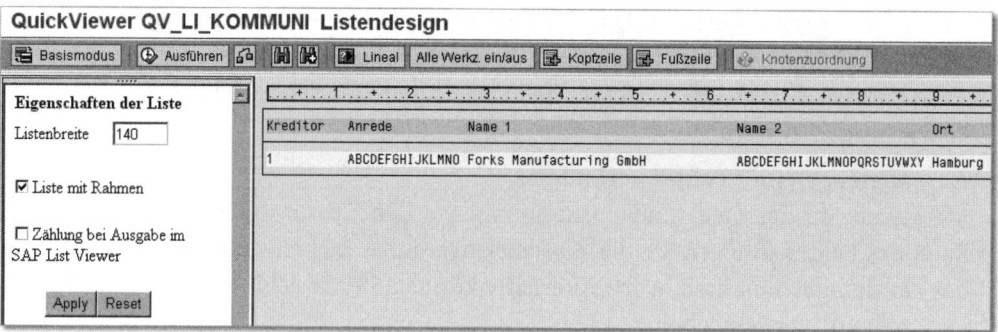

Abbildung 9.37 Eigenschaften der Liste

Sie haben folgende Auswahlmöglichkeiten:

- **Listenbreite einstellen**
  Hier können Sie die Breite der Liste im Feld LISTENBREITE einstellen.

- **Liste einrahmen**
  Setzen Sie das Kennzeichen LISTE MIT RAHMEN, um einen Rahmen zu erstellen.

- **Zählfunktion nutzen**
  Um die Funktion ZÄHLUNG verwenden zu können und im SAP ListViewer auszugeben, setzen Sie das Kennzeichen ZÄHLUNG BEI AUSGABE IM SAP LIST VIEWER. Ist dieses Kennzeichen nicht gesetzt, erhalten Sie, später im Bericht, die Auswahlmöglichkeiten aus Abbildung 9.38 (siehe Abschnitt »Zählfelder einsetzen« auf Seite 407).

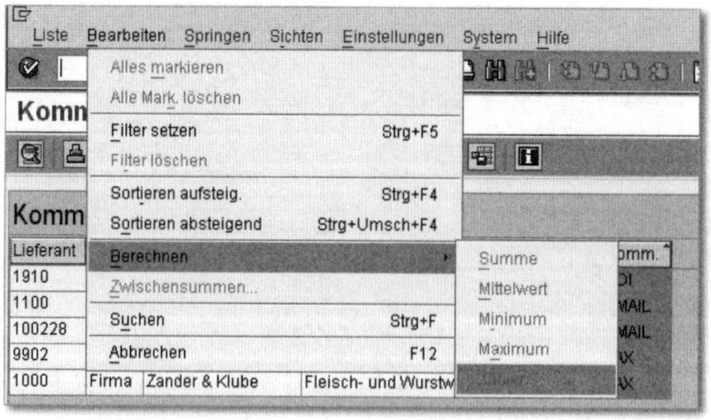

Abbildung 9.38 Keine Zählung im SAP ListViewer

Ist das Kennzeichen gesetzt, können Sie die Funktion ZÄHLEN auswählen (siehe Abbildung 9.39).

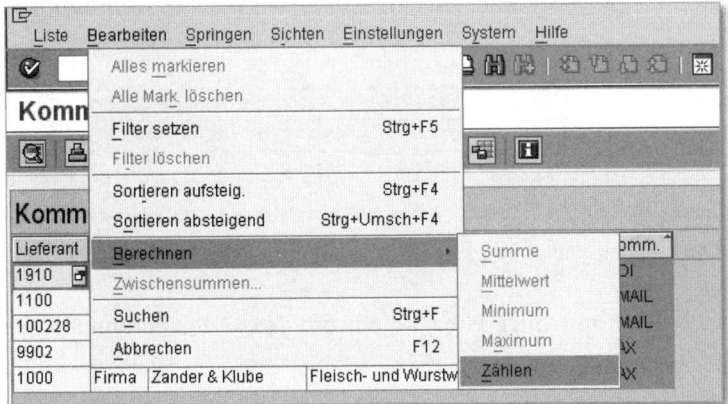

Abbildung 9.39 Zählung im SAP ListViewer

Übernehmen Sie Ihre Änderungen mit APPLY, andernfalls verliert das System Ihre Eingaben. Abbildung 9.40 zeigt das Beispiel einer Liste mit Zählung.

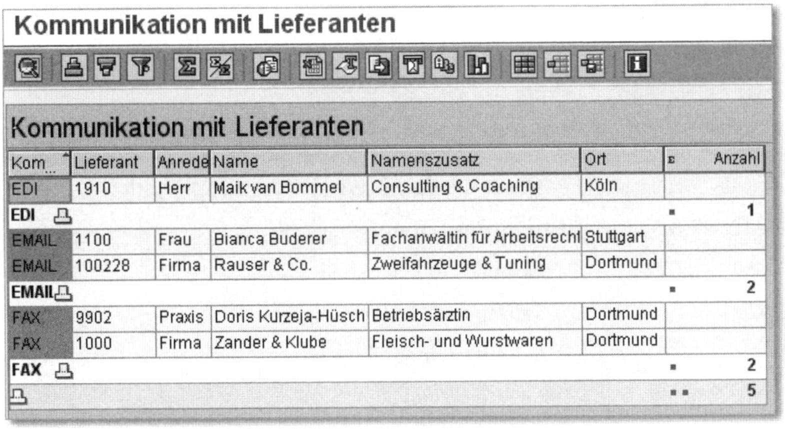

Abbildung 9.40 Zählung in der Ergebnisliste

Kopf- und Fußzeilen einfügen

Die Liste wird im grafischen Painter folgendermaßen angezeigt: zuerst die Kopfzeilen (Seitenkopf), dann der Zeilenaufbau und anschließend die Fußzeilen (Seitenfuß).

Um eine Kopf- oder Fußzeile einzufügen, gehen Sie folgendermaßen vor:

1. Fügen Sie eine leere Kopf- oder Fußzeile ein, indem Sie auf die Schaltfläche [Kopfzeile] bzw. [Fußzeile] klicken. Es erscheint das Bild aus Abbildung 9.41.

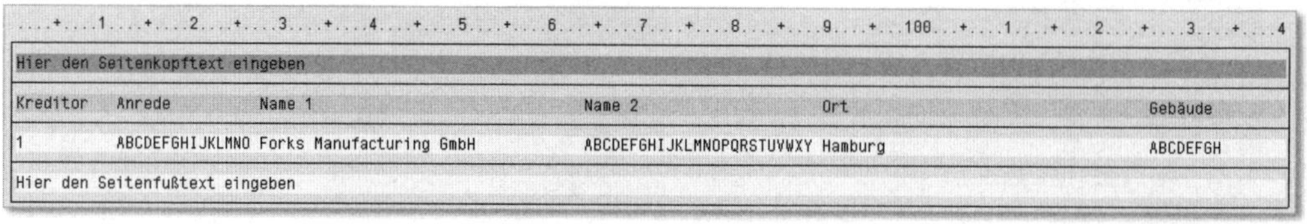

Abbildung 9.41 Liste mit Kopf- und Fußzeile

2. Klicken Sie die Kopf- oder Fußzeile an, um Text oder Parameter einzugeben.
3. Klicken Sie die Zeile doppelt an, falls Sie eine Zeile hinzufügen möchten. Bei jedem Doppelklick wird eine weitere Zeile hinzugefügt.
4. Ziehen Sie das Mülleimer-Icon auf eine Überschriftszeile, um sie zu löschen. Wenn Sie nur eine Überschriftszeile haben und diese löschen, können Sie diese über ZUSÄTZE • KOPFZEILE EINSETZEN wieder einfügen.
5. Um beim Erzeugen aktuelle Werte (z.B. Datum oder Uhrzeit) einzufügen, geben Sie die in Tabelle 9.1 aufgeführten Funktionen in der Kopf- oder Fußzeile ein.

Funktion	Abkürzung	Beschreibung
&%NAME	&N	Name des Benutzers, der die Liste erstellt
&%DATE	&D	aktuelles Datum
&%TIME	&T	aktuelle Uhrzeit
&%PAGE		Seitennummer (6-stellig)
&%P	&P	Seitennummer (3-stellig)

Tabelle 9.1 Funktionen in Kopf- und Fußzeilen

Abbildung 9.42 zeigt die Liste aus unserem Beispiel.

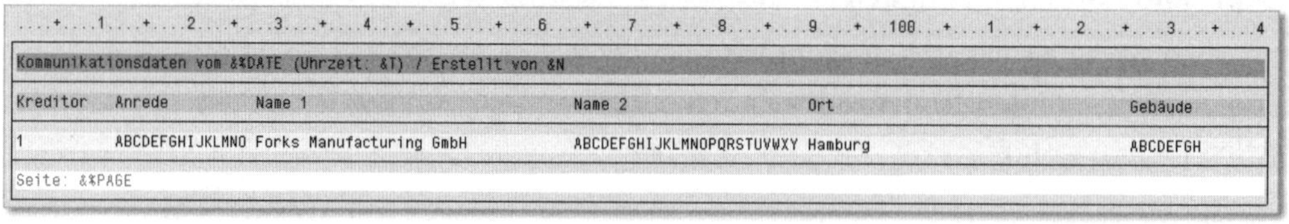

Abbildung 9.42 Liste mit gepflegten Kopf- und Fußzeilen

> **Anzahl der Kopf- und Fußzeilen**
>
> Bitte beachten Sie, dass die Zahl der Überschriftszeilen im Seitenkopf und im Seitenfuß zwar nicht begrenzt ist, dass die Summe dieser Zeilen aber kleiner sein muss als die Zahl der Zeilen pro Seite. Diese Bedingung kann bei der Definition eines QuickViews nur unvollständig überprüft werden, da die Zahl der Zeilen pro Seite zur Abarbeitungszeit verändert werden kann (z.B. beim Drucken). Wird diese Bedingung zur Abarbeitungszeit eines QuickViews verletzt, kommt es zu einem Programmabbruch.

Spaltenüberschriften einfügen oder ausblenden

Neben den Kopf- und Fußzeilen können Sie außerdem Spaltenüberschriften definieren. Bei den AUSGABEOPTIONEN FÜR ZEILEN (siehe Abbildung 9.44) ist das Kennzeichen ÜBERSCHRIFT AUSGEBEN im Standard gesetzt, d.h., die Spaltenüberschriften werden ausgegeben.

Wenn Sie die Spaltenüberschriften ausblenden möchten, entfernen Sie das Kennzeichen. Als Spaltenüberschriften werden die Kurzbezeichnungen der Felder aus dem ABAP Dictionary verwendet. Möchten Sie eine für Ihren QuickView passendere Überschrift wählen, können Sie den Text durch einen Klick auf eine Spaltenüberschrift modifizieren. In unserem Beispiel verändern wir die Spaltenüberschrift des Feldes NAME 2 in NAMENSZUSATZ. Das Ergebnis sehen Sie in Abbildung 9.43.

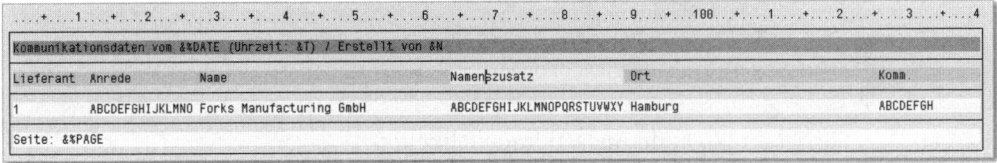

Abbildung 9.43 Spaltenüberschriften

> **Überschriften**
>
> Wenn Sie die Ausgabebreite eines Feldes ändern, wird automatisch auch die Breite der Überschrift geändert.

Ausgabeoptionen für Zeilen festlegen

Um die Ausgabeoptionen für Zeilen festzulegen, haben Sie zwei Möglichkeiten: Positionieren Sie den Cursor auf ein Feld der Liste, wählen Sie mit der rechten Maustaste das Kontextmenü, und klicken Sie auf ZEILENOPTIONEN.

Alternativ führen Sie einen Doppelklick auf eine freie Stelle der Zeile (neben einem Listenfeld) aus.

Im unteren linken Fenster des Bildschirms werden die Optionen angezeigt (siehe Abbildung 9.44).

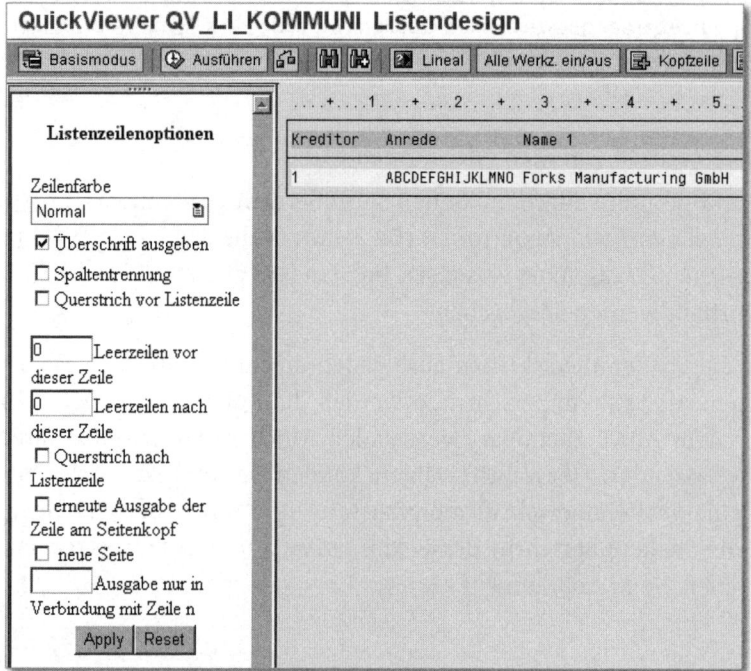

Abbildung 9.44 Listenzeilenoptionen

Sie haben folgende Auswahlmöglichkeiten:

▶ **Zeilenfarbe festlegen**
Im Dropdown-Menü ZEILENFARBE können Sie die Farbe einstellen, wie bereits bei der Farbe des Listenfeldes beschrieben. Alternativ markieren Sie eine Farbe im Werkzeugkasten und ziehen sie auf die gewünschte Zeile.

▶ **Leerzeilen einfügen**
Geben Sie im Feld LEERZEILEN NACH DIESER ZEILE die Anzahl der Leerzeilen ein, die vor bzw. nach einer Zeile eingegeben werden sollen. Markieren Sie alternativ im Werkzeugkasten das Icon ZEILE EINFÜGEN, und ziehen Sie sie auf die gewünschte Zeile. Es wird jeweils eine Leerzeile nach der aktuellen Zeile ausgegeben.

▶ **Zeilen am Seitenkopf erneut ausgeben**
Mit dem Kennzeichen ERNEUTE AUSGABE DER ZEILE AM SEITENKOPF wird festgelegt, dass bestimmte Zeilen bei jedem Seitenkopf wiederholt werden. Dies ist in erster Linie bei der Darstellung hierarchischer Listen relevant.

Erneute Ausgabe	[zB]
Eine Query enthält z. B. für jeden selektierten Debitor (Zeile 1) mehrere Buchungen (Zeile 2). Wenn Sie nun mit fester Seitengröße arbeiten (das trifft beim Drucken immer zu), kann der Fall eintreten, dass eine Seite nur Zeilen mit Buchungen enthält. Markieren Sie jedoch für die Zeile 1 (Zeile mit Angaben zum Debitor) die Option ERNEUTE AUSGABE DER ZEILE AM SEITENKOPF, wird in diesen Fällen auf jeder neuen Seite die zugehörige Zeile mit dem Debitor ausgegeben. Sie haben damit auf jeder Seite die Übersicht, zu welchem Debitor die Buchungen gehören.	

▶ **Neue Seite festlegen**
Wenn Sie für eine Zeile die Option NEUE SEITE markieren, wird vor Ausgabe dieser Zeile ein Seitenumbruch ausgeführt.

Zählfelder einsetzen

Im Gegensatz zur Summierung von numerischen Feldern wird die Zählung von Feldern nicht automatisch vorgenommen. Gehen Sie folgendermaßen vor, um die Zählung für ein Feld zu veranlassen:

1. Wählen Sie zunächst in Ihrer Menüleiste WERKZEUGE • ZÄHLFELDER EIN/AUS. Es wird die in Abbildung 9.45 gezeigte Werkzeugleiste ZÄHLFELDER eingeblendet.

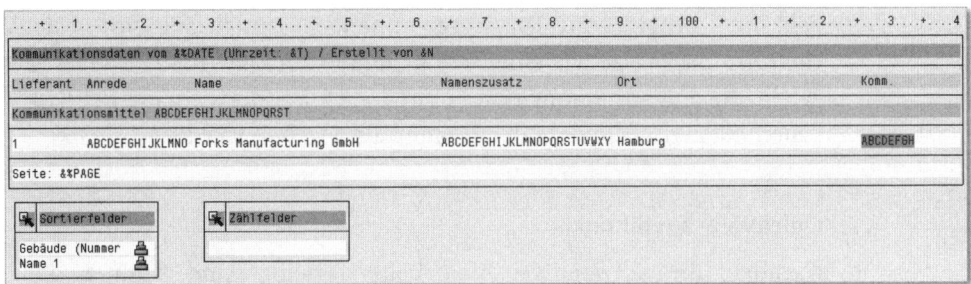

Abbildung 9.45 Werkzeugleiste »Zählfelder«

2. Ziehen Sie anschließend das gewünschte Feld in die Werkzeugleiste ZÄHLFELDER – in diesem Beispiel das Feld BUILDING (Gebäudekürzel).

Das Ergebnis sehen Sie in ABBILDUNG 9.46. Am Ende der Liste wird die Gesamtanzahl der Felder angegeben. Wurden Sortierfelder für die Liste festgelegt, wird am Ende einer Gruppensummenstufe (in unserem Beispiel das Kommunikationsmittel) jeweils eine Zwischenzählung ausgegeben. Um die Ausgabe der Zwischenzählung zu unterdrücken, können Sie die Markierung im Feld ZÄHLUNG AUSGEBEN in den Ausgabeoptionen für Gruppenstufen zurücknehmen.

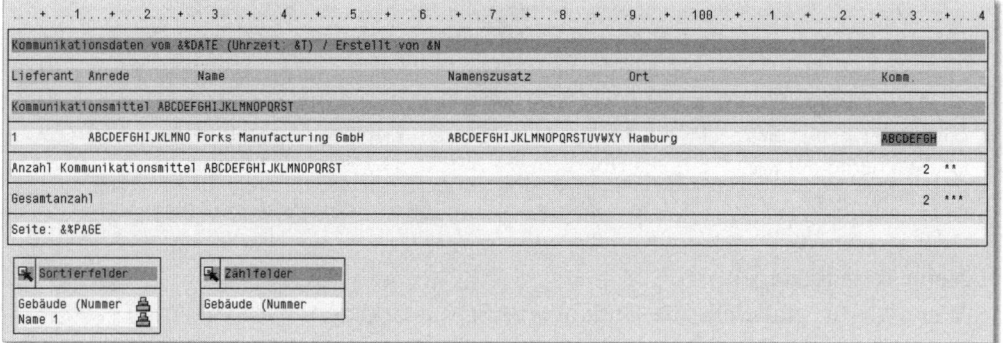

Abbildung 9.46 Layoutmodus – Zählfeld »Gebäudekürzel«

Die Optionen SUMME und ZÄHLUNG unterscheiden sich folgendermaßen: Die Option SUMME bewirkt für ein numerisches Feld, dass die Gesamtsumme der Feldinhalte gebildet wird. Das bedeutet, dass jedes Mal, wenn das Feld im gelesenen Datenbestand gefunden wird, der Wert des Feldes auf die Gesamtsumme addiert wird. Die Gesamtsumme wird am Ende der Grundliste ausgegeben. Bei Gruppenstufen besteht die Möglichkeit, Zwischensummen auszugeben.

Die Option ZÄHLUNG für ein Feld bewirkt hingegen, dass jedes Mal, wenn das Feld im gelesenen Datenbestand gefunden wird, ein Zähler für dieses Feld um 1 erhöht wird. Die so gewonnene Gesamtanzahl wird in der gleichen Art und Weise wie eine Gesamtsumme am Ende der Grundliste ausgegeben. Analog zur Summation können auch bei der Zählung bei Gruppenstufen die Zwischenwerte der Zählung ausgegeben werden.

QuickView ausführen

Nachdem die notwendigen Vorarbeiten erledigt sind, können wir den erstellten QuickView zum ersten Mal ausführen. Dazu gehen Sie folgendermaßen vor:

1. Klicken Sie auf die Schaltfläche AUSFÜHREN in der Drucktastenleiste. Es wird in unserem Beispiel das Selektionsbild aus Abbildung 9.47 angezeigt.

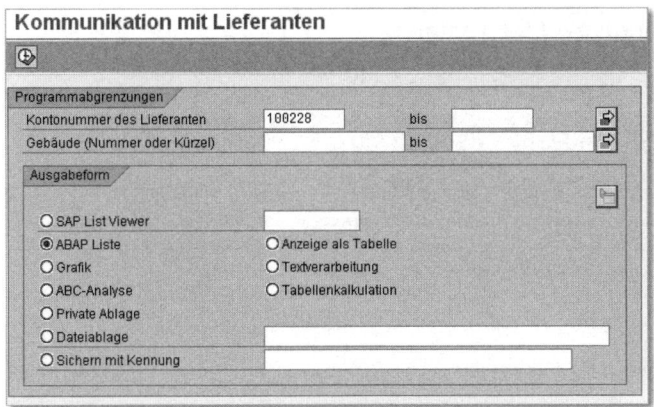

Abbildung 9.47 Selektionsbild des QuickViewers

2. Wir hinterlegen die geforderten Werte in den Selektionsfeldern und starten den QuickView mit der Ausgabeform ABAP LISTE. In unserem Beispiel haben wir in das Feld KONTONUMMER DES LIEFERANTEN die Werte »100228«, »1910«, »1100«, »9902« und »1000« eingegeben. Die erzeugte Liste sieht aus, wie in Abbildung 9.48 dargestellt.

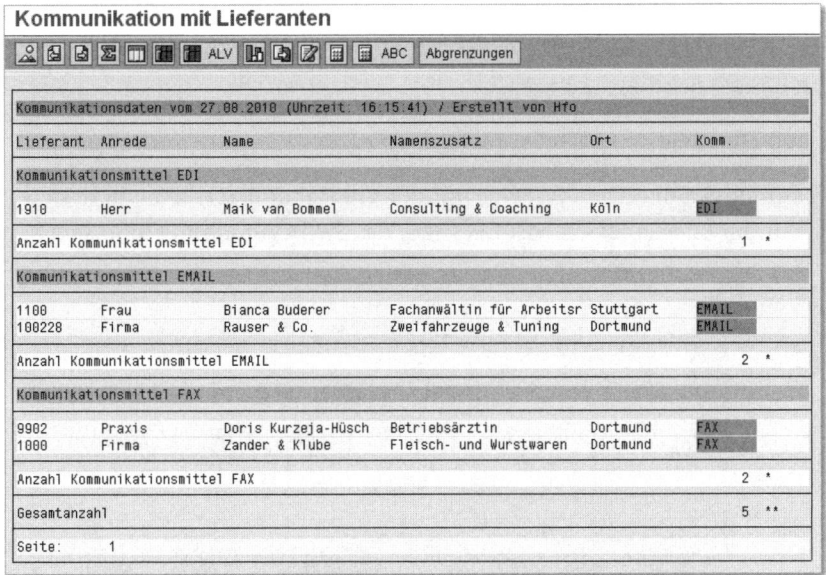

Abbildung 9.48 Ausgabe als ABAP-Liste

3. Wenn Sie diesen QuickView mit der Ausgabeform SAP LIST VIEWER starten, erhalten Sie die Anzeige aus Abbildung 9.49. Sie sehen, dass alle Festlegungen, die wir innerhalb des Layoutmodus getroffen haben, ignoriert werden.

9 | QuickViewer

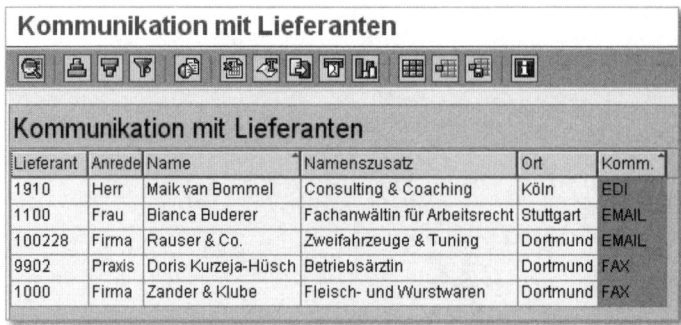

Abbildung 9.49 Ausgabe mit SAP List Viewer

9.5 QuickView pflegen

Betrachten wir nun die Funktionen, die zur Pflege bereits erstellter Quick-Views zur Verfügung stehen. Wir behandeln in diesem Abschnitt die beiden Funktionen AUSFÜHREN und KOPIEREN.

9.5.1 QuickView starten

Das Starten eines QuickViews ist meist der erste Berührungspunkt, den Sie mit dem QuickViewer haben.

Einen QuickView starten Sie folgendermaßen:

1. Öffnen Sie den QuickViewer mit der Transaktion SQVI. Sie befinden sich nun im Bild QUICKVIEWER EINSTIEG, das Sie in Abbildung 9.50 sehen.

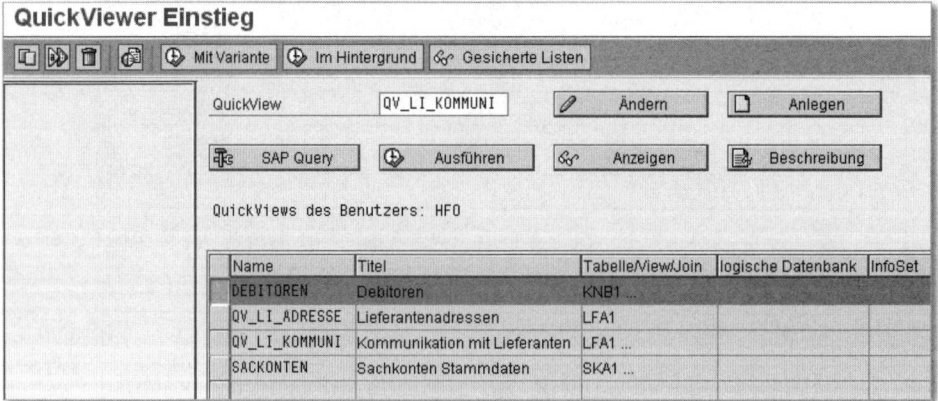

Abbildung 9.50 Einstiegsmaske des QuickViewers

410

2. Markieren Sie den gewünschten QuickView, in unserem Fall den im vorangegangenen Abschnitt erstellten QuickView DEBITOREN. Es werden nur die QuickViews angezeigt, die mit Ihrem aktuellen Benutzer erstellt wurden.

3. Klicken Sie dann auf die Schaltfläche AUSFÜHREN, oder drücken Sie [F8]. Es erscheint das Selektionsbild aus Abbildung 9.51, das Sie im letzten Abschnitt bereits kennengelernt haben.

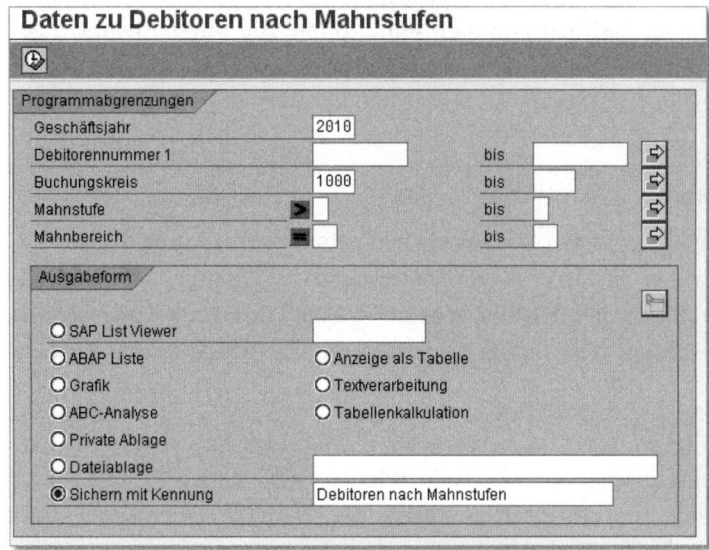

Abbildung 9.51 Selektionsbild des erstellten QuickViews

4. Im Bereich AUSGABEFORM können Sie einstellen, wie Ihr Bericht ausgegeben werden soll.

5. Starten Sie die Selektion über [F8].

Die Ausgabeoptionen des QuickViewers betrachten wir im Folgenden genauer; wir beginnen mit dem SAP List Viewer (ALV).

SAP List Viewer

Die Anzeigeoption SAP LIST VIEWER übergibt die Daten des ausgewählten Berichts an den SAP List Viewer, kurz ALV genannt (nach dem alten Namen ABAP List Viewer). Die Option SAP LIST VIEWER umfasst sämtliche Funktionen und interaktiven Möglichkeiten, die Sie aus vielen SAP-Anwendungen kennen.

Als Tabelle anzeigen

Mit der Funktion ALS TABELLE ANZEIGEN können Grundlisten in einer speziellen tabellarischen Form mithilfe des Table View Controls angezeigt werden. In diese Anzeige werden Summenzeilen, Zwischensummenzeilen und Zeilen mit Gruppenstufentexten nicht übernommen. Der Vorteil dieser Darstellung gegenüber der Liste besteht in einer Reihe von interaktiven Funktionen. Dies sind zunächst die Funktionen, die das Table View Control automatisch zur Verfügung stellt (Spaltenvertauschungen, Speicherung von Einstellungen etc.). Hinzu kommen Funktionen, die unter Ausnutzung der Möglichkeit, Zeilen und Spalten zu markieren, Manipulationen am angezeigten Datenbestand erlauben.

Listen sichern

Die mit dem QuickViewer erzeugte Liste geht verloren, sobald Sie die Listanzeige verlassen. Wollen Sie dieselbe Liste später erneut sehen, müssen Sie die Liste durch erneutes Ausführen des QuickViewers mit den gleichen Selektionen neu erzeugen. Dazu muss das System die Datenbank erneut auswerten.

Wenn sich bestimmte Listen zum einen nicht mehr ändern und zum anderen häufig benötigt werden, ist es sinnvoll, einmal erzeugte Listen zu sichern, um sie zu einem späteren Zeitpunkt wieder anzuzeigen. Dabei sind keine Datenbankzugriffe erforderlich, sodass der Bericht wesentlich schneller angezeigt werden kann als bei der erneuten Ausführung.

Um die Liste zu sichern, wählen Sie die Ausgabeoption SICHERN MIT KENNUNG. Um eine gesicherte Liste erneut anzuzeigen, gehen Sie folgendermaßen vor:

1. Öffnen Sie den QuickViewer durch Eingabe des Transaktionscodes SQVI.
2. Wählen Sie im Einstiegsbild die Funktion SPRINGEN • GESICHERTE LISTEN. Sie erhalten eine Übersicht über die bereits gesicherten Listen. In unserem Beispiel erhalten wir das Bild aus Abbildung 9.52. Sie sehen, dass der im Selektionsbild hinterlegte Text verwendet wurde.

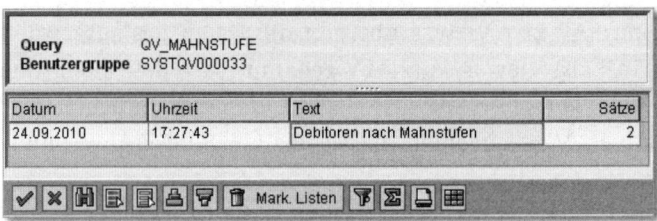

Abbildung 9.52 Auswahl einer gesicherten Liste

3. Markieren Sie nun die gewünschte Liste, und klicken Sie anschließend auf die Schaltfläche ✓. In unserem Beispiel erscheint die in Abbildung 9.53 gezeigte Liste.

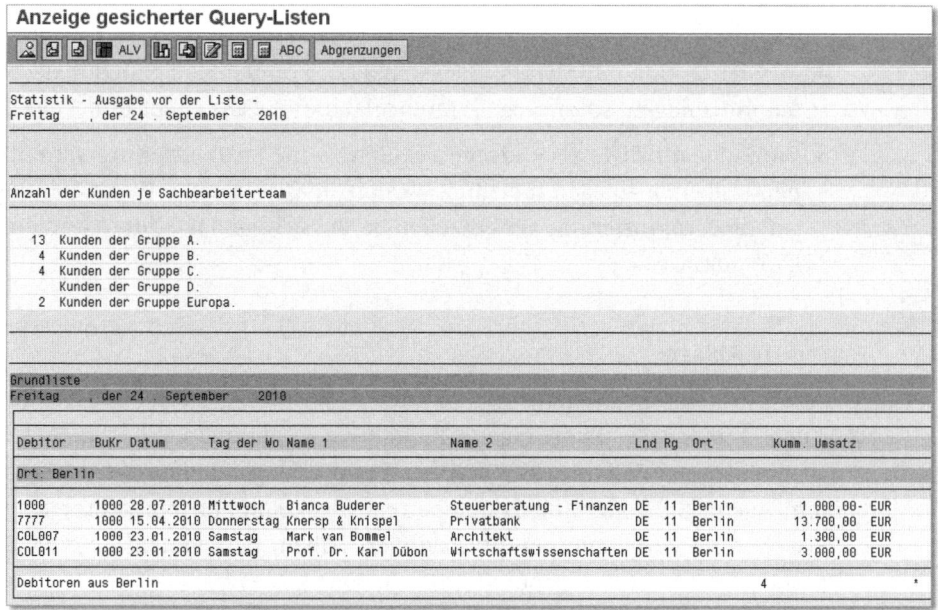

Abbildung 9.53 Eine gesicherte Liste anzeigen

4. Abgrenzungen, die beim Erzeugen der Liste verwendet wurden, ermitteln Sie durch Klick auf die Schaltfläche ABGRENZUNGEN. Dabei handelt es sich um die Selektionswerte, die zu dieser Listausprägung geführt haben.

Dateiablage

Mit der Funktion DATEIABLAGE können Sie die ermittelten Daten als lokale Datei auf dem Präsentationsserver ablegen. Das geht folgendermaßen:

1. Wählen Sie die Ausgabeoption DATEIABLAGE, und tragen Sie im Feld daneben einen Dateinamen ein.
2. Bestätigen Sie mit Klick auf ✓.
3. Es öffnet sich ein Dialogfenster, in dem Sie den Dateinamen und das Datenformat festlegen: Als Vorschlag für den Dateinamen wird der Name verwendet, den Sie im Eingabefeld eingetragen haben. Haben Sie im Selektionsbild keinen Dateinamen eingegeben, wird Ihnen ein Name vorgeschlagen.

Dies ist dann sinnvoll, wenn Sie Varianten für den QuickView definieren möchten. Die Eingabe eines Vorschlagswertes für den Dateinamen unterdrückt nicht den Dialog beim Aufrufen der Funktion DATEIABLAGE. Diese Funktion können Sie im Rahmen der Hintergrundverarbeitung nicht nutzen.

4. Mit der Option MIT SPALTENÜBERSCHRIFTEN können Sie Spaltenüberschriften mit ablegen, sofern das Datenformat dies zulässt (*.dat und *.dbf).

5. Wenn Sie die Liste als einfache Textdatei ohne Strukturierung der einzelnen Listzeilen ablegen möchten, wählen Sie DOWNLOAD. Wenn Sie hingegen die Strukturierung der Listzeilen berücksichtigen möchten, wählen Sie DATEIABLAGE.

Private Ablage

Zum Auslieferungsbestand gehört eine Erweiterung (SQUE0001), die es jedem Kunden gestattet, eigene interaktive Funktionen (PRIVATE ABLAGE) anzuschließen. Erst wenn Sie diese Erweiterungsmöglichkeit ausnutzen, d.h., wenn Sie (oder Ihr Systembetreuer) im Rahmen eines Projekts die Erweiterung vorgenommen und aktiviert haben, bekommen Sie die Funktion PRIVATE ABLAGE angeboten. Die vom QuickView beschafften Daten werden in einer Tabelle gesammelt und dann einem Funktionsbaustein übergeben, der im Zuge der Erweiterung entwickelt werden muss. Was dann mit den Daten geschieht, kann jeder Kunde selbst entscheiden.

Erweiterte Ablage

Die Funktion ERWEITERTE ABLAGE dient als Container für interaktive Funktionen. Jede dieser Funktionen muss über einen Funktionsbaustein mit fest definierter Schnittstelle realisiert werden. Wie viele und welche Funktionen zur Verfügung gestellt werden, können Sie über die Pflegekomponente für die erweiterte Ablage festlegen. Die von SAP ausgelieferten Funktionen für die erweiterte Ablage sind zwar eingetragen, jedoch noch nicht aktiviert. Aktivieren Sie diese Funktionen in der Pflege der erweiterten Ablage, bevor Sie sie nutzen.

9.5.2 QuickView kopieren

Falls Sie einen bereits vorhandenen QuickView kopieren wollen, etwa um ihn als Vorlage für einen neuen QuickView zu nutzen, gehen Sie folgendermaßen vor:

1. Markieren Sie den gewünschten QuickView, und klicken Sie auf die Schaltfläche 📋 (KOPIEREN). Sie erhalten das Dialogfenster aus Abbildung 9.54.

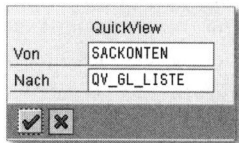

Abbildung 9.54 Kopierten QuickView umbenennen

2. Geben Sie dann einen Namen für den neuen QuickView ein. In unserem Beispiel nennen wir ihn QV_GL_LISTE.

3. Wenn Sie einen QuickView umbenennen möchten, nutzen Sie die Schaltfläche 🔀 (UMBENENNEN). Danach gehen Sie genauso vor, wie für das Kopieren beschrieben.

Im Anschluss beschäftigen wir uns mit einer weiteren möglichen Datenquelle für Ihren QuickView, den InfoSets.

9.6 InfoSets

Wenn Sie mit einer komplexen Datenbasis arbeiten möchten – etwa dann, wenn die auszuwertenden Tabellen nicht in einfacher Form (linear) miteinander verknüpft sind –, ist das direkte Erstellen eines QuickViews zu kompliziert. Um diese Erstellung zu vereinfachen, können Sie ein InfoSet erstellen, das Ihnen die spätere Arbeit mit Ihrer Datenquelle erleichtert. Mit dem Anlegen eines InfoSets wird eine Datenbasis ausgewählt. Da die Anzahl der Felder darin sehr groß sein kann, können Felder zu logischen Einheiten, den Feldgruppen, zusammengefasst werden. Ein InfoSet ermöglicht aber nicht nur die Reduzierung bzw. Zusammenfassung der Felder zu sinnvollen Einheiten, darüber hinaus können auch Hilfsfelder definiert werden, die Sie wie Datenbankfelder bearbeiten können. Außerdem ist es möglich, Langtexte in Zusatztabellen nachzulesen und alle Vorarbeiten dafür zu leisten, dass Sie sequenzielle Bestände (also Dateien aus dem Verzeichnis des Applikationsservers, z.B. TXT-Dateien, die wie Tabellen aufgebaut sind) genauso einfach wie SAP-Datenbanken auswerten können.

> **InfoSets in QuickViews** [«]
> Wird als Datenquelle eines QuickViews ein InfoSet gewählt, muss dies immer ein InfoSet aus dem Standardbereich sein. InfoSets aus dem globalen Bereich können für die Konstruktion von QuickViews nicht verwendet werden.

> Mehrere Tabellen können zu einem Tabellen-Join verknüpft werden. Die Ergebnismenge besteht aus einer Tabelle, deren Zeilen alle Felder aller am Join beteiligten Tabellen enthalten. Bevor mit der eigentlichen Konstruktion des QuickViews begonnen wird, muss der Tabellen-Join definiert werden. Zur Definition des Tabellen-Joins wird ein grafischer Editor verwendet, der den Join visualisiert und die Zusammenhänge zwischen den einzelnen Tabellen verdeutlicht.

Um das InfoSet zu starten, wählen Sie im SAP Easy Access Menü den Pfad WERKZEUGE • ABAP WORKBENCH • HILFSMITTEL • SAP QUERY • INFOSETS (Transaktion SQ02). Sie gelangen in das Bild INFOSET: EINSTIEG, das in Abbildung 9.55 dargestellt ist. Hier finden Sie eine Reihe von Funktionen, um ein InfoSet zu pflegen.

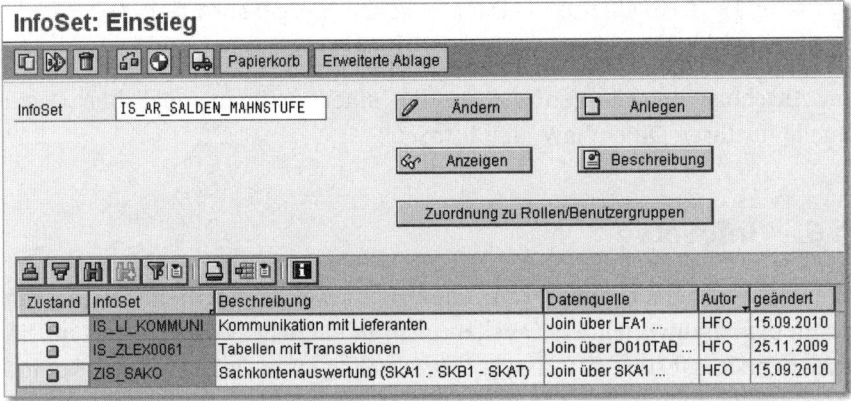

Abbildung 9.55 Einstieg in das InfoSet

Im unteren Bildbereich sehen Sie die Liste der bereits definierten InfoSets in Form eines ALV Grid Controls, einer flexiblen Form der Listdarstellung. Das ALV Grid Control bietet typische Listoperationen an und ist um eigene Funktionen erweiterbar. Diese Fähigkeit ermöglicht den Einsatz des ALV Grid Controls in einer breiten Palette von Anwendungen. Aus Anwendersicht besteht das ALV Grid Control aus einer Werkzeugleiste (Toolbar), einem Titel und der Ausgabetabelle, die in einem Grid Control dargestellt wird. Die Control-Technik wird für eine flexible Darstellung am Bildschirm genutzt. Sie können die Standardfunktionen des ALV Grid Controls (SORTIEREN, SUCHEN, FILTER, LAYOUT) für die Übersicht über die InfoSets verwenden. Nun wollen wir aber ein selbst erstelltes InfoSet nutzen. Im Anschluss erfahren Sie, wie Sie hierzu vorgehen müssen.

9.6.1 InfoSet anlegen

Bevor Sie ein InfoSet anlegen, sollten Sie sich über die Anforderungen an das InfoSet klar sein. Sie haben sich folgende Fragen gestellt:

- Welche Datenquelle entspricht den Anforderungen?
- Welche Felder sollen in das InfoSet aufgenommen werden?
- Werden zusätzliche Informationen benötigt, die nicht in der Datenquelle enthalten sind? Dies erfordert den Anschluss von Zusatztabellen oder die Definition von Zusatzfeldern.
- Werden Parameter und Selektionskriterien benötigt? Solche Parameter und Selektionskriterien erscheinen im Selektionsbild der QuickViews, die auf diesem InfoSet angelegt werden.
- Sollen die Langtexte und die Überschriften der ausgewählten Felder verändert werden?
- Ihre Antworten auf diese Fragen legen die Ausprägung des jeweiligen InfoSets fest.

Ein InfoSet legen Sie folgendermaßen an:

1. Geben Sie im Feld INFOSET einen Namen ein, und wählen Sie die Schaltfläche ☐ Anlegen. Sie gelangen in das Dialogfenster INFOSET: TITEL UND DATENBANK, das in Abbildung 9.56 dargestellt ist.

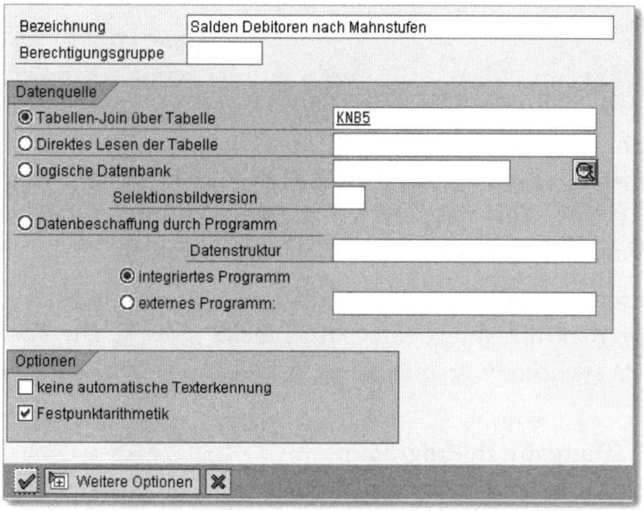

Abbildung 9.56 Auswahl der Datenquelle

[»] **Name eines InfoSets**
Namen von InfoSets dürfen bis zu 24 Zeichen lang sein.

2. Geben Sie in das Feld BEZEICHNUNG eine Beschreibung (Kurztext) für das InfoSet ein. Sie sollte eine einfache Identifikation des InfoSets ermöglichen.

3. Wählen Sie eine Datenquelle. Über die Schaltfläche WEITERE OPTIONEN erhalten Sie das Bild aus Abbildung 9.57. Es wird zusätzlich die Option SEQUENTIELLER BESTAND angezeigt. Wie Sie zur jeweiligen Tabelle gelangen, beschreiben wir in Abschnitt 9.3.4, »Tabellenrecherche«. In unserem Beispiel wählen wir als Datenquelle einen Tabellen-Join über die Tabelle KNB5 (Mahndaten).

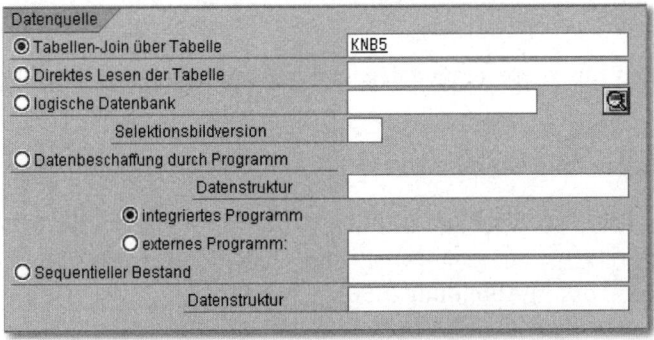

Abbildung 9.57 Datenquelle – »Weitere Optionen«

Folgende Datenquellen stehen zur Auswahl:

- **Tabellen-Join über Tabelle**
  Ein Tabellen-Join umfasst mehrere Tabellen. Geben Sie den Namen derjenigen Tabelle ein, mit der Sie die Join-Definition beginnen möchten. Weitere Tabellen können Sie später auswählen.

- **Direktes Lesen der Tabelle**
  Die Daten werden direkt aus einer SAP-Tabelle gelesen. Die Tabelle muss im Data Dictionary verzeichnet sein. Geben Sie den Namen der Tabelle ein.

- **Datenbeschaffung durch Programm**
  Sie können über einen ABAP-Report Auswertungen zu Datenbeständen vornehmen, für die die automatische Datenbeschaffung des InfoSets nicht ausreicht.

▸ **Sequentieller Bestand**
Wenn Sie Auswertungen zu einem sequenziellen Datenbestand ermöglichen möchten, ohne die Datenbeschaffung im QuickView selbst zu betreuen, markieren Sie SEQUENTIELLER BESTAND.

4. Wenn Sie die Option TABELLEN-JOIN ÜBER TABELLE gewählt haben, legen Sie auf dem Bild INFOSET: EINSTIEG ÜBER EINSTELLUNGEN • EINSTELLUNGEN fest, ob Sie einen Tabellen-Join mit oder ohne grafische Unterstützung definieren möchten (siehe Abbildung 9.58). Setzen oder entfernen Sie das Kennzeichen GRAFISCHE JOIN-DEFINITION.

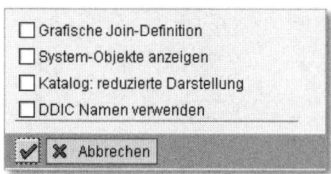

Abbildung 9.58 Grafische Join-Definition auswählen

5. In unserem Beispiel haben wir als Datenquelle TABELLEN-JOIN ÜBER TABELLE gewählt. Es erscheint das Bild, das Sie in Abbildung 9.59 sehen.

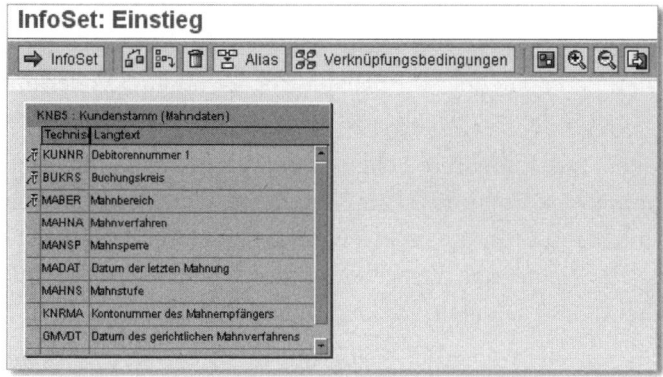

Abbildung 9.59 Einstieg in die Join-Definition

6. In unserem Beispiel verknüpfen wir Tabelle KNB5 mit Tabelle KNA1. Da die Tabelle KNB5 die Währungsfelder enthält, die Sie benötigen, müssen Sie zusätzlich die Tabelle T001 einbinden, weil diese den Währungscode des betroffenen Buchungskreises enthält.

7. Definieren Sie nun Verknüpfungsbedingungen für jeweils zwei Tabellen des Joins: Hier verbinden Sie die Tabellen KNB5 und KNA1 über die Kunden-

nummer und die Tabellen KNB5 und T001 über den Buchungskreis. Anschließend erscheint die Darstellung aus Abbildung 9.60.

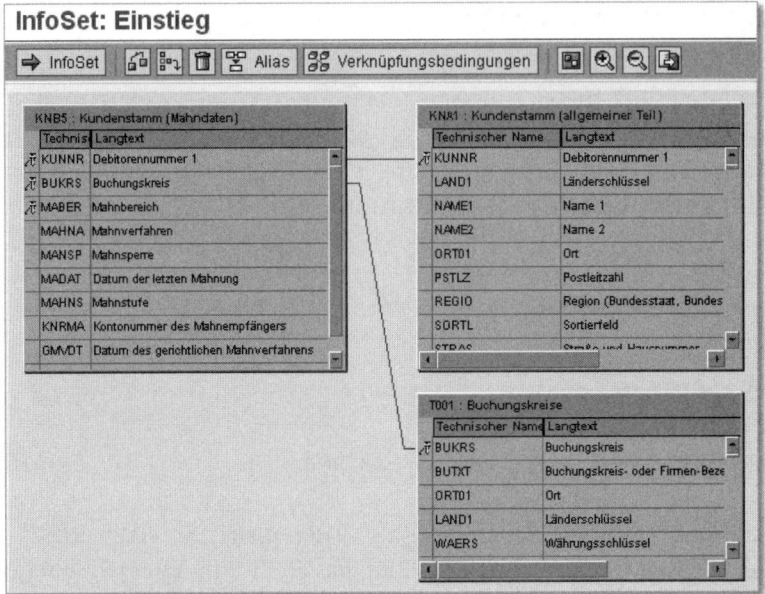

Abbildung 9.60 Ergebnis der Join-Definition

8. Als Nächstes definieren Sie über die Schaltfläche ⬅ (ZURÜCK) oder durch Klick auf die Schaltfläche INFOSET die Vorbelegung der Feldgruppen.

Eine Feldgruppe bündelt mehrere Felder zu einer sinnvollen Einheit und bietet Ihnen somit eine Vorauswahl an Feldern anstelle aller Felder einer Datenquelle an. Die Zuordnung eines Feldes zu einer Feldgruppe ist die Voraussetzung für die spätere Verwendung des Feldes in einem Quick-View. Es erscheint das Dialogfenster aus Abbildung 9.61.

9. Wählen Sie hier, welche Felder den Feldgruppen zugeordnet werden sollen. Die vordefinierten und eventuell vorbelegten Feldgruppen können beliebig geändert werden. Es können Langtexte geändert, Feldgruppen gelöscht oder neu hinzugenommen werden. Es wird jedoch empfohlen, die vorgegebene 1:1-Zuordnung zwischen den Feldgruppen und den Tabellen bzw. Knoten zu übernehmen und zu erhalten.

Einer Feldgruppe können Sie Felder unterschiedlicher Tabellen zuordnen. Dabei sind Felder von angeschlossenen Zusatztabellen, Zusatzstrukturen und Zusatzfelder den echten Tabellenfeldern gleichgestellt.

10. Ordnen Sie ein Feld einer Feldgruppe zu, indem Sie die Feldgruppe markieren, der das nächste auszuwählende Feld der Datenquelle zuzuordnen ist.

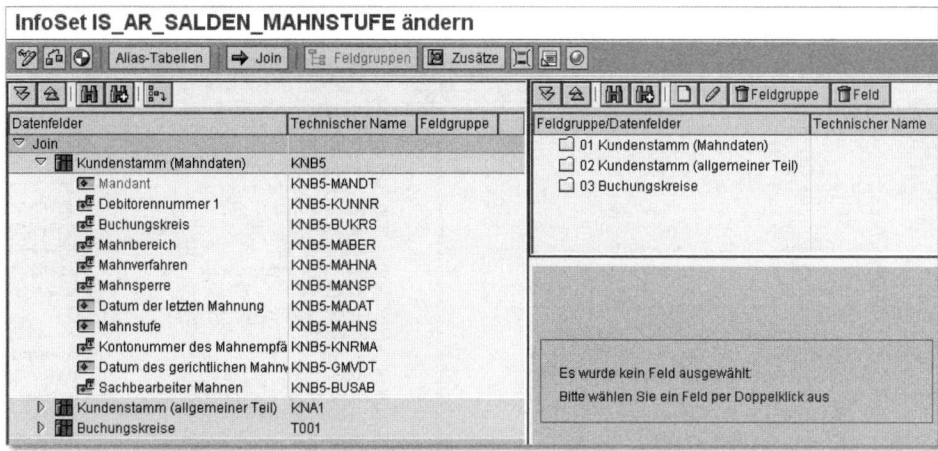

Abbildung 9.61 Einstieg in die Feldgruppendefinition

11. Markieren Sie anschließend das gewünschte Feld der Datenquelle, und öffnen Sie das Kontextmenü. Wählen Sie dort die Funktion FELD IN FELDGRUPPE AUFNEHMEN, um das Feld zuzuordnen. Alternativ können Sie das Feld per Drag & Drop auf die gewünschte Feldgruppe ziehen.

12. Ein Doppelklick auf ein Feld in der Datenquelle oder in einer Feldgruppe führt dazu, dass im unteren rechten Teil des Bildes alle technischen Informationen zu diesem Feld angezeigt werden. Hier können Langtexte und Überschriften bei Bedarf geändert werden. In diesem Beispiel erhalten Sie das in Abbildung 9.62 gezeigte Bild.

Sie haben nun als Datenbasis einen Tabellen-Join definiert. Anschließend haben Sie eine Auswahl von Feldern aus den Tabellen des Tabellen-Joins in den angelegten Feldgruppen hinterlegt. Bei der Definition eines QuickViews wird dieses InfoSet als Datenbasis genutzt, es werden genau diese Feldgruppen mit den hinterlegten Feldern zur Berichtserstellung zur Verfügung gestellt.

In einigen Fällen sind die Informationen, die eine Datenquelle bereitstellt, jedoch nicht ausreichend. So könnten z.B. durch einfache Berechnungen neue Informationen gewonnen werden. Für die Beschaffung zusätzlicher Informationen haben Sie bei der Pflege von InfoSets drei Möglichkeiten:

- Zusatztabellen
- Zusatzstrukturen
- Zusatzfelder

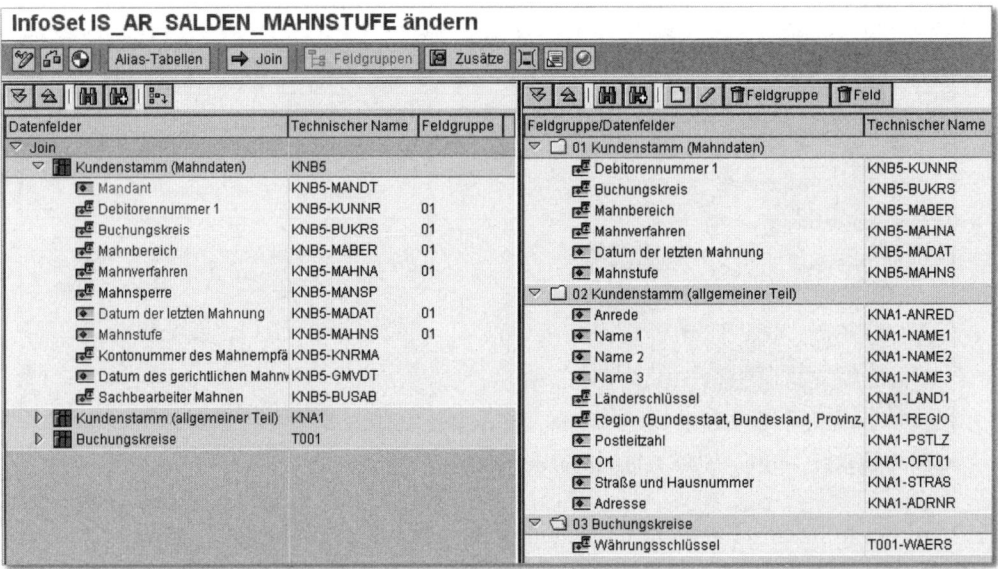

Abbildung 9.62 Feldgruppen

Bei Zusatztabellen wird ein Satz einer Tabelle gelesen. Die Felder dieser Tabelle stehen dann zur Auswertung zur Verfügung. Die zur Auswahl des Satzes notwendigen Schlüsselwerte müssen von der Datenquelle bereitgestellt werden. Bei Zusatzfeldern werden aus bekannten Informationen neue Werte berechnet. Zusatzstrukturen sind faktisch Zusatzfelder mit einem nicht skalaren Datentyp, wobei dieser Datentyp immer eine (flache) Struktur aus dem ABAP Dictionary sein muss. In jedem Fall ist es wichtig, den Zeitpunkt zu bestimmen, zu dem der Satz gelesen bzw. die Berechnung ausgeführt werden kann. Alle zum Lesen des Satzes bzw. zur Ausführung der Berechnung benötigten Informationen müssen zu diesem Zeitpunkt zur Verfügung stehen. Die Felder dieser Zusatztabellen, Strukturen und Felder gehören zum Feldvorrat und können, wie die Felder der Tabelle, einer Feldgruppe zugeordnet werden.

Aus der Menüleiste können Sie sich folgende Funktionen im rechten Bildbereich anzeigen lassen:

- Zusätze (ZUSÄTZE)
- (ABGRENZUNGEN)
- (CODING)
- (ANWENDUNGSSPEZIFISCHE ERWEITERUNGEN)

Wenn Sie Zusatzinformationen anlegen oder ändern möchten, gehen Sie wie folgt vor:

1. Wählen Sie zunächst auf dem Bild zur Pflege von InfoSets die Tabelle der Datenquelle, für die Sie die Zusatzinformation pflegen möchten, mit einem Doppelklick aus.

2. Klicken Sie anschließend auf die Schaltfläche Zusätze (ZUSÄTZE). Alternativ können Sie auch das Kontextmenü verwenden. Sie gelangen zum Bild aus Abbildung 9.63.

   Rechts oben werden die Zusatzinformationen zum ausgewählten Knoten angezeigt: Name der Zusatzinformationen, ihre Art (Zusatztabelle, Zusatzstruktur, Zusatzfeld oder Coding) und ein Langtext.

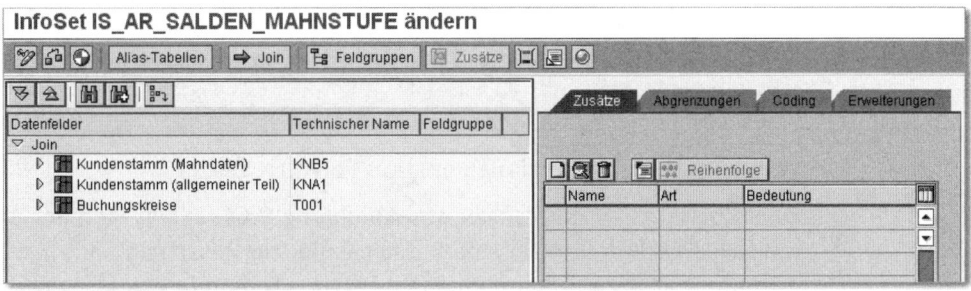

Abbildung 9.63 InfoSet: Zusätze

In der ersten Spalte des Fensters finden Sie eine Nummer, diese Nummer legt fest, in welcher Reihenfolge das Coding für die einzelnen Zusatzinformationen in den generierten Query-Report abgesetzt wird.

3. Die angelegten Zusatzinformationen können Sie über die Funktionen ☐ (ANLEGEN), ☒ (DEFINITION = ÄNDERN) und Löschen (LÖSCHEN) bearbeiten. Für die Funktionen DEFINITION und LÖSCHEN muss der Cursor zuvor auf die entsprechende Zusatzinformation gesetzt werden.

   Um eine Zusatzinformation zu ändern, können Sie auch mit einem Doppelklick in die Pflege dieses Zusatzes verzweigen.

   Beginnen wir mit den Zusatzfeldern.

Zusatzfelder definieren

Für die folgende Aufgabe benötigen Sie einfache ABAP-Kenntnisse, die im Zusatzkapitel dieses Buches, das Sie auf der Website des Verlags unter *https://ssl.galileo-press.de/bonus-seite/* finden, vermittelt werden. Bei einem Zusatzfeld handelt es sich um Einzelwerte, die aus bekannten Informationen bestimmt – i.d.R. berechnet – werden. In unserem Beispiel benötigen wir ein Zusatzfeld zur Angabe des Wochentages zu einem Mahndatum. Bei der Definition von Zusatzfeldern müssen Sie folgende Punkte beachten:

- Legen Sie den Zeitpunkt der Berechnung fest.
- Geben Sie das ABAP-Coding für das Feld an.
- Ordnen Sie das Feld einer Feldgruppe zu.

Gehen Sie dazu folgendermaßen vor:

1. Klicken Sie eine Tabelle der Datenquelle doppelt an, und wählen Sie die Funktion [Zusätze] (ZUSÄTZE).

[»] **Vorsicht bei der Zuordnung**
Die Zuordnung zu einer Tabelle der Datenquelle können Sie nicht mehr ändern. Um das Zusatzfeld einer anderen Tabelle der Datenquelle zuzuordnen, müssen Sie das Feld löschen und neu anlegen.

2. Wählen Sie anschließend die Funktion [] (ANLEGEN).
3. Es erscheint das Dialogfenster aus Abbildung 9.64. Legen Sie über Auswahlschaltflächen fest, ob eine Zusatztabelle, ein Zusatzfeld, eine Zusatzstruktur oder ein Coding definiert werden soll. Wählen Sie ZUSATZFELD, und geben Sie einen Feldnamen ein (hier: »TAG«).

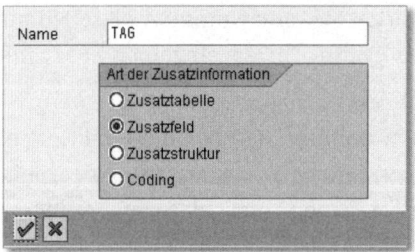

Abbildung 9.64 Zusatzfelder definieren

Der Feldname eines Zusatzfeldes muss mit einem Buchstaben beginnen. Reserviert ist der Feldname HEADER, dieser wird intern verwendet und

darf nicht genutzt werden. Weiter geht es mit der Schaltfläche ✓ (ÜBER-
NEHMEN) oder der ⏎-Taste.

4. Als Nächstes nehmen Sie im Pflegebild für Zusatzfelder (siehe Abbildung 9.65) die Felddefinitionen vor, d.h., Sie legen fest, welche Eigenschaften Ihr Zusatzfeld besitzt (wie z.B. die Feldlänge).

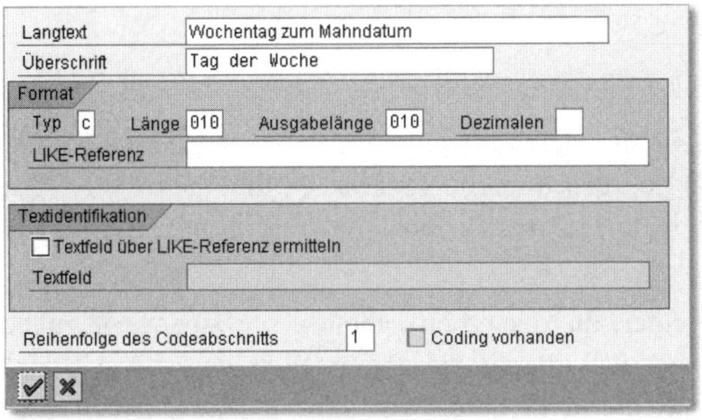

Abbildung 9.65 Felddefinition der Zusatzfelder

5. Unter REIHENFOLGE DES CODEABSCHNITTS können Sie die vorgeschlagene Reihenfolge ändern, in der das ABAP-Coding des Zusatzfeldes platziert werden soll. Dies ist z.B. dann wichtig, wenn das Zusatzfeld zur Berechnung eines anderen Zusatzfeldes verwendet werden soll. Weiter geht es mit der Schaltfläche ✓ (ÜBERNEHMEN) oder der ⏎-Taste

6. Als Nächstes geben Sie an, wie der Wert des Zusatzfeldes bestimmt werden soll. Wählen Sie dazu auf der Registerkarte ZUSÄTZE die Schaltfläche 📄 (CODING ZUM ZUSATZ). Sie verzweigen in einen Editor, der in Abbildung 9.66 zu sehen ist. Hier stehen alle bei ABAP-Editoren üblichen Kommandos zur Verfügung.

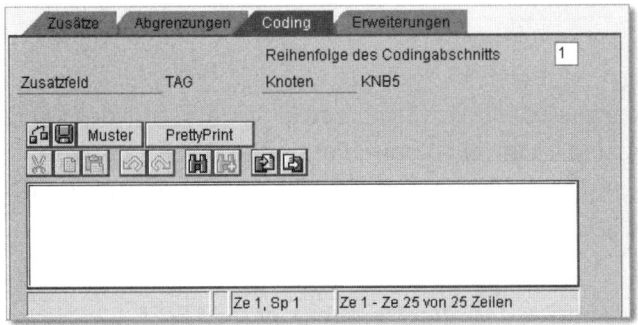

Abbildung 9.66 Coding zum Zusatzfeld: Einstieg

7. Jetzt können Sie an dieser Stelle Ihr Coding einfügen.

8. Mit der Funktion 🔍 (PRÜFEN) im Editor sollten Sie Ihr Coding auf syntaktische Korrektheit prüfen. Besonders wichtig ist, dass zum Zeitpunkt der Ausführung des Codings die dort verwendeten Felder mit sinnvollen Werten belegt sind. Das System hilft Ihnen, indem es nur folgende Felder zulässt:

   ▸ Parameter

   ▸ Daten aus dem DATA-Coding

   ▸ Felder der Tabelle der Datenquelle, der das Zusatzfeld zugeordnet ist, und Felder von übergeordneten Tabellen. Bei übergeordneten Tabellen sind auch alle dort zugeordneten Zusatzfelder und Zusatztabellenfelder zulässig.

   ▸ Andere Zusatzfelder, die derselben Tabelle der Datenquelle zugeordnet sind. In diesem Fall müssen Sie sicherstellen, dass die Zusatzfelder in der richtigen Reihenfolge berechnet werden.

   ▸ Felder einer angeschlossenen Zusatztabelle, die derselben Tabelle der Datenquelle zugeordnet sind. In diesem Fall müssen Sie sicherstellen, dass der Zugriff auf die Zusatztabelle vor der Berechnung des Zusatzfeldes erfolgt.

Nach diesen Schritten ist das Zusatzfeld angelegt. Die definierten Zusatzfelder werden auf dem Bild zur Pflege der InfoSets am Ende der Feldliste angezeigt und können einer Feldgruppe zugeordnet werden.

[»] **Zusatzfelder**

Vergessen Sie nicht, die definierten Zusatzfelder einer Feldgruppe zuzuordnen. Erst nach einer solchen Zuordnung sind diese Felder im InfoSet für den Endanwender sichtbar und können bei der Definition von Queries verwendet werden.

Über den Pfad UMFELD • VERZEICHNISSE • ZUSATZFELDER können Sie eine Liste der bereits definierten Zusatzfelder anfordern. Angezeigt werden pro Zusatzfeld die Zuordnung zur Tabelle der Datenquelle und die vergebene Reihenfolge des Codings innerhalb der Verarbeitung der Daten der Tabelle der Datenquelle. In den Folgezeilen stehen der Bedeutungstext und das ABAP-Coding.

Unser Zusatzfeld TAG soll den Wochentag zum Mahndatum aus der Tabelle KNB5 angeben. Wir nutzen dazu den Funktionsbaustein DATE_COMPUTE_DAY, der eine Zahl zwischen 1 und 7 zurückgibt (siehe Abbildung 9.67). Dieses

Ergebnis konvertieren wir über ein Unterprogramm, das wir später erläutern, und erhalten so die Bezeichnung zum ermittelten Kürzel. Die dazugehörige Syntax entnehmen Sie bitte dem Zusatzkapitel dieses Buches auf der Website des Verlags (*https://ssl.galileo-press.de/bonus-seite/*). Darüber hinaus benötigen wir ein Zusatzfeld, mithilfe dessen wir den Gesamtumsatz des Kunden berechnen. Nehmen Sie die Eingaben aus Abbildung 9.68 vor.

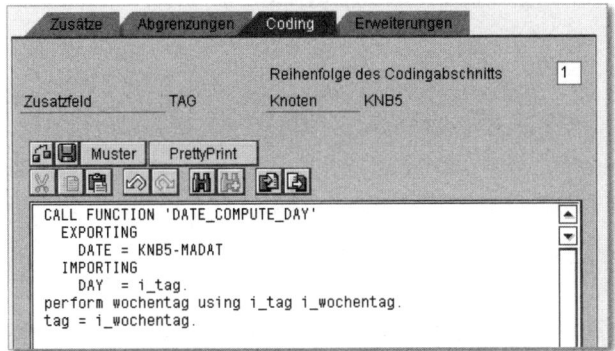

Abbildung 9.67 Coding zum Zusatzfeld »TAG«

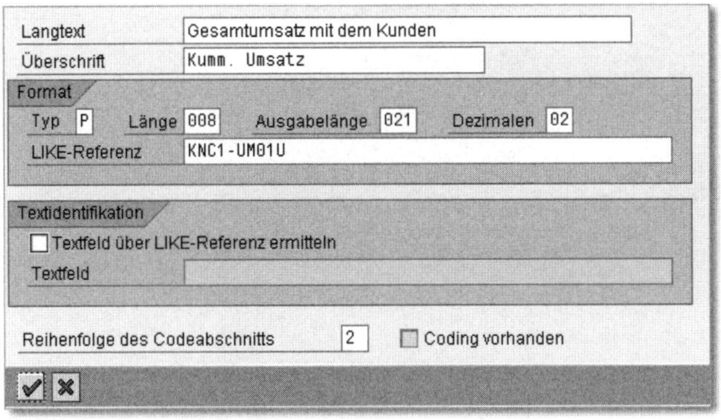

Abbildung 9.68 Eigenschaften zum Zusatzfeld »UMSATZ_KUM«

Um den Gesamtumsatz des Kunden zu berechnen, müssen zuerst die Einzelumsätze pro Monat aus der Tabelle KNC1 selektiert werden, zu beachten ist hier, dass sämtliche Umsätze in einem einzelnen Datensatz stehen. Danach wird innerhalb einer Schleife (siehe Zusatzkapitel auf der Verlagswebsite unter *https://ssl.galileo-press.de/bonus-seite/*) der Gesamtumsatz berechnet, indem mithilfe eines Feldsymbols zuerst der jeweilige Feldname (IT_KNC1-UM01U – IT_KNC1-UM12U) ermittelt wird, um anschließend den Wert des Feldes zur Berechnung nutzen zu können. Dies führt zum Coding aus Listing 9.1.

```
select single * from knc1 into corresponding fields of it_knc1 where
kunnr = knb5-kunnr
         and bukrs = knb5-bukrs
         and gjahr = gjahr.
if sy-subrc = 0.
  clear umsatz_su.
  f1 = '01'.
  while f1 <= '12'.
    concatenate 'IT_KNC1-UM' f1 'U' into variable.
    assign (variable) to <fv>.
    umsatz_su = umsatz_su + <fv>.
    f1 = f1 + 1.
  endwhile.
else.
  umsatz_su = 0.
endif.
```

Listing 9.1 Coding zum Zusatzfeld »UMSATZ_SU«

Geben Sie für unser Beispiel das Coding aus Listing 9.1 ein, wie in Abbildung 9.69 dargestellt.

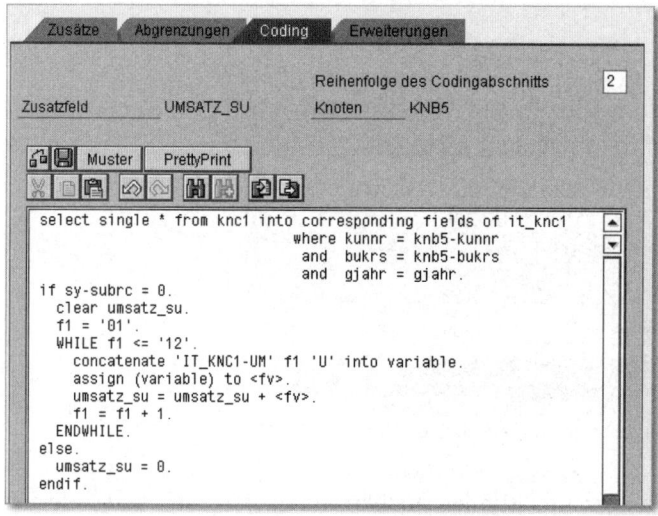

Abbildung 9.69 Coding zum Zusatzfeld »UMSATZ_SU«

Zusatztabelle

Bei Zusatztabellen wird jeweils ein Satz einer Tabelle gelesen. Die Felder dieser Datensätze stehen dann zur Verfügung. Beim Einsatz von Zusatztabellen müssen Sie folgende Punkte beachten:

- Legen Sie den Zeitpunkt fest, wann die Zusatztabelle gelesen werden soll.
- Füllen Sie alle Schlüsselfelder.
- Ordnen Sie alle Felder von Zusatztabellen, analog den Tabellenfeldern einer Datenquelle, einer Feldgruppe zu.
- Sie können alle Tabellen als Zusatztabellen anschließen, die im ABAP Dictionary eingetragen sind.

Gehen Sie wie folgt vor, wenn Sie eine Zusatztabelle einsetzen wollen:

1. Wählen Sie ZUSATZTABELLE, und geben Sie den Namen der Zusatztabelle ein. Zulässig sind alle Tabellen, die im ABAP Dictionary eingetragen sind oder die zuvor im InfoSet als Alias-Tabellen vereinbart wurden. Weiter geht es mit der Schaltfläche ✓ (ÜBERNEHMEN) oder der ⏎-Taste.

2. Das System zeigt Ihnen die Schlüsselfelder für die angegebene Tabelle an. Entscheiden Sie, ob Sie die Option INTERN PUFFERN für die Zusatztabelle verwenden möchten. Diese Option kann zur Verbesserung der Performance verwendet werden. Ist dieses Kennzeichen gesetzt, werden alle gelesenen Sätze der Zusatztabelle in einem internen Puffer (Speicher) gesammelt. Wird ein Satz der Tabelle benötigt, wird zunächst überprüft, ob dieser Satz bereits im internen Speicher vorhanden ist. Nur wenn das nicht der Fall ist, wird der Satz aus der Datenbanktabelle gelesen und in den internen Speicher aufgenommen. Die interne Pufferung bewirkt also, dass ein Satz der Zusatztabelle pro Ausführung höchstens einmal gelesen wird.

> **Intern Puffern**
>
> Die Option INTERN PUFFERN sollte nur verwendet werden, wenn zu erwarten ist, dass bei der Abarbeitung eines QuickViews ein Satz der Zusatztabelle mehrfach gelesen werden muss. Andernfalls sollten Sie diese Option nicht verwenden, da die interne Pufferung Speicherplatz kostet.

[«]

3. Füllen Sie nun alle Schlüsselfelder, die vom System nicht mit einem Vorschlag belegt wurden. Vorschläge können Sie natürlich überschreiben. Zum Füllen können Sie Felder (z.B. SY-LANGU), Zahlenliterale (z.B. '34'), Textliterale (z.B. 'D') oder Parameter verwenden. Sie sollten sorgfältig prüfen, ob die zum Füllen der Schlüsselfelder verwendeten Felder zum Zeitpunkt des Lesens der Zusatztabelle mit sinnvollen Werten belegt sind. Die Zuordnung zu einer Tabelle kann nicht mehr geändert werden. Um eine Zusatztabelle einer anderen Tabelle zuzuordnen, müssen Sie diese löschen und neu anschließen.

Zusatzstrukturen

Zusatzstrukturen sind faktisch Zusatzfelder mit einem nicht skalaren Datentyp, wobei dieser Datentyp immer eine (flache) Struktur aus dem ABAP Dictionary sein muss. Bei der Definition von Zusatzstrukturen müssen Sie folgende Punkte beachten:

- Ordnen Sie die Struktur einem Knoten der Datenquelle zu. In diesem Knoten der Datenquelle sind dann alle Einzelfelder aus der Zusatzstruktur zu finden.
- Geben Sie die Berechnungsvorschrift ein.
- Ordnen Sie die Felder einer Feldgruppe zu.

Eine Zusatzstruktur muss auf die gleiche Art wie ein Zusatzfeld einem Knoten der Datenquelle zugeordnet werden. In diesem Knoten der Datenquelle sind dann jedoch alle Einzelfelder aus der Zusatzstruktur zu finden. Zusatzstrukturen stellen damit ein einfaches Mittel dar, mehrere Zusatzfelder in einem Schritt gemeinsam zu berechnen.

> **[»] Zusatzstrukturen**
>
> Vergessen Sie nicht, die gewünschten Felder einer angeschlossenen Struktur einer Feldgruppe zuzuordnen. Erst nach einer solchen Zuordnung sind diese Felder im InfoSet für den Endanwender sichtbar und können bei der Definition von Queries verwendet werden.

Abgrenzungen

Jeder QuickView besitzt ein Selektionsbild, das beim Start aufgerufen wird und auf dem eingegeben werden kann, welche Daten aus dem Datenbestand gelesen werden sollen. Ein weiterer Teil des Selektionsbildes kann in der Definition des QuickViews festgelegt werden bzw. wird automatisch bereitgestellt. Darüber hinaus besteht auch noch die Möglichkeit, im InfoSet Abgrenzungen (Parameter und Selektionskriterien) zu definieren. Diese Abgrenzungen erscheinen auf den Selektionsbildern aller QuickViews, die dieses InfoSet nutzen, und stellen damit eine Art von Standardabgrenzungen für diese QuickViews dar.

1. Zur Pflege von Abgrenzungen wechseln Sie zunächst auf die Registerkarte ABGRENZUNGEN. Sie gelangen zur Darstellung aus Abbildung 9.70. Dieses Fenster enthält die Reihenfolgennummer, die Namen der Abgrenzungen und jeweils ein Ankreuzfeld, um festzulegen, ob die Abgrenzung im Selektionsbild erscheinen soll.

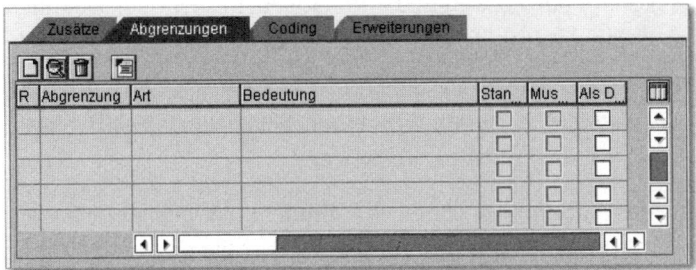

Abbildung 9.70 Registerkarte »Abgrenzungen« – Einstiegsbild

2. Für jede Abgrenzung, die im InfoSet definiert wird, kann Coding zum Zeitpunkt AT SELECTION-SCREEN erfasst werden, etwa um Prüfungen zu realisieren. Das Coding zum Zeitpunkt AT SELECTION-SCREEN muss dabei für jede Abgrenzung getrennt erfasst werden.

Sie können Parameter und Selektionskriterien in InfoSets überall dort verwenden, wo ABAP-Coding auftritt, z. B. zum Füllen der Schlüsselfelder angeschlossener Zusatztabellen oder im Coding von Zusatzfeldern.

In unserem Beispiel benötigen wir einen Parameter, da die Eingabe eines Geschäftsjahres benötigt wird. Der Anwender soll ein Geschäftsjahr eingeben können. Für dieses Geschäftsjahr soll der QuickView den Gesamtumsatz ermitteln und ausgeben. Sie haben das Register ABGRENZUNGEN vor sich.

1. Wählen Sie nun die Schaltfläche ANLEGEN. Es wird das Dialogfenster aus Abbildung 9.71 angezeigt.

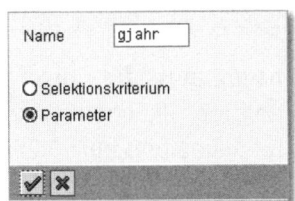

Abbildung 9.71 Abgrenzungen anlegen

Im Beispiel geben Sie den Namen »gjahr« ein, markieren die Auswahl PARAMETER und klicken anschließend auf die Schaltfläche ✓.

2. Sie sehen das Dialogfenster aus Abbildung 9.72.
3. Mit der Angabe zur Reihenfolge im Selektionsbild können Sie steuern, in welcher Anordnung die Parameter untereinander platziert werden. Die Platzierung erfolgt nach aufsteigender Angabe zur Reihenfolge.

4. Der Text, den Sie in der Zeile BEDEUTUNG eingeben, dient der Dokumentation (Beschreibung des InfoSets). Er sollte also den Parameter beschreiben.

5. Der Selektionstext erscheint im Selektionsbild eines jeden QuickViews, der dieses InfoSet nutzt. Geben Sie keinen Selektionstext ein, wird der Bedeutungstext als Selektionstext verwendet.

Zur Definition des Parameters haben Sie ähnliche Möglichkeiten wie zur Definition von Zusatzfeldern. In unserem Beispiel nutzen wir die Tatsache, dass wir den Parameter verwenden, um über das Feld KNC1-GJAHR einen Datensatz zu selektieren. Den dazugehörenden Typ und die Länge ermittelt das SAP-System dann durch die LIKE-Bedingung direkt aus dem dahinterliegenden Datenelement.

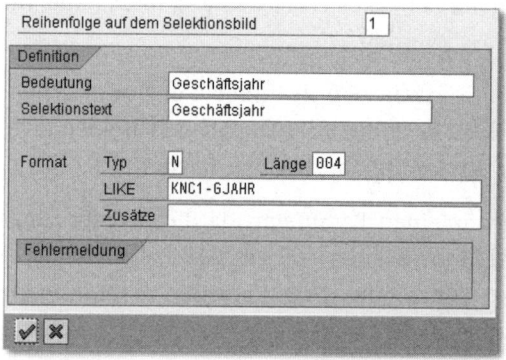

Abbildung 9.72 Abgrenzungen Datendefinition

1. Mit der ⏎-Taste bestätigen wir die Eingaben und legen den Parameter damit an.

2. Zur Hinterlegung des Codings zu einer Abgrenzung muss der Cursor auf eine Abgrenzung gestellt und dann die Funktion PRÜFCODING ZUM ELEMENT aufgerufen werden. Sie erhalten das Bild aus Abbildung 9.73.

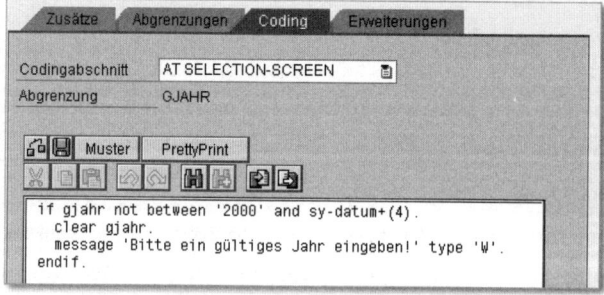

Abbildung 9.73 Prüfcoding zum Parameter GJAHR

In unserem Beispiel verlangen wir die Eingabe eines Wertes zwischen dem Jahr 2000 und dem aktuellen Geschäftsjahr. Das Ergebnis sehen wir bei der Ausführung eines QuickViews, der dieses InfoSet verwendet. Bei Eingabe eines Wertes außerhalb des Intervalls erhalten wir die Meldung aus Abbildung 9.74.

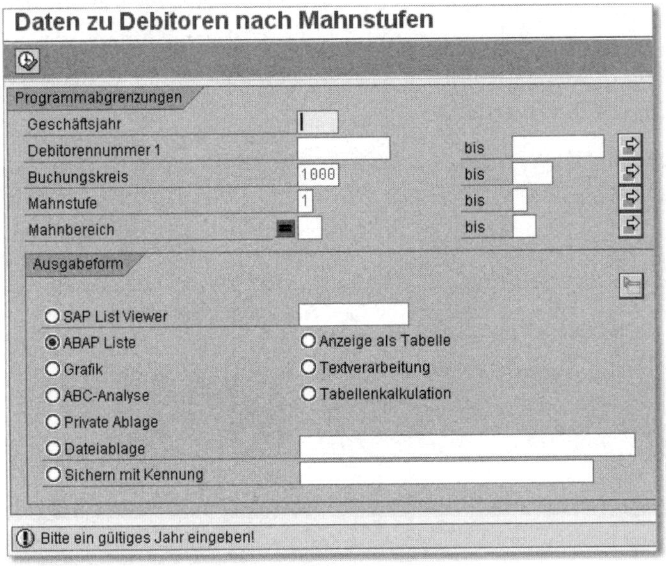

Abbildung 9.74 Prüfcoding – Auswirkung im QuickView

9.6.2 Coding-Zeitpunkte

In den vorangegangenen Abschnitten haben Sie Zusatztabellen, Zusatzstrukturen und Zusatzfelder kennengelernt, mit denen Sie beim Anlegen eines InfoSets den Wirkungsgrad eines QuickViews über die Auswertung der Daten einer Datenquelle hinaus erweitern können. In diesem Abschnitt lernen Sie nun zusätzliche Möglichkeiten kennen, die die Anwendung von Zusatztabellen, Zusatzstrukturen und Zusatzfeldern flexibler machen und zusätzliche Spielräume erschließen. Aus diesen zusätzlichen Möglichkeiten entsteht zwar Code im Report, der aus dem QuickView generiert wird, für den Endanwender ist das aber nicht sichtbar.

- Coding-Abschnitt DATA
- Coding-Abschnitt INITIALIZATION
- Coding-Abschnitt START-OF-SELECTION
- Coding-Abschnitt mit Satzverarbeitung

- Coding-Abschnitte END-OF-SELECTION vor bzw. nach Ausgabe der Liste
- Coding-Abschnitt TOP-OF-PAGE
- Coding-Abschnitt AT SELECTION-SCREEN
- Coding-Abschnitt mit freiem Coding

Die einzelnen Coding-Abschnitte können über eine Liste ausgewählt werden (siehe Abbildung 9.76). Das Schema in Abbildung 9.75 zeigt Ihnen, wo die einzelnen Coding-Zeitpunkte in einem Report, der aus einem QuickView generiert wird, eingeordnet werden.

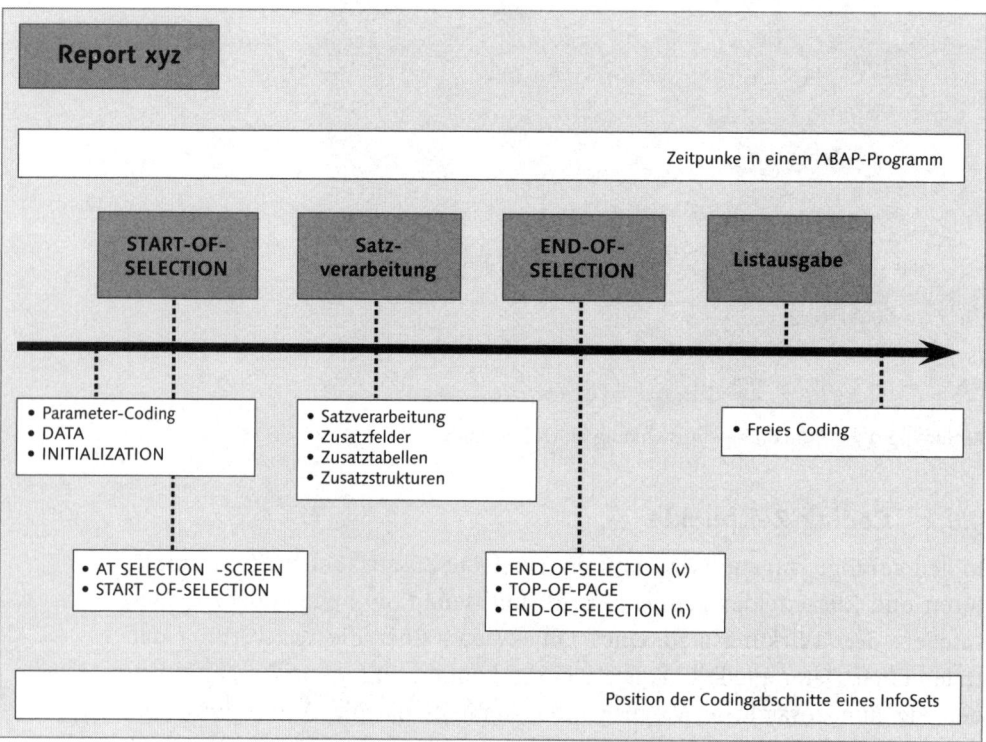

Abbildung 9.75 Coding-Zeitpunkte

DATA-Coding

Das DATA-Coding bietet Ihnen die Möglichkeit, Daten, die in allen anderen Codings verwendet werden sollen, zu deklarieren. In QuickViews wird das DATA-Coding vor allen Ereignisschlüsselwörtern angeordnet, sodass die hier deklarierten Daten in allen anderen Codings bekannt und verfügbar sind. Hauptanwendungsgebiet des DATA-Codings ist das Definieren von Hilfsgrößen (z.B. Zählvariablen, Schaltern, zusätzlichen Feldleisten, Feldsymbolen), die für Berechnungen in anderen Codings oder auch zum Füllen eines Schlüsselfeldes einer angeschlossenen Zusatztabelle benötigt werden. Wir empfehlen Ihnen nachdrücklich, alle derartigen Hilfsgrößen im DATA-Coding zu deklarieren und in allen anderen Codings keine Deklarationen zu »verstecken«. Andernfalls wäre es für Sie unnötig kompliziert, auf Fehlermeldungen beim Syntax-Check zu reagieren. Für den Endanwender ist das DATA-Coding nicht sichtbar.

Sie erreichen das Anlegen oder Pflegen von DATA-Coding, indem Sie im Bild zur InfoSet-Pflege das Symbol 🗐 (CODING) anklicken.

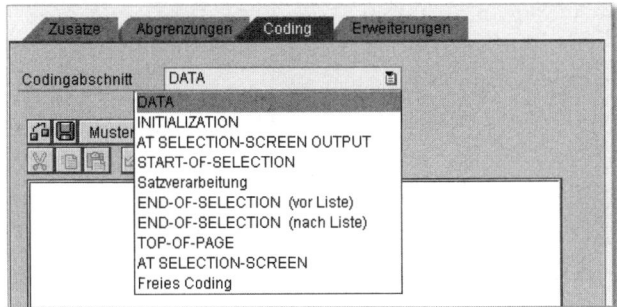

Abbildung 9.76 Auswahl der Coding-Zeitpunkte

Mit der Wertehilfe können Sie anschließend in Abbildung 9.76 den gewünschten Coding-Zeitpunkt auswählen. Sie gelangen in einen Editor, in dem entweder ein bereits vorhandenes DATA-Coding angezeigt wird oder ein DATA-Coding neu angelegt werden kann. Für unser Beispiel müssen die folgenden Objekte deklariert werden:

- die Tabelle KNC1, die interne Struktur i_knc1, die Felder f1 und variable sowie das Feldsymbol <fv>, die im Coding zum Zusatzfeld UMSATZ_GES genutzt werden – würden wir die Tabelle KNC1 als Zusatztabelle ansprechen, würde sie nicht im DATA-Coding aufgeführt werden
- die Hilfsfelder i_tag und i_wochentag im Coding zum Zusatzfeld TAG
- die Felder anz_A, anz_B, anz_C, anz_D und anz_Ausland, da sie im Coding-Abschnitt Satzverarbeitung verwendet werden
- Die Felder mo_kurz, monat, tag_kurz, wochentag, jahr, datum, i_wochentag und i_tag werden im Coding-Abschnitt INITIALIZATION eingesetzt.
- Die Felder mo_kurz, monat, i_tag und i_wochentag nutzen wir auch im Abschnitt Freies Coding.

In Abbildung 9.77 sehen Sie, wie die Deklaration der aufgeführten Objekte in unserem Beispiel aussieht. Die Erläuterung der jeweiligen Syntax entnehmen Sie bitte dem Zusatzangebot zu diesem Buch, das Sie auf der Verlagswebsite unter *https://ssl.galileo-press.de/bonus-seite/* herunterladen können.

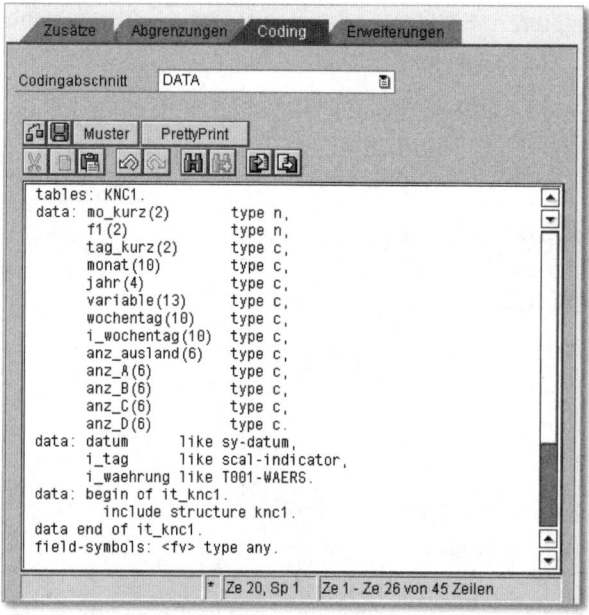

Abbildung 9.77 Coding-Abschnitt »DATA«

Zur Prüfung des Codings auf syntaktische Richtigkeit klicken Sie auf die Schaltfläche (PRÜFEN). In den Deklarationen können Sie auf beliebige, im ABAP Dictionary definierte Objekte über LIKE Bezug nehmen. Eine Bezugnahme auf Zusatzfelder ist nicht möglich. Wenn Sie das DATA-Coding löschen möchten, können Sie dies im Editor zur Definition des DATA-Codings tun.

Initialization

Für den Coding-Zeitpunkt INITIALIZATION kann seit einiger Zeit Coding erfasst werden. Die Pflege dieses Coding-Abschnitts erfolgt wie bei allen anderen Coding-Abschnitten. In unserem Beispiel, das in Abbildung 9.78 dargestellt ist, erreichen wir mit dem CLEAR-Befehl, dass die Hilfsvariablen bei jedem Programmstart auf den jeweiligen Initialwert gesetzt werden. Damit ist sichergestellt, dass keine Werte aus dem vorangegangenen Programmlauf übernommen werden.

Darüber hinaus übernehmen wir das Systemdatum in der Form JJJJMMTT in die Variable datum, die Variable jahr erhält die ersten vier Zeichen des Systemdatums, die Variable mo_kurz die fünfte und sechste Stelle und schließlich die Variable tag_kurz die siebte und achte Stelle. Diese Variablen werden für die Listausgabe benötigt. Aus der Variablen mo_kurz und dem Unterprogramm monat, das im Coding-Abschnitt Freies Coding hinterlegt ist, wird der Name des Monats bestimmt. Als Letztes ermitteln wir mithilfe der Variablen tag_kurz und des Funktionsbausteins DATE_COMPUTE_DAY das Kürzel des dazugehörenden Wochentags. Den Namen erhalten wir über das Unterprogramm wochentag, das ebenfalls im Coding-Abschnitt Freies Coding zu finden ist.

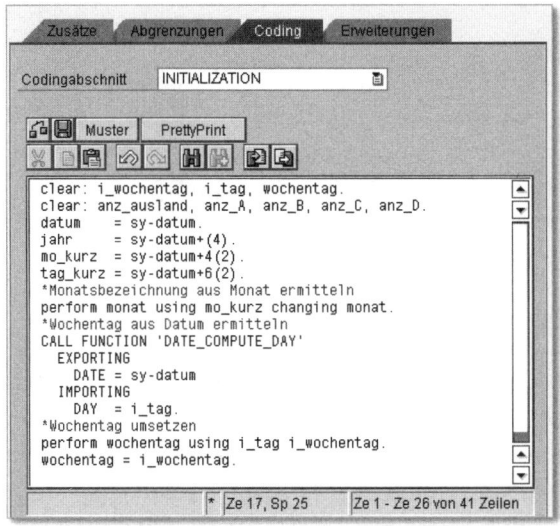

Abbildung 9.78 Coding-Abschnitt »INITIALIZATION«

START-OF-SELECTION

Das Coding zum Abschnitt START-OF-SELECTION wird in einem generierten QuickView ausgeführt, bevor der erste Datenbankzugriff erfolgt, d.h., bevor der erste Datensatz gelesen wird. Deshalb ist dieses Coding prädestiniert dafür, die Initialisierungen der Selektionsfelder vorzunehmen Das START-Coding ist für Endanwender nicht sichtbar.

Satzverarbeitung

Wenn Sie beim zyklischen Verarbeiten der Datensätze Berechnungen oder andere Operationen ausführen möchten, die nicht an Zusatzfelder gebunden werden sollen, verwenden Sie das Coding zum Zeitpunkt der Satzverarbeitung. Das Coding wird Bestandteil jedes QuickViews, der zu einem InfoSet ohne unterliegende Datenbank generiert wird. Bei der Pflege eines QuickViews ist dieses Coding nicht sichtbar.

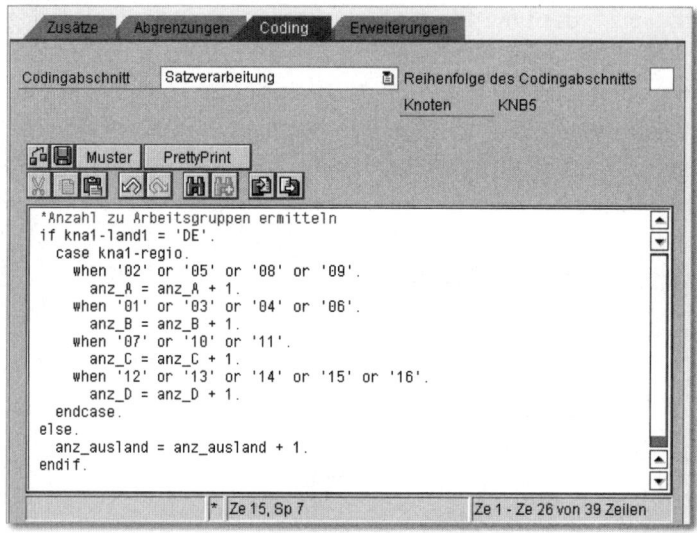

Abbildung 9.79 Coding-Abschnitt »Satzverarbeitung«

Das Coding zum Zeitpunkt der Satzverarbeitung wird zusammen mit dem Coding für Zusatzfelder und SELECT-Anweisungen für Zusatztabellen in den generierten Reports in demjenigen Abschnitt platziert, der die zyklische Verarbeitung der gelesenen Datensätze enthält. Die Angaben zur Reihenfolge steuern die Anordnung innerhalb dieses Abschnitts. Das System schlägt 0 als Reihenfolge vor.

In unserem Beispiel zählen wir die Anzahl der selektierten Kunden je Arbeitsgruppe. Die Zuordnung zu einer Arbeitsgruppe hängt innerhalb Deutschlands vom Regionalkennzeichen ab, das im Debitorenstammsatz hinterlegt ist. In allen anderen Fällen wird der Kunde der letzten Gruppe zugeordnet.

END-Coding

Das Coding zum Zeitpunkt END-OF-SELECTION ist in zwei Teile unterteilt (vor Ausgabe der Liste und nach Ausgabe der Liste). Der erste Teil wird vor der Ausgabe der Liste abgearbeitet, der zweite Teil nach der Ausgabe der Liste. Diese Unterteilung ermöglicht es, vor und nach Ausgabe der vom

QuickView erzeugten Liste eigene Ausgaben in die Liste einzufügen. Da diese Ausgaben immer auf einer gesonderten Seite erscheinen, ist es damit leicht möglich, eine erste und eine letzte Seite zu erzeugen.

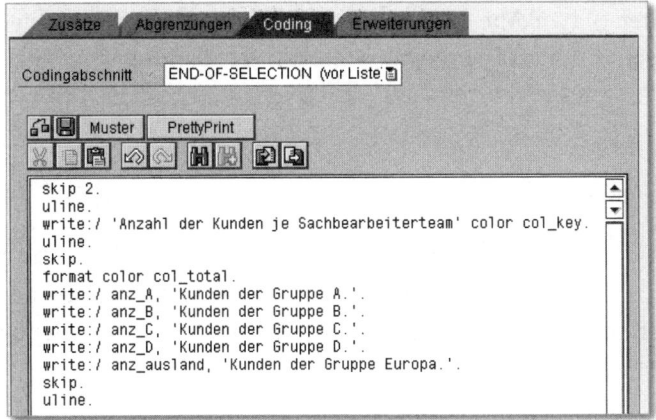

Abbildung 9.80 Coding-Abschnitt »END OF SELECTION«

> **Abschnitt END-OF-SELECTION** [«]
>
> Die Codings zu den Zeitpunkten START-OF-SELECTION und END-OF-SELECTION (vor Ausgabe der Liste) unterscheiden sich insofern, als das Coding zu START-OF-SELECTION vor dem ersten Datenbankzugriff abgearbeitet wird, das Coding zu END-OF-SELECTION (vor Ausgabe der Liste) nach dem letzten Datenbankzugriff, aber vor Ausgabe der Liste. Falls über ein Coding eine erste Seite erzeugt werden soll, sollte dies nicht im Coding zu START-OF-SELECTION erfolgen. In diesem Fall wird die Seite bei Ausführung des QuickViews zwar zunächst erzeugt, bei interaktiven Funktionen, die die Liste neu aufbauen (Drucken, Verdichten und Komprimieren von Grundlisten) jedoch nicht mehr. Wird die erste Seite im Coding zu END-OF-SELECTION (vor Ausgabe der Liste) erzeugt, tritt dieser Fehler nicht auf.

Innerhalb des Codings können Sie beliebige ABAP-Anweisungen verwenden. Sie können auf alle Datenobjekte zugreifen. Felder aus Zusatztabellen und auch Zusatzfelder haben zu diesem Zeitpunkt allerdings keinen definierten Wert.

TOP-OF-PAGE

Das Coding zum Zeitpunkt TOP-OF-PAGE ermöglicht es, den Seitenkopf standardmäßig zu erweitern. Das Coding zum Zeitpunkt TOP-OF-PAGE wird in jeden generierten Report übernommen und dort zum Zeitpunkt TOP-OF-PAGE vor den Anweisungen zur Ausgabe des Seitenkopfes abgelegt. Enthält dieses Coding WRITE-Anweisungen, erscheinen die dadurch vorgenommenen Ausgaben in der Liste vor dem Seitenkopf, der durch den QuickView bereitgestellt wird. Wird die Liste mit Standardseitenkopf gedruckt, erscheinen diese Ausgaben zwischen dem Standardseitenkopf und dem vom QuickView bereitgestellten Seitenkopf. Innerhalb des Codings können beliebige ABAP-Anweisungen verwendet werden. Sinnvoll ist allerdings nur der Zugriff auf folgende Objekte:

- Parameter des InfoSets
- Selektionskriterien des InfoSets
- globale Daten aus dem DATA-Coding

Über die Variable %HEAD können Sie feststellen, welcher Seitenkopf gerade ausgegeben werden soll. Diese Variable steht standardmäßig zur Verfügung und kann u.a. folgende Werte annehmen:

[»]

Werte der Variablen %HEAD	
AAA	Ausgabe beim END-Coding (vor Ausgabe der Liste)
GGG	Ausgabe der Grundliste
ZZZ	Ausgabe beim END-Coding (nach Ausgabe der Liste)

Der Wert der Variablen %HEAD darf nur abgefragt und niemals verändert werden, da es sich um eine interne Variable des Laufzeitsystems handelt. In unserem Beispiel, das in Abbildung 9.81 zu sehen ist, ist festgelegt, dass abhängig vom Seitenkopf mehrere Kopfzeilen ausgegeben werden.

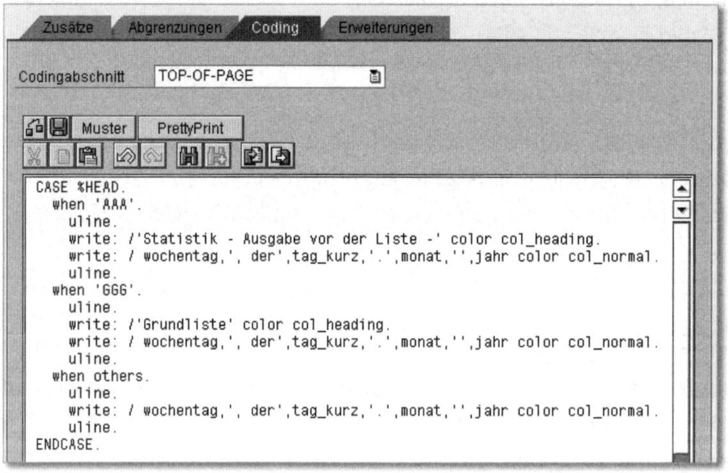

Abbildung 9.81 Coding-Abschnitt »TOP OF PAGE«

> **Ausgabe über den SAP List Viewer**
>
> Bei der Ausgabe über den SAP List Viewer hat das Coding zum Zeitpunkt TOP-OF-PAGE keine Bedeutung.

Freies Coding

Der Abschnitt Freies Coding dient üblicherweise dazu, Unterprogramme zu hinterlegen, die dann aus den übrigen Coding-Abschnitten aufgerufen werden können. In unserem Beispiel aus Abbildung 9.82 sind zwei Unterprogramme notwendig. Im ersten Unterprogramm Monat wird das Monatskürzel mo_kurz in den Monatsnamen konvertiert. Das zweite Unterprogramm wochentag setzt das Tageskürzel i_tag in den Wochentag um.

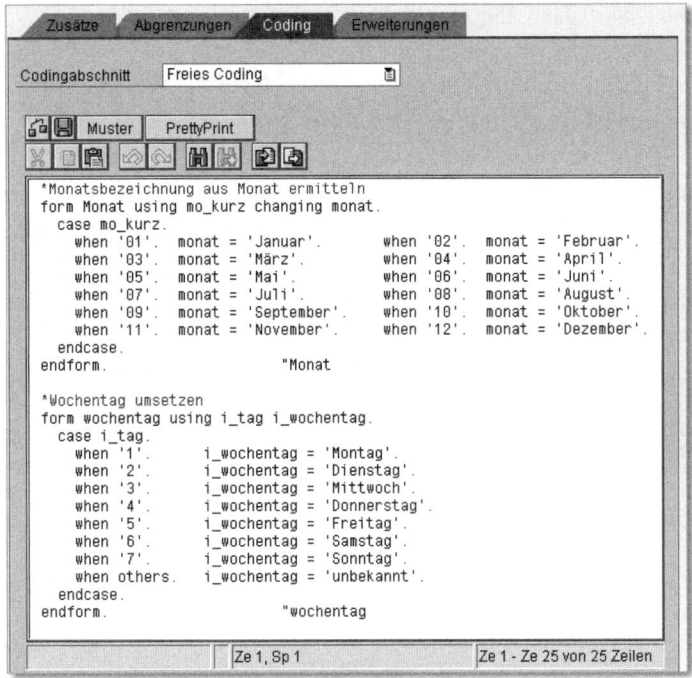

Abbildung 9.82 Coding-Abschnitt »Freies Coding«

Feldgruppen

Zu guter Letzt müssen die angelegten Zusatzfelder und die angesprochenen Zusatzfelder bzw. -strukturen noch jeweils einer Feldgruppe zugeordnet werden. In unserem Beispiel legen Sie dazu eine gesonderte Feldgruppe 90 für die Zusatzfelder an und erhalten zunächst das Dialogfenster aus Abbildung 9.83. Dort machen Sie Ihre Eingaben und bestätigen mit der ⏎-Taste.

Abbildung 9.83 Feldgruppen: Zusatzfelder

Nun müssen die beiden Zusatzfelder noch der Feldgruppe 90 zugeordnet werden. Das Ergebnis ist in Abbildung 9.84 zu sehen.

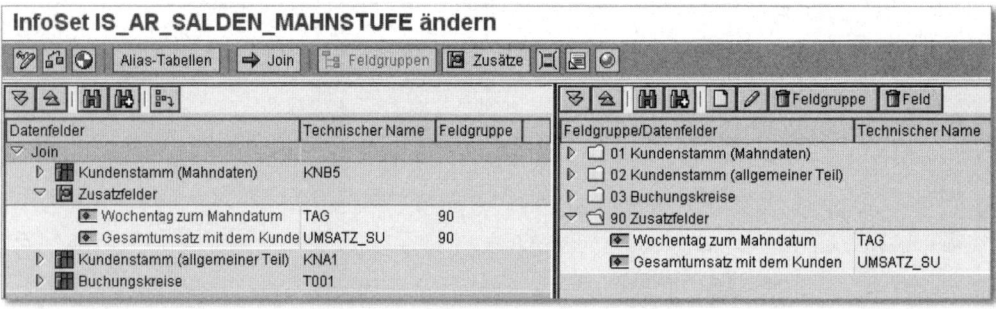

Abbildung 9.84 Zusatzfelder in Feldgruppen

Damit wäre fast alles erledigt. Das erstellte InfoSet muss lediglich noch gesichert und generiert werden. Wie das funktioniert, erfahren Sie im nächsten Abschnitt.

9.6.3 InfoSets sichern und generieren

Sie befinden sich im Bild INFOSET ÄNDERN. Wählen Sie 💾 SICHERN. Die gesicherten Angaben und Eigenschaften des InfoSets werden als in Überarbeitung befindliche Fassung des InfoSets auf der Datenbank abgelegt. Wenn es eine in Überarbeitung befindliche Fassung des InfoSets gibt, wird diese beim erneuten Sichern überschrieben oder beim Ändern des InfoSets vom System angeboten. Wenn es keine in Überarbeitung befindliche Fassung des Info-Sets gibt, bietet Ihnen das System die generierte Fassung zum Ändern an.

Die generierte Fassung eines InfoSets wird benötigt, um zu einem InfoSet einen QuickView anzulegen. Die generierte Fassung entsteht aus der in Überarbeitung befindlichen Fassung. Nach der Generierung löscht das SAP-System die in Überarbeitung befindliche Fassung in der Datenbank. Klicken Sie auf die Schaltfläche 🌐 (GENERIEREN). Wenn das InfoSet erfolgreich generiert wurde, sehen Sie eine entsprechende Meldung in der Statusleiste. Wenn das SAP-System bei den Prüfungen, die es vor dem Generieren ausführt, jedoch Abweichungen oder Fehler findet, zeigt es diese in einem Protokoll als Warnungen oder Fehlermeldungen an, und Sie müssen diese Probleme zunächst beheben.

9.6.4 Bestehende InfoSets nutzen

Nun sind Sie in der Lage, mithilfe des erstellten InfoSets den gewünschten Report zu erstellen. Wir nutzen dazu weiterhin den QuickViewer. Der Einstieg erfolgt wie gewohnt mithilfe der Transaktion SQVI. Sie gelangen, wie bereits beschrieben, zum Dialogfenster aus Abbildung 9.85.

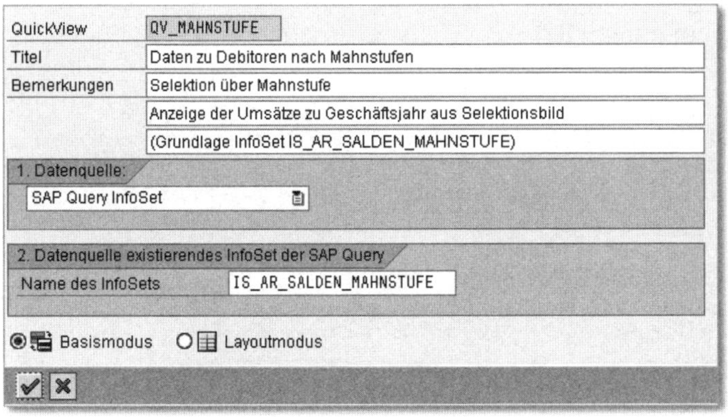

Abbildung 9.85 QV: InfoSet als Datenquelle

Als Datenquelle wählen Sie das InfoSet und hinterlegen das eben erstellte InfoSet. Nach Drücken der ⏎-Taste gelangen Sie direkt in den markierten Modus. Hier können Sie zunächst die Listenfelder festlegen. In unserem Beispiel gelangen Sie so zu dem in Abbildung 9.86 dargestellten Bild.

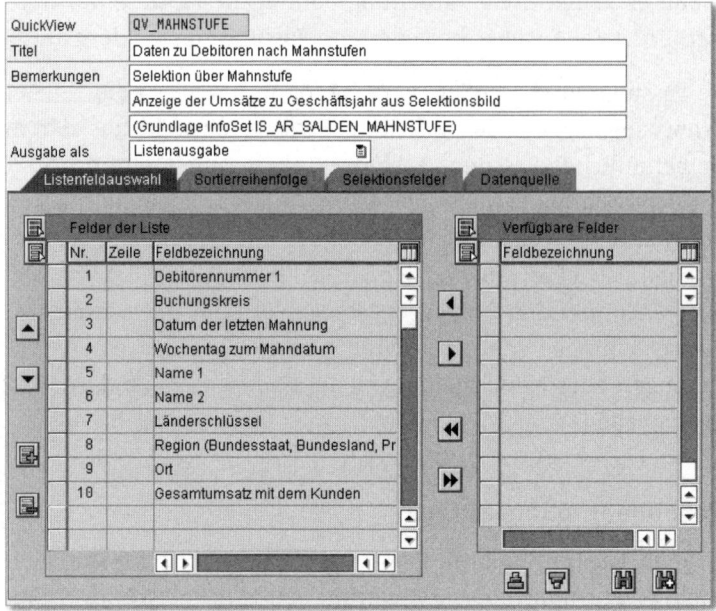

Abbildung 9.86 QV: Listenfeldauswahl

Die Liste, die unser QuickView erzeugt, soll nach der Debitorennummer sortiert sein (siehe Abbildung 9.87).

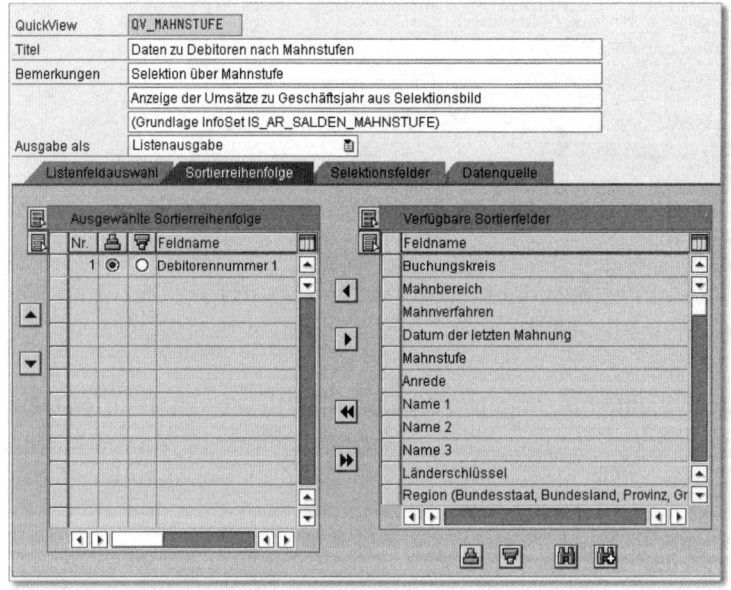

Abbildung 9.87 QV: Sortierreihenfolge

Unser Beispiel verlangt, dass der Anwender im Selektionsbild die Felder DEBITORENNUMMER, BUCHUNGSKREIS und MAHNSTUFE zur Verfügung hat. Somit erhalten wir die Darstellung aus Abbildung 9.88.

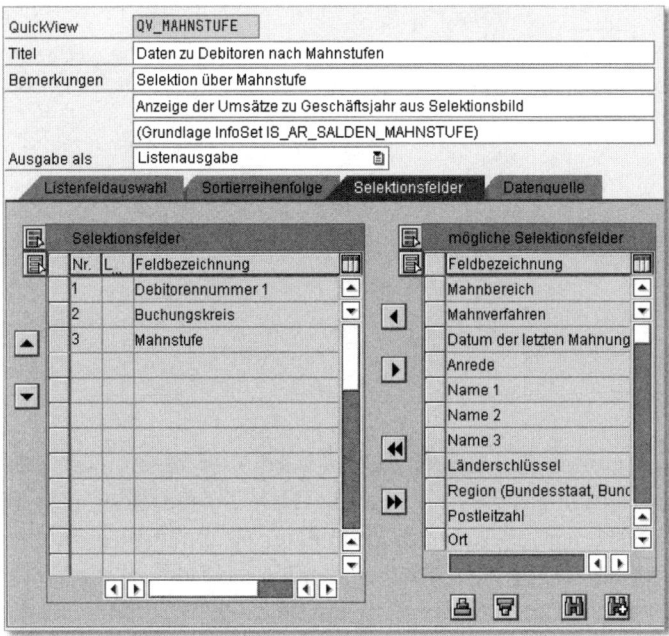

Abbildung 9.88 QuickView: Selektionsfelder

Zur Pflege des Listenlayouts und zur Definition der Summierung wechseln wir nun in den Layoutmodus. Stellen Sie den Cursor auf das Währungsfeld UMSATZ_GES, werden die Listenfeldoptionen angezeigt. Diese sind für unser Beispiel in Abbildung 9.89 dargestellt.

In diesem Fall wird zusätzlich eine weitere Option angeboten. Mit der Währungsfeldposition können Sie festlegen, an welcher Stelle (in Bezug zum angezeigten Betrag) das Währungskürzel positioniert wird. Außerdem können Sie bestimmen, dass dieses Feld an dieser Stelle kein Währungsfeld ist und somit auch keine Währung ausgegeben wird. Dies gilt sinngemäß auch für Mengenfelder. In unserem Beispiel ermittelt das System durch die Einbindung der Tabelle T001 in den Join die Währung automatisch mithilfe des Buchungskreises aus der Tabelle KNB5.

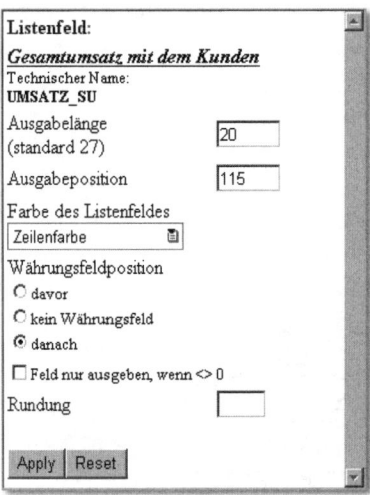

Abbildung 9.89 QuickView: Währungsfeld

Wenn Sie im Layoutmodus eine Liste erstellen, wird über alle numerischen Felder automatisch summiert. Wurden für die Liste Sortierfelder (wie in unserem Beispiel) festgelegt, werden am Ende einer Gruppenstufe automatisch Zwischensummen ausgegeben. Dazu ziehen Sie das Feld auf die Werkzeugleiste SORTIERFELDER. Durch Markierung mit dem Cursor können Sie die in Abbildung 9.90 dargestellten Ausgabeoptionen für Gruppenstufen aufrufen.

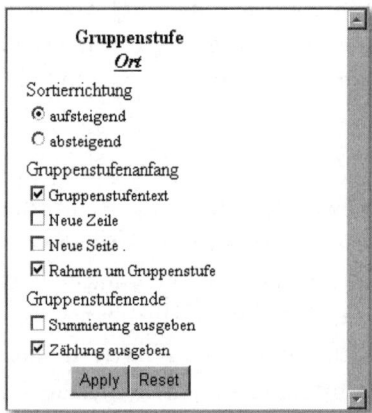

Abbildung 9.90 QuickView: Gruppenstufe

Wenn Sie über ein Feld summieren, wird die Summe in derselben Spalte wie das Feld ausgegeben, d.h. mit der gleichen Ausgabelänge. Deshalb kann es passieren, dass bei der Ausgabe der Summe die Ausgabelänge nicht ausreichend ist. Solche Überläufe erkennen Sie bei der Ausgabe am Stern an der ersten Stelle des Wertes. Wenn Sie über Felder summieren, die Währungsbeträge unterschiedlicher Währungen enthalten, wird automatisch eine Währungsverteilung erzeugt. Dies bedeutet, dass die einzelnen Währungsbeträge währungsabhängig zusammengefasst werden, wie in Abbildung 9.91 zu sehen ist.

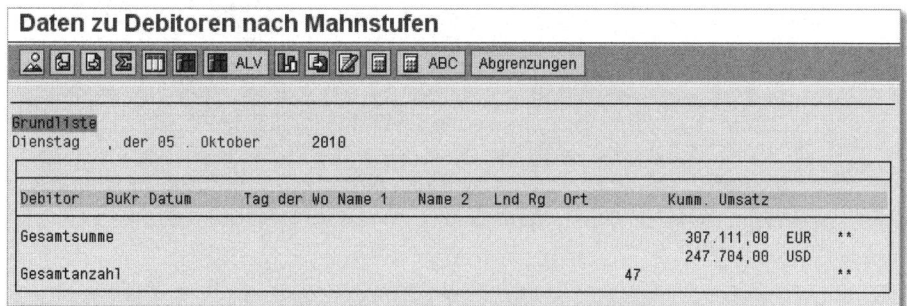

Abbildung 9.91 Summierung bei unterschiedlicher Währung

> **Summierung von Währungsfeldern** [«]
>
> Die währungsabhängige Summation erfolgt auch, wenn Sie die Ausgabe der Währungsbetragsfelder ohne Einheit vorsehen. In den Summenzeilen tauchen dann mehrere Beträge, allerdings ohne Währung, auf. Aus diesem Grund sollten Sie Währungsfelder nur in Ausnahmefällen ohne Währung ausgeben (siehe Abbildung 9.92).

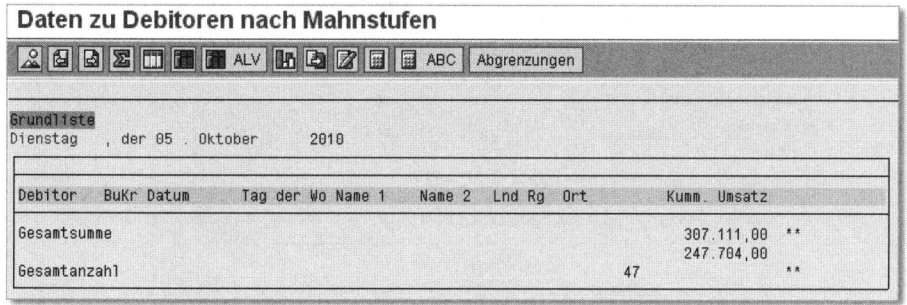

Abbildung 9.92 Summierung ohne Anzeige der Währung

Dies gilt sinngemäß auch für Mengenfelder. Ist für Mengenfelder die Summierung festgelegt, erfolgt sie einheitenabhängig und führt in den Summenzeilen zu einer Verteilung.

Der Gruppenstufentext zu einem Sortierfeld wird im Layoutmodus über den Feldern der Liste platziert. Um den Gruppenstufentext zu editieren, klicken Sie ihn an. Sie können die gesamte Zeile (abzüglich der Ausgabelänge des Sortierfeldes) mit Text füllen. Texte für Zwischensummen und die Zählung können auf die gleiche Weise editiert werden. Die Ausprägungen in unserem Beispiel können Sie Abbildung 9.93 entnehmen.

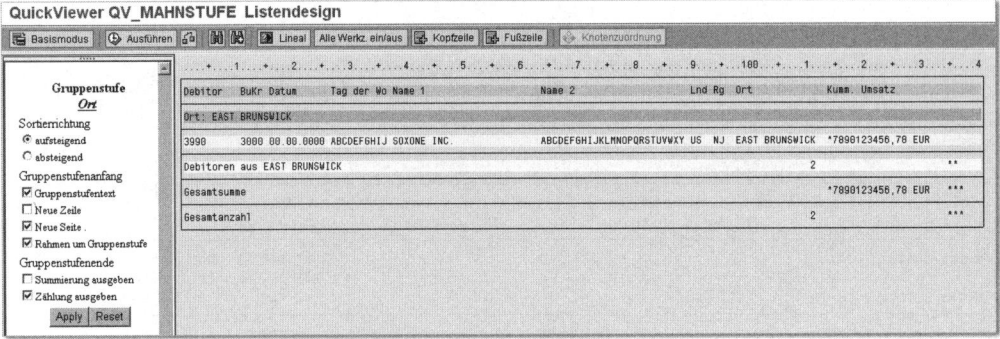

Abbildung 9.93 Layoutmodus: Gruppenstufentext

Nach dem Sichern des QuickViews kann dieser zum ersten Mal ausgeführt werden. In unserem Beispiel erhalten wir das Selektionsbild aus Abbildung 9.94. Darin legen Sie fest, dass alle Debitoren im Buchungskreis 1000 selektiert werden sollen, die mindestens die Mahnstufe 1 aufweisen. Dazu sollen die Umsätze des Jahres 2010 berechnet werden.

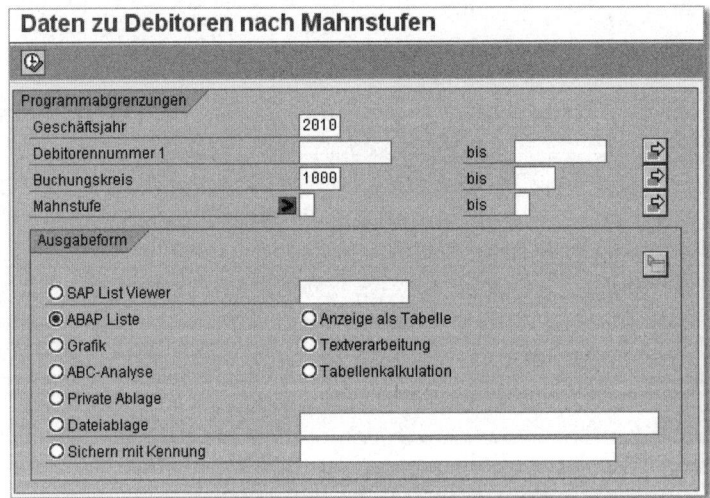

Abbildung 9.94 QV – Selektionsbild

InfoSets | 9.6

Nach der Ausführung dieses QuickViews erhalten wir zunächst die Seite, die zum Zeitpunkt `END-OF-SELECTION` (vor Liste) definiert wurde (siehe Abbildung 9.95).

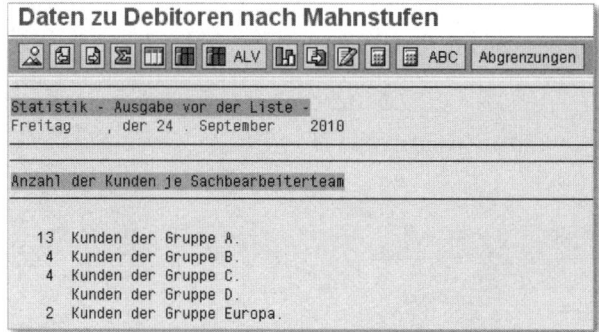

Abbildung 9.95 QuickView vor Ausgabe der Liste

Danach wird Ihnen die eigentliche Liste (siehe Abbildung 9.96) so angezeigt, wie sie im Layoutmodus festgelegt wurde.

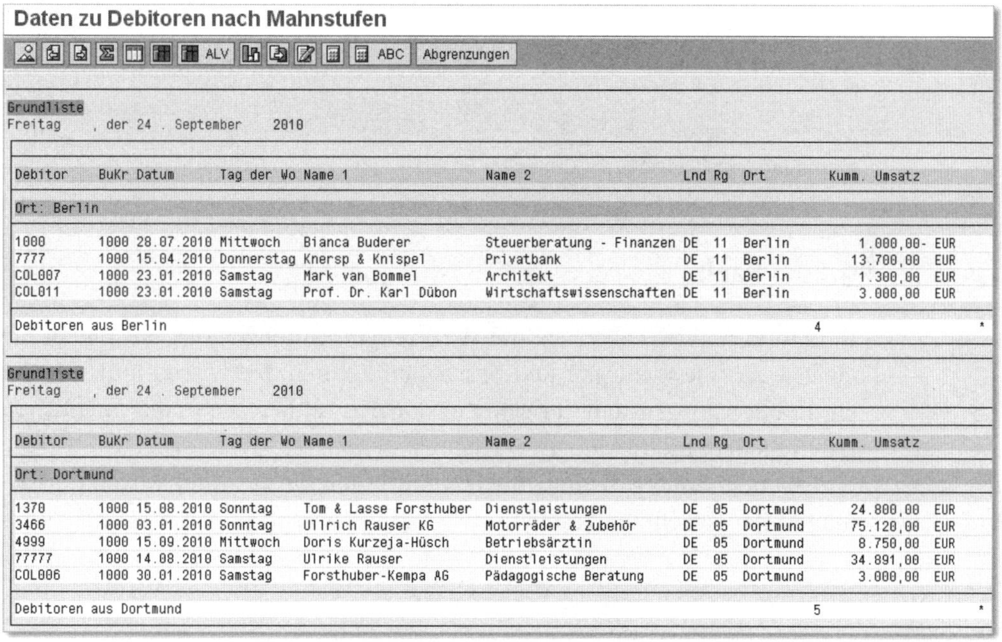

Abbildung 9.96 QuickView – Grundliste

Falls wir diesen QuickView mit der Ausgabeoption SAP LIST VIEWER ausführen, erzeugt das SAP-System die Liste aus Abbildung 9.97. Wie Sie sehen, bleibt die Listgestaltung aus dem Layoutmodus unberücksichtigt.

Debitor	BuKr	Datum	Tag der Woche	Name 1	Name 2	Lnd	Rg	Ort	∑ Kumm. Umsatz	Währg
1000	1000	28.07.2010	Mittwoch	Bianca Buderer	Steuerberatung - Finanzen	DE	11	Berlin	1.000,00-	EUR
7777	1000	15.04.2010	Donnerstag	Knersp & Knispel	Privatbank	DE	11	Berlin	13.700,00	EUR
COL007	1000	23.01.2010	Samstag	Mark van Bommel	Architekt	DE	11	Berlin	1.300,00	EUR
COL011	1000	23.01.2010	Samstag	Prof. Dr. Karl Dübon	Wirtschaftswissenschaften	DE	11	Berlin	3.000,00	EUR
1370	1000	15.08.2010	Sonntag	Tom & Lasse Forsthuber	Dienstleistungen	DE	05	Dortmund	24.800,00	EUR
3466	1000	03.01.2010	Sonntag	Ullrich Rauser KG	Motorräder & Zubehör	DE	05	Dortmund	75.120,00	EUR
4999	1000	15.09.2010	Mittwoch	Doris Kurzeja-Hüsch	Betriebsärztin	DE	05	Dortmund	8.750,00	EUR
77777	1000	14.08.2010	Samstag	Ulrike Rauser	Dienstleistungen	DE	05	Dortmund	34.891,00	EUR
COL006	1000	30.01.2010	Samstag	Forsthuber-Kempa AG	Pädagogische Beratung	DE	05	Dortmund	3.000,00	EUR
3460	1000	15.09.2010	Mittwoch	Matthias Beltz	Lebensberatung	DE	06	Frankfurt	5.610,00	EUR
3477	1000	15.09.2010	Mittwoch	Klaus Neininger	Systemberatung	DE	06	Frankfurt	9.800,00	EUR
COL003	1000	23.01.2010	Samstag	Dietmar Zäpernick	Verwaltungsoberamtsrat	DE	06	Frankfurt	11.000,00	EUR
COL012	1000	23.01.2010	Samstag	Wolfgang Riegraf	Consulting & Coaching	DE	06	Frankfurt	3.000,00	EUR
100146	1000	15.09.2010	Mittwoch	Josef Kranebitter	Finanzdienstleistungen	AT	T	Innsbruck	55.200,00	EUR
COL010	1000	23.01.2010	Samstag	Weingut Forsthuber	Weine & Spirituosen	AT	OÖ	Pulkau	2.330,00	EUR
91011	1000	15.04.2010	Donnerstag	Ursula Bädekerl GmbH & Co. KG	Gebäudeservice	DE	08	Stuttgart	13.120,00	EUR
COL001	1000	23.01.2010	Samstag	Michael Wirsbitzky	Umzugsdienste, Terminfracht	DE	08	Stuttgart	3.300,00	EUR
COL002	1000	23.01.2010	Samstag	Martin Klein	Consulting & Coaching	DE	08	Stuttgart	500,00	EUR
COL004	1000	20.01.2010	Mittwoch	Bernd Fricker	Systemberatung, Support	DE	08	Stuttgart	2.100,00	EUR
COL005	1000	09.01.2010	Samstag	Samt & Seide AG	Wäscheservice	DE	08	Stuttgart	21.120,00	EUR
COL009	1000	30.01.2010	Samstag	Carsten Robl	Pädagogische Beratung	DE	08	Stuttgart	3.500,00	EUR
COL013	1000	23.01.2010	Samstag	Eva Tripp	Consulting & Coaching	DE	08	Stuttgart	9.500,00	EUR
COL014	1000	23.01.2010	Samstag	Patricia Krämer	Dienstleistungen	DE	08	Stuttgart	1.570,00	EUR
									305.211,00	EUR

Abbildung 9.97 QuickView – Grundliste im ALV

9.7 Fazit

In diesem Kapitel haben Sie die Werkzeuge kennengelernt, mit denen Sie einen QuickView anlegen und bearbeiten können. Sie wissen nun, wie Sie ein InfoSet anlegen und verwenden, und Sie kennen die unterschiedlichen Datenquellen, die Ihnen zur Verfügung stehen. Sie haben erfahren, wie Sie mit eigenem Coding die Berichte erweitern und welche interaktiven Einstellungen Sie vornehmen können.

In diesem Kapitel lernen Sie die wichtigsten Reportingwerkzeuge von SAP NetWeaver BW und SAP BusinessObjects kennen. Außerdem zeigen wir Ihnen, wie sich das Reporting innerhalb eines operativen SAP ERP-Systems und eines sogenannten Data-Warehouse-Systems wie BW unterscheidet. Wir möchten Ihnen dabei auch erklären, welches der Werkzeuge Sie wann sinnvoll nutzen sollten.

10 SAP NetWeaver BW und SAP BusinessObjects

Neben Reportingwerkzeugen innerhalb von SAP ERP, die Sie in den vorangegangenen Kapiteln dieses Buches kennengelernt haben, bietet SAP weitere Möglichkeiten an, Berichte zu erstellen: SAP NetWeaver Business Warehouse (BW) und – seit einigen Jahren – SAP BusinessObjects. BW gehört zu den Komponenten von SAP NetWeaver, der technischen Plattform des SAP-Systems. BW ist ein leistungsfähiges Data Warehouse und Plattform für verschiedenste Business-Intelligence-Anwendungen, unter anderem das Reporting.

Mit BW sind Sie in der Lage, alle relevanten betriebswirtschaftlichen Informationen aus Ihren produktiven SAP-Anwendungen, aber auch aus externen Datenquellen, zu integrieren, zusammenzuführen (zu konsolidieren) und aufzubereiten (zu transformieren). BW stellt Ihnen zudem flexible Reporting- und Analysewerkzeuge, den sogenannten Business Explorer (BEx) zur Verfügung, die Sie bei der Bewertung und Auswertung der Daten sowie deren Verteilung unterstützen.

Vor einigen Jahren hat SAP die Firma Business Objects, einen bekannten Hersteller von Reportingsoftware, gekauft und deren Werkzeuge (z.B. Crystal Reports) unter dem Namen SAP BusinessObjects in das Portfolio aufgenommen. SAP BusinessObjects ermöglicht es Ihnen ebenfalls, Berichte und Analysen auf Basis mehrerer Datenquellen zu erstellen. Der Fokus liegt unter anderem auf einer optimalen Darstellbarkeit der Daten und z.B. den Druckmöglichkeiten sowie einem einfachen Export in die Standard-Office-Anwendungen. SAP BusinessObjects besteht aus diversen Werkzeugen, die je nach Bedarf einzeln oder zusammen genutzt werden können und Ihnen zahlreiche Gestaltungsmöglichkeiten bieten.

In diesem Kapitel werden die wichtigsten Werkzeuge von BW und SAP BusinessObjects im Überblick vorgestellt. Wir vergleichen beide mit den Reportingwerkzeugen, die Sie in diesem Buch bisher kennengelernt haben.

10.1 SAP NetWeaver BW

In diesem Abschnitt möchten wir Ihnen zeigen, wie Sie mit BW aussagekräftige Berichte, insbesondere im Finanzwesen, erstellen können. Bevor wir Ihnen die einzelnen Schritte bei der Reporterstellung zeigen, möchten wir zunächst die grundlegenden Eigenschaften von BW als einem Data Warehouse erklären.

10.1.1 Was ist eigentlich ein Data Warehouse?

Unter einem *Data Warehouse* (übersetzt etwa »Datenlager«) wird eine unternehmensweite und informative Datenbasis verstanden, die entscheidungsrelevante Daten aus unterschiedlichen Quellen in einer einheitlichen Systemumgebung zur Auswertung zur Verfügung stellt. Ein Data Warehouse dient damit der Zusammenfassung, Modellierung und Darstellung aller strukturierten Daten des Unternehmens. Bei BW handelt es sich somit nicht nur um ein Werkzeug, das auf SAP-Systemen aufsetzt, sondern um ein Data Warehouse, das auch andere Datenquellen mit einbezieht.

Es ist möglich, Daten aus verschiedenen Quellsystemen (SAP-Systeme, Fremdsysteme, Dateien) zu extrahieren, zu transformieren und in das Data Warehouse zu laden. Diese Art der Datenbeschaffung wird als *ETL-Prozess* bezeichnet. In der *Extraktion* werden die benötigten Daten aus den Quellsystemen gefiltert, die syntaktische und semantische Datenaufbereitung wird als *Transformation* bezeichnet, während die Datenübernahme in das Data Warehouse als *Laden* bezeichnet wird. Für die Informationspräsentationen sind auch Analyse- und Reportingwerkzeuge von Drittanbietern (oder z.B. von SAP BusinessObjects, wie Sie im Verlauf dieses Kapitels sehen werden) einsetzbar, die über eine Schnittstelle auf die BW-Daten zugreifen.

Im Gegensatz zu operativen Systemen wie SAP ERP, dessen Reportinginstrumente wir Ihnen in den vorangegangenen Kapiteln dieses Buches vorgestellt haben, ist ein Data-Warehouse-System so optimiert, dass große Datenmengen in aggregierter Form vorliegen und deshalb schnell ausgewertet werden können. Dadurch verbessert sich die Performance des Reportings insbesondere bei komplexen Analysen im Vergleich zu operativen Systemen erheblich. Außerdem werden die operativen Systeme durch die teilweise Ausgliederung des Reportings entlastet.

Neben den operativen Reportinginstrumenten gibt es auch Data-Warehouse-Ansätze in SAP ERP (siehe Kapitel 1, »Reporting im SAP-Finanzwesen«).

10.1.2 Unterschiede zwischen SAP ERP und einem Data Warehouse

Die Reportingwerkzeuge, die Sie in den vorangegangenen Kapiteln kennengelernt haben, und die Möglichkeiten von BW unterscheiden sich in vielerlei Hinsicht. In Tabelle 10.1 werden die verschiedenen Eigenschaften dieser beiden Welten gegenübergestellt:

	SAP ERP	SAP NetWeaver BW
Anwendersicht	einzelfallbezogen	kumuliert, statistisch
Datenbereich pro Benutzeraktion	Transaktion	gesamte Datenbank
Datenzugriff	vordefinierte oder feste Zugriffspfade	nicht vordefinierte und dynamische Zugriffe
Rechnernutzung	beständig	dynamisch
Aktualität der Daten	Jeder Fall führt zur Aktualisierung.	periodenbezogen, unveränderlich
Datenhistorie	weniger wichtig	sehr wichtig
Datenflüchtigkeit	hoch	niedrig
Struktur	normalisiert, redundanzfrei	redundant, verschiedene Aggregationslevel
Lesbarkeit der Daten	verschlüsselt für optimalen Programmablauf (OLTP)	klar verständlich für den Anwender
Datenbeschaffenheit	Grundtyp (detaillierte Darstellung)	abgeleitete Formen (Summationen)
Zahl der betroffenen Daten pro Benutzeraktion	spezieller Datensatz	mehrere Datensatzgruppen
Datenschutz	integrativ	durch kontrollierte Weitergabe oder Aggregation
Prioritäten	hohe Verfügbarkeit	hohe Flexibilität, hohe Benutzerfreundlichkeit

Tabelle 10.1 Unterschiede zwischen SAP ERP und BW

Sie haben anhand der Tabelle gesehen, dass es wesentliche Unterschiede zwischen Berichten aus einem SAP ERP-System und einem SAP BW-System gibt. In einem BW-System kann derselbe Datenbestand im selben Bericht durch die Verwendung von Selektionskriterien, Filtern sowie der Aufrissmöglichkeit nach unterschiedlichen Merkmalen aus unterschiedlichen Sichten ausgeführt werden. Es können historische Daten über diverse Zeiträume verglichen werden, es können sehr große Datenmengen in kürzester Zeit verarbeitet werden. In einem SAP ERP-System sind es Berichte über aktuelle Daten, die in diesem Moment in der Datenbank vorhanden sind. Die Variationsmöglichkeiten einzelner Berichte sind begrenzt, und die Berichte können recht laufzeitintensiv sein.

10.1.3 Bestandteile von SAP NetWeaver BW

Zu Beginn dieses Kapitels haben Sie bereits erfahren, dass BW ein komplexes Werkzeug ist, das eine Reihe von Bestandteilen umfasst. Grundsätzlich besteht das BW-System aus mehreren Ebenen:

Auf der Data-Warehousing-Ebene werden die Daten sowohl modelliert als auch extrahiert, transformiert und geladen. Diesen Vorgang der Datenbeschaffung aus den Quellsystemen nennt man auch *ETL-Prozess* (ETL steht für *Extraktion*, *Transformation* und *Laden*). Die Datenablage erfolgt in sogenannten *Datenzielen* (InfoProvider), wie InfoCubes (Datenwürfel, in denen die Daten mehrdimensional abgelegt sind) oder DataStore-Objekten (DSOs, früher ODS-Objekte – Operational Data Store –, in denen die Daten tabellenförmig abgelegt sind). Die Daten in den InfoCubes werden aggregiert und in DSOs oft auf Datensatzebene abgelegt. Ein wichtiges Werkzeug für die Modellierung der Daten ist die Data Warehousing Workbench (früher Administrator Workbench). Mit diesen Funktionen werden Sie als Fachanwender im Finanzwesen wahrscheinlich wenige Berührungspunkte haben.

> **[»] Online Analytical Processing (OLAP)**
>
> OLAP ist eine Technologie, die einen schnellen und interaktiven Zugriff auf relevante Informationen erlaubt, wobei die Durchführung komplexer Analysen über große Datenmengen Hauptfokus ist. OLAP-Systeme erhalten ihre Daten entweder aus den operativen Systemen (OLTP-Systeme, OLTP steht für *Online Transaction Processing*) eines Unternehmens oder aus einem Data Warehouse. Ziel ist es, durch multidimensionale Betrachtung der Daten eine Entscheidungsunterstützung zu erhalten. Die OLAP-Technologie basiert auf einem Datenwürfel (InfoCube), in dem die Daten nach einem bestimmten Schema (dem sogenannten *Sternschema*) strukturiert sind.

BW umfasst darüber hinaus weitere Funktionen wie die Unternehmensplanung (*BW-integrierte Planung*) und das Data Mining oder auch diverse OLAP-Services (*Online Analytical Processing*).

Die Funktion des Data Minings innerhalb des BW-Systems ermöglicht die Entscheidungsfindung durch effizientes und automatisches Aufdecken von verborgenen und unbekannten Informationsmustern, strategischen Erkenntnissen, Regeln und Zusammenhängen in großen Datenbeständen. Es handelt sich um Verfahren, die ohne Zutun des Anwenders aktiv nach Mustern, verstärkten Informationen und Trends fahnden. Ein typisches Beispiel in diesem Zusammenhang stellt die Kundenbewertung dar. Mithilfe von Data Mining soll versucht werden, Verhaltensmuster ausfindig zu machen, um Erkenntnisse für zukünftige Aussagen zu gewinnen. Zur Aufgabenstellung des Data Minings gehören u.a. Segmentierung und Clusteranalyse. Der eigentliche Schlüssel zum Erfolg besteht in der Interpretation der Ergebnisse und in der Umsetzung der Resultate in die strategische Unternehmensplanung und Unternehmensführung.

Schließlich enthält BW den sogenannten *Business Explorer* (BEx), der verschiedene Reporting- und Analysewerkzeuge für die Aufbereitung der Ergebnisse mitbringt. Mit den verschiedenen BEx-Werkzeugen können Sie sowohl historische als auch aktuelle Daten auswerten. Dabei ist eine Darstellung sowohl in Microsoft Excel als auch über das Web möglich. Im nächsten Abschnitt geben wir Ihnen einen Überblick über die einzelnen BEx-Werkzeuge, bevor wir in den darauffolgenden Abschnitten noch tiefer in das Reporting mit SAP NetWeaver BW eintauchen.

> **Zusammenwirken InfoSet und BW** [zB]
>
> Falls Sie z.B. einen QuickView auf Basis eines InfoSets erstellt haben (siehe Kapitel 9, »QuickViewer«) und den Wunsch haben, die Auswertung auf Basis dieser Daten flexibler und optisch ansprechender gestalten zu können, ist es möglich, dieses InfoSet als Basis zur Extraktion der Daten in BW zu nutzen, um dann von den umfangreichen Gestaltungsmöglichkeiten von BW zu profitieren und z.B. diesen Bericht mithilfe des BEx Web Application Designers für andere Mitarbeiter im Intranet zur Verfügung zu stellen.

10.1.4 Überblick über die BW-Reportingwerkzeuge

Im Folgenden beschäftigen wir uns näher mit den Reportingwerkzeugen von SAP NetWeaver BW. Der Business Explorer (BEx), der diese Reportingwerkzeuge umfasst, besteht aus mehreren Komponenten.

Über das Reporting und die Analyse hinaus bietet BEx Möglichkeiten zur Veröffentlichung der Berichte z. B. über SAP NetWeaver Portal, über das Intranet oder auch das Internet. Zu diesem Zweck wird der BEx Web Application Designer eingesetzt. BEx unterstützt verschiedene Ausgabeoptionen, wie formatierte Dokumente in Microsoft Excel, Web Cockpits, formatierte Webausgabe und Adobe-PDF-Dokumente. In den folgenden Abschnitten werden Ihnen die einzelnen Werkzeuge kurz vorgestellt, die Handhabung des BEx Query Designers werden wir uns an einem Beispiel genauer ansehen.

Der BEx Query Designer

Die Grundlage für das BEx-Reporting bildet eine sogenannte *BW Query*. Diese BW Query wird mit dem BEx Query Designer erstellt und ihre Struktur festgelegt. Beim Ausführen der Query wird ein Prozess gestartet, der die Daten aus den definierten Datenzielen, den InfoProvidern (dies sind die Objekte, in denen die Daten abgelegt sind), in einer bestimmten Sicht extrahiert.

Die Selektionsmaske des BEx Query Designers lässt sich in mehrere Bereiche einteilen, wie Sie in Abbildung 10.1 sehen können. In dieser Ansicht ist der BEx Query Designer noch leer.

Die Selektionsmaske umfasst folgende Bereiche:

- die Ansicht der zum InfoProvider gehörenden Merkmale und Kennzahlen
- den Bereich für die Modellierung der BW Query
- den Bereich für die Einstellungen der Eigenschaften
- ein Meldungsfenster am unteren Bildrand

Im BEx Query Designer werden die anzuzeigenden Kennzahlen und Merkmale festgelegt sowie Filter und Navigationsmerkmale definiert. Zusätzlich haben Sie die Möglichkeit, eigene berechnete oder eingeschränkte Kennzahlen zu definieren. Die Darstellung der so erstellten BW Query kann auf verschiedene Arten erfolgen, abhängig von der Aufgabe des Berichts und der Benutzergruppe.

[»] **Anmeldung am BEx Query Designer**

Der BEx Query Designer ist ein Frontend-Programm, das zusammen mit der BEx Suite installiert wird. Für die Benutzung ist eine Anmeldung an das angeschlossene BW-System notwendig. Die Installation erfolgt am lokalen Arbeitsplatz. Sprich: BEx muss auf jedem Rechner installiert werden, auf dem Berichte auf BW-Basis erzeugt werden sollen. Es handelt sich nicht um eine zentrale Serverinstallation.

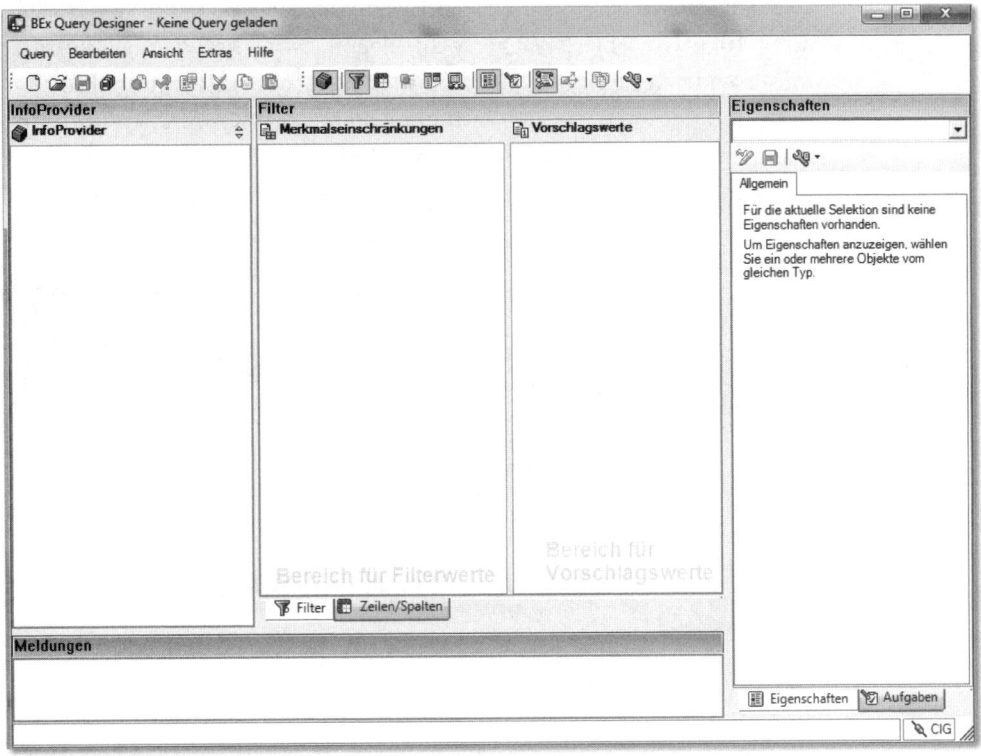

Abbildung 10.1 Leerer Bildschirm des BEx Query Designers

Um eine BW Query anzulegen, gehen Sie wie folgt vor:

1. Der BEx Query Designer wird über das normale Startmenü Ihres PCs (üblicherweise unter START • PROGRAMME • BUSINESS EXPLORER • QUERY DESIGNER) aufgerufen (siehe Abbildung 10.2). Es erscheint ein Anmeldefenster, über das Sie sich an Ihrem BW-System anmelden.

Abbildung 10.2 BEx Suite: Anmeldesicht

2. Mit der Schaltfläche ▯ (ANLEGEN) gelangen Sie in das Fenster in Abbildung 10.3. Um eine BW Query anzulegen, ist es notwendig, zuerst den InfoProvider festzulegen, aus dem die Query bei Ausführung ihre Daten zieht und der auch die zur Verfügung stehenden Kennzahlen und Merkmale enthält. In unserem Beispiel wird der InfoCube FIAR EINZELPOSTEN ausgewählt und eine Beschreibung für die neue Query mitgegeben. Bestätigen Sie Ihre Auswahl mit der Schaltfläche ÖFFNEN.

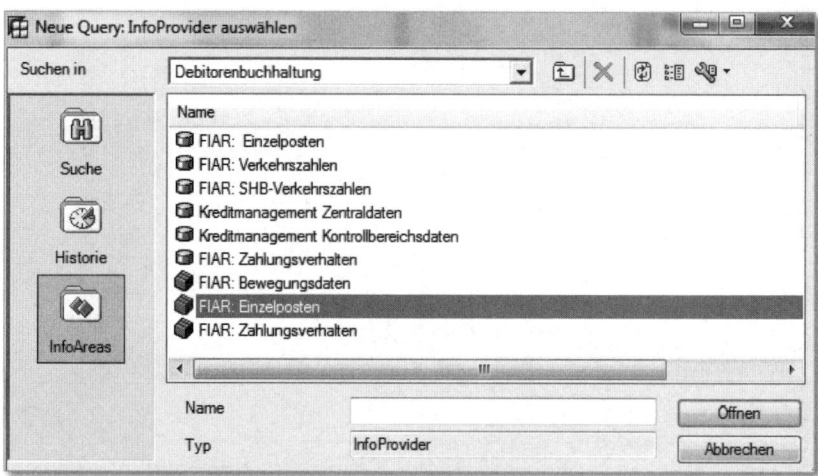

Abbildung 10.3 BW Query anlegen und InfoProvider auswählen

3. Nachdem nun ein InfoProvider ausgewählt wurde, kommen wir zum eigentlichen Anlegen der Query (siehe Abbildung 10.4). Hier wird nun entschieden, wie die Query später einmal funktionieren und aussehen wird.

Bei den in einer Query verwendeten Objekten handelt es sich um Merkmale und Kennzahlen, die aus dem gewählten InfoProvider stammen. Bei den Kennzahlen und Merkmalen stehen sowohl die im InfoProvider vorhandenen Basiskennzahlen und Merkmale zur Verfügung als auch nachträglich berechnete und eingeschränkte Kennzahlen. Hinzu kommen global definierte Strukturen.

Der Bereich für die Query-Modellierung umfasst folgende Möglichkeiten: die Einschränkung auf FILTER, die Definition der ZEILEN und SPALTEN für das grundlegende Aussehen der Query und Eingriffe auf Zellebene, die sogenannten *Ausnahmezellen* oder *Zelldefinitionen*.

4. In Abbildung 10.4 sehen Sie in der linken Spalte die Objekte aus dem InfoProvider; diese können per Drag & Drop in den Modellierungsbereich gezogen werden. Im oberen Bereich werden die Filter abgelegt; Sie haben einen Bereich für die Spalten und einen Bereich für die Zeilen Ihres Berichts. Die freien Merkmale, die Sie später bei Ausführung des Berichts zur Navigation nutzen können, haben ebenfalls ihren eigenen Bereich. Rechts unten sehen Sie eine Vorschau auf die grobe Struktur Ihres Berichts.

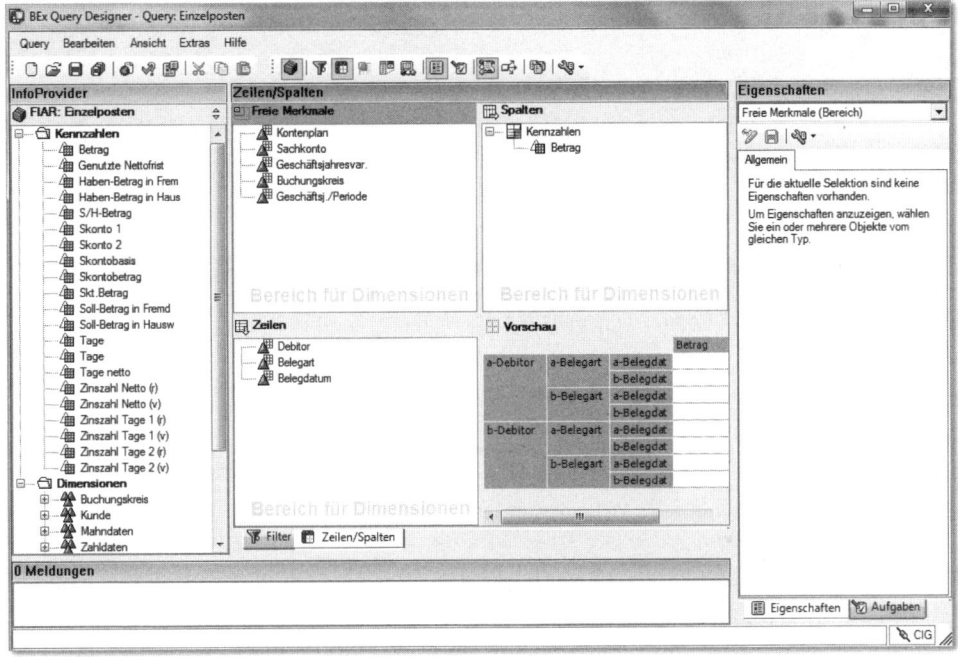

Abbildung 10.4 BW Query anlegen

5. Die Eigenschaften der Kennzahlen und Merkmale werden automatisch gefüllt und sind veränderbar, in Abbildung 10.5 sehen Sie das Eigenschaftsfenster des Merkmals Sachkonto, das wir in unserem Beispiel verwenden. Das Meldungsfenster zeigt Warnungen oder Fehler an. Es ist möglich, das Aussehen dieses Standardfensters über den Menüpunkt Ansicht zu ändern, in Abbildung 10.6 sehen Sie eine Erfolgsmeldung nach Prüfung der Query.

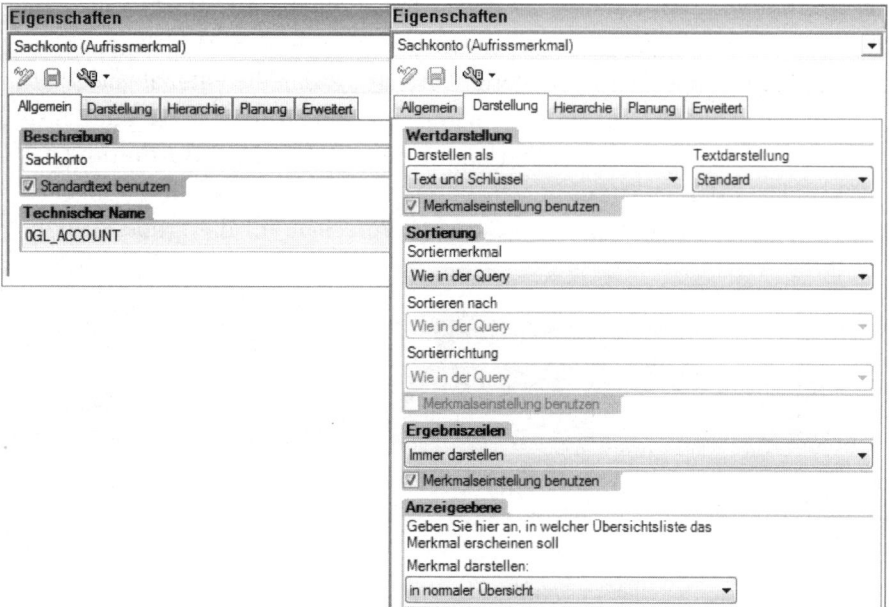

Abbildung 10.5 Eigenschaften des Merkmals »Sachkonto«

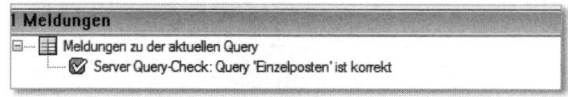

Abbildung 10.6 Meldungsfenster

Im Anschluss beschreiben wir die einzelnen Objekte einer Query detailliert, sodass Sie entscheiden können, welche dieser Objekte Sie für Ihren Bericht benötigen. Sämtliche Objekte sind über die Menüleiste des BEx Query Designers erreichbar, die Menüleiste sehen Sie in Abbildung 10.7.

Abbildung 10.7 Menüleiste des BEx Query Designers

Im Folgenden schauen wir uns die wichtigsten Bestandteile und Möglichkeiten des BEx Query Designers genauer an.

▶ **Filter**
Filter sind feste, in der Query gesetzte Einschränkungen. Über den Filter wird das Query-Ergebnis beeinflusst, da ein Filter für den Anwender ein Selektionskriterium darstellt, das dieser bei Ausführen der Query mit

Werten füllen muss. Prinzipiell kann man jedes Merkmal als Filter verwenden, es ist aber zu empfehlen, hier nur solche Merkmale zu nutzen, über die im Bericht nicht navigiert werden soll.

▸ **Freie Merkmale**
Die freien Merkmale dienen in der fertigen Query zur Navigation, d.h., Sie können sie nutzen, um die Zahlen in Ihrem Bericht noch detaillierter anzuzeigen, wenn es notwendig ist. Zum Beispiel haben wir das Geschäftsjahr als Merkmal in unserem Bericht und den Geschäftsmonat als freies Merkmal definiert. Der Bericht startet und zeigt die gewählten Zahlen zu den Geschäftsjahren. Interessieren uns jetzt auch noch die Zahlen für die einzelnen Monate, müssen wir uns lediglich das freie Merkmal in unserem Bericht anzeigen lassen, und der Detaillierungsgrad erhöht sich automatisch, ohne für die Monatszahlen einen neuen Bericht definieren zu müssen.

▸ **Formeln**
Die in der BW Query verwendeten Kennzahlen können zur Erstellung von Formeln genutzt werden, hierfür steht Ihnen der Formeleditor zur Verfügung, dessen Aufbau und Funktionen Sie in Abbildung 10.8 sehen können.

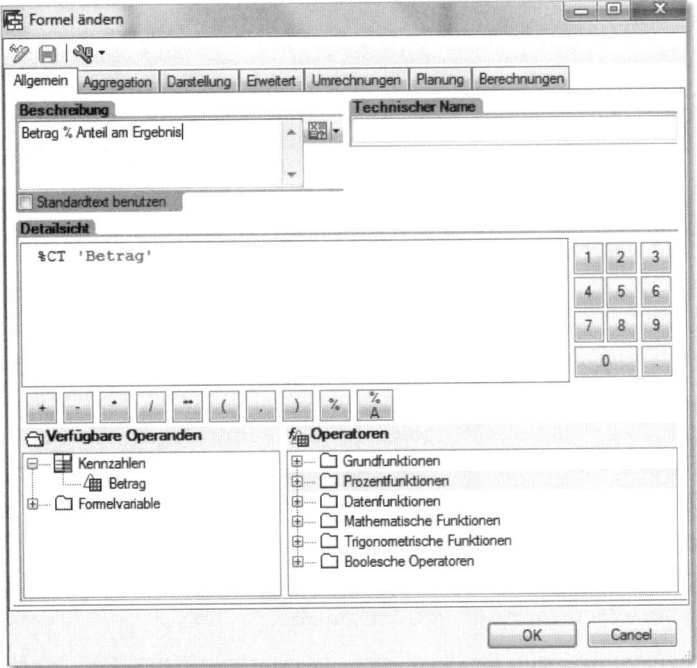

Abbildung 10.8 Formeleditor

Kennzahlen, die durch Formeln gebildet werden, können lokal angelegt werden, dann sind sie nur in einer einzelnen Query sichtbar. Sie können aber auch global angelegt werden, dann können diese berechneten Kennzahlen auch von anderen Queries genutzt werden. Eine in einer Query berechnete Kennzahl ist jedoch nie in ihrem InfoProvider (InfoCube o.Ä.) sichtbar.

- **Eigenschaften der Merkmale und Kennzahlen**
  Über die Eigenschaften der Merkmale und Kennzahlen können Sie diverse Einstellungen vornehmen, das Eigenschaftsfenster zu den Merkmalen ist in Abbildung 10.5 dargestellt, und das Eigenschaftsfenster für die Kennzahlen sehen Sie in Abbildung 10.9.

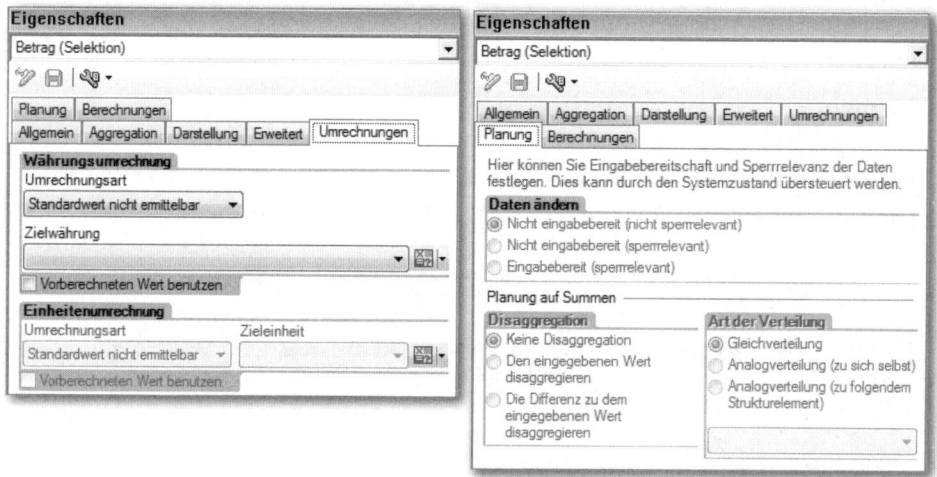

Abbildung 10.9 Eigenschaften der Kennzahl »Betrag«

- **Variablen**
  Variablen gehören zu den Bestandteilen einer BW Query, die erst zur Laufzeit gefüllt werden. Variablen sind wie Platzhalter zu betrachten. Grundlegend können sich Variablen in ihren Eigenschaften unterscheiden, sie können eingabebereit oder nicht eingabebereit sein, die Eingabe von Werten kann verpflichtend oder optional sein, auch gibt es die Unterscheidung zwischen Einzel- und Mehrfachselektion. In Abbildung 10.10 sehen Sie den Variableneditor. Abhängig von der Verwendung der Variablen gibt verschiedene Arten von Variablen:

  - *Textvariablen*: Ersetzen Beschreibungen innerhalb einer BW Query.
  - *Merkmalswertvariablen*: Füllen eine Variable mit einem Merkmalswert.

- *Formelvariablen*: Werden innerhalb von Formeln, Exceptions und Bedingungen zur Berechnung genutzt.
- *Hierarchievariablen*: Werden genutzt, um eine Hierarchie einzuschränken.
- *Hierarchieknotenvariablen*: Repräsentieren lediglich einen Knoten einer Hierarchie.

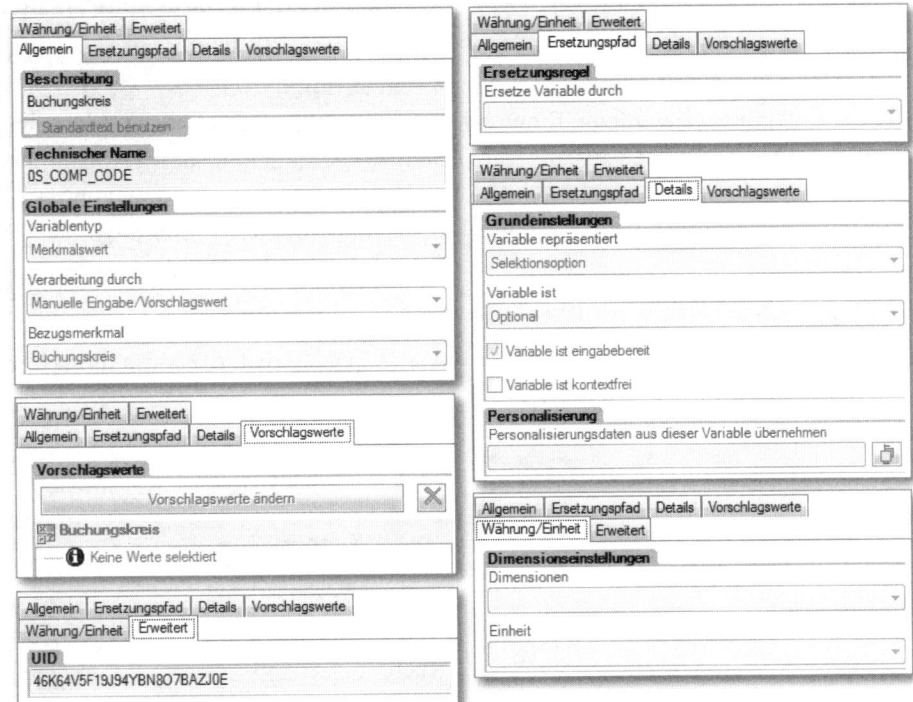

Abbildung 10.10 Variableneditor

Zusätzlich können wir Variablen noch nach der Art ihrer Verarbeitung unterscheiden:

- *Ersetzungspfad*: Die Variable wird zur Ausführungszeit der BW Query mit einem Wert gefüllt. Die Ersetzung kann durch einen Merkmalswert, ein Query-Ergebnis oder auch durch Füllen einer anderen Variablen erfolgen.
- *Manuelle Eingabe/Vorschlagswert*: Beim Start der Query wird gefordert, in der Eingabemaske der Query für die Variable einen Wert einzutragen. Das Feld kann einen Vorschlagswert enthalten, der überschrieben werden kann.

- *SAP Exit*: Hier stehen Ihnen einige vorgefertigte Variablen zur Verfügung, die aus dem SAP Business Content stammen. Diese Variablen können Sie nicht manuell anlegen.
- *Customer-Exit*: Diese Variablen können über einen von Ihnen zu programmierenden Customer-Exit gefüllt werden, indem Sie den Customer-Exit (Exit-Name: RSR00001) über die Transaktion CMOD aktivieren und dann Ihre eigene Verarbeitungslogik in den so erhaltenen Funktionsbaustein (`EXIT_SAPLRRS0_001`) einfügen.
- **Bedingungen und Ausnahmen (Exceptions)**
  Bedingungen bieten Ihnen die Möglichkeit, Daten im Resultatsbereich der BW Query z.B. auszublenden oder hervorzuheben. Bezug ist immer ein Merkmal. In Abbildung 10.11 sehen Sie den Editor zur Definition von Bedingungen. Die Bedingungen bestehen aus zwei Funktionen:
  - *Schwellen*: Ein Wert wird angezeigt, wenn er einen bestimmten Schwellenwert unter- oder überschritten hat.
  - *Rangliste*: Eine Rangliste zeigt je nach Sortierung die besten oder schwächsten n Einträge an.

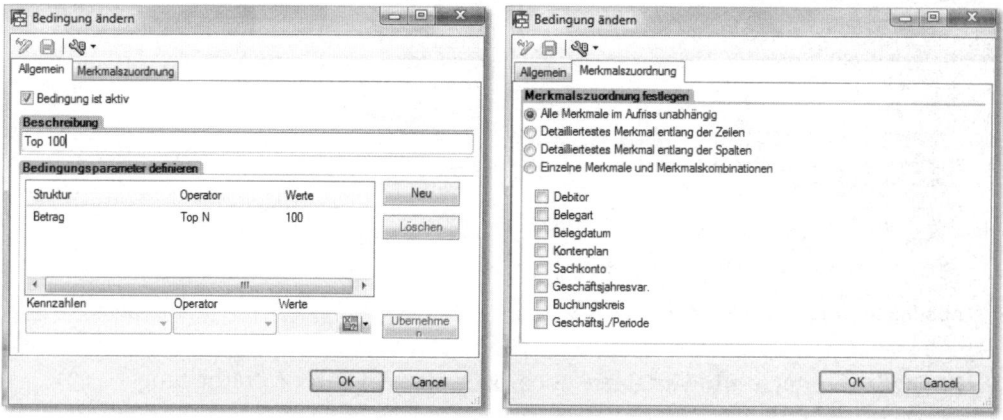

Abbildung 10.11 Bedingungen definieren

Unter *Exceptions* versteht man das Hervorheben einzelner Werte anhand festgelegter Regeln. Bezug ist immer eine Kennzahl. Es können auch bestimmte Zustände der Daten durch Ampeln hervorgehoben werden, wie Sie in Abbildung 10.12 sehen.

- **Ausnahmezellen**
  Wenn Sie in Ihrer Query mit zwei Strukturen arbeiten, haben Sie die Möglichkeit, an den Kreuzungspunkten der Strukturbestandteile Zelldefinitionen

zu erzeugen, die die in den Zellen zu präsentierenden Werte bestimmen. Vorteil: Es kann für jede Zelle eine Berechnungsvorschrift definiert werden; Nachteil: Die Struktur ist statisch.

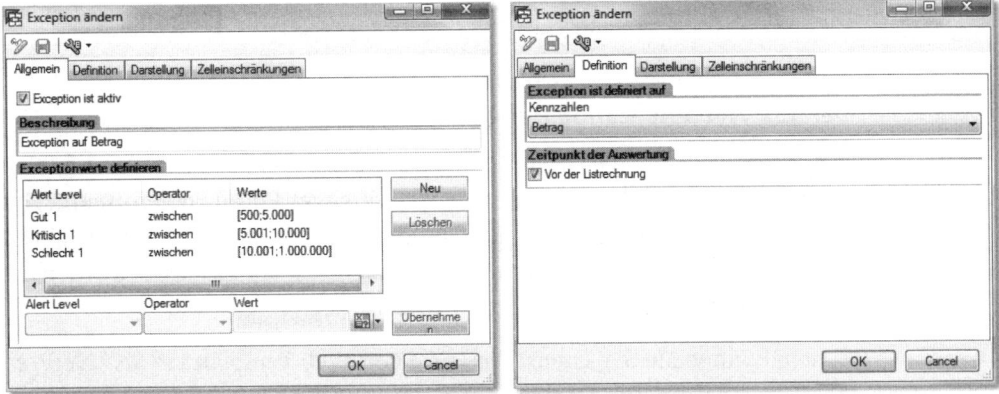

Abbildung 10.12 Exceptions definieren

Nachdem Sie diese Festlegungen getroffen haben, können Sie die Query speichern und testen. Die Query kann später auch im Web angezeigt werden, oder sie wird in eine Excel-Arbeitsmappe eingebunden. Hier stehen Ihnen dann auch die normalen Excel-Funktionen zur Verfügung. Wie Sie Ihre Daten mit dem BEx Analyzer in Microsoft Excel darstellen, erfahren Sie im nächsten Abschnitt.

Der BEx Analyzer

Der *Business Explorer Analyzer* (BEx Analyzer) ist, neben dem BEx Query Designer, die älteste der BEx-Komponenten. Aufgrund der Vorteile der Präsentation der Daten in Microsoft Excel ist der BEx Analyzer sehr verbreitet. Er ist besonders für Controller nützlich, die viel mit Microsoft Excel arbeiten. Vorteil ist, dass Excel- und BW-Funktionen zusammen genutzt werden können.

Mit dem BEx Analyzer können Sie Ihre Queries, die Sie, wie im vorangegangenen Abschnitt beschrieben, angelegt haben, in Excel-Arbeitsmappen einbinden. Sie haben darüber hinaus die Möglichkeit, diese um BW-Informationen, wie Textelemente oder statische Filter, zu ergänzen und in die Arbeitsmappe einzufügen. Sie können auch zusätzliche Dropdown-Boxen zur Auswahl eines Merkmalswertes sowie zur weiteren Filterung und Navigation einfügen. Zudem ist es möglich, Schaltflächen einzufügen, mit denen z. B. Selektionen aktualisiert werden können.

Der integrierte Design-Modus bietet zahlreiche Optionen, Arbeitsmappen zu gestalten. Der Design-Modus wird in der Excel-Umgebung geöffnet, und so kann u. a. die Oberfläche des Berichts angepasst werden. Auf diese Weise ist es möglich, denselben Bericht für verschiedene Auswertungen zu nutzen, mit jeweils für den Benutzer nach Bedarf angepasster Oberfläche.

Der BEx Web Application Designer

Mit dem *BEx Web Application Designer* ist es möglich, eigene Anwendungen zu entwickeln und diese dann im SAP NetWeaver Portal zu veröffentlichen. Außerdem können Sie diese Anwendungen direkt im Browser ausführen, ohne dass eine Portalumgebung zuvor im Browser gestartet worden ist. Allerdings muss dazu BI Java installiert sein.

Zudem können Sie BW Queries in Form von Web Templates in SAP NetWeaver Portal integrieren. Damit können verschiedene Inhalte aus Internet und Intranet an einem Punkt zusammengefasst werden. Diese Integration ermöglicht eine kompaktere Zusammenarbeit verschiedener Systeme, auch über die Grenzen des BI-Systems hinweg.

Die Integration in SAP NetWeaver Portal basiert auf dem Berechtigungs- und Rollenkonzept, sodass Sie die für Ihre Rolle zugelassenen Berichte und Inhalte sehen und in diesen navigieren können.

Um den BEx Web Application Designer zu nutzen, müssen Sie ihn, wie alle BEx-Komponenten, lokal starten.

Anschließend ist es möglich, eine vorhandene BW Query als Grundlage Ihres Webberichts zu nutzen. Die BW Query müssen Sie einem sogenannten *Tabellenobjekt*, das zu den auswählbaren Standardobjekten des BEx Web Application Designers gehört, als DataProvider zuordnen. Eine BW Query wird also als Datenquelle (DataProvider) im Template bereitgestellt. Dieser DataProvider kann dann einem oder mehreren Objekten, wie dem Tabellenobjekt, zugeordnet werden. Das Ergebnis der BW Query wird dann je nach Objekt in einer Tabelle oder in Grafikform angezeigt. Wenn Sie Ihre BW Query aufrufen, wird dann das Query-Ergebnis im Browser dargestellt.

Der BEx Web Application Designer (siehe Abbildung 10.13) ist in drei große Bereiche aufgeteilt.

- **Modellierungsbereich (rechts)**
  In diesen Bereich werden die einzelnen Web Items, die zur Gliederung der Seite dienen, per Drag & Drop hineingezogen und ihr Standort festgelegt, sodass Sie eine Vorstellung von Ihrem Endergebnis gewinnen. Sie

können das geöffnete Template in drei Sichten betrachten: Die Standardsicht ist die Layout-Sicht, wie in Abbildung 10.13 zu sehen ist. Außerdem gibt es eine Sicht für den Quellcode, der auf der Registerkarte HTML dargestellt ist. Hier können Sie im HTML-Code Anpassungen vornehmen. Darüber hinaus finden Sie eine Übersicht über die verwendeten Web Items. Die einzelnen Elemente werden mit ihren Eigenschaften der zugrunde liegenden BW Query zugeordnet.

- **Web-Item-Vorrat (links oben)**
  In diesem Bereich stehen Ihnen eine Liste der möglichen Elemente zum Einbinden in die Applikation und deren Eigenschaften zur Verfügung.

- **Eigenschaftsfenster (links unten)**
  In diesem Bereich können die Eigenschaften der einzelnen Web Items und die allgemeinen Eigenschaften des Berichts festgelegt werden.

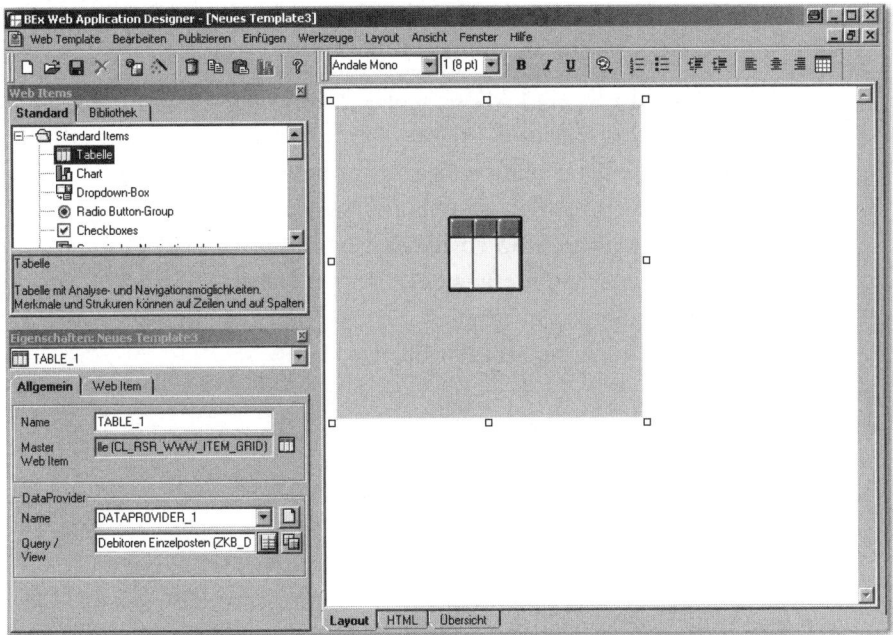

Abbildung 10.13 BEx Web Application Designer

Sie können u. a. folgende Elemente per Drag & Drop in das Web Template einfügen:

- Analysetabelle (in den Eigenschaften des Web Items wird die BW Query hinterlegt, um die Daten in einer Tabelle anzuzeigen)
- Navigationsbereich (für die Navigation in der Tabelle)

- Kontextmenü (für die Funktionen, die sonst über die rechte Maustaste zugänglich sind). Hier können Sie ein eigenes Kontextmenü definieren. Das Kontextmenü verfügt über Funktionalitäten wie Filter, Veränderung des Aufrisses etc.
- Charts, wie z. B. ein Balkendiagramm

Eine große Stärke des webbasierten Reportings ist die Möglichkeit, viel Einfluss auf das Design nehmen zu können. Hier gibt es zwei zentrale Elemente:

- die Möglichkeit, aus dem MIME Repository Objekte einzubinden
- die Nutzung von Cascading Stylesheets (CSS-Dateien)

MIME-Objekte (*Multipurpose Internet Mail Extensions*) sind Objekte, die in HTML-Seiten eingebunden sind. Der MIME-Typ definiert dabei, wie das Objekt im Browser dargestellt werden soll. Den entsprechenden Eintrag im Web Application Designer finden Sie unter EINFÜGEN • BILD. MIME-Objekte werden im SAP NetWeaver Application Server gespeichert.

Cascading Stylesheets sind MIME-Objekte vom Typ Text. Sie werden verwendet, um Schriften und andere Layout-Einstellungen innerhalb der HTML-Seiten an einer Stelle einfach zu formatieren. Zur Eingabe des Stylesheets gelangen Sie über den Menüpunkt BEARBEITEN • ELEMENT<HEAD>BEARBEITEN. Ist dort kein Eintrag vorhanden, wird das im SAP-System vorhandene Standard-Stylesheet verwendet. Es ist möglich, Stylesheets global pro Template zu definieren, Sie können die CSS-Informationen aber auch direkt im HTML-Code des Templates eingeben.

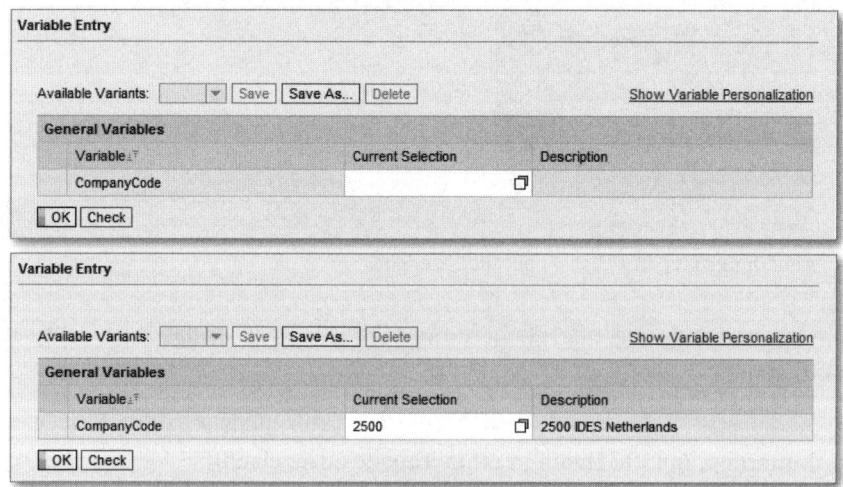

Abbildung 10.14 Webbericht – Variablenfenster

Wenn ein fertiger Webbericht ausgeführt wird, erscheint zuerst das Selektionsbild zur Variableneingabe, wie Sie in Abbildung 10.14 sehen.

Nach der Eingabe von Werten bestätigen Sie diese mit OK; danach wird das Ergebnis des Berichts angezeigt. Dies könnte so aussehen wie in Abbildung 10.15.

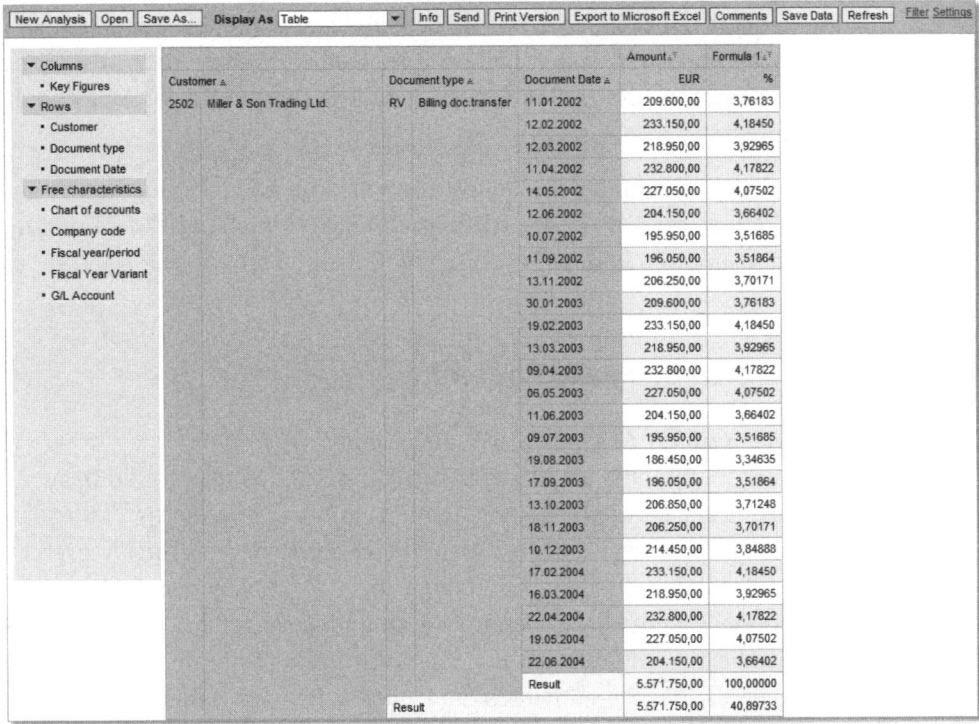

Abbildung 10.15 Webbericht anzeigen

BEx Report Designer

Der *BEx Report Designer* verwendet ebenso wie die anderen BEx-Komponenten BW Queries als Datenquelle. Die Präsentation erfolgt über einen Webbrowser. Haupteinsatzzweck des BEx Report Designers ist das formatierte Reporting. Mit dem BEx Report Designer erstellte Berichte können in BEx Web Applications integriert werden. Hierzu stellt der BEx Web Application Designer ein entsprechendes Web Item, d. h eine Art Platzhalter für den Bericht, zur Verfügung. Für die Druckausgabe wird über den Adobe-Server eine PDF-Datei generiert.

Auch der BEx Report Designer muss als SAP-Frontend-Komponente auf Ihrem PC installiert werden. Dieses Werkzeug können Sie, wie auch die anderen BEx-Tools, aus dem Programmmenü Ihres PCs starten.

Sie haben viele Möglichkeiten zur Formatierung Ihres Berichts, die Spalten und Zeilen des Berichts können individuell gestaltet werden, Sie können z.B. festlegen, ob die Schrift fett erscheinen soll. Sie können die einzelnen Zellen des Berichts bearbeiten, indem Sie Zelleninhalte verketten, Hintergrundfarben, auch einzelner Zeilen, ändern oder Default-Werte setzen. Es können Abstandsspalten und -zeilen eingefügt und Berichtstitel o. Ä. eingebunden werden.

Im nächsten Abschnitt geben wir Ihnen eine kurze Einführung in den Business Content der SAP, der vordefinierte Inhalte umfasst, die Sie direkt nutzen oder anpassen können.

10.2 SAP Business Content

Der *SAP Business Content* in BW bietet von SAP vorgefertigte Objekte für verschiedene Module, unter anderem für das SAP-Finanzwesen (FI), an. Mit dem SAP Business Content ist die Implementierung vorgefertigter Standardgeschäftsprozesse in wenigen Schritten von der Datenbereitstellungsschicht bis ins Reporting erledigt. Sie können die Objekte aus dem SAP Business Content übernehmen, aktivieren, ändern und anschließend nutzen. Es handelt sich bei diesen Objekten u.a. um vorgefertigte InfoCubes, DataSources, BW Queries, die Sie aktivieren und nutzen können, ohne dass Sie diese Objekte selbst definieren müssten. Somit kann ein BW sehr schnell für erste Auswertungen genutzt werden.

Die Sicht, in der der Business Content bearbeitet werden kann, sehen Sie in Abbildung 10.16. Diese Sicht erreichen Sie über die Transaktion RSA1 (Data Warehousing Workbench), im linken Auswahlmenü können Sie dann den Punkt BI CONTENT anklicken. Anschließend können Sie die einzelnen Objekte auswählen, die Sie übernehmen möchten. Diese Objekte können zusammen mit selbst definierten Objekten verwendet werden.

Werfen wir einen Blick auf einen InfoCube des Contents. In Abbildung 10.17 sehen Sie den Inhalt des InfoCubes für die Debitoren-Einzelposten (FIAR: EINZELPOSTEN). Der InfoCube kann so übernommen werden, wie er ist, Sie können ihn aber auch an Ihre individuellen Wünsche anpassen, bevor Sie ihn aktivieren.

SAP Business Content | **10.2**

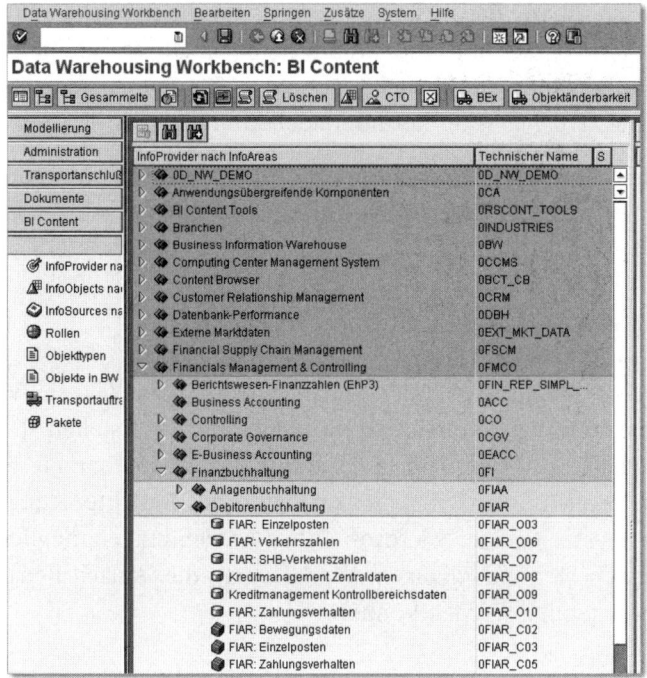

Abbildung 10.16 Business Content

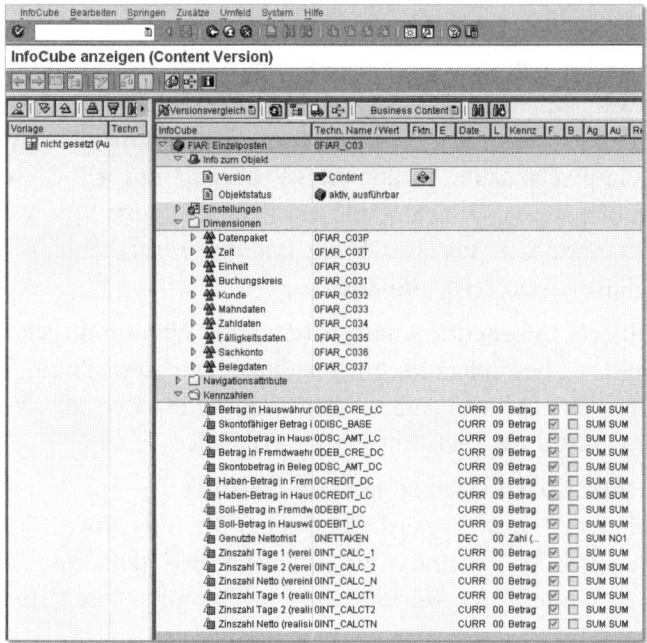

Abbildung 10.17 InfoCube »Debitoren-Einzelposten«

471

Eine detaillierte Beschreibung des Business Contents für die Bereiche neues Hauptbuch, Debitorenbuchhaltung und Kreditorenbuchhaltung finden Sie im Zusatzkapitel dieses Buches, das Sie auf der Verlagswebsite unter *https://ssl.galileo-press.de/bonus-seite/* herunterladen können.

Im nächsten Abschnitt stellen wir Ihnen nun die Möglichkeiten der neuen Reporting-Tools der SAP, SAP BusinessObjects, vor.

10.3 SAP BusinessObjects

SAP BusinessObjects ermöglicht es Ihnen ebenso wie SAP NetWeaver BW, Berichte und Analysen auf Basis mehrerer Datenquellen zu erstellen. Die Besonderheit von BusinessObjects liegt in der optimalen Darstellbarkeit der Daten und den ausgezeichneten Druckmöglichkeiten der Berichte. Außerdem ist ein Export in verschiedene Microsoft-Office-Anwendungen möglich. SAP BusinessObjects besteht aus diversen Werkzeugen, die je nach Bedarf auch in Kombination genutzt werden können.

10.3.1 Überblick über SAP BusinessObjects

Das Portfolio von SAP BusinessObjects umfasst u. a. folgende Software:

- **SAP Crystal Reports**
  Mit Crystal Reports können Sie interaktive Berichte entwerfen und formatieren. Die Software zeichnet sich durch zahlreiche Möglichkeiten aus, Tabellen und Grafiken der Berichte zu formatieren und zu drucken: Auf diese Weise ist ein pixelgenaues, formatiertes Reporting möglich. Crystal Reports soll den BEx Report Designer ablösen. Crystal Reports kann eine BW Query direkt, ohne SAP BusinessObjects Enterprise-Installation (den Server von SAP BusinessObjects), anbinden.

- **SAP BusinessObjects Interactive Analysis (ehemals Web Intelligence)**
  Interactive Analysis ist besonders leicht zu bedienen und deshalb gut für Ad-hoc-Abfragen von Fachanwendern geeignet. Interactive Analysis benötigt eine SAP BusinessObjects Enterprise-Installation.

- **SAP BusinessObjects Dashboards (ehemals Xcelsius)**
  Sie können komplexe Daten visualisieren, indem Sie interaktive Dashboards erstellen. Auch SAP BusinessObjects Dashboards kann eine BW Query direkt, also ohne SAP BusinessObjects Enterprise-Installation, anbinden.

- **SAP BusinessObjects Explorer**
  Mit dem SAP BusinessObjects Explorer können Sie mit einer Google-ähnlichen Suchfunktion Datenbestände durchsuchen. Er dient somit zum Ad-hoc-Reporting mit Stichwortsuche.

- **SAP BusinessObjects Analysis**
  Dieses Werkzeug ermöglicht es Ihnen, Daten nach unterschiedlichen Kriterien zu filtern und zu analysieren. Das Werkzeug ist als Nachfolger des BEx Analyzers konzipiert. Es ist in zwei Versionen verfügbar: als Microsoft-Office-Edition und als Webedition.

Im folgenden Abschnitt erhalten Sie eine Übersicht über die Funktionalitäten der Werkzeuge SAP Crystal Reports und SAP BusinessObjects Dashboards.

10.3.2 SAP Crystal Reports 2008

Crystal Reports ist eine sehr flexible und leistungsstarke Reportinglösungen. Mit Crystal Reports können Sie pixelgenaue Berichte erstellen und anschließend anderen Anwendern zur Verfügung stellen. Meistens werden in Crystal Reports Berichte erstellt, die zwar hohe Anforderungen an die Gestaltung stellen (z. B. Berichte für die Management- und Vorstandsebene), aber deren interaktive Möglichkeiten für den Benutzer begrenzt sind. Demzufolge zielen die Funktionalitäten von Crystal Reports vor allem auf eine komfortable Berichtsformatierung ab. Zu diesem Zweck verfügt die Arbeitsoberfläche über einen WYSIWYG-Editor (What you see is what you get), den Sie in Abbildung 10.18 sehen.

Sie können u. a. auf Musterberichte zugreifen, die Sie anschließend individuell anpassen können. Crystal Reports bietet dazu den leistungsstarken Report Designer, eine flexible Anwendungsentwicklung und Möglichkeiten zur Berichtsverwaltung und -verteilung.

Sie können Crystal Reports auch verwenden, ohne über ein komplettes BusinessObjects-System zu verfügen. Es ist möglich, über einen Crystal Reports Viewer die Berichte auf jedem PC aufzurufen. Zu diesem Zweck wird das spezielle RPT-Format verwendet.

Im Anschluss zeigen wir Ihnen im Überblick, welche Möglichkeiten Sie bei der Berichtserstellung mit Crystal Reports haben.

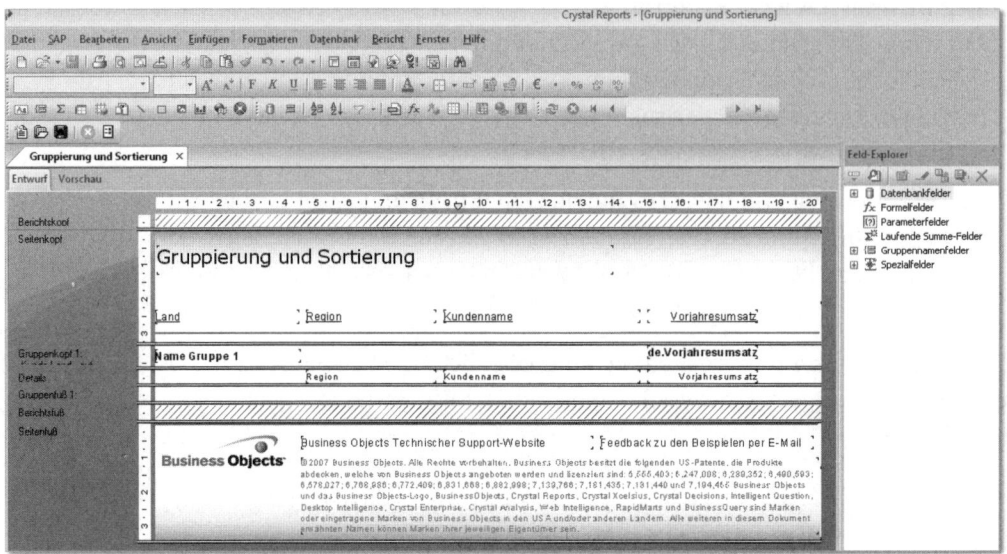

Abbildung 10.18 WYSIWYG-Editor

Möglichkeiten der Berichtserstellung

Sie haben drei Möglichkeiten, einen neuen Bericht mit Crystal Reports zu erstellen:

1. **Verwendung eines Berichtserstellungsassistenten**
   In Crystal Reports sind vier Berichtserstellungsassistenten enthalten. Jeder dieser Assistenten ist so konzipiert, dass Sie in Einzelschritten durch die Erstellung eines Berichts geführt werden. Diese Assistenten unterscheiden sich in ihren Dialogschritten, da sie individuell an Ihre Aufgabe angepasst sind. Es stehen folgende Assistenten zur Verfügung:

   - *Standard*: Dieser Standardassistent unterstützt Sie bei der Auswahl einer Datenquelle und der Verknüpfung von Datenbanktabellen. Zudem hilft er Ihnen beim Hinzufügen von gewünschten Feldern und bei der Festlegung von diversen Kriterien, wie Ergebnis- und Sortierkriterien oder auch der Gruppierung und Zusammenfassung von Daten. Die passende Formatvorlage enthält vordefinierte Layouts, die Sie für die Visualisierung des erstellten Berichts verwenden können.

   - *Kreuztabelle*: Dieser Assistent führt Sie durch die Erstellung eines Berichts, in dem die Daten als Kreuztabellenobjekt angezeigt werden. Hierzu wird auf speziellen Registerkarten die eigentliche Kreuztabelle definiert. (Eine Kreuztabelle ist ein Raster, das Werte auf der Grund-

lage der von Ihnen angegebenen Kriterien zurückgibt. Die Daten werden in kompakten Zeilen und Spalten angezeigt).

- *Adressetikett*: Dieser Assistent erstellt einen Bericht, mit dem Sie im Bericht aufgelistete Adressen auf Adressetiketten beliebiger Größe drucken können. Es können die im Handel erhältliche Etikettentypen ausgewählt werden.

- *OLAP* (Online Analytical Processing, analytische Online-Verarbeitung): Dieser Assistent erstellt einen Bericht, in dem OLAP-Daten als Rasterobjekt angezeigt werden. Hier hilft Ihnen der Assistent z. B., den Speicherort der OLAP-Daten zu hinterlegen oder die Dimension auszuwählen, in der der Bericht angezeigt werden soll. Ebenso können auch Diagramme eingefügt werden.

2. **Vorhandenen Bericht als Vorlage verwenden**
Sie können aber auch einen bereits vorhandenen Bericht als Vorlage für Ihren neuen Bericht verwenden.

Wenn Sie einen vorhandenen Bericht als Vorlage verwenden möchten, sollten Sie wie folgt vorgehen: Sie öffnen den vorhandenen Bericht und sichern diesen mit SPEICHERN UNTER als neue Datei unter neuem Namen. So haben Sie sich jetzt eine Kopie des Berichts erstellt und können diese Kopie nun nach Ihren Wünschen weiterbearbeiten.

3. **Neuerstellung**
Mit dieser Option erstellen Sie einen Bericht komplett neu. In diesem Fall haben Sie die volle Flexibilität und Kontrolle über Ihren Bericht. Eine Neuerstellung ist dann sinnvoll, wenn keiner der vorhandenen Assistenten geeignet ist, um Sie bei Ihrer Arbeit zu unterstützen. Um einen Bericht zu erstellen, wählen Sie zuerst die Berichtsquelle aus, danach die Felder, die Ihr Bericht enthalten soll. Danach treffen Sie die Entscheidungen zum Layout des Berichts. Diese Einstellungen nehmen Sie in der Anwendungsoberfläche von Crystal Reports vor.

Datenquellen und Datenbankfelder auswählen

Um Werte in Ihrem Bericht anzeigen zu können, müssen Sie zuerst die Datenquellen und Datenbankfelder festlegen, aus denen die Daten für den Bericht stammen sollen. Dieser Arbeitsschritt ist wieder mithilfe eines Assistenten, des sogenannten *Datenbankassistenten*, möglich. Der Datenbankassistent verfügt über eine integrierte Struktursicht aller Datenquellen, die Sie verwenden können. Ein Vorteil von Crystal Reports ist, dass viele unterschiedliche Datenquellen genutzt werden können, z. B. SAP NetWeaver BW und SAP ERP. Dabei kann auf InfoCubes und auf BW Queries zugegriffen werden.

Es können folgende Datenquellen ausgewählt werden:

- eine aktuell verbundene Datenquelle
- ein SQL-Befehl, der im BusinessObjects Enterprise Repository gespeichert wurde
- eine Datenquelle, die dem Ordner FAVORITEN hinzugefügt wurde
- eine Datenquelle, auf die kürzlich zugegriffen wurde
- eine vorhandene Datenquelle (z. B. eine lokale Datei oder eine sogenannte ODBC-Datenquelle)

Der Assistent hilft Ihnen auch bei der Verknüpfung mehrerer Datenquellen. Insbesondere ist hier zu bemerken, dass BEx Queries problemlos als Datenbasis genutzt werden können. Außerdem können sämtliche in der BW Query enthaltenen Objekte genutzt werden – z.B. berechnete Kennzahlen oder auch Strukturen.

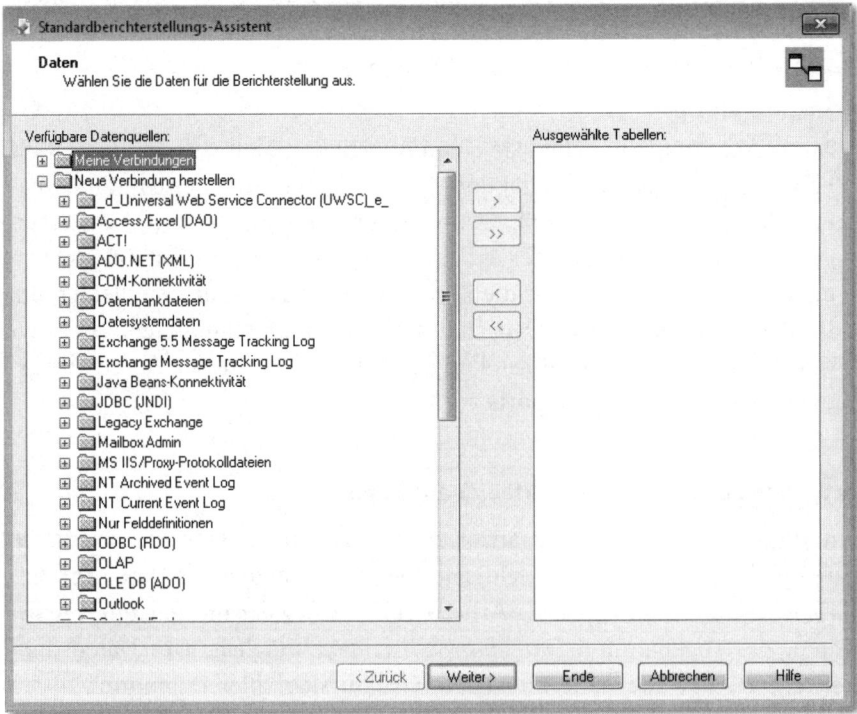

Abbildung 10.19 Datenverbindung CR

Falls Sie auf SAP ERP-Datenquellen zugreifen möchten, muss in SAP ERP durch einen Administrator ein SAP Integration Kit eingespielt werden, um dies zu ermöglichen. Darüber hinaus ist es auch möglich, verschiedene SAP-Datenquellen innerhalb von Crystal Reports zu verknüpfen oder diese als Unterberichte oder in einer Hierarchiedarstellung, z.B. einer Kostenartenhierarchie, die in der BW Query definiert wurde, zu kombinieren.

Im Zusammenspiel mit SAP ERP bietet Crystal Reports die Möglichkeit, auf InfoSets und BW Queries zuzugreifen. Ein Vorteil ist hier der mögliche Direktzugriff: Die Daten können dann aus Crystal Reports wieder als Datenquelle an andere Werkzeuge weitergereicht werden – etwa über die Live-Office-Schnittstelle an SAP BusinessObjects Dashboards.

Um einen Bericht erstellen zu können, müssen Sie zuvor eine Datenquelle ausgewählt haben (siehe Abbildung 10.19). Wie ein Bericht erstellt wird, erfahren Sie im nächsten Abschnitt.

Einen Bericht erstellen

Im *Report Designer* wird der Bericht erstellt, d.h., es wird festgelegt, wie der Bericht später einmal aussehen wird und welche Daten er enthalten soll. In der Vorschau könnte Ihr Bericht z.B. aussehen wie in Abbildung 10.20.

Im Report Designer stehen Ihnen verschiedene Registerkarten zur Verfügung, die wir Ihnen im Folgenden nacheinander vorstellen.

Die Registerkarte ENTWURF ist der am häufigsten verwendete Programmteil bei der Erstellung eines Berichts. Auf dieser Registerkarte führen Sie die meisten Aufgaben zur Erstellung Ihres Berichts durch, z.B. das Bestimmen und Bezeichnen der verschiedenen Berichtsteile. Die Berichtsobjekte können Sie hier nach Bedarf positionieren; Sie legen Parameter zum Sortieren, Gruppieren und Summieren fest, und Sie erfassen die Ausgangsformatierung.

An dieser Stelle werden noch keine Daten abgerufen und dargestellt, sondern das Programm erkennt das eingefügte Feld anhand eines Rahmens. So ist es möglich, Felder und andere Objekte hinzuzufügen, zu löschen, zu verschieben oder komplexe Formeln aufzubauen, ohne das Netzwerk oder Computerressourcen zu beanspruchen.

Dieser Entwurf, den Sie im Report Designer erstellt haben, entspricht sozusagen einem virtuellen Bericht. Der endgültige Bericht wird erst generiert, wenn die Daten hinzugefügt werden, also dann, wenn der Bericht ausgegeben oder gedruckt wird.

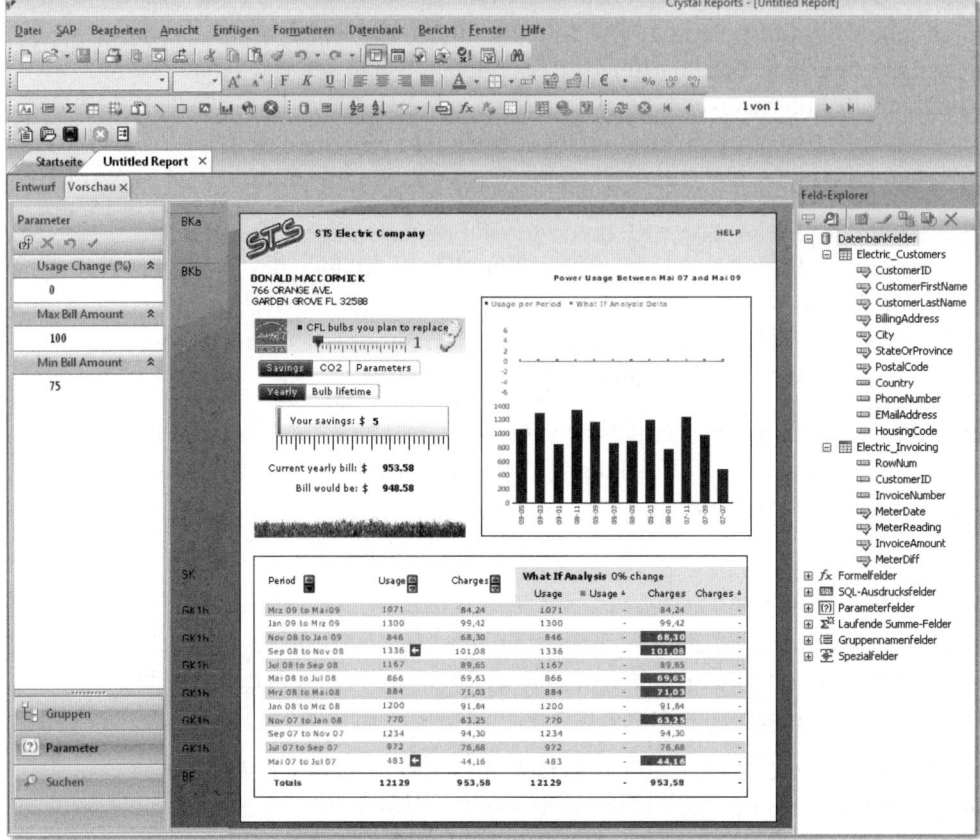

Abbildung 10.20 Vorschau auf den Bericht

Auf der Registerkarte SEITENANSICHT sehen Sie das Druckbild Ihres Berichts in einer Vorschau. Hier werden dann auch schon die Daten eingelesen, um diese im Bericht an den dafür vorgesehenen Stellen anzuzeigen. Somit können Sie Abstände und Formatierungen überprüfen und die Resultate aller Gruppenergebnisse, Formelberechnungen, Datensatz- und Gruppenauswahlen sehen. Sie haben darüber hinaus die Möglichkeit, bei Bedarf noch Änderungen vorzunehmen.

Auf der Registerkarte HTML-VORSCHAU können Sie feststellen, wie Ihr Bericht bei der Veröffentlichung im Web aussehen wird. Hierfür wird der Bericht vom System in HTML umgewandelt.

Arbeitsbereiche der Berichtserstellung anzeigen

Es gibt verschiedene Werkzeuge für die Anzeige der verschiedenen Berichte und Berichtsobjekte, die Sie im Report Designer auswählen können:

- **Feld-Explorer**
  Im Feld-Explorer werden Ihnen sämtliche Felder, die Sie in Ihrem Bericht verwenden, angezeigt. Sie können diese Felder ändern, löschen oder auch neue Felder hinzufügen.

- **Bericht-Explorer**
  Im Bericht-Explorer werden die Inhalte eines Berichts in einer Strukturansicht dargestellt. Die Struktur ist so aufgebaut, dass der oberste Knoten der Struktur dem Bericht selbst entspricht, die darauffolgenden Knoten entsprechen den einzelnen Berichtssektionen. Unter den Knoten für die Berichtssektionen hängen dann die jeweiligen Berichtsfelder und Berichtsobjekte. In dieser Sicht können vorhandene Felder und Objekte geändert oder auch gelöscht werden, es können aber keine neuen Objekte hinzugefügt werden.

- **Repository-Explorer**
  Im Repository-Explorer werden Ihnen sämtliche Objekte zur Verfügung gestellt, die Sie in Ihrem Bericht verwenden können. Sie können diese Objekte nach Ihren Wünschen anpassen.

- **Workbench**
  In der Workbench haben Sie folgende Möglichkeiten:
  - Sie können Projekte mit einem oder mehreren Berichten erstellen.
  - Sie können über die Optionen der Symbolleiste Ordner, Berichte und Objektpakete hinzufügen, entfernen und umbenennen.
  - Sie können die in den Ordnern enthaltenen Dateien neu anordnen (per Drag & Drop).
  - Sie können Berichtsdateien aus dem Windows-Explorer ziehen, um sie in der Workbench abzulegen (per Drag & Drop).

- **Abhängigkeitsprüfung**
  Wenn Sie einen Bericht oder ein Projekt in der Workbench auf Fehler überprüfen, wird die Abhängigkeitsprüfung angezeigt (siehe Abbildung 10.21). Diese Abhängigkeitsprüfung ist in der Lage, drei verschiedene Fehlertypen zu erkennen:
  - Fehler in Hyperlinks
  - Fehler in Repository-Objekten
  - Fehler bei der Formelumwandlung

  Nach Erkennen des Fehlers werden Ihnen die Beschreibung des Fehlers sowie der Speicherort der Datei, in der der Fehler aufgetreten ist, angezeigt.

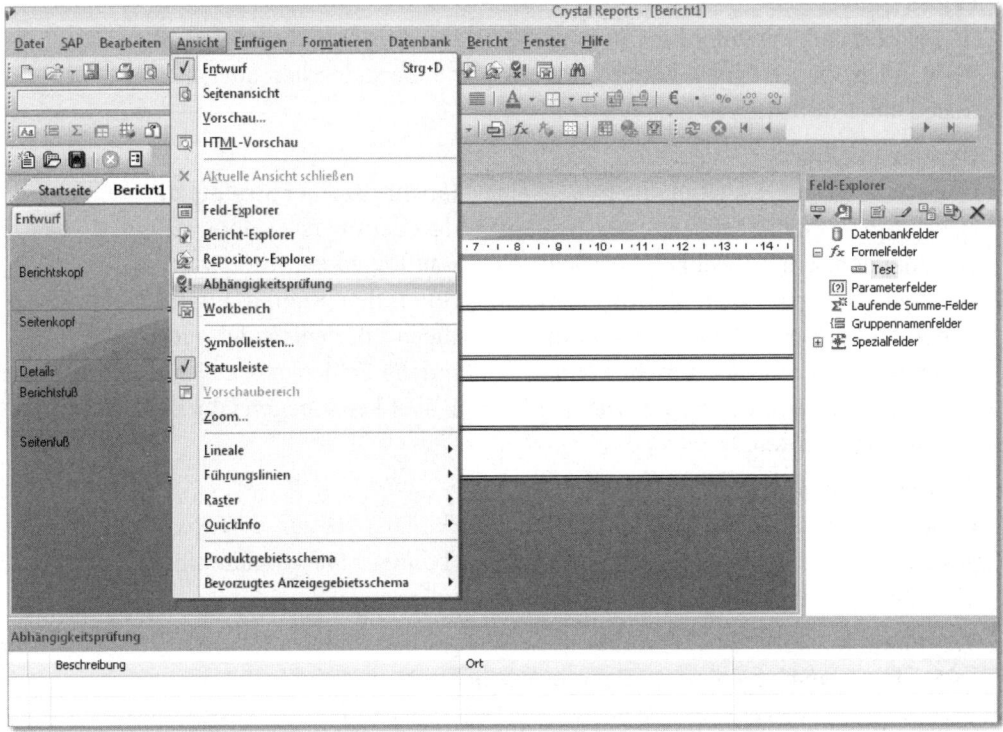

Abbildung 10.21 Abhängigkeitsprüfung

In BusinessObjects haben Sie die Möglichkeit, verschiedene vorgefertigte Objekte zu verwenden, wie Sie im Folgenden sehen werden.

Freigegebene Berichtsobjekte verwalten

Das *SAP BusinessObjects Enterprise Repository* ist eine Datenbank zur Verwaltung freigegebener Berichtsobjekte, also Berichtsobjekte, die verwendet werden können. Berichtsobjekte können z.B. Bilder sein, die in den Berichten genutzt werden – z.B. Firmenlogos o. Ä. Unter anderem werden folgende Objekttypen vom Repository unterstützt:

- Textobjekte
- Bitmapbilder
- benutzerdefinierte Funktionen
- Befehle (Abfragen)

> **Berichtsobjekte** [«]
>
> Bei der Verwendung eines freigegebenen Repositorys mit Berichtsobjekten können Sie ein Objekt ändern, und alle Berichte, in denen dieses Objekt verwendet wird, werden direkt beim Öffnen aktualisiert. Ein zentraler Speicherort für Berichtsobjekte ist bei der Verwaltung von Daten sehr hilfreich und bietet erhebliche Vorteile, da es möglich ist, die Produktivität zu erhöhen und die Kosten im Unternehmen zu senken.

Berichte erweitern

Mit den SAP BusinessObjects Enterprise-Diensten haben Sie die Möglichkeit, Ihren Bericht noch zu erweitern. Es handelt sich hierbei um Funktionen von SAP BusinessObjects Enterprise. Es ist möglich, einen Crystal Report auf diesem Server abzulegen und einige spezifische Funktionen zu nutzen:

- **Sicherheit**
  Es gibt spezialisierte Sicherheitsfunktionen auf Gruppen-, Anwender- und Datenebene. Diese Sicherheitsfunktionen gewährleisten den Schutz vertraulicher Berichte und ermöglichen es Ihnen, Ihr Arbeitsumfeld nach Ihren Vorstellungen zu gestalten.

- **Zeitgesteuerte Verarbeitung**
  Es gibt ein flexibles zeit- und ereignisbasiertes Zeitsteuerungssystem. Damit können Sie umfangreiche Berichte auch außerhalb der Geschäftszeiten verarbeiten. Zusätzlich können überflüssige Datenbankabfragen vermieden werden.

- **Clusterbildung**
  Die Bereitstellung eines Verteilungssystems mit hochverfügbaren und zuverlässigen Daten zu ermöglichen wird durch die Clusterbildung in der Datenbasis und den damit verbundenen Lastausgleich unterstützt.

- **Veröffentlichung**
  Sie können einen druckaufbereiteten Bericht an unterschiedliche Empfänger versenden.

Objekte aus verschiedenen Dokumenten verknüpfen

Um Dokumente verständlicher und informativer zu gestalten, kann es vorteilhaft sein, die Ergebnisse verschiedener Berichte gemeinsam anzuzeigen. Crystal Reports bietet Ihnen die Möglichkeit, mit OLE-Objekten zu arbeiten. OLE steht für *Object Linking and Embedding* (Verknüpfen und Einbetten von Objekten). Darunter versteht man die Möglichkeit, Verbunddokumente zu erstellen. Verbunddokumente sind Dokumente, die Elemente aus anderen Anwendungen enthalten, die mit der Originalanwendung bearbeitet werden können.

Es gibt verschiedene Typen von OLE-Objekten:

- **Statisches Objekt**
  Ein statisches Objekt ist prinzipiell nur das Bild eines echten Objekts, d.h., es kann angezeigt und gedruckt werden, es kann aber nicht bearbeitet werden. Es ist mit keiner Serveranwendung verbunden.

- **Eingebettetes Objekt**
  Das eingebettete Objekt enthält sozusagen eine Darstellung des Originalobjekts inklusive Angaben, die den Inhalt definieren können.

- **Verknüpftes Objekt**
  Dieses Objekt wird verwendet, wenn Sie die Daten in einem Serverdokument ändern und das Objekt im Containerdokument bei Änderungen aktualisiert werden soll.

Bei Verwendung der OLE-Funktionen sollten Sie einige Dinge beachten. Wenn Sie während Ihrer Arbeit auf ein *eingebettetes OLE-Objekt* doppelklicken, wird das Objekt zur Bearbeitung aktiviert. Daraufhin werden die Menüs und Symbolleisten des Report Designers mit denen der Serveranwendung des Objekts zusammengeführt. Wenn die OLE-Serveranwendung dieses Verhalten nicht unterstützt, wird das Objekt in einem separaten Fenster angezeigt. Wenn Sie dagegen auf *ein verknüpftes OLE-Objekt* doppelklicken, wird dessen Serveranwendung geöffnet. Dabei wird das Objekt angezeigt und kann direkt bearbeitet werden.

Es gibt verschiedene Möglichkeiten, ein OLE-Objekt in eine Anwendung einzufügen:

- Im Menü EINFÜGEN von Crystal Reports können Sie die Option OLE-OBJEKT verwenden, um ein vorhandenes Objekt zu importieren oder ein neues zu erstellen. Sie haben die Möglichkeit, mit dieser Methode sowohl eingebettete als auch verknüpfte Objekte in einen Bericht einzufügen.

- Im Menü BEARBEITEN von Crystal Reports nutzen Sie den Befehl INHALTE EINFÜGEN, um ein Objekt aus einer OLE-Serveranwendung zu kopieren oder auszuschneiden und in einen Bericht einzufügen.

> [zB] **Text einfügen**
>
> Wenn Sie einen Text aus einem MS Word-Dokument einfügen möchten, können Sie diesen Text als MS Word-Dokumenttext (der in Word bearbeitet werden kann) einfügen oder als Metadatei, die einfach nur ein nicht bearbeitbares Bild des Textes ist.

Sie haben darüber hinaus die Möglichkeit, diverse statische OLE-Objekttypen in einen Bericht einzufügen. Crystal Reports unterstützt folgende Bildformate:

- Windows Bitmap (BMP)
- TIFF
- JPEG
- PNG
- WMF/EMF (Windows-Metadateien)

Berichtswarnungen

Sie können Ihren Bericht auch mit Berichtswarnungen ausstatten. Berichtswarnungen sind benutzerdefinierte Meldungen, die angezeigt werden, wenn Daten im Bericht bestimmte von Ihnen definierte Bedingungen erfüllen. Zum Beispiel sollen in einer Debitorenliste die Datensätze markiert werden, deren Kontostand einen kritischen Wert erreicht. Diese Bedingungen werden mit Formeln erstellt, die die angegebenen Bedingungen auswerten. Erkennt der Bericht eine Bedingung als wahr, wird eine Warnung ausgelöst und eine Meldung angezeigt.

Formeln verwenden

Formeln können z.B. dazu genutzt werden, Berechnungen innerhalb des Berichts durchzuführen, oder auch um das Aussehen von Berichtsbestandteilen unter bestimmten von Ihnen definierten Konstellationen zu verändern. In Abbildung 10.22 sehen Sie das geeignete Werkzeug – den Formeleditor. Crystal Reports bietet Ihnen unterschiedliche Formeltypen an:

- **Berichtsformeln**
  Berichtsformeln sind Formeln, die separat in einen Bericht eingefügt werden können, z.B. eine Formel, mit der die Anzahl der Tage zwischen dem Bestelldatum und dem Versanddatum ermittelt wird.

- **Formeln für bedingte Formatierung**
  Mit den sogenannten *Formatierungsformeln* ist es möglich, das Layout und den Aufbau eines Berichts sowie das Aussehen von Text, Datenbankfeldern, Objekten oder ganzen Sektionen eines Berichts zu ändern. Sie können z.B. bestimmte Werte farbig oder anderweitig hervorheben – etwa vorher festgelegte Grenzwerte für bestimmte Posten.

- **Auswahlformeln**
Auswahlformeln sind dafür zuständig, die Datensätze und Gruppen festzulegen und einzuschränken, die in einem Bericht erscheinen sollen. Es sollen z. B. nur Datensätze mit bestimmten Wertebereichen angezeigt werden.

- **Suchformeln**
Suchformeln eignen sich dafür, in Ihrem Bericht enthaltene Daten zu finden – wenn Sie z. B. nur die Daten sehen möchten, die zu einem bestimmten Zeitpunkt gültig sind.

- **Bedingungsformeln für laufende Summen**
Mit den Bedingungsformeln können Sie die Bedingungen definieren, mit denen Sie die laufenden Summen auswerten oder zurücksetzen können – z. B. bis zu welchem Datensatz soll summiert werden, ab wann soll wieder neu mit der Summierung angefangen werden, d. h., welche Datensätze sollen summiert werden – pro Debitor, pro Kontenart o. Ä.

- **Warnformeln**
Warnformeln dienen dazu, die Bedingungen und Meldungen für Ihre Berichtswarnungen festzulegen. Bei Erscheinen bestimmter Werte soll eine Warnung ausgegeben werden.

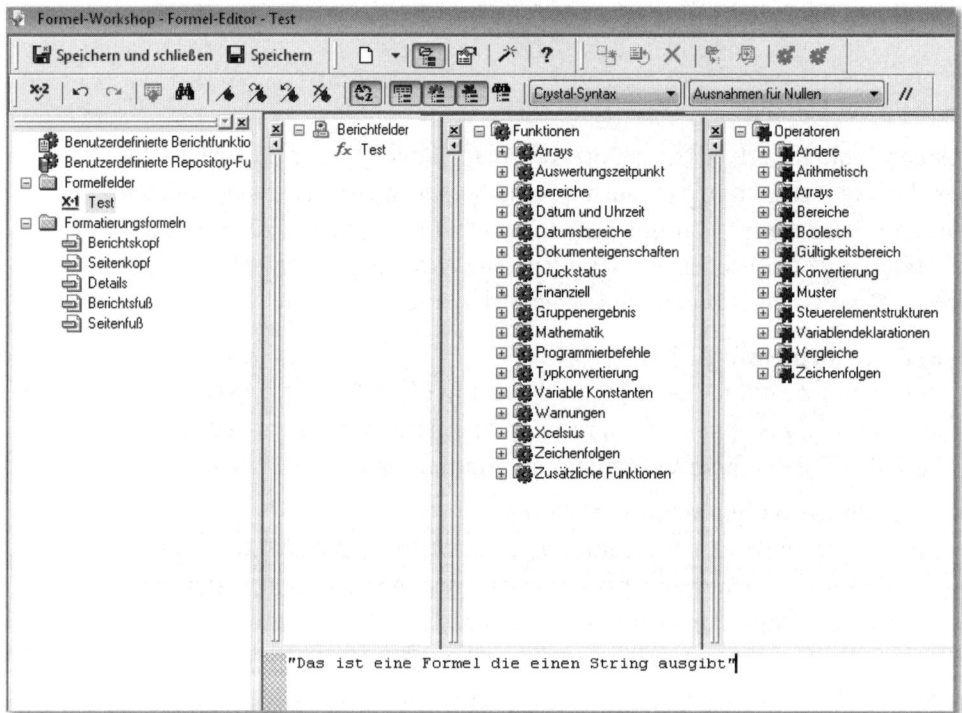

Abbildung 10.22 Formeleditor

Unterberichte anlegen

Sie haben die Möglichkeit, in Ihrem Bericht einen Unterbericht anzulegen (siehe Abbildung 10.23). Ein Unterbericht ist ein Bericht innerhalb eines Berichts. Er unterscheidet sich in folgenden Punkten von einem Hauptbericht:

- Ein Unterbericht wird als ein Objekt in einen Hauptbericht eingefügt, d. h., er ist nicht eigenständig.
- Der Unterbericht kann in jede beliebige Berichtssektion eingefügt werden und wird dann auch in dieser Sektion vollständig gedruckt.
- Ein Unterbericht kann keine anderen Unterberichte enthalten.
- Natürlich enthält der Unterbericht keine Seitenköpfe oder Seitenfüße.

Üblicherweise werden Unterberichte für die folgenden Zwecke verwendet:

1. Sie wollen Berichte, die nicht miteinander in Zusammenhang stehen, in einem Bericht kombinieren. In diesem Fall fügen Sie diese beiden Berichte als Unterberichte in einen Hauptbericht ein; im Hauptbericht vergleichen oder besprechen Sie die beiden Unterberichte.
2. Es sollen Daten koordiniert werden, die ansonsten nicht verknüpft werden können.
3. Sie wollen sich verschiedene Ansichten derselben Daten in einem Bericht anzeigen lassen.

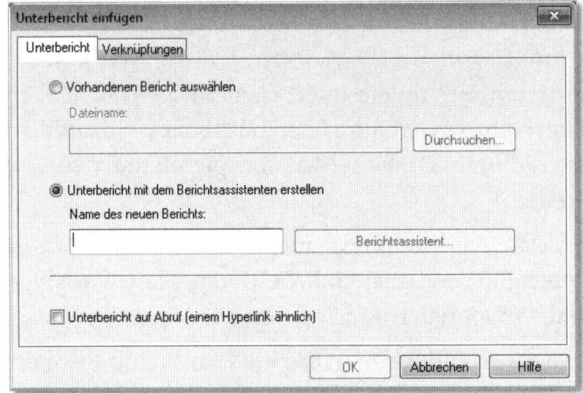

Abbildung 10.23 Unterbericht einfügen

10.3.3 SAP BusinessObjects Dashboards (Xcelsius)

Mit *SAP BusinessObjects Dashboards* (früher Xcelsius genannt) werden Dashboards entwickelt, die eine hohe visuelle Aussagekraft haben. Daten können zu Dashboards hinzugefügt oder zur Bereitstellung in verschiedenen Formaten exportiert werden. Es handelt sich hierbei um einen WYSIWYG-Editor (What you see is what you get). Dieser ermöglicht ein sehr intuitives Zusammenstellen der einzelnen Berichtsbestandteile, da Sie jederzeit das Aussehen des Ergebnisses überprüfen können. Ebenfalls ist hier ein vollständiges Excel-Arbeitsblatt enthalten. In dieses Arbeitsblatt werden die Daten importiert und während der Laufzeit in Flash generiert. Es können Daten und Formeln importiert oder direkt in das eingebettete Arbeitsblatt eingegeben und anschließend nach Bedarf modifiziert werden, ohne dass das Arbeitsblatt erneut importiert werden muss. Dies ermöglicht Ihnen eine hohe Flexibilität, da Sie die Daten aus dem System mit anderen Daten oder manuellen Berechnungen anreichern können.

SAP BusinessObjects Dashboards ist in verschiedenen Editionen verfügbar. Alle Editionen sind mit denselben grundlegenden Funktionen ausgestattet. In unserem Fall betrachten wir die Enterprise-Version.

Im Folgenden zeigen wir, welche Gestaltungsmöglichkeiten SAP BusinessObjects Dashboards Ihnen bietet.

Funktionen von SAP BusinessObjects Dashboards

SAP BusinessObjects Dashboards dient dazu, Daten verständlich darzustellen, dazu werden Ihnen diverse Funktionen zur Verfügung gestellt:

- Sie haben die Möglichkeit, in viele Formate zu exportieren, z.B. in die Dateiformate von Microsoft Excel, Word, PowerPoint oder auch Outlook. Außerdem können Sie Ihre Daten als PDF, Acrobat 9, Flash (SWF), Adobe AIR sowie HTML exportieren. Besonders interessant ist die Möglichkeit, in einer Microsoft-PowerPoint-Präsentation ein Dashboard einzubinden und innerhalb von PowerPoint im Dashboard zu navigieren und dabei auf eine Datenbank zuzugreifen.

- Es ist möglich, mit dem Datenverbindungsmanager Verbindungen zu externen Datenquellen, wie z.B. Webdiensten, XML-Daten, Flash-Variablen, Excel-XML-Zuordnungen, Webportalen und Reporting Services, zu erstellen.

- Sie können externe Datenverbindungen einrichten, u.a. zur BusinessObjects-Plattform, Live Office oder auch zu SAP Business Explorer (BEx)-Abfragen, um die enthaltenen Daten darzustellen. Dabei ist zu beachten, dass ein Dashboard, das eine eingebettete BW-Query-Verbindung beinhaltet, lediglich im Portal angezeigt werden kann.

- Es werden Ihnen zahlreiche Komponenten zur Verfügung gestellt, wie Diagramme, Karten, Texte, Schaltflächen, Kalender, URL-Schaltflächen und vieles mehr.

Die Modelle sind mit dem SWF-Dateiformat kompatibel. SWF (Shockwave Flash) ist das vektorbasierte Grafikformat, das für die Ausführung im Adobe Flash Player entwickelt wurde. Aufgrund des vektorbasierten Formats sind die Grafiken skalierbar und werden unabhängig von der Plattform und der Bildschirmgröße optimal wiedergegeben. Außerdem sind vektorbasierte Dateien in der Regel kleiner als andere Animationen.

Mit dem Arbeitsbereich ein Modell erstellen

Im Arbeitsbereich wird die Darstellung des Berichts definiert. Der Arbeitsbereich enthält einen Grafikbereich, ein eingebettetes Arbeitsblatt, Komponenten- und Objektlisten, ein Eigenschaftsfenster, eine Menüleiste und mehrere Symbolleisten. Diese Elemente können Sie je nach Bedarf ein- und ausblenden.

Die Symbolleiste STANDARD enthält Schaltflächen zum Durchführen allgemeiner Aufgaben, die Symbolleiste THEMEN bietet Schaltflächen zum Arbeiten mit Themen. Auf der Symbolleiste EXPORTIEREN sind Schaltflächen zum Exportieren des Modells zusammengefasst, und die Symbolleiste FORMATIEREN enthält Schaltflächen zum Anpassen der Objekte im Grafikbereich.

Ein Modell beinhaltet die Definition des Dashboards, und die Komponentenliste enthält sämtliche verfügbaren Komponenten, die zu einem Modell hinzugefügt werden können. Es gibt unterschiedliche Anzeigemöglichkeiten für die Komponentenliste, die noch in einzelne Kategorien unterteilt wird (siehe Tabelle 10.2). In Abbildung 10.24 sehen Sie den Dashboard Designer.

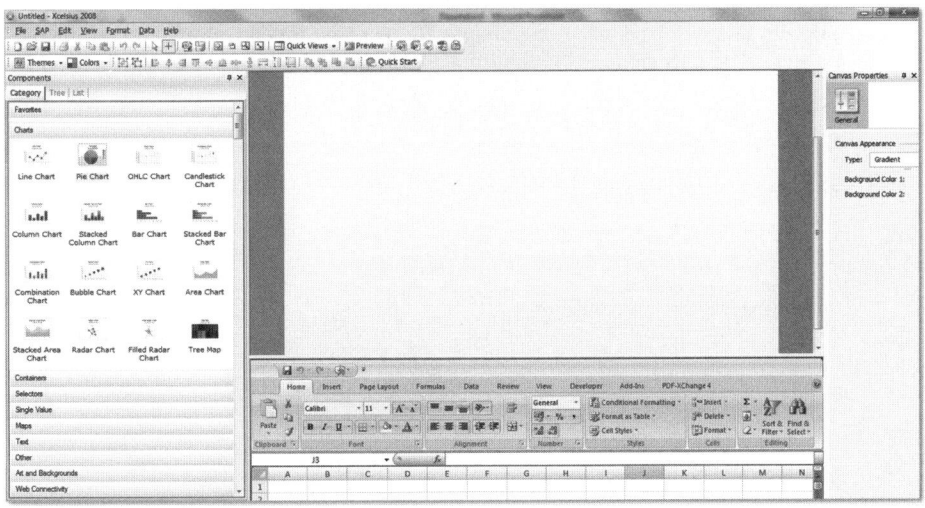

Abbildung 10.24 Dashboard Designer

Kategorie	Komponentenbereiche
Favoriten	Eine Liste der Komponenten, die Sie zu dieser Liste hinzugefügt haben.
Diagramme	Mit Diagrammkomponenten können Sie grafische Darstellungen von Daten erstellen, um den Anwendern die Betrachtung von Vergleichen, Mustern und Trends zu erleichtern.
Container	In Containerkomponenten werden andere Komponenten gruppiert und angezeigt.
Auswahlelemente	Mithilfe von Auswahlkomponenten können Anwender beim Ausführen von Modellen Optionen auswählen. Sie ermöglichen es, interaktive, dynamische Modelle zu erstellen. Diese Auswahlelemente dienen dazu, Daten zu selektieren, die dann z.B. für Filterungen verwendet werden: Hier können Sie z.B. eine Dropdown-Liste auswählen, die alle Standorte enthält.
Einzelwert	Einzelwertkomponenten können mit einer Einzelzelle in einem Arbeitsblatt verknüpft werden und erlauben es den Anwendern, entweder den Wert in der Zelle zu ändern oder sich das Produkt einer Formel aus dieser Zelle anzeigen zu lassen. Eine gerne verwendete Einzelwertkomponente ist in diesem Zusammenhang der Tacho, siehe Abbildung 10.25.
Karten	Kartenkomponenten enthalten geografische Abbildungen, anhand derer Daten nach Regionen angezeigt werden können.
Text	Mit Textkomponenten können Sie Beschriftungen in das Modell einfügen, oder die Anwender können beim Ausführen des Modells Text eingeben.
Weitere Elemente	Diese Kategorie enthält verschiedene Komponenten zur Optimierung des Modells, wie z.B. Kalender, Trendsymbole, Fenstergruppierungen und Schaltflächen.
Grafiken und Hintergrund	Mit dieser Komponente können Sie Modelle optimieren, indem Sie Bilder und Hintergründe hinzufügen.
Web-Konnektivitäten	Über Internetkonnektivitätskomponenten können Sie Ihre Modelle mit dem Internet verknüpfen.

Tabelle 10.2 Kategorien für SAP BusinessObjects Dashboards (Quelle: SAP)

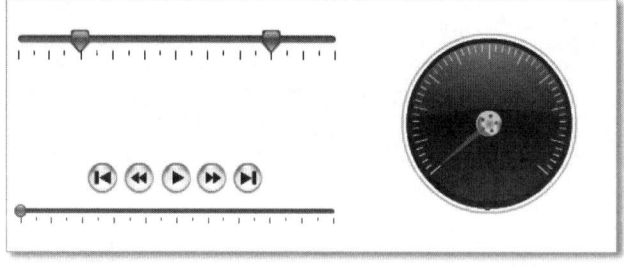

Abbildung 10.25 Einzelwertkomponente »Tacho«

Einstellungen im Eigenschaftsfenster

Das Eigenschaftsfenster enthält die Einstellungs- und Formatoptionen der ausgewählten Komponente. Die hier verfügbaren Optionen beziehen sich aber immer nur auf die ausgewählte Komponente. Im Eigenschaftsfenster können verschiedene Ansichten dargestellt werden.

- In der Ansicht ALLGEMEIN legen Sie die grundlegende Konfiguration der Komponenten fest, wie z. B. Titel, Beschriftungen und den Speicherort der Quell- und Zieldaten.
- Es gibt Diagramme, für die die Ansicht DRILLDOWN zur Verfügung steht. Über das DRILLDOWN-Menü können Sie Diagramme als Auswahlelemente konfigurieren, sodass durch Klicken auf ein Diagrammelement detailliertere Informationen in das eingebettete Arbeitsblatt eingefügt werden, damit es von einer anderen Komponente zum Erstellen von Drilldown-Verhalten verwendet werden kann.
- In der Ansicht VERHALTEN wird das Verhalten der Komponenten innerhalb des Modells festgelegt. Zum Beispiel können Sie Grenzwerte und die Interaktivität bestimmen.
- In der Ansicht AUSSEHEN kann das Aussehen der Komponenten bearbeitet werden, Sie können z. B. die Schriftgröße, die Titelpositionierung, Legenden, Farben etc. festlegen.
- In der Ansicht WARNMELDUNGEN können Sie Meldungen bezüglich der Daten konfigurieren. Sie können die Warnmeldungen aktivieren sowie die Anzahl der Farben und die Zielgrenzwerte festlegen. Hier können Sie eine sogenannte Ampel-Funktion nutzen, sodass z. B. kritische Werte rot angezeigt werden.

> **Arbeiten im Grafikbereich** [«]
>
> Wenn Sie im Grafikbereich mehrere Komponenten auswählen, können Sie die Eigenschaften dieser Komponenten gleichzeitig bearbeiten.

Diagrammkomponenten

In Diagrammen können Daten grafisch dargestellt werden, um den Nutzern des Berichts das Erfassen von Vergleichen, Mustern und Trends zu erleichtern. Mit SAP BusinessObjects Dashboards können Sie folgende Arten von Diagrammen erstellen (siehe auch Abbildung 10.26):

- Flächendiagramme
- Balkendiagramme und Säulendiagramme

- Kombinationsdiagramme
- Kreisdiagramme
- Netzdiagramme und gefüllte Netzdiagramme
- XY-Diagramme

Zu den Diagrammen können jederzeit die passenden Legenden und Beschriftungen erstellt werden. Ebenso ist es möglich, Warnmeldungen zu hinterlegen.

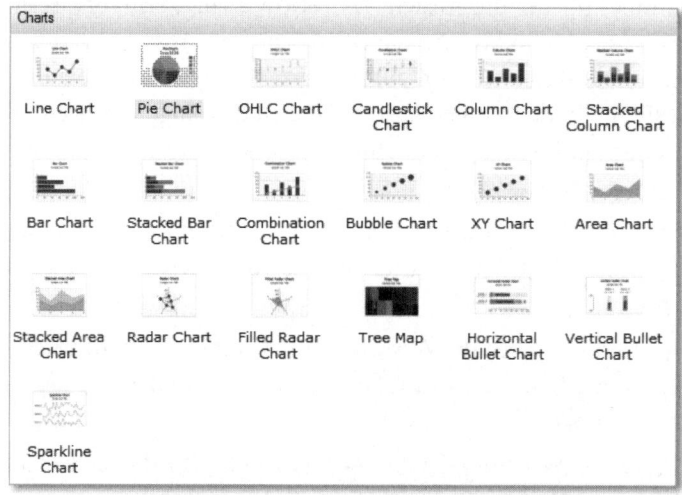

Abbildung 10.26 Diagramme (Charts)

Containerkomponenten

In Containern werden verschiedene Komponenten gruppiert und angezeigt. Containerkomponenten können ineinander verschachtelt werden, um Modelle mit mehreren Ebenen zu erstellen. Es ist aber Vorsicht geboten, damit die Leistung des Modells nicht sinkt. Verwenden Sie möglichst nur eine Verschachtelungsebene, d.h., bei der Verzweigung von einem Datensatz in die Details dieses Datensatzes sollten Sie dann keine weitere Verzweigungsebene mehr vorsehen. Die untergeordneten Container enthalten dabei keine Containerkomponenten. Folgende Containerkomponenten stehen in SAP BusinessObjects Dashboards zur Verfügung:

- **Grafikbereich-Container**
  Der Grafikbereich-Container ist ausschließlich im Hintergrund tätig. Sie können diesen Container nur im Entwurfsmodus sehen, bei der späteren Anwendung ist er nicht mehr sichtbar. Die Komponente Grafikbereich-

Container ähnelt der Komponente Fenster-Container, sie verfügt jedoch über keinerlei Grafiken wie z.B. Hintergrund, Rahmen, Titelbalken etc.

- **Fenster-Container**
  Eine Fenster-Container-Komponente kann eine oder auch mehrere Komponenten enthalten, sie ist ein kleiner Grafikbereich innerhalb des Hauptgrafikbereichs. Die Komponenten im Fenster-Container können verschoben, hinzugefügt, geändert oder gelöscht werden. Um sich die Objektliste in einem Fenster-Container anzeigen zu lassen, klicken Sie in der OBJEKTLISTE auf das Plussymbol neben dem Namen des Fenster-Containers.

- **Registerkartensatz**
  Die Registerkartensatz-Komponente ist ebenfalls ein kleiner Grafikbereich innerhalb des Hauptgrafikbereichs und enthält mehrere Registerkartenansichten. Jede dieser Registerkartenansichten kann eine oder mehrere Komponenten enthalten, die mit verschiedenen Datensätzen verknüpft werden können. Zum Öffnen einer der Ansichten klicken Sie auf die entsprechende Registerkarte. Bei der Konfiguration der Registerkartensatz-Komponente können Sie die Anzahl der Registerkartenansichten erhöhen oder verringern, indem Sie die Registerkartensatz-Komponente auswählen und dann über der Registerreihe auf das Plus- bzw. Minussymbol klicken. Beim Ausführen des Modells sind das Plus- und das Minussymbol nicht zu sehen.

Auswahlelementkomponenten

Auswahlelementkomponenten ermöglichen Ihnen die Auswahl eines Elements aus einer Menge oder aus einer Liste. Zeile, Position, Wert, Beschriftung etc. des ausgewählten Elements können dann in eine andere Zeile oder Zelle im eingebetteten Arbeitsblatt eingefügt werden. Diese Informationen können von anderen Komponenten zur Ausführung bestimmter Vorgänge abgerufen werden. Es stehen folgende Auswahlelementkomponenten zur Verfügung (siehe auch Abbildung 10.27):

- Kategoriemenü
- Kontrollkästchen
- Kombinationsfeld
- Filter
- Fischaugenbildmenü
- Symbol

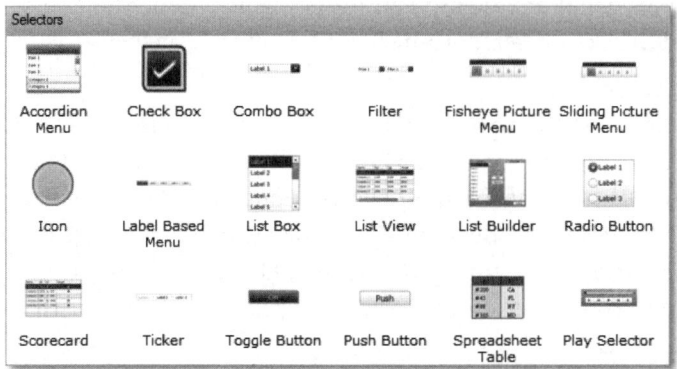

Abbildung 10.27 Auswahlelementkomponenten

[»] **Fischaugenbildmenü**

Ein Fischaugenbildmenü ist ein Menü, dessen Einträge aus Bildern oder Symbolen bestehen. Wenn sich der Mauszeiger über einem Menüeintrag befindet, wird dieser vergrößert. Je näher sich der Mauszeiger an der Mitte des Eintrags befindet, desto stärker ist die Vergrößerung. Dies führt zu einem Effekt, der einem Fischaugenobjektiv ähnelt.

Einzelwertkomponenten

Einzelwertkomponenten (siehe Abbildung 10.28) dienen dazu, mit Modellen zu interagieren. Einzelwert bedeutet in diesem Fall, dass die Komponente oder die einzelnen Markierungspunkte mit einer einzelnen Zelle im Arbeitsblatt verknüpft werden können. Zur Laufzeit können sich die Nutzer des Berichts die Ausgabe der einzelnen Komponenten oder Markierungspunkte anzeigen lassen oder einen Markierungspunkt anpassen, um den Wert in der zugeordneten Zelle zu ändern.

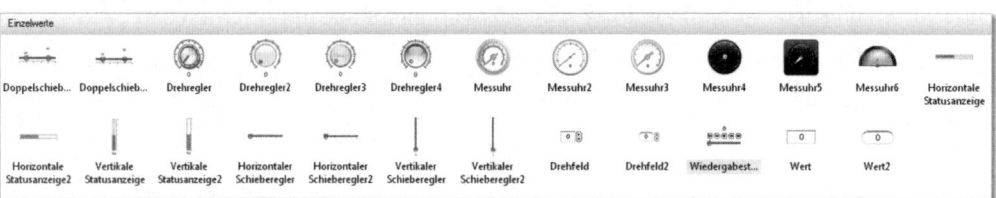

Abbildung 10.28 Einzelwertkomponenten

Einzelwertkomponenten sind sowohl Ein- als auch Ausgabekomponenten, d.h., Sie können jede Komponente zur Eingabe oder Ausgabe im Modell verwenden. Das entscheidende Kriterium dafür, ob eine Einzelwertkomponente eine Eingabekomponente (mit der ein Wert geändert werden kann) oder eine Ausgabekomponente ist, ist die Zelle, mit der sie verknüpft ist. Wenn die verknüpfte Zelle eine Formel enthält, wird die Komponente als Ausgabekomponente behandelt. Wenn die Zelle keine Formel enthält, wird die Komponente als Eingabekomponente behandelt.

Es stehen u. a. folgende Einzelwertkomponenten zur Verfügung:

- Drehregler
- Schieberegler und Doppelschieberegler
- Wiedergabesteuerung

Kartenkomponenten

Mithilfe einer Kartenkomponente können Sie Modelle mit geografischen Darstellungen erstellen, die Daten nach Regionen anzeigen. Kartenkomponenten verfügen über zwei Hauptmerkmale:

- Sie zeigen Daten für jede Region an.
- Jede Region kann außerdem als Auswahlelement fungieren.

Durch Kombination dieser beiden Funktionen können Sie ein Modell erstellen, in dem die Daten einer Region angezeigt werden, wenn Sie mit der Maus daraufzeigen. Zusätzlich kann dabei eine Datenzeile mit weiteren Informationen eingefügt werden. Diese Datenzeile wird dann von anderen Komponenten, wie z.B. einer Diagramm- oder Wertkomponente, angezeigt. Die Zuordnung erfolgt zwischen den Daten und den Regionen in der Landkarte über Länderschlüssel. Für jede Region in der Karte gibt es einen Standardregionsschlüssel, und Sie können Ihre eigenen Regionsschlüssel eingeben. Wird eine Region in der Karte ausgewählt, sucht die Komponente entweder die erste Spalte oder die erste Zeile des Schlüssels dieses Bereichs. Die Daten, die in der dem Schlüssel entsprechenden Zeile oder Spalte enthalten sind, werden dann der Region zugeordnet.

Weitere Elemente

In dieser Kategorie stehen verschiedene Komponenten zur Verfügung, mit denen Sie Ihre Modelle erweitern können. SAP BusinessObjects Dashboards enthält die folgenden weiteren Elemente:

- Kalender
- Lokal-Szenario-Schaltfläche

- Trendsymbol
- Änderungsverlauf
- Fenstergruppierung
- Quelldaten
- Trendanalyse
- Druckschaltfläche
- Schaltfläche ZURÜCKSETZEN
- Raster

Grafik- und Hintergrundkomponenten

Grafik- und Hintergrundkomponenten enthalten grafische Optimierungen für Modelle. Sie können zum Optimieren und Anpassen Ihrer Dashboards verwendet werden. Mithilfe von Hintergrundkomponenten können Sie auch Bilder und Flash-Filme in Ihre Modelle importieren. Folgende Komponenten können Sie hierfür auswählen: Hintergrund, Ellipse, Bildkomponente, Linien oder Rechteck.

Internetkonnektivitäten

Mit den Komponenten in für die Internetkonnektivität ist es möglich, Modelle mit dem Internet zu verbinden, eine Datenaktualisierung anzustoßen, wenn es gewünscht ist, und zu entscheiden, wann die Daten geladen werden sollen.

[»] **Internetkonnektivität**

SAP BusinessObjects Dashboards verfügt über integrierte Datenkonnektivierungsassistenten. Zusätzlich zu diesen Komponenten können Sie den *Daten-Manager* (siehe Abbildung 10.29) zum Konfigurieren der Internetkonnektivitätsoptionen verwenden.

Es stehen Ihnen in diesem Fall folgende Komponenten zur Verfügung:

- Schaltfläche VERBINDUNGSREGENERIERUNG
- Schaltfläche REPORTING SERVICES
- Diashow
- SWF-Ladeprogramm
- Schaltfläche URL

Abbildung 10.29 Daten-Manager

Mit Modellen arbeiten

Modelle sind die grafische Darstellung Ihrer Daten. Durch Verknüpfung der grafischen Komponenten, wie z.B. Diagrammen und Messuhren mit Ihren Daten, können Sie ein grafisches Modell dieser Daten erstellen. Sie können auch interaktive Optionen hinzufügen, mit denen die Anwender beim Ausführen des Modells Anpassungen an den Daten vornehmen können. Zum Erstellen von Modellen sind drei grundlegende Schritte erforderlich:

1. Importieren oder geben Sie Daten in das eingebettete Arbeitsblatt ein.
2. Fügen Sie Komponenten in den Grafikbereich ein, und verknüpfen Sie sie mit den Arbeitsblattzellen, in denen die Daten gespeichert sind.
3. Erzeugen Sie eine Vorschau des Modells, und veröffentlichen Sie es.

SAP BusinessObjects Dashboards bietet Ihnen zahlreiche Möglichkeiten zum Bearbeiten des Layouts und zum Formatieren von Modellen. Um Zeit zu sparen, können Sie mit einer vordefinierten Vorlage beginnen. Es steht eine Reihe von Vorlagen für verschiedene Anlässe zur Verfügung, die Sie an Ihre Anforderungen anpassen können.

Den Komponenten in Ihrem Modell können Sie durch die Verwendung von Themen und Farben das gewünschte Aussehen verleihen.

Verschiedene Beispielmodelle zeigen die Funktionen der Modelle und demonstrieren, wie Sie die Komponenten bearbeiten können. Sie können diese Beispiele öffnen und ihre Funktionen betrachten.

Mit Daten arbeiten

SAP BusinessObjects Dashboards enthält ein eingebettetes Arbeitsblatt, in dem die vom Modell benötigten Quelldaten gespeichert werden. Die Quelldaten können direkt in das eingebettete Arbeitsblatt eingegeben werden, oder Sie können die Daten aus Microsoft Excel exportieren. Sie können die Daten auch aus Excel kopieren und in das eingebettete Arbeitsblatt einfügen.

Nachdem Sie Ihre Daten, in welcher Form auch immer, in das Arbeitsblatt eingegeben haben, sind diese nicht mit einer anderen Quelle verknüpft. Das bedeutet, wenn Sie Änderungen an der Excel-Quelldatei vornehmen, werden diese nicht automatisch von den Daten des eingebetteten Arbeitsblatts übernommen. Wenn Sie die Daten in Microsoft Excel und SAP BusinessObjects Dashboards benötigen, müssen Sie die Änderungen entweder an beiden Speicherorten durchführen oder die Änderungen an einem Speicherort vornehmen und die geänderten Daten in den anderen Speicherort importieren oder exportieren.

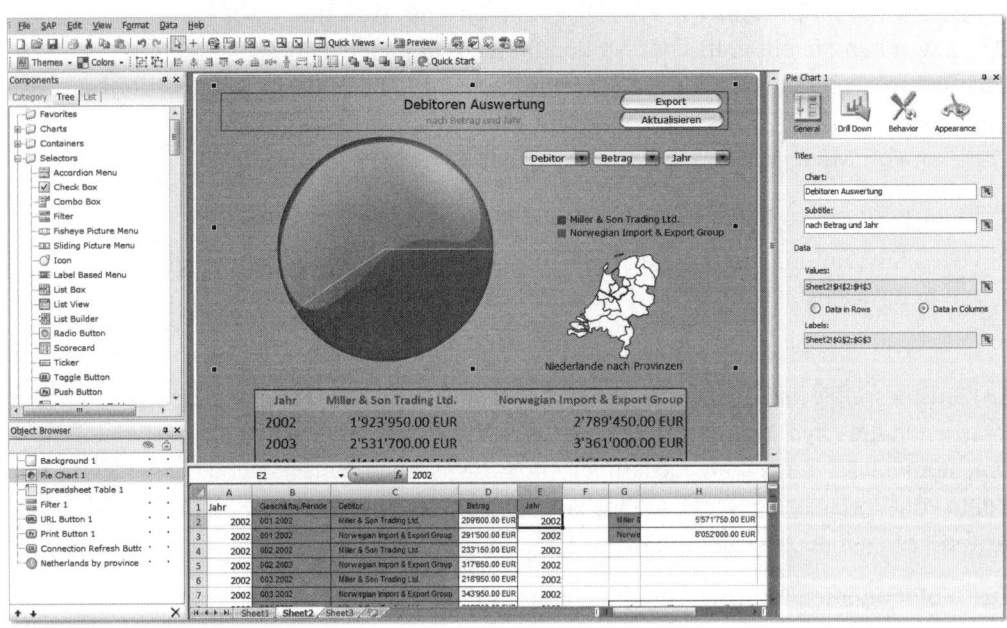

Abbildung 10.30 Dashboard Designer mit Arbeitsblatt

Nach Eingabe der Daten in das eingebettete Arbeitsblatt können Sie die Komponenten im Modell mit bestimmten Zellen im eingebetteten Arbeitsblatt verknüpfen. Außerdem lassen sich die Zellen mit externen Datenquellen verknüpfen, sodass die Daten im Arbeitsblatt auf der Grundlage einer aktiven Datenquelle immer aktualisiert werden können (siehe Abbildung 10.30). Es werden allerdings nicht alle Excel-Formeln unterstützt. Außerdem werden selbst entwickelte VBA-Implementierungen nicht unterstützt.

Externe Datenquellen verwenden

In SAP BusinessObjects Dashboards können Sie Modelle mit einer externen Datenquelle verknüpfen. Wenn das Modell ausgeführt wird, werden die Daten durch die externe Quelle aktualisiert, sodass das Modell auf aktuellen Daten basiert und nicht auf Daten, die zum Zeitpunkt der Modellerstellung verfügbar waren.

Der Daten-Manager ist hier ein zentraler Speicherort, in dem alle externen Datenquellen aufbewahrt und konfiguriert werden können. Er stellt den Speicherort zum Verwalten und Konfigurieren aller Verbindungsoptionen im Modell, einschließlich SAP-Datenquellen und XML-Zuordnungen, zur Verfügung. Sie können mit dem Daten-Manager verschiedene Typen von XML-kompatiblen Datenverbindungen zum Modell hinzufügen.

Ein von Ihnen erstelltes Dashboard könnte z.B. so aussehen wie in Abbildung 10.31.

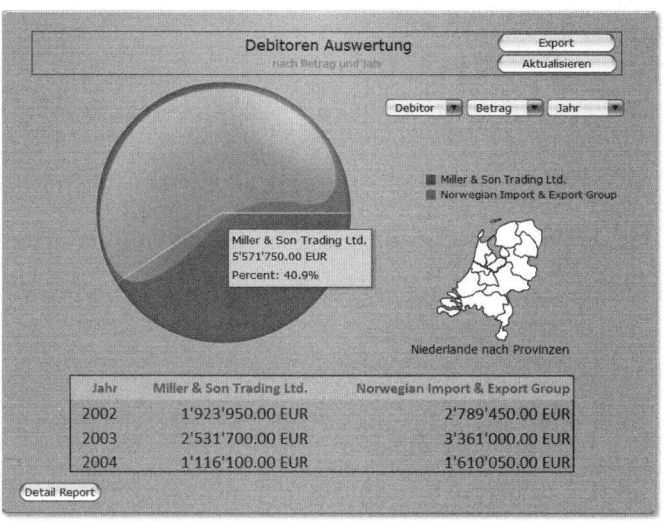

Abbildung 10.31 Fertiges Dashboard

497

10.4 Fazit

In diesem Kapitel haben Sie erfahren, welche Möglichkeiten des Reportings, insbesondere in Bezug auf das Finanzwesen, mithilfe des BW-Systems, der dazugehörenden BEx Suite und der SAP BusinessObjects-Anwendungen, sich Ihnen bieten. Wir haben Ihnen erläutert, welche Objekte das SAP-System über den Business Content zur Verfügung stellt und wie Sie diese Objekte für Ihre Zwecke nutzen können. Schließlich haben Sie einen Überblick über die Leistungsfähigkeit von SAP BusinessObjects erhalten – mit speziellem Blick auf die einzelnen Werkzeuge Crystal Reports und SAP BusinessObjects Dashboards.

Anhang

A Glossar 501
B Menüpfade und Transaktionscodes 507
C Die Autoren 509

A Glossar

ABAP Die Programmiersprache der SAP zum Programmieren von Anwendungslogik. Dies ist die Programmiersprache, die von SAP in ihrer eigenen Entwicklungsumgebung bereitgestellt wird. Alle Hauptanwendungen sind in ABAP (Advanced Business Application Programming) geschrieben.

ABAP Dictionary Zentrale, redundanzfreie Ablage für alle Daten im R/3-System. Das ABAP Dictionary beschreibt die logische Struktur der Objekte der Anwendungsentwicklung und deren Abbildung in den Strukturen der zugrunde liegenden relationalen Datenbank. Alle Komponenten der Laufzeitumgebung, z. B. Anwendungsprogramme oder die Datenbankschnittstelle, holen sich ihre Informationen über diese Objekte direkt aus dem ABAP Dictionary.

ABC-Analyse Verfahren zur Bestimmung der Wichtigkeit eines Objekts. Die ABC-Analyse dient zur Klassifizierung von Objekten nach bestimmten Kriterien oder Kennzahlen. Sie erlaubt die Schwerpunktbildung durch folgende Dreiteilung: A: wichtig, B: weniger wichtig und C: relativ unwichtig. Die ABC-Analyse wird u. a. in der SAP Query sowie im QuickView verwendet.

Abszisse Die Abszisse ist die horizontale Koordinate eines Punktes in einem zweidimensionalen kartesischen Koordinatensystem. Sie wird auch als x-Koordinate bezeichnet.

Applikationsserver Softwareschicht des SAP-Systems, in der die Anwendungsprogramme ausgeführt werden. Ein SAP-System kann mehrere Applikationsserver enthalten. Diese kommunizieren mit dem Präsentationsserver, dem Datenbankserver und untereinander. Die wichtigsten Komponenten eines Applikationsservers sind seine Workprozesse, deren Anzahl und Typ beim Start des SAP-Systems festgelegt werden. Die gesamte betriebswirtschaftliche Verarbeitung erfolgt im Applikationsserver durch spezielle Programme, die in der Programmiersprache ABAP geschrieben sind.

Aufrissliste Navigation von Tabellenzellen und Diagrammdatenpunkten zu Transaktionen oder Reports. Die aufgerufene Transaktion bzw. der aufgerufene Report wird in einer eigenen Sitzung geöffnet. Die Daten aus dem Kontext werden automatisch als Eingabe für den Report eingetragen. In der Recherche gibt es eine Aufrissliste und eine Detailliste.

Barrierefreiheit Barrierefreiheit bedeutet, dass Gegenstände, Medien und Einrichtungen so gestaltet werden, dass sie von jedem Menschen uneingeschränkt benutzt werden können. Mitunter wird anstelle von »Barrierefreiheit« auch der Begriff *Zugänglichkeit* (abgeleitet vom englischen *Accessibility*) verwendet.

Berechtigungsgruppe Die Berechtigung eines Anwenders zur Anlage, Änderung oder Anzeige bestimmter Objekte wird über die Berechtigungsgruppe gesteuert und in den Stammdaten des Users hinterlegt.

Bericht Ein ausführbares Programm, das Daten aus der Datenbank liest, auswertet und anschließend die Ergebnisse anzeigt. Ein Bericht ermöglicht in der Regel keine Manipulation der Daten.

Bericht-Bericht-Schnittstelle Über die Bericht-Bericht-Schnittstelle können Sie einen Empfängerbericht aus einem Senderbericht aufrufen. Wenn Sie im Senderbericht die gewünschten Daten markieren, werden die entsprechenden Merkmalswerte über diese Schnittstelle an den Empfängerbericht gesendet und der Datenauswahl hinzugefügt. Die Bericht-Bericht-Schnittstelle wird gewöhnlich beim Report Painter, Report Writer und bei der Recherche verwendet.

Berichtsgruppe Eine Gruppe von Berichten, die die gleiche Bibliothek verwenden, wird als Berichtsgruppe bezeichnet. Berichte, die die gleichen Daten lesen, können in Berichtsgruppen zusammengefasst werden, um die Verarbeitungszeiten zu optimieren.

Bilanz Die Bilanz (ital. Bilancia, Waage) ist eine Aufstellung von Herkunft und Verwendung des Kapitals eines Wirtschaftssubjekts. Die Bilanz ist eine kurz gefasste Gegenüberstellung von Vermögen (Aktiva) und Schulden (Passiva) in Kontenform. Der Franziskanermönch und Mathematiker Luca Pacioli beschrieb 1494 in seinem Buch *Summa de Arithmetica, Geometria, Proportioni et Proportionalità* die erste geschlossene Darstellung der »Venezianischen Methode« (doppelte Buchführung).

Bilanzstruktur Hierarchische Anordnung von Sachkonten. Die Anordnung kann nach gesetzlichen Gliederungsvorschriften erfolgen, nach denen Sie Ihre Bilanz und Gewinn- und Verlustrechnung erstellen. Es kann sich aber auch um eine beliebige Anordnung handeln.

BI-Suite Ist ein Portfolio von Werkzeugen zur Erstellung von Anwendungen, die es ermöglichen, Unternehmensdaten zu analysieren und zu planen.

Buchungskreis Kleinste organisatorische Einheit des externen Rechnungswesens, für die eine vollständige, in sich abgeschlossene Buchhaltung abgebildet werden kann. Dies beinhaltet die Erfassung aller buchungspflichtigen Ereignisse und die Erstellung aller Nachweise für einen gesetzlichen Einzelabschluss wie Bilanzen und Gewinn- und Verlustrechnungen.

Crystal Reports Berichtsdefinition für einen formatierten Bericht; Werkzeug von SAP BusinessObjects.

Dashboard Form der Visualisierung von Informationen in verdichteter Form (z.B. Kennzahlen), häufig in Form einer Ampel-, Tachometer- oder Thermometer-Darstellung. Zur Umsetzung können Werkzeuge wie SAP BusinessObjects Dashboards (früher als Xcelsius bekannt) genutzt werden.

Data Mining Es handelt sich um einen analytischen Ansatz, bei dem Methoden angewandt werden, mit deren Hilfe verborgene Muster und Zusammenhänge in großen Datenmengen erkannt werden können.

Data Warehouse (»Datenlager«) wird eine unternehmensweite und informative Datenbasis verstanden, die entscheidungsrelevante Daten aus unterschiedlichen Quellen in einer einheitlichen Systemumgebung zur Auswertung zur Verfügung stellt (z.B. SAP NetWeaver BW).

Datenelement Das Datenelement legt die semantischen Eigenschaften eines Tabellenfeldes fest. Mehrere Felder können sich dabei auf das gleiche Datenelement beziehen. Jedem Datenelement sind technische Eigenschaften in Form einer Domäne zugeordnet. Es beschreibt die betriebswirtschaftliche Bedeutung eines Tabellenfeldes und gibt Schlüsselwörter, Überschriften, einen Dokumentationstext sowie eine Domäne vor. Das Datenelement ist ein Objekt des ABAP Dictionarys.

Debitor Der Debitor (lat. der Schuldner, von debere = schulden; engl. Debtor) bedeutet Schuldner von Geld, Ware oder Dienstleistung. Umgangssprachlich wird der Debitor auch einfach als Kunde bezeichnet. Das Gegenstück des Debitors ist der Kreditor (Gläubiger, lat. Creditor).

Domäne Spezifiziert die technischen Eigenschaften von Datenelementen wie Datentyp, Länge, Wertebereich, Bildschirmdarstellung. Jedes Datenelement ist mit einer Domäne verknüpft, eine Domäne kann in mehreren Datenelementen verwendet werden. Die Domäne ist ein Objekt des ABAP Dictionarys.

Drilldown Liste, bei der für einige oder alle Felder durch Drilldown eine Verzweigung in die entsprechenden Einzelwerte möglich ist. Dies ist eine Technik zum Navigieren innerhalb unterschiedlicher Hierarchieebenen, von allgemeinen, zusammengefassten Daten zu spezifischen, detaillierten Daten. Beispiel: Bei einem Drilldown in der Zeitdimension werden die hierarchischen Beziehungen zwischen Jahren und Quartalen oder Quartalen und Monaten angezeigt.

Exception Abweichungen von definierten Schwellenwerten. Sie können farblich hervorgehoben werden.

Extrakt Datei, die die benötigten Berichtsdaten enthält. Wenn Sie Berichte in einem Extrakt sichern, können Sie die in diesem Extrakt abgelegten Berichtsdaten jederzeit aufrufen, ohne Daten aus der Datenbank neu auswählen zu müssen.

Funktionsbereich Kontierungsmerkmal, das die betrieblichen Aufwendungen nach Funktionen gliedert. Diese Gliederung entspricht den Anforderungen des Umsatzkostenverfahrens.

Geschäftsbereich Ein Geschäftsbereich ist eine organisatorische Einheit des externen Rechnungswesens, die einem abgegrenzten Tätigkeitsbereich oder Verantwortungsbereich im Unternehmen entspricht und der in der Finanzbuchhaltung erfasste Wertbewegungen zugerechnet werden können. Geschäftsbereiche dienen in erster Linie der über Buchungskreise hinweggehenden, unternehmensexternen Segment-Berichterstattung über die signifikanten Tätigkeitsfelder (z. B. Produktlinien) des Unternehmens.

GuV Die Gewinn- und Verlustrechnung (GuV) ist neben der Bilanz ein wesentlicher Teil des Jahresabschlusses, also der externen Rechnungslegung eines Unternehmens. Sie stellt Erträge und Aufwendungen eines bestimmten Zeitraums, insbesondere eines Geschäftsjahres, dar und weist dadurch die Art, die Höhe und die Quellen des unternehmerischen Erfolgs aus finanztechnischer Perspektive aus. Überwiegen die Erträge, ist der Erfolg ein Gewinn, andernfalls ein Verlust.

Hausbank Geschäftspartner, der eine Bank abbildet und über den hauseigene Geldgeschäfte abgewickelt werden. Jede Hausbank eines Buchungskreises wird im SAP-System durch eine Bank-Identifikation repräsentiert, jedes Konto bei einer Hausbank durch eine Konto-Identifikation. Im SAP-System verwenden Sie die Bank-ID und die Konto-ID, um eine Bankverbindung anzugeben. Diese Angaben werden z. B. beim automatischen Zahlungsverkehr verwendet, um die Bankverbindung für die Zahlung zu ermitteln.

InfoCube Ein InfoCube beschreibt einen in sich geschlossenen Datenbestand. Dieser Datenbestand kann mit einer BEx Query ausgewertet werden.

InfoSet Das InfoSet ist ein Element der SAP Query. Es bestimmt, welche Tabellen und Felder in einer Query oder einem QuickView ausgewertet werden können.

InfoProvider Es handelt sich um einen Oberbegriff für BW-Objekte, in die Daten geladen werden oder die Sichten auf Daten darstellen. Diese Daten können üblicherweise mit BW Queries ausgewertet werden.

Kennzahl Quantifizierbare Größen aller Art zur Messung der technischen, betriebswirtschaftlichen und personellen Leistung im Unter-nehmen. Kennzahlen sind nutzbar sowohl im innerbetrieblichen als auch im zwischenbetrieblichen Vergleich. Eine Kennzahl enthält eine Basiskennzahl, die mit einem oder mehreren einschränkenden Merkmalen kombiniert ist. Diese Kombination von Informationen ist in Ihrem SAP-System bereits definiert. Bei Datenfeldern, die in Berichten häufig dargestellt werden, kann die Verwendung von Kennzahlen den Zeitaufwand zur Definition eines Berichts drastisch reduzieren.

Kontenplan Der Kontenplan ist das Verzeichnis aller Konten eines Unternehmens. Es bedarf also eines allgemeingültigen Ordnungsschemas, das alle Konten eines Unternehmens und branchengleicher Unternehmen einheitlich benennt. Diese Aufgabe übernimmt der Kontenrahmen. Ein Kontenplan ist also ein auf ein Unternehmen spezifisch zugeschnittener Kontenrahmen – die Kontenklassen und die Nummerierung der Konten werden dabei vom Kontenrahmen übernommen.

Kreditor Kreditor (lat. credere = glauben, anvertrauen, engl. Creditor, Accounts Payable) bedeutet Gläubiger (Kreditgeber) als Folge von Kreditgewährung – durch gegen offene Rechnung erfolgte Lieferung und/oder Leistung. Umgangssprachlich wird der Kreditor auch als Lieferant oder Verkäufer (von Lieferungen und Leistungen) bezeichnet. Das Gegenstück zum Kreditor ist der Debitor (Schuldner, Kunde).

Ledger Ausschnitt aus einer Datenbanktabelle. Das Ledger enthält nur die für das Reporting benötigten Dimensionen der zugrunde liegenden Tabelle. Ein Ledger wird zu Berichtszwecken als Buch geführt.

Merkmal Merkmale sind Kriterien für die Datenauswahl (z.B. Werk, Material, Buchungskreis, Auftrag). Jedes Merkmal besitzt eine Anzahl von Merkmalswerten. Merkmale werden häufig als *Dimensionen* bezeichnet.

OLAP (BW) Online Analytical Processing; OLAP-Systeme strukturieren Daten in einem multidimensionalen Modell, das der Entscheidungshilfe dient.

OLTP Online Transaction Processing; Systeme und Geschäftsanwendungen, bei denen die Verarbeitung von Transaktionen im Vordergrund steht (z.B. SAP ERP).

Ordinate Die Ordinate ist die vertikale Koordinate (auch y-Koordinate, y-Wert) eines Punktes in einem kartesischen Koordinatensystem.

Präsentationsserver Der Präsentationsserver ist der Computer, auf dem Ihre SAP-Schnittstelle läuft, z.B. ein PC, der mit dem SAP-Applikationsserver verbunden ist. Einzelplatzrechner der Anwender eines SAP-Systems, auf denen die Präsentationsschicht entweder über die Installation eines SAP GUIs oder einen Webbrowser realisiert ist.

SAP Query SAP Query ist ein Werkzeug, mit dem Anwender ohne Programmierkenntnisse in ABAP eigene Berichte definieren und ausführen können.

Query (BW) Es handelt sich um eine Zusammenstellung von Kennzahlen und

Merkmalen zur Analyse von Daten eines InfoProviders.

QuickViewer Der QuickViewer als Element der SAP Query ist ein einfaches Werkzeug zur Generierung von Grundlisten. Er eignet sich besonders für Anfänger oder für die gelegentliche Verwendung. Ein Quick-View wird benutzerabhängig definiert.

Recherche Die Recherche wertet die Daten einer Anwendung nach Merkmalen und Kennzahlen aus. Innerhalb der Recherche können bezüglich des Layouts sowohl einfache datengesteuerte Listen (Ad-hoc-Berichte) als auch komplexe formatierte Berichtslisten (Berichte mit Formular) angelegt werden. Mithilfe von Hierarchien, Variablen, Formeln, Zellen und Kennzahlen können Sie Berichte für verschiedene Benutzeranforderungen erstellen. Die verfügbaren Funktionen umfassen Datenbanknavigation und interaktive Listenverarbeitung (Sortierung, Rangliste, ABC-Analyse, Ausnahmen etc.). Die Recherche ist auch mit SAP-Grafik, SAP-Mail und XXL verknüpft.

Report Painter Mit diesem Werkzeug können Berichte angelegt werden, die die spezifischen Anforderungen des Unternehmens und des Berichtswesens erfüllen. Mit dem Report Painter kann der Benutzer Daten aus verschiedenen Anwendungen erfassen. Der Report Painter verwendet eine grafische Berichtsstruktur, die die Grundlage der Berichtsdefinition bildet und ebenfalls der Endstruktur des Berichts entspricht.

Report Writer Mit diesem Werkzeug können Berichte angelegt werden, die die spezifischen Anforderungen des Unternehmens und des Berichtswesens erfüllen. Mit dem Report Writer kann der Benutzer Daten aus verschiedenen Anwendungen erfassen. Mit Funktionen wie Sets, Variablen, Formeln, Zellen und Kennzahlen kann er komplexe Berichte anlegen, die spezifische Berichtsanforderungen erfüllen.

Sachkonto Als Sachkonto wird jedes Hauptbuchkonto bezeichnet. Damit sind Bestandskonten und Erfolgskonten Sachkonten. Zu den Sachkonten kommen noch die Personenkonten (Debitoren und Kreditoren).

Saldenliste Die Summen- und Saldenliste ist eine Aufstellung für den internen Gebrauch der Buchhaltung. Darin sind alle bebuchten Konten mit den jeweiligen Summen und Salden ausgewiesen. Dargestellt und sortiert wird sie nach den einzelnen Kontenklassen. In diesen befinden sich, sortiert nach der Kontonummer, die jeweiligen Konten. Nach jeder Kontenklasse wird eine Zwischensumme gebildet.

Saldo Der Saldo (vom italienischen Adjektiv saldo, salda, »fest«, im Sinne von »fester Bestandteil bei der Kontenführung«) ist in der Buchführung die Differenz zwischen der Soll- und der Habenseite eines Kontos. Sind die Umsätze im Soll (= linke Kontoseite) größer als im Haben (= rechte Kontoseite), entsteht ein Sollsaldo, andernfalls ein Habensaldo. Der Saldo zeigt den »Bestand« eines Kontos an, also den Wert, mit dem es in die Bilanz oder in die Gewinn- und Verlustrechnung übertragen wird. In der Bilanz etwa ist der Saldo der Gewinn oder der Verlust; auf dem Kontoauszug ist es der Differenzbetrag zwischen Ein- und Auszahlungen.

Saldovortrag Beim Saldovortrag wird der Saldo eines Kontos in das neue Geschäftsjahr vorgetragen. Die Debitorenkonten, Kreditorenkonten und die Bestandskonten werden auf sich selbst, die Erfolgskonten auf ein oder mehrere Ergebnisvortragskonten vorgetragen.

SAP BusinessObjects Produktportfolio von SAP für Business Intelligence und Enterprise Performance Management; enthält u.a. Frontend-Werkzeuge für Reporting und Analyse.

Sonderhauptbuch Sonderhauptbuchvorgänge sind spezielle Vorgänge in der Debitoren- und Kreditorenbuchhaltung, die in der Haupt- und Nebenbuchhaltung gesondert ausgewiesen werden. Dies kann aus bilanziellen oder betriebsinternen Gründen erforderlich sein. Anzahlungen dürfen z.B. nicht mit Forderungen und Verbindlichkeiten aus Lieferungen und Leistungen saldiert werden. Daher werden sie in den Komponenten Hauptbuchhaltung sowie Debitoren- und Kreditorenbuchhaltung als Sonderhauptbuchvorgänge behandelt. Dies wird gewährleistet, indem statt auf die Abstimmkonten für Forderungen und Verbindlichkeiten auf abweichende Abstimmkonten, die Sonderhauptbuchkonten, gebucht wird.

SQL Structured Query Language, es handelt sich um eine weitgehend standardisierte Sprache für den Zugriff auf relationale Datenbanken.

Tabelle Eine Tabelle ist eine Menge von Zeilen. Jede Zeile einer Tabelle hat dieselbe Anzahl von Spalten und enthält für jede Spalte einen Wert. Innerhalb eines SAP-Systems sind alle Tabellen, die Anwendungsdaten enthalten, sowie die Systemtabellen Basistabellen. Eine Join-Tabelle ist eine spezielle Ergebnistabelle, die das Datenbanksystem beim Verknüpfen von zwei oder mehreren Tabellen anlegt.

Valutadatum Im Bankgeschäft bezeichnet Valuta die Wertstellung (Valutierung) einer Überweisung auf dem Girokonto. Wertstellung (Valuta) bezeichnet im Bankwesen die Festsetzung des Datums, an dem eine Gutschrift oder Belastung auf einem Konto zinswirksam wird. Synonym mit dem Valutadatum ist das Wertstellungsdatum.

B Menüpfade und Transaktionscodes

ABAP Programmausführung, Menüpfad: System • Dienste • Reporting (Transaktion SA38)

Anzeige der Tabelleneigenschaften, Menüpfad: Werkzeuge • ABAP Workbench • Entwicklung • Dictionary (Transaktion SE11)

Anzeige Funktionsbausteine, Menüpfad: Werkzeuge • ABAP Workbench • Entwicklung • Function Builder (Transaktion SE37)

Anzeige Logische Datenbanken, Menüpfad: Werkzeuge • ABAP Workbench • Programmierumfeld • Logische Datenbanken (Transaktion SE36)

Anzeige und Pflege von Nachrichten, Menüpfad: Werkzeuge • ABAP Workbench • Programmierumfeld • Nachrichten (Transaktion SE91)

Anzeige und Pflege von Transaktionen, Menüpfad: Werkzeuge • ABAP Workbench • Weitere Werkzeuge • Transaktionen (Transaktion SE93)

Anzeige von Quellcode, Menüpfad: Werkzeuge • ABAP Workbench • Entwicklung • ABAP Editor (Transaktion SE38)

Anzeige von Tabelleninhalt, Menüpfad: Werkzeuge • ABAP Workbench • Übersicht • Data Browser (Transaktion SE16)

Auswahl Ausgabeaufträge/Druckaufträge, Menüpfad: System • Dienste • Ausgabesteuerung (Transaktion SP01)

Batch-Input Mappenübersicht, Menüpfad: System • Dienste • Batch-Input • Mappen (Transaktion SM35)

Eigene Ausgabeaufträge/Druckaufträge, Menüpfad: System • Eigene Spoolaufträge (Transaktion SP02)

InfoSets, Menüpfad: Werkzeuge • ABAP Workbench • Hilfsmittel • SAP Query • InfoSets (Transaktion SQ02)

Infosystem Debitoren, Menüpfad: Infosysteme • Rechnungswesen • Finanzwesen • Debitoren • Berichte zur Debitorenbuchhaltung

Infosystem der Komponenten FI-AP, Menüpfad: Rechnungswesen • Finanzwesen • Kreditoren • Infosystem • Berichte zur Kreditorenbuchhaltung

Infosystem der Komponenten FI-AR, Menüpfad: Rechnungswesen • Finanzwesen • Debitoren • Infosystem • Berichte zur Debitorenbuchhaltung

Infosystem der Komponenten FI-GL, Menüpfad: Rechnungswesen • Finanzwesen • Hauptbuch • Infosystem • Berichte zum Hauptbuch

Infosystem Hauptbuch, Menüpfad: Infosysteme • Rechnungswesen • Finanzwesen • Hauptbuch • Infosystem

Infosystem Kreditoren, Menüpfad: Infosysteme • Rechnungswesen • Finanzwesen • Kreditoren • Berichte zur Kreditorenbuchhaltung

Jobdefinition, Menüpfad: System • Dienste • Jobs • Job-Definition (Transaktion SM36)

Jobmonitoring, Menüpfad: System • Dienste • Jobs • Job-Übersicht (Transaktion SM37)

Monitoring der eigenen Jobs, Menüpfad: System • Eigene Jobs (Transaktion SMX)

Query zum Hauptbuch, Menüpfad: Rechnungswesen • Finanzwesen • Hauptbuch • Infosystem • Werkzeuge (Transaktion FQUS)

Query zur Debitorenbuchhaltung, Menüpfad: Rechnungswesen • Finanzwesen • Debitoren • Infosystem • Werkzeuge (Transaktion FQUD)

Query zur Kreditorenbuchhaltung, Menüpfad: Rechnungswesen • Finanzwesen • Kreditoren • Infosystem • Werkzeuge (Transaktion FQUK)

QuickView, Menüpfad: System • Dienste • QuickViewer (Transaktion SQVI)

QuickView, Menüpfad: Werkzeuge • ABAP Workbench • Hilfsmittel • QuickViewer (Transaktion SQVI)

Recherche, Menüpfad: Rechnungswesen • Finanzwesen • Spezielle Ledger • Werkzeuge • Recherche (Transaktion FXI2)

Report Painter, Menüpfad: Rechnungswesen • Finanzwesen • Spezielle Ledger • Werkzeuge • Report Painter (Transaktion GRR1 bis Transaktion GRR3)

C Die Autoren

Heinz Forsthuber ist erfahrener SAP-Berater und -Trainer mit den Schwerpunkten Controlling (CO) und Finanzbuchhaltung (FI). Derzeit ist er als SAP Inhouse-Berater im Öffentlichen Dienst tätig und betreut dort die Module FI, CO und MM. Außerdem ist er für die Archivierung sowie die Benutzerverwaltung zuständig.

Abdarahman Fardas studierte Betriebswirtschaft an der Fachhochschule Bochum mit den Schwerpunkten Rechnungswesen, Controlling sowie Informations- und Kommunikationssysteme. Abdarahman Fardas ist im Öffentlichen Dienst tätig und für die Konzeption, Entwicklung und Optimierung von Reporting- und Analysewerkzeugen sowie für das SAP-Modul FI zuständig.

Karin Bädekerl ist als SAP-Senior-Entwicklerin und BW-Beraterin bei der OctaVIA AG im CC Insurance beschäftigt. Ihre langjährige Erfahrung sammelte Sie in vielen nationalen und internationalen Projekten. Der Schwerpunkt lag hierbei auf BW und FI, den Financial Services sowie komplexen Migrationen.

Index

4-Augen-Prinzip 120, 168

A

ABAP 501
ABAP Dictionary 376, 379, 405, 422, 501
ABAP-Dictionary-Objekt 379
ABAP-Liste 375
ABAP-Programmausführung 73
Abbau Einzelpostenanzeige 95
ABC-Analyse 365, 501
abgelehnte Konten 121
Abrechnungszeitraum 151
Abstimmanalyse 285, 286
Abstimmanalyse Finanzbuchhaltung 285
Abstimmkonto 133, 137, 141, 226
Abstimmkontonummer 232, 234, 237, 274
Abstimmung in der Finanzbuchhaltung 285
Abszisse 501
Accessibility 235
Ad-hoc-Bericht 335
Adressetikett 475
alternative Kontonummer 175, 178
Altersrasterung 189
ALV Grid Control 416
Analysefunktion
   ABC-Analyse 365
   Bedingungen 361
   Exception 368
   Klassifikation 367
   Rangliste 362
   Summenkurve 364
Änderungsanzeige Belege 227
Änderungsanzeige Debitoren 113
Änderungsanzeige Kreditoren 164, 166
Änderungsanzeige Sachkonten 92
Anlagekonten 224
Anschreiben zur Zinsstaffel 150
Applikationsserver 217, 219, 220, 501
Arbeitsbereich 487
Arbeitsblatt 496

Aufbau Einzelpostenanzeige 95
Aufrissliste 501
Ausgabe von Korrespondenzanforderungen 279
Ausgabeart 349, 385
Ausgleich 274
Ausgleichsbeleg 277
Ausgleichsbelegnummer 274
Ausgleichsdatum 274
Ausgleichstransaktion 278
Ausgleichsvorgang 274
Ausnahme 464
Ausnahmeliste 265
Ausnahmezelle 464
Auswahlelementkomponente 491
automatische Einplanung des Zahlprogramms 245
Automatisierung 30
Avisnummer 275

B

Bankangaben 102
Bankdaten 183
Bankverbindung 183
Bankverrechnungskonten 277
barrierefrei 166, 171
Barrierefreiheit 235, 501
Basiskennzahl 296
Batch-Input 153
Batch-Input-Mappe 40
Bedingung 361, 464
Belegalterrasterung 138, 191
Belegänderung 254
Belegänderungen anzeigen 91, 163
Beleganzeige 91, 163
Belegauswertung 72
Belege
   ändern 89, 161, 227
   Massenänderung 163
Beleg-Journal 233, 234
Beleg-Journal (Barrierefrei) 233
Beleg-Journal (Nicht barrierefrei) 234
Beleg-Kompaktjournal 229
Belegkopf 229

Belegkopfdaten 228
Belegnummer 176, 280
Belegstatus 230
Belegverdichtung 237
Belegvorerfassung 200
Belegzeilen 278
Belegzeilendaten 228
Benutzerereignis 32
Berechtigungsgruppe 501
Bericht 501
Bericht-Bericht-Schnittstelle 326, 370, 502
Berichte erweitern 481
Bericht-Explorer 479
Berichtsauswahl
  Debitorenbuchhaltung 63
  Hauptbuchhaltung 60
  Kreditorenbuchhaltung 65
Berichtserstellung 23
Berichtserstellungsassistent 474
Berichtsgruppe 298, 502
Berichtsklasse
  Belegauswertung 72
  Debitorenbuchhaltung 69
  Hauptbuchhaltung 68
  Kreditorenbuchhaltung 71
Berichtsvariante 24, 25
Berichtswarnung 483
Berichts-Zuordnung 352
Betriebsart 37
Betriebsartumschaltung 37
Bewegungsbilanz 81
BEx 451
BEx Analyzer 465
BEx Query Designer 456
BEx Report Designer 469
BEx Web Application Designer 466
Bibliothek
  erstellen 296
  suchen 296
Bilanz 79, 502
  aufgelaufene 81
Bilanz/GuV 79
Bilanzstruktur 502
BI-Suite 502
Buchungsbelegübersicht 243
Buchungskreis 502
Buchungskreisdaten 114
Buchungssumme 238
Business Explorer 451, 455
BusinessObjects Enterprise-Dienste 481

BW Query 456
BW-Datenbeschaffung 454
BW-integrierte Planung 455

C

CLAS_ID 68
Containerkomponenten 490
Control-Technik 416
Crystal Reports 472
Customer-Exit 464

D

Dashboard 502
Dashboard Designer 487
Data Mining 455, 502
Data Warehouse 452, 502
Data Warehousing Workbench 454
DataProvider 466
DataStore-Objekt 454
Datei
  Download 219
  kopieren 217
  Upload 220
Datenbankassistent 475
Datenelement 377, 379, 502
Datenfeld 397
Daten-Manager 494
Datenquelle 374, 397, 475
  externe 497
Datentyp 376, 377, 379
Datumsberechnung 29
Dauerbelege 227
Dauerbuchungsurbelege 115, 199, 225
Debitor 503
  Änderungsbelege 113
  Auszüge 223
  Bewegungen 176
  Einzelposten 122, 157
  Kreditüberwachung 134
  offene Posten 133
  Rasterung OP 130
  Salden in HW 145
  Stammdatenabgleich 124
  überfällige Posten 139
  Umsatzliste 148

Index

Zahlungsverhalten 142
Zinsstaffel 150
Debitoren 224
Debitoren – Ausgeglichene-Posten-Liste 115
Debitoren – Einzelpostenliste 157
Debitoren – Offene-Posten-Liste 132, 133, 188
Debitoren Zahlungsverhalten 142
Debitoren-/Kreditoren-/Sachkontenauszüge 223
Debitorenbuchhaltung 52
Debitoreneinzelposten, Mahnsperre 253
Debitoren-Einzelpostenliste 122
Debitorenkonto 118
Debitorenpositionen 253
Debitoren-Salden in Hauswährung 145
Debitorensaldo
 überfällige Posten 194
 überfällige Sollbuchungen 194
Debitorenstamm
 Änderungen 113
 Bankdaten 128
 Bestätigungsstatus 119
 Debitorenverzeichnis 126
 Korrespondenz 129
Debitoren-Umsätze 148
Debitorenverzeichnis 126
Diagrammkomponente 489
Dice 331
Domäne 376, 503
Download einer Datei 219
Drilldown 359, 503
Druckausgaben 291
Druckprogramm 205, 207, 284
Druckprogramm Kontoauszug periodisch 205
Druckprogramm Serienbriefe 207
Druckreport 179, 197
DSO 454
DTA-Verwaltung 291

E

Einkaufsorganisation 175
Einzelposten 256
Einzelpostenanzeige 95, 96, 102, 223
 Abbau 95
 Aufbau 95
Einzelpostenjournal 243
Einzelpostenliste 223, 267
 Debitoren 122, 157
 Kreditoren 161, 170, 171
 Sachkonten 89
 Zahlungsregulierung 267
Einzelpostenverwaltung 95, 96
Einzelwertkomponente 492
Ereignis 32, 37
ereignisgesteuert 32
Erfassungsdatum 116
Ergebnisliste 25
Ergebnisversion 79
Ergebnisvortragskonto 110
Eröffnungsbilanz 81
ETL-Prozess 452, 454
Exception 368, 464, 503
externe Datenquelle 497
Extrakt 321, 503

F

Fälligkeit 247
Fälligkeitsvorschau Kreditoren 185
Feld-Explorer 479
Feldgruppe 115, 165, 227, 229
Feldlänge 377
Feldname 377, 398
FI-AP → Kreditorenbuchhaltung
FI-AR → Debitorenbuchhaltung
FI-GL → Hauptbuchhaltung
Filter 460
Finanzinformationssystem 22
Fischaugenbildmenü 492
Formel 461, 483
Formular 22, 203
 F_D_INT_SCALE_00 151
Formularbericht 335
freie Abgrenzung 79
freies Merkmal 459, 461
Führungsinformationssystem 22
Funktionsbaustein FI_PRINT_DUNNING_NOTICE 284
Funktionsbereich 109, 503

Index

G

Gegenkonto 87
  Ermittlung 123
Gegenkontoart 87
Gegenkontobestimmung 86
Gegenkontoermittlung 178
Gesamtobligo 194
Geschäftsbereich 503
Gewinn- und Verlustrechnung 79, 503
Grafik- und Hintergrundkomponente 494
Grafikbereich 489
grafische Berichtsausgabe 350
Grenzbetrag 153
Grundliste 373
Gruppensumme 107
GuV 79, 503

H

Habensaldo 250
Hauptbuch 88
Hauptbuch aus der Belegdatei 85, 88
Hauptbucheinzelposten 230
Hauptbuchhaltung 49
Hauptbuchsicht 230
Hausbank 503
Hintergrundjob 33, 44, 245
Hintergrundprogramm 40
Hintergrundverarbeitung 21, 26, 27, 31, 37

I

Indexselektion 187
individuelle Briefe 201
individuelle Textpflege 204
Inflationsindex 82
InfoCube 454, 458, 470, 503
InfoProvider 454, 458, 504
InfoSet 373, 386, 415, 455, 503
  ABAP-Coding 424
  Abgrenzung 430
  Abgrenzung anlegen 431
  anlegen 417
  automatische Datenbeschaffung 418

Bezeichnung 418
Coding prüfen 426
Coding zum Parameter 432
Coding zum Zusatzfeld 425, 427
Coding-Abschnitt AT SELECTION-SCREEN 434
Coding-Abschnitt DATA 433
Coding-Abschnitt END-OF-SELECTION 434, 438, 449
Coding-Abschnitt Freies Coding 434, 437, 441
Coding-Abschnitt INITIALIZATION 433, 436
Coding-Abschnitt Satzverarbeitung 433, 437
Coding-Abschnitt START-OF-SELECTION 433, 437
Coding-Abschnitt TOP-OF-PAGE 434, 439
Coding-Zeitpunkt 433, 434
Coding-Zeitpunkt AT SELECTION-SCREEN 431
DATA-Coding 426, 434
Datenbasis 415
Datenquelle 374, 417, 418, 423
Einsatz in QuickViews 443
Einstieg 416
Feldgruppe 415, 420, 421, 426, 430, 441
globaler Bereich 415
grafische Join-Definition 419
Langtext 415
Liste der Zusatzfelder 426
Name 418
Option intern puffern 429
Parameter 417
Parameter und Selektionskriterien 430
Selektionsbild 430
Selektionskriterium 417
Selektionstext 432
sequenzieller Bestand 418, 419
sichern und generieren 442
Standardbereich 415
Tabelle 418
Tabellen-Join 416, 418, 421
technische Informationen 421
Titel und Datenbank 417
Verknüpfungsbedingung 419
Zuordnung Feldgruppen 420
Zusatzfeld 417, 420, 422, 426, 442

Zusatzfeld anlegen 424
Zusatzfeld definieren 424
Zusatzinformation 423
Zusatzstruktur 420, 422, 430
Zusatztabelle 374, 396, 417, 420, 422, 428
Zusatztabelle anlegen 428
InfoSet Query 373
Infosystem Rechnungswesen 48, 60
interne Belege 197
Internetkonnektivität 494

J

Jahresumsatz 208
Job definieren 31, 33
Job Wizard 33, 34
Jobauswahl 40
Jobklasse 33
Job-Log 42
Jobname 34, 44
Jobprotokoll 40, 44
Job-Scheduler 32
Jobstatus 40
Job-Step 31, 35, 43
Jobsteuerung 21, 24
Jobübersicht 40, 41, 43, 44
Jobverarbeitung 40
Jobverwaltung 245

K

Kalenderarten 152
Kartenkomponente 493
Kassenbuch 282
Kennzahl 296, 458, 504
Klassifikation 367
klassische Recherche 351
Konsistenzprüfungen 285
Kontenfindung 154
Kontengruppe 124
Kontenniederschrift aus Kontenschreibung 179
Kontenplan 93, 96, 101, 504
Kontenschreibung 175
Kontenschreibung nach alternativer Kontonummer 175
Kontensortierungen 148, 212

Kontierungshandbuch 98
Konto 280
Kontoart 280
Kontoauszug 205, 206
Kontokorrentbereich
  Debitoren 288
  Kreditoren 288
Kontokorrentkontenschreibung 176, 179
  kumuliert 179
Kontokorrentkontenschreibung aus der Belegdatei 176
Kontokorrentsaldo 192
Kopieren einer Datei 217
Korrektur nach Abgleich Belege 272
Korrespondenz 203, 206, 209
  Kontoauszug 282
  Zahlungsmitteilung 282
Korrespondenzanforderungen 197, 279, 281, 283
  löschen 281
  pflegen 283
Kostenarten, sekundäre 110
Kreditor 504
  Analyse OP 192
  Auszüge 223
  Bestätigungsstatus 168
  Bewegungen 176
  Einzelposten 161, 170, 171
  Rasterung OP 185
  Saldenanzeige 163
  Saldenliste 210
  Serienbriefe 207
  Stammdatenabgleich 174
  Zahlungsstatus 188
Kreditoren 225
Kreditoren – Ausgeglichene-Posten-Liste 167
Kreditorenbeurteilung 188
Kreditorenbeurteilung mit OP-Rasterung 188
Kreditorenbuchhaltung 53
Kreditoren-Einzelpostenliste 161, 170, 171
Kreditorenkonten 118
Kreditorenkorrespondenz 184
Kreditorensalden in Hauswährung 210
Kreditorenstamm
  Änderungen 164, 166
  Anzeige 163

Kreditorenumsätze 211
Kreditorenverzeichnis 181
Kreuztabellenobjekt 474
kritische Debitorenänderungen
    bestätigen 119
kritische Kreditorenänderungen
    bestätigen 168
Kundenbeurteilung mit OP-Rasterung 134
Kurzdump 40, 42

L

Ledger 504
Liste gesperrter Konten 259
Liste gesperrter Posten 258
Listengestaltung 158
Logistikinformationssystem 22

M

Mahnbereich 255
Mahnbestand 240
Mahnbriefe 222
Mahndaten 183
Mahndruck 222
Mahnhistorie 262
Mahnlauf 226, 240, 255, 284
    einplanen 220
    Liste gesperrter Konten 259
    Liste gesperrter Posten 258
    zurücksetzen 240
Mahnliste 256
Mahnprogramm 226
Mahnselektion 221, 284
Mahnsperre 253, 258
    in Debitoreneinzelposten setzen 253
Mahnstatistik 255
Mahnstufe 226, 255
Mahnverfahren 255
Mahnvorschlag 221, 284
    Änderungen 260, 261
    Änderungen Konto 260
    Änderungen Posten 260
    löschen 173
Mahnwesen 255
maschinelles Ausgleichen 274
Massenänderung 89, 91, 161

Materialbeleg 274
Materialkonto 224
Meldungstyp 40
Merkmal 296, 458, 504
Microsoft Excel 465
MIME-Objekt 468
Mitbuchkonto 178
Modell (Dashboards) 487, 495
Modellierung 458
Monitoring 40
MS Excel 374
MS Word 374
Musterbeleg 227

N

Nachfolgerjob 45
Nachkontieren automatische Buchung 278
Navigation 359
    Infosystem 48, 60
    Transaktion OBZA 67
    Transaktion SA38 73
    Transaktionscodes 55
Nettofälligkeit 131, 137, 189
Nettofälligkeitsdatum 137, 141
Nettofälligkeitsrasterung 137, 190
Nettozahler 143
neues Hauptbuch 230
nicht barrierefrei 235

O

Object Linking and Embedding 481
Objekte verknüpfen 481
Objektliste (ALV) 351
ODS-Objekt 454
Offene-Posten-Liste 133
OLAP 455, 504
OLE 481
OLE-Objekt 482
OLTP 504
Online Analytical Processing 455, 504
Online-Felddokumentation 380
OP – Fälligkeitsvorschau Debitoren 130
OP-Analyse Debitoren – Saldo
    überfälliger Posten 139

OP-Analyse Kreditoren – Saldo
    überfälliger Posten 192
Operational Data Store 454
Ordinate 504

P

Periodensummen 85
Periodizität 37
Personal- und Reisekostenabrechnung
    289
Personenkontenbuchung 230
Personenkontonummer 232, 234, 237
Planversion 94
Planwerte 79
Posteninformation 223
Präsentationsserver 217, 219, 220, 504
Profit-Center 109
Protokolldatei 40
Protokollverzeichnis 40

Q

Quelldatei 218
Query (BW) 504
QuickViewer 22, 23, 373, 377, 397, 505
    Abgrenzung 413, 430
    anlegen 385, 444
    Anzeigeoption 411
    ausführen 390, 408, 410, 411, 449
    Ausgabeart 390
    Ausgabelänge eines Feldes 401
    Ausgabeoption 408, 409, 446
    Ausgabeoptionen für Zeilen 405
    Austausch 374
    Basismodus 386, 387
    Dateiablage 413
    Datenbasis 376
    Datenfeld auswählen 398
    Datenformat 414
    Datenquelle 386
    Datum oder Uhrzeit 404
    Download 414
    Eigenschaften der Liste 401
    Eigenschaften der Listenfelder 400
    Einstiegsbild 385, 410
    erweiterte Ablage 414
    Erweiterung SQUE0001 414
    Erweiterungsmöglichkeit 414
    Farbe eines Feldes 401
    Farbgestaltung eines Listenfeldes 401
    Feld summieren 446
    Feldverknüpfung 396
    grafische Join-Definition 392
    grafischer Painter 397
    Gruppenstufe 408, 446
    Gruppenstufensummentext 399
    Gruppenstufentext 412
    Gruppensummenstufe 408
    InfoSet 415
    Inner Join 394
    Join-Verknüpfung 394
    Kopf- und Fußzeile 404, 405
    kopieren 414
    Layout der Liste 397
    Layoutmodus 386, 396, 409, 446, 449
    Leerzeile 406
    Left Outer Join 394, 395
    Listen sichern 412
    Listenbreite 402
    Listgestaltung 450
    Mengenfeld 447
    Mülleimer 399, 404
    Option Summe 408
    Option Zählung 408
    Optionen 406
    Pflege 410
    Position eines Feldes 401
    private Ablage 414
    Rahmen 402
    SAP List Viewer 411, 450
    Seitenkopf 407
    Seitenumbruch 407
    Selektionsbild 391, 408, 417
    Selektionsfeld 390, 398, 409
    Selektionstext 432
    sichern 448
    Sortierfeld 398, 446
    Sortierkriterium 399
    Sortierreihenfolge 389
    Spaltenüberschrift 405
    Standardabgrenzung 430
    Summationsfeld 398
    Summenzeile 412
    Summierung von Währungsfeldern 447
    Tabelle einfügen 392
    Tabelle löschen 396
    Tabellenanzeige 412

Tabellen-Join 386, 391, 392
Table View Control 412
technischer Name 388
Textdatei 414
Überschriftszeile 405
umbenennen 415
Variante 414
Verknüpfungsbedingung 393
Werkzeugleiste 398
Zahl der Zeilen 405
Zählfeld 407
Zählfunktion 402
Zählung 448
Zählung für ein Feld 407
Zeile einfügen 406
Zeilenfarbe 406
Zeilenoption 405
Zusatzfeld 396
Zusatztabelle 396
Zwischensumme 448
Zwischensummenzeile 412
Zwischenzählung 408

R

Rangliste 362
Rasterobergrenze 195
Recherche 21, 22, 23, 331, 505
  ABC-Analyse 365
  allgemeine Selektionen 339
  Analysefunktion 360
  Ausgabeart 348, 349
  Bedingungen 361
  Bericht anlegen 337
  Bericht ausführen 333, 353
  Bericht zuordnen 333, 347
  Bericht-Bericht-Schnittstelle 370
  Berichtsarten 335
  Berichts-Zuordnung 352
  Daten interaktiv analysieren 333
  Dice 331
  Drilldown 359
  Einsatzgebiete 333
  Exception 368
  Formular anlegen 332, 337
  Formularbericht 335
  grafische Berichtsausgabe 350
  Klassifikation 367
  klassische Recherche 351
  Merkmale 348
  Navigation 355, 359
  Objektliste (ALV) 351
  Optionen 349
  Rangliste 362
  Slice 331
  Spalten definieren 344
  Summenkurve 364
  Variablen 348
  XXL-Tabellenkalkulation 351
  Zeilen definieren 340
Recherchebericht 22
Referenzbelegnummer 176, 198, 224
Referenzdaten 183
Referenznummer 198
Referenzzinssatz 153
Registerkarte 477, 478
Reorganisation 44
Report
  CACS_FILE_COPY 217
  RC1TCG3Y 219
  RC1TCG3Z 220
  RF150SMS 220
  RFAUDI40 77
  RFAUSZ00 223
  RFBABL00 227
  RFBELJ00 229
  RFBELJ10 229, 233
  RFBELJ10_NACC 233, 234
  RFBILA00 79
  RFBUSU00 238
  RFCORR14 240
  RFDABL00 113
  RFDAPO00 115
  RFDAUB00 115
  RFDCON00 119
  RFDEPL00 115, 122, 132
  RFDKAG00 124
  RFDKVZ00 126
  RFDOFW00 130
  RFDOPO00 132
  RFDOPO10 133
  RFDOPR00 134
  RFDOPR10 139
  RFDOPR20 142
  RFDSLD00 145
  RFDUML00 148
  RFDZIS00 150

Index

RFEPOJ00 243
RFF110S 245
RFF110SSP 249, 250
RFFMKWD2 253
RFHABU00 85
RFHABU00N 88
RFITEMAP 161
RFITEMAR 157
RFITEMGL 89
RFKABL00 164, 167
RFKABL00_NACC 166
RFKAPO00 167
RFKCON00 168
RFKEPL00 167, 170, 171, 188
RFKEPL00_NACC 171
RFKK_DELETE_MAKOMAZE 173
RFKKAG00 174
RFKKAK00 175
RFKKBU00 176
RFKKBU10 179
RFKKVZ00 181
RFKOFW00 185
RFKOPO00 188
RFKOPR00 188, 192
RFKOPR10 192
RFKORB00 197
RFKORD30 197
RFKORD40 201
RFKORK00 205
RFKORS10 207
RFKSLD00 210
RFKUML00 211
RFMAHN00 255
RFMAHN01 256
RFMAHN02 258
RFMAHN03 259
RFMAHN04 260
RFMAHN05 260
RFMAHN20 262
RFMPAY00 263, 290
RFPAYM_MERGE_RESET 265
RFSABL00 92
RFSBWA00 92
RFSEPA01 95
RFSEPA04 95
RFSKPL00 96
RFSKTH00 98
RFSKVZ00 100
RFSSLD00 103
RFSUSA00 106
RFZALI00 265
RFZALI20 249, 268
SAPF010 271
SAPF011 108
SAPF070 272
SAPF071 272
SAPF124 274
SAPF140 279
SAPF140D 281
SAPF140P 283
SAPF150D2 284
SAPF190 272, 285
SAPFGVTR 109
SAPFPAYM_MERGE 263, 265, 289
Report Designer 477
Report Painter 21, 22, 23, 293
  Abschnitte definieren 315
  allgemeine Selektionen 317
  Basiskennzahl 296
  Bericht anlegen 299
  Bericht erstellen 297
  Bericht-Bericht-Schnittstelle 326
  Berichtsgruppe 298, 318
  Berichtskopf definieren 321
  Berichtslayout 311
  Berichtsstruktur 297, 300
  Berichtstext 325
  Bibliothek 296
  Binnenumsatz 320
  Einsatzgebiete 298
  Expertenmodus 322
  Extrakt 321
  Extraktverwaltung 323
  Formatgruppe 311
  Formeleditor 314
  Kennzahl 296
  Merkmal 296
  Programmlaufzeiten 318
  Rechenoperationen 316
  Report-Writer-Tabellen 295
  Set 301
  Spalten definieren 305
  Spalten formatieren 310
  Tabelle bestimmen 295
  technische Daten 298
  Variable 301
  Variation 319
  Vorlagen für Spalten 309

Vorlagen für Zeilen 309
Zeilen definieren 301
Zeilen formatieren 310, 313
Zellen definieren 314
Report Writer 22, 294, 505
Reporting-Tools, Übersicht 21
Reportingwerkzeuge 21, 24
Report-Writer-Tabellen 295
Repository-Explorer 479
Rückvaluten 152

S

Sachkonten 118
 Änderungen anzeigen 92
 Aufbau Einzelpostenanzeige 95
 Auszüge 223
 Bewegungen 176
 Einzelposten 89
 Saldenliste 77, 92, 103, 106
 Saldovortrag 108, 109
 Stammsätze 92
 Stammsatzinformationen 85, 88
Sachkontenauszüge 223
Sachkontenbereich 288
Sachkontenbuchungen 85, 88, 230
Sachkonten-Einzelpostenliste 89
Sachkontenplan 96
Sachkontensalden 106
 nach Klassifikationsmerkmal 77
Sachkontensaldenliste 103
Sachkontenstammdaten 100
Sachkontenverzeichnis 100
Sachkonto 224, 505
Saldenliste 505
Saldenverzinsung 150
Saldo 505
Saldoprüfung nach einem Zahlungsvorschlag 250
Saldovortrag 271, 505
 Hauptbuch 108, 109
 kontokorrent 271
 Korrektur 109
SAP Business Content 470
SAP BusinessObjects 22, 451, 472
SAP BusinessObjects Analysis 473

SAP BusinessObjects Dashboards 472, 485
SAP BusinessObjects Enterprise Repository 480
SAP BusinessObjects Explorer 473
SAP BusinessObjects Interactive Analysis 472
SAP BW Queries 476
SAP Crystal Reports 472, 473
SAP ERP 453
SAP Exit 464
SAP List Viewer 159, 375
SAP NetWeaver 451
SAP NetWeaver Business Warehouse 22
SAP NetWeaver BW 23, 451
SAP Query 21, 22, 23, 373, 374, 504
SAP-Datenmodell 379
SAP-Hintergrundverarbeitung 30
SAP-Standardbericht 22
SAP-Verzeichnisse 218
Selektionsbild 24, 25, 27, 28, 45
Selektionsfeld 385
Selektionskriterium 25, 27, 28
Selektionswert 26
Skalierung 195
Skonto-1-Fälligkeit 189
Skontofälligkeitsrasterung 137, 191
Skontozahler 143
Slice 331
Soll- und Habenverkehrszahlen 286
Sollsaldo 250
Sollsaldoprüfung 249, 253
Sonderhauptbuch 506
Sonderhauptbuchvorgang 151
Sortierreihenfolge 385
Sortierschlüssel 102
Sparte 114
Sperrschlüssel 251
SQL 506
Stammdatenabgleich Debitoren 124
Stammdatenabgleich Kreditoren 174
Standardbericht
 Debitorenbuchhaltung 52
 Hauptbuchhaltung 49
 Kreditorenbuchhaltung 53
Standardbriefe 201
Standardreport 21

Startbedingung 32, 33, 36, 43
Startoption 39
Starttermin 36
Startzeit 30, 32, 38
Status bei zahllaufübergreifenden Zahlungsträgern 263
Steuerbuchungen 230
Stornobelege 199
Suchstring 187
Summenkurve 364
Summenlisten 267
Systemauslastung 31
Systemereignis 32

T

Tabelle 376, 386, 506
Tabelle TVARVC 29
Tabellenanzeige 373
Tabellendefinition 377
Tabellenvariable 28
Toleranzen 278
Toleranzgruppen 278
Transaktion OBZA 67
Transaktion SA38 73
Transaktion SQ01 373
Transaktion SQ03 373
Transaktion SQ10 373
Transaktion SQVI 373, 410, 443
Transaktionen 45
    Debitorenbuchhaltung 57
    Hauptbuchhaltung 56
    Kreditorenbuchhaltung 59
Transaktionspflege 45
Trigger für Korrespondenz 279
Triggerreport für Korrespondenz 280

U

Überfälligkeit 189
Überfälligkeitsrasterung 138, 191
Umsatzhöhe 214
Umsatzprobe 229
Unterbericht 485
Upload einer Datei 220

V

Valutadatum 506
Variable 462, 463
    globale 345
    lokale 345
Variante 28
Variantenkatalog 27
Variantenpflege 25, 26
Verdichtungsgrad 269
Verdichtungsstufen 148, 212, 267
Verkehrszahl 277
Vertriebsbereichsdaten 114
Vertriebsweg 114
Verwaltung offener Posten 102
Verzinsung 183
Verzinsungsrhythmus 151
Verzug in der Folgeperiode 143
Verzugstage 143, 192
Vorgängerjob 37, 45
Vorlagemahnlauf 221
Vorschlagsbearbeitung 253
Vorschlagslauf 250

W

WE/RE-Konten 274
WE/RE-Verrechnungskonten 274
Web Application Designer 466
Web Intelligence 472
Werktag 39
Wiederholungsperiode 38
WYSIWYG 486
WYSIWYG-Editor 473, 474

X

Xcelsius → SAP BusinessObjects Dashboards
XML 497
XML-Dateien 218
XXL-Tabellenkalkulation 351

Index

Z

Zahlbeträge 267
Zahllauf 249, 289
Zahllauf-Identifikationen 289
zahllaufübergreifende Verarbeitung 263
zahllaufübergreifende Zahlungsträger 289
Zahlprogramm 270
 Einplanung 245
Zahlungsanordnungen 289
Zahlungsbegleitlisten 268
Zahlungsbelegnummer 264, 269
Zahlungsbeträge 269
Zahlungsdaten 183
Zahlungseingangsrasterung 138
Zahlungslauf 249, 290
Zahlungsmitteilung 206
Zahlungsprogramm 265, 289
Zahlungsregulierungsliste 249, 265, 268
Zahlungsträger 249, 265, 289
 zusammenfassen 264
 Zusammenfassung rückgängig 265
Zahlungsträgerlauf 263, 290
Zahlungsträgerprogramm 266, 268, 291
Zahlungsverhalten 139, 192

Analyse 135
Fälligkeitsvorschau 135
Nettofälligkeit 135
Überfälligkeit 135
Voraus. Zahlungseingang 135
Zahlungsvorschlag 245
 Saldoprüfung 250
Zahlweg 226, 247, 264
Zahlwegzusatz 264
zeitgesteuert 32
Zieldatei 218
Zielparameter 222
Zinsbetragsübersicht 150
Zinsbuchung 154
Zinskennzeichen 150
Zinskonditionen 150, 152
Zinssätze 150
Zinsstaffel Debitoren 150
Zurücksetzen eines Mahnlaufs 240
Zusatz-Coding 379
Zusatzfeld 374
Zusatzkontierung 223
Zusatztabelle 374
Zwischensummen 105
Zwischensummenbildung 89
Zwischensummengruppe 88

www.sap-press.de

Alle finanzrelevanten Prozesse in Beschaffung, Vertrieb und Produktion

Integration von FI/CO mit MM, PP und SD

Abschlusserstellung und Berichtswesen

2., aktualisierte und erweiterte Auflage

Andrea Hölzlwimmer

Integrierte Werteflüsse mit SAP ERP

Mit dieser 2., akt. u. erw. Neuauflage lernen Sie die Prozesse in Beschaffung, Vertrieb und Produktion kennen und erfahren, wie Sie sie integrieren, optimieren und in FI/CO zusammenführen. Auch Abschluss, Konsolidierung und Reporting mit SAP ERP und SAP NetWeaver BW werden beleuchtet. Die Darstellung eines realen Wertefluss-Projekts, angestoßen durch die Einführung des neuen Hauptbuchs, gibt Ihnen einen Einblick in die Praxis.

585 S., 2. Auflage, 69,90 Euro
ISBN 978-3-8362-1754-5

>> www.sap-press.de/2846

www.sap-press.de

Lösungswege für Ihre täglichen Controllingfragen

CO-OM, CO-PC und CO-PA verständlich dargestellt

Mit Kapiteln zur BW-integrierten Planung, SAP NetWeaver BW und Crystal Reports

Der Bestseller in der 4. Auflage!

Uwe Brück

Praxishandbuch SAP-Controlling

Wie setze ich CO in produzierenden Unternehmen sinnvoll und praxisnah ein? Was ist für ein effizientes Controlling wirklich notwendig? Antworten auf diese Fragen finden Sie in dieser 4., erweiterten Auflage unseres Bestsellers. Ob Gemeinkosten-Controlling, Produktkosten-Controlling oder Ergebnisrechnung: Es werden Ihnen sowohl die betriebswirtschaftlichen Grundlagen des Controllings als auch die Funktionsweise von CO systematisch erklärt und durch Praxisbeispiele illustriert.

ca. 590 S., 4. Auflage, mit Referenzkarte, 59,90 Euro
ISBN 978-3-8362-1728-6, Juli 2011

>> www.sap-press.de/2562

Die Bibliothek für Ihr IT-Know-how.

1. Suchen
2. Kaufen
3. Online lesen

Kostenlos testen!

www.sap-press.de/booksonline

✓ Jederzeit online verfügbar
✓ Schnell nachschlagen, schnell fündig werden
✓ Einfach lesen im Browser
✓ Eigene Bibliothek zusammenstellen
✓ Buch plus Online-Ausgabe zum Vorzugspreis

MITMACHEN & GEWINNEN!

 PRESS

Sagen Sie uns Ihre Meinung und gewinnen Sie einen von 5 SAP PRESS-Buchgutscheinen, die wir jeden Monat unter allen Einsendern verlosen. Zusätzlich haben Sie mit dieser Karte die Möglichkeit, unseren aktuellen Katalog und/oder Newsletter zu bestellen. Einfach ausfüllen und abschicken. Die Gewinner der Buchgutscheine werden persönlich von uns benachrichtigt. Viel Glück!

▶ **Wie lautet der Titel des Buches, das Sie bewerten möchten?**

▶ **Wegen welcher Inhalte haben Sie das Buch gekauft?**

▶ **Haben Sie in diesem Buch die Informationen gefunden, die Sie gesucht haben? Wenn nein, was haben Sie vermisst?**
   ☐ Ja, ich habe die gewünschten Informationen gefunden.
   ☐ Teilweise, ich habe nicht alle Informationen gefunden.
   ☐ Nein, ich habe die gewünschten Informationen nicht gefunden.
   Vermisst habe ich:

▶ **Welche Aussagen treffen am ehesten zu?** (Mehrfachantworten möglich)
   ☐ Ich habe das Buch von vorne nach hinten gelesen.
   ☐ Ich habe nur einzelne Abschnitte gelesen.
   ☐ Ich verwende das Buch als Nachschlagewerk.
   ☐ Ich lese immer mal wieder in dem Buch.

▶ **Wie suchen Sie Informationen in diesem Buch?** (Mehrfachantworten möglich)
   ☐ Inhaltsverzeichnis
   ☐ Marginalien (Stichwörter am Seitenrand)
   ☐ Index/Stichwortverzeichnis
   ☐ Buchscanner (Volltextsuche auf der Galileo-Website)
   ☐ Durchblättern

▶ **Wie beurteilen Sie die Qualität der Fachinformationen nach Schulnoten von 1 (sehr gut) bis 6 (ungenügend)?**
   ☐ 1 ☐ 2 ☐ 3 ☐ 4 ☐ 5 ☐ 6

▶ **Was hat Ihnen an diesem Buch gefallen?**

▶ **Was hat Ihnen nicht gefallen?**

▶ **Würden Sie das Buch weiterempfehlen?**
   ☐ Ja   ☐ Nein
   Falls nein, warum nicht?

▶ **Was ist Ihre Haupttätigkeit im Unternehmen?**
   (z.B. Management, Berater, Entwickler, Key-User etc.)

▶ **Welche Berufsbezeichnung steht auf Ihrer Visitenkarte?**

▶ **Haben Sie dieses Buch selbst gekauft?**
   ☐ Ich habe das Buch selbst gekauft.
   ☐ Das Unternehmen hat das Buch gekauft.

KATALOG & NEWSLETTER

▶ Ja, bitte senden Sie mir kostenlos den neuen **Katalog**. Für folgende SAP-Themen interessiere ich mich besonders: (Bitte Entsprechendes ankreuzen)

- ■ Programmierung
- ■ Administration
- ■ IT-Management
- ■ Business Intelligence
- ■ Logistik
- ■ Marketing und Vertrieb
- ■ Finanzen und Controlling
- ■ Personalwesen
- ■ Branchen und Mittelstand
- ■ Management und Strategie

▶ Ja, ich möchte den **SAP PRESS-Newsletter** abonnieren. Meine E-Mail-Adresse lautet:

_____

www.sap-press.de

Absender

Firma _____

Abteilung _____

Position _____

Anrede   Frau ☐   Herr ☐

Vorname _____

Name _____

Straße, Nr. _____

PLZ, Ort _____

Telefon _____

E-Mail _____

Datum, Unterschrift _____

Teilnahmebedingungen und Datenschutz:
Die Gewinner werden jeweils am Ende jeden Monats ermittelt und schriftlich benachrichtigt. Mitarbeiter der Galileo Press GmbH und deren Angehörige sind von der Teilnahme ausgeschlossen. Eine Barablösung der Gewinne ist nicht möglich. Der Rechtsweg ist ausgeschlossen. Ihre freiwilligen Angaben dienen dazu, Sie über weitere Titel aus unserem Programm zu informieren. Falls sie diesen Service nicht nutzen wollen, genügt eine E-Mail an **service@galileo-press.de**. Eine Weitergabe Ihrer persönlichen Daten an Dritte erfolgt nicht.

 **PRESS**

Antwort

SAP PRESS
c/o Galileo Press
Rheinwerkallee 4
53227 Bonn

Bitte freimachen!

Wir informieren Sie gern über alle
Neuerscheinungen von SAP PRESS.
Abonnieren Sie doch einfach unseren
monatlichen Newsletter:

>> www.sap-press.de